中国枣树病虫草害及其防控原色图谱

甘肃省农业科学院

张炳炎　主　编

甘肃文化出版社

图书在版编目（ＣＩＰ）数据

中国枣树病虫草害及其防控原色图谱 / 张炳炎主编
. -- 兰州 ：甘肃文化出版社，2016.11
ISBN 978-7-5490-1217-6

Ⅰ．①中… Ⅱ．①张… Ⅲ．①枣—病虫害防治—图谱
②枣—除草—图谱 Ⅳ．①S436.65-64②S451.24-64

中国版本图书馆CIP数据核字(2016)第290811号

中国枣树病虫草害及其防控原色图谱

张炳炎｜主编

责任编辑｜甄惠娟
装帧设计｜张炳炎

出版发行｜🌀 甘肃文化出版社
网　　址｜http://www.gswenhua.cn
投稿邮箱｜press@gswenhua.cn
地　　址｜兰州市城关区曹家巷1号｜730030(邮编)

营销中心｜王　俊　贾　莉
电　　话｜0931-8454870　　8430531(传真)

印　　刷｜兰州通泰印刷有限责任公司
开　　本｜787毫米×1092毫米　1/16
字　　数｜668千
印　　张｜22.25
版　　次｜2016年11月第1版
印　　次｜2016年12月第1次
书　　号｜ISBN 978-7-5490-1217-6
定　　价｜98.00元

编　委　会

主　　编　　张炳炎

编　著　者　　张炳炎

　　　　　　　杨克勤

　　　　　　　郑丽玲

　　　　　　　蒋银荃

　　　　　　　苏　敏

　　　　　　　曹宗鹏

摄　　影　　张炳炎

微机输入　　苏桂芝

甘肃省兰州市安宁堡枣园枣树生长状况

2015年6月主编在安宁堡枣园调查病虫害

　　张炳炎（Zhang Bingyan），河南内乡人，1935年5月17日生，共产党员，高级农艺师、推广研究员，在甘肃省农业科学院从事植物保护研究50余年。曾先后赴日本、越南、泰国、马来西亚、德国、法国、意大利、比利时、捷克、俄罗斯、澳大利亚等十多个国家及港、澳、台地区考察、科技交流和游览观光，多次参加全国新农药大田应用研究学术会议和中国农田杂草科学学术会议，多次被邀请参加新农药研制及有关果树、农作物病虫草害研究成果鉴定会，并多次受邀进行林、果病虫害及农药培训班的授课。同时多次主持参加省部级攻关课题研究，取得科研成果20多项，荣获成果奖10余项，其中省部级科技进步一等奖1项、二等奖2项、三等奖3项和首届甘肃省科学大会奖。特别是在科研工作中发现潜跳甲属害虫两新种、苏云金杆菌无鞭毛菌株7805新品系和甘肃藁本属一新种，并对它们的分布危害、生物学特性及其防治（应用）等方面进行了深入研究，其成果达国内先进和国内领先水平。主持小麦根病防治研究，从十余种杀菌剂中筛选出丙环唑防治小麦全蚀病效果显著，在小麦全蚀病防治研究上取得重大突破，为该病的综合防治提出了一项有效措施。串珠藁本为20世纪90年代发现于甘肃南部山区的麦田害草，填补了伞形花科藁本属植物的空白，同时经试验推广苯磺隆、绿磺隆等除草剂，控制了串珠藁本及其伴生的多种双子叶杂草的严重危害。此外，野燕麦为20世纪60、70年代严重危害小麦、青稞、大麦等农作物的大害草。为了防除野燕麦，从60年代中期开始先后主持野燕麦的研究。经过多年的调查研究，摸清了野燕麦的分布危害、形态特征、生物学特性与传播途径等，并试验、推广野麦畏等除草剂，同时结合人工、农业防除，控制了野燕麦的危害。以上两种杂草的防除研究与推广，为广大农民解决杂草问题做出了贡献。1997年3月退休后，仍继续发挥余热，分赴全国各地进行苹果、核桃、板栗、枣、花椒、枸杞、马铃薯、油菜等果树、农作物、药材病虫害和西部农田杂草的调查研究，拍摄了彩照，积累了资料，撰写了书稿，为农业生产再做贡献。从20世纪70年代以来，在各类学术期刊上发表了《铜色花椒跳甲生物学特性及其防治研究》《苏云金杆菌无鞭毛菌株7805的研究》《丙环唑防治小麦全蚀病应用技术研究》及《甘肃藁本属一新种》《串珠藁本生物学特性及其防除研究》《野麦畏与燕麦敌苗水期防除野燕麦技术研究》《甘肃玄参植物学特征与生物学特性观察研究》等学术论文90余篇，其中《地膜小麦田杂草发生规律及其防除研究》，荣获第六次中国杂草科学学术会议优秀论文奖。编著出版《甘肃农业病虫草害及其防治研究》《花椒病虫害及其防治》《枸杞病虫草害及其防治彩色图谱》《中国苹果病虫害及其防控技术原色图谱》《核桃病虫害及防治原色图册》《马铃薯病虫害及防治原色图册》《中国枣树病虫草害及其防控原色图谱》《中国油菜病虫草害及其防控技术原色图谱》《中国西部农田杂草与综合防除原色图谱》《野燕麦及其防除》《野麦畏及其应用》等专业著作20多部；参与编写《甘肃农作物病虫害》《甘肃农田杂草及化学防除》《耕作改制夺高产》等7部专业著作。其中《花椒病虫害诊断及防治原色图谱》《中国苹果病虫害及其防控技术原色图谱》《中国西部农田杂草与综合防除原色图谱》《中国油菜病虫草害及其防控技术原色图谱》等6部专业著作，分别荣获甘肃省农业科学院年度科技专著奖。

甘肃临泽县城郊枣园管理不善,枣树因病虫危害死亡状

甘肃宁县石鼓枣园管理不善，杂草丛生状

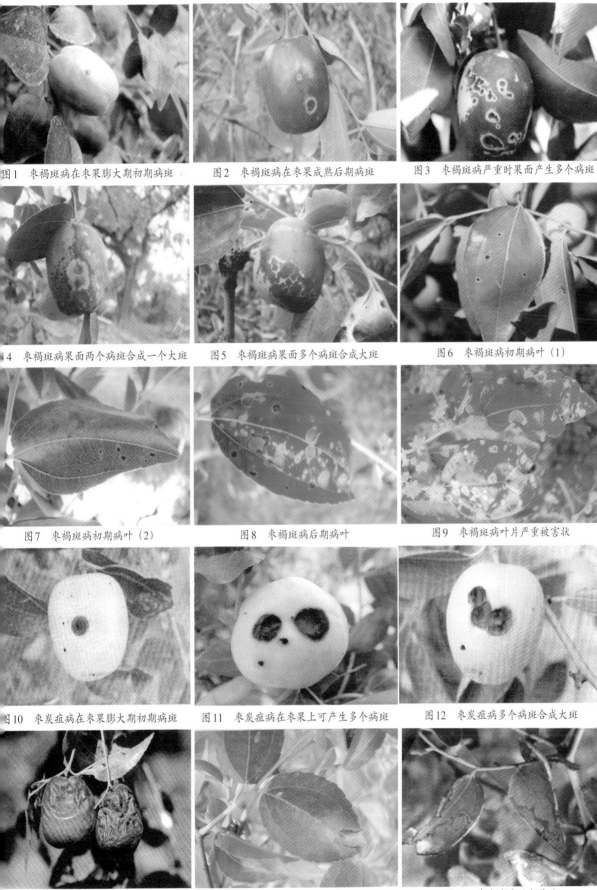

图1 枣褐斑病在枣果膨大期初期病斑　　图2 枣褐斑病在枣果成熟后期病斑　　图3 枣褐斑病严重时果面产生多个病斑

4 枣褐斑病果面两个病斑合成一个大斑　　图5 枣褐斑病果面多个病斑合成大斑　　图6 枣褐斑病初期病叶（1）

图7 枣褐斑病初期病叶（2）　　图8 枣褐斑病后期病叶　　图9 枣褐斑病叶片严重被害状

图10 枣炭疽病在枣果膨大期初期病斑　　图11 枣炭疽病在枣果上可产生多个病斑　　图12 枣炭疽病多个病斑合成大斑

图13 成熟期病斑扩展使枣果表面皱缩凹陷　　图14 枣炭疽病初期病叶　　图15 枣炭疽病后期病叶

图16 枣果黑腐病初期病果　　　　图17 枣果黑腐病中期病果　　　　图18 枣果黑腐病后期病果

图19 枣果黑腐病从初期至后期病果症状　　图20 枣轮纹病初期病果（1）　　图21 枣轮纹病初期病果（2）

图22 枣轮纹病中期病果　　　　图23 枣轮纹病后期病果（1）　　图24 枣轮纹病后期病果（2）

图25 枣疮痂病病果（1）　　　　图26 枣疮痂病病果（2）　　　　图27 枣疮痂病病叶

图28 枣疮痂病病枝　　　　图29 枣软腐病初期病果　　　　图30 枣软腐病中期病果（1）

图31　枣软腐病中期病果（2）　　　图32　枣软腐病后期病果（示果面白色霉状物）　　　图33　枣软腐病果肉腐烂状（1）

图34　枣软腐病果肉腐烂状（2）　　　图35　枣青霉病病果（1）　　　图36　枣青霉病病果（2）

图37　枣红粉病病果　　　图38　枣红粉病后期病果　　　图39　枣曲霉病病果

图40　枣缩果病病果　　　图41　枣缩果病后期病果　　　图42　枣缩果病着色不匀使枣果变为花脸状

图43　枣缩果病与枣褐斑病混合感染　　　图44　枣缩果病后期病部变为深红色　　　图45　枣缩果病病果（右）与健康果比较

图46 枣缩果病于近成熟期落果满地（1）　　图47 枣缩果病于近成熟期落果满地（2）　　图48 枣果果锈病初期病果

图49 枣果果锈病中期病果　　　　图50 枣果果锈病后期病果　　　　图51 枣果果锈病引起不规则形裂口

图52 枣生理缩果病初期病果　　　图53 枣生理缩果病病果皱缩状　　图54 枣生理缩果病后期病果干缩状

图55 枣生理缩果病近成熟期落果满地　　　图56 枣裂果病病果（1）　　　　图57 枣裂果病病果（2）

图58 枣裂果病严重病果（示1个果上有多条裂口）　　图59 枣裂果病后期病果纵裂状　　图60 枣裂果病后期病果横裂状

图61 枣裂果病后期病果"X"形裂果状　　图62 枣裂果病裂口引起病菌感染　　图63 枣裂果病裂口感染病菌引起软腐

图64 枣缺硼病病果　　图65 枣缺硼病病树及其病果　　图66 枣日灼病初期病果

图67 枣日灼病中期病果及病部龟裂状　　图68 枣变形果（畸形果）果实　　图69 枣锈病叶背症状

图70 枣锈病叶面症状（示花脸状）　　图71 枣锈病前期叶背夏孢子堆　　图72 枣锈病前期叶背夏孢子堆（放大）

图73 枣锈病后期病叶叶背症状　　图74 枣锈病后期叶背冬孢子堆　　图75 毛叶枣白粉病病叶（示叶片上的粉斑）

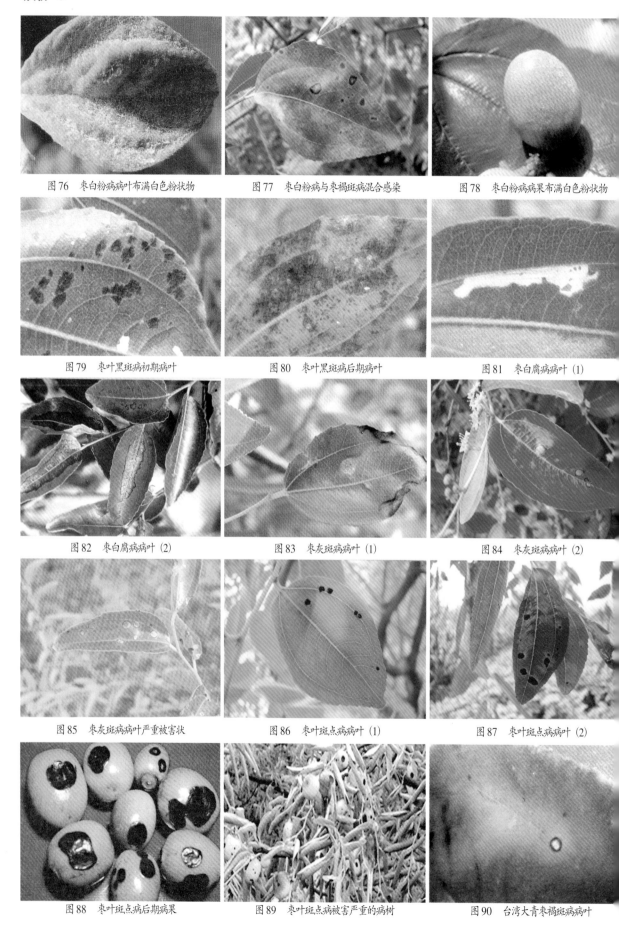

图76 枣白粉病病叶布满白色粉状物　　图77 枣白粉病与枣褐斑病混合感染　　图78 枣白粉病病果布满白色粉状物

图79 枣叶黑斑病初期病叶　　图80 枣叶黑斑病后期病叶　　图81 枣白腐病病叶 (1)

图82 枣白腐病病叶 (2)　　图83 枣灰斑病病叶 (1)　　图84 枣灰斑病病叶 (2)

图85 枣灰斑病病叶严重被害状　　图86 枣叶斑点病病叶 (1)　　图87 枣叶斑点病病叶 (2)

图88 枣叶斑点病后期病果　　图89 枣叶斑点病被害严重的病树　　图90 台湾大青枣褐斑病病叶

图91 台湾大青枣褐斑病病叶有多个病斑　　图92 台湾大青枣褐斑病叶严重受害状　　图93 台湾大青枣炭疽病病叶

图94 枣煤污病病叶（1）　　图95 枣煤污病病叶（2）　　图96 枣煤污病病叶与健叶（右）比较

图97 枣焦叶病病叶（1）　　图98 枣焦叶病病叶（2）　　图99 枣焦叶病病梢、病叶严重被害状

图100 枣焦叶病枣吊枯死状　　图101 枣银叶病病叶　　图102 枣银叶病病树

图103 枣花叶病病叶　　图104 枣花叶病病枝叶（1）　　图105 枣花叶病病枝叶（2）

彩版 8

图 106　枣溃疡病枣吊前期症状　　图 107　枣溃疡病枣吊后期症状　　图 108　枣溃疡病初期病叶

图 109　枣溃疡病初期病果　　图 110　枣瘿螨病叶片受害状　　图 111　枣瘿螨病病叶（放大）

图 112　枣瘿螨病病叶（左）与健叶比较　　图 113　枣瘿螨病严重受害树　　图 114　枣瘿螨成螨（左背面观　右腹面观

图 115　枣瘿螨成螨和卵　　图 116　枣黄叶病病叶　　图 117　枣黄叶病幼株受害状

图 118　枣黄叶病病叶（左）与健叶比较　　图 119　成年枣树黄叶病病树（左）与无病树比较　　图 120　枣树黄叶病危害严重的枣园

图121 枣缺镁病病枝叶片受害状　　图122 枣缺镁病病叶放大　　图123 枣缺镁病病叶严重受害状

图124 枣缺锌病病叶之一　　图125 枣缺锌病病叶之二　　图126 枣疯病病树

图127 枣疯病发芽不正常　　图128 枣疯病丛状丛枝　　图129 枣疯病丛状丛枝放大

图130 枣疯病花柄伸长花蕾尚未开放变叶　　图131 枣疯病病花变叶　　图132 枣疯病花柄伸长变为枝叶

图133 枣疯病病树根蘖萌发形成丛刷状　　图134 同一病树枝干右边感病，左边正常结果　　图135 枣疯病病果呈花脸状

图136　枣疯病被害树枯死状　　　　　图137　枣树苗木枯梢病病梢　　　　图138　枣树苗木枯梢病病梢上条状病斑

图139　成年树枯梢病病梢　　　　　图140　成年树枯梢病病梢枯死状　　　　图141　枣树枝枯病病枝之一

图142　枣树枝枯病病枝之二　　　图143　枣树病枝上的黑褐色分生孢子器（1）　　图144　枣树病枝上的黑褐色分生孢子器（2

图145　枣树干腐病病干之一　　　　　图146　枣树干腐病病干之二　　　　　图147　枣树干腐病病树

图148　枣树干腐病子实体　　　　　　图149　枣树木腐病病干　　　　图150　木腐病子实体（左正面，右背面）

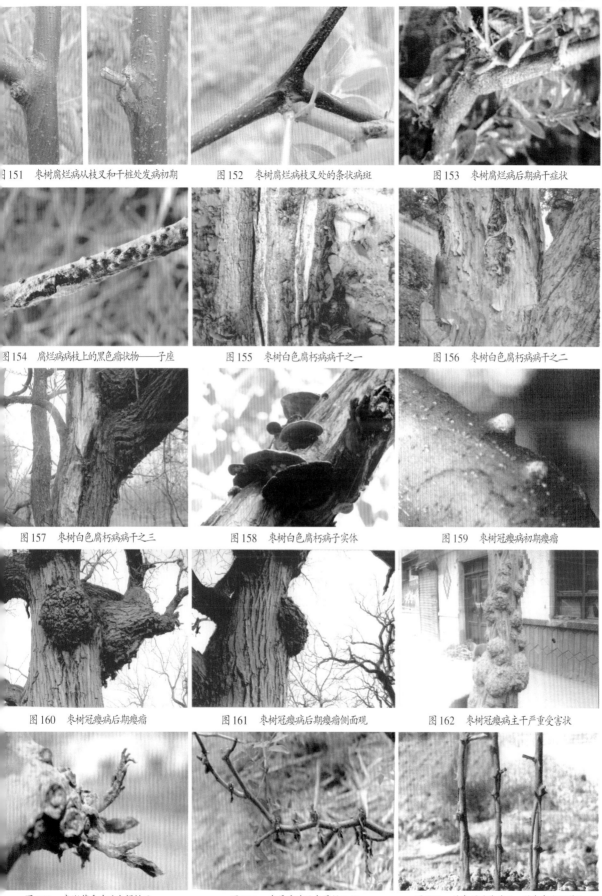

图151 枣树腐烂病从枝叉和干桩处发病初期　　图152 枣树腐烂病枝叉处的条状病斑　　图153 枣树腐烂病后期病干症状

图154 腐烂病病枝上的黑色瘤状物——子座　　图155 枣树白色腐朽病病干之一　　图156 枣树白色腐朽病病干之二

图157 枣树白色腐朽病病干之三　　图158 枣树白色腐朽病子实体　　图159 枣树冠瘿病初期瘿瘤

图160 枣树冠瘿病后期瘿瘤　　图161 枣树冠瘿病后期瘿瘤侧面观　　图162 枣树冠瘿病主干严重受害状

图163 枣嫩芽受冻后变褐枯死　　图164 枣吊受冻后枣吊枯死状　　图165 枝条严重受冻后，枝条表皮纵裂状

图166　大金发藓植株　　　　　图167　大金发藓带长柄的孢蒴　　　　图168　大金发藓危害树干状

图169　珠藓植株　　　　　图170　珠藓带长柄的孢蒴(放大)　　　　图171　珠藓危害枣树树干状（1）

图172　珠藓危害枣树树干状（2）　　　图173　枣树主干上的壳状地衣　　　图174　枣树枣股上的壳状地衣

图175　枣树主干上的片状地衣　　　图176　枣树枝干上的片状地衣　　　图177　枣树枣股上的片状地衣

图178　各种地衣混合寄生枝干上　　　图179　中国菟丝子寄生枣幼树枝叶状　　　图180　中国菟丝子花器（正开花）

图181 中国菟丝子幼嫩果实　　　图182 中国菟丝子种子　　　图183 日本菟丝子

图184 日本菟丝子花器及幼茎上的红色斑点　　　图185 日本菟丝子果实　　　图186 日本菟丝子蒴果（上中）及种子

图187 日本菟丝子危害幼树枝条状（1）　　　图188 日本菟丝子危害幼树枝条状（2）　　　图189 日本菟丝子危害成树枝条状

图190 桑寄生　　　图191 枣树幼苗立枯病病根　　　图192 枣树苗木茎基腐病病株

图193 枣树苗木茎基腐病茎基部腐烂状　　　图194 枣树苗木茎基腐病根茎部腐烂状　　　图195 枣树白绢病茎基部菌膜

图196 枣树白绢病茎基白色绢丝状物扩展至地面　　图197 枣树白绢病根部白色菌丝和菌核　　图198 枣树根腐病根部腐烂状

图199 枣树根腐病病根上的病斑（放大）　　图200 枣树根朽病病根腐朽状　　图201 枣树根朽病侧根在土内腐朽状

图202 枣树根朽病病部白色菌膜　　图203 枣树紫纹羽病根部症状　　图204 枣树紫纹羽病烂根皮层分解状

图205 枣树白纹羽病病根　　图206 白纹羽病根上的白色丝状物　　图207 枣树成树根癌病根茎部癌瘤

图208 枣树苗木根癌病根茎部癌瘤　　图209 枣树苗木根癌病根部癌瘤　　图210 枣树根结线虫病病根

图211 桃小食心虫成虫　　图212 桃小食心虫卵（小红点）　　图213 桃小食心虫幼虫

214 桃小食心虫冬茧（左）和夏茧（右）　　图215 桃小食心虫蛹　　图216 桃小越冬幼虫从冬茧内钻出来

217 幼虫入果孔及从孔口流出的白汁液　　图218 桃小幼虫蛀入果心危害并排粪便形成"豆沙馅"　　图219 桃小老熟幼虫从果孔内爬出

图220 桃小幼虫脱果孔　　图221 桃小危害枣果后大量果实脱落地面　　图222 桃小危害苹果后造成大量落果

图223 梨小食心虫成虫　　图224 梨小食心虫卵　　图225 梨小食心虫幼虫

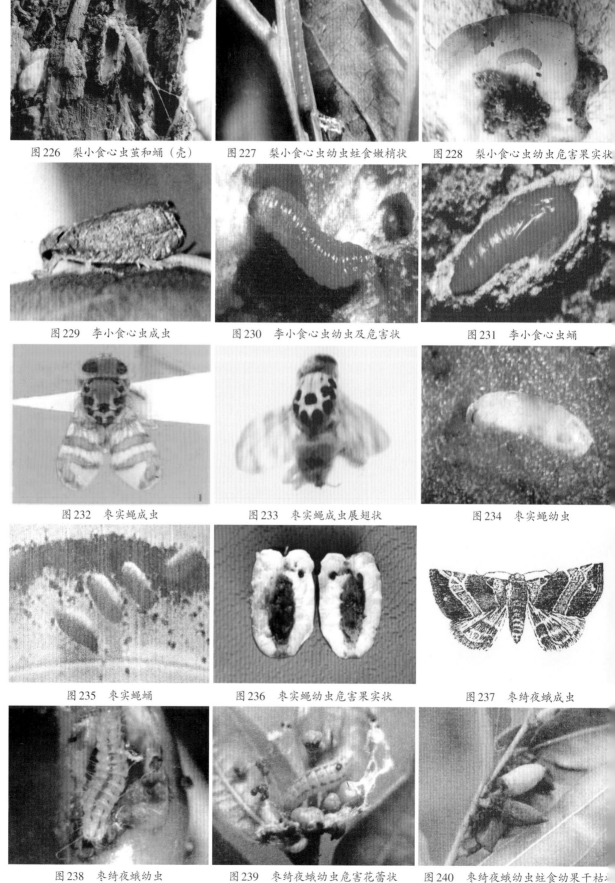

图226 梨小食心虫茧和蛹（壳）　　图227 梨小食心虫幼虫蛀食嫩梢状　　图228 梨小食心虫幼虫危害果实状

图229 李小食心虫成虫　　图230 李小食心虫幼虫及危害状　　图231 李小食心虫蛹

图232 枣实蝇成虫　　图233 枣实蝇成虫展翅状　　图234 枣实蝇幼虫

图235 枣实蝇蛹　　图236 枣实蝇幼虫危害果实状　　图237 枣绮夜蛾成虫

图238 枣绮夜蛾幼虫　　图239 枣绮夜蛾幼虫危害花蕾状　　图240 枣绮夜蛾幼虫蛀食幼果干枯

图 241　棉铃虫成虫

图 242　棉铃虫成虫展翅状

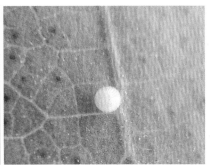

图 243　棉铃虫卵（放大）

图 244　棉铃虫幼虫

图 245　棉铃虫幼虫正在蛀食枣果

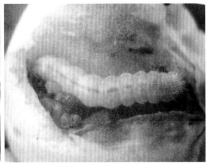

图 246　棉铃虫幼虫在枣果内危害状

图 247　棉铃虫幼虫危害枣叶状

图 248　烟夜蛾成虫

图 249　烟夜蛾幼虫

图 250　苹小卷叶蛾成虫

图 251　苹小卷叶蛾成虫展翅状

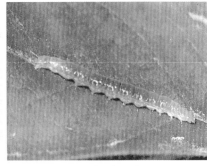

图 252　苹小卷叶蛾幼虫

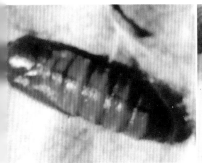

图 253　苹小卷叶蛾蛹

图 254　苹小卷叶蛾幼虫卷叶危害状

图 255　枣粘虫成虫

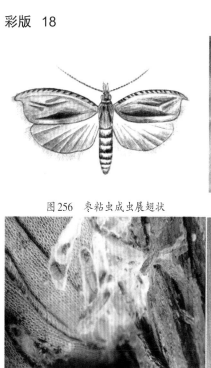

图 256 枣粘虫成虫展翅状

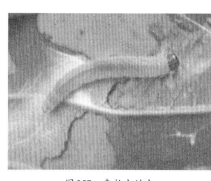

图 257 枣粘虫幼虫

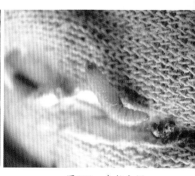

图 258 枣粘虫蛹

图 259 枣粘虫幼虫在丝织茧内化蛹

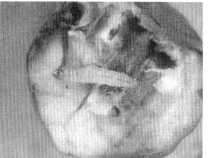

图 260 枣粘虫幼虫蛀食枣果状

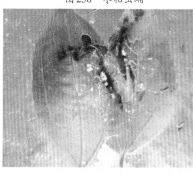

图 261 枣粘虫幼虫吐丝缀合叶片危害状

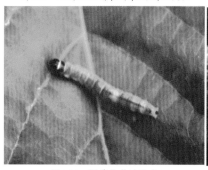

图 262 幼龄幼虫啃食叶表皮成白膜状

图 263 枣粘虫幼虫咬食果皮、叶片状

图 264 褐带长卷蛾雌成虫（右上）和雄成

图 265 褐带长卷蛾幼虫

图 266 褐带长卷蛾蛹

图 267 女贞细卷蛾成虫

图 268 豹纹斑螟成虫

图 269 豹纹斑螟幼虫

图 270 豹纹斑螟蛹

图271 豹纹斑螟幼虫危害枣果果肉状　　图272 豹纹斑螟幼虫从脱果孔爬出及排出的粪便　　图273 玉米螟雄成虫

图274 玉米螟雌成虫　　　　　　图275 玉米螟幼虫　　　　　　图276 玉米螟蛹

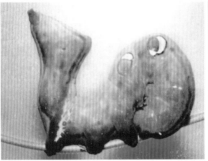

图277 枯叶夜蛾成虫　　　　　图278 枯叶夜蛾幼虫　　　　　图279 毛翅夜蛾成虫

图280 毛翅夜蛾幼虫　　　图281 毛翅夜蛾成虫正在吸食危害果实状　　图282 旋目夜蛾成虫

图283 桥夜蛾成虫　　　　图284 桥夜蛾成虫展翅状　　　图285 桥夜蛾幼虫及正在危害叶片状

图286 桥夜蛾成虫吸食果实汁液危害状

图287 嘴壶夜蛾成虫

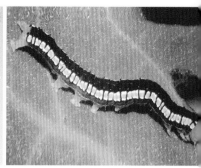

图288 嘴壶夜蛾幼虫及正在危害叶片状

图289 鸟嘴壶夜蛾成虫

图290 鸟嘴壶夜蛾成虫展翅状

图291 鸟嘴壶夜蛾成虫吸食果汁危害状

图292 平嘴壶夜蛾成虫

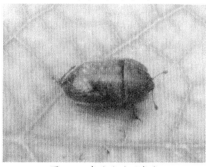

图293 枣隐头叶甲成虫

图294 枣皮薪甲成虫

图295 谷娄步甲成虫

图296 谷娄步甲成虫初期危害幼果状

图297 谷娄步甲成虫后期危害幼果状

图298 小青花金龟成虫

图299 小青花金龟成虫正在危害枣花

图300 斑青花金龟成虫

图301 斑青花金龟成虫危害枣花

图302 白星花金龟成虫

图303 白星花金龟成虫交配状

图304 白星花金龟幼虫

图305 白星花金龟成虫正在危害枣花

图306 白星花金龟成虫吃光了花

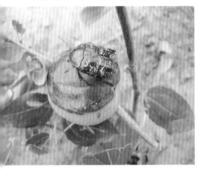
图307 白星花金龟成虫正在危害枣果

图308 褐锈花金龟成虫

图309 褐锈花金龟成虫正在危害枣花

图310 褐锈花金龟成虫危害叶片状

图311 无斑弧丽金龟成虫

图312 无斑弧丽金龟成虫危害枣花状

图313 无斑弧丽金龟成虫危害枣叶状

图314 琉璃孤丽金龟成虫

图315 琉璃孤丽金龟成虫交配状

图316 琉璃孤丽金龟成虫正在危害枣花　　图317 苹毛丽金龟成虫　　图318 苹毛丽金龟成虫危害枣花状

图319 阔胫赤绒金龟成虫　　图320 阔胫赤绒金龟成虫危害枣花状　　图321 长毛斑金龟成虫

图322 长毛斑金龟成虫危害叶片状　　图323 长毛斑金龟成虫危害枣花状　　图324 短毛斑金龟成虫

图325 黄刺蛾成虫　　图326 黄刺蛾幼虫　　图327 黄刺蛾茧

图328 黄刺蛾幼龄幼虫危害枣叶状　　图329 黄刺蛾幼虫危害枣叶状　　图330 枣刺蛾成虫

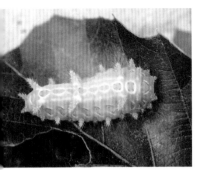

图331 枣刺蛾幼虫

图332 青刺蛾成虫

图333 青刺蛾成虫展翅状

图334 青刺蛾成虫交配状

图335 青刺蛾幼虫

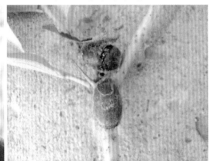

图336 青刺蛾茧

图337 青刺蛾幼虫正在危害叶片

图338 青刺蛾幼虫严重危害叶片状

图339 扁刺蛾成虫

图340 扁刺蛾幼虫

图341 双齿绿刺蛾成虫

图342 双齿绿刺蛾幼虫

图343 双齿绿刺蛾蛹

图344 双齿绿刺蛾幼虫群集危害状

图345 桑褐刺蛾成虫

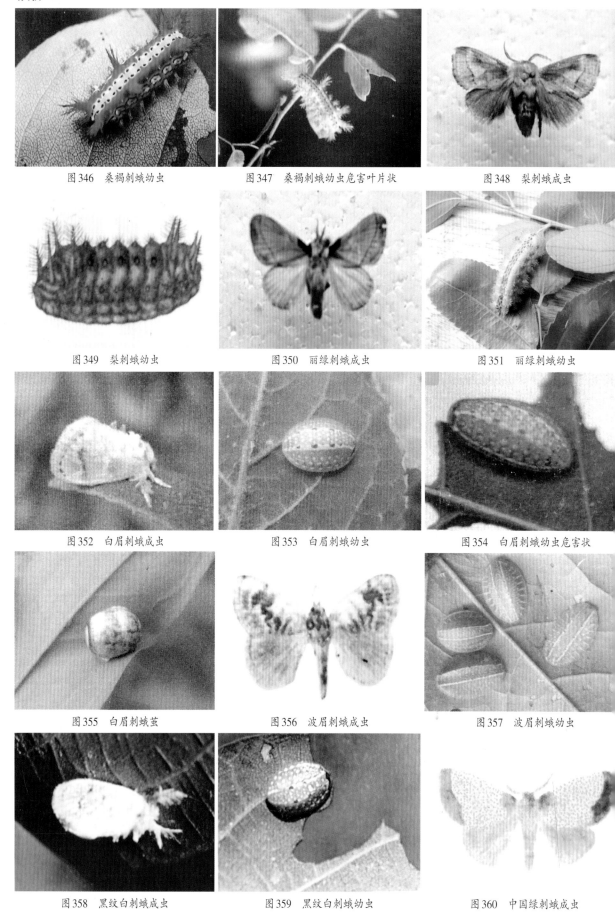

图 346　桑褐刺蛾幼虫　　　　图 347　桑褐刺蛾幼虫危害叶片状　　　　图 348　梨刺蛾成虫

图 349　梨刺蛾幼虫　　　　图 350　丽绿刺蛾成虫　　　　图 351　丽绿刺蛾幼虫

图 352　白眉刺蛾成虫　　　　图 353　白眉刺蛾幼虫　　　　图 354　白眉刺蛾幼虫危害状

图 355　白眉刺蛾茧　　　　图 356　波眉刺蛾成虫　　　　图 357　波眉刺蛾幼虫

图 358　黑纹白刺蛾成虫　　　　图 359　黑纹白刺蛾幼虫　　　　图 360　中国绿刺蛾成虫

图361 中国绿刺蛾幼虫

图362 纵带球须刺蛾成虫

图363 纵带球须刺蛾幼虫

图364 显脉球须刺蛾雄成虫

图365 显脉球须刺蛾雌成虫

图366 春尺蠖雄成虫

图367 春尺蠖雌成虫

图368 春尺蠖幼虫

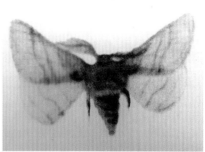

图369 枣尺蠖雄成虫

图370 枣尺蠖雌成虫

图371 雌成虫在树干上爬行状

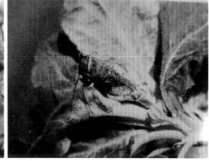

图372 枣尺蠖雌成虫在枣芽上产卵状

图373 枣尺蠖幼虫（褐色型）

图374 枣尺蠖幼虫（黑色型）

图375 枣小尺蠖雄成虫

图376 枣小尺蠖雌成虫

图377 酸枣尺蠖雄成虫

图378 酸枣尺蠖雌成虫

图379 酸枣尺蠖幼虫

图380 酸枣尺蠖蛹

图381 酸枣尺蠖幼虫危害状

图382 木橑尺蠖成虫

图383 木橑尺蠖幼虫

图384 木橑尺蠖幼虫危害状

图385 油桐尺蠖雄成虫

图386 油桐尺蠖雌成虫

图387 油桐尺蠖幼龄幼虫

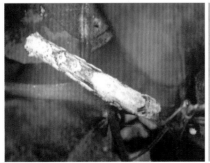

图388 油桐尺蠖老龄幼虫

图389 大造桥虫成虫

图390 大造桥虫幼虫

图391 大造桥虫幼虫正在食叶

图392 大造桥虫幼虫将枝条叶片几乎食光

图393 四星尺蠖成虫

图394 四星尺蠖幼虫

图395 四星尺蠖幼龄幼虫正食嫩芽

图396 四星尺蠖幼虫食叶状

图397 柿星尺蠖成虫

图398 柿星尺蠖幼虫

图399 桑褐翅尺蠖雄成虫（左下）和雌成虫

图400 桑褐翅尺蠖卵块

图401 桑褐翅尺蠖幼虫

图402 桑褐翅尺蠖幼虫受惊后卷缩状

图403 桑褐翅尺蠖幼虫危害叶片状

图404 茶蓑蛾成虫

图405 茶蓑蛾幼虫

彩版 28

图406　茶蓑蛾蓑囊　　　　图407　茶蓑蛾幼虫取食时头部伸出蓑囊　　　　图408　大蓑蛾雄成虫

图409　大蓑蛾雌成虫　　　　图410　大蓑蛾幼虫　　　　图411　大蓑蛾蓑囊

图412　大蓑蛾蛹　　　　图413　黑臀蓑蛾成虫　　　　图414　白囊蓑蛾雄成虫

图415　白囊蓑蛾幼虫　　　　图416　白囊蓑蛾护囊　　　　图417　桉蓑蛾幼虫带着蓑囊危害果实状

图418　桉蓑蛾幼虫带着蓑囊危害叶片状　　　　图419　菜粉蝶雌成虫　　　　图420　菜粉蝶雄成虫

图421 菜粉蝶从颜色上区分雌雄成虫　　　图422 菜粉蝶成虫交配状　　　图423 菜粉蝶卵(放大)

图424 菜粉蝶初龄幼虫　　　图425 菜粉蝶老龄幼虫　　　图426 菜粉蝶在枣树干上化蛹

图427 菜粉蝶幼虫危害枣叶状　　　图428 角翅粉蝶雄成虫　　　图429 角翅粉蝶雌成虫

图430 角翅粉蝶幼虫　　　图431 角翅粉蝶蛹　　　图432 锐角翅粉蝶雄成虫

图433 锐角翅粉蝶雌成虫

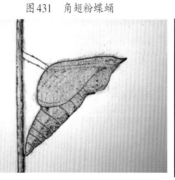

图434 锐角翅粉蝶蛹

图435 美国白蛾成虫（左下雌，右上雄）

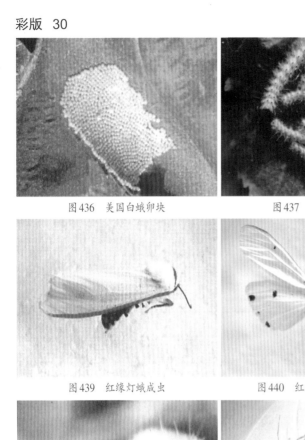

图436 美国白蛾卵块　　　　　图437 美国白蛾幼虫　　　　图438 美国白蛾幼虫吐丝结网危害状

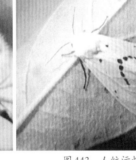

图439 红缘灯蛾成虫　　　　图440 红缘灯蛾成虫展翅状　　　图441 红缘灯蛾卵块

图442 红缘灯蛾幼虫　　　　图443 人纹污灯蛾成虫　　　图444 人纹污灯蛾成虫展翅状

图445 人纹污灯蛾卵块　　　　图446 人纹污灯蛾幼虫　　　　图447 黑星麦蛾成虫

图448 黑星麦蛾幼虫　　　　图449 黑星麦蛾幼虫群集危害状　　　图450 茶长卷蛾成虫和蛹（壳）

图451 茶长卷蛾幼虫及危害状　　　图452 茶长卷蛾蛹　　　图453 银杏大蚕蛾雄成虫

图454 银杏大蚕蛾雌成虫　　　图455 银杏大蚕蛾卵块　　　图456 银杏大蚕蛾幼虫

图457 银杏大蚕蛾茧（左）和蛹　　图458 樗蚕蛾初羽化成虫前后翅尚未展开　图459 樗蚕蛾初羽化成虫翅刚展开

图460 樗蚕蛾羽化后第二天的成虫　　图461 樗蚕蛾卵与初孵幼虫　　　图462 樗蚕蛾老龄幼虫

图463 樗蚕蛾预蛹、蛹（右上）和茧　图464 绿尾大蚕蛾成虫　　　图465 绿尾大蚕蛾成虫展翅状

图466 绿尾大蚕蛾卵块（放大）

图467 绿尾大蚕蛾初孵幼虫

图468 绿尾大蚕蛾老龄幼虫

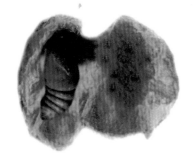

图469 绿尾大蚕蛾蛹和茧

图470 樟蚕蛾成虫

图471 樟蚕蛾幼虫

图472 樟蚕蛾幼虫危害状

图473 枣桃六点天蛾成虫

图474 枣桃六点天蛾幼虫背面观

图475 枣桃六点天蛾幼虫侧面观

图476 枣桃六点天蛾蛹

图477 枣桃六点天蛾幼虫吃叶成缺刻

图478 霜天蛾成虫

图479 霜天蛾幼虫（绿色型）

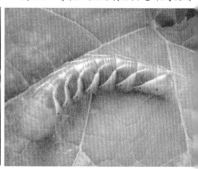

图480 霜天蛾幼虫（褐色型）

图481 蓝目天蛾成虫　　图482 蓝目天蛾成虫展翅状　　图483 蓝目天蛾幼虫

图484 苹六点天蛾成虫　　图485 梨六点天蛾成虫　　图486 椴六点天蛾成虫

图487 菩提六点天蛾成虫　　图488 盗毒蛾雌成虫　　图489 盗毒蛾雄成虫

图490 盗毒蛾幼虫　　图491 盗毒蛾幼虫危害叶片状　　图492 盗毒蛾幼虫危害果实状

图493 金毛虫成虫　　图494 金毛虫卵块　　图495 金毛虫幼虫

图496 金毛虫幼虫正在危害叶片

图497 金毛虫幼虫正在危害果实

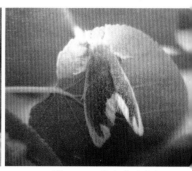
图498 双线盗毒蛾成虫

图499 双线盗毒蛾幼虫

图500 古毒蛾雄成虫

图501 古毒蛾雌成虫

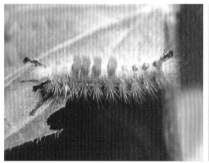
图502 古毒蛾幼虫

图503 灰斑古毒蛾雄成虫

图504 灰斑古毒蛾雌成虫

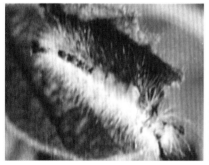
图505 灰斑古毒蛾幼虫

图506 舞毒蛾雄成虫

图507 舞毒蛾雌成虫

图508 舞毒蛾幼虫

图509 舞毒蛾幼虫群集危害状

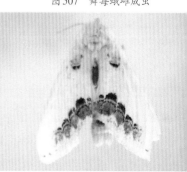
图510 苹掌舟蛾成虫

图511 苹掌舟蛾成虫展翅状

图512 苹掌舟蛾幼虫

图513 黄褐天幕毛虫雌成虫

图514 黄褐天幕毛虫雄成虫

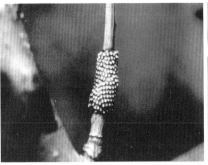

图515 黄褐天幕毛虫卵块(示顶针状)

图516 黄褐天幕毛虫幼虫

图517 黄褐天幕毛虫幼虫群集幕中危害

图518 油茶大毛虫雌成虫

图519 油茶大毛虫雄成虫

图520 柳裳夜蛾成虫

图521 杨裳夜蛾成虫

图522 杨裳夜蛾幼虫

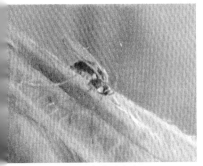

图523 枣瘿蚊成虫

图524 枣瘿蚊成虫展翅状

图525 枣瘿蚊幼虫

图526 枣瘿蚊幼虫危害嫩梢枯萎状

图527 幼虫刺吸叶片汁液使叶片肿胀、变硬卷曲

图528 被害叶由黄绿逐渐变为黑褐色

图529 个别被害叶几乎全部变为黑褐色而枯萎

图530 枣切叶蜂成虫

图531 枣切叶蜂成虫展翅状

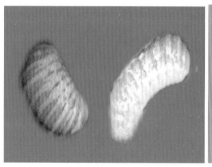
图532 枣切叶蜂幼虫

图533 枣切叶蜂茧和茧内蛹

图534 枣切叶蜂蜂巢

图535 枣切叶蜂成虫正在切叶危害

图536 枣切叶蜂危害枣叶状（示半环形整齐缺刻）

图537 棉蝗成虫

图538 棉蝗成虫交配状

图539 黄脊蝗蝻成虫

图540 黄脊蝗蝻成虫危害枣叶状

图 541 短额负蝗雌成虫

图 542 短额负蝗雄成虫

图 543 短额负蝗雌雄成虫交配状

图 544 短额负蝗成虫危害枣叶状

图 545 中华蚱蜢雄成虫

图 546 中华蚱蜢雌成虫

图 547 枣飞象 (食芽象甲) 成虫

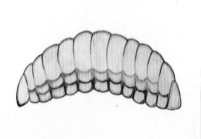

图 548 枣飞象幼虫

图 549 枣飞象成虫正危害枣芽

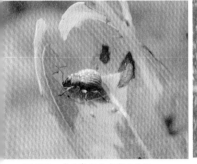

图 550 枣飞象成虫危害叶片状

图 551 枣绿象成虫

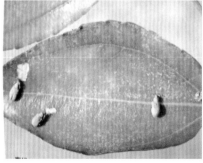

图 552 枣绿象成虫危害叶片状

图 553 大球胸象成虫及危害状

图 554 棉尖象成虫 (左) 和大灰象成虫

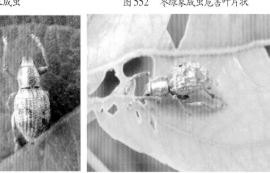

图 555 大灰象成虫危害枣叶状

彩版 38

图556 蒙古灰象成虫　　　图557 柑橘灰象成虫　　　图558 桑窝额萤叶甲成虫

图559 皱背叶甲成虫　　图560 酸枣隐头叶甲成虫　图561 酸枣隐头叶甲成虫栖息在树干上

图562 酸枣隐头叶甲成虫危害枣嫩叶　图563 蓝毛臀萤叶甲东方亚种成虫　图564 蓝毛臀萤叶甲东方亚种幼虫

图565 成虫危害枣叶状　　图566 成虫危害果实状　　图567 毛隐头叶甲成虫

图568 酸枣光叶甲成虫　　图569 黑额光叶甲成虫　　图570 黑额光叶甲成虫交配状与危害状

彩版 39

图571 黑额光叶甲成虫正在危害枣叶

图572 黑额光叶甲成虫食枣叶成缺刻

图573 李叶甲成虫

图574 枣二点钳叶甲成虫

图575 枣二点钳叶甲成虫正在危害叶片

图576 枣二点钳叶甲成虫危害果实状

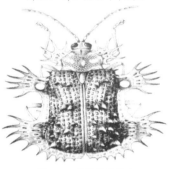
图577 枣掌铁甲成虫

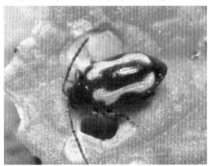
图578 黄曲条跳甲成虫

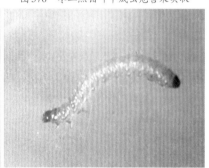
图579 黄曲条跳甲幼虫

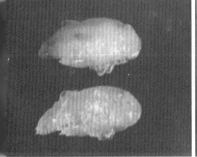
图580 黄曲条跳甲蛹

图581 黄曲条跳甲成虫危害状

图582 粟大蚜有翅胎生雌成蚜

图583 粟大蚜无翅胎生雌成蚜

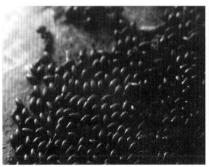
图584 粟大蚜越冬卵块

图585 粟大蚜若蚜危害叶片状

彩版 40

图586　栗大蚜群集枝条危害状

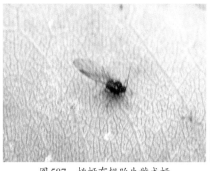

图587　桃蚜有翅胎生雌成蚜

图588　桃蚜有翅胎生雌成蚜及危害状

图589　桃蚜成蚜、若蚜群集叶片危害状

图590　斑衣蜡蝉成虫

图591　斑衣蜡蝉成虫展翅状

图592　斑衣蜡蝉成虫交配状

图593　斑衣蜡蝉产在枣枝上的卵块

图594　斑衣蜡蝉幼龄若虫

图595　斑衣蜡蝉四龄若虫

图596　八点广翅蜡蝉成虫

图597　八点广翅蜡蝉若虫

图598　八点广翅蜡蝉成虫和若虫正在危害状

图599　枣广翅蜡蝉成虫

图600　枣广翅蜡蝉产卵枝（示卵块）

图 601 枣广翅蜡蝉若虫

图 602 枣广翅蜡蝉成虫栖息在枣枝上

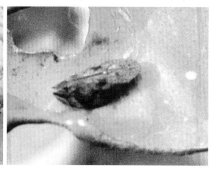

图 603 白带尖胸沫蝉成虫

图 604 白带尖胸沫蝉成虫侧面观

图 605 白带尖胸沫蝉若虫

图 606 沫蝉若虫在泡沫内危害枝条状

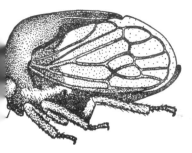

图 607 黑圆角蝉雌成虫

图 608 黑圆角蝉成虫危害状

图 609 柿血斑叶蝉成虫

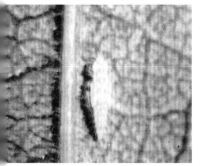

图 610 柿血斑叶蝉若虫

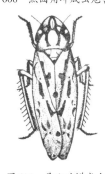

图 611 桑斑叶蝉成虫

图 612 小绿叶蝉成虫

图 613 小绿叶蝉若虫

图 614 小绿叶蝉幼龄若虫危害状

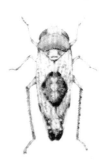

图 615 凹缘菱纹叶蝉成虫

彩版 42

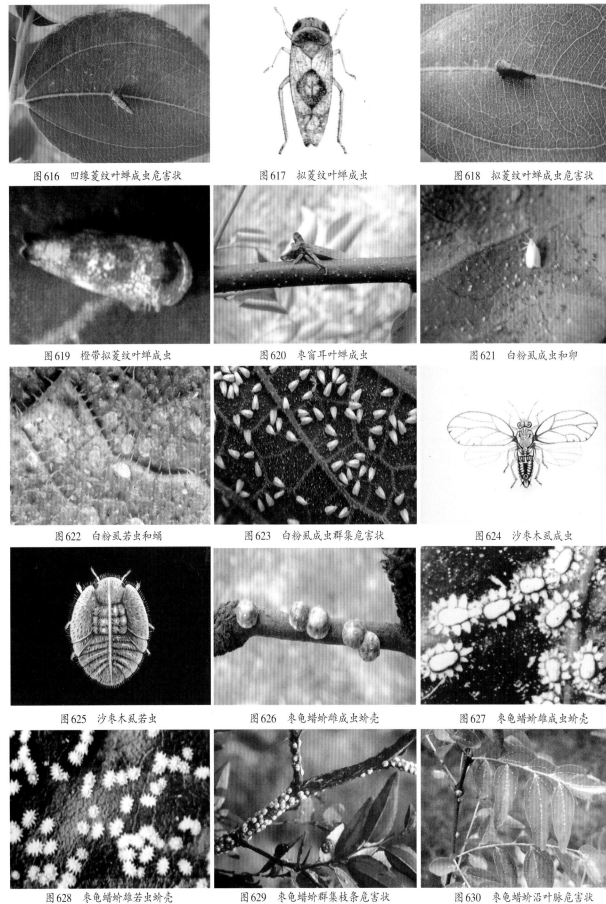

图 616　四缘菱纹叶蝉成虫危害状　　　图 617　拟菱纹叶蝉成虫　　　图 618　拟菱纹叶蝉成虫危害状

图 619　橙带拟菱纹叶蝉成虫　　　图 620　枣窗耳叶蝉成虫　　　图 621　白粉虱成虫和卵

图 622　白粉虱若虫和蛹　　　图 623　白粉虱成虫群集危害状　　　图 624　沙枣木虱成虫

图 625　沙枣木虱若虫　　　图 626　枣龟蜡蚧雌成虫蚧壳　　　图 627　枣龟蜡蚧雄成虫蚧壳

图 628　枣龟蜡蚧雄若虫蚧壳　　　图 629　枣龟蜡蚧群集枝条危害状　　　图 630　枣龟蜡蚧沿叶脉危害状

图 631　枣大球蜡蚧雌蚧壳正面观　　　　　图 632　枣大球蜡蚧雌蚧壳侧面观　　　　　图 633　枣大球蜡蚧雌蚧危害树梢状

图 634　皱大球蚧雌成虫　　　　　图 635　角蜡蚧雌蚧壳（示周围有 8 个角状突）　　　　　图 636　角蜡蚧雌蚧危害枝条状（放大）

图 637　褐软蜡蚧　　　　　图 638　糖槭蚧雌成虫　　　　　图 639　糖槭蚧群集危害枝干状

图 640　朝鲜球坚蚧雌蚧壳和雌成虫　　　　　图 641　雌成虫与雄成虫交配状　　　　　图 642　朝鲜球坚蚧群集树干危害状

图 643　梨圆盾蚧　　　　　图 644　梨圆盾蚧危害树干状　　　　　图 645　梨圆盾蚧危害枣果状

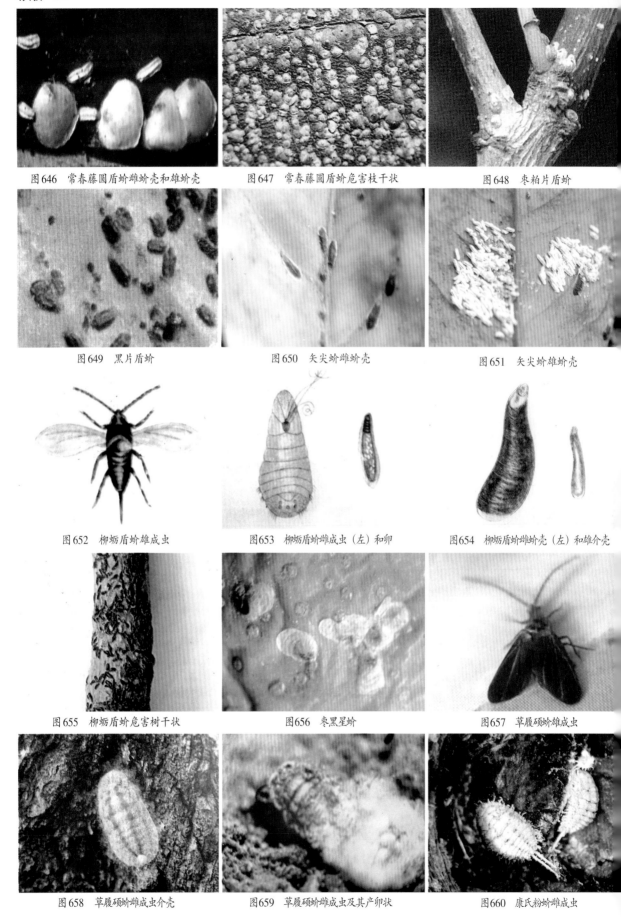

图646　常春藤圆盾蚧雌蚧壳和雄蚧壳　　图647　常春藤圆盾蚧危害枝干状　　图648　枣粒片盾蚧

图649　黑片盾蚧　　图650　矢尖蚧雌蚧壳　　图651　矢尖蚧雄蚧壳

图652　柳蛎盾蚧雄成虫　　图653　柳蛎盾蚧雌成虫（左）和卵　　图654　柳蛎盾蚧雌蚧壳（左）和雄介壳

图655　柳蛎盾蚧危害树干状　　图656　枣黑星蚧　　图657　草履硕蚧雄成虫

图658　草履硕蚧雌成虫介壳　　图659　草履硕蚧雌成虫及其产卵状　　图660　康氏粉蚧雌成虫

图 661 橘棘粉蚧雌成虫　　　　图 662 橘棘粉蚧雌成虫危害状　　　　图 663 堆蜡粉蚧雌成虫

图 664 堆蜡粉蚧危害状　　　　图 665 枣粉蚧雌成虫　　　　图 666 枣粉蚧雌成虫群集危害状

图 667 茶翅蝽成虫　　　　图 668 茶翅蝽卵块及初孵若虫　　　　图 669 茶翅蝽若虫

图 670 茶翅蝽若虫正在危害叶片状　　　　图 671 麻皮蝽成虫　　　　图 672 麻皮蝽成虫侧面观

图 673 麻皮蝽卵块及初孵若虫　　　　图 674 麻皮蝽幼龄若虫　　　　图 675 麻皮蝽成虫危害叶片状

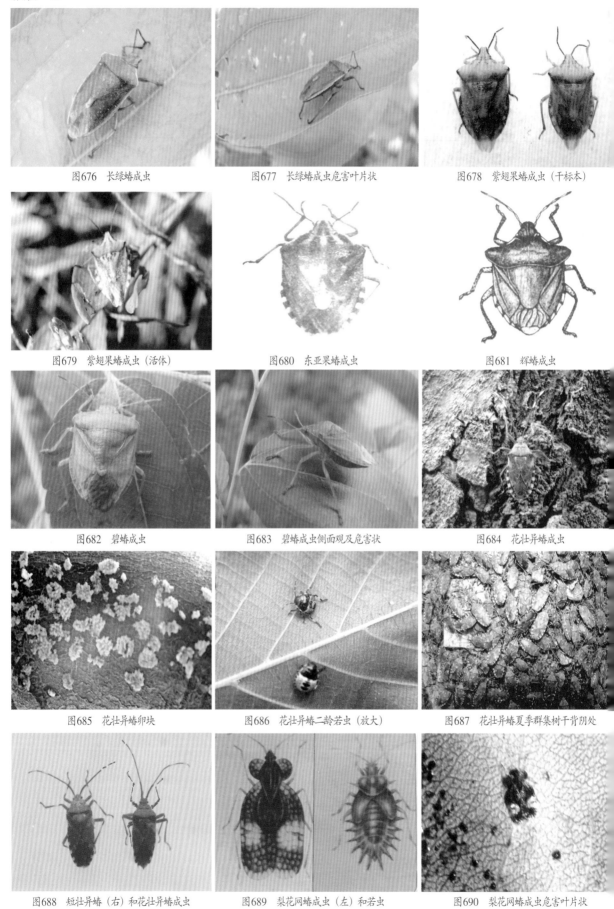

图676　长绿蝽成虫　　　　　　图677　长绿蝽成虫危害叶片状　　　　图678　紫翅果蝽成虫（干标本）

图679　紫翅果蝽成虫（活体）　　　　图680　东亚果蝽成虫　　　　　　图681　辉蝽成虫

图682　碧蝽成虫　　　　　　图683　碧蝽成虫侧面观及危害状　　　　图684　花壮异蝽成虫

图685　花壮异蝽卵块　　　　图686　花壮异蝽二龄若虫（放大）　　图687　花壮异蝽夏季群集树干背阴处

图688　短壮异蝽（右）和花壮异蝽成虫　　图689　梨花网蝽成虫（左）和若虫　　图690　梨花网蝽成虫危害叶片状

图691　牧草盲蝽成虫

图692　牧草盲蝽成虫危害状

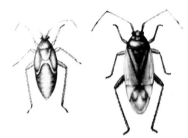

图693　绿盲蝽成虫（右）和若虫

图694　绿盲蝽危害叶片状

图695　三点盲蝽成虫

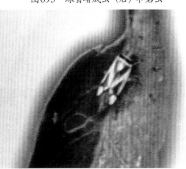

图696　三点盲蝽成虫危害叶片状

图697　枣跳盲蝽成虫

图698　枣跳盲蝽成虫交配状

图699　枣跳盲蝽危害叶片状

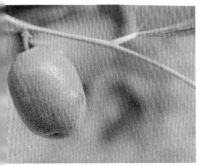

图700　枣跳盲蝽初期危害果实状

图701　烟蓟马成虫

图702　烟蓟马若虫

图703　大青叶蝉成虫

图704　大青叶蝉成虫正在产卵

图705　大青叶蝉卵块

图706 大青叶蝉若虫

图707 大青叶蝉成虫正在危害叶片状

图708 大青叶蝉危害枝干状（示月牙形卵窝）

图709 大白叶蝉成虫

图710 蚱蝉成虫

图711 蚱蝉卵块（放大）

图712 蚱蝉若虫（蝉脱）

图713 蚱蝉成虫危害状（示齿状产卵窝）

图714 蚱蝉成虫产卵枝枯死状

图715 蚱蟟成虫

图716 蚱蟟若虫（蝉脱）

图717 蟪蛄成虫

图718 蟪蛄成虫展翅状

图719 金缘吉丁虫成虫

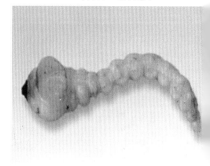

图720 金缘吉丁虫幼虫

图721 金缘吉丁幼虫危害状

图722 六星吉丁虫成虫

图723 六星吉丁虫成虫栖息在枝条上

图724 六星吉丁虫幼虫

图725 六星吉丁虫幼虫危害状

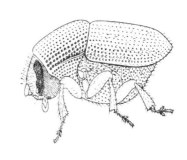

图726 皱小蠹成虫

图727 皱小蠹危害状

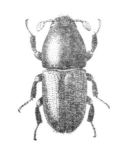

图728 果树小蠹成虫

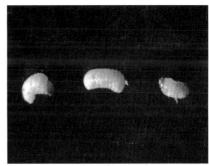

图729 果树小蠹幼虫

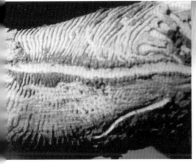

图730 果树小蠹危害状

图731 芳香木蠹蛾东方亚种成虫

图732 芳香木蠹蛾东方亚种幼虫及危害状

图733 柳干木蠹蛾成虫

图734 柳干木蠹蛾幼虫

图735 咖啡豹蠹蛾成虫

图736　咖啡豹蠹蛾幼虫

图737　幼虫在枝干内从排粪孔排出的粪便

图738　幼虫由下向上间隔一定距离蛀排粪排气

图739　六星黑点豹蠹蛾成虫展翅状

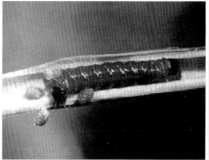

图740　六星黑点豹蠹蛾幼虫及危害状

图741　灰暗斑螟成虫

图742　灰暗斑螟幼虫

图743　灰暗斑螟蛹

图744　灰暗斑螟幼虫在甲口上下危害状

图745　家茸天牛成虫

图746　家茸天牛幼虫危害状

图747　红缘亚天牛成虫

图748　红缘亚天牛幼虫及危害状

图749　薄翅锯天牛成虫（左雌右雄）

图750　桃红颈天牛成虫

图751　桃红颈天牛幼虫

图752　桃红颈天牛幼虫危害状

图753　幼虫危害后排出的木屑和粪便

图754　帽斑天牛成虫

图755　圆斑紫天牛成虫

图756　竹红天牛成虫

图757　云斑天牛成虫

图758　云斑天牛成虫侧面观

图759　云斑天牛幼虫

图760　云斑天牛蛹

图761　云斑天牛蛹腹面观

图762　云斑天牛危害状（示树干被害后折断状）

图763　星天牛成虫

图764　星天牛成虫侧面观

图765　星天牛幼虫及危害状

彩版 52

图766　粒肩天牛成虫　　　　　图767　粒肩天牛幼虫及危害状　　　　图768　刺角天牛成虫

图769　刺角天牛幼虫危害状　　图770　黑翅土白蚁有翅繁殖蚁　　　图771　黑翅土白蚁脱翅繁殖蚁

图772　黑翅土白蚁工蚁　　　　图773　黑翅土白蚁蚁巢　　　　　　图774　黑翅土白蚁危害状

图775　东方蝼蛄成虫（左）和若虫　图776　东方蝼蛄危害根部状　　图777　华北蝼蛄成虫（左）和若虫

图778　华北蝼蛄危害根部状　　　图779　小地老虎成虫　　　　　　图780　小地老虎成虫展翅状

彩版 53

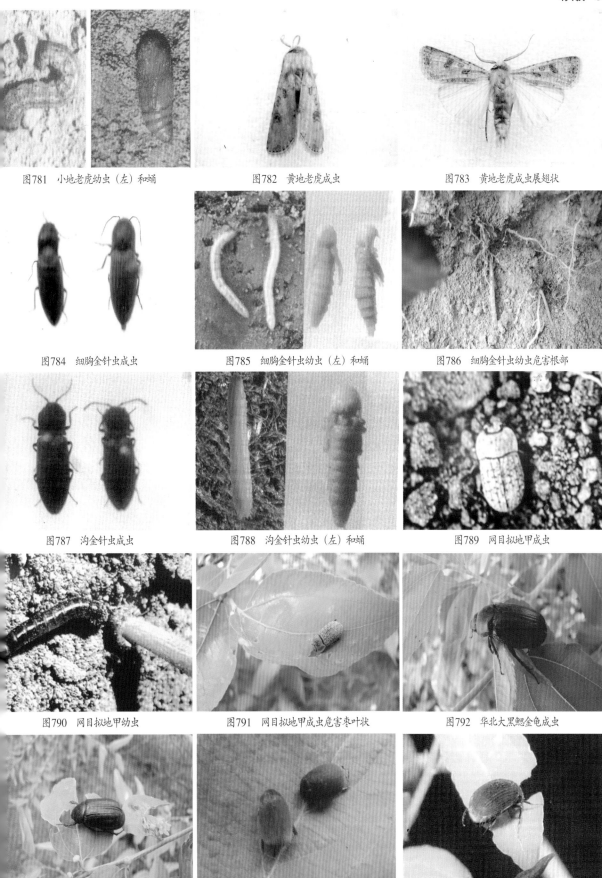

图781 小地老虎幼虫（左）和蛹

图782 黄地老虎成虫

图783 黄地老虎成虫展翅状

图784 细胸金针虫成虫

图785 细胸金针虫幼虫（左）和蛹

图786 细胸金针虫幼虫危害根部

图787 沟金针虫成虫

图788 沟金针虫幼虫（左）和蛹

图789 网目拟地甲成虫

图790 网目拟地甲幼虫

图791 网目拟地甲成虫危害枣叶状

图792 华北大黑鳃金龟成虫

图793 华北大黑鳃金龟成虫正在危害枣叶

图794 黑绒鳃金龟成虫

图795 黑绒鳃金龟成虫危害叶片状

图796 小云斑鳃金龟成虫　图797 小云斑鳃金龟成虫危害叶片状　图798 黑皱鳃金龟成虫
图799 黑皱鳃金龟成虫危害状　图800 四纹丽金龟成虫　图801 四纹丽金龟成虫危害枣叶状
图802 铜绿丽金龟成虫　图803 铜绿丽金龟成虫危害状　图804 黄褐丽金龟成虫
图805 黄褐丽金龟幼虫　图806 黄褐丽金龟成虫危害叶片状　图807 斑喙丽金龟成虫
图808 斑喙丽金龟成虫危害叶片状　图809 茸喙丽金龟成虫及危害叶片状　图810 蛴螬（金龟子幼虫）危害枣苗根部状

图811 印度谷螟成虫

图812 印度谷螟成虫展翅状

图813 印度谷螟幼虫（左）及危害状

图814 印度谷螟蛹（左正面右腹面）

图815 紫斑谷螟成虫

图816 一点缀螟雄成虫

图817 一点缀螟雌成虫

图818 米缟螟成虫

图819 米缟螟幼虫（上）和蛹

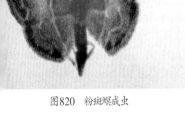

图820 粉斑螟成虫

图821 地中海斑螟成虫

图822 四点谷蛾成虫

图823 四点谷蛾幼虫（上）和蛹

图824 烟草粉斑螟成虫

图825 烟草粉斑螟幼虫

图826 玉米象成虫

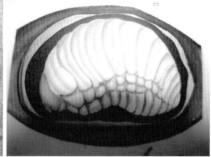

图827 玉米象幼虫

图828 米象成虫

图829 谷象成虫

图830 咖啡豆象成虫

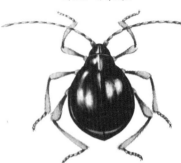

图831 裸蛛甲成虫

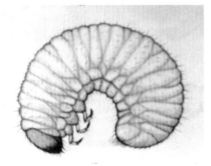

图832 裸蛛甲幼虫

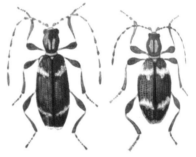

图833 日本蛛甲成虫（左雄右雌)

图834 日本蛛甲成虫腹面观

图835 日本蛛甲幼虫

图836 日本蛛甲危害干枣状

图837 日本蛛甲危害枸杞子状

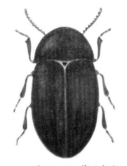

图838 烟草甲成虫

图839 药材甲成虫

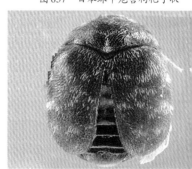

图840 谷斑皮蠹成虫

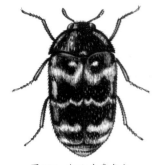
图841 红斑皮蠹成虫

图842 红斑皮蠹幼虫

图843 谷蠹成虫（左）和大谷盗成虫

844 锯谷盗成虫（左）和土耳其扁谷盗成虫

图845 大眼锯谷盗（左）和长角扁谷盗

图846 杂拟谷盗（左）和赤拟谷盗成虫

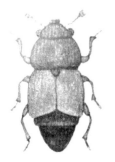
图847 脊胸露尾甲成虫

图848 脊胸露尾甲幼虫

图849 脊胸露尾甲蛹

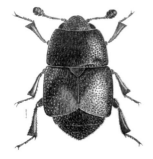
图850 酱曲露尾甲成虫（黄斑露尾甲）

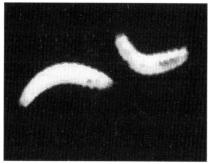
图851 酱曲露尾甲幼虫

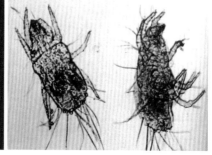
图852 腐嗜酪螨正面观（左）和侧面观

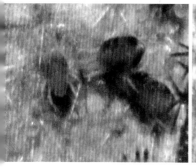
图853 截形叶螨成螨和卵

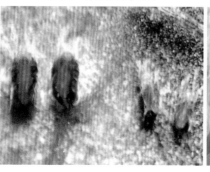
图854 朱砂叶螨（左雌右雄）

图855 朱砂叶螨危害叶片状

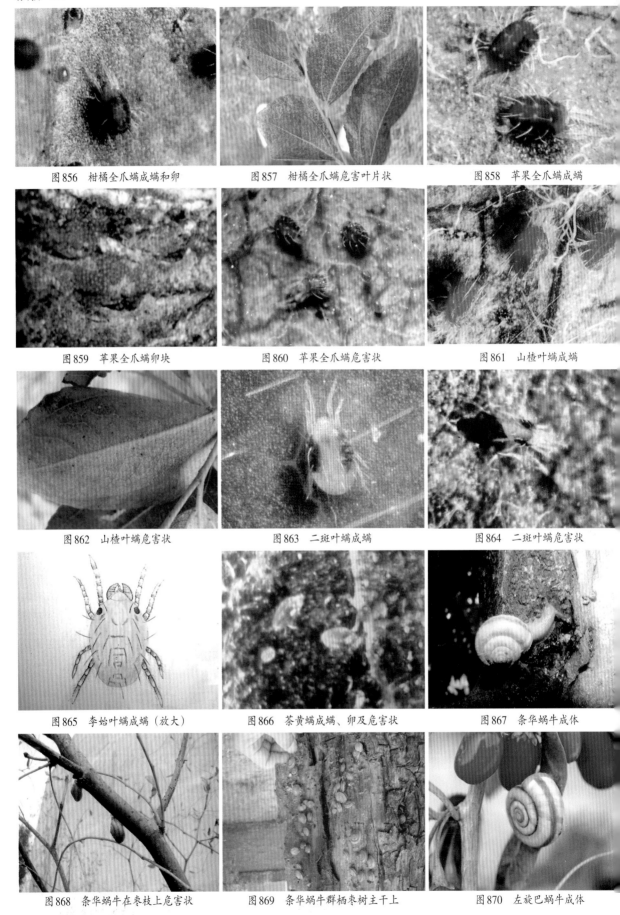

图 856　柑橘全爪螨成螨和卵　　　图 857　柑橘全爪螨危害叶片状　　　图 858　苹果全爪螨成螨

图 859　苹果全爪螨卵块　　　图 860　苹果全爪螨危害状　　　图 861　山楂叶螨成螨

图 862　山楂叶螨危害状　　　图 863　二斑叶螨成螨　　　图 864　二斑叶螨危害状

图 865　李始叶螨成螨（放大）　　　图 866　茶黄螨成螨、卵及危害状　　　图 867　条华蜗牛成体

图 868　条华蜗牛在枣枝上危害状　　　图 869　条华蜗牛群栖枣树主干上　　　图 870　左旋巴蜗牛成体

图871 左旋巴蜗牛危害枝干状　　图872 灰巴蜗牛成体　　图873 灰巴蜗牛栖息在叶片上

图874 灰巴蜗牛危害枣叶状　　图875 甘氏奇异螺　　图876 瘦瓶杂斑螺

图877 琥珀螺　　图878 野蛞蝓成体及危害状　　图879 中华鼩鼱

图880 黄鼠　　图881 沙土鼠　　图882 金花鼠

图883 红腹松鼠　　图884 麻雀　　图885 麻雀危害枣果状

图886 藜

图887 藜危害枣苗状

图888 尖头叶藜

图889 杂配藜幼苗

图890 杂配藜成株及危害枣苗状

图891 刺藜

图892 猪毛菜幼苗

图893 猪毛菜危害枣苗状

图894 地肤

图895 地肤危害枣苗状

图896 萹蓄幼苗

图897 萹蓄成株

图898 卷茎蓼

图899 反枝苋

图900 葎草

图901 黄花铁线莲

图902 秃疮花幼苗

图903 秃疮花成株

图904 牛繁缕

图905 角茴香

图906 荠菜幼苗

图907 荠菜成株

图908 独行菜

图909 独行菜危害枣苗状

图910 遏蓝菜

图911 蛇莓

图912 委陵菜

图913 匍枝委陵菜

图914 草木樨

图915 苦马豆

图916 骆驼蓬　　　　　图917 骆驼蓬危害枣苗状　　　　　图918 泽漆

图919 飞扬草　　　　　图920 乌蔹莓幼苗　　　　　图921 乌蔹莓成株

图922 苘麻　　　　　图923 圆叶锦葵　　　　　图924 野西瓜苗

图925 紫花地丁　　　　　图926 鹅绒藤幼苗　　　　　图927 鹅绒藤成株

图928 地梢瓜幼苗　　　　　图929 地梢瓜成株　　　　　图930 萝藦

图931 田旋花幼苗　　　　图932 田旋花成株　　　　图933 打碗花幼苗

图934 打碗花成株　　　　图935 圆叶牵牛　　　　图936 野胡萝卜

图937 刺芫荽　　　　图938 附地菜幼苗　　　　图939 附地菜成株

图940 紫苏草　　　　图941 马鞭草　　　　图942 柳穿鱼

图943 地黄幼苗和成株　　　　图944 阿拉伯婆婆纳　　　　图945 茜草幼苗

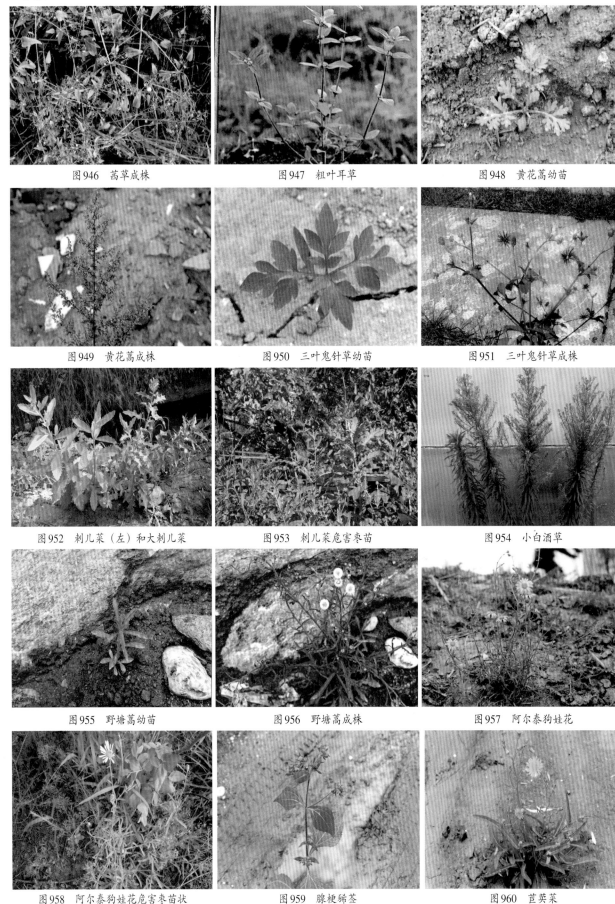

图946 茜草成株　　　　　　图947 粗叶耳草　　　　　　图948 黄花蒿幼苗

图949 黄花蒿成株　　　　图950 三叶鬼针草幼苗　　　图951 三叶鬼针草成株

图952 刺儿菜（左）和大刺儿菜　图953 刺儿菜危害枣苗　　　图954 小白酒草

图955 野塘蒿幼苗　　　　　图956 野塘蒿成株　　　　　图957 阿尔泰狗娃花

图958 阿尔泰狗娃花危害枣苗状　　图959 腺梗豨莶　　　　　图960 苣荬菜

图961 苦苣菜　　　　　　　　图962 马兰　　　　　　　　图963 蒙山莴苣幼苗

图964 蒙山莴苣成株　　　　　图965 蒲公英幼苗　　　　　　图966 蒲公英成株

图967 马唐幼苗　　　　　　　图968 马唐成株　　　　　　　图969 大画眉草

图970 虎尾草　　　　　　　　图971 无芒稗　　　　　　　　图972 牛筋草

图973 蜡烛草　　　　　　　　图974 狗尾草　　　　　　　　图975 狗尾草危害枣苗状

图 976　臭草　　　　　　　　图 977　臭草危害枣苗状　　　　　　图 978　狼尾草

图 979　鹅观草　　　　　　　　图 980　荻　　　　　　　　　图 981　狗牙根

图 982　冰草　　　　　　　　图 983　长芒草　　　　　　　　图 984　白茅

图 985　赖草　　　　　　　　图 986　赖草危害枣苗状　　　　　　图 987　芦苇幼苗

图 988　芦苇成株　　　　　　　　图 989　香附子　　　　　　　　图 990　鸭跖草

991　异色瓢虫成虫　捕食蚜虫和叶螨　　图992　异色瓢虫幼虫　捕食蚜虫和叶螨　　图993　大突肩瓢虫成虫　捕食蚜虫和叶螨

图994　二斑盘瓢虫　捕食蚜虫和叶螨　　图995　日本方头甲成虫和幼虫　取食桑白蚧　图996　步行甲成虫　捕食鳞翅目、蝇类害虫

图997　食蚜蝇幼虫　正在捕食蚜虫　　图998　绒茧蜂成虫　寄生多种害虫和蛹　　图999　寄生蜂成虫　正在向蚜虫体内产卵

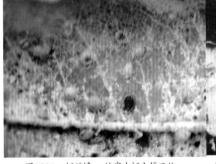

000　上海青蜂成虫　正向刺蛾茧内产卵　　图1001　蚜茧蜂　被寄生蚜虫僵死状　　图1002　胡蜂成虫　捕食多种鳞翅目害虫幼虫

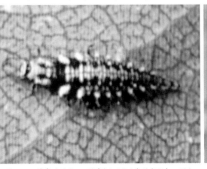

草青蛉成虫　捕食蚜、螨及多种害虫卵、幼虫　图1004　草青蛉幼虫　捕食蚜、螨及多种害虫卵、幼虫　　图1005　螳螂茧

图1006　螳螂成虫　捕食蚜虫及蝶蛾类多种害虫

图1007　猎蝽　正向鳞翅目幼虫体内产卵

图1008　黄褐食虫蝽　捕食螨类和仓库害虫幼虫

图1009　日本大螋蝼　捕食仓库害虫幼虫和蛹

图1010　拟蝎　捕食仓库害虫幼虫和蛹

图1011　蓟叶甲成虫　蚕食刺儿菜、大刺儿菜等蓟类

图1012　独行菜猿叶甲　蚕食独行菜叶和花

图1013　丝殊角萤叶甲　蚕食乌蔹莓等杂草

图1014　蓼蓝齿胫叶甲　卵、幼虫(上)、蛹及幼虫危

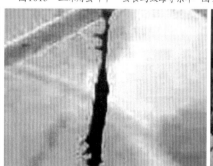

图1015　白僵菌　感染鳞翅目害虫幼虫僵死状

图1016　苏云金杆菌　感染鳞翅目害虫幼虫死亡状

图1017　蟾蜍　捕食多种害虫

图1018　啄木鸟　捕食天牛、吉丁虫等多种蛀干害虫

图1019　喜鹊　捕食多种害虫

图1020　猫头鹰　捕食田鼠、松鼠等有害动物

前　言

　　枣树（*Zizyphus jubaju* Mill）为鼠李科（Rhamnaceae），枣属（*Zizyphus* Mill）木本植物。它原产我国，据考证系由酸枣演化而来，1200 万年前我国南、北方都有酸枣的分布。从古文献记载来看，黄河流域和长江流域栽培历史最久的也是酸枣。枣树在我国的分布最北到内蒙古、吉林，东至沿海各省，南至两广，西南至云、贵、川，西北至甘肃、新疆。新中国成立以来，枣树生产得到了长足发展，尤其是二十世纪八十年代中期改革开放以来，随着退耕还林和农业生产结构的调整，枣树以其适应性强、富含营养、耐贮性强、用途广、管理简便，兼具经济和生态两大效益等优点得到了迅速发展，枣树种植面积不断扩大，经济效益、生态效益和社会效益同步增长。

　　据 FAO 统计资料表明，2003 年我国枣树种植面积约 100 万公顷，产量达 150 多万吨，无论是面积还是产量均居世界首位，远远超过土耳其和美国等生产大国。从 1997—2003 年我国枣产量由 33.89 万吨上升到 157.37 万吨，增加了 4.64 倍。枣是产量第一的干果，枣果品种丰富多彩，如干制枣、蜜枣、乌枣、酒枣等。其中主要产品是干制枣，约占总产量的 70%，其次是蜜枣类，约占 20%。枣是中国的传统出口产品，常年出口量在 1.1~1.5 万吨之间，约占总产量的 1%，其中原枣和加工品出口各占 50%。近年来外销枣的收购价格为每千克 9~12 元（韩国市场销售价为每千克 20~40 元）。北京、天津、广州和香港是枣产品的主要转口外销基地。据不完全统计，中国枣及其加工产品已销售到 20 多个国家，主要国家为韩国、日本、新加坡和马来西亚，约占外销总量的 80%，为我国出口创汇做出了很大贡献。总之，发展枣树生产，在我国贫困地区脱贫致富、生态建设和出口创汇中所占地位日益突出，发展前景十分广阔。

　　但是，枣树生产中普遍存在单产偏低，质量较差，出口不力的问题，主要原因是品种不优，管理粗放，尤其是病虫草害的危害较重，致使产量提不高，质量变劣。据作者多年来的调查结果表明，枣树病害 65 种，其中真菌病 40 种，细菌病 3 种，生理病 11 种，寄生性植物 7 种，其他病害 4 种。在这些病害中，枣疯病于开花后表现出明显症状，花变成叶，病花一般不能结果；芽不能正常萌发，芽萌成小枝；叶片变黄、卷曲，易焦枯。枣锈病多于夏季高温多雨季节发生，被害叶片密生锈斑并变灰、变脆，发病严重的植株叶片 7~8 月落光，果实不能正常成熟，品质劣，产量大减。枣褐斑病和炭疽病等主要危害果实，常造成果实腐烂，提前脱落。枣果霉烂病多在大枣采收期、加工期及贮藏期感病，常有大批枣果发生霉烂，不能食用，损失严重。枣树害虫 293 种，其中鞘翅目害虫 110 种，鳞翅目害虫 109 种，同翅目害虫 48 种，半翅目害虫 14 种，直翅目害虫 6 种，其他目害虫 6 种。在这些害虫中，尤其是食害花、果实的害虫直接造成枣树减产，如小青花金龟、斑青花金龟常食害花器，致使不能结果。桃小食心虫、李小食心虫和枣实蝇的幼虫从果实膨大期即陆续蛀入果内食害果肉，被害果充满虫粪，提前变红、脱落，严重时影响枣果产量和质量。如主编 2003 年在宁夏银川、灵武和甘肃宁县等地调查，发现桃小食心虫危害枣果的概率为 30%~50%，严重者达 70%，并造成大量落果。在干枣贮藏期间常遭受印度谷螟、紫斑谷螟、干果粉斑螟等害虫的危害，它们以幼虫吐丝结网，把被害果连缀成团，藏于其中，并排出异味粪便，污染果实，危害严重时往往连成一片白色薄膜遮盖整个包装物，失去食用价值。其他有害动物有 29 种，其中害螨 9 种，蜗牛 7 种，田螺 3 种，野蛞蝓 1 种，鼠兔类 8 种，麻雀 1 种。叶螨常在叶背刺吸汁液，形成无数褪绿小斑点，严重时叶片焦枯脱落；蜗牛常食叶片，秋季啃食树皮，影响枣树生长发育，以幼苗和幼树受害较重；花鼠常于秋季果实成熟前后啃食果实，严重时常将枣果食光，以山区危害较重（详见本书附录：中国枣树病虫及其他有害动物名录）。害草 168 种，其中双子叶杂草 127 种，单子叶杂草子 41 种。枣园杂草，尤其是深根多年生杂草，如芦苇、白茅、赖草等，与枣树争水、争肥，影响枣树生长发育，也是枣树产量提不高的重要因素之一。因此，采取有效防控措施，消灭和控制病虫杂草和其他有害动物的危害，对提高枣树产量和质量十分重要。

为了发展枣树生产，普及病虫及其他有害动物的防控知识，作者将多年来调查研究的资料和拍摄的彩色照片进行了系统整理，并参考有关文献和广大农民预防控制枣树病虫和其他有害动物的经验，编纂成《中国枣树病虫草害及其防控原色图谱》一书。本书介绍了枣树病害 56 种，其中花器、果实病害 16 种，叶部病害 17 种，枝干病害 14 种，根部病害 9 种；枣树害虫 235 种，其中花器、果实害虫 33 种，食叶害虫 83 种，刺吸害虫 48 种，枝干害虫 26 种，地下（根部）害虫 16 种，仓储害虫 29 种；其他有害动物 22 种，其中叶螨 8 种，蜗牛 3 种，田螺 3 种，蛞蝓 1 种，鼠类 6 种，鸟类 1 种。枣园杂草 79 种，其中双子叶杂草 60 种，单子叶杂草 19 种。具体阐述了枣树病害的分布与危害、症状、病原菌、发病规律，害虫及其他有害动物的分布与危害、形态特征、生活史与习性，杂草的分布与危害、形态特征及生物学特性，以及对它们的预防控制措施等。同时书中选配了原色图 1024 幅，图文并茂，可供读者对照文字准确进行田间诊断，迅速做出防控对策。

在进行枣树病虫及其他有害动物的调查和照片拍摄过程中，得到了甘肃、宁夏、陕西、山西、河南、河北、山东、浙江等省、自治区植保界同行的大力支持和帮助，本书还引用了朱弘复、吕佩珂、蒋芝云、冯玉增、王江柱、冯明祥等专家的部分照片，在此一并致谢。本书如有不妥之处，敬请读者指正。

张炳炎

2015 年 12 月 18 日

目　录

第一章　枣树病害

第一节　花器、果实病害

枣树花器、果实病害有 16 种，枣炭疽病、枣褐斑病、枣黑腐病均属真菌病害，感病后，在果面产生不同形状、不同颜色的病斑，严重时常引起枣果提前脱落，或枣果腐烂。枣缩果病是一种细菌病害，果实感病后，从腰部出现褪绿色斑，果肉组织逐渐松散，严重时大量脱水，果皮逐渐皱缩，无味，不能食用。枣果锈病和枣裂果病均为生理病害，前者发病后果面出现一层锈斑而且粗糙，影响枣果商品质量；后者发病后，使果面开裂形成不同形状的裂口，易招致霉菌侵入，引起枣果腐烂。枣软腐病、枣青霉病、枣曲霉病及枣木霉病等五种真菌病害，多发生于果实采收期、加工期及贮藏期，感病后，均易引起枣果腐烂，产生不同颜色的霉状物，发出霉味或霉酸味，不堪食用。

枣褐斑病

病菌名 *Dothiorella gregaria* Sacc.

枣褐斑病又称枣黑腐病。病原菌属于半知菌亚门，球壳孢目，球壳孢科，小穴壳属。

【分布与危害】

该病分布于甘肃、陕西、宁夏、山西、河北、北京、河南及四川、云南、广西等省、市、自治区。除危害枣外，也危害酸枣，主要危害枣果，引起果实腐烂或提前脱落。流行年份病果率达 30%~50%，严重者达 70% 以上。

【症状】 彩版 1　图 1~9

枣果前期感病，在果实膨大发白近着色时，先在肩部或腰部出现不规则病斑，边缘较清晰，以后病斑逐渐扩大，病部稍有凹陷或皱缩，颜色随之加深变成红褐色，最后整个病果呈黑褐色，失去光泽。剖开病果，可看到病部果肉内呈浅黄色小斑块，严重时大片直至整个果肉变为褐色，最后呈灰黑色至黑色，病组织松软呈海绵状坏死，味苦，不能食用。后期受害枣果果面出现褐色斑点，并逐渐扩大成椭圆形病斑，果肉呈软腐状，严重时全果腐烂。一般枣果发病后 2~3 天即提前脱落。病果落地后，在潮湿条件下，病部产生很多黑色小粒点，即为病原菌的分生孢子器。

【病原】

该病由聚生小穴壳菌侵染所致。病菌的子座生于寄主的表皮下，成熟后突破表皮外露，呈黑色球形突起。单生子座直径 0.2~0.4 厘米，集生子座直径为 2~7 厘米。每个子座内有一至数个分生孢子器，分生孢子器呈球形，暗色，其大小为 97~233 微米×97~189 微米。分生孢子梗短，不分枝，无色，分生孢子纺锤形或梭形，单孢，无色，大小为 19.4~29.1 微米×5~7 微米。

【发病规律】

病菌以菌丝体、分生孢子器和分生孢子在枯死枝条及病僵果上越冬。第二年分生孢子借风雨和昆虫等传播，病菌在6月下旬落花后的幼果期，从伤口、虫伤、自然孔口或直接穿透枣果的表皮侵入，但不发病，侵入枣果后处于潜伏状态。8月下旬至9月上旬果实接近成熟期，其内部的生理发生变化，潜伏菌丝迅速扩展，果实才开始发病。此时若连续阴雨，病害就会暴发成灾。病果极易软化腐烂，其原因在于随着枣果的成熟衰老，本身呼吸对氧浓度的要求较高，而果实在成熟期，果皮腊质膜、角质膜增厚，透气性减弱，由于这两方面的相互作用，使得枣树果实成熟衰老时容易发生乙醇酵解，造成腐烂。当年发病早的病果提早落地，枣林湿度大时，当年又会产生分生孢子，再次侵染枣果。

枣果发病的轻重和早晚，与当年降雨次数和枣园空气中的相对湿度有密切关系。阴雨天气多的年份，病害发生早而重，相反发生晚而轻。发病与树势强弱有关，树势弱发病早而重，树势强发病晚而轻。发病与间作物也有关，枣树行间间种玉米、高粱等高秆作物者，因通风透光不良，湿度大，有利于发病；与花生或甘薯等矮秆作物间作者，因通风透光性好，湿度小，不利于发病；与豆类、棉花间作者，因蝽象、食心虫等较多，危害枣果，造成伤口，有利于病菌从伤口侵入，发病重。

【预防控制措施】

1. 农业防控

（1）加强枣园管理，增施有机肥和磷、钾肥，合理灌水，铲除杂草，及时防治害虫，增强树势，减轻病害的发生。枣园行间可以种植花生、马铃薯等矮秆作物，禁止种植玉米、高粱等高秆作物，保持枣园通风透光，降低空气湿度，减少病害发生。

（2）发病盛期和枣果收获后，及时清理病果和僵果，集中一起烧毁或深埋。对发病重的枣树，结合冬季修剪，细致剪除枯枝和病虫枝集中一起烧毁，以清除病源，减轻来年病害发生。

2. 药剂防控

（1）枣树发芽前，用40%福美砷可湿性粉剂100倍液，或波美5度石硫合剂，喷布树干，铲除树体越冬病菌。

（2）幼树结合防控枣锈病等病害，用50%菌毒威可湿性粉剂800~1000倍液，或50%退菌特可湿性粉剂600~800倍液，间隔10天左右喷一次，连续喷洒2~3次。

（3）幼果座齐后，用1∶1∶200倍等量式波尔多液喷雾，每20天左右喷1次，可与上述药剂交替使用。

枣炭疽病

病菌名 *Colletotrichum gloeosporioides*（Penz）Sacc。

枣炭疽病又称枣焦叶病、枣烧茄子病。病菌属于半知菌亚门，黑盘孢目，刺盘孢属。

【分布与危害】

该病分布于甘肃、陕西、山西、河南、四川、安徽等省、市、自治区。除危害枣、酸枣外，也危害苹果、核桃、杏、花椒、枸杞等，主要危害果实、叶片和枣吊、枣头。果实受害后，造成果实、叶片提早脱落，致使产量下降，品质变劣。

【症状】彩版 1　图 10~15

果实感病后，在果肩和果腰上出现淡黄色水渍状斑点，逐渐扩大为黄褐色不规则形斑块，中间产生圆形凹陷斑，病斑扩大后连片成红褐色，枣果皱缩，引起早期落果。病果着色早，在潮湿条件下，病斑上产生黄褐色小突起，即病菌的分生孢子器，溢出粉红色黏性分生孢子团。落地重病果，干后仅剩果核及丝状物连接果皮，味苦，不堪食用。轻病果勉强可食，但带苦味，品质变劣。叶片受害，叶尖、叶缘生不规则形枯斑，后期枯斑上生黑褐色轮纹。枣吊、吊头田间症状较轻，经保湿培养，可生出粉红色黏稠状分生孢子团。

【病原菌】

枣炭疽病系由盘长孢状刺盘孢侵染所引起。分生孢子盘埋生于寄主表皮下，之后外露，湿度大时溢出粉红色分生孢子团。分生孢子梗不分隔呈栅状排列，无色，圆柱形，大小为 10~20 微米×1.5~2.5 微米。分生孢子圆筒形，无色，单孢，稍弯，大小为 12~20 微米×4~7 微米，有油球 1~2 个。

【发病规律】

病菌以菌丝体或分生孢子在病果、病叶上越冬。来年 6 月上中旬温湿度适宜时产生分生孢子，借风、雨和昆虫传播，自伤口、自然孔口或直接穿透表皮侵入，引起发病。一年内能多次侵染危害。从花期即可侵染，每年 6 月下旬至 7 月上旬开始发病，8~9 月份枣果接近成熟或成熟采收期达发病盛期。一般枣园树势衰弱、通风透光不良、天气高温、高湿等条件，易引起病害发生。

【预防控制措施】

1. 农业防控

（1）加强枣园管理，进行深翻改土，防止偏施氮肥，采用配方施肥技术，降雨后及时排水，促进枣树生长发育，增强抗病能力。

（2）及时清除地面落叶、落果等病残体，集中烧毁或深埋，以减少病菌来源；加强枣树修剪，改善枣园通风透光条件，抑制病害发生。并结合修剪，剪去病虫枝、枯枝及残存老枣吊，减轻病害发生。

2. 药剂防治

（1）在冬季结合清洁枣园，喷布 1 次波美 3~5 度石硫合剂，或 45% 晶体石硫合剂 100 倍液，同时兼治其他病虫害。

（2）在春季嫩叶期，幼果期及接近成熟期，各喷 1 次 1∶1∶100 倍等量式波尔多液，或波美 0.3~0.5 度石硫合剂，或 45% 晶体石硫合剂 150~200 倍液，或 77% 氢氧化铜可湿性粉剂 600 倍液，或 80% 炭疽福美可湿性粉剂 800 倍液，或 65% 代森锌超微可湿性粉剂 800 倍液，或 50% 甲基硫菌灵可湿性粉剂 800 倍液。

枣果黑腐病

病菌名 *Alternaria alternate*（Fr.）Keissl，*Phoma destructive* Plowr，*Fusicoccum* SP.

枣果黑腐病又名铁皮病，俗称黑腰、铁焦、雾烊等。均属半知菌亚门，分属于丝孢目、暗色菌科、链格孢属和球壳孢目、球壳孢科的茎点霉属与壳梭孢属。

【分布与危害】

该病分布于全国各省、市、自治区枣产区。除危害枣、酸枣外，还危害桃、杏、李及多种农作物。只危害枣果，枣果被害后失去光泽，外观呈铁锈色，果肉呈海绵状，味苦，不堪食用。

【症状】 彩版2 图16~19

枣果感病多从果肩开始，呈现不规则凹陷斑，边缘清晰，病斑向果顶扩展，呈黄褐色大斑块，并渐变为红褐色至暗红色，失去光泽，外观呈铁锈色，故又称铁皮病。病果极易脱落。病果果肉变为浅黄色至褐色，呈海绵状坏死，味苦，不堪食用。果实近成熟期发病，发病后常提前脱落，品质降低，不能食用。

【病原】

该病由链格孢菌、毁灭茎点霉和壳梭孢菌单独或复合侵染而引起。链格孢菌分生孢子梗单生或数根簇生，直立或弯曲，褐色，具有隔膜，很少分枝。分生孢子链生或单生，卵形、倒棒形、倒梨形或近椭圆形，褐色，横隔3~8个，纵、斜隔1~4个，大小为22.5~40微米×8~13.5微米。毁灭茎点霉菌分生孢子器散生或聚生，初埋生后突破表皮，扁球形，顶端呈乳突状，直径356~1200微米，器壁褐色，膜质。分生孢子椭圆形、卵圆形，无色，单胞，两端钝圆或一端略尖，大小为5~10微米×2~3.5微米，内含1~3个油球。壳梭孢菌分生孢子器埋生或表生，暗褐色至黑色，多腔室。分生孢子梗圆柱形，无色，罕有分隔，基部分枝。分生孢子梭形，正直，无色，单胞，薄壁，内含不规则油球，顶端钝圆，基部平截。

【发病规律】

该病3种病菌均以菌丝体、分生孢子器或分生孢子在病部越冬，第二年从开花到果实成熟均可侵染，发病期为枣果白熟期，果实着色期开始表现病症，枣果采收后病情继续发展。枣果生长期、成熟期多雨，湿度大，发病重，相反发病则轻。

【预防控制措施】

1. 农业防控

（1）枣园加强水肥管理，增施有机肥，及时排灌水，使枣树健壮生长，提高抗病能力。

（2）枣树合理修剪，使果树通风透光，可减轻病害发生。枣果着色期发病果及时摘除，并捡拾落地病果，集中深埋或烧毁。

2. 物理防控

为防止枣果采收后，病情继续扩展，枣果可用开水烫煮1~2分钟，然后晾晒或炕烘制干。

3. 药剂防控

枣果发病初期，用70%代森锰锌可湿性粉剂500倍液，或75%百菌清可湿性粉剂600倍液，或50%异菌脲可湿性粉剂1000倍液喷雾，间隔10天左右喷一次，连续防治3~4次。

枣轮纹病

Macrophoma kuwatsukai Hara.

枣轮纹病又名枣浆果病、枣果轮纹病。病原属于半知菌亚门，球壳孢目，球壳孢科，大茎点属。

【分布与危害】

该病分布于河南、河北、山东、安徽、云南等省、自治区，是近年来由国外传入中国的一种新病害，也是仅次于枣炭疽病的重要病害。除侵染枣、酸枣外，也侵害苹果、梨、桃、杏、栗、海棠和木瓜等。主要危害枣果、枣吊、枣头，1~2年生枝条也受其害。果实近成熟期发病，发病后常提前脱落，品质降低，不能食用。

【症状】 彩版2 图20~24

枣果感病后，先出现水渍状褐色小病斑，之后病斑迅速扩大为红棕色圆形轮纹状，或纵向扩展为梭形凹陷病斑。后期病果表皮下可生出瘤状较大的黑色粒点，即病菌的分生孢子器，空气湿度大时，自粒点内涌出白色扭曲的丝状分生孢子角。严重者果实的1/3或2/3腐烂，甚至全果腐烂。此后失水变为黑色皱缩僵果。

【病原】

该病由轮纹大茎点菌侵染所引起。分生孢子器散生或聚生，初埋生后突破表皮，扁球形或椭圆形，器壁黑褐色，炭质，顶部具乳突，直径为176~320微米，孔口圆形，与器壁同色，内壁密生分生孢子梗。分生孢子梗丝状，单胞，大小为18~25微米×2~4微米，顶端着生分生孢子。分生孢子梭形或椭圆形，单胞，无色，大小为19~32微米×4~6微米。有性态为梨生囊孢壳（*Physalospora piricolo* Nose）。冬季在落果及其他病组织上形成子囊壳，来年二三月间可见到成熟的子囊及子囊孢子。

【发病规律】

病菌以菌丝体、分生孢子器和子囊壳在病组织内越冬，而以僵果的带菌量最多。第二年春季气候变暖，产生分生孢子，借风雨传播，进行初侵染。由气孔或伤口侵入枣果及其他部位组织。该病原菌具有潜伏侵染性，初侵染的幼果不立即发病，病菌潜伏在果皮组织或果实浅层组织内，潜伏期较长，待果实停止生长后，转色期或变白期即出现症状，着色期为发病高峰。果实发病后期，可产生分生孢子器与分生孢子，进行再侵染。晾晒期和贮藏期同样可以感病。此病的发生和流行与树势、气候、枣园间作物、病虫害的防治情况有关。健壮树发病轻，衰弱树发病重。降雨早而且多的年份发病重，尤以7~8月间出现连阴雨天气，病害极易流行。枣树行间间作矮秆作物发病轻，间作玉米、高粱等高秆作物发病重。防治其他病虫害较好的枣园，树势健壮，伤口少发病轻，相反发病则重。

【预防控制措施】

1. 人工防控

（1）结合冬、春季修剪，及时疏去密集枝、徒长枝、重叠枝、交叉枝，改善通风条件，减轻病害发生。

（2）刮除粗翘皮，集中烧毁。花期不要重开甲，避免削弱树势引起发病。

（3）生长期及时摘除和捡拾落地病果，剪除病枝、枯枝，并集中烧毁或深埋。

（4）为避免枣果创伤，采果时要小心，以减少伤口发生。成熟度不同的枣果由于含水量不同，应分别晾晒，并检出虫果、伤果、病果，集中深埋，减少病菌再侵染。

（5）贮藏期仓库要保持通风，防止高温高湿，引起病害发生。

2. 农业防控

（1）加强枣园管理，科学施肥，并注意施用以氮、磷、钾肥为主的多元复合肥，并适

5

当配以腐熟的鸡粪，切忌偏施氮肥或氮磷肥；春季花期和幼果期追施叶面肥各一次。同时合理灌水，注意防治病虫害，铲除枣园杂草，使枣树健壮生长，增强抗病能力。

（2）枣园行间严禁种植玉米、高粱等高秆作物。可以种植花生、马铃薯、蔬菜、甘薯等矮秆作物，以利通风透光，降低枣园空气湿度，减少病害发生。

3. 物理防控

改变日晒加工干枣为炕烘法、电热法加工，即枣果采收后，放在55℃~70℃温度的炕上或电热器上烘烤10小时后，再摊开晾干。

4. 药剂防控

（1）早春枣树发芽前，喷洒波美3~5度石硫合剂或45%晶体石硫合剂80~100倍液。晾晒期和贮藏期，对用过的晒箔、麻袋和库房，第二年使用前，可用0.1%高锰酸钾溶液，或50%多菌灵可湿性粉剂600倍液喷洒消毒。

（2）生长季节抓好早期喷药保护，分别于7月初、7月下旬、8月初，用77%氢氧化铜可湿性粉剂600~800倍液，或70%甲基硫菌灵可湿性粉剂800~1000倍液，或50%多菌灵可湿性粉剂600~800倍液各喷一次。注意雨后补喷，喷药时要求均匀细致周到。

枣疮痂病

病菌名 *Cladosporium carpophilum* Thum

枣疮痂病的病原菌属于半知菌亚门，丝孢目，暗色菌科，芽枝霉属。

【分布与危害】

该病分布于全国各省、自治区枣产区。除危害枣外，还危害桃、杏、李等果树。主要危害枣果，也危害叶片和新梢，果实、叶片受害后，常引起早期脱落，影响产量。

【症状】 彩版2 图25~28

果实感病后，初期果面产生暗褐色圆形小斑点，后期病斑扩大变为黑褐色、紫褐色痣状病斑，直径2~5毫米，不凹陷，发生多时病斑常互相愈合成片，重病果龟裂。果梗受害，果实常早期脱落。叶片感病后，在叶背出现不规则片状失绿斑，上布黑锈色斑点，叶片向上面卷缩，严重时引起落叶。新梢被害后，产生椭圆形隆起病斑，呈浅褐色至暗褐色，上生黑色霉层。

【病原】

该病由果生芽枝霉（又称嗜果枝孢菌）侵染而引起。分生孢子梗单生或数根丛生，榄褐色，正直或弯曲，通常不分枝，具隔膜，大小为42~56微米×4~5微米。分生孢子单生或串生，椭圆形或梭形，淡榄褐色，单胞或具1个隔膜，大小为12~21微米×4~6微米。

【发病规律】

该病以菌丝体在病残体上越冬，第二年4~5月产生分生孢子，借风雨传播，侵染寄主。通常幼果期即被侵染，到枣果白熟期症状表现明显。病菌在枣果内扩展仅限于表皮浅层组织，当病部组织枯死后，果实仍可继续生长，因此病果常产生龟裂。当年生枝条被害后，夏末才显现症状，秋季产生分生孢子，是第二年春季初次侵染的主要来源。早熟品种果实发病轻，晚熟品种果实发病重。此外，果实向阳面及日照强、蝽象危害重的果园，病害发生重。

【预防控制措施】

1. 农业防控

（1）冬、春季彻底清除枣园内枯枝、落叶和落果，集中一起烧毁或深埋，消灭越冬菌源。

（2）适时修剪，疏去过多枝条，使枣树通风、透光良好，减轻病害发生。

（3）夏季高温季节，配合补充营养，喷施叶面肥，通过喷液降低果面温度，避免日灼伤果，减少该病的发生。

2. 药剂防控

（1）春季枣树发芽前，树体喷布波美 3～5 度石硫合剂，或 45% 晶体石硫合剂 80～100 倍液，或 70% 甲基硫菌灵可湿性粉剂 800 倍液，或 80% 代森锌可湿性粉剂 600 倍液，消灭越冬病菌。

（2）生理落果后，用 50% 多菌灵可湿性粉剂 600 倍液，或 75% 百菌清可湿性粉剂 500～600 倍液，或 65% 代森锰锌可湿性粉剂 700 倍液，或 25% 腈菌唑乳油 2000～2500 倍液均匀喷雾，间隔 10～15 天喷 1 次，直到采收前 15 天为止。

（3）结果期及时防治蟖象等刺吸式害虫，减轻病害发生，可参见本书有关蟖象防控措施。

枣果霉烂病

枣果常发生的霉烂病有：枣软腐病、枣青霉病、枣红粉病、枣曲霉病、枣青霉病、枣木霉病、轮纹烂果病等。

【分布与危害】

枣果霉烂病在我国各大枣栽培区普遍发生，以甘肃东部、陕西、河南、河北、安徽、浙江等省发生较重。轮纹烂果病主要危害脆熟期枣果，其余几种发生在采收期、加工期、贮藏期，造成枣果霉烂，不堪食用，损失严重。

【症状】 彩版 2～3 图 29～39

1. 枣软腐病 *Rhizopus artocarpi* Pacib 属接合卵菌门，分枝根霉菌。

果实感病后，果肉发软、变褐，有酸霉味。病部先生出白色丝状物，随后在白色丝状物上生出许多针头状的小黑点，即为病原菌的菌丝体、孢囊梗及孢子囊。

2. 枣青霉病 *Penicillium* sp. 属半知菌亚门，丝孢目，青霉菌。

果实感病后，果实变软，果肉变为褐色，有苦味。病部生有绿色霉层，即为病原菌的分生孢子成串的聚集，边缘白色，即为菌丝层。

3. 枣曲霉病 *Aspergillus* sp. 属半知菌亚门，丝孢目，曲霉菌。

果实发病后，病果有霉酸味，表面生有褐色或黑色大头针状物，即为病原菌的孢子穗。

4. 枣红粉病 *Trichothecium roseum* （Pers.） Liuk 属半知菌亚门，粉红单端孢。

果实发病后，果肉腐烂，有霉酸味，受害部有粉红色霉层，即为病原菌的分生孢子和菌丝体的聚集物。

5. 枣木霉病 *Trichoderma viride* Peys. exFr. 属半知菌亚门，丝孢目，绿色木霉菌。

果实感病后，病果组织变软、变褐，表面生长深绿色霉状物，即病原菌的分生孢子团。

【病原】

1. 枣软腐病　该病由分枝根霉菌侵染而引起。病菌的菌丝发达，有分枝、匍匐丝和假根。孢子梗从匍匐丝上产生，与假根对生，顶端产生球形的孢子囊，内生大量的孢囊孢子，有囊轴。孢囊孢子球形或近球形，表面有饰纹。

2. 枣青霉病　该病由青霉菌侵染而引起。病菌的分生孢子梗直立，顶端1次至多次分枝成扫帚状，分枝上长出瓶状小梗，其顶端着生成串的分生孢子，孢子近球形。

3. 枣曲霉病　该病由黑曲霉菌侵染所致。病菌的分生孢子梗直立，顶端膨大，其上长出放射状排列的小梗，小梗两层，顶部串生球形褐色的分生孢子，直径2.5~4微米。

4. 枣红粉病　该病由红粉聚端孢霉菌侵染所致。病菌的分生孢子梗直立，分生孢子由梗的顶部单个地向下陆续形成，聚集成团。分生孢子双孢，鞋底形，无色，大小为12~18微米×8~10微米。

5. 枣木霉病　该病由绿木霉菌侵染而引起。病菌的分生孢子梗有隔膜，直径2.5~3.5微米，垂直对生分枝，顶枝尖端细削，微弯，尖端着生分生孢子团，有孢子4~12个。分生孢子球形或椭圆形，无色，大小为2.8~4.5微米×3.2~3.9微米。

【发病规律】

各种病菌孢子广泛散布于空气中、土壤里及枣果表面，当枣果有创伤、虫伤、挤伤或有裂果病等损伤时，霉菌孢子即发芽，从伤口侵入。在枣果近成熟期空气湿度大，温度较高，或枣果采收后，果实含水量高，遇阴雨天晒枣不及时，堆放在一起温度过高，极易发生霉烂。在枣果贮藏期，仓库内通风不良，温度偏高，也易引起发病。

【预防控制措施】

1. 枣果接近成熟期，应注意防治裂果病、蝽象等枣树病虫害。参考本书枣裂果病、蝽象等有关预防控制措施。同时采收枣果时，应防止碰伤、挤伤等，保持果面完好，可减少病菌侵入的机会。

2. 采收枣果时，应选择晴天上午10时以后采摘，不要在雨天、雾天或早晨露水未干时采收，以保证采收后果面干燥，降低湿度，以减轻病害发生。

3. 鲜枣采收后，要严格剔除病果、虫果、伤果，再将检净的鲜枣摊在炕上，以55℃~70℃温度烘烤10~12小时后，再进行摊晒，晒成干枣后贮藏或出售。

4. 贮藏干枣的仓库要保持低温、通风，防止潮湿，减轻病害发生。

枣缩果病

病菌名 Erwinia jujubovra Cai. Feng et Gao

枣缩果病又名束腰病，北方枣区俗称烧茄子病。病原菌属于细菌薄壁菌门，草生群肠杆菌科，欧氏杆菌属。

【分布与危害】

该病分布于全国各地枣产区，甘肃、陕西、宁夏、河南、河北、山东、重庆、四川、浙江、福建等省、市、自治区发生普遍，危害严重。主要危害枣果，也危害果柄，果实受害后逐渐干缩凹陷，味苦，不堪食用，果柄受害后致使枣果提前脱落，严重时常造成减产。

【症状】彩版 3~4 图 40~47

枣果感病后，多在腰部产生淡黄色水渍状斑块，边缘浸润状，清晰。以后病斑变为暗红色，无光泽。有的病果从果梗开始出现浅褐色条纹，排列整齐。剖开果皮，果肉呈土黄色或浅褐色，组织松软萎缩，呈海绵状坏死，坏死组织逐渐向果肉深层延伸，有苦味。最后病部转为暗红色或暗褐色，病果大量脱水逐渐干缩凹陷，果皮皱缩，并出现纵向收缩纹，故名枣缩果病。果柄感病后呈暗黄色，提前形成离层，致使枣果提前脱落。

【病原】

该病由噬枣欧氏杆菌侵染所致。病原菌属革兰氏染色阴性，短杆状，大小为 0.4~0.5 微米×1 微米，菌体周鞭毛 1~3 根，无芽孢。

【发病规律】

病原菌在病果内越冬。来年病菌通过风雨传播，病菌从果面摩擦造成的伤口及害虫咬伤的伤口侵入，引起发病。一般在枣果白熟期至着色期发病，特别是阴雨连绵或夜间降雨，白昼天晴，气温在 23℃~26℃时极易暴发流行成灾。

该病的发生及严重程度与枣园病虫害的防治、当年降雨量多少以及栽培品种等有直接关系。枣园害虫发生严重，尤以刺吸式口器害虫严重者发病较重，相反，发病则轻。雨多、空气湿度大，日照偏少年份发病重，反之发病轻或不发病。平地密植枣园、管理条件差的枣园发病重，山地枣园和间作绿肥的枣园发病轻。马牙枣、鸡心枣、齐头白、九月青较抗病，灰枣、梨枣、木枣和灵枣易感病。

【预防控制措施】

1. 人工防控

及时清除枣园病果、烂果，集中一起深埋，以减少侵染源。

2. 农业防控

（1）选育和利用抗病品种。

（2）加强枣园管理，增施有机肥、适时灌水，夏秋雨季注意排水，及时铲除枣园杂草，增强树势，提高枣树抗病能力。

3. 药剂防控

（1）治虫防控 适时防治害虫，特别是蝽象、蚜虫等刺吸式口器的害虫，防止害虫危害造成虫伤，以减轻病害发生。防治方法参见本书有关蝽象、蚜虫防控措施。

（2）喷药防控 春季枣树萌芽前喷洒波美 3~5 度石硫合剂。七月底八月初开始喷洒 72%农用链霉素可湿性粉剂 3000 倍液，或 60%二元酸铜可湿性粉剂 500 倍液，或 47%加瑞农可湿性粉剂 600 倍液，或 25%噻枯唑可湿性粉剂 800 倍液，或 30%DT 可湿性粉剂 600~800 倍液，以后间隔 10~15 天喷 1 次，连喷 2~3 次。

枣果果锈病

病原名 生理病

枣果果锈病又名枣果锈果病。病原属于一种生理病。

【分布与危害】

该病在我国各大枣产区均有发生，在西北地区发生普遍，危害较重，受害枣果果面出现一层锈斑，影响外观，降低商品价值。

【病状】 彩版4　图48~51

当果皮受到外界不良因子刺激，表皮细胞易破裂形成木栓层，代替表皮起保护作用。故初期表皮出现星星点点锈斑，后锈斑连片，严重时整个果面呈现一层锈斑，致使果面粗糙，并形成不规则形龟裂，影响果品质量。

【病因】

大多数枣品种皮薄，果肉疏松，当果皮表面受到外界摩擦或刺激时，表皮细胞易破裂形成木栓，下皮细胞分裂产生木栓形成层，后形成木栓组织，致使角质层龟裂剥落，果面周皮化。

【发病规律】

在西北地区枣果锈病发生在6~7月。果锈的发生与气候条件有密切关系，在多湿、低温、冷风时，易引起果锈，特别是盛花期后15~20天内的空气湿度越大，果锈率越高，故不同年份果锈发生轻重不同。发生果锈病与管理的水平也有关系，凡栽培条件好，树势壮，叶片完整，果锈发生轻或不发生，反之则重。此外，枣锈壁虱发生危害重的枣园，果锈发生重，反之则轻；枣果含氮磷量低者，果锈发生重，含氮磷量高者，果锈轻；幼果期用药不当如喷含硫酸铜高的药剂，也能产生果锈。

【预防控制措施】

防治枣果锈病，应从保护果实外层组织，杜绝不良因子刺激或抑制木栓形成入手。

1. 农业防控

（1）选育和利用枣果果皮厚，果肉组织紧密的品种，可减轻果锈的发生。

（2）加强栽培管理，注意枣园干旱时及时灌水，夏秋雨季做好果园排涝，合理修剪枣树，增强通透性，降低枣园湿度，控制病害发生。

2. 药剂防控

（1）及时预防控制枣瘿螨，可减轻果锈发生。参见本书枣瘿螨的防控措施。

（2）喷洒保护剂。从枣树开花后10天，喷洒27%高脂膜乳油80~100倍液，或二氧化硅水剂30倍液，每7~10天喷1次。

（3）喷施生长调节剂。于枣树开花10天、20天各喷一次赤霉素40000倍液。

（4）幼果期防治其他病虫害，应注意选择用药，不要用硫酸铜、波尔多液、氧化乐果、石硫合剂，避免加重果锈发生。

枣生理缩果病

病原名　生理病

枣生理缩果病又名枣生理缩果症，病原属于挂果过多，营养供不应求引起的生理病。

【分布与危害】

该病分布于全国各地枣产区。寄主为枣和酸枣。主要危害果实，使果实失水、皱缩，失去商品价值。

【病状】 彩版4　图52~55

枣果感病后，使果实皱缩、失水、变红，易脱落。与缩果病的区别，主要是果实表面没有侵染性病斑。从果实膨大期至近成熟期都可以发病，有时发生较早，有时发生较迟。

【病因】

生理缩果病发生原因主要是挂果量过大，树体养分供不应求。过量喷施赤霉素促进坐果，是诱发该病发生的主要因素之一。施肥不足、土壤瘠薄、树势衰弱、早期落叶，可加重生理缩果病的发生。

【预防控制措施】

1. 增施农家肥、绿肥等有机肥，按比例施用氮肥、磷、钾肥和微肥；干旱季节及时灌水、保证树体养分及时供应，可有效控制生理缩果病发生。

2. 科学适量喷施赤霉素，根据土壤营养水平合理结合喷施，防止缩果病发生。

3. 枣树生长期，特别是果实膨大期至着色期，及时喷施硼钙肥、磷酸二氰钾、尿素等，可在一定程度上减轻缩果病的发生。

4. 注意防控造成枣叶脱落的病虫害，如枣锈病、叶螨等，保持叶片正常功能，制造较充足的养分。此外，尽量避免喷施波尔多液，减少叶片污染，提高叶片光合效率。

枣裂果病

病原名 生理病

枣裂果病又称枣裂果症。病原属于生理性病，又称非侵染性病。

【分布与危害】

枣裂果病在全国各枣产区均有发生，有些年份比较严重。除危害枣、酸枣外，也危害葡萄、苹果、枸杞等。在枣果成熟前后如雨水多，病害发生严重。果实开裂后由于湿度大、多雨，病菌趁机从伤口侵入，从而加速果实腐烂变质。

【病状】 彩版 4~5 图 56~63

枣果接近成熟时，如连日下雨，果面上出现多种裂果形状，即纵裂、横裂和"T"字形、"X"形裂口。一般纵裂最多，在果面上纵向开裂一条长缝，裂口处果肉外露。果实开裂后，易招致霉菌侵入，致使果实腐烂变质。

【病因】

该病属于生理性病害。主要是由水分供应不匀，或天气干湿度变化过大而引起。果实开裂程度与果实含钙、钾多少、枣品种、果实不同发育阶段、土壤理化性质以及日灼有关。

【发生规律】

裂果与气候条件有关，成熟期降雨是诱发裂果的主要因素。一般来说，枣在前期生长发育多处于干旱环境，而后期降雨量大的年份枣果裂果率高，反之则低。降雨引起裂果与雨水滞留果面时间密切相关，长时间小雨，或雨后果面阴湿凝露，会引起裂果；短时间大雨，雨后天晴，果面迅速干燥，则不会产生裂果。

不同品种的枣其裂果情况不同，一般认为果皮薄或结构疏松、细胞间隙大的品种易裂果，反之，裂果率则低。果肉黏弹性越大，越容易裂果。枣果不同发育阶段裂果情况也不同：细胞分裂发育期都不裂果，果实成熟前期很少裂果，进入晚熟期果皮开始着色到完全着色，成熟度增加，果皮变薄，易裂果。果皮含水少的情况下，韧性降低，裂口程度显著增加。

果实中钙、钾含量的多少决定裂果情况。钙是细胞壁的重要结构成分，钙可增强细胞的耐压力和延展性，也可增强果皮抗裂能力。钾可以增加细胞壁的厚度，自然可以增强果皮的抗裂能力。土壤有效土层的厚薄、理化性质的好坏，也是裂果发生的原因之一。土壤黏性大，又不能迅速排水的园地，裂果率高，山坡地比平地裂果率低。一般在不影响根系正常生长发育的情况下，地下水位越高，裂果率越低。

裂果与日灼也有一定关系，有日灼伤痕的果实，都不抗裂，遇到降雨，首先沿伤痕处裂开。

【预防控制措施】

1. 农业防控

（1）选育和选择抗病品种　要有计划地筛选培育抗裂品种，这是防治裂果病的重要措施之一。

（2）选择和改良枣园土壤　凡是根系扎入土层浅，土质黏性大，排水性能差，土壤通透性不好的枣园，裂果率较高。所以新建枣园应选择有效土壤深厚的沙壤土，还应考虑建立排水设施。土壤理化性质的好坏是衡量果实产量的重要标志，土壤中钙、钾的含量对裂果病有极大影响，因此也应注意改良土壤，并增施钙、钾肥。

（3）适时灌溉　开发节水灌溉技术，保持干旱季节有稳定的水源供应灌溉，在后期注意控水，使土壤水分处于充足而稳定的状态，不使果皮细胞生长停止过早，防止或减少裂果发生。

2. 药物防控

从 7 月份开始，叶面喷施氯化钙 400 倍水溶液，防止裂果效果比较好。由于钙在树体内不易移动，所以间隔 10~20 天再喷一次，连喷 2~3 次。同时可结合喷布比久 1000~80000 倍液，或 $20×20^{-5}$ 膨果龙等激素，刺激细胞分裂扩大，平衡果皮和果肉细胞生长速度，减少裂果病的发生。

枣缺硼病

病原名　生理病

枣缺硼病又称枣缺硼症。病原是由缺硼引起的生理病。

【分布与危害】

该病分布于全国各地枣产区。不但危害枣树，也危害酸枣，当枣树缺硼时，枝梢停止生长，叶片扭曲、畸形，严重时引起落花、落果。

【病状】彩版 5　图 64~65

枣树缺硼时，首先枝梢顶端停止生长，从早春开始发生枯梢，到夏末新梢叶片呈棕色，幼叶畸形，叶片呈扭曲状，叶柄紫色，顶梢叶脉出现黄化，叶尖、叶缘出现坏死斑，继而生长点死亡，并由顶端向下枯死；花器发育不健全，落花落果严重；所结果实大量出现缩果呈畸形，以幼果较重，严重时尾尖处产生裂果，顶端果肉木栓化，呈褐色斑块状，失去商品价值。

【病因】

该病由于缺硼所引起。硼不是枣树体内的结构成分，但硼对枣树的某些重要生理过程有特殊影响。硼对枣树体内碳水化合物的运转和生殖器官的发育起重要作用，促进花粉发芽与花粉管伸长，还可促进激素的运转，促进糖分向结果部位运输。此外，还对枣树的光合作用以及提高植株的抗性等方面有重要影响。当枣树缺硼时，体内碳水化合物、激素及糖分运转不能正常进行，光合作用受到影响，花芽发芽和花粉管伸长受到抑制，致使枣树表现出上述缺硼病状。

【预防控制措施】

1. 春季结合施肥，成年树每株施硼砂或硼酸 0.01~0.02 千克。

2. 增施有机肥，并掺施保得土壤生物菌接种剂，改良土壤结构，提高土壤透气性，释放被固定的肥料元素，增加土壤中速效养分的含量。

3. 枣树始花期、盛花期、谢花期，各喷施 1 次 0.2% 硼砂加 0.5% 红糖再加 "天达 211" 1000 倍液。施用硼砂时一定要用开水溶化后兑制，均匀喷洒。避免局部浓度过大引起药害；硼在枣树体内运转力差，应多次喷雾为好，至少两次，才能起到保花保果效果。

枣日灼病

病原名 生理病

枣日灼病又名枣日烧病，病原属于强日光照射，温度升高而灼伤的生理病。

【分布与危害】

该病在我国北方枣产区均有发生，尤以雨水少、日照时间长、昼夜温差大的西北地区发生重。甘肃陇南、天水、陇东、兰州、河西地区发生普遍。主要危害枣，也危害葡萄、苹果、柑橘等果树。枣果实受害后产生坏死斑，影响产量和商品价值；枝干受害产生焦煳斑，易引起腐烂病发生，削弱树势。

【病状】 彩版 5 图 66~67

主要危害果实，也危害枝干。果实感病后，初期在果实向阳面产生黄白色、绿色或浅白色（红色果）圆形或不定形斑块，后变为褐色坏死斑；有时周围有红晕或凹陷，果肉木栓化。此病仅发生在果实皮层，病斑内部果肉不变色，容易形成畸形果。主干、大枝感病后，在向阳面产生不规则焦煳斑块，易遭腐烂病菌侵染，引起腐烂病发生或削弱树势。

【病因】

夏季强光直射果面和树干，致使局部蒸腾作用加剧，温度升高而灼伤。尤其是幼果在生长过程中，如出现光照和温度剧变的气候条件，极易导致果实日灼病。枝干受害还有另一种原因，就是果树冬季落叶后，树体光秃，白天阳光直射主干或大枝，致使向阳面温度升高，细胞解冻，夜晚气温下降后又冻结，如此反复数次，常造成皮层细胞坏死，发生日灼病。

【发病规律】

枣日灼病的发生除与日照时间长短和强度有关外，还与枣品种成熟早晚、品种耐贮藏与否等有密切关系。一般早熟品种发病重，中熟品种次之，晚熟品种发病较轻；红色耐贮藏品种发病轻，不耐贮藏品种发病重。

【防治方法】

1. 人工防控

（1）利用白色反光的原理，树干涂刷白涂剂，可降低向阳面温度，缩小冬季昼夜温差，以减轻夏季高温灼伤。涂白剂的配制：生石灰 10~12 千克，食盐 2~2.5 千克，豆浆 0.5 升，豆油 0.2~0.3 升，水 36 升。配制时先将生石灰化开，加水配制成石灰乳，除去渣滓，再将其他原料加入其中，充分搅拌即成。涂白时，避免涂白剂滴落在小枝上灼伤嫩芽。

（2）密切注意天气变化，如将出现炎热易发生日灼的天气，于午前喷清水，或 0.2%~0.3%磷酸二氢钾水溶液，有一定预防作用。

2. 农业防控

（1）在日灼病发生严重地区，应选栽抗日灼病的枣树品种。

（2）合理施用氮肥，不宜偏施氮肥，防止枝叶徒长，夺取果实中的水分。

（3）加强土壤耕作保墒，旱时适时灌水，雨季及时排水，促进根系活动，保证树体对水分的需要。

第二节　叶部病害

危害枣树叶片、幼芽、嫩梢的病害主要有 17 种，其中以枣锈病、枣叶斑病、枣灰斑病、枣叶白腐病等分布广、危害重，常引起叶片干缩和早期脱落。枣白粉病、枣黑斑病分布于南方各省、自治区，主要发生在毛叶枣（印度枣）上，前者感病叶背产生白色粉斑和菌丝，严重时布满叶片，造成落叶、落果。后者发病后叶背产生黑褐色病斑，叶面呈黄褐色病斑，受害叶常卷曲或呈扭曲状，果小无味。枣黄叶病、枣小叶病由于缺铁、缺锌叶片褪绿，花少，对产量影响较大。枣煤污病虽不直接造成危害，发生严重时使整个叶片布满黑色霉层，妨碍光合作用，影响枣树生长发育，造成减产。

枣锈病

病菌名 *Phakopsora zizyphi-vulgaris*（P. Henn.）Diet.

枣锈病又称枣多层锈病、枣雾病。病原菌属于担子菌亚门，锈菌目，层锈菌科，层锈菌属。

【分布与危害】

枣锈病广泛分布于甘肃、山西、河北、河南、陕西、四川、重庆、云南、广西、安徽、江苏、浙江等地枣树栽培区。在流行年份发病率可达 50%以上，高达 100%，常在果实膨大期大量脱落，从而再次萌发新叶。不仅影响了当年枣营养的积累，同时也因再次生叶使养分过度消耗，直接影响了次年枣的产量和质量。

【症状】彩版 5　图 69~74

此病主要危害叶片。发病初期，在叶片正面出现水浸状褪绿小斑，逐渐失去光泽，以后变为黄褐色角斑。与病斑相对应的叶背面出现散生或聚生凸起的土黄色的疱状物—夏孢子堆。夏孢子堆形状不规则，直径 0.2~1 毫米。大多散生在叶脉两旁，叶尖和叶片基部，密集在叶脉两旁的夏孢子堆往往许多个连成条状。这些疱状物破裂后放出黄色粉末，即夏孢子。到秋季叶背夏孢子堆旁边又产生黑褐色的角状物，即冬孢子堆，突起不破裂，呈不规则形。冬孢子堆比夏孢子堆小，直径 0.2~0.5 毫米。

【病原菌】

该病系由枣层锈菌浸染所引起的真菌病害。此病只发现夏孢子堆和冬孢子堆两个阶段。菌丝体无色,大小为30~40微米×5~8微米。夏孢子堆生于枣叶背面,有时延至全叶,以后不规则开裂,黄褐色;夏孢子圆形或椭圆形,单胞,黄褐色或橘黄色,表面密生短刺,大小为14~26微米×12~20微米。冬孢子堆也散生于叶背;冬孢子长圆形或多角形,单胞、平滑,大小为10~21微米×6~10微米,冬孢子呈2~4层排列。

【发病规律】

病菌主要以夏孢子堆在病叶上越冬,也可以多年生菌丝在病芽中越冬。第二年夏孢子借风雨传播到新叶上,从叶片正、反面直接侵入,引起初次感染,发病后又可多次再侵染。此外,由外地高空吹来的夏孢子,是初侵染的第二种菌源。病菌的潜育期为7~15天。通常于7月上中旬开始发病,8月下旬至9月初进入发病盛期,大量夏孢子不断进行再侵染,致使大量叶片脱落,二次新叶开始陆续出现。9月下旬开始出现冬孢子堆。锈病的发生与气候条件有密切关系,凡是降雨量多,特别是秋季雨量多,降雨频繁的情况下,病害容易流行。此病多从树冠下部叶片发生,并由下向上蔓延。病菌可通过气流传播,只要气候适宜,病菌繁殖快,再浸染频繁。此病的发生与枣园所处地势环境有关,阳坡较阴坡发病轻;零散枣树较成片枣树发病轻。病害的发生与枣树品种也有关,如新郑的鸡心枣、圆枣不抗病,其次是新郑的灰枣、灵宝的大枣,河北赞黄大枣、安徽小枣等较抗病。此外,若在枣树行间种植玉米、高粱等高秆作物,因通风透光不良,发病重;间作马铃薯、甘薯、甘蓝等矮秆作物发病轻。

【预防控制措施】

1. 人工防控

枣树落叶后,将病枝、落叶进行清扫,集中一起烧毁,彻底清除和消灭越冬病原菌。

2. 农业防控

(1)加强栽培管理 枣园不宜密植,合理修剪,使之通风透光,雨季及时排水,降低枣园湿度,以增强树势,提高枣树的抗病能力。

(2)栽培抗病品种 选用抗病品种,以降低锈病的传播流行;同时利用无性繁殖或嫁接等培育抗病品种。

3. 药剂防控

(1)发病严重枣园,于7月上中旬,用15%三唑酮可湿性粉剂500倍液,或25%丙环唑乳油1000倍液,或12.5%烯唑醇可湿性粉剂600倍液,或20%萎锈灵乳油300倍液,或53.8%氢氧化铜干悬浮剂800~1000倍液均匀喷雾。

(2)枣树于秋季果实采收后,或翌年春季枣树萌芽前,喷洒1次1∶2∶300倍的倍量式波尔多液,可杀死树体上寄生的病菌,防止病菌晚秋、早春入侵,预防枣锈病菌的侵染和蔓延。

枣白粉病

病菌名 *Oidium* sp.

枣白粉病又称毛叶枣白粉病、印度枣白粉病。病原菌属于丝孢目,淡色菌科,粉孢属。

【分布与危害】

枣白粉病分布于云南、广西、福建、台湾等省、自治区以及印度、缅甸等国家。主要危害毛叶枣（又名印度枣、缅枣），除危害叶片外，还危害嫩梢和果实，发病后叶片卷缩，果实皱缩，易引起早落，致使产量降低，质量变劣。

【症状】 彩版5~6 图75~78

主要危害叶片、新梢和幼果。枣叶发病初期，叶背产生白色菌丝，随后白色菌丝和白色粉状物（病菌的分生孢子）布满叶背，叶面出现褪绿或黄褐色不规则形病斑。后期病叶呈深黄褐色，易脱落。发生严重时可危及嫩枝，整个枝条布满白色菌丝和白色粉状物，幼叶呈黄褐色，皱缩而枯死。果实被害后先出现白色菌丝，并继续扩展，严重时全果布满白色菌丝和白粉。果实受害后果皮变麻、皱缩，呈褐色或黄褐色，易脱落。

【病原】

枣白粉病是由粉孢属真菌侵染而引起。菌丝体表生，产生指状吸器深入寄主表皮细胞吸取营养。分生孢子梗直立，简单不分枝，无色，长39~75微米。随着孢子的循序产生而不断延伸，产生隔膜，形成串生的分生孢子。分生孢子圆柱形、椭圆形，无色，单胞，两端钝圆，大小为21~38微米×13~16微米。有性态为子囊菌亚门，白粉菌科（Erysiphaceae.）。

【发病规律】

该病病菌以菌丝体在病梢、病叶、病僵果上越冬，第二年春季枣树展叶和生长期，产生大量分生孢子，通过气流传播，进行多次再侵染。条件适宜时，孢子萌发产生侵染丝直接从表皮细胞侵入，并在表皮细胞里产生吸器吸收营养，菌丝体则以附着器匍匐于寄主表面，不断扩展蔓延。发病时间一般在6~10月，发病最适气温为20℃~25℃。夏季高温时不利于病菌生长，秋季又有利于病菌生长，产生分生孢子进行多次侵染危害。一般在多雨潮湿或白天温暖、夜间冷凉、结露条件下，发病较重。

【预防控制措施】

1. 加强植物检疫

引进枣苗时，一定严格进行检疫，防止病害传到无病地区。发现病苗，及时就地处理，防止扩散蔓延。

2. 人工防控

生长季节，及时剪除有病新梢，摘除病叶、病果予以深埋，减少病菌扩散。秋末冬初，彻底清除病残体和落叶、落果，集中烧毁，以减少翌年菌源。

3. 农业防控

（1）合理密植，适时修剪枣树，加强通风、透光，必要时疏去过密枝条，减轻病害发生。

（2）加强田间管理，适时灌水，增施磷、钾肥，使植株生长健壮，增强抗病能力。

4. 药剂防控

发病初期，可用15%三唑酮可湿性粉剂600倍液，或20%三唑酮乳油1000倍液，或45%晶体石硫合剂150倍液，或20%烯唑醇可湿性粉剂1500倍液，或30%氟菌唑可湿性粉和10%戊菌唑悬浮剂，对水均匀喷雾。间隔7~10天喷1次，连续防治3~4次。

枣叶黑斑病

病菌名 *Pseudocercospora* sp.

枣叶黑斑病又名毛叶枣黑斑病。病原菌属半知菌亚门，丝孢目，暗色菌科，假尾孢属。

【分布与危害】

该病 1975 年首次在印度哈里亚纳发现。1985 年在云南农科院热作所果园中发现毛叶枣发生此种病害，1987 年病害遍及整个果园，感病果实变小，品味降低，影响品质和产量。除毛叶枣外，当地野生酸枣也受其害。

【症状】彩版 6 图 79~80

主要危害叶片，叶片感病后在叶背先产生零星黑色小点，以后逐渐扩大成圆形或不规则形的黑色病斑，直径 0.5~6 毫米，严重时病斑连成大片，在叶背则呈现煤烟状大黑斑，叶面呈现黄褐色斑点，受害叶片呈卷曲或扭曲状。果实变小，味道不佳。

【病原】

该病由枣假尾孢属真菌侵染所引起。子实体生于叶片背面，菌丝体内生或表生，表生菌丝浅青黄色，平滑，有隔膜，宽 2~3.5 微米，无子座。分生孢子梗簇生，从气孔伸出或单生于表面菌丝上，青黄褐色，孢子梗顶部色泽较浅，分生孢子倒棍棒形，浅黄褐色，直立至中度弯曲，顶部宽圆至钝圆形，基部倒锥形，平截，有 0~3 个隔膜，大小为 25~47.5 微米 × 8~10.8 微米。

【发病规律】

该病于当年 10 月开始零星发生，第二年 2~3 月为发病盛期，此时病树上大部分叶片布满黑色颗粒，部分叶片坏死脱落。随着病叶的脱落，健株又抽出新梢新叶，新生嫩叶上未见到发病症状。4 月下旬至 10 月为病害的衰退期。定植一年而未结果的枣园发病轻，定植 3 年以上已结果的枣园发病重。该病侵染性较强，适应性广，应引起重视。

【预防控制措施】

1. 人工防控

（1）严格实行植物检疫，防止该病向外地传播蔓延。

（2）及时清扫枯枝、落叶，集中一起烧毁。

2. 农业防控

加强枣园管理，增施有机肥和磷、钾肥，干旱时及时灌水，而雨季注意排水，并进行中耕除草，使枣树生长健壮，增强抗病能力。

3. 药剂防控

发病初期，及时喷洒 70% 甲基硫菌灵可湿性粉剂 800 倍液，或 50% 腐霉利可湿性粉剂 1000 倍液，或 1:1:200 倍等量式波尔多液，以后间隔 10~15 天喷 1 次，连喷 2~3 次。

枣白腐病

病菌名 *Coniothyrium* sp.

枣白腐病又称枣叶白腐病。病原菌属于半知菌亚门，球壳孢目，球壳孢科，盾壳霉属。

【分布与危害】

该病分布于河南、河北、安徽、云南、广西、四川、重庆、贵州等省、市、自治区的枣产地。除危害枣外，也危害酸枣，主要危害枣叶，也危害果实，严重时造成落叶、落果。

【症状】 彩版6 图81~82

叶片感病后，叶面上产生大小不等的圆形、近圆形、椭圆形或不规则形病斑，一般病斑较大，呈浅黄色至黄色，边缘颜色较深呈暗褐色。后期在病斑正反面产生小黑点，即病原菌的分生孢子器。果实感病后，果面产生近圆形黄褐色病斑，边缘暗褐色，后期病斑上也产生许多小黑点。

【病原】

该病由橄榄色盾壳霉侵染而引起。分生孢子器先着生于叶片和果实表皮下，以后暴露，亚球形，器壁膜质，黑色，有孔口。分生孢子梗短。分生孢子小，球形或椭圆形，初期无色或色浅，后变为橄榄色或褐色。

【发病规律】

病菌主要以分生孢子器和菌丝体随病残体在地面和土中越冬。来年产生分生孢子，借雨水溅散而传播，侵染叶片引起初次发病。以后在病斑上又产生分生孢子器及分生孢子，分生孢子萌发后进行多次再侵染叶片和果实。高温高湿的气候条件，也是病害发生和流行的主要因素。夏秋多雨年份或枣树密度大，枝叶茂密，或枣园间种玉米、高粱等高秆作物，通风透光不良，均有利于病害发生。

【预防控制措施】

1. 农业防控

（1）枣树合理密植，注意枣树整形修剪，严禁间种玉米、高粱等高秆作物，可种植豆类、草木樨等矮秆作物，保持枣园通风透光，减轻病害发生。

（2）生长季节，适时中耕锄草，并清扫落叶、病果，秋末冬初彻底清扫枣园落叶和病果，剪除枯枝、病虫枝，集中烧毁或深埋，不要随意丢弃。

2. 药剂防控

发病初期，结合防治枣树其他病害，喷洒50%多菌灵可湿性粉剂800倍液，或50%退菌特可湿性粉剂700倍液，或1∶1∶200倍等量式波尔多液，间隔10~15天喷1次，连喷2~3次。

枣灰斑病

病菌名 Phyllosticta sp.

枣灰斑病又称枣蛙眼病、枣叶斑病。病原菌属于半知菌亚门，球壳孢目，叶点霉属。

【分布与危害】

枣灰斑病分布于全国枣产区，西北地区的宁夏、甘肃和内蒙古西部发生普遍，危害较重。主要危害枣叶，叶片染病后常造成落叶，影响枣树生长。

【症状】 彩版6 图83~85

枣树叶片感病后，初生圆形至近圆形暗褐色病斑，后期病斑边缘褐色，中央灰白色，其上散生许多黑色小点，即为病原菌的分生孢子器；叶片背面常生有灰黑色霉状物。

【病原】

枣灰斑病是由叶点霉真菌侵染所致。分生孢子器球形或扁球形,初埋生组织中,后外露或仅以孔口突破表皮,器壁膜质。分生孢子卵形、长圆形,单胞,无色,大小为 6~8 微米×2.5~3.8 微米。

【发病规律】

枣灰斑叶点霉病菌以分生孢子器在枣树枯枝残叶上,或遗留在土中越冬。第二年在适宜的温湿条件下产生分生孢子,借风雨传播,进行初次侵染。发病后,病部产生新的分生孢子,仍借风雨传播,进行多次再侵染,扩大危害。高温多雨年份、空气湿度大、土壤潮湿、土壤贫瘠、植株衰弱生长不良,都易引起发病。

【预防控制措施】

1. 农业防控

(1) 选择栽培抗病品种。

(2) 秋季落叶后,及时清扫病叶,集中烧毁或深埋,以减少病菌来源。

(3) 加强栽培管理,合理灌水,适时修剪,增施磷、钾肥,提倡使用日本酵素沤制的堆肥,使枣树生长健壮,增强抗病力。

2. 药剂防控

于 5~6 月间,枣树发病初期,应用 75%百菌清可湿性粉剂 600 倍液,或 70%代森锰锌可湿性粉剂 500 倍液,或 64%噁霜·锰锌可湿性粉剂 500 倍液,或 70%乙磷铝·锰锌可湿性粉剂 600 倍液,或 53.8%氢氧化铝干悬浮剂 1000 倍液均匀喷雾。间隔 7~10 天喷 1 次,连续喷 3~4 次。采收前半月停止用药。

枣叶斑点病

病菌名 *Coniothyrium aleuritis* Teng

Coniothyrium fuckelii Sacc

枣叶斑点病又称枣叶褐斑病。两种病原菌均属于半知菌亚门,球壳孢目,球壳孢科,盾壳孢属。

【分布与危害】

该病分布于甘肃、陕西、宁夏、河北、河南、山西、山东、湖南、浙江等省、市、自治区枣树栽培区。除危害枣树多个品种外,还危害酸枣,主要危害叶片,严重时可造成落叶,影响坐果,甚至造成幼果早期脱落。

【症状】彩版 6　图 86~89

枣树开花期开始感病,初期枣叶上出现灰褐色或褐色圆形斑点,病斑扩大后边缘深褐色,中间色淡,周围有黄色晕环。一个病叶上常有多个病斑,有时几个病斑相连呈不规则状。病情严重时,叶片黄化早落,妨碍枣树花期授粉,并出现落花、落果。

【病原】

该病由橄榄色盾壳霉 (*C. aleuritis*) 和枣叶斑点盾壳霉 (*C. fuckelii*) 单独或复合侵染而引起。前者病菌形态参见枣白腐病病原。后者病原菌的分生孢子器散生或聚生,初埋生,后突破表皮,扁球形,器壁淡褐色至褐色,膜质,顶部稍呈乳突状。分生孢子球形、椭圆形,榄褐色,单胞,大小为 3~6 微米×2.5~4 微米。

【发病规律】

该病以分生孢子器在病叶上越冬。翌年分生孢子随风雨传播，从自然孔口、伤口或直接侵入叶片，引起发病，以后又从病部产生分生孢子，进行多次再侵染。在春季和夏季雨水多的年份，易发生此病；枣园栽培管理差，修剪不当，枝叶茂密，种植高秆作物，通风透光不良，均易引起病害发生。

【预防控制措施】

1. 农业防控

（1）秋，冬季进行清园，清扫落叶，剪除枯枝，并及时集中烧毁，消灭越冬病原。

（2）加强栽培管理，枣树不要种植过密，不要种植高秆作物，可种植豆类等矮秆作物，保持良好的通风透光。同时加强肥水管理，增施有机肥和磷、钾肥，及时中耕除草，天气干旱及早灌水，雨季及时排涝，使枣树生长健壮，增强抗病能力，减轻病害发生。

2. 药剂防控

（1）枣树发芽前，喷施波美 3~5 度石硫合剂，或 45% 晶体石硫合剂 80 倍液。

（2）5~7 月根据病情，喷洒 50% 多菌灵可湿性粉剂 800 倍液，或 70% 甲基硫菌灵可湿性粉剂 800~1000 倍液，或 75% 代森锰锌水分散粒剂 800 倍液，或 1：1：200 倍等量式波尔多液，间隔 7~10 天喷 1 次，可有效控制该病的发生。

台湾大青枣褐斑病

病菌名 *Coniothyrium* sp.

台湾大青枣褐斑病又称台湾大青枣黑斑病、台湾大青枣早疫病。病原菌属于半知菌亚门，球壳孢目，球壳孢科，盾壳霉属。

【分布与危害】

该病分布于台湾和北京、河北等地引种区。主要危害台湾大青枣叶片，一般发病率 15%~25%，有时高达 50% 以上，严重时造成叶片枯黄，早期脱落，影响坐果。

【症状】 彩版 6~7 图 90~92

枣树开花期至幼果期感病，叶片感病后，叶面出现褐色圆形斑点，直径 2~3 毫米，中央灰白色，边缘紫褐色，外围有不甚明显的晕圈。有时几个病斑可相互连成不规则形大斑。

【病原菌】

该病由盾壳霉属真菌侵染而引起。其病原菌形态参见枣叶斑点病病原菌。

【发病规律】

病菌以菌丝体及分生孢子在病残体上越冬。来年气候条件适宜时，病菌可以从气孔、皮孔或表皮直接侵入，形成初次侵染，经数天潜育期出现病斑，并产生分生孢子，通过气流、雨水传播，进行多次重复侵染。当枣树进入生长旺盛期及果实膨大期，如遇持续 5 天平均温度 21℃ 左右，降雨 20~46 毫米，相对湿度大于 70% 的时数在 49 小时以上时，该病开始发生和流行。在北京地区，生长于冬季温室、大棚内的台湾大青枣，室内若通风不良，湿度大，植株生长细弱者，最易染病。

【预防控制措施】

1. 农业防控

（1）搞好枣园及温室、大棚内的卫生，及时摘除病叶及病果。清扫枯枝落叶，集中烧毁或深埋，消灭越冬病菌。

（2）加强枣园或温室、大棚内的枣树管理，注意通风透光，科学施肥，增强树势，提高抗病能力。

2. 药剂防控

发病初期，可喷布77%氢氧化铜可湿性粉剂500倍液，或50%多菌灵可湿性粉剂800倍液，或70%甲基硫菌灵超微可湿性粉剂1000倍液，视病情间隔10天左右喷一次，连喷2~3次，可有效控制该病的发生。

台湾大青枣炭疽病

病菌名 *Colletotrichum* sp.

台湾大青枣炭疽病又名枣叶炭疽病。病原菌属于半知菌亚门，黑盘孢目，黑盘孢科，刺盘孢属。

【分布与危害】

该病分布于我国北方，是河北温室栽培台湾大青枣的一种重要病害。主要危害大青枣叶片，湿度大时，常造成幼嫩叶片腐烂。

【症状】 彩版7 图93

大青枣叶片感病后，常从叶尖、叶缘产生褐色不规则形病斑，病斑上具深色轮纹，温室、大棚内湿度大时，常致幼嫩病叶腐烂。

【病原】

该病为刺盘孢属真菌侵染而引起。分生孢子盘生于寄主植物表皮或表皮下，散生或合生；分生孢子梗无色至褐色，具隔膜，基部分枝，光滑；分生孢子短圆柱形或镰刀形，无色，单胞，壁薄，表面光滑，有时含油球，顶端钝圆。

【发病规律】

病原菌以菌丝体潜伏病叶等病组织内越冬，第二年温湿度适宜即产生分生孢子，借昆虫或气流传播，从各种伤口侵入叶表皮，引起发病。病部继续产生分生孢子，进行再侵染。北方温室、大棚内栽培的台湾大青枣，常因湿度大，光照不足，叶片较嫩而发病。

【预防控制措施】

1. 人工防控 大青枣收获后，及时清扫枯枝、落叶，集中一起烧毁；从发病初期开始，经常检查，发现病叶随即摘除，集中深埋。

2. 药剂防控 从发病初期开始，喷布77%氧化铜可湿性粉剂500倍液，或70%甲基硫菌灵可湿性粉剂800倍液。

3. 其他防控措施 还可参考一般枣炭疽病。

枣煤污病

病菌名 *Capnodium* sp.

枣煤污病又称枣黑叶病、枣黑霉病、枣煤烟病、枣煤病等。病原菌属于子囊菌亚门，煤炱目，煤炱科，煤炱属。

【分布与危害】

枣煤污病分布于全国各地枣产区。本病除危害枣、酸枣外，还危害各种果树和林木。主要危害枣叶、嫩梢及果实，严重发生时叶片布满煤烟状霉层，影响光合作用，造成减产。

【症状】 彩版7 图94~96

煤污病最初在叶片表面生暗褐色霉斑，有的稍带灰色，或稍带暗色，以后随着霉斑的扩大、增多，而使整个叶面呈现一层黑色霉状物（菌丝和各种孢子），似烟熏状，故病害由此而得名。末期在霉层上散生黑色小粒点（子囊壳），此霉层有时可以剥离，或被暴雨冲刷掉。由于叶片被黑色霉层所覆盖，妨碍光合作用而影响枣树生长发育。

【病原】

枣煤污病是以煤炱属为主的真菌侵染而引起。病原菌在枣树枝、叶表面着生。子囊壳生于菌丝体之上，呈长颈瓶形，顶端膨大呈球形，头状，子囊棒形至圆柱形，内含子囊孢子6~8个，子囊孢子长椭圆形，砖格形，无色或暗色，有3~4个横隔膜，深褐色。分生孢子器直立、棍棒状，大小为280~455微米×42~50微米。分生孢子椭圆形，淡褐色，单胞，大小为3~4微米×2~3微米。

【发病规律】

本病多伴随蚜虫、蚧壳虫的活动而发生。病菌以菌丝及子囊壳在病斑上越冬，第二年由此飞散出孢子，借风雨和蚜虫、蚧壳虫传播。病菌在寄主上并不直接危害，但妨害光合作用而影响结果。一般在蚜虫、蚧壳虫和斑衣蜡蝉发生严重时，该病发生危害也相应严重。在多风、空气潮湿、树冠枝叶茂密，通风不良的情况下，也有利于病害发生。

【预防控制措施】

1. 人工防控

（1）注意枣树整形修剪，使枣树通风透光，降低湿度，以减轻煤污病的发生。

（2）蚜虫、蚧壳虫发生严重时，及时剪除被害枝条，集中烧毁。

2. 药剂防控

（1）蚜虫、斑衣腊蝉发生时，喷布40%乐果乳油800~1000倍液，或2.5%溴氰菊酯乳油3000~4000倍液，或20%甲氰菊酯乳油2000~3000倍液。

（2）蚧壳虫发生时，早春枣树发芽前，喷布波美5度石硫合剂，或45%晶体石硫合剂100倍液，或97%机油乳剂30~50倍液，要求喷布均匀、周到。

（3）生长期蚜虫、蚧壳虫同时发生时，于蚧壳虫雌虫膨大前，喷布40%敌敌畏乳油800倍混合800倍煤油，或1%洗衣粉混合1%煤油，或40%乐果乳油1000倍液，或1.8%阿维菌素乳油3000~4000倍液，或70%吡虫啉水分散粒剂6000~8000倍液，或4.5%高效氯氰菊酯乳油2000~2500倍液，或3%啶虫脒可湿性粉剂1000~1500倍液。

枣焦叶病

病原名 *Gloeosporium frucrigenum* Berk

枣焦叶病又名枣焦边叶病，病原菌属于半知菌亚门，黑盘孢目，盘长孢属。

【分布与危害】

该病分布于甘肃（兰州、张掖、庆阳等地）、陕西、河北、河南、内蒙古、山东、安徽、浙江等省、市、自治区。寄主仅枣、酸枣。枣树感病后，枣叶外缘向内焦枯，提前发黄脱落；枣吊顶部枯萎坏死；幼果瘦小、早落，造成减产。

【症状】 彩版7 图97~100

叶片发病初期，在叶缘出现灰色斑点，逐渐扩大，病斑呈褐色，周围淡黄色，经20余天出现淡黄色叶缘，病斑扩展相连成黑褐色焦叶，并卷曲，部分出现黑色小点。枣吊感病，皮层变褐坏死，多数由顶端向下枯死。病吊后部的枣叶由绿变黄，不枯即落。

【病原】

此病由盘长孢炭疽菌侵染而引起。分生孢子盘埋生或半埋生，稀疏着生，分生孢子盘黑褐色至黑色，成熟后突破表皮外露。分生孢子梗不分枝，无色；分生孢子卵圆形或椭圆形、单胞、无色，大小为12~19微米×5~6微米。

【发病规律】

该病病原属于弱寄生菌，在枯叶内越冬。第二年产生分生孢子，靠风力传播，由气孔或伤口侵染。6月中旬开始发病，7~8月为发病盛期，气温27℃，大气相对湿度75%~80%，为病原菌流行盛期。7~8月为发病严重期。凡树势衰弱，树冠内枯死枝多者，发病重。降水次数多，病害蔓延速度快。不同枣树品种抗病性不同。重病树在9月中下旬出现二次萌芽，新叶生出后重新感染发病。

【预防控制措施】

1. 农业防控 冬、春季清除枣园内枯枝落叶，并打掉树上宿存的枣吊，集中一起焚烧灭菌。春季萌芽后，剪除未发芽的枯枝，也集中烧毁，减少传染源。

2. 药剂防控 在6~8月发病期，用25%叶枯净可湿性粉剂500倍液，或20%抗枯宁水剂500倍液，或25%使百克乳油1000倍液，或30%王铜悬浮剂800倍液，或10%世高水分散粒剂1000~1500倍液喷雾，每月喷1次，可有效控制病害流行。

枣银叶病

病菌名 *Chondrostereum purpureum*（Pirs. ex Fr.）Pouzar

枣银叶病又名枣银灰病。病原菌属于担子菌亚门，非褶菌目，软韧革菌属。

【分布与危害】

该病分布于甘肃（平凉、庆阳等地）、陕西、山西、山东、河南、河北、安徽、黑龙江、江苏、上海、云南、贵州等省、市。除危害枣树外，也危害苹果、梨、桃、杏、李、樱桃等果树。主要危害叶片，也危害枝干，叶片受害形成银叶，可造成树势衰弱，果实变小，降低产量和品质。

【症状】 彩版7 图101~102

此病危害枝干后，菌丝在枝干内生长蔓延，并产生一种毒素，毒素通过导管进入叶片，致使叶片表皮细胞与栅状细胞之间分离，气孔也失去控制机能，空隙中充满了空气，由于阳光的反射作用，叶片呈现银灰色，故名银叶病。病叶用手轻搓时，叶表皮极易分离。秋季症状特别明显，病叶表皮部分破裂，叶肉裸露变为褐色，后期破裂穿孔。此种症状最初出现于某一些树枝上，最后扩展到其他枝条上，将感病枝条剥开，基部的木质部变为褐色条纹，严重时根部腐朽，2~3年后全株死亡。在阴雨连绵的气候条件下，腐朽木上长出紫褐色木耳状物；干燥时变为灰黄色，背面有细线状横纹。

【病原】

该病由紫软韧革菌侵染而引起。菌丝无色，有分隔，分枝。菌丝体雪白色，渐变为乳黄色。朽木上保湿培养出来的菌丝体呈白色，厚绒毡状。在琼脂培养基上呈疏松放射状，圆形，白色菌落。菌丝生长最适温度为24℃~26℃。

子实体单生或成群发生于枝干阴面，呈复瓦状。子实体紫色，后变为灰色，边缘色渐浅，暴露时间过长逐渐褪色。子实体有浓厚腥味，稍圆形或呈支架状。平伏子实体大小为1~115毫米，支架状子实体大小为2~17毫米，厚度为572微米。担孢子无色，单胞，近椭圆形，一端扁平，一端稍尖，大小为5~7微米×3~4微米。

【发病规律】

病菌以菌丝体在病枝干的木质部内或以子实体在树皮外越冬。子实体形成后，在紫褐色的子实体层上产生白霜状担孢子，担孢子陆续成熟，借风雨传播，通过伤口侵入，在木质部定植，然后沿导管上下蔓延。春、秋两季是病菌侵入的有利时期。树体从感病到出现症状，需要1~2年时间，发病后重病树1~2年死亡，轻病树还可活10多年，部分病树还可自行恢复健康。

该病的发生与果园地势、管理水平及枣品种有密切关系。土壤黏重、排水不良、盐碱过重、树势衰弱的枣园发病重；枣园管理粗放，伤口不及时保护等，均易导致病害发生。大树较幼树易感病。

【预防控制措施】

1. 人工防控

挖除枣园内的重病树、病死树、根蘖苗；并清除病根，锯除发病枝干，及时刮除病树子实体，集中一起烧毁。

2. 农业防控

加强栽培管理，增施有机肥，低洼积水地应注意雨季及时排水，改良土壤，以增强树势，提高抗病能力。

3. 药剂防控

（1）发现伤口，及时消毒，并涂抹药剂，以防止病菌侵入。常用涂抹剂有：波尔多浆、松香桐油合剂。也可用80%乙蒜素（抗菌剂"402"）乳油500倍液涂抹。还可从病树枝干钻孔注入硫酸-八羟基喹啉溶液。

（2）对早期发现的病树，用硫酸 八羟基喹啉（丸剂）进行埋藏治疗。其方法是：用直径1.5厘米的钻孔器钻成3厘米深的孔，将药丸埋入树洞内，洞口用软木塞或宽胶带封好。用药量要看枝干粗细而定，一般直径10厘米左右的枝干埋1丸；大树可间隔10厘米螺旋状错开打孔，每孔埋药丸1粒，埋丸时间掌握在树体水分上升的时期，一般早埋效果显著。

枣花叶病

病菌名 Juiube mosaic virus　简称 JMV

枣花叶病又称枣病毒病。病原属于枣花叶病毒。

【分布与危害】

该病分布于全国各地枣产区，宁夏、甘肃发生普遍。全株都可遭受危害，严重者植株生长不良，造成减产。

【病状】彩版 7　图 103~105

该病可危害枣树全株，但以叶片为主，叶片感病后病状表现有较大差异。一是病轻时仅局部叶片产生零星鲜黄色病斑，病斑大小不等，无一定形状，病重时病斑布满叶面，形成黄绿相间的花叶，二是病叶主脉和侧脉黄化，呈带状纹，或叶片主脉、侧脉和小叶脉黄化，使叶片呈不明显的网状纹。三是以上病状混合发生，病株一年生枝条较健株短，节数少，叶片变小，畸形皱缩，叶面凹凸不平，严重者全株生长不良。

【病原】

枣花叶病系由枣花叶病毒（JMV）侵染所引起。枣花叶病毒粒体为球形，直径 30 纳米，致死温度 60℃~70℃。

【发病规律】

枣花叶病毒可以在枣或田间其他茄科植物上存活，主要通过蚜虫、叶蝉等刺吸式口器害虫传毒。也可借助汁液摩擦和枝条嫁接传病。一般天气干旱、叶蝉和蚜虫发生数量多时发病重。接触病株的农事活动有利于病害的传播蔓延。

【预防控制措施】

1. 农业防控

（1）从无病植株上选取根蘖作繁殖材料，杜绝病毒来源。

（2）田间一切农事活动操作之前，用肥皂水或洗衣粉洗手和用具，以减少人为汁液传播。

（3）发现病株及时挖除，集中一起烧毁。

2. 药剂防控

（1）喷药治虫　根据当地蚜虫和叶蝉的发生规律，及早防治蚜虫和叶蝉。蚜虫、叶蝉的防治可参见枣蚜虫、叶蝉防控措施。

（2）喷药治病　发病初期，可用 50%强力克病毒水剂 600 倍液，或 3.95%病毒蓗克可湿性粉剂 600 倍液，或 20%病毒 A 可湿性粉剂 600 倍液，或 20%病毒宁水溶性粉剂 500~600 倍液，或 1.5%植病灵乳油 1000 倍液均匀喷雾，间隔 7~10 天喷 1 次，连续喷 3~4 次。

枣溃疡病

病菌名 *Xanthomonas campestris* pv. pruni（Smith）Dye

枣溃疡病又名枣细菌性溃疡病。病原菌属于细菌薄壁菌门，假单胞杆菌科，黄单胞杆菌属。

【分布与危害】

该病分布于全国各地枣产区。除危害枣、酸枣外，还危害桃、李、扁桃、樱桃、油桃、花椒等经济林。此病主要危害枣吊，也危害叶片、幼果、枣头等，此病的发生常使枣吊枯死，早期落叶，严重时削弱树势，造成减产。

【症状】彩版 8　图 106~109

枣吊感病，多在 3~6 叶处发生。初期枣吊上产生灰白色至淡褐色小疱疹状突起，直径约1毫米，以后随病情发展，疱疹状突起破裂形成梭形溃疡状病斑，长3~10毫米不等，开裂处有带菌流胶溢出。叶片感病，产生圆形、椭圆形或不规则形病斑，病斑中部灰褐色，边缘褐色，直径约2~4毫米，病斑周围有不甚明显的黄绿色晕环。幼果感病，初为白色至淡褐色疱状突起，病斑周围也有不甚明显的黄色晕环，后病斑扩大并开裂溢出流胶，病斑浅褐色至褐色，呈坑状凹陷。枣头感病，被害状与枣吊上症状相似。

【病原】

该病由黑腐黄单胞杆菌侵染所引起。菌体短杆状，大小为0.2~0.8微米×0.4~1.1微米，两端圆，极生单鞭毛，有荚膜，无芽孢。发育温度为24℃~28℃。病菌在干燥条件下可存活10~13天，在枣吊溃疡组织上可存活一年以上。

【发病规律】

此病病原细菌在枣吊、枣头、病叶等病组织内越冬，次年春季随气温转暖病菌开始活动，开花前后病菌从病部溢出，借风雨和昆虫传播，经叶片气孔侵入。一般5月份开始发病，7~8月发病严重。夏季在干旱情况下病情发展较缓慢，秋季多雨季节继续侵染，气温在24℃~26℃时潜育期4~5天，19℃时为16天，树势强壮者潜育期可长达40天左右。温暖多雨或多雾季节有利于该病发生，树势衰弱发病早而且重。此外，地势低洼，排水不良，枝叶茂密，通风透光差，施氮肥过多，均易引起发病。

【预防控制措施】

1. 人工防控　冬季或早春结合修剪，剪除病枝，清除落叶、病果，集中一起烧毁或深埋，减少菌源。

2. 农业防控　加强管理，增强树势，增施有机肥，避免偏施氮肥；合理修剪，使枣园通风透光，以增强树势，提高抗病能力。

3. 药剂防控　发芽前喷洒波美5度石硫合剂，或45%晶体石硫合剂30~40倍液，或者1:1:100倍等量式波尔多液。发芽后喷洒72%农用链霉素可溶性粉剂3000倍液，或72%硫酸链霉素可溶性粉剂4000倍液，或60%琥·乙膦铝可湿性粉剂500倍液，或30%DT可湿性粉剂500倍液，或20%塞菌铜悬浮剂，对水喷雾，间隔10~15天喷1次，连续防治3~4次。

枣瘿螨病

病原名 *Epitrimerus zizyphagus* Keifer

枣瘿螨病又名枣叶锈螨病，病原属于真螨目，瘿螨科。

【分布与危害】

该病分布于甘肃、陕西、山西、河南、河北、山东等省枣产区，主要危害枣、酸枣，以成螨、若螨危害枣花、果实和叶片，由于它的危害常引起落花、落叶、落果，造成减产。

【病状】 彩版8 图110~115

成螨和若螨危害花蕾及花后呈土黄色，以后逐渐变为褐色，干枯脱落；枣果被害，一般多在梗洼及果肩部呈银灰色锈斑，并逐渐扩展，使果面有一层似黄白色粉状物（螨体和卵），最后果实变黑凋萎脱落；叶片被害后呈灰白色，叶肉增厚，变硬而发脆，叶片向正面卷曲，提早脱落。

【病原】

该病由枣瘿螨侵染而引起。成螨体长约99~150微米，宽约36~60微米，胡萝卜形，幼龄时白色透明，老熟时淡褐色。体前端有足2对，腹部具明显突起的环纹40多个。腹部散生3对刚毛，指向后方，体末有1吸盘，生有2根长毛。卵为圆球形，表面光滑透明，上有网状花纹。初为乳白色，后变为淡黄白色。若螨与成螨相似，体略小，形似胡萝卜，乳白色，半透明。

【发生规律】

该螨每年发生4代以上，以成螨和老龄若螨在枣股芽鳞内越冬。第二年枣树萌芽时出蛰活动危害，5~8月是此螨的主要危害期，尤以5~6月危害最严重。受害严重时，每张叶片有螨100余头。卵多产在叶片的叶脉两侧，成、若螨多在叶背危害。5~8月干旱，降雨量少时发生严重。8月份即进入越冬场所，落叶后即行越冬。

【预防控制措施】

1. 人工防控

清洁枣园，及时清扫枯枝、落叶、落果，集中一起烧毁或深埋，以减少越冬瘿螨。

2. 药剂防控

（1）枣树发芽前，喷布1次波美5度石硫合剂，着重枣股部位；展叶后再喷1次波美0.3~0.5度石硫合剂，消灭越冬螨。

（2）开花前，用15%哒螨灵乳油1500倍液，或25%三唑锡可湿性粉剂1000~1500倍液，或20%甲氰菊酯乳油2000~2500倍液，或2.5%三氟氯氰菊酯乳油2500倍液，以后视螨情再喷1次。

枣黄叶病

病原名 生理病

枣黄叶病又名枣黄化病、缺铁失绿症。病原属于缺铁引起的生理病。

【分布与危害】

枣黄叶病分布于全国各枣产区，以盐碱土和石灰质过高的地区发生比较普遍，尤以幼苗和幼树受害严重。叶片由于缺铁而变黄，枝条不充实，花芽难于形成，对产量影响较大。

【病状】 彩版8 图116~120

发病多从枣树新梢上部嫩叶开始，初期叶脉间叶肉失绿变黄而叶脉仍保持绿色，使叶片呈网纹失绿。发病严重时，全叶变为黄白色或苍白色，病叶自叶尖、叶缘以至叶面上产生不规则形坏死斑。有病枝梢细弱，节间缩短，芽不饱满，而且枝条发软易弯曲。

【病原】

该病是由于缺铁而引起的缺素症。主要是土壤缺少可吸收性铁离子而造成，由于可吸收铁元素供给不足，叶绿素形成受到破坏，呼吸酶的活力受到抑制，致使枝叶发育不良，造成黄叶形成。

【发病规律】

枣黄叶病多发生在盐碱地或石灰质过高的土壤，由于土壤复杂的盐类存在，使水溶性的铁元素变为不溶性的铁元素，使植物无法吸收利用，同时生长在碱性土壤中的植物，因其本身组织内的生理状态失去平衡，铁元素运转和利用也受到阻碍。由于枣生长发育所需要的铁元素得不到满足而发病。枣在抽梢季节发病最重。一般4月份出现病状，严重地区6~7月即大量落叶，8~9月间枝条中间叶片落光，顶端仅留几片小黄叶。一般干旱年份，生长旺盛季节发病略有减轻。通常枣苗受害较重，成株一般较轻。

【预防控制措施】

1. 农业防控

（1）选择栽培抗病品种，或选用抗病砧木进行嫁接，解决黄叶病的发生。

（2）改良土壤，间作豆科绿肥，压绿肥和增施有机物，可改良土壤理化性状和通气状况，增强根系微生物活力。

（3）加强盐碱地改良，科学灌水，洗碱压碱，减少土壤含盐量；旱季应及时灌水，灌水后及时中耕，以减少水分蒸发；同时，地下水位高的枣园应注意排水。

2. 药剂防控

（1）在枣黄叶病发生严重地区，可用30%康地宝液剂，每株20~30毫升，加水稀释浇灌。能迅速降碱除盐，调节土壤理化性状，使土壤中营养物质和铁元素转化为可利用状态，被枣树吸收后，可解除生理缺素病状。

（2）结合施有机肥料时，增施硫酸亚铁，每株施硫酸亚铁1~1.5千克，或施螯合铁等，有明显治疗效果。

（3）在枣发芽前，喷施0.3%硫酸亚铁，或生长季节喷洒0.1%~0.2%硫酸亚铁，或12%小叶黄叶绝400倍液，或螯合铁、复绿宝等，对防治黄叶病也有效。

（4）在枣树发芽前，用强力注射器将0.1%硫酸亚铁溶液或0.08%柠檬酸铁溶液注射到枝干中，防控枣黄叶病效果较好。

枣树缺镁病

病原名　生理病

枣树缺镁病又称枣树缺镁症、枣树失绿症。病原属于缺镁引起的生理病。

【分布与危害】

该病分布于全国各大枣产区。除危害枣树外，还危害酸枣，当枣树缺镁时，叶绿素含量减少，叶片褪绿，光合作用受到影响，使枣树不能正常生长。

【病状】 彩版9　图121~123

枣树缺镁时，先从新梢中下部叶片失绿变黄，后变为黄白色，继而逐渐扩大至全叶，并形成坏死焦枯斑，但叶脉仍保持绿色。缺镁严重时，大量叶片黄化脱落，仅留下端的淡绿色、呈莲座状的叶丛。果实不能正常成熟。

【病因】

该病由于土壤中缺少可供态镁而引起。镁元素是枣树体内叶绿素的构成成分，镁也是很多酶的活化剂，它能加强酶促反应，促进枣树体内新陈代谢，促进脂肪的合成，参与氮的代谢作用。镁也参与磷酸基的转化作用，在糖代谢中，每一个磷酸化作用的酶都需要有镁的存在才能发挥作用。当枣树缺镁时，叶绿素难以形成，光合作用受到影响，各种代谢活动不能正常进行，导致枣树叶片失绿，不能健壮生长。

【发病条件】

在酸性或沙性土壤中，可供态镁易流失或淋溶造成缺镁。在含镁量低的石灰质土壤中，或施用石灰和钾、氮元素过量时，均会形成缺镁，影响或抑制枣树根系对镁的吸收，导致树体中镁元素缺少而引起发病。

【预防控制措施】

1. 撒施保得土壤生物菌接种剂，改善土壤结构，提高土壤透气性能，释放被固定的肥料元素，增加土壤中速效养分的含量。

2. 轻度缺镁枣园，在6~7月份，喷洒1%~2%硫酸镁溶液，间隔15天喷1次，连喷2~3次。

3. 对缺镁的土壤，可结合施基肥和追肥，把硫酸镁或碳酸镁混入有机肥中，同时注意混入钾、钙肥等。镁肥施用量，每666.7平方米3~5千克。镁肥的施用效果与土壤有关，在中性或碱性土壤中，以施用硫酸镁为宜，在一般酸性土壤中，以施碳酸镁为宜。此外，不可与磷肥混用，以免产生反应生成不溶于水的磷酸镁，使枣树根系无法吸收。

枣树缺锌病

病原名　生理病

枣树缺锌病又名枣树小叶病、枣树缺锌症。病原属于缺锌引起的生理病。

【分布与危害】

该病分布于全国各大枣产区。除危害枣树外，也危害酸枣，当枣树缺锌时，叶片褪绿，叶片狭小，花芽减少，不易坐果。

【病状】 彩版9　图124~125

枣树缺锌，引起枣树矮小，新梢节间缩短，顶端的叶片狭小，质地脆硬，叶肉褪绿而呈黄绿色，叶脉浓绿。严重时多年生老枝上的叶片几乎全部出现小叶。病树花芽分化受阻，花芽减少，或花芽小色淡，不易坐果，即便坐果而果实小，又畸形。

【病因】

该病由于土壤中缺少可供态锌而引起。锌是植物生长不可缺少的元素。锌参与生长素合成及酶系统活动，同时参与光合作用。缺锌时光合作用形成的有机物质不能正常运转，所以导致叶片失绿，生长受阻，影响产量和果实品质。

【发病条件】

沙地、碱性土壤及瘠薄地或山地枣园缺锌较普遍，砂地含锌量少，易流失，碱性土壤锌盐易转化为不可溶态，不利于枣树根系吸收利用。缺锌还与土壤中磷酸、钾与石灰含量过多有关，土壤中磷酸过多，根吸收锌比较困难。缺锌还与土壤氮、钙等元素失调有关。此外，经常间作蔬菜或浇水频繁，修剪过重或伤根过多均易导致缺锌。

【预防控制措施】

1. 增施有机肥，改良土壤，这是防治枣树缺锌病的有效措施。生产上增施有机肥，特别是沙地、盐碱地及瘠薄山地枣园，应注意协调氮、钾比例。

2. 喷施锌肥，在枣树发芽前半月，全树喷洒3%~5%硫酸锌溶液，肥效可维持1年。重病枣园需年年喷洒，轻病枣园可隔年喷洒。也可在枣树盛花期后3周内，喷0.2%硫酸锌加

0.3%~0.5%尿素，或 0.03%环烷酸锌加 0.3%尿素。间隔 10~15 天喷 1 次，连喷 2~3 次。

3. 枝干施锌肥，在离地面 20 厘米处的树干两侧，打两个深达木质部的孔，每个小孔附近挂一个 40 毫升小瓶，瓶内装 0.1%~0.3%硫酸锌溶液，然后用棉花做成棉蕊，一头插入瓶内药液中，另一头放入树干的孔里，最后用塑料膜全部捆扎，树体通过棉蕊吸收药液。这种方法适于生长季节形成层活动旺盛期引注。但容易造成伤口，腐烂病严重的枣园慎用。此外，枣树部分枝条发病时，于 5 月上旬，用 4%~5%硫酸锌溶液涂抹 2~3 年生的枝条。

5. 根施锌肥，发芽前，结合施基肥，在树下挖放射状沟，每株枣树施 50%硫酸锌 1~1.5 千克。此外，应注意硫酸锌不可与磷肥混合施用。

枣树风害

病原名　生理病

枣树风害属于刮大风引起的生理病。

【分布与危害】

枣树风害发生于新疆、甘肃、青海、宁夏、陕西、内蒙古等省、自治区。4~5 月份是西北风沙天气多发季节，由于大风沙天气常使枣树芽叶致残、花蕾受损，并造成落果，影响枣果产量。

【病状】

春季大风沙天气常造成芽叶致残，初蕾受损，甚至损伤果枝幼梢，或吹断枝条，而失去生长点，使果枝生长受到极大的抑制，而且使树体受伤处导致病菌的侵入而引起病害发生。盛花期遇到大风沙，沙尘严重影响枣花授粉与受精，降低坐果率，同时也易导致落花、落果，果实成熟前遇大风，易造成成熟前落果，均能造成减产。

【病因】

西北大风或大风引起的沙尘暴，所致的生理病。

【发生规律】

我国西北地区每年春季至夏初常刮西北风，一般风力 3~6 级，有时高达 7 级以上，同时甘肃、宁夏、新疆、内蒙古沙漠面积大，防风固沙的林带又少，每年春季刮起风来，没有任何阻拦，风越刮越大，并将沙漠里的细沙尘吹向天空，造成天昏地暗，甚至看不到太阳，对面不见人，这就是我们常说的沙尘暴。由于西北风常造成枣树风害，而枣树开花时遇到沙尘暴又影响花的授粉和受精，降低坐果率。山地枣园一般面向风向的山坡枣园风害重，背风山地枣园风害轻；平地枣园有防风林带的枣园风害轻，无防风林带的枣园风害重。在甘肃陇东塬上枣园风害重，沟内枣园风害轻。

【预防控制措施】

1. 在西北枣产区，建立防风固沙林带，以减缓风速，保护枣树林。

2. 在建枣园时，枣树的株行方向应和主风方向垂直，株行距可适当缩小，以提高抗风能力，起到防风固沙作用。

3. 合理修剪树形，调节树势，保证主枝对侧枝、侧枝对小枝的领导优势，以防止大风吹断枝条。

枣树旱害

病原名　生理病

枣树旱害属于长期无雨土壤过度缺水或天气干燥引起的生理病。

【分布与危害】

枣树旱害主要分布于甘肃、新疆、青海、宁夏、陕西、河北、内蒙古等省、自治区。此地区大部属于黄土高原，干旱雨少，风沙大，尤其是春季，常遭受旱害，引起落叶、落花、落果，造成减产。

【病状】

枣树在各种果树中属于耐旱果树，但是当大气干燥和土壤过于缺水，又不能及时灌溉时，枣树叶片即出现卷曲或变黄凋萎，影响光合作用，生长停滞。一旦持续长久，尤其在开花期影响花粉发芽和花粉管生长，致使授粉受精不良，常引起落花、落果，造成减产，严重者致使枣树树干脱皮枯死。

【病因】

旱害的原因主要是土壤和空气缺水，尤其是某些土壤持水性不良，灌溉条件差的地区，常常出现旱害，因此干旱是造成枣树减产的主要因素之一。

【发生规律】

枣树旱害多发生在春季和夏初，枣树发芽晚，生长快，需水较多，而此时在西北地区大部分枣树产地干旱少雨，故枣树常遭旱害，影响枣树抽枝、展叶和花蕾的形成。开花期，如空气湿度低于60%～70%时，花粉的发芽率会明显降低，此时空气过于干燥，即使气温适宜，枣花也难于坐果，甚至造成落花。枣果膨大期，需水较多，如果水分充足，有利于果实膨大生长，如果土壤水分不足，影响果实膨大，果实不但不会膨大，反而造成果实皱缩而大量落果。此外，在干旱少雨、无灌溉条件的地区，枣树旱害重，在干旱少雨、有灌溉条件的地区，枣树旱害轻。在沙地或沙壤土上栽植的枣树，由于保水性能差，旱害重；在腐殖质较多的壤土地上栽植的枣树，由于保水性能好，旱害轻。

【预防控制措施】

1. 农业防控

主要防控措施是适时灌水，特别注意的是枣树三个重要需水期，即萌芽期、开花期和枣果膨大期。枣树萌芽期灌一次透水（俗称萌芽水），促进枣树抽枝、展叶和形成花蕾。开花期灌第二次水，促进花粉萌发，提高坐果率。如果花期空气过于干燥，不宜灌水，应在傍晚向树冠喷水2~3次，每次间隔1~2天，同时加喷 10×10^{-6} 的增效钾溶液，可提高空气湿度和坐果率。果实膨大期灌第三次水（俗称膨果水），同时加喷 $10 \times 10^{-6} \sim 20 \times 10^{-6}$ 膨果龙，注意喷到幼果、果梗上，以提高坐果率和果实的膨大，此举不仅能提高当年枣果产量，而且还为冬前根系的活动提供必要的水分和养分，为第二年的收成打好基础。

2. 药物防控

在干旱少雨、无灌溉条件的地区，栽植枣树时施用保水剂，（此产品规格为20目，由唐山博亚科技有限公司生产），每株枣树使用20克。其施用方法为：在枣树定植穴填土时施入保水剂，保水剂与土按1：1000的比例混合均匀，将混合土均匀的撒于根系带，距地表20

厘米以下，然后浇透水。一次施用保水剂效果可达 3 年以上，可明显提高成活率，加快树体生长，提高抗旱能力。

第三节 枝干病害

危害枣树枝干的病害主要有 14 种，其中以枣疯病、枣树枝枯病、枣树木腐病、枣树白色腐朽病等为主，分布广、危害重，是影响枣树经济寿命的主要病害。枣疯病一旦发病，第二年就很少结果，发病 3~4 年后枣树整体死亡。枯枝病感病后，产生长条形病斑，病斑扩展环枝一周后，常引起上部枝条枯萎，后期干枯死亡。枣树木腐病、枣树白色腐朽病感病后，常使枝杆、大枝腐烂，并在被害部形成不同形状的子实体，严重时造成整树枯死。枣树冠瘿病是一种细菌性病害，主要危害主干和枝干，感病后产生大小不等的癌瘤，严重者整树主干与枝干布满肿瘤，枝叶稀少、生长势弱，造成减产。大金发藓、地衣和菟丝子均为寄生植物，前两种附生于枝干、叶上，虽不直接吸取枣树营养物质，但影响枣树呼吸，且滞留大气水和雨水，有利于病菌、害虫的侵入和滋生，导致枣树衰弱。菟丝子细茎产生吸器，靠吸器附着枣树刺入树皮，吸收水分和营养物质，致使叶片变黄或凋萎，严重者可使枝条枯死或整株死亡。

枣疯病

病菌名 *Phytoplasm* SP.（旧称 MLO）

枣疯病又名枣丛枝病，病树俗称"公枣树"。病原菌属于植原体（旧称类菌原体）。

【分布与危害】

该病分布于我国南北各大枣产区，除危害枣树外，也危害酸枣。枣树一旦发病，第二年就很少结枣，发病 3~4 年后枣树整体死亡，对枣树生产威胁很大。

【病状】 彩版 9~10 图 126~136

枣疯病的主要特点是花器返祖和枝条丛生。枣树感病后，病株一年生枝条的腋芽或多年生枝条的隐芽发出许多细小枝条，病枝节间缩短，呈丛枝状，故名"枣丛枝病"。病枝叶片小而黄化，叶缘反卷，暗淡无光，硬而发脆，秋后干枯不落。花器反祖，变为营养器官，花梗和雌蕊转化为小枝，花瓣、萼片和雄蕊肥大、转绿而成为小叶。病枝一般不结果，病树健枝可结果，但所结果实大小不一，果面凹凸不平，着色不匀，果肉多渣，汁少味淡，不堪食用。病根上的不定芽，能大量萌发出一丛丛短疯枝，逐渐枯死。病树发根少，根皮变褐，后期腐烂，整株死亡。

【病原】

从 20 世纪 50 年代开始，我国对枣疯病病原进行了研究，一直认为该病是病毒病害。1973 年在感染枣疯病的叶脉筛管中，用电子显微镜观察到类菌原体，到 1981 年明确了枣疯病的唯一病原是类菌原体（MLO），目前称为植原体。植原体介于病毒和细菌之间的多形态质粒，无细胞壁，仅以厚度约 10 纳米单位的膜所包围。易受外界环境条件的影响，形状多样，大多为球形、椭圆形至不规则形，直径为 250~400 纳米。

【发病规律】

植原体主要在植株根部越冬。发病初期，多半是从一个或几个大枝及根蘖开始发病，然后再传播到其他枝条，最后扩展到全株，因此枣疯病是一种系统性侵染病害。全株发病后，小枣树1~2年，大枣树3~5年即可死亡。

枣疯病可通过皮接、芽接、枝接、根接等各种嫁接方式进行传染。在自然界，主要通过中国拟菱纹叶蝉、凹缘菱纹叶蝉、橙带拟菱纹叶蝉和红闪小叶蝉等媒介昆虫传播。土壤、种子、病叶汁液、病健根接触均不能侵染。经嫁接传播，潜育期短者25~31天，最长328天。植原体侵入枣树后，通过韧皮部的筛管先下行到根部，在根部进行繁殖，然后向上运行，引起枣树发病。

枣园管理粗放，土壤干旱瘠薄，肥水条件差，病虫发生严重，树势衰弱的枣园发病重，反之则轻。酸性土壤发病多，盐碱地很少发病。品种间抗病性也有差异，金丝枣、圆红枣、南京枣、石南枣发病重，长红枣、藤县红枣次之，陕北的马牙枣、酸铃枣、长铃枣较抗病，交城酸枣免疫。

【预防控制措施】

1. 人工防控

（1）苗圃地应随时检查，发现病苗立即拔除，集中烧毁，严禁病苗调入调出，防止扩散传播。

（2）初发病枣树，一旦发现病枝条应及早剪除；重病树和有病根蘖应彻底连根挖除，防止带病根蘖苗发生。

2. 农业防控

（1）培育和栽培抗病品种，可利用抗病酸枣品种和抗病的大枣品种作砧木，培育抗病枣树。此外，我国枣树品种繁多，及时发现、利用抗病品种，这是防治枣疯病的关键措施。

（2）培育和栽培无病苗木，从无病枣树上采接穗、接芽或分根进行繁殖，以培育无病苗木；也可用50℃温水处理接条10~20min，或采用茎尖培养、热处理等方法脱除枣疯病病原后，繁殖健康苗木，进行栽培。

（3）加强枣园肥水管理，对土质差的进行深翻扩穴，增施有机肥，改良土壤，促进枣树生长，增强树体抗病能力，减缓枣疯病的发生和流行。

3. 药剂防控

（1）防虫治病 及时喷药防治传病叶蝉，可有效地控制枣疯病的传播蔓延。4月上旬至8月喷洒10%氯氰菊酯乳油2000倍液，或20%氰戊菊酯乳油3000倍液，或20%异丙威乳油500倍液，或50%敌敌畏乳油1000倍液，或1.8%阿维菌素乳油3000倍液，视虫情喷药3~4次。

（2）药物注干治病 对病轻的枣树，用四环素族药物治疗，每年用药2次，分别于早春树液流动与秋季树液回流根部前施用。一般用100毫克/升四环素或土霉素药液，对每株病树加压注射，通常用药液1000毫升，具体用量视病树大小而定。对于带病枣苗可用四环素或土霉素进行浸根处理。此外，也可用"去丛灵"注干处理，方法是：在病树主干基部50~80厘米处，沿干周围用钻钻孔3排或环割深达木质部，后塞入浸有去丛灵250倍（含土霉素原粉1000万单位）液400~500毫升的药棉，用塑料布包严。也可在夏季于病树主干四周钻孔4个，深达木质部，插入塑料曲颈瓶注入"去丛灵"溶液400毫升，10余小时即被吸收，病枝逐渐康复，疗效显著。

枣枯梢病

病菌名 Fusicoccum sp.

枣枯梢病又称枣梢枯病，俗称枝梢枯死病。病原菌属于半知菌亚门，球壳孢目，环壳孢科，壳棱孢属。

【分布与危害】

该病主要分布于甘肃、宁夏、新疆、青海、陕西等地。主要危害枣、酸枣，发病株率达20%~30%，有时高达40%以上，严重时造成枝梢枯死。

【症状】 彩版10　图137~140

此病主要危害枣当年生小枝嫩梢，发病初期产生变色病斑，病斑不断扩大，致使嫩梢呈萎蔫状，后期病斑呈黑褐色，嫩梢失水枯死。新梢感病枯死时，如较短则直立，如较长，木质化程度又较低，常弯曲呈半环状或环状。第二年春天在潮湿条件下，自纺锤形或椭圆形裂口中溢出乳白色卷丝状分生孢子角。

【病原】

枣树枯梢病是由壳棱孢属真菌侵染而引起。载孢体为真子座，埋生，暗褐色，多腔室，腔壁细胞较大，呈不规则角状。产孢位置的腔壁细胞小，近无色，孔口不明显，后期顶破覆盖的寄主组织而外露。分生孢子器球形或扁球形，产孢细胞圆柱形，全壁芽生单生式产孢，有限生长，离生，无色，光滑，顶生一个分生孢子。分生孢子梗圆柱形，无色，基部分枝。分生孢子无色，单胞，棱形或纺锤形，薄壁，内含不规则形油球，大小为7~9微米×2~4微米。

【发病规律】

该病菌以分生孢子器或菌丝体在病残组织内越冬。次年春季病斑上的分生孢子器产生分生孢子，靠风雨和昆虫进行传播。7~8月份为发病高峰期，一年之中病菌可以多次侵染枣树。11月份分生孢子器和菌丝体在病残组织内越冬。雨水较多、树势衰弱、排水不良、偏施氮肥等，均有利于病害的发生。

【预防控制措施】

1. 农业防控

（1）加强枣树栽培管理，增施农肥，及时灌水、排水，合理修剪，通风透光，以增强树势，减轻病害发生。

（2）结合枣树管理，发现枯梢，应及时剪除，集中一起烧毁，以减少病源。

2. 药剂防控

发病初期，可用70%甲基硫菌灵可湿性粉剂1000倍液，或45%代森铵乳油700倍液，或75%代森锰锌水分散粒剂800倍液均匀喷雾。发病盛期再喷布1~2次，可收到良好的防病效果。

枣枝枯病

病菌名 *Phoma* sp.

枣枝枯病俗称枯枝病、枯萎病。病原菌属于半知菌亚门,球壳孢目,球壳孢科,茎点属。

【分布与危害】

枣枝枯病分布于陕西、山西、宁夏及甘肃等省、自治区枣产区。危害枣树营养枝和结果枝,引起枝枯,后期干缩。

【症状】 彩版10 图141~144

该病常发生于大枝基部、小枝分杈处或幼树主干上。发病初期病斑不甚明显,随着病情的发展,病斑为灰褐色至黑褐色椭圆形,以后逐渐扩展为长条形。病斑环切枝干一周时,则引起上部枝条枯萎,后期干缩枯死,秋季其上生黑色小突起,即分生孢子器,顶破表皮而外露。

【病原】

枣枝枯病主要由茎点霉属真菌侵染引起。此外,引起此病的还有色二孢(*Diplodia* sp.)。分生孢子器生于寄主隆起的表皮下,埋生或半埋生,分生孢子器球形,褐色,散生或聚生,成熟的分生孢子器吸水后,孢子从孔口涌出。分生孢子圆形或椭圆形,单胞,无色,孢子梗线形,极短。

【发病规律】

该病菌主要以分生孢子器或菌丝体在病部越冬。翌年春季产生分生孢子,进行初侵染,引起发病。在高湿条件下,尤其遇雨或灌溉后,侵入的病菌释放出分生孢子进行再侵染。分生孢子借雨水或风、昆虫传播。雨季随雨水沿枝下流,使枝干形成更多病斑,从而引致干枯。枣园管理不善,树势衰弱,或枝条失水收缩,冬季低温冻伤,地势低洼,土壤黏重,排水不良,通风不好,均易诱发此病。

【预防控制措施】

1. 农业防控

加强管理 在枣树生长季节,及时灌水,合理施肥,增强树势;合理修剪,减少伤口,清除病枝,都能减轻病害发生。

2. 人工防控

(1)涂白保护 秋末冬初,用生石灰2.5千克,食盐1.25千克,硫磺粉0.75千克,水胶0.1千克,加水20升,配成白涂剂,粉刷枝干,避免冻害,减少发病机会。

(2)刮治病斑 对初期产生的病斑,用刀进行刮除,病斑刮除后涂抹50倍砷平液,或托福油膏,或1%等量式波尔多浆。

3. 药剂防控

深秋或翌春枣树发芽前,喷洒波美5度石硫合剂,或45%晶体石硫合剂100倍液,或50%福美砷可湿性粉剂500倍液,对防控枣树枝枯病均有良好效果。

枣树干腐病

病菌名 *Tyromycos sulphureus* （Bullaen et Fr.）

枣树干腐病又名立木心材褐腐病。病原菌属于担子菌亚门，干酪菌属。

【分布与危害】

该病分布于全国各省、市、自治区枣产区。除危害枣树外，还危害栎、栗等树木。主要危害枣树树干，枣树被害后，引起干基和主干腐朽，重者整树枯死。

【症状】 彩版 10 图 145~148

病菌多从伤口处侵入，危害立木心材，引起树干腐朽。腐朽初期木材浅黄色，有白色浅线纹，随病情的发展，心材变为褐色、红褐色至红棕色而腐朽，不易被发现。5~10 年间树干出现小洞，生长季节不断地有棕色液体外渗；20~30 年间枣树纵向破腹，树干内 70% 左右已被病菌分泌物所腐蚀，坚硬的树干形成块状解体，把腐朽的木材用手揉搓即成棕色粉末状。在病树基部或树洞周围散生或群生子实体（又称担子果）。

【病原】

该病由硫色干酪菌侵染而引起。病菌子实体丛集生长或散生，鲜时含水多，色鲜黄。菌盖下面呈硫磺色。菌盖片状，平展重叠，后期褪色呈浅黄色或白色，干后质地硬脆，变软，变白，手捻成粉状。菌盖厚 4~18 厘米，菌管长 12 毫米，每毫米有 2~4 个管孔；孢子卵形或近球形，光滑，无色，大小为 5~7 微米×4~5 微米。

【发病规律】

该病病菌多从伤口、断枝、冻裂处侵染，具有长期的隐发性，且多发生于主干分杈处。木材腐朽自上而下，由内向外，发展缓慢，时间长，当发现树干有棕色树液外渗时，感病已达数年。老龄树、树势衰弱、主枝折断、皮部伤口多的枣树和管理粗放、病虫害发生严重的枣园发病重。由于病菌从伤口侵入，因此多风地区易引起枣枝折断造成伤口，发病重。

【预防控制措施】

1. 农业防控

加强枣树管理，合理修剪，增施有机肥，合理配方施用氮、磷、钾肥，增强树势，提高树体抗病能力。

2. 涂药防控

（1）发现干腐病子实体，应及时彻底清除，并刮干净感病的木质部，将伤口用 1% 硫酸铜溶液，或 25% 多菌灵可湿性粉剂 500 倍液，或 50% 甲基硫菌灵可湿性粉剂 400 倍液，涂抹伤口消毒，再涂波尔多浆或煤焦油保护，以利伤口愈合，减少病菌侵染。刮除的子实体要拿出枣园外，集中烧毁。

（2）枣树修剪时，或是刮大风风折伤口，均应在伤口削平后，用托福油膏等涂抹消毒，并涂白漆以防雨水携带病菌自伤口侵入。

（3）对已形成的树洞，可人工刮去腐朽的木材后，用 1% 甲醛溶液消毒，然后用沙石、高标号水泥浆封闭树洞。

3. 治虫防病

积极开展其他病虫害防治，特别要防治蛀干害虫，防止虫害造成的伤口，减轻病害的发生。根据病虫害的种类，可参考本书相关病虫害的防控措施。

枣树木腐病

病菌名 *Schizophyllum commune* Fr.

枣树木腐病俗称枣树腐朽病、枣树腐木病等。病原菌属于担子菌亚门，非褶菌目，裂褶菌科，裂褶菌属。

【分布与危害】

枣树木腐病广泛分布于全国各大枣产区。本病除危害枣树、苹果外，也危害花椒、松树等阔叶树和针叶树。主要危害枣树主干和大枝，往往受害部腐朽脱落，危害严重者致使枣树死亡。

【症状】 彩版 10 图 149~150

病菌侵害枣树树干，或大枝树皮及边材木质部，致使受害部腐朽并脱落，露出木质部；同时病菌向四周健康部位扩散，形成大型长条状溃疡，后期在死亡的树皮及木质部上散生或群生覆瓦状子实体，严重者造成枣树枯死。

【病原菌】

该病由裂褶菌寄生引起。子实体（担子果）常呈覆瓦状着生，菌盖 6~42 毫米，质柔韧，白色或灰白色，上具绒毛或粗毛，扇状或肾状，边缘向内卷，有多个裂瓣；菌褶窄，从基部辐射而出，白色至灰白色，有时呈淡紫色，沿边缘纵裂反卷（如彩图 150）；担孢子无色、光滑、圆柱状，大小为 5.55 微米×2 微米，生在枣树腐木上。

【发病规律】

病菌在干燥条件下，菌褶向内卷曲，子实体在干燥过程中收缩，起保护作用。如遇有适宜温湿度，特别是雨后，子实体表面绒毛迅速吸水恢复生长，在数小时内释放出孢子进行传播蔓延。病菌可从机械伤口如修剪口、锯口和虫害伤口入侵，引起发病。树势衰弱，特别是树龄高的衰弱老枣树，抗病能力差，有利于感病。林间湿度大有利于子实体的产生和孢子的传播。

【预防控制措施】

1. 加强枣园管理，发现枯死或衰弱老枣树，要及早挖除或烧毁；对树势衰弱或树龄高的枣树，应合理配方施肥，恢复树势，以增强抗病能力。

2. 发现病树长出子实体以后，应立即摘除，集中深埋或烧毁，并在病部涂 1%硫酸铜，或 40%福美砷可湿性粉剂 100 倍液消毒。

3. 保护树体，减少伤口，是预防本病的重要措施。对锯口、修剪口，要涂 1%硫酸铜溶液，或 40%福美砷可湿性粉剂 100 倍液，或 1.8%辛菌胺水剂 10~15 倍消毒，也可用愈合剂药膏涂抹，然后再涂波尔多浆或煤焦油等保护，以利促进伤口愈合，减少病菌侵染，避免病害发生。

枣树腐烂病

病菌名 *Cytospora* sp.

枣树腐烂病俗称枝枯病。病原菌属于半知菌亚门，球壳孢目，壳囊孢属。

【分布与危害】

枣树腐烂病分布于全国各大枣产区。本病除危害枣树外，也危害苹果、梨、桃、杏、李和榆、楸等多种果树和林木。主要危害幼树主干和大树枝干，常造成枝干枯死。

【症状】 彩版 11　图 151~154

枣树枝干感病后，病枝皮层开始变为红褐色，渐渐枯死，在皮层内菌丝集结成灰白色菌丝体，后散生青色的颗粒体，逐渐长大呈圆锥形，穿破表皮或从病皮裂缝中露出呈黑色的小瘤状物，即为病原菌的子座。

【病原】

该病由壳囊孢属真菌侵染而引起。子座内含有 1 个分生孢子器，分生孢子器直径 480~1600 微米，高 400~960 微米。分生孢子器成熟时形成几个腔室，各室相通，有 1 个共同的孔口，内壁密生分生孢子梗。分生孢子梗无色，透明，分枝或不分枝，长短不一，大小为 10.5~20.5 微米，上面不断生长分生孢子。分生孢子单胞，无色，香蕉形或腊肠形，内部圆，微弯曲，内含油滴，大小为 4.0~100 微米×0.8~1.7 微米。

【发病规律】

该病以菌丝体或子座在病皮内越冬，来年春、夏形成分生孢子，通过风雨和昆虫传播，由伤口侵入树体。此菌为弱寄生菌，先在枯枝、死节、干桩、坏死伤口等组织上潜伏，然后逐渐侵染活组织。枣园管理粗放，树势衰弱，极易感病。

【预防控制措施】

1. 农业防控

（1）结合冬春季枣树修剪，彻底剪除枣树上的病枝，或刮除病斑，剪下的病枝和刮下的病皮集中一起烧毁，消灭越冬菌源。

（2）加强枣树管理，增施有机肥，使枣树健壮生长，提高抗病能力。

2. 药剂防控

（1）冬春季喷施 40%多菌灵胶悬剂 500 倍液，或 75%代森锰锌水分散粒剂 800 倍液，或冬季结合刮老树皮，用石灰水涂干，消灭越冬菌源。

（2）生长季节喷施 70%甲基硫菌灵可湿性粉剂 800 倍液，或 50%退菌特可湿性粉剂 800 倍液，或 1.8%辛菌胺水剂 600~700 倍液，或 1∶1∶200 倍等量式波尔多液，预防病害发生。

枣树白色腐朽病

病菌名 *Fomes fomentarius*（L. ex Fr）

枣树白色腐朽病又称枣树杂斑白色腐朽病，枣树朽木病、枣树立木腐朽病等。病原菌属担子菌亚门，非褶菌目，多孔菌科，层孔菌属。

【分布与危害】

枣树白色腐朽病分布于甘肃、陕西、河南、安徽等省枣产区。除危害枣树外，还可危害沙棘、栎、柳等林木。被害树木的木质部形成白色腐朽。一般情况下，枣树树龄越高，越衰老，发病越严重。

【症状】 彩版 11　图 155~158

该病的病菌通过砍伤、创伤、剪伤、虫伤、冻伤或断枝等处侵入木质部，侵染初期病部木质部颜色变褐，随后病部变为黄白色或灰白色而引起腐朽。腐朽常涉及韧皮部，造成韧皮部坏死。在腐朽后期病部往往产生半圆形或马蹄状子实体。遇到大风、大雨时，病树常自腐朽部折断倒伏。

【病原菌】

枣树白色腐朽病由木蹄层孔菌侵染而引起。担子果呈贝壳形或马蹄状，灰色、浅褐色至黑色，菌盖正面有硬壳和带纹。菌肉黄褐色，疏松至软木质。菌盖反面黄褐色，边缘色浅。菌管褐色，管孔圆形，灰色至褐色，管口每毫米 3~4 个。担孢子无色，椭圆形，大小为 14~17 微米×5 微米。

【发病规律】

枣树白色腐朽病菌常从伤口侵入，潜育期较长，当枣树干木质部腐朽达到一定程度时，菌丝便通过树节或其他伤口处，在树干表面产生担子果，在同一株枣树上担子果可产生多次。担孢子数量很大，可随风雨传播。腐朽病的发病率和腐朽程度随树龄的增加而增长。

该病菌的侵染发病条件不太严格，凡是老龄枣园，常因不合理的修剪、整形、乱砍或其他机械创伤，使伤口不易愈合，且易存留雨水，都可引起枣树白色腐朽病的发生。

【预防控制措施】

1. 人工防控

（1）清除病菌来源 枣树凡有担子果的病株要彻底切除，集中一起烧毁，以减少病菌来源，避免扩散蔓延。

（2）对死亡枣树或濒临死亡的枣树及时挖除，予以妥善处理，挖的树坑可撒石灰粉或杀菌剂消毒。

2. 药剂防控

（1）整形、修剪的伤口要用皂油或防护药（矿物油 2~3 千克，加松香 3 千克，硫酸铜 200~300 克，再加白土 4 公斤混配而成）涂抹伤口；也可用黏土加石灰、再加水混拌均匀，涂抹伤口；或涂抹托福油膏、843 康复剂、50 倍砷平液保护伤口，避免病菌侵入。

（2）春季枣树发芽前，喷洒波美 5 度石硫合剂；夏季用 40% 福美砷可湿性粉剂 100 倍液涂刷枣树枝干，或秋末枣树落叶后树上喷雾。

枣树冠瘿病

病菌名 *Agrobacterium tumefaciens*（Smith & Towus）Conn.

枣树冠瘿病又称枣树癌肿病、枣树肿瘤病。病原菌属于细菌薄壁菌门，野杆菌科、野杆菌属。

【分布与危害】

我国枣树栽培区此病都有不同程度的发生。除危害枣树、酸枣外，也危害苹果、梨、核桃、板栗、柑橘及杨、柳等果树和林木。主要危害枣树主干、主枝和侧枝，在这些部位长出大小不同的瘤状物。严重者主干和主枝布满瘤状物，致使树体衰弱，叶片黄化早落，甚至濒临死亡。

【症状】 彩版 11 图 159~162

一般病菌多从伤口处侵入，在病原细菌的刺激下，寄主细胞迅速分裂而形成大小不一的癌瘤。发病初期，在病部形成圆形、椭圆形或不规则形淡黄色小瘤，表面光滑柔软，随着病情发展，瘤体逐渐增大，并变为褐色至深褐色，表皮细胞枯死破裂，瘤体粗糙，质地坚硬，木质部不规则增生、坏死。严重时主干、主枝布满瘿瘤，致使树体枝叶稀疏、生长瘦弱，结果量减少，甚至整株枯死。

【病原】

该病由冠瘿土壤杆菌侵染所引起的细菌病害。菌体短杆状，大小为 0.6~1.0 微米×1.5~3 微米，生少量短鞭毛，但有的无鞭毛，具荚膜。在液体培养基表面形成白色或淡黄色菌膜，在固体培养基表面菌落小呈圆形，稍凸起，半透明。在枣树瘿瘤内细菌很少，很难从瘤内分离出来。

【发病规律】

病原细菌是一种土壤习居菌，在土壤中存活时间较长，一般在土壤内未分解的病残体中可存活 2~3 年，单独在土壤中仅能存活 1 年，随病残体的分解而死亡。病菌借雨水和灌溉水传播，带病苗木或接穗可远距离传播。病菌通过修剪、嫁接、扦插、虫害、冻伤或人为造成的伤口侵入，侵入后刺激寄主细胞组织增生形成肿瘤。

温湿度与发病有密切关系，田间温度在 18℃~26℃，降雨多，田间湿度大，病害发展快，病情严重；地势与发病也有关，地势较高的沙壤土病害较轻，反之地势低洼，土壤黏重发病严重；疏松的弱碱性土壤发病重，而酸性黏重土壤感病较轻。

【预防控制措施】

1. 人工防控

（1）严格实行植物检疫，禁止从病区调入苗木、接穗，先用无病苗木是控制病害蔓延的重要措施。

（2）育苗应选择弱酸性土壤，或适当增施酸性肥料，使土壤呈微酸性，可抑制此病发生。

（3）加强枣园管理，增施有机肥，适量灌水，增强树势，提高抗病能力。并加强树体和根部保护，及时防治地下害虫，减少各种伤口，以减少被病菌侵染的机会。

2. 药剂防控

（1）发现肿瘤及时刮除，用80%乙蒜素（抗菌剂402）乳油或托福油膏涂抹伤口消毒。

（2）如发现大树有病，应刨去病根和切除肿瘤，伤口处涂抹波尔多浆、石硫合剂消毒。

3. 生物防控

可用土壤杆菌 K84 菌株产生的 Agrocin84 进行防治，菌株不同，敏感性不同，使用前先试验证明有效再用。

枣树冻害

病原名　生理病

枣树冻害多发生在我国北方寒冷地区，是一种非侵染性生理病。

【分布与危害】

该病主要分布于西北、华北和东北寒冷地区。主要危害枣树幼树、成株枣树的枝干、枝条和花芽，削弱树势，坐果率减少，严重者造成枝干、枝条枯死。

【病状】 彩版 11 图 163~165

枣树枝干冻害主要发生在冬季温度变化剧烈，绝对温度过低，且持续时间较长的年份。幼树苗木受冻害多发生在地面以上 10~15 厘米至地下 2~5 厘米的根茎部，嫁接苗木多发生在接口以上 2~4 厘米处，成年树冻害多发生在 1~2 年生枝条上。幼树受害部位的皮色发暗，无光泽，皮层变为褐色，枣树西北方向的树皮常发生纵裂，轻者伤口还能愈合，严重者裂缝宽，露出木质部不易愈合，且裂皮翘起向外翻卷（见彩图 165），被害树皮常易剥落。成年树枝条冻害除伴随枝干冻害发生外，一般发生在秋季缺雨，冬季少雨，气候干旱年份。枝条受冻多发生在 1~3 月份，生长不充分的枝条极易受冻，轻者皮层变褐色，重者变褐深达木质部及髓部，后干缩枯死。一般轻度受冻，枝条可恢复生长，多年生枝条常表现局部受冻，冻害部分皮层下陷，表皮变为深褐色。枝条冻害除伴随枝干冻害发生外，多发生在秋季缺雨，冬季少雨，气候干寒的年份。严重时 1~2 年生枝条大量枯死。花芽受冻一般多发生在春季回暖早，而又复寒（倒春寒）的年份。花芽冻害主要是花器受冻，轻微冻害，由于花芽数量多，对产量影响不大；严重时，每果枝果实数显著减少。

【病因】

枣树发生冻害的原因主要是绝对低温过低，或低温持续时间过长，或遇到强寒流的侵袭。在低温时，细胞原生质流动缓慢，细胞渗透压降低，致使水分供应失调，枣树就会受冻。温度低到冻结状态时，细胞间隙水结冰，使细胞原生质的水分析出，冻块逐渐加大，致细胞脱水或细胞膨离而死。

【发生规律】

据调查，苗木和成树枝条受冻多因生长不充实，越冬准备不充分，不能适应突然到来的低温而造成。偏施氮肥，秋冬水分供应过多而致徒长、贪青不能及时落叶的枝条易受冻，或抽干枯死。地形地势对冻害的产生有较大的影响，一般海拔越高，冻害越重；同一山地阴坡冻害重，半阳坡次之，阳坡较轻，但阳坡土层浅，昼夜温差大的地方，也易发生冻害。冬季受西北风影响大的坡面和背阴地角，往往冻害比较重。树龄大小与冻害的发生也有很大关系，树龄小和树龄大而衰老的枣树冻害重，盛果期枣树受害次之，初结果期枣树受害较轻。

【预防控制措施】

1. 选抗寒品种 要因地制宜选用当地抗寒品种；或采用高接换种，高接当地抗寒性能强的枣树品种，提高抗寒能力。

2. 注意枣树园址的选择 应加强垂直西北风向的防护林建设，充分利用小气候的优势，减轻冻害发生的程度。

3. 加强抚育管理

（1）在易发生冻害的地区，合理施肥、灌水，使树体多积累养分，增强抗寒能力。冬前应在枣树茎干基部培土，埋土防冻应埋到树干全部和主枝分叉处；树干涂白涂剂或包裹草把，均可减轻冻害发生。

（2）冬、春季下雪后，应及时震落枣树枝干上的积雪，也可减轻冻害，或免受冻害。

（3）若枣树已产生裂皮冻害，伤口应及时涂抹 1：1：100 倍等量式波尔多液，或托福油膏，或 843 康复剂，或 50 倍砷平液，以防止病菌侵染。此外，及时用废棉絮等包扎，以利伤口愈合。

4. 灌水与熏烟　霜冻前，在上风头堆草或禾秆，点燃熏烟，可减轻霜冻危害，凌晨点燃效果更好。早春寒流侵袭前浇水，也可减轻受冻。

大金发藓

病原名　*Pogonatum sp.*

大金发藓又名金发藓、黄发藓，属于苔藓植物门，藓纲，真藓目，金发藓科，金发藓属。

【分布与危害】

该植物分布于甘肃、陕西、四川、重庆、云南、河南、湖北、江西、浙江、江苏、广西、广东等地。除危害枣树外，也危害核桃、板栗、柑橘、柿、茶及其他果树、林木等。附生于树干和枝干上，发生量较大，危害较重。所附生的树皮，终年潮湿，引起真菌寄生，影响树木生长。

【病状】 彩版 12　图 166~168

植物体纤细，黄绿色或绿色，在枣树枝干上常丛集成大片群落。主茎细长，直立，单一或分枝，常扭曲，基部密生假根，附着枣树枝干树皮上。支茎密集，交织，叶片狭长形。叶干燥时紧贴茎上，潮湿时顷立或背仰。雌雄异株。孢朔圆柱形，生兜形蒴帽，蒴帽被黄色毛，蒴柄细长。

【病原】

该藓是一类小型的多细胞绿色植物，多生于阴湿的环境中。植物体具有假根和类似茎、叶的分化。植物体的内部构造简单，假根是由细胞和单列细胞组成，无中柱，不具真正的输导组织，由于没有真正根、茎、叶的分化，不具维管组织，所以个体矮小，只有数厘米。

藓的生活史具有明显的世代交替，配子体在世代交替中占优势，孢子体寄生在配子体上。雌雄生殖器官由多细胞组成，雌雄生殖器官称颈卵器，外形瓶状，上细下粗，雄性生殖器官称精子器，外形呈棒状或球形，内具多数精子，精子长而卷曲，有 2 根鞭毛。受精必须借助于水；卵孢子成熟时，精子游到颈卵器附近，精子与卵结合形成合子，合子未经休眠直接发育成胚，胚在颈卵器内发育成孢子体，孢子体通常分为 3 部分，上端为孢子囊称孢蒴，孢蒴下端有柄称蒴柄，蒴柄下部有基足，基足伸入配子体中吸取养料，供孢子体生长。

【发生规律】

大金发藓为一年生草本。孢子繁殖。孢蒴中含有大量孢子，孢子成熟后孢蒴盖裂，孢子散发于体外，随风雨传播。在适宜环境下萌发成原丝体。每个孢子发生的原丝体，可产生几个芽体，每个芽体发育成 1 株新植株。大金发藓喜潮湿，耐寒，也耐旱。在多雨季节或多雨年份发生危害严重，枣树枝干，特别树干基部布满大片的金发藓群落，影响树体呼吸，附生的树皮，终年潮湿，易引起真菌寄生，影响枣树生长。除危害枣树外，在潮湿的土壤表面、裸露的岩石上、溪边树林下，沼泽地面都有大片的群落发生。

【预防控制措施】

1. 人工防控　随时检查枣树树体，如有大金发藓群落发生，及时用刀刮除，集中一起烧毁或深埋。地面上如有大金发藓群落，可用铁锹深翻埋入土壤深层。如发生严重，可用拖拉机深耕。

2. 药剂防控 大金发藓发生严重的枣园，地面上都生有大量的金发藓，可喷布草甘磷常规用量防除；老树干下部粗糙皮较厚可以试用，如果对枣树没影响，再推广使用。

珠 藓

病原名 *Bartramia* sp.

珠藓又称球藓，属于藓纲，珠藓科，珠藓属。

【分布与危害】

该植物分布于全国各地，以秦岭及其以南地区发生最为普遍。危害板栗、核桃、柿树、柑橘、茶树、桑树等果树、林木。附生于树木主干、枝干上，所附生的树皮终年潮湿，常引起真菌寄生，影响树木生长。

【病状】 彩版 12 图 169~172

植物体纤细，绿色或翠绿色，无光泽，成片密生或垫状丛生。茎直立或倾立，单一稀疏分枝，基部密生假根，由单列细胞构成，常分枝，附生于树干上。叶片披针形，叶片干燥时卷曲，湿润时背仰。雌雄异株。孢蒴近球形，蒴盖圆锥形，蒴帽兜形，易脱落，蒴柄细长，直立。

【病原】

与大金发藓相类似。

【发生规律】

珠藓植株为一年生杂草。孢子繁殖。孢子散发后，在适宜环境条件下萌发成原丝体。每个孢子萌发的原丝体可产生多个芽体，每个芽体发育成 1 个新植株。多生于树干基部和枝干上。喜生于沼泽地、溪边及树荫下潮湿地表及林地湿度大的果树主干及枝干上。

【预防控制措施】

同大金发藓防控措施。

枣树地衣害

病原名 Lichens

枣树地衣又称树花，地衣属于植物界的一门，是真菌和藻类共生的植物。

【分布与危害】

该植物分布西北、华北、华中、华东等地枣产区。除侵害枣树外，还侵害苹果、核桃、板栗、杏及杨、松、柏、杉等果树、林木。它附着于枣树枝干、叶片上，影响枣树呼吸，滞留大气水而有利于一些病菌、害虫的入侵和滋生，导致树木衰弱。

【症状】 彩版 12 图 173~178

地衣是真菌和藻类共生的植物，寄生于枝干、叶片上。种类多，常见的有叶状地衣、枝状地衣、壳状地衣、胶质地衣等。叶状地衣为不规则叶片状，表面绿色、灰绿色、蓝绿色或青灰色，叶状体扁平，有时边缘反卷，呈皱褶裂片。壳状地衣，为青灰色、灰绿色或褐色，状若膏药，紧贴树皮。枝状地衣，着生于枝干上，淡绿色，直立或下垂如丝，呈树状分枝。胶质地衣，呈胶质状附着于枝干上。

【病原】

地衣是真菌和藻类共生的植物，组成地衣的真菌多数是子囊菌，如球壳菌、盘菌等，少数是担子菌；藻类常为蓝绿藻和单胞绿藻。藻类制造有机物质，而真菌则吸取水分和无机盐，并包被藻体，两者以互利的方式相结合。

【发生规律】

地衣具有一定的形态和结构，产生多种地衣酸等特殊的化学物质，能生活于各种环境中，即耐旱又耐寒，在树干、土壤、高山、寒漠，甚至裸岩悬壁上都能生长。地衣喜欢温暖阴湿的环境，以营养体在枣树枝干皮层、叶片及裸岩上越冬。第二年春季分裂成碎片进行繁殖，通过风雨传播到枣树枝干和叶片上侵染危害，也以含有真菌和藻类成分的芽孢子经风雨传播繁殖。真菌以菌丝体或孢子发芽繁殖，遇到适宜的藻类即进行共生。真菌吸收枣树组织中的水分和无机盐，并将一部分供给藻类；藻类具有叶绿素，可以进行光合作用，制造有机物质，也将其中一部分供给真菌作营养，形成相互依存的关系。一般温暖、湿润、光照又不过强的环境条件，有利于地衣的生长和繁殖。

【预防控制措施】

1. 地衣生长过多削弱枣树生长势头时，可用竹片或小刀将其从枝干上刮下来，集中一起烧毁或深埋，再涂抹波美 3~5 度的石硫合剂，或 48% 晶体石硫合剂 80~100 倍液。

2. 直接向枝干上的地衣喷布松碱合剂或机油乳剂，杀灭地衣。

此外，地衣有其有害的一面，也有有益的一面。地衣对自然环境有重要影响，是大气污染的指示植物。有地衣生长的地方，一般大气污染较小，要注意保护此类环境。

枣树菟丝子

病原名 *Cuscuta* sp.

菟丝子俗称缠丝子、黄缠、黄藤、没根草等。病原属于菟丝子科（旋花科），菟丝子属。是一种全寄生性种子植物。

【分布与危害】

菟丝子分布于全国各地，陕西、宁夏、甘肃等省、自治区发生普遍。除寄生于枣树外，还危害苹果、枸杞、杨、柳以及马铃薯、油菜、豆类等多种果树、林木及农作物。主要缠绕吸食苗圃幼苗和幼树汁液致使叶片变黄或凋萎，甚至枯死。

【病状】 彩版 12~13 图 179~189

菟丝子危害枣幼苗和树干枝条，受害枣树被橙黄色、黄白色或红褐色细丝缠绕，细丝柔软，随处生有吸器附着枣树，靠吸器刺入树皮内吸收枣的水分和营养物质，致使枣树叶片变黄或凋萎，严重者使枣树枝条干枯或整株死亡。

【病原】

菟丝子是一种藤本植物。危害枣树的菟丝子有两种，即日本菟丝子（*C. japonica* Cboisy）和中国菟丝子（*C. chinensis* Lam）。前者茎缠绕，较粗壮，黄色或淡紫红色，常带有紫红色瘤状斑点，无叶。花序穗状，基部多分枝；苞片及小苞片鳞片状，卵圆形；花萼碗状，裂片5片，卵圆形，常有紫红色瘤状斑点；花冠钟状，绿白色或淡红色，5浅裂，裂片卵状三角形；雄蕊5枚，花药圆形，无花丝；鳞片5片，长圆形；雌蕊隐于花冠里，花柱长，合生为

44

1 枚，柱头 2 裂。蒴果卵圆形，有 1~2 粒种子，微绿色至微红色，种子一侧边缘向下延成鼻状，光滑，褐色。中国菟丝子与日本菟丝子相似，但缠绕茎细弱，橙黄色或黄白色，茎上无瘤状斑点。花白色，蒴果近球形，种子一侧边缘向下延成鼻状，但没有日本菟丝子显著。

【发生规律】

菟丝子多发生在土壤比较潮湿的枣园、苗圃和灌木丛生之处。以种子在土壤中越冬，次年夏初发芽长出棒状黄色幼苗，当幼苗长至 10 厘米左右时，先端开始左旋转动，碰到树苗便缠绕，并产生吸器与树苗紧密结合，靠吸器在寄主体内吸收营养维持生活，然后下部假根枯死，脱离土壤，故又称"没根草"。幼茎不断伸长向上缠绕，先端与枣树苗、枝条接触处不断产生吸器，并长出许多分枝，往往形成多蓬无根藤。同时开花、结果，蒴果成熟后，种子散落土中越冬。

【预防控制措施】

1. 人工防控

（1）菟丝子危害严重地区，在第二年播种育苗前，或在枣树行间、树盘下，进行深翻土壤，使菟丝子种子不能发芽。

（2）春末夏初发现有菟丝子危害时，组织人力连同寄主枝条一起刈除，集中烧毁或深埋，以防扩大蔓延。

2. 药剂防控

（1）菟丝子发生严重地区，苗圃于播种前，或在枣行间、树盘下，每公顷用 40% 野麦畏乳油 3 升，或 50% 燕麦敌乳油 2.5 升，加水 450 升均匀喷雾，喷后耙翻混入 3~5 厘米土层内，可杀死刚萌芽及未出土的菟丝子幼芽。

（2）菟丝子发生危害期，用 48% 地乐胺乳油 150~200 倍液，或 48% 甲草胺乳油 125~150 倍液喷雾。

3. 生物防控

菟丝子发生后，可将茎蔓打断造成伤口，喷洒"鲁保 1 号"生物菌剂，使用浓度为每毫升水内含活孢子 3000 万个，每公顷用 30~40 升，一般在雨后，或傍晚及阴天喷洒，间隔 7~10 天喷 1 次，连续喷 2~3 次，防控效果比较好。

桑寄生

病菌名 Loranthus parasiticus （L.）

桑寄生属于桑寄生科，桑寄生属。具有叶片和叶绿素，是一种地上部半寄生双子叶植物。

【分布与危害】

桑寄生分布于我国各地，寄生危害多种林木和果树，除危害枣树外，还危害桃、杏、李、苹果、柑橘、板栗以及花椒、枫、杨、白蜡等经济林木。寄主被寄生后树叶发黄、萎蔫，严重者枝条干枯。

【病状】 彩版 13 图 190

桑寄生寄生于枣树枝干上，靠吸盘生根侵入树皮，吸收寄主的水分和无机盐，致使树叶变黄或萎蔫脱落，严重者造成枝条干枯。

【病原】

桑寄生茎褐色，圆筒形，叶片舌状对生，雌雄同花，浆果球形或卵形，内果皮外有一层胶质保护种子。

【发生规律】

桑寄生的种子主要靠鸟类啄食浆果后传播，被吐出或排出的种子黏附在树皮上。种子吸水萌发产生吸盘，吸盘生根侵入幼嫩的树皮，再深入扩展形成假根及次生根直达寄主的木质部，建立与寄主相通的导管，吸收寄主的水分和无机盐。与此同时，胚芽也发育形成短枝和叶片，并通过不定芽在树上形成丛生状。

【预防控制措施】

1. 加强枣园管理，及时清除枣树枝干上的桑寄生短枝与丛生状的不定芽，结果期应及早摘除浆果，集中烧毁。

2. 人工驱赶鸟类或做草人悬挂于树顶驱逐鸟类，不让其啄食浆果，防止病菌到处传播。

第四节　根部病害

枣树从幼苗期到成株期均有不同病害发生，目前已知有9种，其中枣树幼苗立枯病、黑胫病发生普遍，危害重。枣树幼苗立枯病主要发生在幼苗茎基部，常造成苗圃成片死亡，或缺苗断垄。枣苗木茎腐病主要发生在根、茎交界处，病斑呈黑褐色，根茎部病斑逐渐扩大环切后，叶片失绿、萎垂，植株逐渐枯死。枣树白绢病也发生在根部，感病后表面出现水渍状褐色病斑，逐渐环根茎扩展，使皮层腐烂，随后被白色菌丝体覆盖。根腐病、根朽病感病后，均引起根部腐烂，致使整树枯死。根癌病是一种细菌性病害，分布广，危害重，感病后在根茎部和主侧枝上产生大小不等的瘤状物，危害性同枣树冠瘿病。

枣树幼苗立枯病

病菌名 *Rhizoctonia solani* Kuhn

枣树幼苗立枯病俗称枣树根腐病、死苗、霉根等。病原菌属于半知菌亚门，无孢目，无孢科，丝核菌属。

【分布与危害】

该病分布于国内各地枣产区。除危害枣树外，也危害柑橘、花椒、松、杉等果树、林木以及蔬菜、粮食作物。主要危害种苗，常造成苗圃幼苗成片死亡，或缺苗断垄，延误农时。

【症状】 彩版 13　图 191

立枯病主要发生在一年生以下的幼苗上，在种子播下发芽后，便显出幼根腐烂，幼苗未出土即已枯死。幼苗出土后感病，初期茎基部产生水渍状褐色椭圆形或长条形病斑，白天或中午萎蔫，夜晚至次晨恢复正常。病斑逐渐扩大，凹陷，扩展后绕茎1周，幼茎基部缢缩，最后呈直立状枯死。也有在幼苗开始形成木质化时，病菌侵害幼根呈黄褐色、水渍状，使之腐烂，根皮易脱落，叶片凋萎、幼茎逐渐变干而死亡。潮湿时，病部出现白色菌丝体，后期可见到灰白色菌丝或油菜籽状的小菌核。

【病原】

立枯病的病原各地不同，但主要是由真菌中的立枯丝核菌侵染所引起。此外，镰刀菌（*Fusarium sp*·）和拟细菌（*Fastidious bacteria*）也可引起立枯病。立枯丝核菌不产生孢子，主要以菌丝体传播和繁殖，初生菌丝无色，后呈黄褐色，菌丝有隔，粗 8~12 微米，分枝基部缢缩，成熟菌丝呈一连串桶形细胞。菌核近球形或不定形，大小为 0.1~0.5 毫米，无色或淡褐色至黑褐色。孢子近圆形，大小为 6~9 微米×5~7 微米。有性阶段（*Pellicularia fila-mentosa*）为丝核薄膜革菌。

【发病规律】

病菌以菌丝或菌核在病残体及土壤中越冬，菌丝体可在土中营腐生生活 2~3 年以上，遇有适宜条件，病菌即可侵染幼苗。幼苗出土后 2~3 个月内，如温度高，连日阴雨，排水不良，育苗地透光不良易发病。育苗地是蔬菜、瓜类、玉米、马铃薯等作物，土壤中病菌多，病害易流行。种子质量差，播种太早或太迟，施氮肥过多，幼苗生长不良，亦容易发病。

【预防控制措施】

1. 农林防控

（1）苗圃选择地势高，排水方便，疏松肥沃的沙壤土地育苗，或采用高畦育苗，减轻病害发生。

（2）合理轮作，避免连茬育苗，密度不宜过密，以便通风排湿，防止病害发生。

2. 化学防控

（1）土壤消毒 苗圃于播种前，每 666.7 平方米用 2%~3%硫酸亚铁水溶液 250 升，喷洒土壤，喷后耙翻混土。播种时每 666.7 平方米用 50%多菌灵可湿性粉剂 5.5 千克，或 40%猝倒立克可湿性粉剂 4.5 千克，或 30%苗菌敌可湿性粉剂 6.5 千克，对细土 2700~3000 千克混拌均匀，施药前打透底水，先取 1/3 药土撒于地面，后播种，其余 2/3 盖在种子上面，即下垫上覆，防治立枯病有良好效果。

（2）喷药防控 发病初期，用 72.2%霜霉威水剂 400 倍液，或 75%百菌清可湿性粉剂 600 倍液，或 20%拌种双可湿性粉剂 1200 倍液，每 666.7 平方米喷淋药液 1500~2000 升。

枣树苗木茎基腐病

病菌名 *Sclerotium bataticola* Traub

枣树苗木茎基腐病又称枣树苗木根腐病。病原菌属于半知菌亚门，无孢目，无孢科，小核菌属。

【分布与危害】

该病分布于全国枣产区，甘肃庆阳、平凉、陇南、天水等地发生普遍，危害严重，发病率一般在 20%~30%，严重者可达 50%左右。该病除危害枣树外，还危害柑橘、银杏、花椒、松、杉等果树、林木。一般危害一年生的苗木比较严重，往往造成成片死亡。成年枣树也可感病，但危害较轻。

【症状】 彩版 13 图 192~194

该病与幼苗立枯病相似。发病初期苗木茎基部发生黑褐色病斑，以后病斑扩大包围茎基，病部皮层组织坏死，易剥离。顶芽枯死，叶片失绿，并自上而下相继萎垂，但不脱落，全株枯死。病菌在茎基部上下继续扩展，使基部和根部皮层解体破裂，皮层内和木质部上有粉末状黑色小菌核。

【病原菌】

该病是由基腐小核菌侵染所致。此外，丝核菌等也可引起此病。基腐小核菌与立枯丝核菌，都产生菌核，通常也都引致根和茎基的腐烂。基腐小核菌是一种喜高温的腐生性强的土壤习居菌。小菌核质地紧硬，形状为较有规则的圆形或椭圆形，直径为 50~100 微米。

【发病规律】

病菌以菌核和菌丝体在有病苗木上和土壤内越冬或腐生。7~8 月雨季过后，土温骤升，苗木茎基部常被灼伤，或有其他机械伤，病菌即从伤痕处侵入。因此，凡是雨季结束早，气温上升快或持续长的月份，苗木发病严重。此外灌水不当，如大水漫灌以及暴雨后不及时排水等，也易引起此病的发生。

【预防控制措施】

1. 农业防控

（1）雨后及时松土、遮阴，或在行间复草。高温、干旱时及时灌水降温。灌水时应避免大水漫灌，同时暴雨后应及时排水，都能减轻病害发生。

（2）病圃播种前，应深翻土地和施用饼肥，促进土壤内抗生菌的繁殖，抑制病菌，促使苗木生长健壮，增强苗木抗病能力。

（3）发现少数有病苗木，应及时挖出烧毁。挖出的苗木坑穴撒布生石灰消毒，或换入无病新土。

（4）育苗地内切勿施用未腐熟的肥料，以免因发酵增高土温而伤及地下嫩茎，以及未腐熟的肥料有利于腐生菌的活动而诱发病害。

2. 药剂防控

进行土壤消毒、喷药防治等，参考枣树幼苗立枯病防控措施。

枣树白绢病

病菌名 *Sclerotium rolffsii* Sacc.

枣树白绢病又称枣树白绢茎腐病，枣树茎基腐病。病原菌属于半知菌亚门，无孢科，小核菌属。有性态为担子菌亚门，伏革菌属（*Corticium centrifugum*（lev.）Bres）。

【分布与危害】

该病分布于全国各地枣产区，除危害枣、酸枣外，还危害苹果、梨、桃、山楂、葡萄和桑、杨、柳以及大豆、花生、南瓜、番茄等近百种果树、林木、农作物。主要危害根茎部，引起受害部位腐烂，地上部叶片变黄甚至凋萎，提前落叶，造成减产。

【症状】彩版 13~14 图 195~197

该病主要发生在地面附近的根茎部，主根和侧根也能受害。开始在根茎部表面出现水渍状褐色病斑，逐渐环根茎扩展，使皮层腐烂如泥，发出较浓的霉臭味，并流出褐色汁液，而且在表面产生一层白色绢丝状菌丝，随后白色菌丝体覆盖整个根茎部。在高温潮湿条件下，菌丝体可延至病株根茎部附近地面，后期在根茎部及附近的周围地面长出许多褐色或棕褐色、油菜籽状的小菌核。叶片感病后出现水浸状轮纹斑，直径约 2 厘米，病斑中央也能长出小菌核。1~3 年生幼树感病后很快枯死。成龄树当病斑环茎一周后，上部也会突然死亡。

【病原】

该病由齐整小菌核侵染而引起。菌丝体初为白色，老熟后略带褐色，分枝角度大。菌核圆形或椭圆形，直径 0.5~1 毫米，个别达 3 毫米，淡褐色至褐色，表面平滑，有光泽，易脱落，内部紧密，灰白色。子实体平滑，白色，初较疏松，后略密集成层。担子 7~9 微米×4~5 微米，担孢子 6~7 微米×3.5~5 微米。

【发病规律】

病菌以菌丝体在树根茎部，或以菌核在土壤内越冬。翌年在适宜条件下，菌丝体和菌核生出新的菌体，从根茎部的伤口处侵入，引起发病。以后病部又产生新的菌丝体，通过雨水、灌溉水传播蔓延。4~10 月侵染发病，7~9 月为发病盛期。菌核多分布于距地表 5 厘米的土层中，在地面落叶、落果及杂草上也能形成大量菌核。病害多发生于地势低洼、积水、土壤黏重、管理不善、杂草丛生的枣园。

【预防控制措施】

1. 农业防控

（1）地下水位高的枣园，夏秋雨季应作好挖沟排水工作，防止枣园积水。灌水时严禁大水漫灌，防止菌核通过灌水传播。

（2）选用抗病力强的砧木，培育抗病力强的枣树苗木。枣树苗定植时，不要栽植过深，要将嫁接口露出地面，防止病菌通过伤口侵入，引起发病。

（3）枣树树干周围要保持干净，及时清扫枯枝、落叶、落果，铲除杂草，集中烧毁。增施充分腐熟的有机肥，适当多施磷、钾肥，防止烂根，促进新根生长。

（4）对有病枣树及时更新，或视具体情况在早春进行桥接或靠接，进行挽救。

（5）在病区要及时检查病情，有条件的树下种植矮生绿肥，防止地面高温灼伤根茎部，以减少发病。

2. 药剂防控

（1）注意检查，发现枣树有病，及时扒开枣树根部土壤，彻底刮除根茎部病斑，刮下的病组织集中一起烧毁。伤口用 1% 硫酸铜溶液消毒，并涂抹波尔多浆，保护伤口，然后用新土覆盖根部，再于根部周围土壤表面撒施石灰。

（2）必要时，病区可用 70% 甲基硫菌灵可湿性粉剂 500~1000 倍液，或 20% 甲基立枯磷乳油 800~1000 倍液喷施枣树周围地面；也可用 40% 五氯硝基苯粉剂 1 千克，加细土 40~50 千克混匀，撒施枣树根茎部及周围土面上。

枣树根腐病

病菌名 *Fusarium* sp.

枣树根腐病又名枣树圆斑根腐病、枣树根部腐烂病、枣树死根病。病原菌属于半知菌亚门，瘤座孢目，镰孢菌属。

【分布与危害】

该病分布于全国各地枣产区。主要危害枣树茎基部和根部，一般枣树感病后，根部腐烂，地上部叶片发黄，或枝条萎缩，严重者枝条或整株枯死。

【症状】 彩版 14 图 198~199

枣树发病初期，先从须根开始变褐枯死，后逐渐扩展到肉质根及大根，围绕须根基部形成红褐色凹陷的小圆斑。病斑进一步扩大，相互连接，深达木质部，致使整段根变黑死亡。根皮与木质部易分离。此外，在病情发展过程中，病根反复产生愈伤组织和再生新根，因此，形成病健组织相互交错或致使病部凹凸不平。

【病原】

枣树根腐病系由茄腐皮镰孢菌（*F. solani*（Mart.）App. et Wollenw）、尖孢镰孢菌（*F. oxysporum* Sahlecht）、弯角镰孢菌（*F. camptoceras* wollenw. ete Reink）侵染所引起的真菌病害。病原菌可产生大小两种类型的分生孢子。腐皮镰孢菌大孢子，无色，镰刀状，两头较圆，中间宽，具 3~9 个格；小孢子，无色，卵圆形，单胞或双胞。尖孢镰孢菌大孢子两头较尖，足孢明显，两头弯曲，中间较直，具 3~4 个格，小孢子卵形至椭圆形，单胞。弯角镰孢菌大孢子多数较直，少数弯曲，长圆形，基部较圆，顶部较尖，具 1~3 个格，无足孢；小孢子长圆形至椭圆形，单胞或双胞。

【发病规律】

三种镰孢菌均为土壤习居中菌或半习居菌，可在土壤中长期营腐生生活，当枣树根系衰弱时，病菌大多通过根部或根茎部伤口（自然伤口、机械伤口和虫害伤口等）侵入组织内，引起发病。病菌孢子主要靠降雨、灌溉随水传播。一般 4~6 月中旬发病，7~8 月为发病盛期。导致树势衰弱的不利因素，都可能诱发病害发生，如地势低洼积水、土壤黏重、耕作粗放、施肥不足或施肥不当及害虫发生严重的枣园易发病；多雨年份光照不足、种植过密、修剪不当等，也易引起病害发生。

【预防控制措施】

1. 人工防控

（1）发现病株及时挖除，并在病穴施入石灰消毒，必要时可换入新土，然后补栽健株。

（2）对受害轻的树体应及时挖开根部土壤，找出受害部位，进行病斑刮除，将刮下来的病残物集中烧毁，然后在刮除病斑部位涂抹保护剂，如砷平液、波尔多浆、843 康复剂等。

2. 农业防控

（1）新建枣园要选择地势高、干燥的沙壤土，平整土地，严防长期积水，精耕细作，避免造成根部伤口。同时严禁栽植有病苗木。

（2）适时合理灌水，增施腐熟有机肥如人粪尿、猪粪等，并进行氮、磷、钾配比施肥，不可偏施大量氮肥。另外可以补喷多元素微肥，增强树体抗病能力。

3. 药剂防控

（1）发病初期，喷淋 45%代森铵水剂 500 倍液，或 20%甲基立枯磷乳油 1000 倍液，或 50%甲基硫菌灵可湿性粉剂 600 倍液，或 70%代森锰锌可湿性粉剂 600 倍液。

（2）枣树发病后，可挖开根部周围土壤，浇灌 65%代森锌可湿性粉剂 400 倍液，或 50%多菌灵可湿性粉剂 400 倍液，或 70%甲基硫菌灵可湿性粉剂 500 倍液，或 40%根腐灵可湿性粉剂 600 倍液，可基本控制病情发展，逐渐恢复树势。

（3）对立枯丝核菌引起根腐病的地区或田块，可试用移栽灵混剂。

枣树根朽病

病菌名 *Armillarella tabescens*（Soop. et Fr.）Singer

枣树根朽病又称枣树假蜜环菌根朽病、枣树蘑菇根腐病。病原菌属于担子菌亚门，伞菌目，口蘑科，小密环菌属。

【分布与危害】

该病分布于全国各地枣产区，除危害枣、酸枣外，还危害苹果、梨、桃、山楂、核桃、板栗、杏，以及杨、柳、榆、桑、刺槐、松树等林木。主要危害根茎及主根，并沿根茎和主根上、下扩展，致使根茎部呈环割状，引起根部腐朽，地上部枝叶枯萎，叶片变黄而早落，而造成病株死亡。

【症状】 彩版 14 图 200~202

枣树根茎部及主根感病后，病菌沿根茎及主根上下扩展蔓延，形成环割状，病部表面水渍状，深褐色或紫褐色，有的溢出褐色菌浓，该菌能分泌果胶酶，可使皮层细胞果胶质分解，使皮层形成多层薄片状，充满白色至淡黄色扇形菌丝层，并发出蘑菇香味；高温多雨季节，病树根茎部常丛生蜜黄色蘑菇状子实体。地上部树势衰弱，叶变淡黄色或顶部生长不良，严重时部分枝条或整株枯死。

此外，还有一种枣密环菌根朽病（*A. melleu*（Vabi ex Fr.）Karst），其特征是：树体基部出现黑褐色或黑色根状菌索或密环状物，病根皮内生出白色或淡黄色菌丝，在木质部和树皮之间出现白色扇形菌丝团。该病在我国不多见。

【病原】

枣假蜜环菌根朽病由发光小蜜环菌侵染而引起。病部出现的扇状菌丝层，白色，初具荧光现象，老熟后变为黄褐色或棕褐色，菌丝层上长出多个子实体。菌盖初为扁球形，后变平展，浅黄色，直径 2.6~8 厘米，菌柄长 4~9 厘米，直径 0.3~1.1 厘米，浅杏黄色，具毛状鳞片。担孢子近球形，单胞，光滑，无色，大小为 7.3~11.8 微米×3.6~5.8 微米。

【发病规律】

该病以菌丝体，或根状菌索在根部或随病残体遗留在土壤中越冬。病菌可在病残体内长期存活。在枣园中，病菌主要靠病根与健根接触和病残体转移而传染。菌丝与根接触后，可分泌胶质而黏附，然后再产生小枝直接或从各种伤口侵入根内。在根皮内外形成黑色菌索，继而扩展延伸到邻近枣树根部。此外据报道，从病菌子实体上形成的担孢子，借气流传播，落到枣树残根上后，遇适宜条件，担孢子萌发，长出的菌丝侵入根部，然后长出根状菌索，当菌索尖端与健根接触时，便产生分枝再侵入根部，引起发病。一般 4~5 月和 8~9 月为发病盛期。树势衰弱，园内积水，均有利于病害发生。幼树很少发病，老年树易受其害，沙土地枣园发病轻，水肥条件差的枣园发病重。

【预防控制措施】

1. 农业防控

（1）加强栽培管理，增施肥料，适时灌水及防治病虫害，铲除枣园杂草，增强树势，提高枣树抗病能力。

（2）降雨后及时排除积水；地下水位高的枣园要做好开沟排水，减轻病害发生。

（3）秋季在枣树树干四周扒土晾根，同时刮治根上病斑和清除已烂病根，收集在一起烧毁。

2. 药剂防控

（1）发病初期，用70%甲基硫菌灵可湿性粉剂2000倍液，或50%苯菌灵可湿性粉剂1000~2000倍液灌根，一般小树灌注10~20升，大树灌注25升左右。

（2）濒临死亡的枣树，应及早连根挖除，集中一起烧毁，病穴可撒消石灰，或用40%五氯硝基苯粉剂150倍液，或40%福尔马林100倍液浇灌消毒，然后更换新土重新栽植枣树苗。

枣树紫纹羽病

病菌名 *Helicobosidium purpureum*（Tul.）*Pat.*

异名 *Helicobosidium mompa* Tanaka Jacz.

枣树紫纹羽病又名枣紫绒病，病原菌属于担子菌亚门，木耳目，木耳科，卷担菌属。

【分布与危害】

该病在我国北方枣产区常有发生，个别地区发生较重。除危害枣树外，还危害苹果、梨、桃、葡萄以及杨、柳、刺槐等多种果树、林木。主要危害枣树根及根茎部，感病后根部腐朽，上生紫黑色菌丝层，如不及时防治可造成死树。

【症状】 彩版14 图203~204

根部感病，先从小根开始发病，逐渐向主、侧根及根茎部发展。病部初期产生黄褐色病斑，内部组织变为褐色，随着病部的扩展，逐渐生出紫色绒状菌丝层，并有紫黑色菌索。有时病部表面常有1~2毫米半球形的菌核。后期病部先腐朽，木质部朽烂，在根茎附近的表面生出紫色菌丝层。病株地上部分新梢短，叶片小而发黄，坐果多，全树出现细小而较短的结果枝。

【病原】

该病是由紫卷担菌和桑卷担菌侵染而引起。病根上着生的紫黑色绒状物是菌丝层，其外层是子实体层，其上生有担子。担子圆筒形，无色，由4个细胞组成，大小为25~40微米×6~7微米，向一方弯曲，相反的一方细胞抽出小梗，上生担孢子。担孢子无色，单胞，卵圆形，大小为4~12微米×3~4微米。

【发病规律】

病菌以菌丝体、根状菌索和菌核在病根上或土壤内越冬。第二年条件适宜时，根状菌索和菌核产生菌丝体，菌丝体集结形成菌丝束，在土表或土内延伸，接触寄主根系后直接侵入危害。一般病菌先侵染新根的柔软组织，后蔓延至大根。病根与健根系互相接触是该病扩展、蔓延的主要途径。病害发生盛期多在7~9月。病菌虽能产生担孢子，但寿命短，在病害传播中作用不大。

【预防控制措施】

1. 实行严格的植物检疫

病菌可随苗木、接穗远距离传播、蔓延，所以起苗、调运苗木时应严格进行检验，剔除有病苗木，集中烧毁。

2. 农业防控

（1）不在林迹地建枣园，枣园不要用刺槐作防护林带。

（2）加强枣园管理，增施有机肥，改良土壤，低洼地在雨季注意及时排水，合理整形修剪，适量疏花、疏果，调节果树负载量，并加强对其他病虫害的防治，以增强树体抗病能力。

（3）在病区或病树外围挖 1 米深的沟，可隔离或阻断菌核、根状菌索和病根传播。

3. 药剂防控

病轻树，可扒开根际土壤，找出发病部位，并仔细清除病根，然后用 50%代森胺水剂 400~500 倍液，或 1%硫酸铜溶液进行伤口消毒，然后涂抹波尔多浆、托福油膏等。也可用 20%石灰水，或 2.5%硫酸亚铁溶液，或 20%三唑酮乳油 100 倍液浇灌消毒，后用净土埋好。清除的病根应集中一起烧毁。

枣树白纹羽病

病菌名 *Rosellinia necatrix*（Hart.）

枣树白纹羽病又名白绢病，俗称白烂。病原菌属于子囊菌亚门，球壳目，炭角菌科，座坚壳属。

【分布与危害】

该病分布于中国和日本。寄主除枣、苹果外，还有梨、桃及花椒等经济林木。该病主要危害寄主根部，造成树势衰弱，叶片变黄，枝条枯萎，严重者全株枯死。

【症状】彩版 14　图 205~206

枣白纹羽病发生于根部，主要在骨干根基部和根茎部。发病初期病部皮层组织浮肿、松软，出现近圆形或椭圆形褐色病斑，以后病部逐渐呈水浸状腐烂，深达木质部，并有蘑菇味的黄褐色汁液渗出。后期病部组织干缩纵裂，腐朽的栓皮层作鞘状套于木质部外，易分离，木质部枯朽。病根表面有柔嫩的根状菌索缠绕，初为白色，以后转变为灰褐色或棕褐色，剥去腐朽皮层，看到扇状或芒状的菌丝体紧贴在木质部上，有时形成黑色小菌核。地上部于发病初期树势衰弱，叶片自顶梢向下依次变黄，并逐渐凋萎，枝条萎蔫，最后整株枯死。

【病原】

该病是由褐座坚壳属真菌侵染所引起。菌丝层为展铺型，生于根皮上，暗红褐色。子囊壳产生于暗红色、粗硬的菌丝层上。子囊壳炭质，近球形，褐色至黑色，平滑，直径 1.5~2 毫米，孔口较暗，乳头状。子囊圆筒形，大小为 220~300 微米×5~9 微米，有长柄，内含 8 个子囊孢子。子囊孢子纺锤形，单胞，深褐色，大小为 35~55 微米×4~7 微米。无性态为白纹羽束丝菌（*Dematophora necatrix* Hartig）。分生孢子梗基部呈束状，有横隔膜，上部分枝，顶生或侧生 1~3 个分生孢子。分生孢子卵圆形或椭圆形，单胞，无色，大小为 5 微米×2 微米。

【发病规律】

枣树白纹羽病一般从 3 月中下旬开始发生，6~8 月为发病盛期，10 月以后逐渐停止发生。引起发病的病原菌是一种土壤习居菌，病根上的菌索和菌核可在土内多年存活。病菌的休眠、繁殖与传播，是靠土中的菌丝体、菌核和子囊壳。子囊壳集生或散生在病根表面的菌丝层上。在自然情况下有性或无性孢子的传播、侵染仅限于根部，当菌丝体接触到寄主植物时，即从根部表面皮孔侵入。一般先侵害小侧根，后在皮层内蔓延到大侧根，破坏皮层下的木质细胞。根部死亡后，菌丝伸出皮层，在皮表缠结成白色或灰褐色菌索，以后逐渐形成黑色小菌核，有时也形成子囊壳和分生孢子。菌索可蔓延到根皮附近土壤中，或铺展在树干基部土表。该病发生的轻与重与土壤条件有极大关系。土壤黏重，低洼积水，排水不良，发病严重；土壤疏松，排水良好，又不积水，很少发病。此外，高温、高湿都有利该病的发生。

【预防控制措施】

1. 在新开垦地里栽培枣树时，应注意土壤中有无此病病原菌的存在，并选用无病苗木。

2. 在发病植株四周，可以开沟隔离，防止病菌扩大蔓延。

3. 刚发病或发病较轻的植株，扒开病部周围病土，削去或切除病部，在削面、切面上涂 1 : 1 : 15 波尔多浆，或 0.1% 昇汞水，再用五氯硝基苯消毒，然后覆土。

4. 清除病株残根，并予烧毁，同时病穴、病土用福尔马林每平方米 0.5 千克消毒，然后再用 40% 五氯硝基苯粉剂 0.1 千克拌土 100 千克覆盖。

枣树根癌病

病菌名 *Agrobacterium tumefociens*（Smith & Towns.）.

枣树根癌病又称枣树根肿病、枣树根瘤病，病原菌属于细菌薄壁菌门，野杆菌科，野杆菌属。

【分布与危害】

该病分布于全国各地枣产区，除危害枣、酸枣外，也危害苹果、核桃、板栗、梨、柑橘以及杨、樱花、月季、梅花等果树、林木及花卉。以危害幼苗和幼树较严重，多在根茎部和主根与侧根上产生瘤状物。病株表现生长不良，树势衰弱，叶片稀疏而且又小，往往提前黄化脱落，严重时幼苗和幼树枯死。

【症状】 彩版 14　图 207～209

枣树感病后在表土根茎部、主根与侧根连接处，以及嫁接的砧木愈合处产生不同形状的瘤状物。发病初期，在被侵染处生黄白色小球形、扁球形或不规则形小瘤，表面光滑柔软，随病情发展瘤体逐渐增大，变为黄褐色至暗褐色，质地坚硬，表面粗糙龟裂，瘤内组织紊乱。后期瘿瘤呈开放式破裂、坏死，病株生长受阻。

【病原】

该病由癌肿土壤杆菌侵染而引起。与枣树冠瘿病同属一个病原菌，只是癌瘤发生的部位不同，癌瘤发生在主干、主枝与侧枝上称枣树冠瘿病；发生在根茎部、主根与侧根上称枣树根癌病。

【发生规律】

同枣树冠瘿病。

【预防控制措施】

参见枣树冠瘿病防控措施。

枣树根结线虫病

病原名 *Meloidogne mali ltih* Ohshima et lchinohe

枣树根结线虫病又名枣树根线虫病、枣白线虫病、柑橘根结线虫病。病原属于线虫纲，垫刃目。

【分布与危害】

枣树根结线虫病在我国分布很广，大部分枣产区均有发生，主要危害枣树。也危害苹果、梨、山楂和柑橘。该病危害枣根，尤其是支根，使根形成许多结节状小瘤状物，影响枣树生长，严重时导致枣树枯死。

【病状】 彩版 14　图 210

枣树患病主要在根部，病原线虫寄生在根皮与中柱中间，刺激根组织过度生长，形成大小不等的结节，如同豆科植物的根瘤，由芝麻大至蚕豆大，普通为球形，表面白色，后变为黄褐色至黑褐色，结节多在细根上，严重者产生次生结节及大量的小根，致使根系盘结，形成须根团。老结节多破裂分解，造成腐烂坏死。根系受害后，树冠出现枝梢短弱，叶片变小，生长衰退；根受害严重时，地上部变黄，旱天易枯萎，而后死亡。

【病原】

该病由枣树根结线虫侵染而引起。线虫在根的结节内生活。雌、雄异形，雌虫初龄线形，成熟雌体肥大，前端尖细，似洋梨形，在寄主体内营寄生生活，一般线虫刺入根皮内不动，后端露在根外，阴门斜向腹面尾前。雄虫线形细长，尾部稍圆，无色透明。幼虫呈细长蠕虫状。卵处于单细胞阶段，由雌虫产出，卵被在胶状介质中，成块状。

【发生规律】

枣树根结线虫两年发生 3 代，主要以卵或 2 龄幼虫在土中、寄主体内越冬。次年 4~5 月当外界条件适宜时，在卵囊内发育成的卵孵化为 1 龄幼虫藏在卵内，后蜕皮破卵壳而出，形成能侵染的 2 龄幼虫生活在土中，遇有嫩根后，从根先端侵入，在根皮与中柱之间危害生长发育，刺激根组织在根尖部形成不规则根结，在结节内生长发育的幼虫再经 3 次蜕皮发育为成虫。雌、雄虫成熟后进行交配。8 月下旬后，在结节状瘤子里产生明胶状卵包，并产卵，初孵幼虫又侵染新根，并在原根附近形成新的结节状根瘤。线虫系好气性，在沙质土中繁殖良好，而在黏土中几乎不发育，土壤过于干燥，或过于潮湿很快失去活力。病苗是线虫的重要传播途径，水流是短距离传播的媒介，带有病原线虫的肥料、农具、人畜都可传播，也可由地下害虫携带进行传播。线虫可通过机械伤口、地下害虫危害的伤口、生理裂口和皮孔侵入植物根组织中。该病在通气良好的沙质土中发病重，在通气不良的黏壤土中发病轻。

【预防控制措施】

1. 人工防控

（1）培育无病苗木，严禁用栽培过枣树的地块育苗，前作最好选择禾本科作物。

（2）在枣园中，发现零星病株，仔细挖除被害枣树，注意不使细根散失，然后集中烧毁；每半月灌水一次，连续进行两个月。

2. 药剂防控

（1）发病轻的苗木在栽植前，可用 50% 辛硫磷乳油 3000 倍液，浸根 1 分钟；也可用

50℃温水浸根 10 分钟，然后栽植苗木。

（2）病区播种育苗，或栽植新枣树苗木时，每 666.7 平方米施用 80%二溴氯丙烷乳油 200~250 倍液，喷淋土壤，耙混土后开穴播种，或栽植苗木。

（3）在土温较高时，把枣树树冠下周围 10~15 厘米深表土挖开，用 80%二溴氯丙烷乳油 100~150 倍液，或每 666.7 平方米用 10%二氯乙噻唑乳油 5~7 毫升，加水 30 毫升混匀灌入沟中，或每 666.7 平方米用 10%噻唑磷颗粒剂 1.5~1.75 千克加细土 30 千克，混拌均匀，然后施入沟内，覆土压实。此外，被害面积小时，也可用氯化苦进行土壤消毒，其方法是：将树下土翻起，每平方米穿一洞，注入药液 25 毫升，然后覆土。

第二章　枣树害虫

第一节　花器、果实害虫

危害枣树花器、果实的害虫主要有 33 种，分别为鳞翅目的蛀果蛾科、小卷叶蛾科、夜蛾科、螟蛾科、肖叶甲科、叶甲科、花金龟科、丽金龟科、鳃金龟科、斑金龟科害虫。小青花金龟、白星花金龟、褐锈花金龟和苹毛丽金龟、枣皮薪甲、枣隐头叶甲等均以成虫啃食花蕾、花，严重时将花食光，甚至危害果实，常造成减产。棉铃虫、烟夜蛾、枣绮夜蛾、枣粘虫等均以幼虫危害花蕾、蛀食果实，果肉常被吃空，或引起腐烂而脱落。桃小食心虫、李小食心虫、豹纹斑螟、枣实蝇等幼虫虽不食花蕾和花，可直接蛀入果内纵横串食果肉，并排粪于果内，形成豆沙馅，不堪食用。枯叶夜蛾、毛翅夜蛾、桥夜蛾、鸟嘴壶夜蛾等，以成虫刺吸成熟枣果汁液，造成大量枣果腐烂和落果。

桃小食心虫

Carposina niponensis Walsingham

桃小食心虫简称桃小，又名桃蛀果蛾，桃蛀虫、桃小实虫，俗称豆沙馅、串皮疳、猴头。属于鳞翅目，果蛀蛾科。它是我国枣食心虫种类中危害性最大的一种，是果品检疫对象之一。

【分布与危害】

它主要分布在我国南北各省、自治区。除危害枣、苹果外，还危害沙果、红槟、海棠、楸子、山楂、桃、李、杏等果树。据作者在宁夏银川、甘肃宁县调查，桃小主要危害果实，枣果被害率为 30%~60%，高者达 80% 以上，幼果受害后变为畸形呈猴头状，危害严重的果内充满粪便，形成"豆沙馅"，失去食用价值。此外，果实被害后，造成果实大量脱落，枣树下落果满地，造成减产。

【形态特征】 彩版 15　图 211~222

成虫　体长 7~8 毫米，翅展 14~16 毫米。体灰白色，前翅靠近前缘中央有 1 个黑蓝色近三角形的大斑，有光泽。雌蛾下唇须长，向前直伸，似"剑"状；雄蛾下唇须较短，向下弯曲。

卵　椭圆形，顶端宽，底部小。初产时为黄红色，以后渐渐变为橙红色或鲜红色。卵顶四周有"Y"字形刺二、三圈。

幼虫　体长 12 毫米，呈纺锤形，肥胖，每个体节上有明显的黑点，上生刚毛。在果内发育中的幼虫，体色一般为白色或黄白色，脱果的老熟幼虫为粉红色。头部褐色，前胸背板深褐色。

蛹　体长约 17 毫米，黄白色，接近羽化时体呈灰黑色，复眼红色。

蛹　桃小以老熟幼虫在土内做一个扁圆形的土茧越冬，此即为冬茧，长 6 毫米左右；第二年春季，越冬幼虫咬破冬茧，爬至地面做一个纺锤形长茧在里面化蛹，此即为夏茧，或称蛹化茧，长约 13 毫米。

【生活史与习性】

桃小在西北每年发生 1 代，在华北、东北每年发生 1 代，少数 2 代。均以幼虫做圆形冬茧在土中越冬。据作者在甘肃银川观察研究，第二年 5 月底越冬幼虫开始出土，终期为 7 月下旬，历时近两个月，盛期为 6 月中旬后至 7 月中旬。幼虫出土后爬向砖头、石缝隙下、草根旁结茧化蛹，蛹期平均 18 天。成虫于 6 月中旬开始羽化，以 7 月中旬为盛期，末期一直延续到 8 月底。成虫羽化后一般 2~3 天交配产卵。6 月下旬开始产卵，盛期为 7 月中旬至 8 月初，末期可延续到 8 月底至 9 月初。卵经 6~7 天即孵化为幼虫，一般 7 月上旬出现幼虫，盛期为 7 月下旬至 8 月下旬，末期可延续至 9 月中旬。幼虫孵化后即咬破果皮蛀入果内危害，幼虫危害后约 20 天老熟，由果内向外咬破一较大的孔脱出果外，寻找适宜场所吐丝结茧越冬。

越冬幼虫出土早晚和延续时间长短，与当年春季降雨和土壤含水量有密切关系。一般春雨较多，土壤含水量大，雨后地温上升较快时，幼虫出土既早又集中；春季干旱则出土期向后推迟，且延续时间也长。幼虫出土后爬向树干根部附近，砖石土缝下、草根旁吐丝结纺锤形长茧（蛹化茧）化蛹。成虫羽化后一般 2~3 天即交配，产卵，卵产在果实萼洼处，有时也产在梗洼和叶背面。卵经一星期即孵化为幼虫，幼虫先在果面爬行寻找适当部位咬破果皮蛀入果内，蛀孔小如针眼，外面附有从果内分泌出的果胶，果胶干后即呈白色粉末状，极易识别。幼虫在果内纵横串食，并把粪便排在果内，危害严重时果实变成畸形果不能食用。幼虫危害后约 20 多天老熟，由果内向外咬一较大的虫道（脱果孔）脱出果外，脱果幼虫多集中在树干附近，至 66.7 厘米深土中做圆茧越冬。冬茧分布因树下和树行间作物情况有较大差别。一般树下无间作物或杂草时，冬茧多集中在以树干为中心的 1 米范围内；反之，冬茧则很分散。

【预防控制措施】

1. 人工防控

（1）越冬幼虫出土盛期，化蛹期，在树冠下覆盖地膜，或培土 6~7 厘米厚，可防止成虫出土。

（2）摘除虫果与处理落果：在幼虫危害期间，经常巡视枣园，发现落地虫果及时收集起来，并注意检查，发现树上虫果（有蛀孔的果）随即摘除，同落果一起挖坑深埋或送猪场喂猪，以防幼虫脱果入土，来年继续危害。

（3）果场铺沙诱杀幼虫：果实收获前，将果场地面压实铺沙，场周围挖沟，沟内撒辛硫磷微胶囊剂等农药，然后将果实堆放在场内。待果实处理完毕后，把果场内沙土普遍筛一遍，最后连同越冬茧带粗沙一起倒入坑中深埋，不让幼虫第二年出土羽化。

2. 物理防控

从 6 月下旬开始在枣园内悬挂桃小性诱剂，每亩用诱蕊 7~10 个，诱杀桃小食心虫成虫，让桃小雌蛾成为"寡妇蛾"，不能繁殖后代，从而使桃小食心虫灭绝。

3. 药剂防控

（1）防治越冬幼虫：6月中下旬，越冬幼虫出土前，先将树冠下的杂草除净。应用25%辛硫磷胶囊剂600~800倍液，或每公顷用40%二嗪磷可湿性粉剂6~12千克掺细土撒在树冠下，施药后用耙子纵横耙平。山地枣园除在树下撒药外，还应于越冬幼虫大量出土期，用辛硫磷向梯田壁和不易撒到药的地方喷雾，以消灭树冠以外的越冬幼虫。也可用50%辛硫磷乳油200倍液，分别在幼虫出土期、繁盛期进行地面喷洒，杀灭出土幼虫，每亩每次用原药0.5升。

（2）在历年桃小食心虫危害重的枣园，从7月初开始，在枣园内按不同地形，选定3~5株枣树，每隔3天在每株树上检查50~100个果实，如每次虫卵都继续上升，当第二次卵果达到1%以上时，应进行喷药防治。可用40%水胺硫磷1000倍液，或50%杀螟硫磷乳油1000倍液，或10%高效氯氰菊酯乳油3000~5000倍液，或者2.5%溴氰菊酯乳油2500倍液，或20%氰戊菊酯乳油4000~5000倍液进行喷雾。喷药时应特别注意喷在果实上。

梨小食心虫

Grapholitha molesta Busck

梨小食心虫简称梨小，又名东北果蛀蛾、梨小蠹虫，兰州果农俗称钻心虫、果蛆、黑膏药等，属于鳞翅目，小卷叶蛾科。

【分布与危害】

梨小为世界性害虫，国内分布于东北、华北、华东和西北各省、自治区。主要危害枣、桃、梨、苹果、李等果树。幼虫早期危害桃、李树嫩梢，被害树梢枯萎下垂，故有"桃梢折心虫"之称，以后危害枣、桃、杏果实，后期危害梨、苹果果实。由于梨小的危害，每年都使果品产量和品质大为降低，还影响果品的贮藏。

【形态特征】 彩版15~16　图223~228

成虫　暗褐色，体长4.6~6毫米，翅展13~15毫米。触角丝状，长3.5毫米。复眼黑褐色。下唇须上翘，前翅灰褐色并混生白色鳞毛，前缘色深有成对白色短横斜纹，静止时前翅外缘合拢角度较大，后翅淡灰褐色，前后翅均有灰色缘毛，翅面无光泽。足及腹部腹面灰褐色。雄虫略小，腹面有横沟，尾端多毛。

卵　扁平圆形，中央稍隆起，直径长0.5~0.7毫米，初产时乳白色有光泽，产后2~3天渐变为黄色或淡红色，孵化前偏中央部生一黑褐色小点，即幼虫头部。

幼虫　初孵幼虫乳白色，头部较大，硬皮板黑褐色，老熟幼虫体长9~12毫米，体淡红色有光泽，越冬幼虫为淡黄色，体略短，隐居于长圆筒形、沙白色茧内。

蛹　褐色、长锤形，体长5~7毫米，腹节3~7节背面生有两列短刺且排列整齐，羽化前翅芽变为黑色。

【生活史与习性】

梨小食心虫在兰州地区每年发生3代，以老熟幼虫在树冠下土内或树皮裂缝中结茧越冬，第二年3月下旬开始化蛹，4月中旬至5月上旬为化蛹盛期。雌蛾经交尾后，卵产于枣、杏叶背，卵期4~7天，幼虫孵化后即蛀入桃梢或杏果危害，5月上中旬为危害盛期，5月下旬第一代幼虫从桃梢或杏果脱出，在土表、落叶等处开始作茧化蛹，6月上旬至7月初为盛期，6月上旬开始羽化为成虫，6月中旬至7月初为盛期。进入7月有部分成虫在梨果、枣叶、梨叶上产卵，卵期5天左右，最早在6月中旬又有第二代幼虫蛀入枣果和桃梢、桃果、杏果内危害，7月上旬至8月下旬达盛期。这代成虫主要在枣果、梨果或迟水桃叶上产卵，7月中旬第三代幼虫开始危害枣果，到8月下旬至9月上旬，幼虫开始脱果入土或钻入果树裂缝内作长茧越冬。

梨小成虫白天阳光强烈时多栖息于树叶、枝干及杂草等阴暗处，傍晚、雨天或阴天早上，雄虫成群飞翔，雌虫则喜欢单独活动，成虫有趋化性，对蜂蜜的趋性较强。成虫羽化后翌日早上追逐交尾，雌虫交尾后在枣、桃、李、杏、梨接近果实的叶背和枣、梨果上产卵，卵散产。产卵以下午2至8时最多，一头雌虫可产卵96~120粒。幼虫孵化后，在叶面和枝梢上爬行数分钟至数小时，从桃梢的顶端蛀入，向下食害髓部，被害梢枯萎下垂，在蛀孔处常见虫粪和流胶。初孵幼虫在果面爬行约1~2小时后开始蛀果，蛀孔仅有针尖大小的褐色小点，后随果实长大，蛀孔处略有凹陷。蛀入果心后，又从果心向外蛀食，一个果内往往有几条幼虫同时蛀食危害。幼虫长大后由于食量大，除蛀食果内外，还能钻进心室内咬食种子。被害果易脱落，外部常堆有果胶及粪便。幼虫老熟后咬一圆形脱果孔（直径2毫米）吐丝下垂，落于地面寻找隐蔽物（树叶、石块）或钻入松土内作茧。茧被破坏或受到剧烈震动后，幼虫常爬出在另一处重新作茧，但越冬茧2月份被破坏，再不能重新作茧。越冬幼虫一般以枣树四周2.5米半径范围内的表土层为主，尤以沿树干1米半径范围密度最大。越冬茧垂直分布在2寸以上表土中，其次以枣树粗皮缝隙内较多，也有少数未脱果幼虫随采集果实，在果窖、堆果场、运输工具以及包装物等处越冬。在土内越冬的幼虫翌年春季化蛹前，在土内咬硬越冬茧，迁移地表下面再吐丝结污白色薄茧而化蛹。

【预防控制措施】

此虫生活史具世代重叠、寄主植物较多、幼虫外露时间较短等特点，因此除集中力量消灭越冬幼虫外，5~6月间应加强对杂果树防治，7~8月后防治重点转向梨。

1. 人工防控

（1）诱杀越冬幼虫：幼虫脱果以前，在枣树主干上包扎草束或麻袋片，早春解冻前清除烧毁，并兼治红蜘蛛、星毛虫、梨蟥。

（2）及时处理果筐、果箱和窖内越冬幼虫：于幼虫未化蛹、羽化前，将上述物品一并放入窖内喷洒敌敌畏或其他熏蒸剂如二硫化碳等熏杀幼虫。

（3）压沙：结合新铺沙田，将距树干半径一米内土壤压沙16.7厘米厚，使羽化后的成虫不能出土。

（4）刮树皮：在早春枣树发芽前刮除粗皮，消灭在树干上的幼虫，刮时树下面要铺塑料膜，将刮下的树皮和幼虫收集烧毁。

（5）挖筛越冬幼虫：3月上旬至4月上旬，沿枣树主干半径1米范围内挖筛10厘米深的表土，将筛出的越冬茧和其他杂物，深埋66.7厘米以下，并压实。此法在沙土地使用最为适宜，如能进行彻底，可将土内90%以上的越冬幼虫消灭掉，缺点是比较费工。

（6）灌水灭蛹：5月间对危害严重的枣园内灌一次水，使部分越冬蛹死亡，同时造成不利于蛹的羽化和羽化成虫难于出土的条件，待成虫发生期过后，再进行中耕松土。

（7）剪除虫梢：4~5月间组织果农剪除被害（呈枯萎状）树梢，集中烧毁，以后随发现随摘除。

（8）捡拾落果：被害枣果大部分提早落地，为消灭落果内的幼虫，每 3~5 天拾落果 1 次，集中烧毁或深埋。

2. 物理防控

利用成虫的趋化性，在成虫发生期用糖醋盆诱杀成虫，糖醋液配合比例为红糖 5 份，醋 20 份，水 80 份。此外，用性诱剂诱杀。

3. 药剂防控

（1）对危害严重的枣园，于 4 月上旬，沿果树主干半径 1 米范围内地面上，喷洒 25% 辛硫磷微胶囊剂，每 666.7 平方米 0.5 公斤，喷后用钉齿耙纵横耙入土内，杀灭越冬幼虫。

（2）越冬代成虫发生盛期（4 月下旬至 5 月上旬），在枣树上喷洒 20% 氰戊菊酯乳油 3000 倍液，每隔 15 天喷 1 次，连续喷两次。

（3）第二代成虫产卵盛期，喷洒 40% 乐果乳油 800~1000 倍液，或 50% 敌敌畏乳油 1000~1500 倍液，间隔 10~15 天喷 1 次，前后共喷 3~4 次。

李小食心虫

Grapholitha funebrana Treitscheke

李小食心虫又名李小蠹蛾，属于鳞翅目，卷蛾科。

【分布与危害】

该虫分布于西北、东北、华北各省、自治区以及欧洲有关国家。除危害枣外，还危害李、杏、樱桃等核果类果树。以幼虫蛀果危害，蛀果前常在果面吐丝结网，于网下蛀入果内，排出少量粪便，后流胶，粪便排于果内，幼果被蛀多脱落，成长果被蛀部分脱落，对产量和品质影响很大。

【形态特征】 彩版 16　图 229~231

成虫　体长 4.5~7 毫米，翅展 11~14 毫米。体背灰褐色，腹面灰白色。头部鳞片灰黄色，复眼褐色。前翅长方形，烟灰色，没有明显斑纹，前缘有 18 组不很明显的白色钩状纹；后翅梯形，淡烟灰色。本种与梨小食心虫很相似，主要区别为：本种前翅狭长，烟灰色，前缘有不甚明显的钩状纹 18 组短斜纹；而梨小食心虫前翅灰黑色，混杂白色鳞片，前缘有 10 组白色钩状纹，很明显；梨小食心虫前翅中室端部附近有一个明显的斑点，本种则无；本种后翅淡灰色，缘毛灰白色，而梨小食心虫后翅暗褐色，缘毛黄褐色。

卵　扁平圆形，中部稍隆起，长 0.6~0.7 毫米，初为乳白色，后变为淡黄色。

幼虫　体长 12 毫米左右，桃红色，腹面淡。头、前胸盾黄褐色，臀板淡黄褐色或桃红色，上有 20 多个小褐点，臀栉 5~7 齿。

蛹　体长 6~7 毫米，初为淡黄色，渐变为暗褐色，第三至七腹节背面各具 2 排短刺，前排较大，腹末生 7 个小刺。

茧　长 10 毫米，纺锤形，污白色。

【生活史与习性】

该虫在我国北方每年发生 1~4 代，西北、东北 1~2 代，大部分地区 2~3 代，山西忻州 2~4 代，均以老熟幼虫在树干周围土内、树皮缝隙中及杂草等地被下结茧越冬。此虫为兼性滞育，年生多代地区，除第一代、越冬代外，各代老熟幼虫均有越冬者。枣树、李树花芽萌动期，于土中越冬者多破茧上移到地表1厘米处，再结与地面垂直的茧，在茧内化蛹，在树皮缝隙内和地表越冬者即在原茧内化蛹。各地成虫发生期，西北、辽宁西部越冬代5月中旬、第一代6月中下旬，第二代7月中下旬。忻州越冬代4月上旬至5月上旬，第三代7月下旬至8月下旬。成虫昼伏夜出，有趋光性和趋化性，羽化后1~2天开始交尾产卵，卵多散产于果面上，偶尔产在叶片上，每头雌成虫平均产卵50粒。卵期4~7天。幼虫卵化后在果面稍作爬行即蛀果，果核未硬直入果心危害，被害果极易脱落，随果落地幼虫因果小多完不成发育，部分幼虫蛀果2~3天即转移危害，一头幼虫可危害2~3个果，约经15天老熟脱果，于树皮缝隙、表土内结茧化蛹。蛹期7天左右。第二代幼虫于果内蛀食不转果，蛀孔流胶，被害果多不脱落；幼虫危害20余天老熟脱果，部分结茧越冬，发生三代者继续化蛹。第三至四代幼虫多从果梗基部蛀入，被害果多早熟脱落；末代幼虫老熟后脱果结茧越冬。

【预防控制措施】

参见梨小食心虫防控措施。此外，利用成虫趋光习性，在成虫发生期，于枣园设置黑光灯，诱杀成虫。

枣实蝇

Carpomya versuviana Costa

枣实蝇又名枣花实蝇，幼虫称枣果白蛆、食心虫，属于双翅目，实蝇科。

【分布与危害】

枣实蝇原产印度，现已扩散到巴基斯坦、泰国、阿富汗、塔吉克斯坦、土库曼斯坦、乌兹别克斯坦、毛里求斯、意大利、伊朗和阿曼等国家，我国新疆的吐鲁番市、鄯善县和托克孙县的大部分乡镇都有发生，为我国对内检疫对象。主要危害枣及野生酸枣，以幼虫蛀食果肉，在果内蛀成弯曲虫道，常引起果实腐烂、脱落，通常造成减产20%以上，局部严重的可致使全部枣果受害，严重影响枣产量和品质，降低整体商品价值。

【形态特征】 彩版16 图232~236

成虫 雌虫体长3.5~5毫米，翅长约3.3~3.4毫米，雄虫体略小。胸部盾片黄色或黄红色，中间有3条细窄黑褐色条纹，向后终止于横缝稍后，前缘两侧各有4个黑色斑点，横缝后亚中部有2个近似椭圆形黑色大斑点。近后缘中央于两小盾前鬃之间有1个褐色大斑点，横缝后另有2个近似叉形黄白色斑纹。胸部侧面大部分淡黄色至黄褐色，中侧片后缘中间有1个黑色小斑点，侧背片部分黑褐色。小盾片平坦或轻微拱起，黄白色，有5个黑色斑点，其中2个位于端部，基部3个分别与盾片后缘的黑色斑点相接，后小盾片大部分黑色，中间黄色。翅透明，有4个黄色至黄褐色横带，横带的部分边缘带有灰褐色，基带和中带彼此隔离，较短，均不达翅后缘；亚端带较长，伸达翅后缘，带的前端与前端带于第一径横脉和第二径横脉于3室内相互连接成倒"人"字形；前端带伸至翅尖之后，边缘的大部分一般由几个小透明斑带与翅前缘相隔。第四与第五径脉主干背、腹面裸或仅于径脉结节上被小鬃，径中横脉接近dM室的中点。CuP室的后端角较短。雄虫第五背板几呈三角形，其宽度不足长度的2倍；第五腹板后缘向内成"V"字形凹陷。雌虫第六背板略长于第五背板。雄虫外侧尾叶后面观超过第九背板长度的1/2，阳茎端中部大片几丁化。雌虫产卵管基节圆锥形，约与第五背板的长度相等；针突末端渐窄至尖锐，两侧具微细锯齿。足全为黄色，前股节有 3~5 根后背鬃，中胫端刺 1 根。

卵 长椭圆形，长约 0.7 毫米，宽约 0.2 毫米，初为乳白色，后变为黄色至黄褐色。

幼虫 蛆形，体白色至浅黄色，共 3 龄，3 龄幼虫体长 7~9 毫米，宽约 1.9~2 毫米。口器有 4 个口前齿，口脊 3 条，其缘齿尖锐，口钩有 1 个弓形大端齿。第一胸节腹面有微刺，第二、三胸节和第一腹节均有微刺；第三至第七腹节腹面具条痕；第八腹节具数对大瘤突。前气门有 20~23 个指状突；后气门裂大，长约为宽的 4~5 倍。

蛹 椭圆形，体长 3~5 毫米，宽约 1~2 毫米，米黄色或白色，头部扁尖，尾部钝圆。

【生活史与习性】

该虫每年发生 2~3 代，世代重叠，以蛹在土内越冬。第二年 5 月中旬枣树显蕾、开花期，越冬蛹开始羽化为成虫，6 月为羽化盛期。6 月中旬枣果开始膨大时，即一般成虫羽化后 5~7 天开始交配、产卵。雌虫产卵时，用产卵器在果皮上刺 1 小孔，将卵产于小孔内，每处 1 粒。每头雌虫 1 生可产卵 400~500 粒。幼虫孵化后蛀入果实内取食果肉，将果肉串食成弯曲虫道甚至进入幼果核内危害，导致果实提前成熟或腐烂，不堪食用。幼虫老熟后于 8 月末 9 月上旬陆续脱果，钻入 6~10 厘米深土层内化蛹越冬。

雌、雄成虫羽化后均需补充营养，常在叶面舔舐蚜虫、介壳虫等分泌的蜜露。成虫有多次交配、多次产卵的习性，单雌平均每次怀卵量为 16 粒，多达 26 粒。成虫对黄色、绿色和青色敏感，趋性较强。在枣园中，枣实蝇对处于不同地理方向上的枣果危害程度不同，其蛀果率有明显差异，枣果受害最重的是东边，其次是南边，位于东、南、西、北四个方向的枣果虫率分别为 23%、17%、15%、15%。枣实蝇幼虫危害程度与果实重量、矿物质含量、可溶性固体含量、总含糖量成正比。而与酸度、维生素 C 和苯酚含量成反比。果肉比例、可溶性固体物质和总含糖量高，且酸度、维生素 C 和苯酚含量低的枣品种，更容易遭受枣实蝇幼虫的危害。

【预防控制措施】

1. 加强植物检疫

目前仅知此虫分布于新疆地区，因此应加强对内、对外植物检疫，严防此虫通过被害果实传入我国其他省、自治区。

2. 人工防控

（1）枣果成熟前后，应随时捡拾落地虫果，集中一起深埋或烧毁，消灭被害果内的幼虫。

（2）清除枣园内以及枣园附近的野生枣树和酸枣；翻耕枣树下和周围土壤，以消灭土内幼虫和蛹。

3. 药剂防控

（1）土壤处理 8 月下旬至 9 月上旬幼虫脱果期，用 50% 辛硫磷乳油 800~1000 倍液，或 40% 甲基辛硫磷乳油 800 倍液喷布于树冠下，然后浅混入，防控脱果入土幼虫。

（2）树上喷药 枣实蝇的防控适期，为成虫羽化后至成虫产卵初期，可用黄色粘捕器诱捕成虫，以确定喷药具体日期。可用 40% 乐果乳油 1000 倍液，或 50% 马拉硫磷乳油 1000~1500 倍液，或 50% 敌敌畏乳油 1000~1500 倍液，或 20% 杀灭菊酯乳油 2500~3000 倍液。

（3）诱捕器诱杀　应用引诱剂甲基丁香酚（methyl eugeno）进行疫情监测和大量诱杀成虫。甲基丁香酚加马拉硫磷按每个诱捕器放入 100 毫升诱剂，将诱捕器悬挂树冠中部，每公顷果园放置 10 个诱捕器。

4. 生物防控

伊朗曾引进一种茧蜂（*Popius carpomyia* Silvistri）作为幼虫的天敌，控制枣实蝇的危害取得了一定效果。同时发现一种新的寄生蜂（*Biosteres vandenboschi* Fullaway），也是枣实蝇幼虫的寄生性天敌。在枣实蝇发生危害地区，可以引进饲养、释放，控制枣实蝇的危害。

枣绮夜蛾

Porphyrinia parva（Hubner）

枣绮夜蛾又称枣花心虫、枣实虫等，属鳞翅目，夜蛾科，绮夜蛾亚科。

【分布与危害】

该虫分布于甘肃、河北、河南、山东、安徽、湖北、浙江等省。除危害枣外，还危害酸枣，以幼虫危害枣花和枣果，开花时幼虫吐丝缠花，钻入花萼从中取食花蕊和蜜盘，被害花只剩下花盘和花萼，不久枯萎，严重时枣吊上的全部花蕊被食光，以及不能结果。枣果生长期，幼虫先吐丝缠绕果柄，后蛀食枣果，被害枣果实逐渐枯干，但多不脱落。

【形态特征】　彩版 16　图 237~240

成虫　体长 5.1 毫米左右，翅展约 15 毫米，体淡褐色。初羽化时复眼淡黄绿色，半天后变为褐色。前翅棕褐色，中线弧形淡灰色，中线和基线间为黑褐色。亚端线弧形，弯曲程度与中线相同，两线之间形成一条弯曲带，淡棕褐色，亚端线至端线之间为淡黑褐色，两线间靠近前缘处有一明显的晕斑，晕斑旁靠近端线处呈深紫色，端线淡紫红色，缘毛紫红色。后翅灰褐色，中线及外线淡灰色，但不甚明显，缘毛淡紫红色。

卵　馒头形，有放射状花纹，黄白色至青白色，近孵化时淡红色。

幼虫　老熟幼虫体长 10~14 毫米，淡黄色或黄绿色，长大后体背各节出现成对近菱形紫红色斑纹，并稀生长毛。

蛹　体长 5~7 毫米，宽 2 毫米，初化蛹时，头胸部腹面呈鲜绿色，背面及腹部为暗黄绿色，近羽化时全体黄褐色或棕褐色。

【生活史与习性】

该虫每年发生 1~2 代，兰州每年发生 1 代，以蛹在枣树老皮下、粗皮裂缝中或树洞内越冬。在兰州 1 代发生区，翌年 5 月下旬越冬蛹开始羽化为成虫，6 月上旬为羽化盛期。成虫有趋光习性，成虫羽化后交配产卵，卵多产于花梗权间或叶柄基部，每头雌虫产卵 100 粒左右。6 月中旬正值枣花盛开期，幼虫孵化后开始危害枣花，多集中在花簇上，食害花蕾、花蜜、萼片及花盘表皮，进而将花盘蛀空，花朵脱落。幼虫稍大时，吐丝将一簇花缠结在一起，在其中危害，直至花簇变黄、萎缩，从外表很难发现虫体。6 月下旬至 7 月上旬达危害盛期。除危害花外，幼果也大部分被食空，造成大量落花、落果。后期当无花、无果可食时，则将顶端叶片黏合在一起（或将 1 片叶卷起）藏在其中危害。幼虫不活泼，行动迟缓，部分幼虫受触动后吐丝下垂。7 月上旬末老熟幼虫陆续迁入越冬场所结茧化蛹越冬。二代发生区，越冬蛹于翌年 5 月上中旬开始羽化为成虫，下旬为羽化盛期，5 月下旬第一代幼虫开始孵化，6月上旬幼虫老熟化蛹，7月上中旬结束。6月下旬第一代成虫开始羽化，7月中下旬结束，成虫羽化后交配产卵，7月上旬第二代幼虫开始出现。此代幼虫多取食枣果，并有转移危害习性，一般一头幼虫可危害4~6个果实。7月下旬至8月中旬此代幼虫先后老熟寻找适宜场所化蛹越冬。

【预防控制措施】

1. 人工防控

（1）根据幼虫在枣树老皮下、粗皮缝中越冬习性，在化蛹前彻底全面刮除粗皮、翘皮、削平枝干截口，未能削平者，可用泥涂抹，不留缝隙，清除物集中一起烧毁。

（2）于幼虫老熟前，在树皮光滑的枝干基部绑草绳，以引诱幼虫化蛹越冬，在成虫羽化前解开草绳集中烧毁，消灭越冬蛹。

2. 物理防控

利用枣绮夜蛾成虫的趋光习性，在成虫发生期，于枣园内设置黑光灯，诱杀成虫。

3. 药剂防控

在幼虫发生期，喷洒50%敌敌畏乳油800~1000倍液，或50%马拉硫磷乳油1000倍液，或20%阿维·毒死蜱水乳剂1000倍液，或20%甲氰菊酯乳油2500~3000倍液。

4. 生物防控

用7805杀虫菌可湿性粉剂（含活孢子100亿/克）500倍液，或1.8%阿维菌素乳油3000倍液，于幼虫发生期均匀喷雾。

棉铃虫

Heliothis armigera Hubner

棉铃虫又名棉铃实蛾，俗称棉挑虫、钻心虫等，属于鳞翅目，夜蛾科。

【分布与危害】

该虫分布于全国各地，以西北、华北等地危害最重。除危害枣、苹果、枸杞外，还危害番茄、茄子、南瓜等蔬菜，以及棉花、豆类、烟草、小麦、玉米等农作物。幼虫蛀食枣花蕾、花和果实，偶尔也蛀茎，并蚕食嫩茎、嫩叶和幼芽，但主要是蛀果，是枣树的大害虫。花蕾受害后，变成黄褐色，2~3天后脱落。蛀食青果，果肉常被吃空，或引起腐烂而脱落，造成减产，品质变劣。

【形态特征】 彩版17 图241~247

成虫 中型蛾子，长16毫米左右，翅展35毫米，雌虫红褐色，雄虫体略小，灰绿色。前翅中部稍近前缘处有暗褐色环状纹与肾形纹各一个，肾纹前方的前缘脉上有2个褐色纹。在肾状纹外侧与外缘之间有深褐色波状横带，翅外缘各脉之间有7个小黑点。后翅灰白色至淡黄色，外缘有褐色宽带，带的中间有两块灰白斑相连。

卵 半球形，直径0.5毫米，乳白色，顶部隆起，底部较平坦，有12~15条纵脊纹直达底部，中部有纵脊纹26~29条，有横格线8~22条组成网格。卵初产时呈乳白色，次日变为黄色，孵化前为灰色。

幼虫 老熟幼虫体长30~40毫米，头黄褐色。有不明显的褐色斑纹。幼虫共5~6龄，体色变化大，有淡红、黄白、淡绿、绿色等。体背面有尖塔形刚毛瘤，排成不规则4纵列。

腹部第一、第二、第五节各有两毛片特别显著。

蛹　体长16~20毫米，黄褐色；腹末端圆形，臀棘为一对离开的小突起，各着生一根直长的刺，尖端微弯。

【生活史与习性】

该虫在西北地区每年发生3~4代，以蛹在土内越冬。翌年春季越冬蛹羽化成虫后，在枣树上产卵，一般年份第一代幼虫5月下旬至6月间出现，6月下旬至7月上旬第一代成虫出现，第二代幼虫于7月中下旬出现，7月下旬至8月上旬出现成虫，第三代幼虫8月中旬至9月初出现，9月上旬成虫出现，第四代幼虫于9月下旬至10月上旬陆续入土化蛹越冬。

成虫白天栖息在枣树植株间，傍晚活动。对黑光灯和新枯萎的杨、柳、臭椿等趋性较强。成虫交配后，雌虫将卵产于果萼、嫩梢、嫩叶等处，每处1粒，1头雌蛾平均产卵500~1000粒，最多产卵3000粒。初孵幼虫先啃食卵壳，后转移嫩叶及小蕾处取食，形式凹斑，二龄后蛀食蕾、花、青果。蕾受害使苞叶张开、发黄、脱落；幼果受害常被食空或腐烂脱落。危害成长果实则从蒂部蛀入，往往取食部分果肉后又转移到其他果实危害。一头幼虫一生可危害3~5个果实。幼虫有假死习性，老熟后入土5厘米左右，作土室化蛹。

【预防控制措施】

1. 人工防控

（1）清洁田间　及时清理落花、落果，并摘除虫果，及时深埋或烧毁，消灭部分幼虫。

（2）深翻灭蛹　秋末冬初，结合灌冬水，深翻土地，消灭越冬蛹。

2. 物理防控

（1）利用棉铃虫对杨、柳的趋性，用杨树枝把诱集成虫，每束10支，长约67~100厘米，捆成捆后竖在枣树行间，第二天日出前捕杀。

（2）利用成虫的趋光习性，于成虫发生期，在枣园设置黑光灯，诱杀成虫。

3. 生物防控

（1）在棉铃虫卵孵化盛期，每公顷用B.t乳油、HD-1、7805杀虫菌剂等生物制剂3公斤，加水450公斤喷雾，对防治棉铃虫有一定效果。

（2）在棉铃虫产卵始期至盛期，释放赤眼卵蜂，每公顷释放22.5万头，间隔3~5天放1次，连放3~4次，卵寄生率可达80%以上，效果比较好。

（3）幼虫发生期，用1.8%阿维菌素乳油3000倍液喷洒枣树，或喷洒棉铃虫核型多角体病毒，连续使用几次，也有一定防效。

4. 药剂防控

在棉铃虫3龄前，可用10%吡虫啉可湿性粉剂1500倍液，或4.5%高效氯氰菊酯乳油2500倍液，或20%氰戊菊酯3000倍液，或16%高效杀得死乳油2000倍液均匀喷雾。注意轮换、交替用药。采收前半月停止使用。

烟夜蛾

Heliothis assulta Guenee

烟夜蛾又名烟实夜蛾，幼虫称烟青虫，属于鳞翅目，夜蛾科。

【分布与危害】

该虫分布于全国有关省、自治区。除危害枣、烟草外，还危害棉花、麻、番茄、玉米、高粱及月季、菊花等农作物、花卉。以幼虫取食寄主花蕾、果实和嫩茎、叶片，常将叶片吃成空洞或缺刻，严重时吃光叶片，果实被蛀常造成腐烂而大量落果。

【形态特征】 彩版17 图248~249

成虫 体长12~15毫米，翅展27~33毫米，黄褐色。前翅黄褐色，环纹褐边，中央有一个褐色斑点，肾纹褐边，中央有一条新月形褐色纹。基线、内横线、外横线均为双线褐色，中横线褐色外弯，后半部波浪形，亚缘线褐色，锯齿形，外缘各脉间有褐色斑点。后翅淡褐黄色，端区有1条棕黑色宽带，中段内侧有一条棕黑色线。

卵 半球形，高0.4~0.5毫米，初产时乳白色，数小时后变为灰黄色，近孵化时变为紫褐色。

幼虫 老熟幼虫体长31~41毫米，头部黄褐色，一般夏季体色为绿色或青绿色，秋季为红色或暗褐色。

【生活史与习性】

该虫每年发生代数自北向南逐渐增多，东北及西北1~2代，黄淮流域3~4代，南方4~6代，均以蛹在土中越冬。三代发生区，第二年5月下旬越冬蛹开始羽化为成虫。6月中下旬为发生盛期，成虫多集中在夜间活动，并交配、产卵，雌成虫将卵产于寄主叶片正反面，也可产于嫩芽、嫩茎、花果上。幼虫孵化后取食叶片、花蕾、幼果。幼虫发生盛期第一代在6月中下旬至7月上旬，第二代在7月中下旬，第三代在8月下旬至9月上旬，10月上中旬幼虫老熟入土化蛹越冬，也有少数第二代幼虫于8月下旬至9月上旬化蛹越冬。

成虫多在傍晚至午夜羽化，嗜食花蜜，第二天傍晚交尾，白天潜伏在寄主叶片下面或茎叶间。雌虫产卵多在22~24时，24℃~26℃时产卵期长且卵量多，卵散产，也有3~4粒聚于一处。成虫有趋光习性，对糖醋蜜趋性不显著，对杨树枝把趋性明显。幼虫多在傍晚孵化，初孵化幼虫先食卵壳，继而食寄主叶片，寄主现蕾后蛀食花蕾和青果，在果内排泄粪便，影响果品质量。幼虫有假死习性，稍受惊动便落地装死，片刻恢复活动。

烟草夜蛾的天敌种类有30多种，寄生卵的有：拟澳洲赤眼蜂；寄生幼虫的有：棉铃虫齿唇姬蜂和广大腿蜂；捕食卵和初龄幼虫的有：大草蛉、叶色草蛉等；捕食初龄幼虫的有：华姬猎蝽、中华广肩步甲、拟环纹狼蛛等，对烟青虫的数量变动有一定抑制作用。此外，幼虫还受核型多角体病毒侵染，如棉铃虫核型多角体病毒毒株VHA-273，对烟青虫杀伤毒力很强。

【预防控制措施】

参照棉铃虫防控措施。

苹小卷叶蛾

Adoxophyes orona（Fischer von Roslerstamm）

苹小卷叶蛾又叫苹小卷蛾、苹卷蛾、远东褐带卷叶蛾、柿小卷叶蛾、棉小卷叶蛾、橘卷叶蛾等，属于鳞翅目，卷蛾科。

【分布与危害】

该虫分布于西北、东北、华北、华中、华东、西南等地，寄主范围很广，除危害枣、苹果、海棠、梨、山楂、桃、杏、李、樱桃、柑橘、柿、龙眼、荔枝外，还危害茶、杨、棉花和大豆等林木、农作物。幼龄幼虫食害嫩叶、新芽，稍大卷叶或平叠叶片或贴叶果面，食叶肉呈纱网状和孔洞，并啃食贴叶果的果皮，呈许多不规则小凹疤。枣果被害率达 10%~30%，严重者达 40%以上，影响出口、内销。

【形态特征】 彩版 17 图 250~254

成虫 体长 6~8 毫米，翅展 15~20 毫米。虫体颜色个体间变化较大，一般为黄褐色，但有浓有淡，唇须较长，向前伸，第二节背面呈弧形，末节稍下垂；触角丝状，前翅黄褐色或暗褐色，外缘较直，呈长方形。基部有黄褐色斑，前缘中部有一条斜向后缘的暗褐色斑纹，两端宽，中间窄，有的断开，在末端分两叉，呈倒"Y"字形；翅的外端也有一条自前缘斜向后缘角的褐色带，前缘部分宽，近后缘部分窄，边缘不清晰，还有数条不规则短斜纹。后翅淡黄褐色，腹部黄褐色。

卵 椭圆形，长 0.7 毫米，淡黄色，半透明，接近孵化期黑褐色，数十粒卵排列成鱼鳞状卵块。

幼虫 幼虫体长 13~18 毫米，身体细长，头较小。淡黄白色，小幼虫黄绿色，臀栉 6~8 根。

蛹 长 9~11 毫米，黄褐色，腹部背面每节有刺突两排，下面一排小而密。

【生活习性】

苹小卷叶蛾在甘肃每年发生 3 代，以幼龄幼虫于每年 9 月中下旬至 10 月中旬钻在老翘皮下或树杈等处粗皮缝里做白茧越冬。越冬幼虫于第二年当枣树开花时陆续出蛰活动，幼虫爬到新梢嫩叶内，吐丝将几片叶缀在一起，使叶片伸展不开，潜入其中危害。幼虫非常活泼，稍受惊动，即吐丝下垂；触其头部则迅速前进和跳跃。5 月下旬至 6 月上旬在卷叶内化蛹，蛹期 6~7 天，羽化后白天多栖息在杂草及间作物上，晚间活动。成虫有趋光性及趋化习性，对果汁及果醋趋性甚强。产卵多在叶面、叶背，果面上较少。幼虫孵化后，先潜至重叠两叶或卷叶缝隙内取食叶肉，以后则自行卷叶危害。7~8 月份尚在叶、果相贴或双果间隙处，食害果面，呈不规则的点状小坑洼。第一代幼虫发生盛期在 6 月下旬至 7 月初；第二代幼虫发生盛期在 7 月中下旬；第三代幼虫在 8 月中旬。第三代幼虫危害至 10 月，即爬到树干老翘皮下或枝杈处粗皮缝里结茧越冬。

【预防控制措施】

1. 人工防控

（1）冬季春季枣树发芽前（3~4 月份），刮除主干、主枝、侧枝、枝杈及锯口上的老翘皮，集中处理，消灭苹小卷叶蛾越冬幼虫。

（2）人工捕杀幼虫。幼龄枣园，于 5 月下旬至 6 月下旬发现幼虫卷叶危害时，可以及时捕杀幼虫。抓虫时切勿事先触动虫苞，看准后用手轻捏卷叶，将幼虫杀死。

2. 物理、性诱防控

（1）利用成虫的趋光习性，于成虫发生期间，在枣园树冠上悬挂黑光灯，诱杀成虫。

（2）利用苹小卷叶蛾性诱剂，诱杀卷叶蛾雄成虫。方法是：在成虫羽化前，将诱捕器（用碗盛水，加少量洗衣粉）挂在树的中上部外面枝条上。再把红胶塞诱芯（内含性信息素1.5 毫克）从中心穿一根铁丝或线绳，挂在诱捕器中心，与碗内水面相距约 1 厘米。诱芯挂上后每隔 1~2 天检查一次，将蛾子从水中捞出。一般每亩枣园挂诱芯 7~10 个，每月更换 1 次，供测报和诱杀防治，效果较好。

3. 药剂防控

（1）当枣树花芽展开花序伸出期，喷洒 95% 晶体敌百虫 1000~1200 倍液，或 50% 敌敌畏 1000 倍液，消灭苹小卷叶蛾越冬幼虫。

（2）5 月中下旬枣花落后，以防治第一代幼虫为主，喷洒 20% 氰戊菊酯乳油 2500 倍液，或喷洒 50% 辛硫磷乳油 1500 倍液，或 50% 敌敌畏乳油 1500 倍液。

（3）6 月下旬至 7 月初，是夏季喷药防治苹小卷蛾的关键时期。可根据枣园具体情况，应用 50% 敌敌畏 1000~1500 倍液，或 20% 氰戊菊酯乳油 4000 倍与 40% 水胺硫磷 2000 倍液混合液喷雾，防治苹小卷蛾幼虫效果都很好。

枣粘虫

Ancylis setiua Liu

枣粘虫又名枣实蛾、枣实菜蛾、枣小蛾、枣镰翅小卷蛾、枣卷叶虫等，属于鳞翅目，卷叶蛾科。

【分布与危害】

该虫分布于甘肃、陕西、宁夏、山西、河北、河南、湖南、安徽、江苏、浙江等省、自治区，除危害枣外，也危害酸枣，以幼虫危害花，并蛀食果实，导致枣花枯死，枣果脱落，也危害枣芽、枣叶，是枣树的重要害虫之一。

【形态特征】 彩版 17~18 图 255~263

成虫 体长 6~7 毫米，翅展 13~15 毫米，黄褐色，复眼暗绿色。前翅黄褐色，长方形，顶角突出，尖锐且略向下弯曲，前缘有黑褐色斜纹 10 多条，翅中部有黑色纵纹 2 条。后翅深灰色，缘毛较长。足黄色，跗节具黑褐色斑纹。

卵 扁椭圆形，长约 0.6 毫米，表面有网状纹。初产时透明、闪光，两天后变为红黄色，最后变为橘红色。

幼虫 初孵幼虫头部黑褐色，胸、腹部黄白色，逐渐呈黄绿色。老熟幼虫体长 12 毫米左右，头红褐色，胸腹部黄色、黄绿色或绿色，前胸背板红褐色，两侧与前足间各有红褐色斑两个。腹部末节背面有"山"字形红褐色斑纹。

蛹 体长 6~7 毫米，初为绿色，后渐变为红褐色。腹部各节前后缘各有一列齿状突起，腹部末节有 8 根端部弯曲的刚毛。

【生活史与习性】

该虫每年发生世代随气候由北向南依次递增，北方 3 代、江苏 4 代、浙江 5 代，世代重叠，均以蛹在枣树主干粗皮裂缝内越冬。三代发生区，翌年 3 月中旬至 5 月上旬越冬蛹羽化为成虫，成虫羽化后即交配产卵，4 月下旬开始孵化为幼虫，5 月上旬为第一代幼虫发生盛期，幼虫钻入芽内，咬食幼芽和嫩叶，使枣树不能正常发芽，外观似枯死，致使枣树当年第二次发芽，造成减产。5 月下旬幼虫老熟后在卷叶内结茧化蛹。6 月上旬始见第一代成虫和第二代卵，6 月中旬枣树开花时，正值第二代幼虫始发期，幼虫先危害枣花，继而危害幼果。第二代成虫 7 月中旬至 8 月下旬发生，7 月下旬至 10 月上旬为第三代幼虫发生期，幼虫除危害叶片外，还啃食果皮或蛀入果内危害，造成落果，影响产量和品质。9月上旬幼虫陆续老熟开始寻找适宜场所化蛹越冬。五代发生区，越冬蛹翌年春季羽化为成虫。第一代幼虫发生于4月中旬至5月中旬枣树展叶期，幼虫危害嫩芽和叶片；第二代幼虫发生在6月上旬至下旬枣树开花期，危害枣花，对产量影响很大；第三代幼虫发生于6月下旬至7月下旬枣果生长期，幼虫先食枣叶，后蛀果危害；第四代幼虫发生于8月上旬至9月初枣果采收期，第五代幼虫发生在9月上旬至10月上旬枣叶脱落之前，后两代幼虫均危害叶片。

成虫昼伏夜出，有趋光习性，成虫羽化后翌日交配，交配后第二天产卵，以交配后1~2天产卵最多，卵散产于枣叶正面主脉两侧及光滑的枝条上，卵散产或4~5粒在一起，每头雌虫可产卵40~100粒，多达250多粒。幼虫危害枣叶时，吐丝将叶片粘在一起，在内取食叶片，形成网膜状残叶。危害枣花时，侵入花序，咬断花柄，蛀食花蕾，并吐丝将花缠绕在枝上，被害花变黑但不脱落，故满树枣花呈枯黑一片。危害枣果时，除啃食果皮外，幼虫还蛀入果内，粪便排出果外，被害果不久即发红脱落，也有与叶黏在一起的虫果不脱落。幼虫可以吐丝下垂，随风飘移传播危害。非越冬代幼虫老熟后在卷叶内、虫果内结茧化蛹，越冬代幼虫老熟后爬到树体各种缝隙内化蛹越冬。

【预防控制措施】

1. 人工防控

（1）秋末在枣树枝干上束草，诱集越冬幼虫钻入束草内化蛹，春季越冬蛹羽化前，解开草绳集中烧毁，消灭越冬蛹。

（2）冬季或早春刮除树干粗皮，集中一起烧毁。

2. 物理防控

利用成虫的趋光习性，于成虫发生期，在枣园内设置黑光灯，诱杀成虫。

3. 药剂防控

各代幼虫孵化盛期，特别是第一代幼虫孵化盛期，喷洒90%晶体敌百虫800倍液，50%辛硫磷乳油1000倍液，或5%氯氰菊酯乳油3000倍液，或10%联苯菊酯乳油3000~4000倍液，或20%氰戊菊酯乳油3000~4000倍液，均可收到良好效果。一般喷药应在枣发芽初期，第二次在枣芽伸长3~5厘米时为宜，以后根据虫情喷药3~4次。

褐带长卷蛾

Homona coffearia Meyrick

褐带长卷蛾又名茶卷蛾、柑橘长卷蛾，属于鳞翅目，卷蛾科。

【分布与危害】

该虫分布于我国南北各省区，除危害枣、酸枣、核桃、栗、苹果、柑橘、梨、李、桃外，还危害龙眼、枇杷、柿、梅等果树。该虫以幼虫危害花芽、嫩叶及幼果。花蕾、幼果被害引起大量落花、落果，危害嫩叶，常吐丝缀合3~5片叶，于叶苞内取食危害，严重时，削弱树势，造成减产。

【形态特征】彩版18 图264~266

成虫 体长7~8毫米，翅展16.5~19毫米，雌虫体较大，全体暗褐色。头顶有浓黑褐色鳞片；唇须向上弯曲，达到复眼前缘。前翅基部暗褐色，中横带宽，黑褐色，由前缘斜向

70

后缘，顶角亦常呈深褐色；后翅淡黄色。雌成虫翅甚长，超过腹部甚多；雄成虫较短，仅遮盖腹部，前翅具短而宽的前缘褶。

卵 椭圆形，长 0.8 毫米，淡黄色。

幼虫 幼虫体长 20~23 毫米，体黄色或灰绿色，头与前胸盾黑褐色至黑色，头与前胸相接处有一较宽的白带，前、中足和胸部黑色，后足淡褐色。

蛹 黄褐色，体长 8~12 毫米。

【生活史与习性】

该虫在北方每年发生 4 代，广东、福建约 6 代，均以幼虫在卷叶、树皮缝、翘皮及杂草中越冬。第二年春季出蛰继续危害。幼虫老熟后在卷叶内结薄茧化蛹。北方各代成虫发生期为 5 月上旬前后，6~7 月，8、9~10 月。广东 3~4 月为成虫发生期，幼虫 4~5 月发生，福建 4~5 月成虫发生期，幼虫 5~6 月发生。成虫有趋光习性，昼伏夜出，并交尾产卵，雌虫将卵产于叶片和枝上，成块状，每头雌虫可产卵 2 块，每块有卵 200 余粒，呈鱼鳞状排列，上覆胶质薄膜。幼虫孵化后，危害花、幼芽和嫩叶，常引起大量落花、落果。幼虫较活泼，受惊后常吐丝下垂，有转移危害习性。均以末代幼虫越冬。天敌有赤眼蜂、绒茧蜂、食蚜蝇、姬蜂、广大腿小蜂等，对褐带长卷蛾有一定抑制作用。

【预防控制措施】

1. 人工防控

（1）冬季剪除虫枝，清除枯枝、落叶和杂草，集中一起烧毁，减少虫源。

（2）幼虫发生期，利用幼虫受惊吐丝下垂的习性，先在树冠铺塑料布，然后敲击树干，震落幼虫予以捕杀。

2. 物理防控

成虫发生期，利用成虫的趋光习性，夜间在枣园设置黑光灯，捕杀成虫。

3. 药剂防控

谢花及幼果期，用 90% 晶体敌百虫 800~1000 倍液，或 80% 敌敌畏乳油 1000~1500 倍液，或 2.5% 氟氯氰菊酯乳油 2500~3000 倍液，或 20% 杀灭菊酯乳油 2000~2500 倍液各喷布树冠 1 次。

4. 生物防控

（1）谢花及幼果期，喷布 7805 杀虫菌剂或青虫菌可湿性粉剂（每克含 1 亿活孢子）500~600 倍液，如能混入 0.2% 中性洗衣粉可提高防效。此外，也可喷布白僵菌 300 倍液。

（2）保护利用天敌，在赤眼蜂、姬蜂、食蚜蝇等天敌发生量大时，尽量少用或不用化学农药，以保护天敌。此外，摘除卵块和虫果及卷叶团，放入天敌保护器中。

女贞细卷蛾

Eupoecilia ambiguella Hubner

女贞细卷蛾又称枣细卷蛾，属于鳞翅目，蛀果蛾科。

【分布与危害】

该虫分布于西北各省、自治区以及旧北区。除危害枣、酸枣、女贞外，还危害山楂、鼠李、槭、荚迷、丁香、茱萸、常香藤等植物。以幼虫蛀入果内取食果肉，造成腐烂或脱落，影响产量和果品质量。

【形态特征】 彩版 18　图 267

成虫　翅展 13 毫米左右。头部有淡黄色丛毛,触角褐色,唇须前伸,第二节膨大,有长鳞毛,第三节短小,外侧褐色,内侧黄色。前翅银黄色,翅中央有 1 条宽黑褐色中横带。后翅灰褐色。前足、中足胫节与跗节褐色,有白斑;后足黄色,跗节上有淡褐色斑。

【生活史与习性】

该虫每年发生 1 代,以幼虫在土中结茧越冬。第二年 5 月至 6 月初越冬幼虫咬破茧而出,再作薄茧化蛹。蛹期 10 天左右。成虫羽化后不久交配产卵,雌虫将卵产于花萼及嫩叶上。卵期 7~8 天。幼虫孵化后稍停留 3~4 小时,即蛀入幼果危害。幼虫老熟后咬一个较大孔洞,爬出果外,落到地面钻入土中 1 厘米左右深处作茧越冬。

【预防控制措施】

参见桃小食心虫防控措施。

豹纹斑螟

Dichocrocis punctiferalis Guece

豹纹斑螟又名桃蛀螟、桃蠹螟、桃斑蛀螟、桃蛀野螟、桃实螟等,属于鳞翅目,螟蛾科。

【分布与危害】

该虫分布于全国各省、自治区,国外分布于日本、印度、澳大利亚等国家。寄主有枣、酸枣、柑橘、桃、苹果、梨、栗、梅、山楂、李、杏、樱桃、石榴、枇杷、龙眼、荔枝、芒果、无花果,以及花椒、松、杉、桧柏等多种经济林木;此外还危害玉米、向日葵、棉花、高粱及蓖麻等多种农作物。以幼虫蛀食嫩茎、果实和种子,被害果实内外排集粪便,常造成腐烂,早期脱落,降低产量,影响品质。成虫喜食花蜜。

【形态特征】 彩版 18~19　图 268~272

成虫　体长 12 毫米,翅展 25 毫米左右,黄色至橙黄色,体与翅散生许多黑色斑点,似豹纹,一般前翅有黑色斑点 25~28 个,后翅 15~16 个;胸背有黑点 7 个,腹背第一节和第三至第六节各有 3 个横列黑点,第七节仅有 1 个,其他各节无黑点。雄虫第九节末端黑色,雌虫不显著。

卵　椭圆形,长 0.6 毫米,宽 0.4 毫米,初产乳白色,渐变为橘红色至红褐色,表面粗糙布满细微圆点。

幼虫　初孵幼虫体 1~2 毫米,灰白色。老熟幼虫体长 22 毫米,各体节毛片明显,多为灰褐色至黑褐色,背面毛片较大,第一至八腹节气门以上各有 6 个,排成两横列,前面 4 个后面 2 个。气门椭圆形,围绕气门片黑褐色呈突起状。

蛹　体长 13 毫米左右,初为淡黄绿色,后变为褐色,臀刺细长,末端有曲刺 6 根。

茧　长椭圆形,灰白色。

【生活史与习性】

该虫在长江流域每年发生 4~5 代,北方每年发生 2~3 代,以老熟幼虫在树干粗皮内、玉米及向日葵等残株内结茧越冬。翌年 4 月下旬开始化蛹,蛹期 20~30 天。各代成虫发生期为：越冬代 5 月中旬至 6 月中旬，第一代 7 月中旬至 8 月上旬，第二代 8 月下旬至 9 月下旬。成虫昼伏夜出，并交配产卵，对黑光灯和糖醋液趋性较强，且喜食花蜜。卵多产在两果相连处，每果 2~3 粒，每头成虫可产卵数 10 粒，幼虫孵出后蛀入果心，食害果肉和嫩仁，且有转果危害习性，幼虫老熟后在两果间、果苔、枝干缝隙处结白色丝茧化蛹。一般第三代幼虫，或发生迟的第二代幼虫危害至 9 月下旬，陆续老熟吐丝结茧越冬。

【预防控制措施】

1. 人工防控

（1）清除越冬幼虫　越冬幼虫化蛹前处理向日葵、玉米等寄主残体，同时刮老树翘皮，收集起来烧毁，消灭越冬幼虫。

（2）束草灭虫　幼虫越冬前在树干上束草，诱集越冬幼虫，集中烧毁灭虫。

2. 物理防控

在有条件的地区，利用成虫的趋光性和趋化性，可在枣园设置黑光灯或糖醋液诱杀成虫。

3. 药剂防控

在成虫产卵期，应用 2.5% 高效氟氯氰菊酯乳油 2000~3000 倍液，或 2.5% 溴氰菊酯乳油 3000 倍液，或 20% 甲氰菊酯乳油 2500~3000 倍液，或 4.5% 高效氯氰菊酯乳油 2500 倍液，或 2.5% 氟氯氰菊酯乳油 2500~3000 倍液，或 10% 联苯菊酯乳油 3000~3500 倍液均匀喷雾，间隔 7~10 天喷 1 次，连喷 2~3 次。

玉米螟

Ostrinia furnacalis（Guenee）

玉米螟又名亚洲玉米螟，幼虫俗称钻心虫，属于鳞翅目，螟蛾科。

【分布与危害】

该虫分布于全国各地，甘肃的酒泉、嘉峪关、张掖、金昌、武威、平凉、庆阳等地发生普遍。除危害枣、苹果、玉米、高粱外，还危害谷子、棉花、向日葵、麻类及禾本科牧草等。以幼虫在枣果膨大期危害果实，在果肉中串食形成蛀道；受害果实表面有明显的蛀孔，常堆积有褐色粪便。

【形态特征】 彩版 19　图 273~276

成虫　体长 10~14 毫米，翅展 20~26 毫米。喙发达，复眼黑色，触角丝状。前翅浅黄色，斑纹暗褐色，前缘脉在中部以前平直，然后稍折向翅顶；内横线明显，有 1 个小深褐色环形斑及 1 个肾形褐斑；环形斑和肾形斑之间有 1 个黄色小斑；外横线锯齿形，内折角在脉上，外折角在脉间，外有 1 个明显的黄色 "z" 字形暗斑；缘毛灰黄色。后翅浅黄色，斑纹暗褐色，在中区有暗褐色亚缘带和中带，其间有 1 个大黄斑。

卵　短椭圆形，初产下的卵为乳白色，后变为黄白色，半透明，孵化前卵粒中心呈现黑点，称为黑头卵，有别于被赤眼蜂寄生整粒卵变黑的寄生卵。

幼虫　初孵幼虫体长约 1.5 毫米，头黑色，体乳白色，半透明。老熟幼虫体长 20~30 毫米，头深棕色，体浅灰褐色或浅红褐色；有纵线 3 条，以背线较明显，暗褐色；第二、三胸节背面各有 4 个圆形毛瘤，其上各生 2 根细毛，第一至八腹节背面各有 2 列横排毛疣，前列 4 个，后列 2 个，且前大后小。

蛹　体长 15~18 毫米，黄褐色至红褐色，纺锤形；臀棘黑褐色，端部有 5~8 根向上弯曲的刺毛。

【生活史与习性】

玉米螟在我国自北向南每年可发生 1~7 代，一般随纬度和海拔的降低，世代数逐渐依次递增。在西北每年发生 2 代，以末代老熟幼虫在玉米、高粱、谷子、棉花等寄主茎干、穗轴及根茬等处越冬。多代区常出现世代重叠现象。在黄淮海地区，5 月下旬至 6 月上旬为越冬代成虫发生盛期，6 月中旬为第一代幼虫发生危害盛期，第二代幼虫盛发期为 7 月中下旬，8 月中旬为第三代幼虫发生危害盛期。一般卵期 3~5 天，幼虫期 20~30 天，蛹期 7~10 天，成虫期 10~15 天。

成虫多在夜间羽化，昼伏夜出，具有较强的趋光、趋化、趋温和趋密习性。喜选择长势好、茂密及较高植株上产卵，每头雌虫一生平均产卵 10~20 块，约 300~600 粒，最多可达 1475 粒。4~5 月份雨水充足，有利于越冬幼虫化蛹、羽化；高温、高湿有利于幼虫发育生长。生长季节干旱不利于卵块孵化及初孵幼虫存活，暴雨可增加初龄幼虫死亡。玉米螟天敌种类很多，有赤眼蜂、小茧蜂、姬蜂及菌类等，对该虫的发生有一定的抑制作用。

【预防控制措施】

参考豹纹斑螟防控措施。此外，还可保护和利用天敌进行生物防控，如饲养、释放玉米螟赤眼蜂，对预防控制玉米螟效果很好。

枯叶夜蛾

Adris tyrannus（Guenee）

枯叶夜蛾又称通草木夜蛾、吸果夜蛾，属于鳞翅目，夜蛾科。

【分布与危害】

该虫分布于全国各地枣产区。除危害枣外，还危害苹果、梨、桃、柑橘、葡萄、枇杷、无花果、芒果等果树。主要以成虫刺吸成熟果实汁液，造成大量果实腐烂和落果，严重影响产量和品质。

【形态特征】彩版 19　图 277~278

成虫　体长 35~38 毫米，翅展 98~100 毫米。头胸部棕褐色，腹部橙黄色，触角丝状。前翅似枯叶褐色，翅脉上有许多小黑点，顶角尖，外缘弧线内斜，后缘中部内凹，从顶角至后缘内凹处有一条黑褐色斜线，内线黑褐色，翅基部及中央处有暗绿色圆纹。后翅杏黄色，中部有一肾形黑斑，亚端区有一个牛角形黑带。

卵　扁球形，直径 1 毫米左右，乳白色，底部与顶部较平，外壳网纹明显，并具花冠。

幼虫　体长 57~71 毫米，体黄褐色或灰褐色，前端较尖，红褐色，第一至二腹节常弯曲，第八腹节隆起，将第七至十腹节连成峰状，背线、亚背线、气门线和腹线均为暗褐色，第二、三腹节亚背线背面有一眼斑，中黑并具月牙形白纹，其外围黄白色缠有黑圈，各体节有许多不规则的白纹，第六腹节亚背线与亚腹线之间有一个方形斑，上生许多黄圈和斑点。

蛹　体长 31~32 毫米，红褐色至黑褐色，头顶中部有一瘤突，头胸部背面有许多较粗而不规则的皱褶，腹部背面较光滑，有稀疏刻点。

【生活史与习性】

该虫每年发生 2~3 代，一般北方 2 代，南方 3 代，多以幼虫或蛹在寄主、杂草等处越冬。在华北地区，4~5 月出现成虫，6~7 月为幼虫盛发期，老熟幼虫吐丝缀叶在其中化蛹，7~8 月为成虫盛发期；华南地区 9 月中下旬为成虫发生高峰期，9 月下旬至 10 月危害最严重。成虫羽化后即在晚上交配，交尾后 2~4 天产卵，卵产于寄主叶背上，幼虫孵化后缀叶潜伏取食，幼虫老熟后吐丝缀叶作薄茧化蛹。

成虫有趋光习性，但忌黄光，也有趋化习性。成虫白天潜伏于叶背或树干背阴处，黄昏后出来活动，以 20~22 时最盛，常吸食香甜味浓的果汁，被害果面留有针尖大的小孔，沿小孔四周逐渐变红，被害处凹陷，造成果实腐烂或脱落，影响产量和果品质量。

【预防控制措施】

1. 人工防控

（1）在果实被害期，在果园四周堆放有香味的烂果诱集成虫，然后捕杀。

（2）把枣园及四周的幼虫寄主木防己、汉防己、木通、十大功劳等连根彻底铲除，集中烧毁。

（3）在枣园外种植木防己诱集圃，引诱成虫产卵，然后集中消灭卵或幼虫。

2. 物理防控

（1）利用成虫的趋光习性，于成虫发生期，在枣园设置黑光灯，或高压汞灯，诱杀成虫。

（2）也可利用成虫忌黄光的习性，在枣园内设置黄色日光灯，可忌避果园吸果夜蛾，减轻果实受害。

3. 药剂防控

（1）用瓜果片浸 50%辛硫磷乳油 3 分钟，制成毒饵，挂在树冠上诱杀成虫。或用早熟去皮的果实扎孔浸泡在 50 倍的敌百虫溶液中，一天后取出晾干，再放入蜂蜜水中浸泡半天，傍晚挂在枣园里诱杀取食的成虫。

（2）用果醋或酒糟液加红糖适量配成糖醋液，再加入 0.1% 敌百虫，盛在盘子里放到枣园内诱杀成虫。或用糖、醋、酒、水按 4：4：1：1 的比例配成糖醋液，再加入少量的 90%晶体敌百虫液，充分搅拌均匀配成毒饵，盛入瓷盘，于傍晚放在枣园内诱杀成虫。

毛翅夜蛾

Thyas（*Dermaleipa*）*juno* Dalman

毛翅夜蛾又名肖毛翅夜蛾、木夜蛾、木槿夜蛾、红裙边夜蛾，属于鳞翅目，夜蛾科。

【分布与危害】

该虫分布于黑龙江、辽宁、河北、山东、安徽、浙江、江西、湖北、四川、贵州等省。除危害枣、苹果、桃、杏、李、梨、葡萄外，还危害木槿、桦等。以成虫从果皮伤口或腐坏处刺入果内，吸食果汁；幼虫食害叶片成缺刻或孔洞。

【形态特征】 彩版 19　图 279~281

成虫　体长 35~45 毫米，翅展 90~106 毫米。灰黄色至灰褐色，头部赭褐色，前翅褐色，布满黑色细点，内线外线及亚端线棕褐色，内横线外斜，外横线内斜，两线末端相遇，环纹为一黑点，肾纹后半部中央有一黑点。后翅 2/3 黑色，1/3 土红色，黑色区中段有一弯钩形粉蓝纹，外缘棕褐色。腹部背面中央褐色，其余为红色。

幼虫　老熟幼虫体长 71~81 毫米，前端略细，茶褐色，头褐色，第一、二腹节常弯曲成桥形，第五腹节背面有一个眼形斑，第八腹节稍隆起，亚背面有 2 个淡红色小突起。背线、亚背线、气门线、气门上线及亚腹面暗褐色。左右腹足间有紫红斑，第二、三对腹足各有一个黑斑。

蛹　体长 36~40 毫米，黄褐色至黑色，体表被白粉，各体节背面多皱，中后胸背面有 1 条纵脊，腹末宽扁，生 4 对红色钩刺。

茧　长椭圆形。

【生活史与习性】

该虫在北方每年发生 2 代，以老熟幼虫在枯叶内结茧化蛹越冬。翌年 4~5 月出现成虫，成虫交尾后产卵，5~7 月为幼虫危害盛期，6 月下旬至 7 月下旬化蛹，蛹期 17~22 天，即羽化为成虫。7~9 月份成虫数量最多，危害最重。

成虫有趋光习性，但忌避黄光，昼伏夜出，危害严重，喜食香甜味浓的果实汁液。幼虫夜晚取食，白天隐蔽在树枝上，不易被发现，老熟幼虫吐丝缀连 2~3 片叶后，在其中结网状茧化蛹。

【预防控制措施】

参见枯叶蛾防控措施。

旋目夜蛾

Speiredonia retorta Linnaeus

旋目夜蛾又名环夜蛾、并巴蛾，属于鳞翅目，夜蛾科。

【分布与危害】

该虫分布于甘肃（天水、庆阳、平凉）、陕西、河南、山东、辽宁、江苏、浙江、福建、江西、湖北、广东、广西、海南、云南、四川等省、自治区。主要危害枣、酸枣、苹果、梨、葡萄，也危害柑橘、枇杷及合欢、黑荆树等。该虫为吸果害虫，只能从果皮伤口或坏腐处吸食果汁，果实被害后加速腐烂、脱落。幼虫食叶，吃成缺刻和孔洞。

【形态特征】 彩版 19　图 282

成虫　体长 21~23 毫米，翅展 60~62 毫米，雌雄体色不一。雌虫灰褐色，颈板黑色。前翅有蝌蚪形黑斑，黑斑尾部与外线近平行，伸至后缘中部，与外线间尚有一条平行波状黑色短线。外线波状，黑色，其外侧有 4 条波状黑线。前缘基部有一条淡黄灰色斜线，翅中部内外线间有一条通过蝌蚪状斑纹平行于前缘的黑色宽纵带，带前后有灰黄白色纵带。后翅有淡黄色中带，内侧生 3 条黑色横带，中带至外缘有 5 条波状黑色横线。第一至六腹节背面各有一个黑色斑纹，向后渐小，余部红色。雄虫紫棕色至黑色，前翅也有蝌蚪形黑斑，黑斑尾部上旋与外线相连，外线与外缘也有 4 条波状暗色横线，前翅基部有 1 条弧形横线。后翅基部约有 1/2 颜色发暗。

卵　近球形，底部平，灰白色，卵孔圆形稍内陷，顶部花冠明显，有纵长棱 6~10 根，较粗，白色光滑。横棱 32~46 根，较细，中间形成横方格。

幼虫　体长 60~67 毫米，第一、二腹节弯曲呈尺蠖形。头部褐色，颅侧区有黑色宽纵带，并生不规则暗褐色斑点。体灰褐色至暗褐色，布满黑色不规则斑点，构成许多纵条纹。背线、亚背线和气门线黑褐色，气门上、下线灰褐色。

蛹　体长 22~26 毫米，下腭与前翅末端平，达第四腹节，腹末臀部有网纹，着生 4 对红色钩刺，第七腹节有腹足疤。

【生活史与习性】

该虫在西北、东北每年发生 2 代、华北 3 代，湖北、江苏、浙江约发生 4 代，均以老熟幼虫越冬。南京地区 4 月下旬至 5 月上旬出现成虫，成虫昼伏夜出，并交配、产卵。成虫有趋光习性。幼虫孵化后喜欢取食合欢、泡桐叶片，食叶呈缺刻和孔洞。栖息时多在枝干粗皮、伤疤处，身体紧贴枝干树皮。幼虫老熟后在树皮碎片或枯叶中化蛹。8 月下旬起成虫危害枣果，由于成虫喙端膜质状，缺乏穿刺健康果皮的能力，因此多从果皮伤口或坏腐处吸食果实汁液，加速果实腐烂、脱落，9 月份危害较重。

【预防控制措施】

参考枯叶夜蛾防控措施。

桥夜蛾

Anomis mesogona Wolker

桥夜蛾又名中桥夜蛾，属于鳞翅目，夜蛾科。

【分布与危害】

该虫分布于甘肃（陇东）、陕西、河北、山东、黑龙江、吉林、辽宁、湖北、湖南、江西、江苏、浙江、福建、广东、海南、云南等省枣产区。除危害枣外，也危害苹果、柿、桃、杏、李、梨、葡萄、柑橘、枇杷等果树。主要以成虫刺吸成熟果实果汁，造成大量果实腐烂或脱落，影响产量和果品质量。

【形态特征】 彩版 19~20　图 283~286

成虫　体长 15~19 毫米，翅展约 35~38 毫米。头部暗红褐色，触角丝状。前翅黄褐色或暗褐色，外缘中部外突成尖角，内横线褐色衬红，在中脉处折成外突齿，外横线褐色衬红，在第一肘脉处内折，然后成直线，亚端线褐色，呈不规则波浪形，肾纹暗灰色，前后端各有 1 个圆形黑点，翅基部有 1 个黑点。腹部暗灰褐色。前翅合并时上面有拱桥形花纹。

卵　扁球形，直径约 0.6 毫米，顶端突起，底面平。

幼虫　老熟时体长约 37 毫米，灰绿色或青绿色，腹足 4 对，第一、二对腹足小。

蛹　体长约 18 毫米，棕褐色。

【生活史与习性】

该虫在北方每年发生 3~4 代，南方 5~6 代，随各地气候不同，以幼虫、蛹或成虫越冬。翌年 7~9 月为成虫危害盛期。成虫飞翔能力强，活动范围广。昼伏夜出，忌黄光。一般在傍晚进入枣园，晚上 20~22 时为活动盛期，23 时以后逐渐减少，天亮前后飞离枣园，飞到枣园附近的杂草、墙缝处潜伏。成虫喜于夜晚闷热天气飞出，多吸食树冠中下部枣果果汁，被害果面留有针头大小的孔，以刺孔为中心，果面渐变红色，以后整果变红，被害处凹陷，腐烂，最后整果腐烂脱落。

【预防控制措施】

参见枯叶夜蛾防控措施。

嘴壶夜蛾

Oraesia emarginata Fabricius

嘴壶夜蛾又名壶夜蛾，属于鳞翅目，夜蛾科。

【分布与危害】

该虫分布于东北、华北、华中地区及江苏、浙江、广东、广西、台湾等省、自治区，除危害枣外，还危害苹果、柿、桃、杏、李、梨、葡萄、柑橘等果树。危害情况同桥夜蛾。

【形态特征】 彩版 20　图 287~288

成虫　体长 16~24 毫米，翅展 45~50 毫米，体褐色。头部红褐色，下唇须鸟嘴形，雌虫触角丝状，雄虫单栉齿状。前翅棕褐色，外缘中部外突成一角状，后缘中部内凹，呈圆弧形，中线仅后半部可见，从顶角至后缘中部有一条深色斜"h"形线纹，翅面上有杂色不规则花纹。后翅灰褐色。

卵　扁球形，长约 0.8 毫米，高约 0.7 毫米，表面密布纵沟纹。初产时黄白色，孵化前变为灰褐色。

幼虫　老熟幼虫体长 37~46 毫米，尺蠖形，体黑色。头部每侧有 4 个黄斑。亚背线由不连续的黄斑、白斑和红斑组成。除前胸和腹部第一节气门外，其余气门均有小红点。

蛹　体长 17~19 毫米，较细长，红褐色至暗褐色。

【生活史与习性】

该虫在北方每年发生 2~3 代，南方 4~6 代，世代重叠，以幼虫在防己科植物或以蛹在土壤中越冬。翌年 5 月越冬代成虫出现。成虫具有趋化习性，喜食芳香带甜味的物质，趋光性较弱，忌黄光。成虫昼伏夜出，白天隐蔽于枣园附近的灌木丛、草丛等处，傍晚开始外出活动，以口喙刺破果皮，吸食果肉汁液，并交配产卵。6~8 月危害其他果树果实，8~9 月危害枣果。在天气闷热，无风的晚上成虫活动的数量最多。卵和幼虫都在木防己等植物上，幼虫取食叶片，老熟后入土化蛹。

【预防控制措施】

参见枯叶夜蛾防控措施。

鸟嘴壶夜蛾

Oraesiaex cavate Butler

鸟嘴壶夜蛾又名嘴壶夜蛾，属于鳞翅目，夜蛾科。

【分布与危害】

该虫分布于华北、西北地区及河南、台湾、福建、浙江、广东、广西、云南等省、自治区，还危害柑橘、苹果、梨、桃、葡萄、无花果等果树。以成虫刺吸枣果汁液，危害情况同桥夜蛾。

【形态特征】 彩版 20　图 289~291

成虫　体长 23~26 毫米，翅展 49~51 毫米。褐色，头部赤橙色，下唇须鸟嘴状。雌虫触角丝状，雄虫触角单栉齿状。前翅紫褐色，翅尖突出成钩形，外缘呈圆弧形突出，后缘中部内凹呈较深的圆弧形，翅面有黑褐色波状横线，自翅尖有 2 根并行斜向中部的深褐色线。肾纹明显。后翅黄色，端区微带褐色。

卵 扁球形，直径约 0.8 毫米，表面密布纵纹。初产时黄白色，后具棕红色花纹，孵化前变为深灰色。

幼虫 老熟幼虫体长约 46 毫米，灰黄色，头部灰褐色，有黄褐色斑点，体背及腹面均有 1 条灰黑色宽带，自头顶直达腹未。腹足仅 4 对。

蛹 体长 17 毫米左右，赤褐色，表面密布小刻点，腹部第五至七节前缘有一横列深刻点。

【生活史与习性】

该虫在北方每年发生 2~3 代，南方 4~6 代，以幼虫在木防己周围杂草和土缝中越冬。在中部地区各代成虫发生期为 6 月下旬、8 月下旬和 10 月下旬，7 月以前成虫吸食桃、杏、枇杷等果实汁液，8~9 月吸食枣果汁液，危害状同桥夜蛾。成虫趋光性不强，忌黄光，有趋化性，嗜食糖液。无风、闷热的夜晚成虫大量出现，除危害枣果外，还交配、产卵。初孵幼虫在叶背取食，较大幼虫畏光，中午前后迁到木防己、杂草等处隐蔽，下午 16 时以后再迁回寄主上危害。各代幼虫危害高峰期为 6~9 月，10 月以后虫口下降。幼虫老熟后吐丝将叶卷成筒，或吐丝与土粒黏结成茧，在其中化蛹。

【预防控制措施】

参见枯叶夜蛾防控措施。

平嘴壶夜蛾

Oraesia lata Butler

平嘴壶夜蛾又名平截嘴壶夜蛾、嘴壶夜蛾、壶夜蛾，属于鳞翅目，夜蛾科。

【分布与危害】

该虫在全国各省、市、自治区均有分布，靠近山区、丘陵、周围植被复杂的新果园受害重。主要危害枣、苹果、桃、葡萄等果树。成虫多在果实成熟期吸食果汁，在有多种果树的果园，常随果实成熟早晚而更迭危害。

【形态特征】 彩版 20 图 292

成虫 体长约 25 毫米，翅展约 53 毫米。前翅灰褐色，带棕色纹 4~5 条，后缘中部有浅的圆弧形内削，臀角后方内缘突出。下唇须端部截平，故名平嘴壶夜蛾。

【生活史与习性】

生活史不详。该虫成虫只能危害近成熟的果实，从 8 月起，一直延续到 9、10 月，先危害早熟品种，后危害晚熟品种。成虫昼伏夜出，有趋光习性，但忌黄光，对糖醋也有趋性。成虫日落后 2 小时陆续飞入果园，夜间 10 时后达高峰，黎明前飞离，无影无踪。

幼虫取食果树、林木叶片和杂草，所以山地或近山果园吸果夜蛾的危害比较严重。

【预防控制措施】

参见枯叶夜蛾防控措施。

枣隐头叶甲

Cryptocepnalus sp.

枣隐头叶甲又称隐头枣叶甲。属于鞘翅目，肖叶甲科，隐头叶甲亚科。

【分布与危害】

该虫是近年来在河南郑州发现的一种专食枣花的新害虫，严重时常将枣花吃光，对产量影响极大。

【形态特征】 彩版 20　图 293

成虫 体长 4~5 毫米，长椭圆形，雄虫略小。鞘翅黑色，腹部腹面也为黑色。足褐色。枣隐头叶甲与酸枣隐叶甲相似，但酸枣隐头叶甲体形略大，体黑色，鞘翅淡黄色。

【生活史与习性】

该虫每年发生 1 代，以成虫在土壤内越冬。翌年 5 月中下旬于枣树开始开花时，越冬成虫陆续出蛰活动，并食害枣花的雌蕊和雄蕊；盛花期为成虫出现的高峰期，在树膛内飞舞，并大量咬食花蕊和蜜盘。谢花后，成虫随即消失。成虫有假死习性，受惊后立即装死落地，片刻恢复活动。由于该虫的危害，枣树坐果率显著下降，受害严重时造成枣树严重减产。

【预防控制措施】

1. 人工防控

（1）利用成虫的假死习性，在成虫发生期，于枣树下边铺上塑料布，摇动枝干，成虫即假死下落，立即将虫收集起来，挖坑深埋。

（2）枣树开花前，成虫还未出土时，在枣树树冠下覆盖与枣树树冠同宽的塑料地膜，四周用土压紧，防止成虫上树危害枣花。

2. 药剂防控

（1）土壤处理　如果虫量较大，在枣树开花前，成虫还未出土时，在树冠下均匀喷洒 50%辛硫磷乳油 400~500 倍液，或 50%甲基辛硫磷乳油 300~400 倍液，然后浅锄地面，使药剂与土壤混匀，可杀死越冬成虫。

（2）树上喷药　在枣树谢花前，用 2.5%溴氰菊酯乳油 2500~3000 倍液，或 20%氰戊菊酯乳油 3000 倍液，或 40%毒死蜱乳油 1500 倍液均匀喷雾，以消灭成虫。

枣皮薪甲

Cortinicara gibbosa（Herbst）

枣皮薪甲又名隆背花薪甲，属于鞘翅目，叶甲科。

【分布与危害】

该虫分布于河北、北京等省、市。除危害枣外，也危害苹果、梨、桃、葡萄，以及棉花、茄子、番茄、向日葵等农作物。主要以成虫危害枣花梗、花蕊，降低坐果率，可造成 30%~50%以上的减产。成虫也啃食嫩叶的下表皮和叶肉，留下上表皮，使叶片成筛网状。

【形态特征】 彩版 20　图 294

成虫　体长 1~1.6 毫米，宽 0.6~0.8 毫米，棕红色至褐色，体表被卧毛。头部长宽近等，被刻点。复眼较大，触角细长，棍棒状，前胸背板宽略大于长，两侧在中部微突出。边缘有细齿，表面密被刻点，近基部有一浅横凹。小盾片较小，端部宽圆。鞘翅长卵形，基部较前胸宽，端部一般盖过腹部或仅臀板部分外露。足细长，跗节 3 节，爪单齿。

卵　椭圆形。

幼虫　乳白色。

【生活史与习性】

该虫在河北每年发生 4~5 代，翌年 4 月底与 5 月初，成虫开始发生危害，一直延续到 9 月下旬。成虫发生高峰期随气候条件及寄主植物的不同而变化，并有明显的寄主转移现象。4 月底至 5 月条件合适时，该虫先在新发芽的苹果树、梨树及部分蔬菜上形成初发高峰期。随后于 5 月底至 6 月间在枣树花蕾、花期形成高峰期。该虫对枣树的蕾、花及叶片造成危害，使枣树大量减产。随着枣花、花蕾的减少，成虫逐渐转移到其他果树及棉花、蔬菜上危害。

【预防控制措施】

6 月上旬枣树显蕾、开花期喷药防治，可用 2.5% 溴氰菊酯乳油 3500 倍液，或 10% 联苯菊酯乳油 5000 倍液，或 5% 鱼藤精乳油 1500 倍液均匀喷雾，间隔 10 天左右喷 1 次，连喷 2~3 次。

谷婪步甲

Harpalus caleeatus（Duftschmid）

谷婪步甲又名枣婪步甲、黑婪步甲，属于鞘翅目，步甲科。

【分布与危害】

该虫分布于新疆、甘肃（平凉、庆阳、定西、河西）、宁夏、陕西、内蒙古、河南、河北、辽宁、吉林、黑龙江、福建等地，以及日本、印度、俄罗斯、阿富汗等国家。危害枣、谷子，也捕食某些叩头甲及象鼻虫幼虫。以成虫啃食枣幼果表皮，受害幼果先呈小凹坑，后逐渐突起，形成淡褐色疤斑，随果实膨大，后期受害处发展成褐色木栓化凹陷坑洼，导致果实品质降低，失去商品价值。

【形态特征】 彩版 20　图 295~297

成虫　体长 10.5~14.5 毫米，宽 4.5~5.7 毫米，体黑色，无毛，有光泽。头几乎无刻点，触角、下唇、下颚、上唇、唇基前缘、前胸背板侧缘棕红色。触角超过前胸背板，前胸背板宽大于长，两侧突出，中部之前有一根毛。鞘翅有 9 条较深的沟，行距仅在端部稍隆起，末二行距有浅细的刻点。足跗节棕红色，背面有毛，负爪节腹面端半部有 2 列粗刺。

【生活史与习性】

该虫每年发生 1 代，以幼虫在土内越冬。第二年 4 月上中旬越冬幼虫化蛹，4 月下旬开始出现成虫，6 月下旬至 8 月上旬为成虫发生盛期。成虫有趋光习性，可做短距离飞翔。成虫昼伏夜出，白天潜伏在阴湿茂密植株下或潮湿湿土中及土块下，傍晚出来活动，尤以高湿黑暗的夜晚最为活跃。

【预防控制措施】

1. 农业防控　秋末冬初或早春深耕果园土壤，破坏越冬场所，使越冬幼虫暴露地面被冻死，或被鸟类捕食。

2. 物理防控　利用成虫的趋光习性，于成虫发生期，在枣园内设置黑光灯或频振式诱虫灯，诱杀成虫。

3. 药剂防控　于成虫发生期，喷洒40%辛硫磷乳油1000倍液，或50%敌敌畏乳油1000~1500倍液，或4.5%高效氯氰菊酯乳油1500~2000倍液，或5%氟氯氰菊酯乳油2500~3000倍液。

小青花金龟

Oxycetonia jucunda Faldermann

小青花金龟又叫小青花潜、银点花金龟、小青金龟子，属于鞘翅目，花金龟科。

【分布与危害】

小青花金龟分布于甘肃、宁夏、陕西、山西、辽宁、吉林、河北、湖南和四川、云南、台湾等省、自治区。危害枣、花椒、山楂、杨、榆、桦、松、忍冬、枸杞、苹果、杏、桃、栎、枫等植物。成虫喜食花器、幼芽和嫩叶，食成孔洞和缺刻，严重时吃光花器和幼叶；有时食害成熟有伤的果实。

【形态特征】 彩版20　图298~299

成虫　体长10~17毫米，宽7~8毫米。头部长，黑色。唇基前缘中部1/3呈三角形凹入，两边呈角形突出，向上弯曲。触角赤褐色。头部密布刻点，且疏生黄褐色毛。前胸背板前狭后宽，前角纯，后角圆弧形，中央有小刻点，两侧密布条刻，有2个黄色小斑。前胸背板和鞘翅暗绿色或墨绿色，微现紫色光泽。鞘翅上散生白色斑点6个。小盾片长三角形，光滑无毛，有零星刻点。臀部背板上有4个白斑。

卵　椭圆形，长1.2毫米，宽约0.9毫米。初产时乳白色，近椭圆形。

幼虫　体长32~36毫米，宽约3毫米。头前顶刚毛、额中刚毛、额前侧刚毛各1~2根。上唇呈三裂片状。臀节腹面布满长短刺状毛，刺毛列由16~24根组成，两列平行对称。

蛹　体长14毫米，初乳黄色，后变为橙黄色。

【生活史与习性】

小青花金龟每年发生1代，以成虫在土中越冬。翌年4月下旬成虫出现，5月上中旬枣树开花期为成虫活动盛期。成虫活动期长，白天活动，通常在晴天无风和气温较高时，以午前11时至午后4时，尤其在午后取食和飞翔最活跃，春季多群集在花上，蚕食花瓣、花蕊、幼芽和嫩叶。成虫喜食花器，故随寄主开花早迟而转移危害。成虫飞翔力强，具假死习性。但遇风雨天则栖息在花丛中。日落后在土中潜伏、产卵。成虫喜在腐殖质多的土壤中和枯枝落叶层下产卵。6~7月出现幼虫，幼虫以植物微细根系和腐殖质为食，7月下旬至8月中旬老熟幼虫化蛹。成虫羽化出土，活动一段时间后，一般8月陆续入土越冬。

此外，5月中下旬当葱花盛开时，成虫喜群集葱花上取食，因此在葱花上捕捉，可减少危害枣树上的害虫数量。

【预防控制措施】

1. 人工防控

（1）施用充分腐熟的有机肥，减少小青花金龟幼虫——蛴螬的滋生场所。

（2）结合伏耕、秋翻地，随犁拾虫，及时消灭，减少翌年害虫数量。

（3）利用成虫的假死习性，在枣树开花时，于清晨或傍晚，组织人力摇动树干，震落成虫，收集起来，集中杀灭。

2. 药剂防控

（1）毒饵诱杀　以新鲜青草或青菜铡碎，用90%晶体敌百虫1000倍液，喷在铡碎的青草上或炒香的油渣上；或用油渣15千克、90%晶体敌百虫250克，配成毒饵，傍晚撒在苗圃里诱杀幼虫。

（2）喷洒药剂　成虫危害期，用90%晶体敌百虫800～1000倍液，或80%敌敌畏乳油1000～1500倍液，或40%乐果乳油1000倍液均匀喷雾，毒杀成虫。

（3）药剂灌根　幼虫低龄阶段，用50%辛硫磷乳油1000倍液，或Bt乳油（含孢子100亿/毫升）500倍液灌根，最好沟施或穴施。

斑青花金龟

Oxycetonia jucunda Gory et percheron

斑青花金龟又称斑青花潜，属于鞘翅目，花金龟科。

【分布与危害】

该虫分布于甘肃、陕西、河南、河北、北京、四川、云南、西藏、江苏、安徽、浙江、福建、湖北、江西、湖南、广西、广东、海南等地。除危害枣外，还危害苹果、梨、枸杞、栗子、核桃、柑橘、白蜡、栎类、女贞等果树、林木，它是危害花的常见种类之一，危害情况同小青花金龟。

【形态特征】 彩版20～21　图300～301

成虫　体长12～15毫米，宽7～8毫米，呈倒卵圆形。头黑色。前胸背板栗褐色至枯黄色，每侧有一个暗古铜色大斑，斑的中央有一个小白绒斑。鞘翅狭长，暗青铜色，每翅翅中段有一个茶黄色近方形大斑，两斑构成宽倒"人"字形，在斑的外缘下角有一个楔形黄斑相垫，端部各有3个小白绒斑。

【生活史与习性】

与小青花金龟相似，详见小青花金龟。

【预防控制措施】

参见小青花金龟防控措施。

白星花金龟

Protaetia（Liocola）brevitarsis Lewis

白星花金龟又叫白纹铜金龟、朝鲜白星金龟子、白星花潜，俗称瞎撞子、铜克朗等，属于鞘翅目，花金龟科。

【分布与危害】

该虫在国内分布于甘肃、宁夏、陕西、江苏、江西、安徽、山东、河南、湖南、湖北及华北、东北等省、自治区。危害枣、山楂、苹果、梨、杏、李、樱桃以及番茄等植物。以成虫危害寄主的花、果实、叶片。危害情况同小青花金龟。幼虫为腐食性，一般不危害植物。

【形态特征】 彩版21　图302～307

成虫 体长20～24毫米，宽12毫米左右，体多为古铜色、铜绿色，常有紫铜色闪光。头部窄，前缘稍向上翻，中央隆起，两侧复眼前明显凹入，复眼大而明显，呈黄铜色并有黑色斑纹。触角黑棕色，10节。前胸背板中央及近小盾片处有并列白斑各2个。小盾片长三角形，平滑，几乎无刻点。鞘翅侧缘前方内弯，翅鞘上有弧形隆起线一条，并有细毛组成白斑10余个。前足胫节外侧有3个锐齿，内侧生一棘刺。腹部腹板枣红色，并生有白毛。

卵 椭圆形，灰白色，长1.5～2毫米。

幼虫 体中等偏大，短粗稍弯曲。头小，前顶毛每侧4根，成一纵列，后头毛每侧4根。臀节腹面密布锥刺18～20根，刺毛列由扁宽锥刺组成，排列不一定整齐。3龄幼虫头宽4.1～4.7毫米。

蛹 体长21～22毫米，宽12～14毫米，黄褐色。体稍弯曲，末端圆。无尾角，有边褶。雄蛹尾节腹面中央有一三角状突起；雌蛹尾节腹面中央平坦，尾节中央有一锚枪式细纹。

【生活史与习性】

白星花潜每年发生1代，以幼虫在土壤中越冬。翌年早春化蛹，羽化。5～6月为成虫发生期，正值枣树、苹果等植物开花期。9月间很少见到成虫。成虫在白天取食，喜食植物的花瓣、花蕊和果实，飞行力很强，有假死性，对酸甜味有趋性。成虫产卵于土中，产卵场所多在腐殖质多或堆肥的地方，卵期12天左右。幼虫孵出后在土中生活，以腐殖质为食，一般不危害活植物根系，在地表幼虫腹面朝上，以背面贴地蠕动而行，有较强的抗逆能力，能适应环境变迁，即使冰冻一月仍能恢复活动。

【预防控制措施】

参见小青花金龟防控措施。

褐锈花金龟

Poecilophilides rusticola（Burmeister）

褐锈花金龟又名褐锈花潜、乡锈花金龟、赤斑花金龟，幼虫俗称蛴螬，属于鞘翅目，花金龟科。

【分布与危害】

该虫分布于甘肃（陇东、陇南、天水）、陕西、四川、黑龙江、吉林、辽宁、河北、江苏、福建等省、自治区，国外分布于俄罗斯、日本、朝鲜等国家。此虫除危害枣树外，还危害花椒、苹果、枸杞、松柏、麻栎及棉花等。经幼虫食害寄主花器、叶片和果实，影响产量。

【形态特征】 彩版21 图308～310

成虫 体长14～20毫米，宽8～12毫米，体型较宽扁，两侧近平行，体上赤锈色，遍布不规则黑色斑纹，体下亮黑色，两侧具有赤锈色斑纹。前胸背板长短于宽，遍布不规则大小不等的黑斑，通常前部下斜呈钝角形，中间有2个小圆斑，中后部有一外"凹"形斑，两侧各有一行断续大斑；有的在中部横排4个圆斑，有的斑与斑之间相互连接。大部分虫体的中胸复突为赤褐色。小盾片三角形，有黑斑。鞘翅宽大，每翅有7～9条纵刻点和宽窄不等的波形黑斑纹，有的后部近翅缝处有一个近方形黑色大斑，外缘中后部亦有不规则黑斑。足短壮，散布稀疏大刻纹，前足胫节外缘3齿，中、后足胫节外侧各有一齿。

【生活史与习性】

该虫每年发生 1 代，以幼虫在土内越冬。次年晚春越冬幼虫化蛹，成虫 6 月出现，7 月中旬为盛发期，雌雄成虫交配后，雌虫将卵产在腐殖质多的土内或枯枝落叶下，成虫喜食枣、枸杞、花椒、苹果等植株的花瓣、花蕊和果实，成虫有假死习性。7 月中旬至 8 月上旬出现幼虫，幼虫以植物微细根和腐殖质为食。一般幼虫在土内生活到 10~11 月间则陆续越冬。

【预防控制措施】

参见小青花金龟防控措施。

无斑弧丽金龟

Popillia mutans Newmann

无斑弧丽金龟又名蓝色丽金龟，属于鞘翅目，丽金龟科。

【分布与危害】

该虫分布于甘肃、宁夏、陕西、山西、河南、河北、山东、内蒙古、吉林、辽宁、江苏、安徽、浙江、福建、江西、四川、台湾等地。国外分布于朝鲜、韩国、俄罗斯（远东地区）、越南、印度等国家。除危害枣、酸枣外，还危害苹果、梨、葡萄、月季、玫瑰及大豆、棉花、玉米等多种果树、花卉、农作物。以成虫危害枣树花器和叶片，发生严重时吃光枣花，食成孔洞和缺刻；幼虫土栖食害根部。

【形态特征】 彩版 21　图 311~313

成虫　体长 9~14 毫米，宽 6~8 毫米。呈纺锤形，全体蓝黑色、深蓝色、墨绿色。头顶刻点粗密，复眼内侧具纵刻纹。触角 9 节，棒状部 3 节。前胸背板较短阔，明显弧拱，前方收狭。小盾片大，短阔三角形，后侧有一对深横凹。鞘翅短阔，后方收窄，红褐色或红褐泛紫，有强烈金属光泽。臀板无明显白色毛斑。足黑色粗壮，前足胫节外缘有 2 齿。该虫常与琉璃弧丽金龟混合发生，两种金龟子形态很相似，但琉璃弧丽金龟臀板上具 2 块白色毛斑。

卵　初产近圆形，白色，近孵化时变为椭圆形。

幼虫　老熟幼虫体长 25 毫米左右，弯曲呈 "C" 字形，乳白色。头部黄褐色，肛毛孔横裂，臀板背面具骨化环，每侧由 4~6 根刺状毛组成刺毛列。

蛹　为裸蛹，黄褐色。

【生活史与习性】

该虫每年发生 1 代，多数以 3 龄幼虫，少数以 2 龄幼虫在 40 厘米深的土层内越冬。翌年 5 月下旬越冬幼虫开始化蛹，6 月下旬出现成虫，成虫期发生较长，7 月上旬至 8 月中旬为成虫盛发期，8 月下旬至 9 月上旬为末期，9 月下旬绝迹。成虫交配后，雌虫将卵产于寄主根部周围约 5 厘米深的土中。卵期 10~13 天。幼虫于 7 月下旬发生，在土内危害根部，多数个体在 10 月下旬发育为 3 龄，11 月后钻入深土层越冬。少数卵孵化晚的幼虫，仅能发育到 2 龄，入土越冬。

成虫晴天白天活动，取食危害，夜间潜伏土内不活动，但在 7~8 月间，也有少数个体不入土，仍在植株上过夜，雨天也有少数个体外出活动。成虫有假死习性，稍受惊动便落地装死，但在温度较高时，受惊后未落地便从半空中飞走。

【预防控制措施】

参见小青花金龟防控措施。

琉璃弧丽金龟

Popillia flavosellata Fairmaire

琉璃弧丽金龟又名拟日本金龟、琉璃丽金龟、琉璃金龟子，属于鞘翅目，丽金龟科。

【分布与危害】

该虫分布于辽宁、河南、北京、天津、河北、山东、江苏、浙江、江西、湖北、四川、广东、广西、四川、云南、台湾等省、市、自治区。除危害枣、酸枣外，还危害葡萄、合欢、草莓、玫瑰及棉花、胡萝卜等多种果树、花卉、农作物。以成虫危害枣树花器，先食花蕊，后食花瓣，有时 1 朵花、1 片叶上有 10 余头，影响授粉或不结果。

【形态特征】彩版 21~22 图 314~316

成虫 体长 11~14 毫米，宽 7~8.5 毫米，椭圆形，蓝紫色、紫黑色、墨绿色，或棕色、褐色泛紫绿色，闪光。头较小，唇基前缘弧形，表面皱，触角 9 节。前胸背板缢缩，基部短于鞘翅，后缘侧斜形，中段弧形内弯。小盾片呈三角形，其后面的鞘翅基部具深横凹。鞘翅扁平，后端狭，茄紫色有黑绿色或紫黑色边缘。腹部各节两侧有白色毛斑区，臀板外露隆拱，刻点密布，有一对明显的白色毛斑。

卵 近圆形，白色，光滑。

幼虫 体长 8~11 毫米，额前侧毛左右各 2~3 根，其中两长 1 短。肛门背片后具长针状刺毛，每列 4~8 根，一般 4~5 根，刺毛列呈"八"字形向后岔开，不整齐。

【生活史与习性】

该虫每年发生 1 代，以 3 龄幼虫在土壤内越冬。在南方来年 3 月下旬至 4 月上旬越冬幼虫上升到耕作层危害植物根部，4 月底开始化蛹，5 月上中旬进入成虫羽化盛期，成虫羽化后即交配产卵，6 月下旬为产卵盛期。在北方翌年 5 月中旬越冬幼虫开始化蛹，6 月中下旬出现成虫，7 月上旬开始交配产卵。卵产在 1~3 厘米深的表土层，每粒卵外附着有土粒成土球，球内光滑似卵室。幼虫孵化后不久即咬食苗木根部，3 龄后进入暴食期，并于 9 月份陆续在土内越冬。

成虫无假死习性，遇惊吓随即飞走。成虫期较长，从 5 月一直危害到 8 月下旬，成虫夜间潜伏土内，白天出来活动，危害花器，一般先食花蕊再食花瓣，严重时常将花吃光，8~9 月无花期危害叶片，常将叶片食成孔洞或缺刻，甚至吃光叶片。

【预防控制措施】

参见小青花金龟防控措施。

苹毛丽金龟

Proagopertha lucidula Faldermann

苹毛丽金龟又名苹毛丽花潜、苹毛金龟子、长毛金龟。属于鞘翅目，丽金龟科。

【分布与危害】

该虫分布于全国各地，西北地区发生普遍，危害严重。是我国枣树、苹果等果树苗圃和林木的主要害虫。成虫食性较杂，寄主有 11 科，50 多种。主要危害枣、枸杞、花椒、果树、林木的花器及幼芽、嫩叶。幼虫以微细嫩根、草根及腐殖质为食，基本不造成危害。

【形态特征】 彩版 22 图 317～318

成虫 体卵圆形，长 9.6～12 毫米，体宽 3.5～7.2 毫米，雄虫体较小。头大，刻点密集，唇扩大呈长方形，无毛。头、前胸及小盾片紫铜色，触角 9 节，鳃叶部 3 节而长大。鞘翅茶褐色或棕黄色，半透明，由翅鞘上可透视出后翅折叠成"V"字形，有油绿闪光。全身除鞘翅无毛外，其余各部均被淡灰黄色绒毛，尤以腹面的绒毛长而多，故有"长毛金龟"之称。腹部每节两侧生有明显的黄白色毛丛。尾部露出翅鞘外方。足强大，雄虫前胫内缘无距。

卵 椭圆形，长 0.9 毫米，宽 0.85 毫米，初产乳白色，后变为米黄色。

幼虫 体长 15 毫米左右，头黄褐色。部前顶刚毛每侧各 7～8 根，排成一纵列，后顶刚毛各 10～11 根，排成不太整齐的斜列。额中刚毛每侧各 5 根排成一斜向横列，上唇基部具刚毛 6 根排成一横列。腹部、腹末腹面刺毛列由短锥状刺和长针状刺所组成，短锥状刺各为 5～12 根，多数为 7～8 根；长针状刺各为 5～13 根，多数为 7～8 根，两刺毛列排列整齐，前端超出钩毛区的前缘，前段为短刺毛，后段为针状刺毛，无副列，刺毛列前端少许靠近，肛门孔横列。

蛹 长卵圆形，初为黄白色，后变为黄褐色，长 13.7 毫米，宽 6.5 毫米。

【生活史与习性】

苹毛丽金龟每年发生 1 代，以成虫在土内越冬。甘肃陇南、陇东地区成虫于 3 月下旬开始出蛰活动，成虫危害盛期在 4 月上中旬到 5 月上旬。每日活动多在上午 10 时至下午 2 时，多在高燥地带活动取食、交尾，交尾盛期一般在空中捕捉不到雌虫，雄虫贴地面到处乱飞寻找雌虫。交尾后的雌虫仍出土取食活动。一星期后产卵于 5～12 厘米的土质疏松而植被稀疏的土壤中，每头雌虫产卵量不等，少者 5 粒，多者 30 粒，平均 21 粒。幼虫共三龄，5 月下旬至 6 月上旬幼虫孵化直到化蛹。7 月下旬至 9 月中旬为化蛹期，8 月下旬至 9 月下旬羽化为成虫，当年新羽化的成虫不出土，匿居于深土层 65～120 厘米左右处，不食不动进行越冬。

成虫白天活动，晚上栖于土层中，无趋光性，性诱明显。成虫喜欢群集在一起取食，发生多时，1 个花丛可聚虫 10 多头。取食花蕾时，先将花瓣咬成孔洞，然后取食花丝和花柱。对已开放的花则沿花瓣边缘蚕食，取食嫩叶也沿叶剥啃食，对较老的叶片则剥食叶肉，仅留叶脉和侧脉，呈网眼状。成虫假死习性与温度有很大关系，当气温低于 18℃时，假死习性非常明显，稍遇震动则坠落地面；当气温高于 22℃时，成虫假死性不明显。幼虫孵化后，以植物的微细根系和腐殖质为营养，随虫龄的增加，食量越来越大，但基本不造成危害。

【预防控制措施】

参见小青花金龟防控措施。

阔胫赤绒金龟

Maladera verticalis Fairmaire

阔胫赤绒金龟又名赤绒鳃金龟、阔胫鳃金龟，属于鞘翅目，鳃金龟科。

【分布与危害】

该虫分布于东北、华北及黄淮流域等枣产区，除危害枣、酸枣外，还危害李、樱桃、苹果、梨等果树，以成虫食害枣树花蕾、花及嫩芽、叶片，常将花食光，叶片食成缺刻和孔洞。

【形态特征】彩版22 图319~320

成虫 体长约6.7~9毫米，宽4.5~5.7毫米，长椭圆形，体红褐色、浅棕色或棕色。头阔大，触角10节，棒状部3节组成，雄虫棒状部长大。前胸背板短阔，侧缘后段直，后缘无边框。小盾片长三角形。鞘翅有9条刻点沟，沟间带弧隆，有少量刻点，后侧缘有较明显折角。腹部每腹板有一排短状刺毛。前足胫节外缘二齿，后足胫节十分扁阔，表面光滑无刻点。

【生活史与习性】

该虫每年发生1代，以幼虫在土内越冬。来年5月至6月上旬化蛹，成虫于6月下旬开始羽化出土活动，7月上旬达活动高峰，蚕食枣花和叶片，并交配产卵。雌虫将卵产于枣树根系周围土中，幼虫对枣树危害不大。

成虫性活泼，善于飞翔，有假死习性，受惊后落地装死，片刻恢复活动。趋光性较强，通常在天黑后陆续出土活动，常绕树飞行，白天潜伏土内等隐蔽处不活动。

【预防控制措施】

参见小青花金龟防控措施。

长毛斑金龟

Lasiotrichius succinctus（Pallas）

长毛斑金龟又名长毛短翅金龟、长毛黑带金龟，幼虫俗称蛴螬，属于鞘翅目，斑金龟科。

【分布与危害】

该虫分布于甘肃、陕西、黑龙江、吉林、辽宁、河北、河南、浙江、福建等省。除危害枣、酸枣外，也危害各种果树、林木以及玉米、高粱、向日葵、月季等作物、花卉。以成虫食害枣、酸枣等果树的花，严重时常将花食光，造成减产；幼虫在土内食根系或腐殖质。

【形态特征】彩版22 图321~323

成虫 体长9.2~12.9毫米，宽4.5~6.5毫米，体型较短小，黑色稍微有光泽，全体遍布竖立或斜伏灰黄色、黑色或栗色长绒毛，故此而得名。此虫唇基长宽几乎等大，微凹弯，密布细小刻点。复眼大而突出，触角棒状部三节。前胸背板长宽约等长，两侧微呈弧形，无边框，后角钝角形，后缘弧形，其上密布圆刻点。小盾片三角形，密布小刻点和灰黄色绒毛。鞘翅褐黄色，较短宽，散布稀大刻纹，每鞘翅有4对纤细长纹，杂布较稀短黑色和灰黄色短绒毛，通常每个鞘翅上有3条横向黑色或栗色宽带，基部和末端各1条，中部1条，有的斑纹则较小。前臀板外露，后伸淡黄色长绒毛。足较正常，前足胫节外缘2齿较接近，跗足细长。

【生活史与习性】

生活史不详。成虫5月出现，6~7月为发生盛期，多喜欢白天活动，一般在上午10时至下午 4 时最为活跃。

【预防控制措施】

1. 人工防控　5~7 月成虫发生期，组织人力捕杀成虫。

2. 药剂防控

（1）成虫 6~7 月发生盛期，喷洒 2.5% 溴氰菊酯乳油 2000~2500 倍液，或 20% 氰戊菊酯乳油 2500 倍液，或 50% 敌敌畏乳油 1500 倍液，或 50% 辛硫磷乳油 1000 倍液，或溴氰菊酯乳油 2000 倍混以敌敌畏乳油 2000 倍液。

（3）树下喷施 50% 辛硫磷乳油 1000 倍液，喷后耙翻混土，以杀死土内幼虫。

短毛斑金龟

Lasiotrichius sp.

短毛斑金龟又名短翅斑金龟，属于鞘翅目，斑金龟科。

【分布与危害】

该虫分布于西北、华北、东北等省、自治区。除危害枣、酸枣外，还危害其他果树、农作物。成虫危害枣花和叶片，食叶成缺刻和孔洞，严重时吃光枣花和叶片；幼虫在地下危害细根，或食腐殖质。

【形态特征】 彩版 22　图 324

成虫　体型较小，短而宽，体黑色。鞘翅上有茶黄色侧立"山"字形斑纹，两翅合拢时略呈大而粗的茶黄色"土"字纹，被黄色绒毛。鞘翅短、宽，露出腹末。前臀板大部外露，密布灰白色绒毛呈 1 条白色横带，臀板密被黑褐色绒毛。足纤毛长。此虫与长毛斑金龟相似，最大差异是体毛长短有所不同。

【生活史与习性】

生活史不详。仅知成虫 5~8 月活动，危害枣花和叶，食叶成缺刻和孔洞，严重时吃光枣花和叶片，造成减产。

【预防控制措施】

参见长毛斑金龟防控措施。

第二节　食叶害虫

危害枣树叶片的害虫最多，主要有 83 种，从枣树发芽至落叶前整个生育期，都有不同种类的害虫以不同虫态和不同方式危害叶片。刺蛾类、尺蠖类、蚕蛾类、天蛾类、毒蛾类害虫，均以幼虫啃食叶片，使叶片形成孔洞或缺刻，严重时将叶片食光，残留叶脉或叶柄。茶长卷蛾、黑星麦蛾等害虫，常以幼虫吐丝缀梢卷叶危害，常多头幼虫将枝顶数叶卷成团咬食叶肉，使叶片残破不堪，日久干枯。象甲类、肖叶甲类害虫和棉蝗等，均以成虫蚕食叶片呈缺刻和孔洞，严重时将叶片吃光，仅留叶柄。黄褐天幕毛虫、美国白蛾等害虫，以幼虫吐丝拉网，将枝间结成大型丝幕，在幕内危害幼芽和嫩叶。茶蓑蛾、大蓑蛾等害虫，均以幼虫吐丝作蓑囊并将咬碎的枝叶连在外围。身体潜藏在蓑囊中，取食时头、胸伸出囊外咬食叶片，低龄幼虫食叶片表皮成透明斑，3 龄后食叶，叶片呈缺刻和孔洞，严重时吃光叶片。

黄刺蛾

Cnidocampa flavescens Walker

黄刺蛾又名刺毛虫、毛八角、八角丁、洋辣子、刺角等，属于鳞翅目，刺蛾科。

【分布与危害】

黄刺蛾国内分布于东北、华北、华东、中南、台湾、西南以及甘肃、陕西等地。国外分布于日本、朝鲜和俄罗斯、西伯利亚南部。除危害枣、花椒外，还可危害 30 余种林木及果树，该虫的幼虫常把叶片吃成很多孔洞、缺刻，影响枣树生长发育，造成枣树减产。

【形态特征】 彩版 22　图 325~329

成虫　雌蛾体长 15~17 毫米，翅展 33~37 毫米，雄蛾体长 13~15 毫米，翅展 30~32 毫米。体橙黄色。前翅黄褐色，翅的顶角有一条细斜线伸向翅的后方，斜线内的翅面为黄色，外方为棕色，黄色区有 2 个黄褐色圆斑，棕色部分从顶角起有一条向内斜入的深褐色细线直至后缘。后翅灰黄色，边缘色较深。

卵　扁椭圆形，长 1.4~1.5 毫米，宽 0.9 毫米，初为淡黄色，后变为黑褐色，表面有龟状刻纹。

幼虫　体粗壮，老熟幼虫体长 20~25 毫米。头较小，隐藏于前胸下，前胸黄绿色，从第二节起各节两侧各有 2 对枝状刺，枝刺上生有黑色刺毛。体背面有紫褐色大斑纹，斑纹前后宽大，中部狭细；最后体节的背面有 4 个褐色小斑，侧面中部有 2 条蓝色纵纹，及 1 条淡青色和 1 条淡黄色细线。体腹面乳白色。

蛹　椭圆形，粗壮，长 13~15 毫米，淡黄褐色，蛹藏于石灰质的茧中。

茧　椭圆形，上有灰白和褐色纵纹似雀蛋，石灰质坚硬。

【生活史与习性】

该虫在东北、华北和甘肃每年发生 1 代，在河南、陕西和四川每年发生 2 代，以老熟幼虫在椒树枝条上结茧越冬。在 1 代区翌年 6 月上中旬化蛹，6 月中旬至 7 月中旬为成虫发生期，幼虫发生期为 7 月中旬至 8 月下旬。在 2 代区翌年于 5 月上旬化蛹，越冬代成虫于 5 月下旬至 6 月上旬开始羽化，第一代幼虫危害期是 6 月中旬至 7 月中旬，第一代成虫于 7 月中下旬开始羽化，第二代幼虫危害盛期在 8 月上中旬，8 月下旬至 9 月幼虫陆续老熟、结茧越冬。

成虫羽化时突破茧壳顶部的小圆盖钻出来。成虫有趋光性，寿命 4~7 天，白天伏于叶背，夜间出来活动，并交尾、产卵，雌虫将卵产于叶背，每头雌虫可产卵 50~70 粒，数十粒连成片，也有散产者，卵期 7~10 天。初孵幼虫群集叶背取食，一般先吃掉卵壳，再取食叶片，留下上表皮使叶片出现圆形筛网状透明小斑，稍大即分散危害，4 龄后被害叶片呈孔洞和缺刻，5 龄后可将整片叶吃光。老熟幼虫吐丝造茧，茧多位于树枝分叉处。天敌有上海青蜂（*Chrysis shanghaiensis*）及黑小蜂（*Eurytoma monemae*）等，对黄刺蛾有一定抑制作用。

【预防控制措施】

1. 人工防控

（1）剪除冬茧　结合冬、春季修剪，剪去越冬茧，集中烧毁，消灭越冬幼虫。

（2）剪除幼虫　幼虫孵化初期有群集危害习性，被害叶呈白膜状，在树下容易发现，可抓住有利时机，组织人力剪除，或局部喷药防治。

2. 物理防控　在成虫发生期，利用成虫的趋光习性，在枣园设置黑光灯，诱杀成虫。

3. 化学药剂防控

幼虫危害初期，可喷施80%敌敌畏乳油1500倍液，或90%晶体敌百虫1000倍液，或2.5%溴氰菊酯乳油3000倍液，或4.5%高效氯氰菊酯乳油2500倍液，或3%啶虫脒可湿性粉剂2500倍液，或2.5%高效氟氯氰菊酯乳油2000倍液。

4. 生物防控

（1）以菌治虫　幼虫危害期，喷施青虫菌或7805杀虫菌可湿性粉剂（含活孢子100亿/克）400~500倍液，或1%阿维菌素乳油3000倍液。

（2）保护利用天敌　为保护天敌——寄生蜂，可结合修剪，将被寄生的茧挑出来放在纱笼内，纱笼孔径应小于黄刺蛾成虫的胸宽，保护和引放寄生蜂。据江苏淮阴地区试验，将上海青蜂寄生的茧挑出来，春季放回田间，连续3年，可使越冬茧的寄生率提高到96%以上。

枣刺蛾

Phlossa conjuneta（Walker）

枣刺蛾又名枣奕刺蛾，属于鳞翅目，刺蛾科。

【分布与危害】

该虫分布于四川、云南、辽宁、山东、河南、河北、江苏、安徽、湖北、湖南、广东、浙江、福建、台湾等省、市、自治区。除危害枣、核桃、柿、苹果、梨、桃、杏、樱花、芒果之外，也危害榆、杨、柳、槐等多种林木。幼虫危害寄主叶片，初孵幼虫在叶背啃食叶肉，使叶片成网状，幼虫稍大将叶片吃成缺刻和孔洞，严重时将叶片吃光，仅留叶柄。

【形态特征】 彩版22~23　图330~331

成虫　体长14毫米左右，翅展28~33毫米，红褐色或棕色。复眼灰褐色，胸背鳞毛较长。前翅棕褐色，基部褐色，中央有一个梭形黑点，近外缘有两块似哑铃形红褐色斑，外缘中部有一个近三角形红褐色斑。后翅黄褐色。腹部背面各节有似"人"字形红褐色鳞毛。

卵　扁椭圆形，长1.8毫米左右，初产时黄色，半透明。

幼虫　老熟幼虫体长16~21毫米，体嫩绿，体背浅黄绿色，每节背部有蓝色"八"字形斑纹，各体节有4个红色枝刺，其中胸部4个、中部2个、尾部2个枝刺较大。

蛹　椭圆形，长10~13毫米，接近羽化时褐色。

茧　椭圆形，长11~15毫米，土灰色。

【生活史与习性】

该虫在我国北方每年发生1代，长江流域2代，均以老熟幼虫在树干周围土层内结茧越冬。在北方1代发生区，第二年6月越冬幼虫化蛹，蛹期20天左右，6月下旬出现成虫，7~8月为幼虫危害期，9月份幼虫老熟作茧越冬。在长江流域二代发生区，第一代成虫5月中旬开始羽化，5月底至6月中旬为羽化盛期，第二代成虫8月出现，老熟幼虫10月越冬。成虫多在傍晚羽化，初羽化成虫比较活跃，有趋光性，白天潜伏叶背或抱叶倒垂。成虫多在早晨交配，交配后不久产卵，雌成虫产卵于叶背，散产，每处1粒，卵期约7天。初孵幼虫在叶背咬食叶肉,初期呈网膜状,幼虫稍大将叶食成缺刻或孔洞,严重时蚕食整叶。幼虫老熟越冬多在树干周围30~50厘米范围内3~5厘米浅土层。

【预防控制措施】

参见黄刺蛾防控措施。

青刺蛾

Parasa consocia Walker

青刺蛾又名褐边绿刺蛾、褐缘绿刺蛾、洋辣子等。属于鳞翅目,刺蛾科。

【分布与危害】

该虫分布于全国各地,在我国北方发生普遍,危害严重。危害植物很复杂,除危害枣、酸枣外,还危害苹果、梨、山楂、柿以及花椒、杨、枫等多种果树、林木。以幼虫食害叶片,将叶片食成不规则缺刻,严重时仅剩叶柄和主脉,影响枣树生长发育。

【形态特征】 彩版23 图332~338

成虫 体长16~18毫米,翅展36~38毫米,头胸及前翅绿色,雄虫触角的近基部呈栉齿状,颜面、触角、下唇须均为棕色。前翅绿色,基部暗褐色,外缘黄色至淡棕色,前后翅缘毛均为淡黄色,其间有深棕色翅脉,且散生深棕色鳞片,内缘呈波状弯曲,边缘有褐色线条。后翅及腹部呈灰黄色。

卵 椭圆形,扁平,长0.5毫米,乳白色。

幼虫 粗筒状,体长25毫米,初孵化时黄色,长大后变为绿色,各体节有4个瘤,上生一丛刚毛,腹末有4丛蓝黑色刺毛。

蛹 椭圆形,长13毫米,黄褐色。

茧 椭圆形,似雀蛋,暗褐色,茧壳坚硬,长约13~14毫米。

【生活史与习性】

青刺蛾生活史及习性与黄刺蛾基本相似。其不同之处,仅发生期较迟,老熟幼虫入土结茧越冬,越冬场所大多在根际附近的表土下面。每年发生1代,翌年7月成虫发生,幼虫8月出现。

【预防控制措施】

1. 土壤药剂处理 由于青刺蛾以老熟幼虫在土内越冬,可在幼虫入土越冬前后,按每公顷用10%辛拌磷粉粒剂10~15千克,加细土250千克,配成毒土,或25%辛硫磷微胶囊剂每公顷7~8升,或50%辛硫磷乳油8升,加水450升,喷、撒于树冠下,施药后用钉齿耙纵横耙两遍,使药与土混匀,可杀死越冬幼虫。

2. 其他预防控制措施 可参见黄刺蛾有关防控部分。

扁刺蛾

Thosea sinensis Walker

扁刺蛾又名黑点刺蛾、黑刺蛾,属于鳞翅目,刺蛾科。

【分布与危害】

该虫分布于全国各地枣产区。除危害枣、酸枣外,还危害苹果、桃、杏、山楂、石榴、柿、柑橘等果树，以幼虫蚕食枣芽和叶片，危害状同黄枣蛾。

【形态特征】彩版 23 图 339~340

成虫 体长 13~18 毫米，翅展 28~35 毫米，体暗灰色。触角雌虫丝状，雄虫羽状。前翅灰褐色稍带紫色，中室外侧有一条明显的暗斜纹，自前缘近顶角处向后缘出斜伸；雄虫中室上角有一个黑点，雌虫不明显；后翅暗灰褐色。

卵 扁平、光滑、椭圆形，长 1.1 毫米，初为淡黄绿色，孵化前灰褐色。

幼虫 体长 21~26 毫米，宽 16 毫米，体扁，椭圆形，背部稍隆起，形似龟背；全体绿色或黄绿色，背线白色；体两侧各有 10 个瘤状突起，上生有刺毛，每一体节背面有 2 根小丛刺毛，第四节背面两侧各有一个红点。

蛹 体长 10~15 毫米，近椭圆形，前端肥钝，后端略尖削。初为乳白色，近羽化时变为黄褐色。

茧 长 12~16 毫米，椭圆形，暗褐色，形似雀蛋。

【生活史与习性】

该虫每年发生 1~3 代，随气候由北向南依次递增，均以老熟幼虫在枣树主干基部周围土层内结茧越冬。每年 1 代发生区，越冬幼虫来年 5 月中下旬开始化蛹，6 月上旬开始羽化，直到 7 月中旬；成虫羽化不久即交配产卵，6 月中旬开始孵化为幼虫，幼虫孵化后即取食危害，直至 9 月上中旬；7~8 月份为幼虫危害盛期。老熟幼虫约在 8 月下旬至 9 月下旬陆续下树寻找适宜场所结茧越冬。每年 2~3 代发生区，越冬幼虫 4 月中旬开始化蛹，5 月中旬至 6 月上旬羽化为成虫，第一代幼虫 5 月至 7 月中旬发生，第二代幼虫发生期为 7 月下旬至 9 月中旬，第三代幼虫于 9 月上旬至 10 月发生，6~9 月为幼虫危害盛期，幼虫老熟后入土结茧越冬。

成虫羽化多集中在傍晚黄昏时分，成虫羽化后即交尾产卵，雌虫将卵多散产于叶面。初孵化幼虫停息在卵壳附近，并不取食，第一次蜕皮后，先取食卵壳，再取食叶肉。仅留 1 层表皮；幼虫取食不分昼夜；自 6 龄起食量大增，可将整叶吃光。幼虫老熟后即下树入土结茧，下树时间多在傍晚 8 时至次日清晨 6 时，结茧部位的深度和距树干的远近，均与树干周围的土质有关，黏土地结茧位置浅，距树干远，也比较分散，在腐殖质多的土壤及沙壤土上结茧位置较深，距树干近，也比较集中。

【预防控制措施】

1. 人工防控 在幼虫下树结茧前，用手锄或铁锨疏松枣树树干周围的土壤，以引诱幼虫集中结茧，然后收集虫茧予以消灭。

2. 药剂防控 于幼虫发生期喷药防控，参见黄刺蛾预防控制措施。

双齿绿刺蛾

Latoia hilarata（Staudinger）

双齿绿刺蛾又名棕边绿刺蛾、棕边青刺蛾、大黄青刺蛾，属于鳞翅目，刺蛾科。

【分布与危害】

该虫分布于甘肃、陕西、山西、河北、山东、辽宁、河南、江苏、江西、浙江、台湾等省。危害枣、核桃、柿、苹果、梨、桃、杏等多种果树。初孵幼虫群集危害，栖于叶背啃食叶肉，留下上表皮成网状，稍大后常十数头横排，头朝外由叶缘向里啃食，后期分散危害，将叶片吃成缺刻或残缺状。

【形态特征】 彩版23 图341~344

成虫 体长7~12毫米，翅展21~28毫米。头部、触角、下唇须褐色，头顶、胸背绿色，触角雄虫栉齿状，雌虫丝状。前翅绿色，基斑和外缘带暗灰褐色，其边缘色深，基斑在中室下缘呈角状外突，稍呈五角形；外缘带较宽与外缘平行内弯，其内缘在第二肘脉处向内突伸呈一个大齿，在第二中脉处上有一较小的齿突，故名"双齿绿刺蛾"。后翅苍黄色，外缘略带灰褐色，臀角暗褐色，缘毛黄色，足密被鳞毛。

卵 椭圆形，扁平、光滑，长0.9~1.0毫米，宽0.6~0.7毫米，初产时乳白色，近孵化时淡黄色。

幼虫 体长16~18毫米，黄绿色至粉绿色。头小，大部分缩在前胸内，头顶有两个黑点。背线天蓝色，两侧有蓝色点线，亚背线宽，杏黄色，各体节有4丛枝刺，以后胸和第一、二腹节背面的一对较大且端部呈黑色，腹末有4个黑色绒球状毛丛。

蛹 椭圆形，肥大，体长9~11毫米，初为乳白色至淡黄色，后渐变为淡褐色，复眼黑色，羽化前胸背淡绿色，前翅芽暗绿色，外缘褐色，触角、腹部和足黄褐色。

茧 长12毫米左右，宽6.5毫米，扁椭圆形，钙质、较硬，灰褐色至暗褐色。

【生活史与习性】

该虫在西北、华北每年发生2代，以前蛹在树上茧内越冬。第二年4月下旬开始化蛹，蛹期25天左右，5月中旬开始羽化，越冬代成虫盛发期为5月下旬至6月中旬，6月下旬为末期。成虫有趋光性，白天静伏，夜出活动，并交配、产卵，雌虫将卵多产于叶背主脉附近，呈块状，形状不规则，多为长圆形，每块有卵数十粒，每头雌虫可产卵百余粒。成虫寿命10天左右。卵期7~10天。第一代幼虫发生期为6月上旬至8月上旬。幼龄幼虫群集危害，3龄后分散活动，白天静伏于叶背，夜间和清晨在叶面活动取食，老熟后迁移到枝干上结茧化蛹。第一代成虫于8月上旬至9月上旬发生，第二代幼虫发生于8月中旬到10月下旬，从10月上旬开始幼虫陆续老熟，爬到枝干上结茧越冬，以树干基部和粗大枝杈处较多，常数头至数十头群集一起。该虫天敌有绒茧蜂、广肩小蜂等，对双齿绿刺蛾的发生危害有一定抑制作用。

【预防控制措施】

参见黄刺蛾防控措施。

桑褐刺蛾

Setora postornata （Hampson）

桑褐刺蛾又名褐刺蛾、桑刺蛾、红绿刺蛾，俗称毛辣子、痒辣子等，属于鳞翅目，刺蛾科。

【分布与危害】

该虫分布于甘肃（庆阳、平凉）、陕西、四川、云南、河北、江苏、江西、浙江、福建、广东、广西及台湾等省。除危害枣、板栗、核桃、银杏、柿、樱桃、苹果、李、金橘、梅、葡萄外，也危害枫杨、杨、无串子、柳、樱花、冬青、乌桕、苦楝等多种林木。该虫以幼虫啃食寄主叶片，3 齿以前啃食叶肉，留下透明表皮，并可咬穿叶片形成孔洞或缺刻；3 齿后幼虫沿叶缘蚕食，严重时吃光叶片，仅留主脉。

【形态特征】彩版 23~24　图 345~347

成虫　体长 13~15 毫米，翅展 38~40 毫米。体灰褐色。触角雌虫线状，雄虫单栉齿状。前翅灰褐色带紫，散布雾状黑点；有 2 条暗褐色横线，中线外拱，从前缘 2/3 处伸至后缘 1/3 处，内侧较暗，外衬灰白边；外线较直，从前缘 1/3 处伸至臀角，内衬影状带，外侧较暗，外线与臀角间有一个紫铜色梯形斑；前缘内半部和外缘灰白色。前足腿节基部有一横列白色毛丛。

卵　扁长椭圆形，长约 1.5 毫米，宽约 1.0 毫米，初产时黄色，半透明，后渐变深。

幼虫　初孵幼虫体长 2~2.5 毫米，宽 0.7~1 毫米，淡黄色，体背和体侧有微红色线条，无明显其他斑纹。背侧和腹侧各有 2 列枝刺，其上着生浅色刺毛。老熟幼虫体长 24~35 毫米，宽 7~11 毫米，体黄绿色。背线蓝色，每节上有蓝黑色至深蓝色斑点 4 个，排列呈近棱形。亚背线分黄色型和红色型两类，黄色型枝刺黄色，红色型枝刺紫红色，背线与亚背线之间有黄色线条，侧线黄色，每节以暗色斑构成近棱形黑框，内为蓝色。中胸至第九腹节每节于亚背线上生枝刺一对。从后胸至第八腹节，每节于气门上线着生枝刺一对，每根枝刺上着生带棕褐色呈放射状的刺毛。

蛹　卵圆形，体长 13~15 毫米，宽 8~10 毫米，初为黄色，后变为褐色。

茧　广椭圆形，长 14~16 毫米，宽 11~13 毫米，白色或灰褐色，表面有褐色点纹。

【生活史与习性】

该虫每年发生 2 代，以老熟幼虫在茧内越冬。第二年 5 月越冬幼虫化蛹，蛹期约 20 天；5 月下旬至 6 月上旬羽化为成虫，不久即交配、产卵，雌虫常将卵散产于叶片上，卵期 7~8 天，幼虫孵化后即行危害叶片，7 月下旬幼虫老熟结茧化蛹。蛹期约 10 天，8 月上旬成虫羽化，成虫具有较强的趋光性，白天栖息于草丛、树荫处，夜间活动，并进行交配，8 月中旬为产卵盛期，卵期 6~7 天；8 月下旬出现幼虫，幼虫危害期 40 天左右，大部分老熟幼虫于 9~10 月从树干上爬下或直接坠下来，寻找疏松土层、草丛、土缝等适宜场所，入土 1 厘米左右结茧越冬。此外，如遇气温过高、气候过于干燥，部分第一代老熟幼虫在茧内滞育，第二年 6 月再化蛹、羽化。天敌有上海青蜂、赤眼蜂、黑小蜂、小茧蜂等，对桑褐刺蛾的发生有一定抑制作用。

【预防控制措施】

参见黄刺蛾防控措施。

梨刺蛾

Narosoideus flavidorsalis Staudinger

梨刺蛾又名洋辣子、八角虫，属于鳞翅目，刺蛾科。

【分布与危害】

此虫在甘肃陇南、陇东发生较多，其他地方较少。除危害枣、苹果以外，还危害梨、桃、杏等果树。

【形态特征】彩版 24　图 348~349

成虫　体长 14~16 毫米，翅展 30~35 毫米。体黄色，前翅褐色至暗褐色，外横线内侧有铅色光泽，基部下方至中央为黄色；后翅浅褐色。

幼虫　体长 22~25 毫米，略呈筒状，铜绿色。每一体节有 4 丛刺毛，胸部第二、三节及腹部六、七节背面的 2 丛刺毛生于突起的瘤上，前后各呈 4 丛枝刺。

蛹　椭圆形，似雀蛋，暗褐色。

【生活史与习性】

此虫一年发生 1 代，以老熟幼虫在土中结茧越冬。第二年 6 月中下旬化蛹，6 月下旬至 7 月中旬成虫发生，成虫有趋光性，卵分散产于叶背面，一叶产数粒，初孵幼虫喜群栖。幼虫发生期为 7 月中旬至 8 月下旬。主要以幼虫危害枣树，可将叶片吃成不规则的缺刻，严重时仅留主脉和叶柄。

【预防控制措施】

1. 人工防控　6~7 月捕杀树上幼虫。秋末冬初捕杀土内越冬幼虫。

2. 物理防控　利用成虫趋光习性，于成虫发生期，在枣园设置黑光灯，诱杀成虫。

3. 药剂防控　7 月下旬至 8 月中旬幼虫发生期，喷布 40% 水胺硫磷乳油 1000~1500 倍液，或 50% 辛硫磷乳油 1000 倍液，或 50% 敌敌畏乳油 1000~1500 倍液，或 20% 氰戊菊酯乳油 2500 倍液。

丽绿刺蛾

Latoia lepida Cramer

丽绿刺蛾又名绿刺蛾，俗称洋辣子，属于鳞翅目，刺蛾科。

【分布与危害】

该虫分布于全国各地枣产区。除危害枣、酸枣外，还危害苹果、梨、桃、李、石榴、柑橘等果树，以幼虫蚕食幼芽和叶片。低龄幼虫群集叶背危害，吃叶成网状；大龄幼虫食叶成孔洞或缺刻，严重时食光叶片，仅剩叶柄。

【形态特征】彩版 24　图 350~351

成虫　体长 10~17 毫米，翅展 35~40 毫米，头顶、胸背绿色，雄虫触角双栉齿状，雌虫触角基部丝状。前翅绿色，肩角处有一块深褐色尖刀形基斑，外缘具棕色宽带；后翅浅黄色，外缘带褐色。

卵　椭圆形，长约 1.5 毫米，浅黄绿色。

幼虫　体长 25~27 毫米，初龄时黄色，稍大转为粉绿色，从中胸至第八腹节各有 4 个瘤状突起，上生黄色刺毛丛，第一腹节背面的毛瘤各有 3~6 根红色刺毛；腹部末端有 4 丛球状黑色刺毛；背中央具三条暗绿色带，两侧有浓蓝色点线。

蛹　椭圆形，长约 13 毫米，黄褐色。

茧　椭圆形，长约 15 毫米，暗褐色，坚硬。

【生活史与习性】

该虫每年发生 2 代，以老熟幼虫在树干上结茧越冬。第二年 4 月下旬至 5 月上旬越冬幼虫化蛹，第一代成虫于 5 月底至 6 月上旬羽化，第一代幼虫 6 月至 7 月发生；第二代成虫 8 月中下旬羽化，第二代幼虫 8 月下旬至 9 月发生，直到 10 月上中旬幼虫陆续老熟爬到树干上结茧越冬。

成虫具有趋光习性，成虫羽化后即交配、产卵，雌虫将卵产于叶背面，数十粒成块状。初孵幼虫常数头群集取食，稍大后分散危害。天敌有爪哇刺蛾寄生蝇等，对刺蛾的发生有一定的抑制作用。

【预防控制措施】

1. 人工防控

（1）冬春季节清洁果园，摘除树干上的越冬茧，集中一起烧毁。

（2）捕杀初孵幼虫，由于初孵幼虫常群集叶背取食危害，故及时摘除危害的叶片，集中一起深埋或烧毁消灭之。

3. 药剂防控

从幼虫开始孵化喷药防治，视虫情间隔 10 天左右喷 1 次，连喷 2~3 次。参见黄刺蛾药剂防控措施。

白眉刺蛾

Narosa edoensis Kawada

白眉刺蛾又称白刺蛾，属于鳞翅目，刺蛾科。

【分布与危害】

该虫分布于甘肃（陇东）、陕西、山西、河北、山东、辽宁、河南、浙江、贵州等省。除了危害枣、酸枣外，也危害苹果、核桃、樱桃、梅及茶、栎、紫荆、郁李等果树、林木。以幼虫危害叶片，危害状同黄刺蛾。

【形态特征】 彩版 24　图 352~355

成虫　体长约 7 毫米，翅展 16~23 毫米，全体白色。胸、腹部夹杂灰黄褐色毛。前翅白色，有几块模糊的灰黄褐色斑，似有 3 条不甚清晰的白色横线分隔而成。亚基线不清晰，内横线在中央呈三角状外曲，外横线呈不规则弯曲，其中在第二中脉呈乳头状外突，此段内侧衬有一条长 "S" 形黑纹，从前缘下方斜伸至第二中脉外方，在中室外较大的灰黄褐斑的边缘，横脉纹为一个黑点，缘线由一列脉间小黑点组成，但在第二中脉以后消失，脉间末端和基部缘毛褐灰色。

卵　扁平，椭圆形。

幼虫　老熟幼虫体长约 8 毫米，黄绿色。头小隐缩于胸下，体光滑不被枝刺，密布小颗粒突起，形似小龟。各节中部有黄色斑纹 3 个，亚背线隆起，浅黄色，其上着生斑点 4 个（幼龄幼虫为红色，老熟幼虫为浅灰褐色斑点）。

蛹　褐色，外茧表面光滑，灰褐色，形似腰鼓状。

【生活史与习性】

该虫每年发生 2 代，以老熟幼虫在树杈处结茧越冬。第二年 4~5 月越冬幼虫化蛹，5~6 月羽化为成虫，6~9 月为第一、二代幼虫危害期，10 月下旬第二代幼虫陆续老熟寻找适宜场所越冬。

成虫多在夜晚羽化，成虫白天静伏叶背，夜间外出活动，有趋光习性。成虫寿命 3~5 天。成虫交配后雌成虫将卵产于叶背，成块状，开始呈小水珠状，干后形成半透明的薄膜保护卵块。每个卵块有卵 8 粒左右。卵期 7 天左右，幼虫孵化后开始剥食叶肉，只留表皮呈半透明，后蚕食叶片，残留叶脉，严重时食光叶片。

【预防控制措施】

参见枣刺蛾防控措施。

波眉刺蛾

Narosa corusca Wileman

波眉刺蛾又名黄波眉刺蛾、黄眉刺蛾，属于鳞翅目，刺蛾科。

【分布与危害】

该虫分布于甘肃（陇东、陇南）、陕西、河南、四川、贵州、云南、广东、广西、江西、浙江、福建、台湾等省、自治区。除危害枣、苹果、梨、核桃外，还危害茶和桐树等。以幼虫危害叶片，危害状同黄刺蛾。

【形态特征】 彩版 24　图 356~357

成虫　翅展 22~24 毫米，体浅黄色，背面混杂有红褐色。前翅浅黄色，布满红褐色斑点，内半部有 3~5 个，不甚清晰，向外斜伸，仅在后缘较可见，中央一个较大且清晰，呈不规则弯曲。沿中央大斑外缘，有一条浅黄白色外横线，其内侧有小黑点，缘线由一列小黑点组成。后翅浅黄色，缘线暗褐色隐约可见。

幼虫　卵圆形，两条背线，背线上有三角形蓝色小斑，两线中间具许多"人"字形，两线外侧有不规则短曲纹。

【生活史与习性】

生活史不详。以老熟幼虫结茧越冬。越冬幼虫第二年 5 月化蛹，6 月羽化为成虫，并交配、产卵。幼虫孵化后在叶背取食叶肉，只留半透明状表皮，幼虫稍大蚕食叶片呈缺刻或孔洞，严重时吃光叶片。7~9 月为幼虫危害盛期。

【防治方法】

参考青刺蛾和黄刺蛾防控措施。

黑纹白刺蛾

Narosa nigrisigna Wileman

黑纹白刺蛾俗称小刺蛾，属于鳞翅目，刺蛾科。

【分布与危害】

该虫主要分布于我国北方山西、河北等地，发生普遍，局部地区造成严重危害。除危害枣、酸枣外，也危害核桃、苹果、梨、桃、樱桃等果树。以幼虫啃食寄主叶肉，留下主脉及叶片的大支脉，而将叶脉间叶肉吃成大孔洞，使叶片成破损状。

【形态特征】 彩版 24　图 358~359

成虫　体长约 6 毫米，翅展约 11 毫米。头部、胸背白色。前翅白色，中部有黑色斑纹，外缘有褐色小点呈横波纹状。后翅及足均被白色鳞片。

幼虫　老熟幼虫体长约 5.5 毫米，宽约 4 毫米，呈扁椭圆形，背部隆起又似半圆形，背上无明显刺突和刺毛，绿色。体背两侧有两条黄色纵条纹，背中央黄条上有 4 个红点，两个小，两个大，很明显。

蛹　椭圆形，长约 5 毫米。

茧　长圆形，长约 5~6 毫米，灰白色并有灰褐色斑纹。

【生活史与习性】

该虫在河北、山西每年发生 1 代，以老熟幼虫或前蛹在枣树小枝杈处结茧越冬。第二年 4~5 月化蛹，5~6 月羽化为成虫，幼虫 7~8 月发生，8 月中旬至 9 月幼虫陆续老熟爬到枝条上结茧越冬。

成虫有趋光习性，成虫昼伏夜出活动，并交配产卵，幼虫孵化后多在叶背取食危害。幼虫的天敌有寄生蝇和寄生蜂，对黑纹白刺蛾的发生有一定抑制作用。

【预防控制措施】

参见黄刺蛾防控措施。

中国绿刺蛾

Parasa sinica Moore

中国绿刺蛾俗称毒毛虫、洋辣子、火辣子，属于鳞翅目，刺蛾科。

【分布与危害】

该虫分布于西北、东北、华北有关省、市、自治区。该虫除危害枣、酸枣外，还危害梨、苹果、桃、杏等果树，以幼虫危害叶片，危害状同黄刺蛾。

【形态特征】 彩版 24~25　图 360~361

成虫　绿色小蛾，体长 11 毫米，翅展 28 毫米，头顶和胸背绿色，雄蛾触角栉齿状，雌蛾触角丝状。前翅绿色，翅基有一个灰褐色斑，此斑外缘呈直角形；翅的外缘为一个灰褐色带，呈"3"字形向内弯曲；后翅灰褐色。腹背灰褐色，端部灰黄色。

卵　扁圆形，黄白色成块，卵块上有一层透明胶质膜。

幼虫　黄绿色，粗短而背扁平，生有 4 行枝刺和腹部末端两对毛刺。从幼龄到老龄体色有变异。老熟时体长 14 毫米，宽 5 毫米，头部小，常缩入前胸，体壁粗糙，密布微小粒体，胸足 3 对微小，无腹足，依靠六个圆形吸盘附着或爬行。

蛹　蛹体粗短，头端突出，头、胸、翅芽及足黄褐色，腹部黄褐色，第三至八腹节背靠近前缘有一密布微刺的横带。

茧　幼虫化蛹前结一个褐色胶木质长扁圆形硬茧，茧长 10~12 毫米，宽 5~7 毫米，黄褐色，两端有白色附着丝。

【生活史与习性】

每年大约发生 1 代，以老熟幼虫在树干及枝条上结茧越冬。次年 5 月间化蛹，6 月中下旬成虫羽化，卵产于寄主叶背，7 月上旬幼虫孵化群集，取食嫩叶，中龄以后开始分散，食害叶片，严重时能把全树叶片吃光，并能转移其他树上继续危害。8 月下旬幼虫老熟，作茧附于枝条上越冬。少数个体当年能在茧内化蛹越冬。此幼虫体上有毒毛，如粘到人的皮肤上，即发生痒痛。可在患处用橡皮膏粘揭数次，即可治愈。

【预防控制措施】

参见黄刺蛾的防控方法。

纵带球须刺蛾

Scopelodes contracta Walker

纵带球须刺蛾又名纵带刺蛾，属于鳞翅目，刺蛾科。

【分布与危害】 该虫分布于甘肃、河北、北京、江苏、浙江、福建、广西、广东等省、市、自治区。除危害枣、酸枣、板栗、柿外，也危害人面果、油桐、樱、八宝树、枫香、三悬铃木、大叶紫薇等果树、林木。以幼虫危害寄主叶片，食叶呈孔洞或缺刻，严重时吃光叶片。

【形态特征】 彩版25 图362~363

成虫 体长13~20毫米，翅展30~45毫米，雄虫略小。头、胸部暗灰褐色，下唇须端部毛簇褐色，末端黑色。触角雌虫丝状，雄虫栉齿状。前翅暗灰褐色（雌虫较苍褐色），从中室中部至翅尖有一条渐宽的黑褐色横带。后翅灰褐色，内缘和基部带黄色，有银灰色缘毛。腹部黄褐色，背部有暗灰色横带。

卵 椭圆形，黄色，长1.1毫米，宽0.9毫米，鱼鳞状排列成块。

幼虫 初孵幼虫体长1~2毫米，淡黄色。老熟幼虫体长20~30毫米，亚背线上有11对刺突，以第一、十一对最大，体侧气门下线上有9对刺突，以第二、八对最大。各刺突上均生黑刺。刺突间有黑斑。

蛹 长椭圆形，长8~13毫米，宽6~9毫米，黄褐色。

茧 卵圆形，长10~15毫米，宽8~12毫米，灰黄色至深褐色。

【生活史与习性】

该虫每年发生2~3代，以老熟幼虫在石块下或浅土层结茧越冬。第二年3月上中旬越冬幼虫化蛹，越冬代成虫3月中旬至4月上旬羽化，并交配产卵，4月上旬至6月下旬为第一代幼虫危害期，第一代成虫6月上旬至7月上旬出现，6月中旬至7月下旬为第二代幼虫危害期，幼虫期约30天。第二代成虫于8月上旬至8月下旬发生，第三代幼虫8月中旬陆续出现，继续危害，于9月上旬至10月幼虫老熟后，陆续钻入土内或石块下结茧越冬。

成虫白天潜伏，夜间出来活动，有趋光习性。卵数十粒呈鱼鳞状产于叶背。初孵幼虫不取食，2龄后取食卵壳及叶肉，3龄前有群集习性，4龄后分散危害，咬穿叶表皮呈孔洞，6龄后自叶缘向内蚕食叶片成缺刻，严重时吃光叶片。

【预防控制措施】

参见黄刺蛾防控措施。

显脉球须刺蛾

Scopelodes venosa kwangtugensis Hering

显脉球须刺蛾又名广东油桐黑刺蛾，属于鳞翅目，刺蛾科。

【分布与危害】

该虫分布于四川、重庆、贵州、云南、广西、广东、江西、浙江、福建、台湾等省、市、自治区。国外分布于缅甸、锡金、尼泊尔、印度、斯里兰卡、印度尼西亚等国家。主要危害枣、酸枣、柿等，也危害咖啡、玫瑰等经济林和花卉。以幼虫食叶，食叶呈缺刻，严重时吃光叶片，影响产量。

【形态特征】 彩版 25 图 364~365

成虫 体长 20.1~28.8 毫米，翅展 46~65 毫米。头和胸背黑褐色，下唇须长，向上伸过头顶、端部毛簇白色。前翅暗褐色至黑褐色（雌虫色较淡），布满银灰色鳞片，缘毛基部褐色似成一带，端部淡黄色。后翅基部 1/3 和后缘黄色，其余黑褐色，外半部翅脉淡黄色，缘毛同前翅。腹背橙黄色，背中央从第三节开始，每节有一条黑褐色横带，末节黑褐色。

幼虫 体背绿色，腹面黄色，有两列浓密枝刺。第八节背面有一条红、白、蓝色横纹，臀节有黑点。

【生活史与习性】

该虫每年约发生 2 代，以幼虫结茧越冬。第二年 5 月下旬越冬幼虫开始化蛹，6 月初陆续羽化为成虫，6 月下旬至 7 月为幼虫危害盛期。第二代成虫于 8 月中下旬出现，幼虫 9 月发生危害。9 月下旬至 10 月上旬幼虫陆续老熟结茧越冬。

成虫白天潜伏，傍晚开始外出活动，并交配产卵，成虫有较强的趋光习性。成虫交配后，雌成虫将卵散产于叶片背面，1 片叶上常产数粒卵。幼虫孵化后常群栖危害，仅食叶肉，稍大则将叶片吃成不规则缺刻，严重时吃光叶片，仅剩主脉和叶柄。

【预防控制措施】

参见黄刺蛾防控措施。

春尺蠖

Apochemia cinerarius Erschoff

春尺蠖又名沙枣尺蠖、桑尺蠖、榆尺蠖，甘肃称为梨尺蠖，俗名步曲、吊死鬼、吊线虫等，属于鳞翅目，尺蠖科。

【分布与危害】

该虫分布于甘肃、新疆、内蒙古、宁夏、陕西等省、市、自治区。其食性杂，危害枣、酸枣、沙枣、苹果、梨、沙果以及柳、杨、榆、桑等果树、林木。危害发生时，由于数量多，食量大，花苞、花芽尤其是叶片，均被吃光，致使减产，甚至不能结果。

【形态特征】 彩版 25 图 366~368

成虫 雌雄成虫差别很大，雌成虫无翅，体长 11~19 毫米，复眼完全黑色，触角丝状，产卵器黑色而长，平时缩入体内，产卵时伸出体外，最长达 6 毫米。腹背中央有纵走的黑褐色线两条。雄虫体长 10~15 毫米，翅展 28~37 毫米；复眼黑色，杂有褐色斑点；触角羽毛状，前翅正面灰褐色至灰黑色，中央颜色较深，有由黑色鳞片所组成的曲线 3 条。后翅黄白色至灰白色，有不甚明显的曲线一条。

卵 长圆形，长 0.8~1 毫米，宽 0.6 毫米，卵壳上有整齐的刻纹，呈珍珠色光泽。孵化前为深紫色。

幼虫 初孵幼虫体长 2.5~3 毫米，头大黄色，背部有五条纵走的黑色条纹，两侧有宽而明显的白色条纹。老熟幼虫体长约 37 毫米，除胸足 3 对外，仅腹部第六节有腹足 1 对，末端有臀足 1 对。体色变化很大，随食植物而不同，危害果树的多为黄褐色。

蛹 棕色，连同尾端的一根尾刺及末端的分叉长 19.2~20 毫米。雌蛾虽无翅，可在蛹态中，蛹壳上同样有翅芽，但短小。

【生活史与习性】

春尺蠖每年发生 1 代，以蛹在土内越夏、越冬。第二年 3 月上旬土壤开始解冻，土深 10 厘米平均地温 0℃以上（平均气温 1℃），蛹陆续羽化为成虫。成虫有趋光性，白天隐蔽，黄昏后开始活动，雌虫及翅尚未舒展的雄虫纷纷向树根集中，并爬行上树；翅已舒展的能飞的雄虫围绕树根、树干边爬边飞，寻找雌虫交尾，交尾场所以树下部最多。雌虫交尾后不久，日夜均能产卵，产卵部位多在树皮裂缝、断枝裂缝中。每头雌蛾平均产卵 354 粒，最少 170 粒，最多 492 粒。卵期 20 余天即孵化为幼虫，幼虫孵化多在 3 月下旬至 4 月上旬，正值杨树吐絮，杏树始花期。初孵幼虫啃食幼芽、嫩叶及花蕾等。幼虫常吐丝下垂，落地爬行，向邻近树转移。被害叶片轻者残破不堪，重者仅留叶脉，花苞被害即行脱落，幼果被害变成畸形或呈僵果。幼虫蜕皮 4 次，5 龄后即老熟。老熟幼虫一般在 5 月上旬左右，沿树干下爬，在树干周围寻找适宜地点入土化蛹。入土后幼虫分泌一种液体，使其周围土壤僵化，形成土室，然后在其中化蛹越夏、越冬。

【预防控制措施】

1. 人工防控

（1）雌蛾无翅，必须爬行上树。因此在 3 月上旬成虫出土上树前，在树基周围雍一圈土，斜面愈陡愈好，上面盖一层细沙，使雌虫无法爬上去。经一夜到第二天就可捕杀雌蛾。

（2）成虫羽化出土前，在树干离地面 33.3 厘米左右高处，糊上纸裙，阻止雌蛾上树，进行人工捕杀。

（3）成虫出现时期，多在背风树皮裂缝、树干凹陷部分及树杈内，并进行交尾产卵，可进行捕杀，捣毁卵块。

2. 物理防控

于成虫发生期，利用成虫的趋光习性，在枣园内设置黑光灯，诱杀成虫。

3. 药剂防控

在 5 月上旬幼虫初龄期，喷布 95%晶体敌百虫 800～1000 倍液，或 50%敌敌畏乳油 1000～1500 倍液，或 20%氰戊菊酯乳油 2500～3000 倍液，都有良好的防治效果。

枣尺蠖

Sucra jujube Chu

枣尺蠖又名枣步曲、大枣造桥虫，属于鳞翅目，尺蛾科。

【分布与危害】

该虫分布于甘肃、陕西、宁夏、山西、河北、山东、辽宁、河南、安徽、浙江等省、自治区，发生普遍，危害严重。除危害枣、酸枣外，还危害苹果、梨等果树。以幼虫危害枣树嫩芽、嫩叶及花器，发生严重的年份常将枣芽、叶片及花蕾吃光，不但影响当年减产，且影响来年坐果。

【形态特征】 彩版 25 图 369～374

成虫 雄虫体长 10～15 毫米，灰黄色。触角双栉状。前翅灰褐色，内横线、外横线黑色且清晰，中横线不甚明显，中室端部有黑纹，外横线中部折成角状。后翅灰色，中部有一条黑色波状横线，内侧有一个黑点。中后足有 1 对端距。雌蛾体长 12~17 毫米，灰褐色，无翅。喙退化，触角丝状。腹部背面密被刺毛和毛鳞。各足胫节有 5 个白环。产卵管细长，可缩入体内。

卵 椭圆形，有光泽，常数十粒或数百粒聚集成一块。初产时淡绿色，渐变为淡黄褐色，近卵孵化时变为暗黑色。

幼虫 1 龄幼虫黑色，有 5 条白色横环纹；2 龄幼虫绿色，有 7 条白色纵条纹；3 龄幼虫灰绿色，有 13 条纵条纹；4 龄幼虫有 13 条黄色或灰白色相间的纵条纹；5 龄幼虫灰褐色或青灰色，有 25 条白色纵条纹。胸足 3 对，腹足 1 对，臀足 1 对。

蛹 体长 15 毫米左右，枣红色。

【生活史与习性】

该虫每年发生 1 代，少数以蛹滞育而两年发生 1 代，以蛹在土内 5~10 厘米处越冬。第二年 3 月下旬至 5 月上旬为成虫羽化期，4 月份为羽化盛期。早春多雨利于其发生，土壤干燥则出土延迟且分散，有的拖后 40~50 天。雌虫羽化出土后栖息在树干基部或土块上、杂草中，夜间爬到树上。雄蛾趋光性较强，多在下午羽化，出土后夜间爬到树干、主枝阴面静伏，晚间飞翔寻找雌成虫交配。雌虫交配后 3 天内大量产卵，卵多产在粗皮缝内或树杈处，每头雌虫可产卵千余粒。卵期 10~25 天。一般枣树发芽时开始孵化，4 月下旬进入卵化盛期，末期在 5 月下旬，幼虫孵化后咬食嫩芽、嫩叶和花器，幼虫危害期 4~6 月，以 5 月危害最重。幼虫喜分散活动，爬行迅速，1~2 龄幼虫常吐丝，经爬过的地方即留下虫丝，常借风力垂丝传播蔓延。幼虫具假死习性，如遇惊扰，即吐丝下垂。5 月底至 7 月上旬幼虫陆续老熟入土化蛹越夏、越冬。

【预防控制措施】

参见春尺蠖防控措施。

枣小尺蠖

(学名 未详)

枣小尺蠖，又名枣小尺蛾、枣小步曲，属于鳞翅目，尺蛾科。

【分布与危害】

该虫分布于华北地区，以河北大枣产区危害严重。除危害枣外，还危害酸枣，以幼虫危害枣叶，食成缺刻或孔洞。

【形态特征】彩版 25~26 图 375~376

成虫 雌虫体长约 10 毫米，无翅，银灰色。雄虫体长约 9 毫米，翅展约 25 毫米，前翅中室和后翅中部各有一条黑色细横纹，两翅展开时横条纹连接成一条横线形。

卵 扁椭圆形，长约 0.7 毫米，初产黄白色。

幼虫 老熟幼虫体长 20~25 毫米，浅黄褐色。头及胸部 1~2 节较细，额顶角有 2 个斜伸向前方。胸背第一节上有两个较大的圆锥形角，斜伸向前方与额角呈四角鼎立状，体背无毛，各节有细小油瘤，体侧亚气门线呈棱脊状突出，顶端紫红色。胸足 3 对，腹足 1 对，臀足 1 对。

蛹 体长约 10 毫米，鳞绿色，近羽化时头变黑，翅芽白绿色，尾端黄白色，两侧各有钩状物 2 根。

【生活史与习性】

该虫每年发生 3 代，以幼虫在枝条上越冬。翌年春季枣发芽时越冬幼虫开始活动，取食幼芽，4 月下旬老熟化蛹，5 月上旬羽化为成虫。成虫有趋光习性，寿命 2~3 天。成虫羽化后交配、产卵，卵散产于枣刺或叶片尖端，每头雌虫可产卵 130 粒。卵期约 8 天。5 月中旬发生第一代幼虫，6 月下旬出现第二代幼虫，7 月发生第三代幼虫。幼虫活泼，喜危害幼芽及嫩叶，严重时可把叶片吃光。幼虫停息时只有腹足和臀足抱住枝条，身体直似一根小木橛。幼虫老熟后在枝杈处吐丝结成漏斗状网，潜于其中化蛹。

【预防控制措施】

参见春尺蠖预防控制措施。

酸枣尺蠖

Chihuo sunzao Yang

酸枣尺蠖又名酸枣尺蛾，俗名枣步曲、顶门吃、拱腰虫等，属于鳞翅目，尺蛾科。

【分布与危害】

该虫分布于全国各地枣产区，以北方发生较普遍。除危害枣、酸枣外，还危害苹果等，以幼虫危害枣、酸枣的嫩芽和叶片，食叶成缺刻或孔洞，严重时吃光叶片，造成减产或绝收。

【形态特征】 彩版 26 图 377~381

成虫 雌雄异体，雄虫有翅，雌虫无翅，仅具翅芽。雌虫体长约 13 毫米，灰褐色、被浓密细毛。触角丝状。胸部狭小，腹部肥大，第三至四节最粗，向前向后缩窄，末端较细，且有毛刷。雄虫体长约 9~10 毫米，翅展约 29~30 毫米，暗黄褐色至暗灰褐色，头小，触角双栉形，干浅黄色，栉黑色。胸部密被灰褐色长绒毛。前翅中央有一条黑褐色斜横纹，上窄下宽，外缘有暗褐色宽带，外横线细，暗褐色，横贯全翅。

卵 扁椭圆形，长约 1 毫米，壳面有微细颗粒。初产时淡黄白色，后变为粉红色，近孵化时变为灰黑色。

幼虫 初孵幼虫紫黑色，前盾前缘白色，腹部第一至五节背面有白斑横列。老熟幼虫体长约 40~45 毫米，淡灰色或黄绿色，体背有很多黑色和桃红色纵线。

蛹 雌蛹体长 13 毫米，红褐色；雄蛹体长 9 毫米，暗褐色。第一至八腹节散布粗大刻点，腹节后缘有许多排细小突起组成的横带。臀棘 2 叉。

【生活史与习性】

该虫每年发生 1 代，以蛹在酸枣和枣树下土内越冬。第二年 3 月下旬至 4 月初，越冬蛹陆续羽化为成虫，雌雄成虫羽化后多在树干上交配、产卵，雌虫将卵产于树干上。卵期约 20 天。5 月上旬枣树发芽时卵陆续孵化为幼虫，幼虫孵化后即取食危害嫩芽，并连续危害叶片。幼虫共 4 龄。6 月上旬幼虫陆续老熟，入土化蛹，越夏并连续越冬。

雄虫活泼，飞翔敏捷，在树林间飞行，觅雌虫交配。雌虫由土面爬到树干上与雄虫交配，雌虫交配后将卵产于枝干皮缝间、枝丫处或芽的附近。每头雌虫可产卵 1000 粒左右。幼虫孵化后食害枣芽和嫩叶，食叶呈缺刻或孔洞，严重时吃光叶片，枣叶吃光后，还转害苹果树叶片。

【预防控制措施】

参见枣尺蠖防控措施。

木橑尺蠖

Culcula panterinaria Bremer et Grey

木橑尺蠖又名木橑尺蛾、洋槐尺蠖、核桃尺蠖，俗称弓腰虫、吊丝虫、木橑步曲，属于鳞翅目，尺蛾科。

【分布与危害】

该虫分布于甘肃、宁夏、陕西、山西、山东、河南、四川及台湾等省、自治区。该虫除危害枣外，还危害核桃、桃、李、杏、杨、柳、榆、木橑等多种果树、林木及大田作物等近百种植物 。以幼虫取食叶片和嫩梢，危害严重时常把枣叶吃光，致使枣树生长和结果受到巨大影响。

【形态特征】彩版 26　图 382~384

成虫　雄成虫体长 20~31 毫米，翅展 60~72 毫米，体白色。触角短羽状。翅白色，翅面有灰色或橙色斑，在前翅和后翅的外线上各有一串橙色和深褐色圆斑，前翅基部有一个大圆形橙色斑，翅上灰斑变异较大。雌虫体较小，无翅，触角丝状。

卵　椭圆形，长约 1 毫米，翠绿色，卵孵化前暗绿色。数 10 粒成块，上覆棕黄色鳞毛。

幼虫　老熟幼虫长 60~85 毫米，体色有黑褐色、黄褐色及绿色三种，体表面密布灰白色小斑。头部密生小突起，头顶中央凹陷，虫体除首尾两节外，各节侧面均有两个灰白色圆形斑。

蛹　纺锤形，初为绿色，后变为黑褐色，表面光滑。雌蛹体长 30~32 毫米，前端背面有一对耳状突起，腹部末端两侧各有三块峰状突出。

【生活史和习性】

该虫在北方每年发生 1 代，以蛹在枣树冠下土内、石块下越冬，以距树干 1 米范围内，深 3~5 厘米土层中最为集中。翌年 4 月下旬至 5 月上旬枣树发芽前后，成虫开始羽化出土，由于不同海拔高度和坡向林分气温有差异，羽化期长达 50 多天。雌成虫早期产的卵，卵期长达 1 个月，后期产的卵，卵期约 15 天，5 月中旬卵开始孵化。幼虫危害盛期在 5 月下旬至 6 月中旬，幼虫期 30~45 天。6 月下旬老熟幼虫陆续下树入土化蛹，7 月底至 8 月份老熟幼虫全部化蛹越夏、越冬。

成虫多于下午羽化出土，有趋光性。雄成虫出土后先爬到主干、主枝阴面静伏，雌成虫多潜伏在土表缝隙处，黄昏时大量爬行上树，雄虫于晚间飞翔活动，寻找雌成虫交配。雌成虫产卵于树皮缝隙中，每头可产卵 1500~1800 粒，最多可达 3000 粒，数十粒到数百粒成块状，卵块上混杂鳞毛。初孵幼虫性活泼，喜在叶尖危害。受惊后迅速吐丝下坠，故有"吊丝虫"之称；幼虫喜光，常在树冠外围的枝条上取食，二龄幼虫行动迟缓，尾足攀缘能力很强，在静止时常直立于小枝或叶片上；幼虫 3 龄前只取食叶肉，使叶面出现半透明网状斑块。老熟幼虫于 8 月份吐丝坠地，多群集在土壤松软湿润处入土化蛹越冬。

【预防控制措施】

1. 人工防控

（1）结合冬春季中耕，人工挖蛹集中处理，降低越冬蛹基数。

（2）利用幼虫受惊后迅速吐丝下坠习性，组织人力，敲击树干，震落幼虫，收集一起深埋或烧毁。

（3）根据雌成虫无翅，必须爬行上树的特点，于成虫羽化出土前，在树干基部距地面10厘米处，绑一条15厘米宽塑料薄膜带，必须使其与树皮严密紧贴，可先用湿土将树皮缝隙填平，薄膜带的下端埋入土中，并堆成小土堆，拍实。因薄膜表面光滑，使雌成虫不能通过而滑落树下基部土堆周围，然后集中扑杀。

2. 药剂防控

（1）在卵基本孵化结束，幼虫尚在3龄以前，用50%敌敌畏乳油1500倍液，或50%辛硫磷乳油1000倍液，或2.5%溴氰菊酯乳油2500~3000倍液，或40%氰久乳油2500倍液，或2.5%高效氟氯氰菊酯乳油2000~2500倍液，或4.5%高效氯氰菊酯乳油2500倍液，或16%高效杀得死乳油2000倍液均匀喷雾。

（2）结合绑塑料带，在树干基部和周围地面喷洒药液或毒土，毒杀成虫和幼虫。在成虫出土期和卵孵化期，每隔7~10天喷布1次50%辛硫磷乳油500倍液，或40%杀螟硫磷乳油500倍液，还可配成200倍毒土撒施。

油桐尺蠖

Buzura suppressaria Guenee

油桐尺蠖又称油桐步曲、油桐造桥虫、油桐尺蛾等，属于鳞翅目，尺蛾科。

【分布与危害】

该虫分布于黄河流域以南各省、自治区。国外分布于日本、韩国、缅甸、印度等国家。寄主有枣、梨、柑橘、茶、油茶、苦楝、油桐、花椒等果树、林木。以幼虫食害叶片，危害严重时可将大片枣林叶片食光，仅剩秃枝，严重影响产量和品质。

【形态特征】彩版26 图385~388

成虫 雌虫体长22~25毫米，翅展60~65毫米，雄虫体略小。体灰白色，散布黑色小点，头部后缘及胸腹部各节末端灰黄色。雌虫触角丝状，雄虫双栉状。前后翅有三条橙黄色波状纹，外线外侧一条最明显，雄蛾中间一条不明显。

卵 椭圆形，蓝绿色，堆成块状，表面覆有黄褐色绒毛。

幼虫 老熟幼虫体长60~72毫米，体色随环境条件而变化，有深褐色、灰褐色和蓝绿色。头部密布棕色小点，顶上两侧有角突，前面中央下凹且色深。前胸背板有两个瘤突。腹足两对。

蛹 体长22~26毫米，黑褐色，头顶有角状小突起两个。臀棘末端刺状物有小分叉，基部两侧和背方突出物连成大半圈，上有凹凸刻纹。

【生活史与习性】

该虫在华南每年发生3~4代，江浙、湖南发生2~3代，河南、陕西等地发生2代，以蛹在土内越冬。4代发生区越冬代成虫于3~4月出现。各代幼虫期分别为4~6月、6~8月、8~9月、9~10月，其中以2~3代幼虫危害最烈。2代发生区越冬代成虫羽化期为5月至7

月上旬，第一代成虫羽化期为 7 月下旬至 9 月上旬。成虫多在雨后土壤湿度大时，于夜间羽化出土，白天栖息于树干背风处以及叶背、杂草、灌木丛间，夜晚出来活动，并进行交配、产卵，卵多产于叶背或树皮裂缝处。每头雌虫可产卵 800~1000 粒。成虫寿命 5~10 天。卵期 10~15 天。初孵幼虫群集危害，稍大分散危害。幼虫老熟后吐丝下坠，入土 1~3 厘米处化蛹，土壤疏松多在主干周围 45~65 厘米范围内化蛹，土壤如果板结，则可远至 65 厘米以外。幼虫期 24~30 天，非越冬蛹期 15~25 天。老熟幼虫一般于 9~10 月陆续入土化蛹越冬。

【预防控制措施】

参见木撩尺蠖防控措施。

大造桥虫

Ascotis selenaria Schiffr. et Denis

大造桥虫俗称弓腰虫、拱桥虫、步曲等，属于鳞翅目，尺蛾科。

【分布与危害】

该虫分布于全国各地。除危害枣、酸枣外，还危害柑橘、花椒、梨、棉花等。以幼虫蚕食芽、叶及嫩茎，严重时食成光杆，影响枣树生长发育。

【形态特征】彩版 26~27　图 389~392

成虫　体长 15~20 毫米，翅展 38~45 毫米，体色变化很大，有黄白色、淡黄色、淡褐色，一般为浅灰褐色。雌成虫触角丝状，雄成虫羽毛状，淡黄色。翅上的横线和斑纹均为暗褐色，中室端有一斑纹，前翅亚基线和外横线锯齿状，其间为灰黄色。后翅外横线锯齿状，其内侧灰黄色。

卵　长椭圆形，青绿色。

幼虫　体长 38~49 毫米，黄绿色。头黄褐色至黄绿色，头顶两侧各具一黑点。背线宽，淡青色至青绿色，亚背线灰绿色至黑色。第三、四腹节上具黑褐色斑。胸足褐色，腹足 2 对，生于第六、十腹节，黄绿色，端部黑色。

蛹　体长 14 毫米左右，深褐色，有光泽，尾端尖，臀棘 2 根。

【生活史与习性】

该虫在长江流域每年发生 4~5 代，黄河流域 3~4 代，以蛹在土中越冬。各代成虫发生盛期分别为 6 月上中旬、7 月上中旬、8 月上中旬、9 月中下旬。卵期 5~8 天，幼虫期 18~20 天，蛹期 8~10 天，完成 1 代约需 32~45 天。10~11 月以末代幼虫入土化蛹越冬。成虫昼伏夜出，趋光性强，羽化后 2~3 天产卵，卵多产在地面、土缝及草秆上，雌虫多时，枝干、叶片上都可产卵，卵数十粒至一百余粒成堆，每头雌虫可产卵 1000~2000 粒。初孵幼虫可吐丝随风飘移传播扩散。

【预防控制措施】

1. 人工防控　秋末冬初，进行冬耕、深翻树盘，可以消灭部分越冬蛹。

2. 物理防控　利用大造桥虫成虫的趋光习性，于成虫发生期在田间设置黑光灯，诱杀成虫。

3. 药剂防控　在幼虫初孵期，可用 50%敌敌畏乳油 1500~2000 倍液，或 40%乐果 1000 倍液，或 20%菊·马乳油 2000 倍液，或 2.5%三氟氯氰菊酯乳油 3000 倍液，或 20%杀灭菊酯乳油 2500 倍液，或 2.5% 高效氟氯氰菊酯乳油 2000 倍液，或 4.5% 高效氯氰菊酯乳油 2500 倍液均匀喷雾。

四星尺蠖

Ophthalmodes irrorataria Bremer et Grey

四星尺蠖又名四目尺蠖、小四目枝尺蠖，属于鳞翅目，尺蛾科。

【分布与危害】

该虫分布于甘肃（陇东、陇南）、陕西、河北、山东、河南、北京、吉林、辽宁、浙江、福建、台湾、湖南、广西、重庆、四川、云南等省、自治区。除危害枣、酸枣外，还危害苹果、海棠、鼠李、柑橘及蓖麻等多种植物。以幼虫危害枣叶，食叶成孔洞或缺刻，严重时吃光叶片。

【形态特征】彩版 27 图 393~396

成虫 体长 18 毫米，前翅长 25~28 毫米，绿褐色。前后翅具多条黑褐色锯齿状横线，翅中部有一肾形黑纹。前后翅上各有一个星状斑，与核桃尺蠖相似，但本种体较小，色偏绿，4 个星状斑也较小。后翅内侧有一条污点带，翅背面布满污点，外缘黑带不间断。

卵 长椭圆形，青绿色。

幼虫 老熟幼虫体长 65 毫米左右，浅黄绿色，有黑色细纵条纹，腹背第二节及第八节上有瘤状突起各一对。

蛹 体长 20 毫米左右，体前半部黑褐色，后半部红褐色。

【生活史与习性】

该虫在西北、东北、华北每年发生 1 代，以蛹在树冠下土内越冬。第二年 4~5 月越冬蛹羽化为成虫，成虫羽化后交配、产卵，5~8 月为幼虫发生危害期，9 月幼虫陆续老熟入土化蛹越冬。成虫有趋光习性，昼伏夜出，并交配、产卵，雌虫将卵产于叶片上，成块状。初孵幼虫啃食叶肉，稍大分散危害。幼虫活泼，爬行迅速，受惊后吐丝下垂，常借风力扩散蔓延。

【预防控制措施】

参见其他尺蠖防控措施。

柿星尺蠖

Percnia girafcata（Guenee）

柿星尺蠖又称柿星尺蛾、大斑尺蠖、柿叶尺蠖、柿豹尺蠖，俗称柿大头虫、蛇头虫等，属于鳞翅目，尺蛾科。

【分布与危害】

该虫分布于甘肃（陇东、陇南）、陕西、河北、河南、山西、安徽、江西、台湾、四川等省、自治区。该虫除危害枣、酸枣外，还危害花椒、苹果、柿、核桃、李、杏、梨、海棠、山楂以及木橑、榆、杨、桑、柳、槐等果树、林木。以幼虫蚕食寄主叶片，食叶成孔洞或缺刻，严重时可将叶片食光。

【形态特征】彩版 27 图 397~398

成虫　体长 25 毫米左右，翅展 60~78 毫米。头黄褐色，复眼、触角黑褐色。前胸背板黄褐色，有近方形黑斑 1 个。前后翅白色，翅面上有许多深灰色或黑褐色斑点，前翅中室端有 1 个小黄点；后翅斑点较少，中室有 1 个深灰色大斑。腹部棕褐色，背线污黄色，每节各间节有污黄色横斑纹。

卵　椭圆形，初产时翠绿色，孵化前黑褐色，数 10 粒成块状。

幼虫　老熟幼虫体长约 55 毫米，头部黄褐色，布有白色颗粒状突起，背线呈暗褐色，两侧有黄色宽带，上有黑色曲线。胴部第三、四节特别膨大，两侧有 1 对椭圆形黑色眼状斑，故名"蛇头虫""大头虫"。

蛹　黑褐色，体长约 25 毫米，胸背前方两侧各有 1 个耳状突起，由一条横脊线相连，与胸脊纵隆线呈十字形，尾端有刺状臀棘。

【生活史与习性】

该虫在华北每年发生 2 代，以蛹在土内越冬。翌年 5 月下旬越冬蛹开始羽化为成虫，6 月下旬至 7 月上旬为羽化盛期。第一代幼虫盛发为 7 月中下旬，第一代成虫羽化期在 7 月下旬至 9 月中旬，羽化盛期为 8 月中下旬。第二代幼虫危害盛期在 9 月上中旬，9 月中旬开始陆续老熟入土化蛹越冬。

成虫有趋光性，昼伏夜出活动，并交配产卵，雌虫将卵产于叶背，成块状，每头雌虫产卵 200~600 粒，多达 1000 余粒。卵期 8 天左右，初孵幼虫群集啃食叶肉，稍大分散危害，昼夜取食。受惊后吐丝下垂，其后攀升继续危害。

【预防控制措施】

参见木撩尺蠖防控措施。

桑褶翅尺蠖

Zamacraexcavate Dyar

桑褶翅尺蠖又名桑褶翅尺蛾、核桃尺蠖，属于鳞翅目，尺蛾科。

【分布与危害】

该虫分布于甘肃（陇东）、宁夏、陕西、河北、北京等省、市、自治区。除危害枣、酸枣、核桃、桑外，还危害林檎、苹果、梨、山楂、杨等果树、林木。以幼虫蚕食寄主叶片，食叶成孔洞或缺刻，严重时可将叶片食光，仅留主脉。

【形态特征】 彩版 27　图 399~403

成虫　雌虫体长 14~16 毫米，翅展 46~48 毫米，灰褐色。头、胸部多毛，触角丝状。前翅翅底灰褐色，有赤色和白色斑纹，内横线及外横线黑色，粗而曲折，外线两侧各有 1 条不甚明显的褐色横线。后翅前缘内曲，中部有 1 条黑色横纹，腹末有两簇毛。腹部除末节外，各节两侧均有黑白相间的圆斑。雄虫体长略小，色暗，触角羽状，前翅略窄，其余与雌虫相似。成虫静止时 4 翅折叠竖起，颇为特别，因此得名。

卵　扁椭圆形，长 1 毫米，褐色。

幼虫　体长约 40 毫米，体绿色。头黄褐色，颊黑褐色。前胸盾绿色，前缘淡白色。腹部第一节和第八节背部有 1 对肉质突起，第二至四节各有一大而长的肉质突起，突起端部黑褐色，沿突起向两侧各有 1 条黄色横线，第二至五节背面各有两条黄色短斜线，呈"八"

字形，第四至八节突起间亚背线处有一条黄色纵线，从第五节起渐宽呈银灰色，第一至五节两侧下缘各有一个肉质突起，似足状。臀板略呈梯形，两侧为白色，端部红褐色，腹线为红褐色纵带。

蛹　体长13~17毫米，短粗，红褐色，头顶及尾端稍尖，臀刺两根。

茧　半椭圆形，丝质，附有泥土。

【生活史与习性】

该虫每年发生1代，以蛹在土中或根茎部结茧越冬。第二年3月中旬越冬蛹开始羽化为成虫。成虫白天潜伏，傍晚出来活动，并交配产卵，雌虫将卵多产在光滑枝条上，堆产，排列松散，每头雌虫产卵600~1000粒。成虫有假死习性，受惊动后落地装死，片刻恢复活动。幼虫孵化后至2龄白天静伏夜间出来危害，3~4龄幼虫白天夜间均可危害，取食叶片成缺刻或孔洞。幼虫静止时头部常向腹部卷缩至第五腹节下面，以腹足和臀足抱持枝条上。幼虫受惊后常吐丝下垂，或蜷缩成团。幼虫老熟后爬到树基部6~7厘米土壤中，或根茎部贴树皮吐丝结茧化蛹越夏和越冬。

【预防控制措施】

参见其他尺蠖防控措施。

茶蓑蛾

Clania minuscula Butler

茶蓑蛾又名小袋蛾、茶袋蛾、茶避债蛾、小窠蓑蛾、负囊虫等。属于鳞翅目，蓑蛾科。

【分布与危害】

茶蓑蛾分布于全国各地产区。除危害枣、核桃、板栗外，又危害花椒、柑橘、茶、山茶、苹果、梨、桃、杏、李、石榴、葡萄等100多种植物。以幼虫食害叶片，低龄幼虫食害叶肉残留表皮，或啮食叶背表皮成透明斑，3龄后食叶成缺刻和孔洞，严重时将叶吃光，并食害嫩枝表皮和果面。

【形态特征】彩版27~28　图404~407

成虫　雌虫蛆形，无翅、无足，体长10~16毫米，黄白色至黄色。头小，褐色。胸部略弯，有黄褐色斑。腹部肥大，末端尖，第四至七节周围有黄色绒毛。雄虫有翅、有足，体长10~15毫米，翅展22~30毫米，褐色至深褐色，密被鳞毛，触角丝状，胸背有2条白色纵纹。前翅翅脉两侧颜色深，外缘顶角下部有一个近方形透明小斑。

卵　椭圆形，长0.8毫米，米黄色至黄色。

幼虫　体长20~35毫米，米黄色，背面中央色较深。头淡褐色至深褐色，布有褐色网状斑纹。胸背有两条褐色纵带，各节纵带外侧各有一个褐色斑。各腹节背面有4个黑色突起，排成"八"字形。

蓑囊　系幼虫吐丝缀结碎叶、枝皮碎片及长短不一的枝梗而成，枝梗较整齐纵列于囊的外层。雌囊体长30~40毫米，雄囊体长20~30毫米。

蛹　雌体长14~20毫米，纺锤形，褐色。头小，胸节略弯。无触角、口器、足和翅芽；臀棘分叉，叉端各生一短刺。雄体长15~20毫米，褐色至黑褐色，腹末梢向腹面弯曲。翅芽达第三腹节后缘。

【生活史与习性】

茶蓑蛾在台湾、广西每年发生3代，在湖南、江西发生2代，在西北每年发生1代，以幼虫在护囊内悬挂在枝干上越冬。次年2~4月间气温达10℃时，开始活动危害。5月下旬至6月下旬化蛹，蛹期15~29天。6月中旬至7月上旬为成虫发生期，雌成虫寿命为12~21天，雄虫仅为1~2天。雌虫交配后于6月下旬开始产卵，卵期7天左右。幼虫危害至中龄爬到枝干上作囊越冬。

雌成虫羽化后，头伸出蛹壳外，虫体仍留在蛹壳内，在排泄口外有许多黄色绒毛；雄成虫羽化后由蓑囊下方囊口脱出，次日清晨和傍晚与雌成虫交尾。交配前雌成虫头部伸出囊外，雄虫找到雌虫后，即伏在雌虫蓑囊上，腹部插入雌虫蓑囊内进行交配。雌虫交配后就在囊内产卵，每头雌虫平均产卵676粒，多达3000粒。产卵后雌体缩小，常从排泄口脱出。初孵幼虫于囊内先取食卵壳，然后从排泄口爬出，迅速爬行分散，有的吐丝随风分散。分散后吐丝作蓑囊，并将咬碎的叶片缀连在一起，然后开始危害，取食时，头胸部由蓑囊上端开口伸出，腹部留在囊内，虫体长大蓑囊也随之增大，4龄后能咬取长短不一的小枝并列于囊外。幼虫爬行时蓑囊挂在腹部，头伸出囊外，取食多在清晨、傍晚或阴天。蜕皮前吐丝将蓑囊结在枝、叶上，并将头端囊口吐丝封闭，经2天后蜕皮。老熟后在蓑囊内化蛹。

【预防控制措施】

茶蓑蛾迁移、扩散能力差，常常只点片发生，集中危害成灾，可采取以下措施防控。

1. 人工防控　结合修剪剪除有袋枝条，集中烧毁或深埋，消灭幼虫和蛹。

2. 加强检疫　调运苗木时，应仔细检查，剔除虫袋，严禁幼虫和蛹传入新的枣园内。

3. 化学防控　7~8月幼虫发生期，用50%杀螟硫磷乳油1000倍液，或50%敌敌畏乳油1500倍液，或20%杀灭菊酯乳油3000倍液，或4.5%高效氯氰菊酯乳油2000~2500倍液，或3%啶虫脒水分散粒剂2000~2500倍液均匀喷雾。

大蓑蛾

Clania variegata Snellen

大蓑蛾又名大袋蛾、大窠蓑蛾，属于鳞翅目，蓑蛾科。

【分布与危害】

该虫国内分布于甘肃、陕西、河南、山西、山东以及华东、华中、西南等各省、自治区。国外分布于日本、印度、斯里兰卡和马来西亚。大蓑蛾除危害枣、酸枣外，还危害60多种林木、果树。以幼虫取食枣叶及嫩梢，虫量大时可将全株叶片吃光，对枣树生长和结果产生极大影响。

【形态特征】 彩版28　图408~412

成虫　雄成虫体长15~20毫米，翅展35~44毫米，体黑褐色。翅及体面的鳞毛膨松，前翅端部各有两个近楔形的透明斑，两斑之间颜色较暗，触角羽状。雌成虫体长22~30毫米，体形幼虫状，足及翅均退化，体软，乳白色，表皮透明，可以看见腹内的卵粒。

卵　椭圆形，长0.8毫米，宽0.9毫米，黄色。

幼虫　初龄幼虫黄色，斑纹少，3龄后可区分出雌雄。雄幼虫体较小，黄褐色，头部中央有"个"字状的白色纹。老熟幼虫体长32~37毫米，头部赤褐色，头顶有环状斑，胸部有 4 列赤褐色斑，腹部背面黑褐色，呈深褐淡黄相间的斑纹，各节表面有皱纹，其余部位淡黄色。

蛹 雌蛹枣红色，无触角、翅及足。雄蛹赤褐色，腹部 3~8 节背面的前方有一横列刺，末端有一对小弯刺。

【生活史与习性】

该虫在华北、华东、华中和西北地区每年发生 1 代，广东发生 2 代，以老熟幼虫在树枝上悬挂的丝织袋内越冬。翌年 5 月上中旬越冬幼虫化蛹，5 月下旬至 7 月中旬羽化为成虫，并交配产卵。6 月下旬第一代幼虫孵化，此后幼虫一直危害至 9 月下旬，10 月间以老熟幼虫陆续越冬。

一般幼虫孵出后吐丝织袋，常将树叶粘于丝袋外围，随虫龄的增大，身体的伸长不断将袋加大。雄成虫于黄昏后活动活跃，有趋光习性。雌成虫从孵出至羽化均滞留袋内，携袋取食危害；终生栖居袋内，始终不外出。

【预防控制措施】

参见茶蓑蛾防控措施。

黑臀蓑蛾

Psyche ferevitrea Joann

黑臀蓑蛾又名白翅蓑蛾、白翅黑斑蓑蛾，属于鳞翅目，蓑蛾科。

【分布与危害】

该虫分布于华东、华中、华南、西南等地，除危害枣、酸枣外，还危害多种果树、林木。以幼虫危害寄主叶片，食叶成缺刻和孔洞，严重时吃光叶片。

【形态特症】 彩版 28 图 413

成虫 雄蛾翅展 20~24 毫米，体黑褐色。头、胸、腹黑色，触角双栉状，黑色。前翅白色透明，前翅中脉 2 和中脉 3、径脉 3 和径脉 4 共柄，中脉在中室内呈叉状分支。后翅臀角有一个灰褐色长方形斑，各脉均独立。身体腹面有长毛，腹部末端红棕色。

蓑囊 丝质，灰白色，长 25~40 毫米，直径 3.5~5.5 毫米。

【生活史与习性】

该虫在华南、西南每年发生 1 代，少数 2 代，以老熟幼虫在蓑囊内越冬。第二年 2 月下旬至 3 月越冬幼虫化蛹，4 月羽化为成虫，成虫羽化后便交配、产卵，4 月底至 5 月上中旬陆续孵化为幼虫，6~8 月幼虫危害严重，10 月中下旬幼虫老熟陆续进入越冬状态。

雄蛾蛹在羽化前将头、胸部露出囊外，以蛹壳的胸背中央及触角、翅交界处裂开，成虫从此口羽化，羽化后离开蓑囊；雌蛾羽化后终生不离开蓑囊，雌成虫将头、胸伸出囊外，招引雄虫交配，雄蛾找到雌蛾后，将腹部伸入雌蛾的蓑囊内与其交配。每头雌虫可产卵数百粒。幼虫孵化后吐丝作囊，囊做成后经便取食，幼龄幼虫取食叶肉，3 龄后食叶成孔洞和缺刻，幼虫危害猖獗时，常将全株叶片吃光，成为秃枝。

【预防控制措施】

参见茶蓑蛾防控措施。

白囊蓑蛾

Chalioides kondonis Matsumura

白囊蓑蛾又名白囊袋蛾、白袋蛾、白蓑蛾、白避债蛾、桔白蓑蛾、棉条蓑蛾等，属于鳞翅目，蓑蛾科。

【分布与危害】

该虫分布于全国各地枣产区，危害枣、板栗、核桃、柿、苹果、桃、李、杏、枇杷、柑橘等果树，也危害茶、油茶、石榴等经济林木。该虫危害状同茶蓑蛾。

【形态特征】 彩版28　图414~416

成虫　雌虫体长9~16毫米，蛆状。翅、足退化，黄白色至浅褐色微带紫色。头小，暗黄褐色；触角小而突出；复眼黑色，各胸节及第一、二腹节背面具有光泽的硬皮板，其中央具褐色纵线，体腹面至第七节各节中央均有紫色圆点1个，3腹节后各节有浅褐色毛丛，腹部肥大，尾端收小似锥状。雄虫体长6~11毫米，翅展18~21毫米，浅褐色，密被白长毛，尾端褐色。头浅褐色，复眼球形，黑褐色。触角羽状，暗褐色。翅白色透明，后翅基部有白色长毛。

卵　椭圆形，长0.8毫米，浅黄至鲜黄色。

幼虫　体长25~30毫米，黄白色。头部橙黄色至褐色，上有暗褐色至黑色云状点纹；各胸节硬皮板褐色，中、后胸分成两块，上有黑色点纹。8~9腹节背面有褐色大斑，臀板褐色。有胸、腹足。

蛹　黄褐色，雌体长12~16毫米，雄虫体长8~11毫米。

蓑囊　长圆锥形，灰白色，长27~32毫米，丝质紧密，上有纵隆线9条，表面无叶和枝附着。

【生活史与习性】

该虫每年发生1代，以低龄幼虫在蓑囊内于枝干上越冬。第二年春季寄主发芽展叶期幼虫开始危害，6月份老熟幼虫化蛹。蛹期15~20天。6月下旬至7月羽化为成虫，雌虫仍在蓑囊内，雄虫飞来交配，不久雌虫将卵产于蓑囊里，每头雌虫可产卵千余粒。卵期10~13天，幼虫孵化后爬行或吐丝下垂分散传播，在枝叶上吐丝结蓑囊，常数头在叶片上群集食害叶肉，随着幼虫生长，蓑囊渐次扩大，幼虫活动时携囊而行，取食时头、胸部伸出囊外，受惊时缩回囊内。取食一段时间便转移至枝干上越冬。天敌有姬蜂、寄生蝇、白僵菌等，抑制白囊蓑蛾有一定作用。

【预防控制措施】

1. 加强枣园管理，及时摘除蓑囊，集中烧毁。并注意保护、利用天敌。

2. 药剂防控，参见茶蓑蛾防控措施。

桉蓑蛾

Acanthopsyche subfealbata Hampson

桉蓑蛾又名黑蓑蛾，属于鳞翅目，蓑蛾科。

【分布与危害】

该虫分布于浙江、福建、广东、广西等省、自治区。除危害枣、酸枣外，还危害苹果、梨、桃、李、杏、梅、柑橘、葡萄、柿、龙眼、枇杷以及杨、柳、榆、桑、茶等果树、林木。以幼虫负蓑囊咬食叶片、嫩梢，也能剥离枝干和幼果皮层。危害严重时可吃光整树叶片，使枝条或整株枯死。

【形态特征】 彩版 28　图 417~418

成虫　雌成虫体长 5~8 毫米，无翅，黑褐色。头小，胸部略弯，腹部米黄色。雄成虫体长约 4 毫米，翅展 12~18 毫米，头、胸和腹部黑棕色，被白毛。前后翅浅黑棕色，后翅反面浅蓝白色，有光泽。

卵　椭圆形，长约 0.6 毫米，米黄色。

幼虫　体长 6~9 毫米，头部淡黄色，散布深褐色斑点，各胸节背板有 4 个深褐色斑，腹部乳白色。

蛹　雌蛹体长 5~7 毫米，黄褐色，雄蛹体长 4~6 毫米，深褐色，第四至七腹节背面前缘和后缘及第八腹节前缘各有一列小刺。

蓑囊　雌囊 15~20 毫米，雄囊 8~15 毫米，蓑囊灰褐色，外表黏附叶屑和树皮屑，化蛹时囊上有一条长丝将蓑囊悬垂于枝叶上。

【生活史与习性】

该虫每年发生 2~3 代，以幼虫越冬。第二年 3 月中下旬越冬幼虫化蛹，3 月下旬成虫出现，4 月上中旬为产卵期，第一代幼虫 4 月中下旬孵化，6 月上中旬为蛹期，6 月中下旬成虫羽化，成虫羽化后便交尾、产卵。第二代幼虫于 6 月下旬至 7 月上旬孵化，8 月上中旬幼虫老熟化蛹，8 月中下旬为成虫羽化和产卵盛期。第三代幼虫于 8 月下旬至 9 月上旬孵化，11 月幼虫老熟陆续越冬。

幼虫低龄时咬食叶肉，留下一层表皮，3 龄后则咬食成许多小孔，且常啃食嫩梢和幼果果皮。其他生活习性与茶蓑蛾相似。

【预防控制措施】

参见茶蓑蛾与大蓑蛾防控措施。

菜粉蝶

Pieris rapae Linnaeus

菜粉蝶又名菜白蝶、白粉蝶，幼虫称菜青虫，属于鳞翅目，粉蝶科。

【分布与危害】

该虫分布于全国各省、市、自治区。除危害枣、酸枣外，还危害油菜、甘蓝、白菜、萝卜、芜菁、芥菜等十字花科蔬菜和油料作物。幼虫嗜食叶片，也危害花器和嫩梢，小幼虫仅啃食叶片一面表皮和叶肉，留下另一面表皮，幼虫三龄后将叶片食成孔洞和缺刻，严重时吃光叶片，仅剩叶脉。

【形态特征】 彩版 28~29　图 419~427

成虫　体长 19 毫米，翅展 48 毫米。翅白色，前翅基部灰黑色，顶角有 1 个三角形黑斑，雌蝶中部外侧有一上一下 2 个黑圆斑，雄蝶下边一个不明显，仅有微影；后翅前缘也有 1 个黑斑。

此外，在人们眼中，菜粉蝶雌雄成虫的翅都是白色的，但它们的翅上有一种人眼看不见的特殊颜色，通过紫外线的特殊滤光镜拍摄的照片，就能轻易地分辨出雄虫的翅为浓黄色，雌虫的翅为白色而稍微带黄。

卵 形似直立的瓶形，长约 1 毫米，宽 0.4 毫米，初产时淡黄色，后变为橙黄色，表面有许多纵列和横列的脊纹，形成长方形小格。

幼虫 体长 28~35 毫米，青绿色，背线淡黄色，但不明显，密布小黑毛瘤。

蛹 体长 18~21 毫米，纺锤形，体背有 3 条纵脊，头部前端中央有一管状突起。体色有绿色、灰黄色、灰褐色。尾部和腰间用丝连在寄主上。

【生活史与习性】

菜粉蝶在我国西北每年发生 3~4 代，华北 4~5 代，华东 6~7 代，华南 8~10 代，均以蛹在树干、枯枝、落叶、墙壁、篱笆、砖石、土缝间越冬。第二年 4 月初越冬蛹陆续羽化为成虫。由于越冬场所条件不同，羽化期长达 1~2 个月，造成世代重叠。成虫白天活动，取食花蜜，以无风的白天中午活动最盛，夜间、风雨天栖息在叶下、草丛中。成虫交配后将卵产于叶背，产卵时雌成虫在寄主植物上时飞时停，每停落一次产卵一粒，每头雌成虫可产卵 100~500 粒。幼虫多于清晨孵化，先吃卵壳，后啃食叶肉，形成黄白色小斑。1~2 龄幼虫受惊后卷曲落地。幼虫 4 次蜕皮即行化蛹，化蛹前虫体缩短，吐丝将尾端紧贴于附着处，在胸背上缠一丝缚于叶片、枝上化蛹。该虫夏、秋两季发生严重，春季发生较少。此虫适宜于阴凉的气候条件，最适温度 15.6℃~16.7℃，最适雨量每周在 7.5~12.5 毫米之间，若温度升高到 32℃ 时，幼虫大量死亡。菜粉蝶天敌种类很多，主要有粉蝶金小绒茧蜂和青虫颗粒体病毒等，对该虫的发生有一定的抑制作用。

【预防控制措施】

1. 人工防控

（1）枣、酸枣收获后，及时清除果园枯叶及杂草，集中烧毁或沤肥，以减少繁殖。

（2）发生严重地区，冬季组织人力收集墙壁、屋檐下、篱笆、树干上的越冬蛹，集中深埋。

（3）枣、酸枣与十字花科蔬菜生育期，组织人力捕杀幼虫和蛹；用捕虫网捕杀成虫。

2. 农业防控

枣园附近或枣树行间，均忌种植十字花科蔬菜和油料作物。

3. 药剂防控

（1）幼虫发生初期，用 25%灭幼脲 1 号或 25%灭幼脲 3 号悬浮剂 500~1000 倍液喷雾。此类药剂为昆虫生长调节剂，作用缓慢，应提早喷药。

（2）幼虫发生期，用 50%辛硫磷乳油 1000~1500 倍液，或 20%哒嗪硫磷乳油 1000 倍液，或 2.5%溴氰菊酯乳油 2000~2500 倍液，或 20%戊菊酯乳油 2000~2500 倍液，或 0.5%甲维盐微乳剂 1000~1500 倍液喷雾；或每 666.7 平方米用 2.4%阿维·高氯可湿性粉剂 30~40 克，或 5%甲氨基阿维菌素苯甲酸盐水分散粒剂 2~3 克，或 1%苦楝碱水剂 50~60 毫升对水 45~60 升喷雾，根据虫情间隔一段时间，再喷 2~3 次。

4. 生物防控

（1）在幼虫盛发期，用 7805 杀虫菌可湿性粉剂（含活孢子 100 亿/克）400~500 倍液，或 B·t 乳油（含活孢子 100 亿/毫升）600~800 倍液，或 1.8%阿维菌素乳油 3000~4000 倍液喷雾，间隔 10~15 天喷 1 次，连续喷 2~3 次。

（2）保护和利用天敌。有条件的地区，人工饲养和释放金小蜂及应用青虫颗粒体病毒等，控制菜粉蝶的发生。

角翅粉蝶

Gonepteryx rhamni（Linnaeus）

角翅粉蝶又名钩粉蝶、角翅钩粉蝶、黄粉蝶、鼠李蝶，属于鳞翅目，粉蝶科。

【分布与危害】

该虫分布于甘肃（兰州、甘南、陇南、天水、平凉、庆阳、祁连山北麓）、新疆、宁夏、陕西、北京、河北、黑龙江、吉林、江西、浙江、福建、湖北、贵州、云南等省、市、自治区。此虫除危害枣、酸枣外，还危害鼠李及油菜、白菜、甘蓝、萝卜等十字花科油料、蔬菜。以幼虫危害寄主叶片，食叶成缺刻和孔洞，严重时吃光叶片。

【形态特征】彩版 29　图 428~431

成虫　翅展约 65 毫米，雄虫略小，体黄褐色或黑色。胸被黄白色长毛。雄虫前翅浓黄色，顶角突出呈钩状。前翅中部近前缘各有一个橙黄色斑，后翅淡黄色，近中央部各有一个橙黄色斑。翅上第一脉显著，第一肘脉突出成角度，翅的前缘和外缘有紫褐色小点。雌虫前后翅均为白色略带蓝，其他特征同雄虫。

卵　淡黄白色，长约 1 毫米，略呈尖塔形，基部稍收缩，纵脊 12 条，横脊约 50 条。

幼虫　体长约 40 毫米，黄绿色，上生白色细毛，气门线阔，白色。

蛹　体长约 25 毫米，灰白色，散布黑色斑点。前端尖锐，腹面隆起很高。

【生活史与习性】

该虫每年发生 1 代，以成虫在枯枝落叶、杂草丛中越冬。第二年 5~6 月成虫出蛰活动，果园里常见一双双成虫飞舞和交配。成虫交配后，雌虫将卵产在叶片和嫩枝上。由卵孵化出的幼虫将卵壳吃掉，不久开始食叶，留上表皮，稍大将叶食成缺刻和孔洞，严重时吃光叶片。7~8 月为幼虫危害盛期。幼虫老熟后吐丝系其胸部缚着于枝干上化蛹，9~10 月间陆续羽化为成虫，寻找适宜场所越冬。其他生活习性与菜粉蝶相似。

【预防控制措施】

参见菜粉蝶防控措施。

锐角翅粉蝶

Gonepteryx aspasia Menetries

锐角翅粉蝶又名锐角钩翅粉蝶、尖角山黄粉蝶、尖角鼠李蝶，属于鳞翅目，粉蝶科。

【分布与危害】

该虫分布于西北、华北。在甘肃主要分布于武威、定西、甘南、陇南、天水、平凉、庆阳等地。寄主除枣、酸枣外，还有鼠李、沙棘、苜蓿等植物。以幼虫危害寄主叶片，危害状同角翅粉蝶。

【形态特症】彩版 29　图 432~434

此虫与角翅粉蝶为同属近缘种，其成虫、卵、幼虫、蛹与角翅粉蝶相似。与成虫的主要区别是：前翅顶角明显突出，呈尖锐的钩状，比角翅粉蝶更显著，故名"锐角翅粉蝶。"

【生活史与习性】

锐角翅粉蝶每年发生1代，以成虫越冬。其生活史和习性与角翅粉蝶相似。

【预防控制措施】

参见菜粉蝶防控措施。

美国白蛾

Hyphantria cunea（Drury）

美国白蛾又名秋幕毛虫，属于鳞翅目，灯蛾科。

【分布与危害】

该虫分布于西北、华北、东北等地。除危害枣树外，还危害栗、苹果、梨、桃、李、山楂、葡萄、樱桃以及刺槐、杨、柳、榆、桑、樱花和丁香、芍药、玉米、大豆、白菜、萝卜、茄子等300多种果树、林木、花卉及农作物。初孵幼虫吐丝结网，群集危害，4龄后分散危害。幼龄幼虫啃食叶肉，残留表皮呈白膜状，日久干枯；幼虫稍大食叶成缺刻或孔洞，严重时吃光叶片，幼树连年受害可致死亡。

【形态特征】彩版29~30　图435~438

成虫　体长9~12毫米，翅展23~44毫米，雄虫较雌虫略小，体白色。雄虫触角双栉齿状，黑色；前翅白色，散生淡褐色斑点。雌虫触角锯齿状，褐色；前翅白色，无斑点。

卵　圆球形，初为浅黄绿色，后为灰绿色或灰褐色，数百粒单层排列于叶背。

幼虫　初孵幼虫黑色，老熟幼虫体长28~35毫米，黄绿色至灰黑色。头黑色，体具橙黄色毛瘤，上生白色长毛。

蛹　体长9~12毫米，初为淡黄色，逐渐变为橙色、褐色及暗红褐色，臀棘由8~15个刺组成。

茧　椭圆形，灰白色，丝质混有幼虫体毛，松而薄。

【生活史与习性】

该虫每年发生2代，个别年份为不完整的3代，以蛹在枯枝落叶、表土层、墙缝等处越冬。第二年4~5月越冬蛹羽化为成虫，羽化期可延至6月下旬，第一代幼虫发生在6月上旬至8月上旬，7月中旬开始化蛹，7月下旬至8月下旬成虫羽化。第二代幼虫发生在8月上旬至10月，9月上旬开始化蛹，9~10月为化蛹盛期。

成虫羽化后，多爬到附近墙壁或树干下1.5米高度处，白天静伏，夜间出来活动，并交配产卵。每头雌虫可产卵200~2000粒不等，块产。成虫寿命5~8天。成虫飞翔力不强，趋光习性较弱，卵的孵化温度在15℃~32℃范围内，温度越高、发育越快。幼虫孵化后不久即吐丝结网，群集生活，随虫体变大，网幕逐渐扩大，一般可达1.5米长，似一块白纱罩在树冠上。幼虫5龄后食量大增，老熟幼虫具暴食性，一头幼虫一生可吃掉数十张叶片。老熟幼虫吐丝杂有体毛，作灰色薄茧，在其中化蛹。

【预防控制措施】

1. 实行植物检疫

划分疫区和保护区，严禁从疫区调运苗木和接穗等繁殖材料，必要时设立检疫哨卡。

2. 人工防控

（1）冬春季刮除主干上带蛹的老树皮，并扫除落叶，集中烧毁；也可在幼虫老熟之前，在距地面 1 米高处围上干草，或用绳捆绑，待幼虫化蛹之后解下围草烧毁。

（2）在疫区及其周围于幼虫 1~3 龄期经常检查，发现网幕立即剪除，杀死幼虫。剪除网幕后，再在发现疫情的树上及周围喷洒杀虫剂。

3. 药剂防控

高大枣树不便剪除网幕的可用高压喷雾器喷射药液冲破网幕，毒杀幼虫。药剂可用 80%敌敌畏乳油 1000 倍液，或 50%灭幼脲悬浮剂 8000 倍液，或 20%甲氰菊酯乳油 2500 倍液。

4. 生物防控

保护利用天敌，如寄生蝇、金小蜂、草蛉、胡蜂、蜘蛛、鸟类以及多角体病毒、白僵菌、苏云金杆菌等。用核型多角体病毒虫尸 1000~3000 倍稀液（含有 $2.63 \sim 0.88 \times 10^7$ 多角体/毫升），防治 1~3 龄幼虫，效果可达90%以上。

红缘灯蛾

Amsacta lactinea（Cramer）

红缘灯蛾又名红袖灯蛾、红边灯蛾，属于鳞翅目，灯蛾科。

【分布与危害】

该虫分布于甘肃（平凉、庆阳、天水、陇南）、陕西、辽宁、四川、云南、广西、江西、湖南、台湾及华南、华北、华东等地。主要危害枣、苹果、梨、柿、柑橘，也危害杨、柳、槐、桑以及玉米、谷子、高粱、棉花、大豆、亚麻、向日葵、茄子、白菜、油菜等 100 多种植物。以幼虫蚕食寄主叶片、花、果实，危害盛期正是各种果树、农作物开花、结果期，对产量影响较大。

【形态特征】彩版 30　图 439~442

成虫　体长 18~20 毫米，翅展 46~64 毫米，体白色。触角丝状，黑色。前后翅均为白色，前翅前缘及颈板端缘红色，呈 1 条红带，中室上角常有黑点。后翅横脉纹常为黑色新月形纹，亚端点黑色 1~4 个或无。腹部背面除基节及肛毛簇外，均为橙黄色，并有黑色横带，侧面具黑色纵带，亚侧面有 1 列黑点；腹面白色。

卵　半球形，直径 0.79 毫米，表面自顶部向周缘有放射状纵纹；初产时黄白色，有光泽，后渐变为灰黄色至暗灰色。

幼虫　体长约 40 毫米，全身披红褐色或黑色长毛。头黄褐色，胴部深褐色或黑色，体侧有一列红点，背线、亚背线、气门下线各由一列黑点组成，气门红色。胸足黑色，腹足红色。

蛹　体长 22~26 毫米，黑褐色，有光泽，具臀刺 10 根。

【生活史与习性】

该虫在西北、华北每年发生 1 代，南通 2 代，南京 3 代，均以蛹在浅土内或于落叶等覆盖物内越冬。第二年 5~6 月越冬蛹羽化为成虫，成虫有趋光习性，昼伏夜出，并交尾、产

118

卵。雌虫将卵集成块状产于寄主叶背，每头雌虫产卵数百粒。成虫寿命 5~7 天；卵期 6~8 天。幼虫孵化后群集危害，3 龄后分散危害。幼虫行动敏捷，遇惊扰迅速逃逸。幼虫期 27~28 天。幼虫老熟后入浅土或于落叶等覆盖物内结茧化蛹。

【预防控制措施】

1. 人工防控　秋末冬初清扫枣园落叶集中一起烧毁，并在秋后深翻树盘或全园土壤，可消灭部分越冬蛹。

2. 物理防控　利用成虫的趋光习性，5~6 月在枣园内设置黑光灯，诱杀成虫。

3. 药剂防控　参考美国白蛾防控措施。

4. 生物防控　参见美国白蛾防控措施。

人纹污灯蛾

Spilarctia subcarnea（Walker）

人纹污灯蛾又名人字灯蛾、红腹白灯蛾，属于鳞翅目，灯蛾科。

【分布与危害】

该虫分布于甘肃（定西、平凉、庆阳、天水、陇南）、陕西、四川、云南、广西、广东、上海、台湾及华中、华北、华东、东北等有关省、区。除危害枣、酸枣、苹果、海棠外，还危害杨、榆、椿、栎、槐、苦楝、橙、桑、木和月季、蔷薇、蜡梅以及油菜等十字花科、豆类等林木、花卉、农作物。以幼虫危害寄主叶片，危害状同美国白蛾。

【形态特征】 彩版 30　图 443~446

成虫　体长约 20 毫米，翅展约 55 毫米，雄虫略小。头黄白色，触角黑色，锯齿状。胸部和前翅白色，前翅翅面上有黑点两排，停栖时两翅黑点合并成"人"字形。后翅白色，略带有红色，背面呈红色。腹部背面、侧面及亚侧面有一列黑点。

卵　浅绿色，扁圆形。

幼虫　老熟幼虫体长约 40 毫米，黄褐色。头黑褐色，背部有暗绿色线纹，各节有突起，并生有红褐色长毛。胸足黑褐色。

蛹　紫褐色，尾部有短刚毛。

【生活史与习性】

该虫每年发生 2~6 代，随气候由北向南依次递增，均以蛹在土内越冬。第二年 4 月成虫开始羽化，一直延续到 6 月。由于羽化期长，所以产卵极不整齐，造成世代重叠。成虫趋光性很强，并于晚间交尾、产卵。雌成虫将卵产于叶背，成块或成行。幼虫卵化后群集叶背取食，3 龄后分散危害，老熟幼虫有假死习性，受惊后落地装死。5~9 月为北方 2~3 代区危害期，4~10 月为南方 5~6 代区幼虫危害期。10 月以后老熟幼虫陆续入土化蛹越冬。

【预防控制措施】

参考美国白蛾、红缘灯蛾防控措施。

黑星麦蛾

Telphusa chloroderces Meyrick

黑星麦蛾又名黑星卷叶芽蛾、枣黑星麦蛾、苹果黑星麦蛾，属于鳞翅目，麦蛾科。

【分布与危害】

该虫分布于甘肃、青海、陕西以及东北、华北、华东等有关省、市。除危害枣、酸枣外，还危害苹果、梨、桃、李、杏、樱桃等果树。初孵幼虫潜入末伸展的嫩叶中危害，稍大开始卷叶危害，常多头幼虫将枝顶数叶卷成团咬食叶肉，残留表皮，日久干枯。

【形态特征】 彩版30 图447~449

成虫 体长5~6毫米，翅展15~16毫米。体灰褐色，头部淡褐色；触角丝状，黑褐色；复眼球形，黑色。前胸背暗褐色。前翅狭长近长方形，正面暗褐色，有光泽，中室有两个纵列的黑点。

卵 椭圆形，长约0.5毫米，淡黄色，有光泽。

幼虫 体长10~11毫米，头部褐色，前胸盾黑褐色。背线两侧各有3条淡紫红色纵线，貌似黄白色和紫红色相间的纵条纹。

蛹 体长6毫米左右，初黄褐色，后变为红褐色，触角和翅等长，达第五腹节，腹部第七节后缘有暗褐色齿突，第六腹面中部有2个突起。

茧 长椭圆形，灰白色。

【生活史与习性】

该虫每年发生3~4代，以蛹在杂草中越冬。第二年4月越冬蛹羽化为成虫，成虫羽化后交配产卵，雌虫将卵产于叶丛或梢顶末展开的叶柄基部，卵单产或数粒成堆。幼虫于4月中旬孵化在嫩叶上危害，严重时数头幼虫将枝端叶缀连在一起，居中危害。幼虫较活泼，受惊动即吐丝下垂。5月底老熟幼虫在卷叶内结茧化蛹。蛹期约10天。6月上旬开始羽化为成虫，以后世代重叠，秋末老熟幼虫在杂草等处结茧化蛹越冬。

【预防控制措施】

1. 人工防控

（1）秋末清除枣园杂草、枯枝、落叶等，集中一起烧毁，消灭越冬蛹。

（2）在枣树生长季节，及时摘除卷叶，消灭其中幼虫。

2. 药剂防控

幼虫危害初期，及时进行喷药防治。参见苹果小卷蛾防治方法。

茶长卷蛾

Homona magnanima Dialonoff

茶长卷蛾又名茶卷蛾、枣卷叶虫、粘叶虫等，属于鳞翅目，卷蛾科。

【分布与危害】

该虫在我国南方各省、自治区均有分布。除危害枣、酸枣、茶外，也危害银杏、国槐、枫杨、合欢、罗汉松等多种果树、林木。以幼虫卷叶、缀卷新梢或将几片叶粘在一起，在其中取食危害。危害严重时大量叶片被蚕食，叶片残破不堪，影响枣树生长和结果。

【形态特征】 彩版30~31 图450~452

成虫 体长10~12毫米，翅展22~32毫米。前翅黄色有褐斑，雄虫前缘宽大，基斑退化，中带和端纹清晰，中带在前缘附近色泽变黑，然后断开，形成一个黑斑。雌虫前翅基斑、中带和端纹不清晰，后翅浅杏黄色。

卵 椭圆形，扁平，排列成鱼鳞状卵块，上有一层胶质薄膜。

幼虫 体长约 20 毫米，黄绿色。头部黄褐色，前胸硬皮板深褐色。

【生活史与习性】

该虫每年发生 3~4 代，以幼虫在卷叶或枯枝落叶中越冬。第二年 4 月上旬越冬幼虫出蛰活动，取食危害，4 月下旬至 5 月上旬成虫出现。5 月下旬至 6 月上旬为第一代幼虫危害期，6 月中旬为第一代成虫危害高峰期。7 月上中旬为第二代幼虫危害高峰。8 月中旬为第二代成虫盛发期。8 月下旬至 9 月上旬为第三代幼虫危害盛期。世代明显重叠。

成虫在夜间活动，交尾、产卵，雌虫将卵产于叶片表面，呈块状。卵期 30 天。幼虫性活泼，受惊后离开卷叶，幼虫因善跳而不易捕捉。在夏秋季幼虫期 30 天左右。

【预防控制措施】

1. 人工防控

（1）各季节结合修剪有虫枝，并清扫枣园内枯枝落叶，集中一起烧毁，减少虫源。

（2）在生长季节，幼虫发生量不多时，可根据幼虫危害状，摘除卵块、卷叶团和卷结的嫩梢新叶，集中烧毁，消灭卵块和幼虫。

2. 药剂防控

此类害虫由于幼虫在苞叶内取食危害，防治较困难，因此应在幼虫孵化后卷叶前喷药防治，若已结成虫苞，喷药时应将虫苞充分喷湿为佳。使用药剂及浓度参见苹果小卷蛾防控措施。

3. 生物防控

（1）每 666.7 平方米用白僵菌可湿性粉剂（每克含孢子 100 亿）1 千克，对水 100 升喷雾，或用 7805 杀虫菌可湿性粉剂（含活孢子 100 亿/克）500 倍液喷雾。

（2）有条件的可饲养释放赤眼蜂，在第一、二代成虫产卵期，释放松毛虫赤眼蜂，每666.7 平方米每次释放 2.5 万头，间隔 5~7 天放 1 次。

银杏大蚕蛾

Dictyoploca japonica Butler

银杏大蚕蛾又称核桃楸天蚕、栗天蚕、日本大蚕蛾、白果蚕等，属于鳞翅目，天蚕蛾科。

【分布与危害】

该虫分布于全国各省、自治区。除危害枣树、苹果外，还危害银杏、核桃、板栗、梨、杏、李、梅、柿、榛等果树。以幼虫蚕食叶片成缺刻或孔洞，危害严重时可将叶片吃光。

【形态特征】 彩版 31 图 453~457

成虫 体长 30~35 毫米，翅展 105~135 毫米，体色有黄褐色、灰褐色、深褐色等多种。头小，复眼黑色，触角雌虫栉齿状，雄虫羽状。前翅顶角雄虫突伸较明显宽圆，前翅内线紫褐色，外线暗褐色，亚端线为棕褐色波状双线；前缘近顶角处有一黑斑，臀角处有白色月牙形纹，中室端部有月牙形透明斑，围有棕褐色环，似眼状。后翅中室端部有一个圆形大眼斑，中心紫色或黑色，其周围灰橙色，内侧有白纹，外围有棕色环；中横线棕褐色波状，亚端线同前翅。

卵　椭圆形，外壳硬，灰白色至淡绿色，长径2~3毫米，顶部有一个黑色圆斑。

幼虫　体长100毫米左右，银灰色微带黄绿。口器浅褐色。体腹面褐色或黑色，腹线白色，气门线乳白色，气门下线至腹线深绿色。各节密生白长毛，间有黑毛。

蛹　长36毫米，褐色，头顶中央有纵隆线。

茧　长椭圆形，暗褐色，呈胶质不规则形窗眼状。

【生活史与习性】

该虫每年发生1代，以卵在枝干、墙壁上越冬。来年4~5月枣树发芽后，越冬卵孵化为幼虫，初孵幼虫稍群栖后即分散取食。幼虫期60~80天，共7龄。6月下旬至7月，幼虫老熟后缀叶结茧化蛹，有的爬到杂草中或灌木上结茧化蛹，9~10月羽化为成虫。成虫有趋光习性。雌雄成虫交配后，雌虫将卵产于树干下部1~3米或树枝分叉处，常数十粒至百余粒产在一起，成块状，多数单层排列，有的两层重叠；每头雌成虫可产卵100~300粒。天敌有步行虫、螳螂、蜘蛛等，对该虫的发生有一定抑制作用。

【预防控制措施】

参考绿尾大蚕蛾防控措施。

樗蚕蛾

Philosamia cynthia Walker et Felde

樗蚕蛾又称乌桕樗蚕蛾，属于鳞翅目，蚕科。

【分布与危害】

该虫分布范围广，在我国枣产区均有其危害。除危害枣、酸枣外，还危害多种林木。以幼虫蚕食叶片，3~5年生枣树上如有老龄幼虫7~10头，便可将全部叶片食光，危害严重时每片复叶上常有幼龄幼虫6~7头。因而对枣树的生长造成巨大影响，致使产量降低，品质变劣。

【形态特征】彩版31　图458~463

成虫　体长20~30毫米，翅展115~125毫米。头部及身体其他部位的背面有白线及白点；翅褐色，顶端粉紫色，有一黑色眼状斑，斑的上边有白色弧形纹，前后翅中央各有一个月牙形深褐色斑，斑的下端土黄色，中央半透明。翅中央有一条粉红色和白色构成的贯穿全翅的宽带。

卵　扁椭圆形，长1.5毫米，灰白色，表面有褐色斑。

幼虫　淡黄色，有黑斑点，或全体有白粉，青绿色，体面有6列排列有序的枝刺。

蛹　棕褐色，长26~30毫米，宽14毫米。

茧　包裹蛹的茧灰白色，两端尖，常常半面粘有叶片，悬吊在枝条上。

【生活史与习性】

樗蚕每年发生2代，以蛹在茧内越冬。翌年5月上中旬羽化为成虫，并交配、产卵。第一代幼虫于5月中下旬孵化，6月下旬结茧化蛹。8月至9月上旬第一代成虫陆续羽化，交配产卵，第二代幼虫危害至10月后，陆续化蛹越冬。

成虫飞翔力强，有趋光性。每头雌虫可产卵300粒左右，卵成堆产于叶背，幼虫孵出后先群集在一起取食椒叶，以后再分散危害。幼虫天敌种类较多，以樗蚕绒茧蜂（Apanteles sp）的寄生率高，对此种害虫抑制作用较大。

【预防控制措施】

1. 人工防控

人工捕捉幼虫，或采茧，并集中一起烧毁或深埋，消灭幼虫和蛹。

2. 药剂防控

幼虫发生盛期，用20%氰戊菊酯乳油3000倍液，或50%杀螟硫磷乳油1000倍液，或50%敌敌畏乳油1000~1500倍液，或40%水胺硫磷乳油1000~1500倍液，或35%克蛾宝（辛·齐）乳油2000~2500倍液，或2.5%溴氰菊酯乳油2500~3000倍液，或4.5%高效氯氰菊酯乳油2500倍液均匀喷雾。

3. 生物防控

（1）以菌治虫　用7805杀虫菌可湿性粉剂（含活孢子100亿/克）400倍液，或B.t乳剂1000倍液，或1.8%阿维菌素乳油3000倍液喷雾。

（2）保护天敌　幼虫天敌较多，注意保护，在害虫发生轻的情况下，尽量少用化学农药。

绿尾大蚕蛾

Actjas seleneningpoana Felder

绿尾大蚕蛾又名大水青蛾、燕尾水青蛾，属于鳞翅目，天蚕蛾科。

【分布于危害】

该虫分布于甘肃（陇东、陇南）、陕西、河北、河南、山西、山东、辽宁、安徽、江苏、江西、浙江等省、自治区。主要危害枣、酸枣、栗、核桃，也危害杏、梨、桃、苹果、海棠、葡萄、樱桃及杨、柳、枫等果树、林木。以幼虫蚕食叶片成孔洞或缺刻，一叶吃光转移到另一叶片危害，严重时可将整叶食光，仅剩小叶柄，削弱树势，造成减产。

【形态特征】 彩版31~32　图464~469

成虫　体长32~38毫米，翅展110~140毫米，体粗大，绿色被白色絮状鳞毛而呈白色。头部背面两触角间有一紫色横带。触角羽状，黄褐色，腹眼大，球形黑色，胸背肩板基部前缘有暗紫色横带一条。翅淡青绿色，基部有白色絮状鳞片，前翅前缘有暗紫、白、黑组成的条纹。与胸部紫色横纹相连，前后翅中部各有一个椭圆形眼状斑，斑中有一条透明横带，斑纹外侧黄、白色，内侧为黑紫色间红色。中间无鳞片透明，翅外侧有一条黄褐色横线。后翅臀角延长成燕尾状，长约40毫米，后翅尾角边缘有浅黄色鳞毛，有些个体略带紫色。足紫红色。

卵　扁圆形，长约2毫米，初产时绿色，近孵化时褐色。

幼虫　体长80~100毫米，体粗壮，黄绿色，被污白色细毛，各体节近六角形，每节有4~8个绿色或橙黄色毛瘤，瘤上生数根黄褐色短刺与白色刚毛。以中、后胸的4个毛瘤和第八节背面的一对毛瘤较大，气门线由红、黄两条组成。臀板中央与臀足后缘有黄紫色斑纹。胸足褐色，腹足棕褐色。

蛹　体长43毫米左右，椭圆形，紫黑色，额区有2个浅色斑。

茧　椭圆形，长48毫米左右，丝质较粗糙，灰褐色至黄褐色。

【生活史与习性】

该虫在北方每年发生2代，南方3代，均以茧蛹在树枝及地被物下越冬。二代发生区，第二年5月中旬越冬蛹羽化为成虫，并交配产卵，卵期10余天。第一代幼虫发生期为5月下旬至8月上旬，7月中旬化蛹，蛹期10~15天，7月下旬至8月为第一代成虫发生期，第二代幼虫8月中旬开始发生，危害至9月中下旬，陆续结茧化蛹越冬。三代发生区，第一代成虫发生在5月，第二代在7月，第三代在9月。成虫有趋光习性，白天静伏，夜间活动，以21~23时最为活跃，虫体笨拙，但飞翔力很强。雌雄虫羽化不久即行交配，雌虫将卵产在叶背和枝条上，有时跌落树下将卵产在土块或杂草上，常数粒或偶尔数十粒产在一起，堆成堆或排开，每头雌成虫可产卵200~300粒。初孵幼虫群集取食，3龄后分散危害，取食时先把一片叶吃光再转移邻叶危害。幼虫行动迟缓，食量大，每头幼虫可食100多片叶。幼虫老熟后在条上贴叶吐丝结茧蛹。第二代或第三代幼虫老熟后下树，附在树干或其他植物上吐丝结茧化蛹越冬。

【预防控制措施】

1. 人工防控

（1）秋后至春季发芽前，清除枣园枯枝、落叶和枯草，并摘除树上的茧蛹，集中烧毁。

（2）幼虫期，由于虫粪很大，落在地上很易发现，可用高枝剪或长钩将幼虫捕杀。

（3）成虫发生期，由于虫体大，静止时翅展开或半展开，加之体色鲜艳很易发现，而且活动迟缓很易捕杀。

2. 物理防控

利用成虫的趋光习性，于成虫发生期，在枣园内设置黑光灯，进行诱杀。

3. 药剂防控

在幼虫发生期，应早期防治，幼龄期可用20%氰戊菊酯乳油2000~3000倍液，或5%高效氰戊菊酯乳油2000~3000倍液，或50%敌敌畏乳油1000倍液，或90%晶体敌百虫800倍液均匀喷雾。

樟蚕蛾

Eriogyma pyretorum（Westwood）

樟蚕蛾又名枫蚕蛾，属于鳞翅目，蚕蛾科。

【分布与危害】

该虫分布于全国各地枣产区。危害枣、板栗、核桃、银杏，以及樟树、枫树、枫香、冬青、乌桕等果树、林木。该虫危害状同绿尾大蚕蛾。

【形态特征】 彩版32　图470~472

成虫　体长28~32毫米，翅展80~100毫米，体、翅灰褐色。前翅基部暗褐色，三角形；顶角外侧有2条紫红色纹，内侧有黑短纹2条；前后翅中央各有一个中心透明、外缘蓝黑色或褐色的眼斑。

卵　筒形，乳白色，长2毫米，卵块产，上覆一层灰褐色毛。

幼虫　体长80~100毫米，黄绿色，身体各节均有毛瘤，第一胸节6个，其余各节8个，瘤上着生棕色硬刺。

蛹　棕褐色，纺锤形，长 30~35 毫米，全体坚硬。

茧　长椭圆形，灰褐色，长 35~40 毫米。

【生活史与习性】

该虫每年发生 1 代，以蛹在树干枝杈处越冬。第二年 2~3 月越冬蛹开始羽化，成虫傍晚羽化，有趋光习性，白天隐蔽，夜晚活动并交尾，交配后 1~2 天产卵，卵多成堆产于树干和枝条上，少数散产。每块卵有 45~50 粒，每头雌虫产卵 280~420 粒。3 月下旬至 4 月幼虫孵化，幼虫期 60~70 天。蜕皮 7 次，共 8 龄。低龄幼虫常群集啃食叶片，4 龄以后分散危害，食量大增，常将叶片吃光。幼虫常于中午在树干上爬行，并能够转移危害。6 月幼虫老熟，在树干分杈处结茧化蛹越夏、越冬。该虫天敌有黑点瘤姬蜂、家蚕追寄蝇、松毛虫匙鬃瘤姬蜂及白僵菌等，对樟蚕的发生有一定的抑制作用。

【预防控制措施】

参见绿尾大蚕蛾防控措施。此外，樟蚕天敌种类较多，可以保护利用。

枣桃六点天蛾

Marumba gaschkewitschi Brem et Gray

枣桃六点天蛾又名枣天蛾、桃天蛾、桃雀蛾，俗名独角龙、枣豆虫，属于鳞翅目，天蛾科。

【分布与危害】

全国各地均有发生。危害枣、桃、苹果、李、梨、樱桃、豆类等。以幼虫啃食枣叶，食叶成孔洞或缺刻，严重时可将叶片食光。

【形态特征】彩版 32　图 473~477

成虫　体长 36 毫米，翅展 85 毫米，体深褐色。复眼紫色，触角黄褐色，头、胸部背面有浓褐色纵纹一条。前翅狭长，灰褐色，上面有 3 条较宽的褐色纹带，纹带与纹带之间颜色呈淡褐色，近臀角处有 1 个紫黑色斑，背面基部周围有紫红色细毛。后翅粉红色，臀角有紫黑色斑纹两个，腹部褐色，腹节之间灰褐色。

卵　椭圆形，直径 1.6 毫米，绿色，半透明。

幼虫　体长 80~84 毫米，黄绿色或绿色，头部呈三角形，青绿色，左右各生一条白线。体表密生黄白色颗粒，胸部两侧各有一条和腹部第 1~7 节两侧各有一条黄色或黄白色小颗粒组成的斜条纹。气门圈黑色。胸足黄色，尖端红色。尾角很长，生在第 8 节背面。

蛹　体长 45 毫米，黑褐色，尾部有短刺。

【生活史与习性】

该虫在西北和东北每年发生 1 代，华北 2 代，长江以南 3 代，均以蛹在土内越冬。1 代区第二年 6 月越冬蛹羽化为成虫，幼虫 7 月上旬出现，9 月幼虫老熟入土化蛹越冬。2 代区 5 月中旬越冬代成虫发生，第一代幼虫于 5 月下旬至 7 月发生危害，6 月下旬开始老熟入土化蛹。第一代成虫于 7 月发生，第二代幼虫 7 月开始发生危害，一直危害到 9 月上旬，开始陆续老熟入土化蛹越冬。3 代区各代幼虫发生期分别为：5~6 月，6 月下旬至 8 月，8 月中旬至 10 月。10 月幼虫陆续老熟入土化蛹越冬。

成虫白天静伏，傍晚开始出来活动。有趋光性，夜间成虫交配、产卵，雌虫将卵产于树枝阴暗处和树干裂缝、翘皮处。卵散产，每头雌虫可产卵 170~500 粒。成虫寿命平均 5 天。卵期 7 天左右，幼虫孵化后蚕食叶片，食量很大，常把叶片吃光。老熟幼虫在树冠下疏松土壤内化蛹，以地面以下 4~7 厘米处最多。天敌幼虫期有绒茧蜂寄生，有些年份寄生率较高，对该虫的发生有一定抑制作用。

【预防控制措施】

1. 人工防控　根据地面上幼虫排泄的粗大虫粪，寻找幼虫，出现后捕杀。
2. 物理防控　利用成虫的趋光习性，在枣园设置黑光灯，诱杀成虫。
3. 药剂防控　幼虫发生期，喷洒 40% 水胺硫磷乳油 1000~1500 倍液，或 50% 辛硫磷乳油 1000 倍液，或 20% 氰戊菊酯乳油 2500 倍液。

霜天蛾

Psilogramma menephron（Gramer）

霜天蛾又名泡桐灰天蛾、梧桐天蛾，属于鳞翅目，天蛾科。

【分布与危害】

该虫分布于华北、华中、华东、华南、西北各有关省、市、自治区。甘肃的定西、平凉、庆阳、天水、陇南等地均有分布。寄主有枣、酸枣、梧桐、泡桐、楸、梓、丁香、女贞等果树、林木。以幼虫蚕食寄主叶片，食叶成缺刻或孔洞，严重时食光叶片，造成减产。

【形态特征】彩版 32　图 478~480

成虫　体长 40~50 毫米，翅展 90~130 毫米。头灰褐色，下唇须末端与头顶平，基节白色。胸部背面灰褐色，肩板两侧有黑纵带，后缘有黑斑一对，组成一个黑框，前胸至腹部背线棕黑色，腹部背线两侧有棕色纵带。前翅内线呈不显著波纹，中线呈双行波状棕黑色，中室下方有两条外斜黑纵条，下面一条较短，顶角有一黑色线条向前缘弯曲。后翅棕色，后角有灰白色斑，缘毛白色，有棕褐色斑列。腹部腹面灰白色。

卵　球形，初产时绿色，渐变为淡黄色。

幼虫　老熟幼虫体长 75~96 毫米，有两种色型。一种为绿色，体上有白色细小颗粒，胸部两侧各有一条和腹部 1~7 节两侧各有一条较粗的白色斜纹，斜纹上缘绿紫色；气门黑色，围气门片黄白色，尾角绿色。另一种为褐色型，在腹部 1~7 节除白色斜纹外，在背部两侧各有 2 个三角形的褐色斑块，尾角褐色，上有短刺。幼虫的色型、斜纹均在 3 龄后出现。胸足均为褐色，腹足绿色。

蛹　纺锤形，长 50~60 毫米。喙在头部弯曲成环，末端与蛹体接触。

【生活史与习性】

该虫每年发生 1~3 代，随地区不同发生代数也不同。西北、北京每年 1 代，河南 2 代，江西、南昌 3 代，各地均以蛹在土内越冬。1 代区于第二年 6~7 月越冬蛹羽化为成虫。3 代区越冬代成虫 4~5 月羽化，第一代、第二代成虫分别于 7 月下旬至 9 月上旬，9 月中下旬至 10 月上旬出现。

成虫白天栖息于寄主叶背，夜间出来活动，并交配产卵，有较强的趋光性。成虫交配后，雌虫将卵产于叶片背面。卵期 20 天。幼虫孵化后先啃食叶表皮，随后蚕食叶片，咬成较大缺刻或孔洞，常将枝上叶片吃光，再转移其他枝条危害。在西北和华北 7~8 月间危害严重，在地面可见到大粒虫粪和碎叶。幼虫老熟后入土化蛹，化蛹多在树冠下松土内和土层裂缝处。

【预防控制措施】

参见枣桃六点天蛾防控措施。

蓝目天蛾

Smerinthus planus planus (Walker)

蓝目天蛾又名蓝目灰天蛾、柳天蛾、内天蛾、柳目天蛾、柳蓝目天蛾，属于鳞翅目，天蛾科。

【分布与危害】

该虫分布于甘肃、宁夏、陕西、内蒙古、北京、河北、河南、山西、山东，以及长江流域各省、自治区。除危害枣、酸枣、苹果、核桃、桃、沙果、李、海棠、樱桃等果树外，还危害杨、柳等林木。以幼虫蚕食叶片，食叶成缺刻，严重时吃光叶片，仅留叶柄。

【形态特征】彩版33 图481~483

成虫 体长27~37毫米，翅展80~90毫米，体灰黄色、灰蓝色至淡褐色。触角淡黄色，胸部背板中央褐色。前翅狭长，外缘波状，翅面有波浪纹，翅基部约1/3处色淡，中间有一个浅色新月形斑，穿过褐色内线向臀角突伸一长角，其余端有黑纹相接；中室上方有一个小"丁"字形浅纹，其外侧有一条褐色横线，外线褐色波状；外缘自顶角以下至中部色深，略呈"弓"字形大褐斑。后翅浅黄褐色，中央紫红色，有一个深蓝色大圆形目斑，蓝色圈相连，周围黑色，目斑上方粉红色；后翅背面蓝目斑不显著。

卵 椭圆形，长径1.2~2.1毫米，绿色，有光泽。

幼虫 老熟幼虫体长60~90毫米。头绿色，近三角形，两侧淡黄色。胸部青绿色，每节有较细横褶，前胸有6个横排的颗粒状小突起，中胸有4个小环，后胸有2个小环，每个环上左右各有大颗粒状突起一个。腹部颜色偏黄绿，第一至八腹节两侧有白色或淡黄色斜纹，最后一条直达尾角。尾角斜向后方，长8.5毫米左右。气门筛淡黄色，围气门片黑色，前方常有一块紫斑。腹部腹面颜色稍浓。胸足褐色，腹足绿色，端部褐色。

蛹 长柱形，长33~46毫米，黑褐色。

【生活史与习性】

该虫每年发生代数，兰州、北京2代，西安3代，长江流域4代，均以蛹在寄主附近深7厘米左右土内越冬。一年2代区第二年5月初越冬代成虫羽化，7月下旬第一代成虫出现，9月上旬第二代老熟幼虫入土作土茧化蛹越冬。一年4代区，第二年成虫出现期分别为4月中旬、6月下旬、8月上旬及9月中旬。成虫有很强的趋光习性，昼伏夜出活动，成虫羽化第二天交尾，交尾多在老枝干上进行，交尾时间较长，不受惊扰可达10小时以上。雌虫交尾后第二天产卵，卵产在叶片或枝干上，多数单产，少数3~4粒堆产，每头雌成虫可产卵200~600粒。卵期10~15天。初孵幼虫吃去大半卵壳后爬至嫩叶处，将叶吃成缺刻，5龄后食量大增，将叶吃光，仅剩光枝。幼虫主要在夜间取食，白天停息在枝条或叶背。老熟幼虫在化蛹前2~3天，体背呈红褐色，从树上爬下寻找适宜场所化蛹越冬。

【预防控制措施】

1. 人工防控　根据幼虫危害特点及排泄到地面的大粒虫粪，极易发现幼虫，可组织人力扑杀树上幼虫。

2. 农业防控　秋末冬初或早春，结合枣园的管理，耕翻土壤，通过机械损伤杀灭冬蛹，或捡拾越冬蛹，集中一起深埋或烧毁。

3. 物理防控　在成虫发生期，利用成虫的趋光习性，在枣园内设置黑光灯，诱杀成虫。

4. 药剂防控　于幼虫 3 龄前，喷洒 80%敌敌畏乳油 1000 倍液，或 40%乐果乳油 800~1000 倍液，或 20%氰戊菊酯乳油 2500~3000 倍液，或 2.5%溴氰菊酯乳油 2500~3000 倍液均匀喷雾。

5. 生物防控　于幼虫发生危害期，喷洒 7805 杀虫菌可湿性粉剂（含活孢子 100 亿/克）400~600 倍液，或 Bt 乳剂（含活孢子 100 亿/毫升）600~800 倍液，或 1.8%阿维菌素乳油 3000 倍液。此外，保护及利用小茧蜂、黑卵蜂、绒茧蜂、长脚胡蜂、螳螂等，以及招引鸟类啄食。

苹六点天蛾

Marumba gasohkewitschi carstanjeeni（Staudinger）

苹六点天蛾又称苹果天蛾，属于鳞翅目，天蛾科。

【分布与危害】

该虫分布于我国北方，以辽宁、吉林、黑龙江等省发生普遍，危害严重。除危害枣、酸枣外，还危害桃、梨、葡萄等果树。以幼虫危害叶片，危害状同枣桃六点天蛾。

【形态特征】 彩版33　图484

成虫　翅展 70~85 毫米，体棕黄色。胸部背线棕黄色，后胸与腹部第一、二节的背板棕黑色。前翅棕黄色，各横线棕色，外横线及外缘有棕黑色宽带，外缘齿状，缘毛白色。后角内有黑色斑，中室端有一个棕色斑。后翅枯黄色，略带赭色，近外缘棕黑色，后角有 2 个黑色斑，缘毛白色。前后翅背面棕红色，外横线明显，缘线至外缘呈棕红色宽带，后翅各线明显，靠近基部色稍浅。

【生活史与习性】

该虫每年发生 1~2 代，以老熟幼虫在土内 10 厘米左右深处作土室化蛹越冬。第二年 5~6 月成虫羽化，成虫羽化后不久交配、产卵，雌虫将卵散产于嫩叶正面，幼虫孵化后危害叶片。生活习性同枣桃六点天蛾幼虫。

【预防控制措施】

参见枣桃六点天蛾防控措施。

梨六点天蛾

Marumba gasckewitschi complatens Walker

梨六点天蛾又称梨天蛾、葡萄六点天蛾、枣六点天蛾，属于鳞翅目，天蛾科。

【分布与危害】

该虫分布于四川、重庆、云南、湖北、湖南、江苏、福建、浙江等省、市、自治区。除危害枣、酸枣、梨外，还危害李、杏、桃、苹果、葡萄、樱桃、枇杷等果树。以幼虫危害寄主叶片，食叶成孔洞或缺刻，严重时可将叶片食光。

【形态特征】 彩版 33　图 485

成虫　翅展 90~100 毫米，棕黄色，触角棕色，胸部及腹部背线黑色，腹面暗红色。前翅棕黄色，各横线浅棕色，弯曲较大，顶角下方有棕黑色区域，后角有黑斑，中室端有 1 个黑点，自亚前缘至后缘有棕黑色纵带。翅背面前缘灰粉色。后翅紫红色，外缘和翅基部略黄，后角有黑斑 2 个，缘毛白色、褐色相间，翅背面暗红色至杏黄色。

卵和幼虫形状极易与枣桃六点天蛾混淆，其区别为：

卵　梨六点天蛾卵灰绿色，枣桃六点天蛾卵黄绿色。

幼虫　梨六点天蛾幼虫体色为粉绿色，枣桃六点天蛾幼虫体色为绿色偏黄。

【生活史与习性】

该虫每年发生 2 代，以蛹在寄主附近的浅土层中作土室越冬。成虫分别于 6 月、8 月出现。成虫白天静伏叶背，夜间活动，有趋光习性。成虫交配后，雌虫将卵单产于嫩叶表面，幼虫孵化后夜间取食叶片，老熟幼虫昼夜取食，将叶片食成孔洞或缺刻，严重时可将叶片食光。

【预防控制措施】

参见枣桃六点天蛾防控措施。

椴六点天蛾

Marumba dyras（Walker）

椴六点天蛾又称椴天蛾，属于鳞翅目，天蛾科。

【分布与危害】

该虫分布于甘肃（东部）、陕西、河北、辽宁、江苏、浙江、江西、湖南、海南、云南等省、自治区。主要危害枣、酸枣和椴树、栎树等果树、林木。以幼虫危害叶片、危害状同枣桃六点天蛾。

【形态特征】 彩版 33　图 486

成虫　翅展 90~100 毫米，体黄褐色。触角灰黄色，雄虫内下侧有较长的细毛。肩板内侧及颈板后缘呈茶褐色线纹。胸部赤褐色。前翅灰黄褐色，各横线深棕色，外缘齿状棕黑色，后角内侧有棕黑色斑，中室端有 1 个小白点，白点上方沿横脉有向前上方伸展的深棕色月牙纹 1 个。后翅茶褐色，后角向内有 2 个棕黑色斑，各横线棕黑色，后角黄褐色，缘毛白色。腹部赤褐色，背线呈深棕色细线，各节间有棕色环。

【生活史与习性】

该虫每年发生 2 代，以蛹在土内越冬。第二年成虫分别于 6 月、8 月出现，成虫羽化后交配、产卵，卵 2~3 粒成堆。幼虫孵化后危害叶片，食成孔洞或缺刻，严重时可将吃光叶片，仅剩主脉和叶柄。生活习性与枣桃六点天蛾相似。

【预防控制措施】

参见枣桃六点天蛾防控措施。

菩提六点天蛾

Marumba jankowskii（Oberthiir）

菩提六点天蛾又称菩提天蛾、椴六点天蛾，属于鳞翅目，天蛾科。

【分布与危害】

该虫分布于甘肃（陇东）、辽宁、黑龙江、吉林、河北、北京等省、市。除危害枣、酸枣、菩提外，还危害椴树等植物。以幼虫危害叶片，危害状同枣桃六点天蛾。

【形态特征】 彩版33 图487

成虫 翅展79~90毫米，体灰黄褐色。头及胸部背线暗棕褐色，肩板两侧色稍浅。前翅黄褐色，翅基棕色，直至内横线外侧，内横线不甚明显，中横线较直，棕褐色，中横线与内横线间有一条黄褐色宽带，外横线与亚缘线的下部向后缘迂回弯曲，两线间色较浅，故前翅上形成3条较宽的黄褐色横带，后角近后缘处有一块暗褐色斑，稍上方又有一个暗褐色圆点，中室上有一个较小的灰褐色点，连同脉纹形成一条暗褐色纹。后翅淡褐色，后角附近有2个连在一起的暗褐色斑。腹部背线较细，各节间有灰黄色横环。

【生活史与习性】

该虫每年发生1代，以蛹在地下土室内越冬。成虫第二年6月下旬至7月上旬出现，羽化时间与5~6月间雨量有关，雨量大则羽化稍早，久旱无雨羽化时间推迟至7月下旬至8月上旬，且发蛾量也小。成虫羽化后交配、产卵，幼虫孵化后危害叶片，食叶成孔洞或缺刻，严重时可吃光叶片。其生活习性与枣桃六点天蛾相似。

【预防控制措施】

参见枣桃六点天蛾防控措施。

盗毒蛾

Porthesia similis Fueszly

盗毒蛾又名桑毒蛾、黄尾毒蛾、金毛虫等，属于鳞翅目，毒蛾科。

【分布与危害】

该虫分布于我国西北、华北、东北、华东及华南等省、自治区。主要危害枣、酸枣、柑橘、苹果、梨、桃，也危害山楂、杏、柿、核桃、板栗、花椒等。以幼虫食害芽、叶片，低龄幼虫取食叶背叶肉，残留上表皮和叶片绒毛，大龄幼虫将叶片食成孔洞或缺刻，严重时将叶片食光，仅留叶脉，影响枣树生长，降低产量。

【形态特征】 彩版33 图488~492

成虫 雄虫体长14~16毫米，翅展35毫米左右，雌虫较雄虫大，体长15~18毫米，翅展40毫米左右。全体均为白色，头、胸、足及腹部微带黄色。触角双栉齿状，复眼黑色。前翅后缘近臀角处和近基部各有1个黑褐色斑纹，但雄虫翅基部的斑纹不甚明显或大多消失。雌虫腹部肥大，末端有金黄色毛丛；雄虫腹部较瘦，后半部各节被黄毛。

卵 球形，橙黄色，长1毫米左右，中央稍凹陷，数十粒排成长袋形卵块，表面覆有黄色鳞毛。

幼虫 体长40毫米左右，黑褐色至黑色，体背有金黄色、红褐色、白色和红黄色纵条带。各节两侧着生毛瘤,胸部毛瘤红色,其余各节毛瘤黑色。腹部第一、二、八节毛瘤较大,两侧毛瘤相接近似一个大瘤。各毛瘤上有黑色、黄褐色及白色短毛。

蛹　长圆筒形,长13~14毫米,棕褐色,腹部第一至三节背面各有4个瘤,横向排列。腹末有刺多根,直或弯曲。

茧　长椭圆形,灰褐色,茧丝松散,粘着幼虫体毛。

【生活史与习性】

该虫在西北、华北、东北地区每年发生2代,以3~4龄幼虫结灰白色茧在树皮裂缝、翘皮内和枯叶里越冬。第二年4~5月枣树发芽时越冬幼虫破茧而出,危害嫩芽、幼叶,5月中旬至6月上旬结茧化蛹。6月上、中旬蛹陆续羽化为成虫,成虫有趋光性,昼伏夜出,并交尾、产卵。雌虫将卵成块状产于叶背或枝干上,每头雌虫可产卵200~500粒,卵期7天左右。初孵幼虫群集危害,稍大后分散危害,蚕食叶片。幼虫老熟后结茧化蛹,蛹期15天左右,7月下旬至8月中旬羽化为第一代成虫,交配产卵繁殖第二代幼虫。第二代幼虫危害至10月间达3~4龄,在树干上寻找适宜场所越冬。

【预防控制措施】

1. 人工防控

(1) 秋季幼虫越冬前在树干上束草把,诱集幼虫越冬,春季幼虫出蛰前把草把取下,集中烧毁,烧死幼虫。

(2) 秋季清洁枣园,及时扫除落叶,集中烧毁;早春刮枣树翘皮,收集一起烧毁,均可消灭大部分越冬幼虫。

(3) 6月中旬成虫盛发期,及时摘除卵块;幼龄幼虫有群集危害习性,发现叶片发黄时,摘除有虫叶片,集中烧毁或深埋,可大大减轻幼虫扩散危害。

2. 药剂防控

于幼虫发生初期,喷洒50%敌敌畏乳油1500倍液,或50%辛硫磷乳油1000倍液,或20%菊·马乳油2000倍液,或2.5%三氟氯氰菊酯乳油3000倍液,或4.5%高效氯氰菊酯乳油2500倍液,或1.8%阿维菌素乳油3000~4000倍液,或35%克蛾宝(阿维·辛)乳油2500倍液,间隔7~10天喷1次,连喷2~3次。

金毛虫

Prothesiasimilis xanthocampa Dyar

金毛虫又名纹白毒蛾、桑斑褐毒蛾,属于鳞翅目,毒蛾科,为盗毒蛾生态亚种。

【分布与危害】

该虫分布于西北、华北、东北以及长江流域各省、自治区。危害枣、酸枣、板栗、杏、梨、桃、苹果、柿、梅、樱桃,以及杨、柳、桑、榆等多种果树、林木。以幼虫危害叶片,危害状同盗毒蛾。

【形态特征】彩版33~34　图493~497

成虫　形态与盗毒蛾极为相似,仅成虫前翅斑纹和幼虫体色不同。雌成虫体长14~18毫米,翅展36~40毫米,雄虫略小,全体白色,复眼黑色。雌虫前翅近臀角处的斑纹、雄虫前翅近臀角和近基角的斑纹,一般为褐色,而盗毒蛾的上述斑纹则为黑褐色。

卵 同盗毒蛾。

幼虫 体长 26~40 毫米，头黑褐色，体黄色。而盗毒蛾幼虫体多为黑色。体背线红色，亚背线、气门上线和气门线黑褐色，均断续不连，前胸背板有两条黑色纵纹，各节毛瘤着生情况同盗毒蛾。前胸的一对大毛瘤和各节气门下线及第九腹节的毛瘤为红色，其余各节背面的毛瘤为黑色绒球状。

蛹 体长 9~12 毫米。

茧 长 13~18 毫米，其形、色均与盗毒蛾相同。

【生活史与习性】

该虫每年发生 2 代，以 3 龄幼虫在枝干缝隙、落叶中结茧越冬。其生活史和习性及危害情况，与盗毒蛾基本相似。

【预防控制措施】

参见盗毒蛾防控措施。

双线盗毒蛾

Porthesia scintillans Walker

双线盗毒蛾又名双线褐毒蛾、黄色双线盗毒蛾，属于鳞翅目，毒蛾科。

【分布与危害】

该虫分布于四川、云南、广西、广东、台湾、福建及河南等省、自治区。除危害枣、酸枣外，还危害苹果、梨、柑橘、龙眼、茶、刺槐、枫及玉米、棉花、花生、菜豆等多种果树、林木、农作物。以幼虫食叶、花和幼果，危害状同盗毒蛾。

【形态特征】彩版 34 图 498~499

成虫 体长 12~14 毫米，翅展 20~38 毫米，雄虫体略小。头部、颈板橙黄色，胸部浅黄棕色。前翅褐色至赤褐色，微带浅紫色闪光，内横线和外横线黄色，有的个体不清晰，前缘、外缘和缘毛棕黄色，外缘和缘毛黄色部分被赤褐色部分分隔成三段。后翅黄色。

卵 块状，上覆黄褐色绒毛。

幼虫 体长 21~28 毫米，暗棕色，有红色侧瘤，第三节背线黄色，第四、五节和第十一节有棕色短毛刺，第五节至第十节背线黄色，较宽，末节有黄斑。

【生活史与习性】

该虫在北方每年发生 2~3 代，南方 4~5 代，以 3 龄以上幼虫在寄主叶片间越冬，也有少数以蛹越冬。第二年越冬幼虫于春暖后出蛰活动危害，老熟幼虫多在草丛、枯枝、落叶中结茧化蛹，5 月间越冬代成虫出现。成虫有趋光性，昼伏夜出，并交尾、产卵，雌虫将卵产在叶片上，成块状，上覆黄褐色或棕色绒毛。初孵幼虫有群集性，先取食卵壳，后在叶背取食叶肉，残留上表皮；幼虫稍大即分散危害，将叶片食成缺刻或孔洞，或咬食花器，或咬食刚谢花的幼果。幼虫老熟后即入土结茧化蛹。幼虫天敌有小茧蜂、姬蜂和多种食虫鸟类，对该虫的发生有一定的抑制作用。

【预防控制措施】

参见盗毒蛾防控措施。

古毒蛾

Orgyia antiqua（Linnaeus）

古毒蛾又名褐纹毒蛾、桦纹毒蛾、落叶松毒蛾、缨尾毛虫等，属于鳞翅目，毒蛾科。

【分布与危害】

该虫分布于甘肃（张掖、兰州、临夏、天水、平凉、庆阳）、陕西、山西、宁夏、河南、河北、内蒙古、黑龙江、吉林、辽宁、山东及西藏等省、自治区。除危害枣、苹果、梨、杏、李、山楂、板栗外，还危害栎、桦、榛、杨、柳、松、杉、榉以及大豆、花生、大麻等林木、农作物。以幼虫取食嫩芽和叶片，食叶成孔洞和缺刻，严重时吃光叶片。

【形态特征】 彩版 34 图 500~502

成虫 雌雄异型。雄虫体长 10~12 毫米，翅展 25~30 毫米，锈褐色或古铜色。头、胸灰棕色微带黄色，触角羽状，干浅棕灰色，栉齿黑褐色。前翅黄褐色，中室后缘近基部有一块褐色圆斑，不甚清晰。内外横线褐色，两线前部一般呈锯齿单线状，后部呈双线弧状；外横线后部外侧有一个弯月形白斑，外缘暗色点列不很明显。后翅深橙褐色，缘毛较粗，暗褐色。雌虫体长 15~20 毫米，翅退化，仅有极小翅痕，纺锤形。触角丝状，短，干黄色，体被灰黄色短绒毛。

卵 圆形，稍扁，直径长约 0.9 毫米，黄白色或淡褐色，上面中央有一个棕黑色凹陷，其周围有隆起的多角形刻纹。

幼虫 体长 25~36 毫米，体黑灰色。头部黑褐色，触角黄褐色。体上瘤红色或淡黄色，瘤上生黄色和黑色毛。前胸背面两侧各有一束由羽状毛组成的长毛，黑色，伸向前方；第一至四腹节背面中央各有一束短毛刷，浅黄色；第二腹节两侧各有一束由黑色羽状毛组成的长毛；第八腹节背面中央有一束由黑色羽状毛组成的长毛，伸向后方，翻缩腺红色。足黄白色。

蛹 雄蛹体长 10~12 毫米，锥形，黑褐色。雌蛹体长 15~21 毫米，纺锤形，黑褐色，被灰白色绒毛。

茧 灰褐色，丝质较薄，上有幼虫的体毛。

【生活史与习性】

该虫每年发生代数各地不一，东北 1 代，西北 1~2 代，华北 3 代，以卵在茧内越冬。在 1~2 代区，第二年 5~6 月越冬卵孵化出幼虫，初孵幼虫两天后开始取食，群集取食嫩芽和叶肉，能吐丝下垂，随风传播。稍大后分散活动，昼夜均在被害处，但取食多在夜间，常将叶片吃光，白天在原处不动。7 月中下旬至 8 月上旬老熟幼虫结茧化蛹。茧多位于树冠下部外缘的细枝上、粗枝分叉处及树皮缝隙中。七月底八月初成虫陆续羽化，一直到 8 月下旬。成虫羽化后不久便交配、产卵，交尾、产卵均在白天进行，雌虫将卵产于茧上或茧附近，每头雌虫产卵 150~200 粒。寄生性天敌数十种，主要有小茧蜂、细蜂、姬蜂、寄生蝇等，对该虫的发生有一定的抑制作用。

【预防控制措施】

1. 人工防控

于冬、春季结合修剪剪除茧上的越冬卵块，或 7~8 月间组织人力摘除当年茧上的卵块，集中烧毁或深埋。

2. 药剂防控

越冬卵孵化盛期是喷药防治的良好时机，可用50%敌敌畏乳油1500倍液，或20%氰戊菊酯乳油3000倍液，或2.5%溴氰菊酯乳油3000~3500倍液。8月间当代幼虫孵化盛期，再喷一次上述药剂，可以控制当年该虫的危害。

3. 生物防控

（1）人工摘除卵块，将其放入天敌保护器内，天敌羽化后放走卵寄生天敌，杀死古毒蛾卵及幼虫。

（2）越冬卵和当代卵孵化盛期，喷洒Bt乳油（含活孢子100亿/毫升）600倍液，或7805杀虫菌可湿性粉剂（含活孢子100亿/克）500~600倍液，或白僵菌粉剂20~50亿活孢子/毫升，均有良好的防控效果。

灰斑古毒蛾

Orgyia ericae Germar

灰斑古毒蛾又名沙枣毒蛾，属于鳞翅目，毒蛾科。

【分布与危害】

该虫分布于甘肃（酒泉、张掖、平凉、庆阳等地）、青海、陕西、宁夏、黑龙江、吉林、河北及辽宁等省、自治区枣产区。除危害枣、酸枣、沙枣外，也危害杏、梨、桃、苹果、李及杨、柳、栎、桦、杨梅以及豆类等果树、林木及农作物。以幼虫危害枣叶，食叶成缺刻或孔洞，严重时可将叶片食光。

【形态特征】 彩版34　图503~505

成虫　雄虫体长10~13毫米，翅展22~32毫米，头胸黄褐色，触角干黄色，栉齿黄褐色。前翅锈褐色或赭褐色，内横线褐色，较宽，中部向外微弯，中区前半宽，后半窄，色暗，前缘有一块近三角形紫灰色斑，横脉纹赭褐色，新月形，周围紫灰色，外横线褐色，锯齿形，亚缘线褐色，不清晰，与外缘线近平行，第二肘脉以后色深，其外缘有块清晰的白斑，缘毛淡黄色，后翅深赭褐色，缘毛浅黄色。雌虫体长10~15毫米，翅退化，足短，体密被白色短毛。

卵　扁圆形，黄白色，直径0.8毫米。

幼虫　体长约30毫米，体红黄色，背线黑色。头部黑色。前胸背面两侧各有一簇黑色长毛，第一至四腹节背面中央各有一排浅黄色毛刷。背线黑色，第八腹节有一簇黑色长毛束。足黑色。

蛹　黄白色，松软。

【生活史与习性】

该虫每年发生1~2代，以卵在茧内越冬。1代发生区，第二年越冬卵于5月下旬开始孵化为幼虫，初龄幼虫不群集，7月下旬开始在植株叶下、石块下、灌木枝丛中作茧化蛹，8月中旬开始羽化。2代发生区，第二年越冬卵于5月上旬至6月中旬孵化，6月上旬至7月下旬幼虫老熟，在植株上部枝梢上结茧化蛹，6月中下旬成虫开始羽化，7月上中旬为羽化高峰期。第二代幼虫于6月下旬至7月下旬孵化，8月上旬至10月中旬在树干枝杈及开裂的树枝下面结茧化蛹，9月中下旬成虫开始羽化，并交配产卵，以卵越冬。雌虫性引诱能力很强，能招诱雄虫于茧上交尾。雌虫将卵产于茧内，每头雌虫可产卵数十粒至二百余粒。雌蛾寿命4~11天，雄虫趋光性强，雌虫较弱。

【预防控制措施】

1. 人工防控　及时摘除虫茧，集中一起烧毁，消灭茧内成虫产的卵。

2. 物理防控　利用雄虫的趋光习性，在枣园内设置黑光灯，诱集雄成虫，使雌虫失去交配机会，致使雌虫不能正常产卵。

3. 药剂防控　参见盗毒蛾的预防控制措施。

舞毒蛾

Lymantria dispar (Linnaeus)

舞毒蛾又名秋千毛虫，属于鳞翅目，毒蛾科。

【分布与危害】

该虫分布于甘肃（兰州、临夏、平凉、庆阳、天水、陇南）、青海、陕西、宁夏、新疆、内蒙古、黑龙江、吉林、河北、辽宁、河南、山西、山东、安徽、四川、贵州、云南等省、自治区。除危害枣、酸枣外，还危害核桃、梨、苹果、杏、樱桃、山楂、柿和栎、柞、杨、柳、榆、桦、桑、松、杉以及水稻、麦类等果树、林木、农作物。以幼虫危害叶片，小幼虫将叶片食成孔洞，老熟幼虫可将叶片食光。

【形态特征】彩版34　图506~509

成虫　体长20~25毫米，翅展40~75毫米，雄虫体略小，雄虫头部棕黄色，触角干棕黄色，栉齿褐色。胸部褐棕色。前翅浅黄色，布褐色鳞，斑纹黑褐色，基部有黑褐色小点，中室中央有一个黑点，横脉纹弯月形，内横线、中横线波浪形折曲，外横线和亚缘线锯齿形折曲，亚缘线以外色较浓。后翅黄棕色，横脉纹的外缘色暗，缘毛棕黄色。雌虫黄白色微带棕色，斑纹同雄虫，后翅横脉纹与亚缘线棕色，缘毛黄白色，有棕黑色斑点。

卵　扁圆形，初为灰白色或杏黄色，后变为紫黑色，卵块外被黄褐色毛。

幼虫　体长50~70毫米，黑褐色。头部黄褐色。背线、亚背线黄褐色，第一至五节背部和第十二节背部瘤蓝色，第六至十一节背部瘤橘红色，体两侧有红色小瘤。足黄褐色。

蛹　体长21~26毫米，纺锤形，红褐色，各腹节背面有锈黄色毛，臀棘末端有钩状突起。

【生活史与习性】

该虫在西北、东北每年发生1代，以卵越冬，（幼虫在越冬前已在卵内形成），第二年5月中旬越冬卵孵化，初孵化幼虫体被长毛，能吐丝下垂，随风扩散。幼虫蜕皮5次，共6龄。6月底至7月初老熟幼虫在树干缝隙中、落叶层下化蛹。蛹期约15天。7月中下旬羽化为成虫，成虫羽化后不久，即交尾、产卵。

成虫趋光性强，雄成虫常在白天飞翔，每头雌成虫产卵1块，每个卵块有卵300~500粒，最多可达成1000粒，卵多产在树干基部树皮缝隙内。

【预防控制措施】

参见盗毒蛾防控措施。

苹掌舟蛾

Phalera flavescens Bremer et Grey

苹掌舟蛾又名舟形毛虫、苹果天社蛾、黑纹天社蛾、舟形蛄蟖、举尾毛虫；俗称粘虫、秋粘虫。属于鳞翅目，天社蛾科。

【分布与危害】

该虫分布于我国南北各省枣产区。主要危害枣、酸枣、苹果、梨，还危害李、杏、梅、樱桃、山楂、枇杷等果树。初龄幼虫啃食叶肉，仅留表皮，呈罗底状，幼虫稍大将叶食成缺刻，仅留叶柄，严重时食光叶片，造成二次开花。

【形态特症】 彩版 34~35　图 510~512

成虫　体长 25 毫米，翅展 50 毫米，体黄白色，头、胸部黄白色，复眼球形，黑色，触角丝状，黄褐色，前翅有不明显的浅褐色波浪纹，近基部有银灰色和紫褐色各半的圆形斑纹，靠近外缘有同色斑纹 6 个，横列成带状，顶角上方有两个不甚明显的小黑点。后翅浅黄白色，近外缘处有一条褐色横带，有些雄虫消失或不明显。腹部背面被黄褐色绒毛。

卵　圆形，直径 1 毫米，黄白色，近孵化时灰褐色。

幼虫　体长 50~55 毫米，孵化初期黄褐色，后变为紫红色，老熟时头部黑色，胴部紫黑色，体上生有黄白色长毛。体侧有紫红色并稍带黄色的条纹。

蛹　体长 20~25 毫米，深褐色，末端有短刺 6 个。

【生活史与习性】

此虫每年发生 1 代，以蛹在土中越冬。第二年 7 月上中旬成虫羽化，成虫昼伏夜出，趋光性强。成虫羽化数小时或数天交尾，1~3 天产卵，雌成虫将卵多产在叶背，卵数十粒至百余粒密集一起排列整齐。每头雌虫产卵 300 粒，多达 600 粒。卵期 7 天左右，于 7 月中旬前后田间孵化为幼虫。幼虫孵化后，先在产卵的叶片上危害，头皆向叶缘整齐地排成一排，由叶边向内啃食。仅食叶肉而剩下表皮和叶脉，使叶片变成网状。可根据此特征早期捕杀，幼虫长大后即分散危害，将叶片全部吃光仅剩叶柄。幼虫受惊或震动时，成群下垂。幼虫早晚取食，白天不活动，多栖息在枝条或叶柄上，静止时把尾部撅起，头部也稍抬起，似舟形，故有"舟形毛虫"之称。一般到 9 月前后，幼虫开始入土化蛹越冬。

【预防控制措施】

1. 人工防控

（1）在幼虫危害初期，尚未分散以前，及时剪除群集幼虫小枝，将幼虫杀死。

（2）利用幼虫具有受惊吐丝下垂的习性，敲打震动树枝，迫使幼虫落地，随即用脚将虫踩死。

（3）结合枣园翻耕或刨树盘，把蛹翻到地表，或人工挖蛹，集中一起深埋或烧毁。

2. 药剂防控

7 月下旬至 8 月上旬，如幼虫发生普遍时，可喷洒 95% 敌百虫晶体 1000~1500 倍液，或 50% 敌敌畏乳油 1000 倍液，或 20% 溴氰菊酯乳油 2000~3000 倍液，或 2.5% 氟氯氰菊酯乳油 2000~3000 倍液。

3. 生物防控

（1）产卵盛期，释放赤眼蜂灭卵，一般寄生率达95%以上。

（2）幼虫期喷洒7805杀虫菌可湿性粉剂600倍液；或1.8%阿维菌素乳油3000倍液，均有很好的防效，又不污染环境，对人、畜也安全。

黄褐天幕毛虫

Malacosomaneustria testacea Motschulsky

黄褐天幕毛虫又名天幕毛虫、天幕枯叶蛾、带枯叶蛾、梅毛虫；俗称毛毛虫、春粘虫、顶针虫，属于鳞翅目，枯叶蛾科。

【分布与危害】

此虫除新疆、西藏外，分布于我国南北各省区，以北方地区发生普遍，危害严重。除危害枣、苹果外，还危害梨、桃、杏、李、梅、枸杞及杨、柳、榆等果树、林木。以幼虫食害幼芽、嫩叶，有吐丝拉网习性，将枝间结成大型丝幕，幼龄幼虫群栖丝幕中取食，因而得名天幕毛虫，危害严重时，可将叶片全部食光。

【形态特征】 彩版35 图513~517

成虫 雌成虫红褐色，体长20~24毫米，翅展38~43毫米，前翅中央有横列、颜色较深的带状纹，在此纹的两侧为淡黄褐色，形成一带状纹，故名"带枯叶蛾"。雄虫体色比较浅，为黄褐色，体长17毫米左右，翅展约30~32毫米，带之两侧为黑褐色。

卵 卵为灰白色，圆筒形；由数百粒卵围绕树枝构成一个圆形似"顶针"的卵环，卵环为深灰色。

幼虫 初孵化的幼虫黑色，长大后头蓝黑色。胴部背面有黄、黑、白等色的纵条纹，腹面为暗灰色，各节生黑色软毛。幼虫体长约53毫米。

蛹 黄褐色，长约24毫米。

茧 黄白色，椭圆形。

【生活史与习性】

此虫在各地每年发生1代，以胚胎发育完全的幼虫在顶针形的卵环中越冬。第二年4月中下旬，幼虫由卵中钻出，在枝杈处吐丝张网群栖，故名"天幕毛虫"。白天多伏于网上，夜晚取食。幼虫接近老熟时，开始分散，不再群居，此时食量增加，经震动后假死坠落。5月下旬开始于卷叶中或二叶之间以及其他缝隙处作茧化蛹，蛹期11~12天。6月上旬羽化为成虫，6月中旬成虫大量出现。成虫羽化后即交尾产卵。产卵在枝梢上形成"顶针"状卵环。

【预防控制措施】

1. 人工防控

（1）早春至发芽前结合修剪，剪掉卵块烧毁，此法如能进行彻底，收效很大。

（2）幼虫发生期，经常巡视检查枣园，遇有群集幼虫时应立即捕杀；如幼虫已经分散，可在地上铺上布单，摇晃树枝，将幼虫震落到布单上，然后杀死。

2. 药剂防控

发生严重时，可喷洒80%敌敌畏乳油1000倍液，或40%水胺硫磷1000倍液，或20%杀灭菊酯乳油2500~3000倍液。

3. 生物防控

在天幕毛虫卵孵化盛期，可采用 7805 杀虫菌剂、BT 乳油、HD-1 或阿维菌素等生物制剂防控，参见棉铃虫防控措施。

油茶大毛虫

Lebeda nobilis sinina Lajonquiere

油茶大毛虫又名油茶毛虫，属于鳞翅目，枯叶蛾科。

【分布与危害】

该虫分布于陕西、四川、湖南、湖北、广西、江西、安徽、浙江、福建等省、自治区。主要危害枣、油茶，也危害杨梅、栎、松、代香等植物。以幼虫危害寄主叶片，食叶成孔洞或缺刻，严重时可将叶片食光。

【形态特征】 彩版 35　图 518~519

成虫　翅展 73~141 毫米，雄虫略小。雌虫触角梗节米黄色，羽枝黄褐色。前翅浅褐色，前翅由四条浅褐色横线组成 2 条浅褐色横带，内横带弧状，外横带端部向内呈弧形弯曲，外侧深褐色，两带间呈上宽下窄的宽中横带，中室端白点呈三角形，位于中横带内侧，紧靠内横带外侧。后角区呈 2 块模糊的褐色斑，在前翅外缘至后角呈 3 个明显的尖角，中间的尖角内凹，后翅中间呈 2 条浅灰褐色弧形横线，翅外缘区色较淡，外缘毛灰白色。雄虫前翅褐色，宽带前半部向内呈弧形弯曲，两带间呈棕色中横带，中室端三角形白点小而明显，位于中横带内侧。后角呈两枚长圆形黑点，作"一"字形排列，其他斑纹同雌虫。

幼虫　共 7 龄，老熟幼虫体长 140 毫米，有长毛。

【生活史与习性】

在长江以南地区每年发生 1 代，以卵越冬。第二年 3 月越冬卵开始孵化，3 龄前幼虫群集，吐丝结网静伏于草丛中，4 龄后幼虫白天不取食，静伏于枝干或树干下部阴暗处。9 月份在树枝上或灌木丛内结茧化蛹，9 月下旬羽化为成虫，羽化后即交配产卵，每头雌虫平均产卵 160 粒，卵散产，或几粒一堆。

【预防控制措施】

参见黄褐色天幕毛虫防控措施。

柳裳夜蛾

Catocala electa（Vieweg）

柳裳夜蛾又名绮裳夜蛾、红后勋绶夜蛾，属于鳞翅目，夜蛾科。

【分布与危害】

该虫分布于甘肃、青海、陕西、新疆、内蒙古、黑龙江、吉林、辽宁、北京、河北、河南、湖北等省、市、自治区。主要危害枣、苹果、柿以及杨、柳等果树、林木。以幼虫危害寄主叶片，食叶成孔洞或缺刻，严重时可将叶片食光。以成虫吸食果实汁液，影响果品产量和品质。

【形态特征】 彩版 35　图 520

成虫　体长 28~30 毫米，翅展 67~71 毫米。头部与胸部褐灰色，额及颈板各有黑纹。

前翅灰褐色，基线黑色，亚中褶基部有一条黑纹，内横线黑色，锯齿形外弯，在臀脉成内突角，肾纹内缘褐色，外缘锯齿形，中央有褐色圈，前方有一条黑褐色纹，外横线黑色，锯齿形，在第二肘脉处内突至肾纹后，亚缘线灰白色，锯齿形，端线为黑色衬白点。后翅桃红色，有一条黑色弯曲中带及前宽后窄的端带，缘毛黄白色。

幼虫 老熟幼虫体长 60 毫米左右，灰色、赭色或灰褐色，有黑点，第五、八腹节各有一个黄色突起。

蛹 体长约 30 毫米，赤褐色，表面有白粉。腹末有钩状臀棘 3 对。

【生活史与习性】

该虫每年发生 1 代，以卵在土内越冬或以幼虫越冬。第二年 4、5 月份越冬幼虫出蛰活动，取食寄主叶片，稍加触动，随即扭转弹跳。幼虫老熟后，于 7、8 月在树干上或缀叶间作丝质茧化蛹。兰州地区成虫羽化早，成虫期较长，从 7 月初到 10 月初均能见到成虫，但成虫不能越冬。成虫飞翔力强，有趋光习性，白天常栖息在树干上，夜间出来活动危害果实，并交配产卵。幼虫孵化后继续危害叶片，10 月份幼虫陆续越冬。

【预防控制措施】

1. 人工防控 幼虫发生期，组织人力捕杀幼虫；成虫发生期用捕虫网捕杀成虫。

2. 物理防控 利用成虫的趋光习性，在枣园内设置黑光灯或 GWD-Z 型高压电网诱杀成虫。

3. 药剂防控 幼虫危害期，喷布 50% 杀螟硫磷乳油 1000~1500 倍液，或 20% 氰戊菊酯乳油 2500~3000 倍液，或 4.5% 高效氯氰菊酯乳油 2500~3000 倍液。

杨裳夜蛾

Catocala unpta Linnaeus

杨裳夜蛾又名裳夜蛾、柏裳夜蛾、红条夜蛾、红勋绶夜蛾等，属于鳞翅目，夜蛾科。

【分布与危害】

该虫分布于甘肃、宁夏、陕西、新疆、河南、河北、黑龙江、辽宁、四川、云南、浙江、福建等省、市、自治区。除危害枣、酸枣外，还危害柿、沙枣、杨、柳等果树、林木。以幼虫危害寄主叶片，食叶成孔洞或缺刻，严重时可将叶片食光。

【形态特征】 彩版 35 图 521~522

成虫 体长 27~32 毫米，翅展 70~77 毫米，体浅灰色，头、胸黑灰色，颈板中部有一条黑横线。前翅黑灰色带褐色，基线、内横线、外横线及亚端线均为暗褐色，内横线为双线波浪形外斜，外横线呈不规则锯齿形，在第二中脉处齿形尖而长，亚端线灰白色，外侧黑褐色呈锯齿形，端线为一列长黑点，肾纹边黑灰色，中央有一黑纹。后翅黄色，中带黑色弯曲，端带黑色而弯曲。腹背灰褐色，前三节有褐色毛。

卵 椭圆形，初产时米黄色。

幼虫 老熟幼虫体长 60~65 毫米，灰色或灰褐色。第五腹节有一黄色横纹，第八腹节背面隆起，有 2 条黑边黄色纹。

蛹 体长 30~37 毫米，棕红色或棕黑色，外密布灰白色粉状物，末节有长短刺钩 8 根。

【生活史与习性】

该虫每年发生1代，以幼虫越冬。第二年4月下旬越冬幼虫陆续出蛰危害，以5、6月危害最重。6~7月，越冬幼虫陆续老熟相继化蛹。该虫与柳裳夜蛾的成虫在兰州地区于7月至9月上旬同期出现。其成虫期略短于柳裳夜蛾，成虫有趋光习性，善飞翔，休息时静伏于寄主枝干上。幼虫体与树皮颜色近似，不易被发现。

【预防控制措施】

参见柳裳夜蛾防控措施。

枣瘿蚊

Ontaria sp.

枣瘿蚊俗称枣叶蛆、枣卷叶蛆、枣蛆，属于双翅目，瘿蚊科。

【分布与危害】

该虫分布于甘肃、陕西、山西、山东、河北、河南、北京等省、市枣产区。主要危害枣、酸枣，以幼虫危害叶片，叶片受害后红肿，从叶片两侧面向叶正面纵卷呈筒状，并变为紫红色，之后逐渐变黑枯萎脱落。

【形态特征】 彩版35~36 图523~529

成虫　体形似蚊，灰褐色至黑色。雌虫体长1.5~2.0毫米，头小，复眼黑色，触角14节，黑色，念珠状，各节上着生环状刚毛。胸部灰黄色，背部有3块黑褐色斑，后胸显著突起。前翅半透明，后翅退化为黄白色的平衡棒，腹部细长，共8节，第一至五节背面有红褐色带，腹末有管状产卵器。足3对，细长，淡黄色。雄虫体小，体长为1.1~1.3毫米，灰黄色。触角长过体半。腹部细长，末端有交尾抱握器一对。

卵　长椭圆形，长约0.3毫米，乳白色至黄白色，半透明。初产乳白色，后呈黄白色至红色，有光泽。

幼虫　老熟幼虫体长2.5~3毫米，蛆状，乳白色，体肥胖。头尾两端细，有明显体节，无足，近化蛹时变为淡黄色。

蛹　纺锤形，体长1.1~1.9毫米，初橘黄色，后变为黄褐色，头部有角刺一对。雌蛹足短，直达腹部第六节，雄蛹足长，达腹部末端。

茧　椭圆形，灰白色，胶质外附土粒。

【生活史与习性】

该虫每年发生代数各地不尽相同，西北约发生4~5代，华北5~6代，华东6~7代，均以老熟幼虫在树下浅土层结茧越冬。第二年春季西北4月下旬，华北4月中旬，华东4月上旬成虫分别出现，成虫羽化后即交配、产卵，雌虫产卵于刚萌发的枣芽上，卵孵化为幼虫后危害幼嫩叶片，从4月下旬一直危害到7月下旬，以5~6月第二代幼虫危害最重。

成虫羽化后很活跃，飞舞于枝间，并交配产卵，产卵于刚萌发的枣芽上，数粒至数十粒产在一起。幼虫孵化后刺吸叶片汁液，使被害叶片组织肿胀、变红、变硬、变脆，并使叶片向正面纵卷成筒状，1片卷叶内常有幼虫2~5条。也可危害花蕾和幼果。

【预防控制措施】

1. 人工防控

（1）秋、冬季枣园进行深翻地，将越冬虫茧翻入土壤深层，消灭浅土层的越冬幼虫。

（2）春季 5~6 月随时检查，发现绿色卷叶时，及时摘除，集中一起烧毁或深埋，消灭在卷叶内的幼虫。

2. 药剂防控

（1）土壤处理　在越冬代幼虫化蛹前，用 50%辛硫磷乳油 500 倍液，均匀喷洒地面，或每 666.7 平方米用 10%二嗪磷颗粒剂 1 千克，拌细土 30 千克，拌均匀配成毒土撒施土面，施药后耙耱浅混土，杀死越冬幼虫。

（2）树冠喷药　在幼虫发生期，用 50%敌敌畏乳油 800~1000 倍液，或 40%毒死蜱乳油 1000 倍液，或 10%氯氰菊酯乳油 3000 倍液喷雾，防治幼虫均有良好效果。

枣切叶蜂

Mcgachile nipponica Cockerell

枣切叶蜂又名蔷薇切叶蜂、月季切叶蜂、切叶虫等，属于膜翅目，切叶蜂科。

【分布与危害】

该虫分布于全国各地枣产区，除危害枣、酸枣、桃、月季、蔷薇外，还危害黄刺玫、玫瑰、茉莉等植物。成虫以口器切割枣的叶片，在叶缘形成直径 1~2 厘米的圆形至椭圆形缺口，被切割的边缘很整齐。切取的叶片食用或筑巢，将卵产于集中。

【形态特征】 彩版 36　图 530~536

成虫　体似蜜蜂，两对翅膜质，透明。

卵　长椭圆形，乳白色。

幼虫　头部黄色，胸、腹部黄绿色，有多行小黑点，体两侧的黑点较背面的黑点大。

【生活史与习性】

该虫每年发生 3~4 代，世代重叠。以老熟幼虫群集于建筑物缝隙、砖石堆内、枯井里吐丝做薄茧越冬。第二年越冬代发生集中而整齐，北方 5 月中旬，南方 4 月下旬为成虫出现高峰期，成虫寿命 20~25 天，幼虫期 20 天左右。当气温高于 20℃时，雌虫才开始出蛰活动，从早至晚均切叶危害，以 10~15 时最盛。雌虫切叶并非取食，而是用于筑巢，供贮藏"食料"和产卵之用。该虫喜选择嫩而薄、质地柔软而充分展开的叶片为筑巢材料。

【预防控制措施】

1. 人工防控

（1）冬季至早春，结合枣园管理，检查寻找切叶蜂越冬场所，集中消灭。

（2）在生长季节，切叶蜂发生数量较少时，可摘除有卵叶片，集中深埋或烧毁；也可用捕虫网捕杀成虫。

2. 药剂防控

在成虫发生高峰期，可选用 40%丙溴磷乳油 1500 倍液，或 50%杀螟硫磷乳油 1000 倍液，或 20%戊菊酯乳油 2000~2500 倍液均匀喷雾。

棉　蝗

Chondracris rosea rosea（De Geer）

棉蝗又称蝗虫，属于直翅目，蝗科。

【分布与危害】

该虫分布于陕西、河北、河南、山西、山东、内蒙古、辽宁、四川、湖北、湖南、江苏、浙江、福建、广东、广西、海南、台湾、云南、西藏等省、自治区。除危害枣、酸枣外，还危害桃、椰子、樟、大叶黄杨、紫穗槐，以及水稻、玉米、粟、甘薯、马铃薯、棉花、豆类和多种蔬菜等。以成虫和若虫食害叶片，叶片被食成缺刻和孔洞，或仅留叶柄，也啃食顶芽、嫩梢。

【形态特征】 彩版 36　图 537~538

成虫　雌虫体长 62~81 毫米，前翅长 50~62 毫米，雄虫体长 44~56 毫米，体形粗大，青绿色至黄绿色。头大而短，头顶宽短，顶端纯圆，无中隆线，头顶窝不明显。触角丝状，24 节，细长。复眼长卵形。前胸背板的中隆线较高，沟后区略隆起，3 条横沟明显。前后翅均发达，前翅较宽，顶端宽圆；后翅略短于前翅，透明，基部玫瑰色。后足股节内侧黄色，胫节红色，胫节刺的基部黄色，顶端黑色，胫节顶端沿外缘有刺 8 根，内缘也有刺 8 根。

【生活史与习性】

该虫每年发生 1 代，以卵块在土内越冬。第二年 5~6 月间越冬卵开始孵化为若虫，7 月上中旬成虫羽化盛期，若虫和成虫均危害叶片，食叶成孔洞或缺刻。9 月中下旬成虫陆续产卵越冬。

【预防控制措施】

1. 人工防控

（1）在棉蝗发生严重地区，于入冬至翌年早春，用铁锹深翻枣园土壤，深度在 20 厘米左右，并割除杂草、打碎土块，破坏越冬场所，将卵块冻死或晒干。

（2）抓住初孵棉蝗不能飞翔、扩散能力弱的特点，组织人力围追捕打，消灭棉蝗。

2. 药剂防控

在棉蝗 3 龄前，喷洒 20%戊菊酯乳油 2500 倍液，或 2.5%溴氰菊酯乳油 2500 倍液，或 50%辛硫磷乳油 1000 倍液，或 50%敌敌畏乳油 1500 倍液。

3. 生物防控

保护和利用天敌，如青蛙、蟾蜍和寄生蝇、鸟类等，可有效防治棉蝗的危害。

黄脊蟊螽

Derecantha sp.

黄脊蟊螽又称绿蟊螽，属于直翅目，蟊螽科。

【分布与危害】

该虫分布于河南、山西、陕西、甘肃、宁夏等省、自治区。寄主有枣、酸枣、花椒及辣椒、白菜、萝卜、葱等树木和蔬菜。以成虫、若虫食害寄主叶片呈缺刻，严重时将叶片食光，仅剩叶脉。

【形态特症】 彩版 36　图 539~540

成虫　体、翅均为绿色，沿脊背呈黄色。触角着生于复眼下方。后足跗节第三节短于第二节，前后足胫节背面两侧均有端刺。

【生活史与习性】

该虫在甘肃的陇东、陇南地区每年发生 1 代，以卵在土内越冬。第二年 5 月孵化为若虫，6~7 月陆续羽化为成虫，成虫羽化后分散危害枣、酸枣、花椒、蔬菜、粮食作物和其他苗木。8 月下旬至 9 月成虫交配后，雌成虫将卵产于土内越冬。

【预防控制措施】

参见棉蝗防控措施。

短额负蝗

Atractomorpha sinensis Bolivar

短额负蝗又名中华负蝗，小尖头蜢。属于直翅目，锥头蝗科。

【分布与危害】

短额负蝗分布于全国各地，发生普遍，危害较重。该虫为杂食性害虫，可取食 140 多种植物。除危害枣、苹果、梨、桃、枸杞、番茄、茄子外，还危害白菜、甘蓝、豆类、瓜类蔬菜以及小麦、高粱、玉米、水稻等禾本科作物。以成虫、若虫食害寄主叶片，初孵若虫常群集叶面啃食叶肉，存留下表皮，2 龄若虫食叶呈孔洞和缺刻，高龄若虫和成虫严重发生时，吃光叶肉，仅留叶脉；还可食害寄主花蕾和花，直接造成减产。

【形态特征】彩版 37 图 541~544

成虫 雌虫体长 28~35 毫米，雄虫体长约 19~23 毫米，草绿色或黄绿色，有淡黄色瘤状突起。头尖，颜面隆起斜长，中间有纵沟，与头成锐角。触角剑状，较短。额较短，从头部顶端至复眼前缘的长度约等于复眼直径的 1.3 倍。前翅革质狭长，后伸超过后足腿节，其超过部分为前翅本身长度的 1/3。后翅略短于前翅，基部为玫瑰红色。

卵 长椭圆形，长 2.9~3.8 毫米，黄褐色至深黄色。当卵囊破坏，卵粒暴露时，很快变为淡黄色或灰白色。卵中间稍凹陷，一端较粗钝，卵壳表面有鳞状花纹。卵粒在卵块中倾斜排列成 3~5 列，并有胶质丝裹着。

若虫 有 5 龄，外形似成虫。初龄无翅芽，3 龄有翅芽，并随龄期增长而渐长，5 龄若虫前胸背部向后方突出，翅芽盖住或超过第三腹节。

【生活史与习性】

该虫在北方每年发生 1~2 代，在长江流域发生 2~3 代，以卵在土内越冬。翌年 5 月上中旬越冬卵孵化，6 月下旬羽化为成虫（习惯上称第一代成虫），7 月下旬第二代若虫出现，第二代成虫发生于 8 月下旬至 9 月下旬。在长江流域有的年份 10 月下旬出现少数三代若虫，11 月底羽化为成虫，不再交配产卵而死亡。在一年中以 6~9 月发生危害较重。

成虫和若虫都善于跳跃，以上午 11 时前和下午 3~5 时取食最烈；天气炎热的 7~8 月份，以上午 10 点前和傍晚取食最烈，并交配、产卵。成虫产卵多产于土地平整、墒情较好、杂草稀少的洼地，深度在表土 2~4 厘米。雌虫产卵成块状，外包胶质卵囊，每块有卵 10~20 粒，多达 100 余粒。不同地区，不同世代，卵期差异较大。初孵若虫有群集性，以后逐渐分散，与成虫在同一条枝叶上活动、危害。该虫天敌种类较多，捕食性天敌有步行甲、蛙类和鸟类等；寄生性天敌有寄生蝇、小茧蜂、线虫及真菌等，对该虫的发生有一定的抑制作用。

【预防控制措施】

1. 人工防控　短额负蝗喜欢在土地平整、墒性较好、杂草稀少的洼地产卵，发生严重地区应进行翻耕杀卵，具有良好的防治效果。

2. 生物防控　保护和利用天敌，如保护利用青蛙、蟾蜍和鸟类，可有效防治短额负蝗的发生。

3. 药剂防控　抓住短额负蝗 3 龄以前群集习性，进行突击防治，喷药的重点是田边，喷药时应由田边向中央逐层围歼，防止逃逸。当进入 3~4 龄常转入枣园危害，应及时喷药防治。可用 50%辛硫磷乳油 1000 倍液，或 80%敌敌畏乳油 1500 倍液，或 2.5%溴氰菊酯乳油 2500 倍液，或 20%杀灭菊酯乳油 2500 倍液，或 4.5%高效氯氰菊酯乳油 2500~3000 倍液均匀喷雾。

中华蚱蜢

Acrida cinerea（Westwood）

中华蚱蜢又名尖头蚱蜢、大尖头蜢，属于直翅目，蝗科。

【分布与危害】

该虫分布于宁夏、甘肃、陕西、山西、河南、河北、山东、北京、江苏、安徽、浙江、广东、广西、四川等省（区）。除危害枣、苹果、梨、桃、枸杞、茶外，还危害杨、柳、榆、泡桐及水稻、玉米、谷子、棉花、草坪草等林木及农作物。以成虫、若虫蚕食果树叶片和嫩茎，危害严重时可将叶片吃光。

【形态特征】彩版 37　图 545~546

成虫　体长 30~80 毫米，前翅长 25~65 毫米，体细长，雄虫略小。头圆锥形，长于前胸背板，头顶突出，颜面隆起极狭而向后倾斜，全长具纵沟；复眼长卵形，着生头顶近前端；触角剑形，较短，基部数节较宽。前胸背板平宽，有小颗粒。前翅发达、狭长，超过后足腿节顶端，翅顶尖锐；后翅略短于前翅，长三角形。后足腿节细长，雌成虫长 40~43 毫米，雄虫长 20~22 毫米。

卵　长椭圆形，初产时卵壳表面具有由小瘤状突起组成的近圆形不封闭的小室，在小室中央有一瘤状突起；随卵的发育，卵壳表面的小瘤状突起呈不规则分布。多个卵被泡沫状胶质物包成卵囊，卵囊长 43~67 毫米，径粗 8~9 毫米，形状多样，一般下粗，向上渐细。

若虫　共 6 龄，体形似成虫，但小而无翅。

【生活史与习性】

该虫每年发生 1 代，以卵在土中卵囊内越冬。在华北、西北第二年 6 月越冬卵孵化，蝗蝻出现，7~8 月成虫羽化，6 月下旬至 9 月为蝗蝻成虫危害盛期，10 月上中旬成虫陆续交配，产卵越冬。冬暖多雪，有利于卵的越冬；春夏之交多雨阴湿，土壤湿度大，不利于卵的孵化和蝗蝻发育，当年发生危害轻；干旱年份，管理粗放的园圃有利于蚱蜢发生危害。

【预防控制措施】

参见短额负蝗防控措施。

枣飞象

Scythropus yasumatsui Kono et kono

枣飞象又名食芽象甲、太谷月象、枣月象、枣芽象甲、小灰象鼻虫等，属于鞘翅目，象虫科。

【分布与危害】

该虫分布于甘肃、陕西、河北、河南、山西、山东、辽宁、江苏等省、自治区。主要危害枣、核桃、苹果、梨等果树，也危害杨、桑、泡桐、棉花、大豆等林木和农作物。以成虫危害幼芽，伤口处变为褐色，严重时芽茎被啃成小坑；叶片展开后，常将叶片吃成半圆形或锯齿形缺刻，严重时可将叶片食光。削弱树势，推迟生长发育，影响产量，降低品质。幼虫生活于土内，危害枣树根系。

【形态特征】 彩版 37　图 547~550

成虫　体长 5~7 毫米，体黑色，椭圆形，被白色、土黄色、暗灰色鳞片，腹面银灰色。头宽，喙管短粗，触角膝状，11 节，端部 3 节稍膨大，着生在头管近前部。前胸宽于长，两侧中部圆突，且有灰白色纵线。鞘翅卵圆形，末端稍尖，两侧包向腹面，鞘翅上各有纵刻点 9~10 行和模糊的褐色晕斑。后翅白色透明。

卵　椭圆形，光滑具光泽，初产时乳白色，渐变为淡褐色，近孵化时黑褐色。

幼虫　体长 5~7 毫米，头淡褐色，体乳白色，肥胖，各节多横皱稍弯曲，无足。

蛹　裸蛹，略呈纺锤状，长 4~6 毫米，初为乳白色，后渐变深，羽化前变为红褐色。

【生活史与习性】

该虫每年发生 1 代，以幼虫在土内越冬。第二年 3 月下旬越冬幼虫开始移动到表土活动，并危害叶片。4 月上旬至 5 月上旬化蛹，蛹期 12~15 天。成虫羽化后经 4~7 天出土，即枣芽萌发时成虫出现，4 月下旬至 5 月中旬为成虫盛发期。成虫寿命 20~30 天。成虫多沿树干爬到树上活动，以 10~16 时高温时最活跃，常群集嫩芽上危害，严重时可将幼芽吃光。成虫早晚低温或阴雨天多栖息在树杈处不动，受震动时假死落地，片刻恢复活动。成虫上树后即进行交配，2~7 天开始产卵。雌成虫将卵产在枝干皮缝和枝痕内，数粒成堆产在一起，每头雌虫可产卵 12~45 粒。一般产卵期为 5 月上旬至 6 月上旬，5 月中下旬为盛期。卵期 20 天左右。5 月中旬开始陆续孵化为幼虫，并落地入土危害到秋后做土室在其中越冬。

【预防控制措施】

1. 人工防控

（1）成虫出土期，在树干四周挖深约 5~10 厘米的环形沟，沟内撒药，毒杀爬过的成虫。

（2）成虫发生期，利用其假死习性，敲击树干震落成虫，树下预先铺上塑料布，可集中一起杀死成虫。

（3）结合防治尺蠖，于树干基部绑塑料薄膜带，下部周围用土压实，捕杀上树成虫。

2. 药剂防控

（1）成虫开始出土上树时，用 25% 辛硫磷微胶囊剂 2000 倍液，或 50% 辛硫磷乳油 200~300 倍液，喷洒树干和树干基部附近地面。

（2）成虫上树危害期，可用 50%敌敌畏乳油 1000～1500 倍液，或 50%辛硫磷乳油 1000 倍液，或 2.5%三氟氯氰菊酯乳油 2000～3000 倍液，或 20%氰戊菊酯乳油 2000～3000 倍液均匀喷洒树冠。

（3）结合防治地下害虫，用 5%辛硫磷颗粒剂，每 666.7 平方米用 2 千克，于秋季进行土壤处理，毒杀幼虫有一定的效果。

枣绿象

Jujube Weevil Jiang

枣绿象又称枣绿象甲、绿象甲，属于鞘翅目，象虫科。

【分布与危害】

该虫分布于全国各地枣产区。除危害枣外，还危害酸枣等多种果树、林木，以成虫危害枣树嫩芽和幼叶，严重时可将枣树嫩芽食尽，幼叶吃光。

【形态特征】 彩版 37 图 551～552

成虫 体长约 0.6 毫米，体型较小，绿色。鞘翅表面具有 10 余条纵向沟纹。

幼虫 体乳白色，肥胖弯曲。头褐色，各节多横皱纹，无足。

【生活史与习性】

该虫每年发生 1 代，以幼虫在距地面 5～10 厘米处土壤中越冬。第二年 3 月底至 4 月上旬越冬幼虫化蛹，4 月中旬至 6 月上旬羽化为成虫，成虫羽化后取食枣树嫩芽和幼叶，并进行交配、产卵，5 月上旬至 6 月中旬幼虫孵化后入土，取食危害植物幼根，秋后以老熟幼虫入土越冬。其他生活习性同枣飞象。

【预防控制措施】

参见枣飞象防控措施。

大球胸象

Piazomias validus Motschulky

大球胸象又名球胸象甲，属于鳞翅目，象虫科。

【分布与危害】

该虫分布于黄河流域和淮河流域枣产区。除危害枣、酸枣外，还危害苹果、桑、榆、杨及大豆、甘薯、马铃薯等果树、林木、农作物。以成虫食害枣叶成缺刻，严重时吃光叶片，并排泄黑色黏粪便于叶面，易诱发煤污病发生。

【形态特征】 彩版 37 图 553

成虫 体长 8.8～13 毫米，宽 3.2～5 毫米，体黑色，略发光，被覆淡绿色或灰色间杂金黄色鳞片，雄虫体略小，瘦长，雌虫略大较肥胖。头部略凸隆，表面被覆较密鳞片，鳞片间散布带毛颗粒；喙短粗，长大于宽；触角柄节几乎长达眼的中部。眼相当突出。雄虫前胸宽大于长，略呈球形，中间最宽；雌虫前胸宽卵形，两侧较凸隆。鞘翅卵形，基部宽略窄于前胸基部，两侧略凸，行间 3、5 和 7～10 密覆鳞片，形成明显条纹，行纹细，线形，鳞片间散布带毛的颗粒。雌虫腹部短粗，末端尖，基部两侧各具沟纹一条；雄虫腹部细长，中间凹，末端略圆。

【生活史与习性】

该虫每年发生 1 代，以幼虫在土中越冬。第二年 4~5 月越冬幼虫化蛹，5 月下旬至 6 月上旬羽化为成虫，7 月为成虫危害枣树盛期，严重时可把整树叶片食光，仅留主脉。成虫有假死习性，稍受震动即落地装死，片刻恢复活动。

【预防控制措施】

参见枣飞象防控措施。

棉尖象

Phytoscaphus gossypii Ghao

棉尖象又名棉尖象甲、棉小灰象，属于鳞翅目，象虫总科，耳喙象虫科。

【分布与危害】

该虫分布于黄河流域和长江流域局部地区。除危害枣、棉花外，还危害桃、杏、杨、椿、槐及玉米、高粱、谷子、小麦、大豆、花生、甘薯等。以成虫危害寄主叶片、花蕾，食成孔洞和缺刻。

【形态特征】彩版 37　图 554（左）

成虫　体长 4.1~5 毫米，雄虫瘦小，雌虫较肥大，体淡黄褐色或红褐色，两侧及腹面黄绿色，有金属光泽。头部喙状部长为宽的 2 倍，触角膝状，柄节细长，棒节长卵形。前胸背板略呈梯形，后缘中间突出，有模糊的褐色纵纹 3 条。鞘翅上有明显的纵沟，行间散布半直立的毛；鞘翅上有不规则的褐色云斑。后翅膜质，腿节膨大。

卵　椭圆形，长约 0.7 毫米。

幼虫　体黄白色，头部较大，头及前胸盾板黄褐色。整个虫体向尾端渐细，末节略呈管状突出，围绕肛门后方有 5 个骨化瓣，中间的一个较大，骨化瓣间各有一根刺毛，以中间 2 根较长。幼虫尾端向腹部弯曲。接近化蛹时，虫体颜色变深。

蛹　裸蛹，体长 4~5 毫米。初化蛹时，蛹体透明柔软，乳白色，翅向两侧伸出。以后蛹体颜色变深，两翅向腹面扇出，后翅边缘外露与后足平齐，伸达近腹部末端，腹部各节向尾端渐细，尾端有 2 根较粗的尾刺。接近羽化时头变黄，翅转为灰色，复眼明显变黑。

【生活史与习性】

该虫每年发生 1 代，以幼虫在寄主根部土内越冬，南方在土面下深 10~15 厘米，天气干旱可达 20 厘米左右，北方多在 25~50 厘米。第二年 4~5 月间越冬幼虫上升到土表 5~20 厘米，南方 5 月中旬化蛹，蛹期 8 天，5 月中下旬羽化为成虫；北方 5 月下旬至 6 月初化蛹，蛹期 10~12 天，6 月中下旬成虫出现。温度高，湿度大时，幼虫化蛹和成虫羽化均相应提前。

成虫寿命平均 35 天，危害期从 5 月下旬开始直到 7 月中旬，以 6 月上中旬为危害盛期。成虫羽化出土时间比较集中，先在土内潜伏 2~3 天，再出土活动。出土后 3~4 小时即可危害，以夜间 8~10 时活动危害最烈。白天隐藏在被咬伤的"挂叶"里。成虫有假死习性，受惊后落地装死，片刻恢复活动。能成群迁移危害。成虫出土后 10 天左右交尾，再过 2~4 天产卵，每头雌成虫平均产卵 50 粒，卵产在土块下，卵期 4~6 天。幼虫孵化后在土内以寄主嫩根为食，秋季潜入土下越冬。

【预防控制措施】

参见枣飞象防控措施。

大灰象

Sympiezomias velatus（Chevrolat）

大灰象又称日本大灰象、日本大象甲、大灰象虫、大灰象鼻虫等，俗称灰老道、大灰象，属于鞘翅目，象甲科。

【分布与危害】

该虫在我国发生很普遍，主要分布于东北、黄河流域和长江流域，尤以北方地区发生比较严重；国外分布于日本。该虫危害植物可达 100 多种，它除危害枣、苹果、梨、花椒外，还危害棉花、麻、甜菜、豆类、瓜类等农作物。以成虫爬到苗木上食害新芽、嫩叶，影响苗木生长发育。幼虫危害根部，造成苗木枯死。

【形态特征】彩版 37　图 554（右）~555

成虫　体长 9~12 毫米，灰黄色或灰黑色，密被灰白色鳞片。口吻短而大，长大于宽，中央有沟。头部较宽，卵圆形，头管较宽，表面有 3 条纵沟，头部和喙密被金黄色发光鳞片。触角呈棍棒状，先端成三角形凹入。前胸稍长，两侧略凸，后缘平直，中央有一条纵沟而明显。每个鞘翅上各有 10 条纵刻点和褐色 "U" 形斑纹。后翅退化。

卵　长椭圆形，长 1 毫米，宽约 0.4 毫米，初产时为乳白色，后变为黑色。

幼虫　乳白色，体长 14 毫米，无胸足，似蛆。

蛹　裸蛹，长椭圆形，体长 10 毫米，乳白色，后变为黄色。

【生活史与习性】

该虫在长江流域每年发生 1 代，在我国北方两年发生 1 代，第一年以幼虫在土内越冬，第二年以成虫在土内越冬。成虫越冬者来年 4 月中下旬出蛰活动，爬到苗木上啃食新芽、嫩叶，并进行交配。成虫交配后，于 5 月下旬开始陆续产卵，成块产在叶部尖端，产卵后将叶片尖端从两边折起，把卵块包于折叶中，每片叶产卵约 10 余粒。6 月上旬幼虫孵化后落地钻入土中生活，取食腐殖质和须根，对幼苗危害不大。随着温度的下降，幼虫于 9 月下旬下移至 60 厘米以下深土处做土室越冬。

以幼虫越冬者翌年春季幼虫上升表土层取食，6 月上旬开始陆续化蛹，7 月中旬羽化为成虫，在原处越冬。成虫不能飞翔，只能爬行且行动迟钝。白天不太活动，傍晚和早晨活动取食最厉害。

【预防控制措施】

1. 人工防控

（1）由于大灰象活动迟钝，在成虫发生期间，组织人力捕捉成虫，集中处死。

（2）为了防止当年定植的苗木新芽、嫩叶被成虫危害，在定植后，于苗木接近地面处用报纸扎一伞形纸套，阻止成虫爬到苗木上危害。

2. 药剂防控

（1）成虫出蛰时，在苗木四周撒 5% 辛硫磷颗粒剂触杀成虫，防止成虫爬上苗木危害。

（2）成虫发生危害期，喷洒 50% 辛硫磷乳油 1000 倍液，或 50% 敌敌畏乳油 1500 倍液，或 4.5%高效氯氰菊酯乳油 2000~2500 倍液。间隔 10 天左右喷 1 次，连喷 2~3 次。

蒙古灰象

Xylinophorus mongolicus Faust

蒙古灰象又名蒙古小灰象、蒙古土象，俗称灰老道、放牛，属于鞘翅目，象虫科。

【分布与危害】

该虫分布于甘肃、青海、宁夏、内蒙古、陕西、河北、北京、山东、辽宁、吉林、黑龙江等省、市、自治区。该虫属杂食性害虫，主要危害枣、酸枣、苹果、板栗、核桃、杏、洋槐等果树、林木，也危害玉米、棉花、花生、甜菜、豌豆等农作物。此虫以成、幼虫危害枣树，危害状同大灰象甲。

【形态特征】 彩版 38　图 556

成虫　体长 4~6.5 毫米，体卵圆形，灰色，被灰褐色鳞片。头管较短糙，背面中央有一条纵沟。腹眼黑色，圆形稍突出；触角 11 节，屈膝状，顶三节膨大呈棒状，触角着生在喙的前端。前胸稍呈椭圆形，两侧各有一条灰白色条纹。鞘翅略呈倒卵形，末端稍尖圆，表面密生黄褐色鳞片和绒毛，并散生有褐色鳞片与绒毛，而形成不规则的斑纹；鞘翅上各有 10 条纵刻点。跟前腿节中前端略膨大，第三跗节两叶状。

卵　长椭圆形，长 0.9 毫米，初产乳白色，24 小时后变为黑褐色。

幼虫　体长 6~9 毫米，乳白色，肥胖，略弯曲，体表多皱纹。

蛹　椭圆形，体长 5~6 毫米。

【生活史与习性】

该虫两年发生 1 代，以成虫和幼虫在土内越冬。越冬成虫于 4~5 月间开始出土活动，取食危害。成虫白天活动，以 10 时前后和 16 时前后活动最烈，受惊扰后装死落地，片刻又恢复活动；夜晚和阴天很少活动，多潜伏在枝叶间和根际土缝中。果树、林木的苗木和幼树 5~6 月受害最重，影响树木的生长发育。成虫经一阶段取食后，开始交配、产卵。一般 5 月份产卵，多成块状产于表土中。产卵期约 40 余天，每头雌成虫可产卵 200 余粒。成虫不能飞，有群集性，8 月以后成虫绝迹。5 月下旬幼虫开始孵化，幼虫生活在土内，取食植物根系和腐殖质，至 9 月末做土室越冬。第二年春季继续活动危害，至 6 月中旬开始老熟，做土室化蛹。7 月上旬开始羽化，不出土即在蛹室内越冬，第三年 4~5 月出土。此虫常与大灰象混合发生。

【预防控制措施】

参见大灰象防控措施。

柑橘灰象

Sympiezomias citri Chao

柑橘灰象又名柑橘灰象甲，属于鞘翅目，象虫科。

【分布与危害】

该虫分布于福建、浙江、江西、安徽、湖南、湖北、广东、广西等省、自治区。除危害柑橘、枣、桃、荔枝、枇杷外，还危害桑、茶、棉、茉莉等。以成虫危害嫩叶，被害叶片呈缺刻或孔洞，也啃食幼果，果面凹陷，或呈"疤痕状"，甚至导致落果。

【形态特征】彩版 38　图 557

成虫　体长 7.9~12.5 毫米，宽 3.6~4.7 毫米，体椭圆形，粗胖，被覆深浅褐色鳞片，背面几乎不发光。喙短粗，长明显大于宽，中沟端部宽而深，端部缩窄，伸至头顶。触角柄节短，仅达眼前缘。眼大，较凸隆。前胸宽大于长，后缘宽于前缘，中沟宽而深，中纹深褐色，中沟两侧散布粗大颗粒。鞘翅背面密被白色和深褐色鳞片，白色中带明显，有时模糊；行纹较粗，刻点清楚，行间扁平，各有一行短卧毛，从侧面不易看到。

卵　长筒形，乳白色。

幼虫　淡黄色，无足。

蛹　淡黄色，腹末有一对黑褐色刺。

【生活史与习性】

该虫在福建每年发生 1 代，少数两年发生 1 代，以成虫和幼虫越冬。越冬成虫于第二年 4 月初开始出土，爬上树梢危害嫩叶，4 月上中旬陆续交配产卵，4 月下旬至 7 月中旬孵化出幼虫，9 月底至 10 月底陆续化蛹，10 月底开始羽化为成虫，当年以成虫在蛹室内越冬。7 月下旬以后由卵孵化出的幼虫，当年以 2~3 龄幼虫于 10 月下旬开始作土室越冬。第二年 9 月中旬开始化蛹，10 月中旬至 11 月羽化为成虫，并以成虫越冬。

成虫常群集危害，有假死习性，稍有惊扰即落地装死不动，片刻恢复活动。成虫交配后，雌成虫将卵产于两叶之间近叶缘处，并分泌黏液使叶片黏合。卵孵化后，幼虫入土在 10~15 厘米深的土层中，取食植物微细根系和腐殖质。

【预防控制措施】

参见大灰象防控措施。

桑窝额萤叶甲

Fleutiauxia armata（Baly.）

桑窝额萤叶甲又名枣窝额萤叶甲、桑萤叶甲，属于鞘翅目，叶甲科。

【分布与危害】

该虫分布于甘肃（陇南）、陕西、四川、河南、吉林、黑龙江、浙江、湖南、湖北等省。除危害枣、酸枣、桑树外，还危害胡桃、柏树等林木。该虫主要在南方危害桑树，近年来逐渐向北方扩散，食性转移，主要危害枣树，成为北方枣树的主要害虫。以成虫、幼虫危害寄主叶片，食叶成缺刻或孔洞，严重时将叶吃光。

【形态特征】彩版 38　图 558

成虫　体长 5.5~6 毫米，宽 2.8~3 毫米，体黑色。头前半部黄褐色或黑褐色，后半部蓝色。雄虫额区为一较大的凹窝，窝的上部中央有一个显著的凸起，其顶端盘状，表面中部具毛；雌虫额区正常。触角约与体等长，第二节极小，雄虫第三节的长度为第二节的 3.5~4 倍，雌虫约为 3 倍。前胸背板宽大于长，两侧在中部之前稍膨阔；盘区微凸，两侧各有一个明显的圆凹，刻点细小。小盾片三角形，无刻点。鞘翅蓝色，两侧近于平行，基部表面稍隆，刻点密集。雄虫腹部末节 3 叶状，中叶近方形。前足基节窝开放，爪附齿状。

【生活史与习性】

该虫在北方每年发生 1~2 代，南方发生 2~3 代，以成虫在杂草及土缝中越冬。西北地区 4 月下旬至 5 月上旬越冬成虫出蛰活动，5 月下旬危害幼苗和成株叶片，6~7 月为危害盛期。成虫活泼善跳，有假死习性，白天活动危害，并交配产卵。雌成虫将卵产于植株四周土表，每头雌虫产卵几十粒至数百粒。卵期 6~7 天。幼虫孵化后就近在土中危害植株根部，幼虫老熟后在枝叶上及土内化蛹。蛹期约 7 天羽化为成虫，成虫羽化后取食一段时间，于 9~10 月寻找适宜场所越冬。

【预防控制措施】

1. 人工防控

（1）秋收后及时清除枣园杂草和枯枝落叶，集中烧毁或深埋，可消灭部分越冬成虫。如能结合秋翻效果会更好。

（2）成虫发生期，利用成虫的假死习性，摇动树干，震落成虫，收集一起深埋或烧死。

2. 药剂防控

（1）树上喷药　成虫发生后，用 20% 戊菊酯乳油 2500 倍液，或 20% 甲氰菊酯乳油 2500 倍液，或 20% 溴氰菊酯乳油 2000~2500 倍液均匀喷雾，采收前 7~10 天停止用药。

（2）土壤处理　参见酸枣光叶甲防控措施，可消灭部分越冬成虫。

皱背叶甲

Abiromorphus anceyi Pic

皱背叶甲又名铜色皱背叶甲、枣皱背叶甲，属于鞘翅目，肖叶甲科。

【分布与危害】

该虫分布于河北、北京、辽宁、吉林、湖北、江苏等省、市。国外朝鲜也有分布。除危害枣、酸枣外，也危害桃和杨、柳等果树、林木。以成虫危害寄主叶片，食叶成孔洞和缺刻，发生严重时吃光叶片。

【形态特征】　彩版 38　图 559

成虫　体长 6~8 毫米，宽 2.2~3.9 毫米，体略呈长方形，背面金属绿色，常具紫铜色光泽，腹面紫铜色或铜绿色。体被灰色或银白色卧毛。头部刻点大而深，刻点间距隆起呈皱纹状，上唇横宽，棕黄色，具一横列 7、8 个刻点。触角丝状，棕黄色，长稍超过鞘翅肩部。前胸背板横宽，略呈方形，两侧中部稍凹下，侧边完整。小盾片宽短，光亮，末端钝圆。鞘翅两侧平行，盘区全面密布横皱褶，刻点较大且深，基部刻点较端部的明显。足棕黄色，腿节粗大，无齿，爪简单。

【生活史与习性】

该虫每年发生 1~2 代，以成虫越冬。生活史和习性与酸枣光叶甲近似。

【预防控制措施】

参见酸枣光叶甲防控措施。

酸枣隐头叶甲

Cryptocephalus japanus Baty

酸枣隐头叶甲又名八星隐头叶甲、隐头酸枣叶甲，属于鞘翅目，肖叶甲科，隐头叶甲亚科。

【分布与危害】

该虫分布于甘肃（陇东、陇南）、宁夏、陕西、河南、河北、山东、山西、北京、辽宁、黑龙江等省、市、自治区。除危害酸枣、枣外，还危害圆叶鼠李等，以成虫和幼虫危害叶片和花器，将叶食成缺刻和孔洞，严重时吃光叶片和花器，造成减产。

【形态特征】 彩版38 图560~562

成虫 体长0.6~8毫米，宽3.5~4.5毫米。头部黑色，刻点细密。触角黑色，雌虫触角短，约达鞘翅肩部，雄虫触角长，约达体长的3/4，在触角基部有一个小光瘤。前胸背板淡黄色，具黑斑，前胸横宽，盘区中部有2条呈括弧形的黑色宽纵纹，在纵纹与背侧缘之间有一个黑色小圆斑，在纵纹之内，近后方有一个黑色小圆斑或2个黑色细斑纹。小盾片三角形。鞘翅淡黄色至棕黄色，翅基缘和小盾片两侧明显隆起，自小盾片两侧沿中缝至鞘翅端缘内侧的一半有一条黑纵纹。每个鞘翅上一般有4个黑斑，位于中部之前和中部之后各2个。斑纹大小和数目常有变异，有时除肩胛处的一个斑外，其余均消失。

【生活史与习性】

该虫每年发生1代，以成虫在土内越冬。第二年4~5月越冬成虫出蛰活动，6~7月为成虫发生危害盛期。6月上旬开始产卵。雌成虫将卵产于叶片上，6月中下旬开始孵化为幼虫，幼虫老熟后陆续入土化蛹，8月新一代成虫出现，危害一段时间后，于9月间陆续入土越冬。

成虫有假死习性，稍受震动即落地装死，片刻恢复活动。成虫交尾后，雌虫将卵产于叶片上，幼虫孵化后在叶片上活动，取食叶肉，稍大食害叶片成缺刻或孔洞。

【预防控制措施】

1. 人工防控

（1）入冬封冻前，深翻树盘，将下层土翻到上层，一来破坏成虫越冬场所，二来可将越冬成虫翻到地面，让鸟类捕食或冻死。。

（2）成虫发生危害期，利用成虫的假死习性，组织人力，摇动树干，捕杀落地成虫。

2. 药剂防控

（1）土壤药剂处理。入冬前，结合秋耕，每666.7平方米用40%辛硫磷微胶囊剂0.5升，或5%辛硫磷颗粒剂2千克，拌细土30千克，均匀撒入园地及树冠下，然后浅耙混土，消灭越冬成虫。

（2）成虫发生期，用50%敌敌畏乳油1000~1500倍液，或20%甲氰菊酯乳油2000~2500倍液，或2.5%溴氰菊酯乳油2500~3000倍液，或4.5%高效氯氰菊酯乳油2500~3000倍液，或10%吡虫啉乳油2500倍液均匀喷雾，对成虫有良好防效。

蓝毛臀莹叶甲东方亚种

Agelastica alniorientalis Linnaeus

蓝毛臀莹叶甲东方亚种又名柳蓝叶甲、杨蓝叶甲、杨柳蓝叶甲、东方叶甲，属于鞘翅目，叶甲科。

【分布与危害】

该虫分布于甘肃（张掖、酒泉、兰州）、青海、宁夏、陕西、新疆、四川等省、自治区。除危害枣、酸枣外，还危害梨、苹果、杏、杨、柳、花椒等果树、林木。成、幼虫均食害叶片，将叶片食成网眼状；发生严重时，大量取食叶片、叶肉，仅留叶脉，影响幼苗、幼树生长发育。

【形态特征】 彩版38 图563~566

成虫 体长6.6~8.6毫米，宽3.8~5毫米，体椭圆形，蓝色。头、前胸背板蓝黑色，头顶中央凹洼，有细皱纹，刻点细密；触角念珠状，为体长之半，黑色，2~4节较细小，5~11节渐次膨大；复眼黑色。前胸背板宽为长的2倍，四边具边框，两侧缘圆形，表面隆凸，刻点稠密。小盾片三角形，光洁无刻点。鞘翅蓝色稍带紫，有强烈金属光泽，两侧在中部之后膨阔，翅面密布成行小刻点，与背板的刻点同样密集，但较粗大。

卵 椭圆形，块状，初产时淡黄色，后变为橙黄色，近孵化时为灰黄色。

幼虫 较扁平，长11~12毫米，灰黑色发亮。头黑褐色。胴部各节背面有横行隆起，各节两侧均有3个黑色瘤状突起，生有3~4根黄毛。臀足呈吸盘状。

蛹 长椭圆形，体长7~8毫米。橙黄色。

【生活史与习性】

该虫在西北地区每年发生1代，以成虫在地表覆盖物下、地埂浅土层内越冬。第二年春季枣、杨、柳发芽时，越冬成虫出土上树取食嫩叶，3~4天后成虫进行交配，雌虫将卵产在叶背，竖立单层排列为块状，雌虫一生可多次交配、多次产卵，每头雌虫产卵5~6块，每块有卵数十粒。卵经7天左右孵化为幼虫，孵化盛期为5月中下旬。初孵化幼虫取食卵壳表面黏液，1~2天后幼虫群集于叶背，啃食叶肉，残留表皮，2龄分散取食，3龄幼虫老熟后爬至树基部周围浅土层中作土室化蛹。6月下旬开始化蛹，7月上旬为化蛹盛期。蛹期20~25天。7月中下旬成虫羽化后活动危害，但不再交配、产卵。成虫期当气温超过25℃时，潜伏土中越夏，9月中旬上树危害，10月中下旬下树，潜伏在枯枝落叶、杂草下，随气温下降而潜入2~4厘米深土内越冬。

【防治方法】

1. 人工防治

（1）枣园附近禁止栽种杨、柳等寄主林木，减少宿主，缩小活动范围，以减轻对枣树的危害。

（2）冬、春季清扫或铲除枣园内的杂草、落叶，集中一起烧毁，可消灭部分越冬成虫。

（3）利用成虫的假死习性，早春越冬成虫上树危害时，人工震落捕杀，或利用成虫产卵成堆的习性，人工摘除卵块，集中深埋。

2. 药剂防治

成虫和幼虫发生危害期，可用50%敌敌畏乳油1000~1500液，或50%辛硫磷乳油1000倍液，或4.5%高效氯氰菊酯乳油2500~3000倍液，或2.5%联苯菊酯乳油2500~3000倍液，树上喷雾。

毛隐头叶甲

Cryptocephalus pilosellus Suffrian

毛隐头叶甲又名隐头毛叶甲，属于鞘翅目，肖叶甲科，隐头叶甲亚科。

【分布与危害】

该虫分布于甘肃（庆阳）、宁夏、陕西、青海、河北、山东、山西、北京、黑龙江等省、市、自治区。除危害枣、酸枣外，还危害榆树等植物，以成虫和幼虫食害寄主叶片，将叶食成缺刻和孔洞，严重时吃光叶片。

【形态特征】 彩版 38　图 567

成虫　体长 3.5~5 毫米，宽 2.1~2.5 毫米，圆柱形，黑色，有时带绿色光泽。头部刻点小而清楚，不密；触角棕黄色或淡褐色，雄虫触角约达体长的 2/3，雌虫触角较短，约达鞘翅肩部，在两触角基部之间有一个中间稍中断的大横斑；除复眼的外侧上部外，沿复眼有一圈宽窄不等的淡黄色斑纹。前中胸后侧片黄色，前胸背板后缘中部向后突出，与小盾片相对应处平截，除后缘的两侧外，沿背板边缘有一圈黄色窄纹。小盾片黑色，略呈三角形或长方形。鞘翅棕黄色或土黄色，基缘和小盾片的后方均明显隆起，刻点不密而粗大，排列成略规则的纵行，盘区具三列黑横斑，第一列由 2 个斑组成，第二列由 4 个形状不规则的纵斑连接而成，第三列靠近翅端，由 3 个形状不规则的纵斑连接而成。翅斑的数目常有变异，有时大多数消失，仅留下肩胛处一个黑斑。足棕黄色或棕红色，腿节中部有黑斑，雄虫的胫、跗节褐色或黑褐色。

【生活史与习性】

该虫每年发生 1 代，以成虫越冬。生活史和习性与酸枣隐头叶甲相似。

【预防控制措施】

参照酸枣隐头叶甲防控措施。

酸枣光叶甲

Smaragdina mandzhura（Jacoson）

酸枣光叶甲又名枣光叶甲，属于鞘翅目，肖叶甲科。

【分布与危害】

该虫分布于甘肃（陇东）、陕西、山西、内蒙古、北京、河北、辽宁、吉林、黑龙江、山东、江苏、浙江等省、市、自治区。主要危害枣、酸枣，还危害榆及芒属植物。以成虫和幼虫食害寄主叶片和花器，危害状同黑额光叶甲。

【形态特征】 彩版 38　图 568

成虫　体长 3 毫米，宽 1~1.5 毫米，体小，狭长圆筒形，金绿色或深蓝色，具金属光泽。头顶隆凸，刻点小而稀，复眼之间低凹；上唇黄褐色，上鄂顶端暗红色；触角短，不到前胸背后缘，基部 4 节光裸无毛，第一节金绿色或深蓝色，第二至四节黄色，其余各节烟褐色至黑色，具蓝绿色光泽。前胸背板宽而隆凸，侧缘弧形，表面刻点粗密，在大刻点中间密布微细刻点，是本种的重要特征。小盾片三角形，表面高凸，末端圆形。鞘翅中后部略宽，表面隆凸，刻点粗密，靠近中缝和端部略呈纵行排列；肩胛显突，光亮无刻点。雌虫腹部末节中央具浅的圆形凹窝。各足跗节微带褐色。

【生活史与习性】

该虫在北方每年发生 1~2 代，以成虫在土缝、石块下及枯枝落叶和杂草内越冬。第二年 4 月中下旬，越冬成虫开始出蛰活动，并交配产卵，雌成虫将卵产于土内，5 月上中旬幼虫陆续孵化，6月上旬老熟幼虫在土内化蛹，6月下旬7月初第一代成虫出现，并交配、产卵，7月下旬幼虫陆续孵化，8月中下旬幼虫老熟在土内化蛹，9月初渐次羽化为成虫，成虫一直危害到10月上中旬，便寻找适宜场所陆续越冬。

成虫极活泼，善跳跃，常食叶、花器成孔洞和缺刻；成虫还有假死习性，稍被触动，即落地装死，片刻恢复活动。成虫产卵于土内，幼虫孵化后生活在土内，就近食害根部。

【预防控制措施】

1. 人工防控

（1）加强枣园的田间管理，6月上中旬与8月中下旬分别在枣园进行中耕，消灭幼虫及蛹。

（2）枣收获后，及时清扫树冠下枯枝、落叶，铲除杂草，集中一起烧毁，可消灭部分越冬成虫。

2. 化学防控

（1）土壤处理　根据成虫在土内越冬的习性，于枣树发芽前，先将树冠下土壤刨松，然后每公顷用50%辛硫磷乳油8~8.5升，或50%甲基辛硫磷乳油8.5升，分别加水450升喷洒到地面，施药后用钉齿耙纵横交叉耙两遍，使药剂均匀混入土内。

（2）树上喷药　4月下旬于越冬成虫出蛰盛期，喷洒90%晶体敌百虫800~1000倍液，或40%乐果乳油1000~1500倍液，或50%敌敌畏乳油1500倍液，或20%氰戊菊酯乳油2500倍液，或4.5%高效氯氰菊酯乳油2500倍液，均有显著防效。此外，以上两种方法结合使用，防控效果会更好。

黑额光叶甲

Smaragdina nigrifrons（Hope）

黑额光叶甲又名黑额叶甲、双宽带叶甲，属于鞘翅目，肖叶甲科。

【分布与危害】

该虫分布于西北、华北、华南等省、市、自治区。除危害枣、酸枣外，还危害花椒、猕猴桃、蔷薇、玫瑰、云实、柳以及玉米、粟、豆类等植物。以成虫咬食枣芽、叶片，将叶食成缺刻和孔洞，严重时吃光叶片。

【形态特征】　彩版38~39　图569~572

成虫　体长6.5~7毫米，宽3毫米，长方形或长圆形。头部漆黑，头顶高凸，前缘有斜皱，头部在两复眼间横向下凹，唇基稍隆起并有深刻点，上唇端部红褐色。触角细短，除基部4节为黄褐色外，其余为黑色至暗褐色。前胸背板隆凸，红褐色或黄褐色，光亮，有的生黑斑。小盾片三角形，黄褐色至红褐色。鞘翅黄褐色至红褐色，有宽横带2条，一条在基部，一条在中部稍后。腹部腹面颜色雌雄差异较大，雄虫多为红褐色，雌虫多为黑色至暗褐色。足基节、转节黄褐色，其余为黑色。

【生活史与习性】

该虫在北方每年发生1~2代，南方2~3代，以成虫越冬。生活史和习性与酸枣光叶甲相似。

【预防控制措施】

参照酸枣光叶甲防控措施。

李叶甲

CLeoporus variabilis（Baly）

李叶甲又名酸枣叶甲，属于鞘翅目，肖叶甲科。

【分布与危害】

该虫分布于甘肃（东部）、陕西、河北、河南、山西、山东、北京、黑龙江、辽宁、江苏、江西、浙江、福建、台湾、湖南、广东、广西、四川、贵州、云南等省、市、自治区。国外分布于日本、朝鲜、俄罗斯（西伯利亚）等国家。除危害枣、酸枣、李外，还危害苹果、桃、柠檬及麻栎、青冈等果树、林木。以成虫危害枣树叶片，食成缺刻和孔洞，严重时吃光叶片。

【形态特征】 彩版39　图573

成虫　体长3~4毫米，宽2~3毫米，体长卵形。体色多变异，通常蓝黑色至漆黑色，有或无光泽。头红褐色，光亮，有时头顶黑色，中央有一条纵沟；触角细长，约达体长之半，基部6节黄褐色，其余各节烟褐色。复眼内沿有一条深宽纵沟，至眼的后方呈扇形展宽。前胸背板宽大于长，侧缘直，向前端收狭，前侧片前缘强烈突出，边缘反折，覆盖部分复眼。小盾片半圆形，光滑无刻点。鞘翅基部宽于前胸，肩胛隆起，其下微凹，刻点粗大，行列整齐，近外侧排列较混乱，向末端渐浅细。各足腿节腹面具有一个刺状突起，有时后足腿节的刺突微小不显著。

【生活史与习性】

该虫在北方每年发生1~2代，南方2~3代，以成虫越冬。第二年4、5月间成虫出蛰活动，5~6月上旬为盛期，6~8月间随气温升高，多集中在树冠中，白天活动，有假死习性，受惊后落地装死，片刻恢复活动。卵产在土中，幼虫孵化后在土中食害寄主幼根，幼虫老熟后在土中化蛹，羽化。

【预防控制措施】

参照酸枣光叶甲防控措施。

枣二点钳叶甲

Labidostomis bipunctata（Mannerheim）

枣二点钳叶甲又称二点钳叶甲、枣二点叶甲、二点黄叶甲，属于鞘翅目，肖叶甲科，锯角亚科。

【分布与危害】

该虫分布于甘肃、陕西、山西、内蒙古、河北、北京、山东、辽宁、黑龙江等省、市、自治区。国外分布于朝鲜、俄罗斯（西伯利亚）等国家。除危害枣、酸枣外，还危害梨、李及榆、杨、柳、多花胡枝子等植物。以成虫和幼虫食害枣叶，将叶片吃成缺刻和孔洞，严重时吃光叶片，影响枣树生长。

【形态特征】 彩版39　图574~576

成虫　体长7~11毫米，宽3.5~4毫米，长方形，雄虫体较小，蓝绿色至靛蓝色，具金属光泽。触角基部 4 节黄褐色，锯齿节蓝黑色。鞘翅黄褐色，肩胛上各有一个黑斑。雄虫体形较狭长，头大、长方形，上颚强大，钳形前伸，上唇黑色，前缘常带红褐色。头顶高凸，刻点细密，复眼之间凹陷深圆。前胸背板刻点细密，近前缘中线两侧有 2 个斜凹。小盾片无刻点。鞘翅刻点细密，不规则排列。前足胫节长于腿节，弓弯，内侧前缘着生一排刷状束毛。雌虫体形粗壮，头部向下，上颚正常，两复眼间凹陷浅，前足胫节与腿节等长或稍长，不弓弯。

【生活史与习性】

该虫每年发生 1 代，以成虫越冬。第二年 4~5 月成虫出蛰活动，树发芽后食害嫩芽、幼叶，并交尾、产卵，雌成虫将卵产于叶片上，5 月下旬开始出现幼虫，幼虫孵化后危害叶片，6~7 月为危害盛期，7 月下旬 8 月初新一代成虫出现，一直危害到 9~10 月间，寻找适宜场所越冬。成虫有假死习性，稍受惊动，便落地装死，片刻恢复活动。

【预防控制措施】

1. 人工防控

利用成虫的假死习性，摇动树体，成虫便落地装死，然后进行扑杀。

2. 药剂防控

成虫发生期，喷洒 50% 辛硫磷乳油 1000~1500 倍液，或 50% 敌敌畏乳油 1500 倍液，或 20% 甲氰菊酯乳油 2500~3000 倍液，或 20% 溴氰菊酯乳油 2000~2500 倍液，毒杀成虫。

枣掌铁甲

PLatypria melli Uhmann

枣掌铁甲又名枣铁甲，属于鞘翅目，铁甲科。

【分布与危害】

该虫分布于湖南、广东、广西、浙江、福建等省、自治区。除危害枣、拐枣外，还危害马甲子等植物。以成虫、幼虫食害寄主叶片，严重时叶片被吃成千疮百孔的网状，仅残留叶脉和叶柄。

【形态特征】彩版 39　图 577

成虫　体长 6.2~7 毫米，宽 2.8~3 毫米，体棕黄色至棕色。触角 9 节，细长，丝状，超过鞘翅中部。前胸宽大于长，无光泽，前胸背板具黑斑；盘区有 4 个大黑斑，前面 2 个较小，前后相连接；前胸侧叶各具刺 6 根，前后刺短小。小盾片黑色，两侧具瘤突或刺 2 个。鞘翅基部、前后叶基部与盘区相接处、背刺、瘤突及其基部附近均为黑色；刻点深圆，每刻点内边有一根极微细短卧毛；翅背具刺和瘤突，行距 II 中部有大刺 1 根，大刺前锥形小瘤一个，两者间常有一个极小瘤突，大刺后小瘤突 4 个，其数常有增减；行距 IV 中大刺 1 根，与行距 II 大刺并列，端部大刺 1 根，其后小瘤突 2~4 个；行距 VI 中部以后小瘤突 2~3 个或消失，肩刺 4 根；行距 VIII 有小瘤突或黑斑 3 个。

卵　乳白色，快孵化时灰黑色。

幼虫　体扁平，黄白色。

蛹　为裸蛹，黄褐色。

【生活史与习性】

该虫每年发生1代，以成虫越冬。第二年春季成虫出蛰活动，并交配、产卵，4月下旬至5月上旬开始出现幼虫，5~7月为幼虫发生高峰期，危害寄主叶片最严重，7月中旬至8月因气温较高，成虫在叶背越夏，故危害较轻，9月份为该虫危害严重的又一个高峰期，11月中下旬成虫潜入杂草丛中、落叶内或土中越冬。

【预防控制措施】

发生数量不多，无须单独防控，在防控其他害虫时即可兼治。

黄曲条跳甲

Phyllotreta striolata（Fabricius）

黄曲条跳甲又名黄曲条菜跳甲、黄条跳甲，俗称菜蚤子、土跳蚤、黄跳蚤、狗虱子等，属于鞘翅目，叶甲科。

【分布与危害】

该虫分布于全国各省、市、自治区。除危害枣、酸枣外，还危害甘蓝、花椰菜、白菜、菜苔、萝卜、芜菁等十字花科蔬菜，也危害茄果类、瓜类、豆类蔬菜。以成虫食叶，刚出土的幼苗叶片被吃光后，整株死亡，造成缺苗断垄；幼虫只危害根皮，咬断须根，使地上部叶片枯萎死亡。

【形态特征】彩版39　图578~581

成虫　体长1.8~2.4毫米，黑色。鞘翅上各有一条黄白色纵斑，中部狭而弯曲。后足腿节肥大，善跳。

卵　椭圆形，淡黄色，半透明。

幼虫　体长约4毫米，长圆筒形，黄白色，各节具不显著肉瘤，生有细毛。

蛹　体长约3毫米，椭圆形，乳白色，翅芽和足达第五腹节，腹末有一对叉状突起。

【生活史与习性】

该虫在西北、东北每年发生2~3代，华北4~5代、华东5~6代，广东7~8代，均以成虫在落叶、杂草中潜伏越冬。第二年气温达10℃以上开始出蛰取食，20℃时食量大增。成虫善跳跃，高温时还能飞翔，以中午前后活动最盛。有趋光性，对黑光灯敏感。成虫寿命长，产卵期可延长一个月以上，故世代重叠，发生极不整齐。雌虫交配后将卵散产于植株周围湿润土缝中或细根上，每头雌虫平均产卵200粒，20℃下卵发育历时4~9天，幼虫需在高湿条件下才能孵化，因此在沟边的田里幼虫多。幼虫孵化后在3~5厘米的表土层啃食根皮。幼虫发育历时11~16天，共3龄。幼虫老熟后入土3~7厘米深处土中作土室化蛹。蛹期20天。全年以春、秋两季发生危害严重，湿度高的苗圃比湿度低的苗圃发生重。

【预防控制措施】

1. 人工防控　枣和十字花科蔬菜收获后，及时清除残株、落叶，并铲除杂草，集中一起烧毁或深埋，消灭其越冬场所和食料。

2. 农业防控　苗圃播种前深耕晒土，造成不利于幼虫生活的环境条件，并消灭部分蛹。铺设地膜，避免雌成虫把卵产在根部。

3. 物理防控　利用成虫的趋光习性，于成虫发生期，在田间设置黑光灯，诱杀成虫。

4. 药剂防控　可用90%晶体敌百虫1000倍液，或50%辛硫磷乳油1000倍液，或50%

马拉硫磷乳油 1500 倍液，或 21%增效氰·马乳油 3000 倍液喷雾，可防治成虫。前种药剂还可以灌根，防治幼虫。

第三节　刺吸害虫

危害枣树的刺吸害虫主要有 48 种。分属于同翅目的蚜科、粉虱科、蜡蝉科、广翅蜡蝉科、角蝉科、叶蝉科、木虱科、蜡蚧科、盾蚧科、硕蚧科、粉蚧科；半翅目的蝽科、盲蝽科、网蝽科及缨翅目的蓟马科害虫。它们均以刺吸口器吸取叶片、嫩枝、枝干和果实的汁液，危害严重时可使叶片焦枯、枝干枯死，是枣树的一类重要害虫。这一类害虫，一般个体小，繁殖率高，世代多，容易发生。同时有些害虫还能分泌蜜露，引起煤污病的发生，影响光合作用，妨碍枣树的生长发育。防控这类害虫要在保护自然天敌、合理用药上下功夫，才能控制它们的危害。

栗大蚜

Pterochlorus tropicalis Van der Goot

栗大蚜又名栗大黑蚜，属于同翅目，大蚜科。

【分布与危害】

该虫分布于甘肃（陇东、陇南）、陕西、河北、河南、北京、吉林、辽宁、江苏、浙江、台湾、江西、广东、广西、四川等省、市、自治区。主要危害枣、酸枣和板栗，以及其他壳斗科树木。以成、若虫群集新梢、嫩枝和叶片上，刺吸汁液，影响新梢和枣果生长，削弱树势。

【形态特征】 彩版 39~40　图 582~586

成蚜　有翅胎生雌成蚜体长 3~4 毫米，翅展 13 毫米，体黑色。头、胸部黑色；触角第三节有大小圆形次生感觉圈 9~21 个，第四节有 4~5 个。翅赭褐色，不透明，翅脉黑色，前翅端部有 3 个白斑，其中 2 个位于前缘近顶角处。腹部淡黑色，第一、八节各有横带，第一节斑中断，背毛长，第八腹节有毛 60 余根。无翅胎生雌成蚜体长 3~5 毫米，黑色，密生细毛，腹部肥大，腹管短小，足细长。

卵　长椭圆形，长径约 1.5 毫米，初产时暗褐色，后变为黑色，有光泽。

若蚜　无翅若蚜与无翅胎生雌成蚜相似，但体形小，色淡，腹管痕迹明显。有翅若蚜胸部发达，后期长出翅芽。

【生活史与习性】

该虫每年发生 10 余代，以卵在主干或枝干表面越冬。第二年 4 月越冬卵开始孵化为无翅胎生雌蚜，常数百头群集于枝梢上危害，并繁殖。5 月上中旬产生有翅胎生雌蚜，迁飞扩散至嫩梢、叶片上危害，或迁往其他夏季寄主上繁殖，秋季又迁回枣树上集中危害枝条。10 月间产生有性蚜，雌、雄交配后雌蚜产卵越冬。

【预防控制措施】

1. 人工防控

（1）冬、春季节刮除老树皮，或用铁刷刷除卵块，集中一起烧毁。

（2）当虫口密度不大时，如每株枣树上有几根枝条上群集危害时，可人工剪除，集中一起烧毁。

2. 药剂防控

（1）在树基部 1 米多高处，刮去粗皮露出黄白色皮层，成为 30 厘米宽的环带状，然后涂以 40%乐果乳油 10~20 倍液，连涂 2 次，然后用旧纸包扎，以防人畜中毒。

（2）虫口密度大时，于卵孵化盛期，喷洒 2.5%溴氰菊酯乳油 2500~3000 倍液，或 20%氰戊菊酯 2500~3000 倍液，或 25%唑蚜威乳油 1500~2000 倍液，或 10%吡虫啉可湿性粉剂 2000 倍液。

3. 生物防控

参见桃蚜防控措施。

桃　蚜

Myzus persicae（Sulzer）

桃蚜又名桃赤蚜、菜蚜、波斯蚜、烟蚜等，属于同翅目，蚜科。

【分布与危害】

该虫分布于全国各地及世界各国家。除危害枣、酸枣、桃、杏、李外，还危害茄子、辣椒、烟草、十字花科、豆科、瓜类蔬菜等农作物。成、若蚜以刺吸口器刺吸寄主叶片、嫩梢汁液，常引起卷叶。又可传播百余种病毒病；它们分泌的蜜露，还可引起霉污病的发生，影响枣树生长发育。

【形态特征】 彩版 40　图 587~589

成蚜　有翅胎生雌蚜体长 1.6~2.1 毫米，翅展 6.6 毫米。头、胸部黑色，头部额瘤显著向内倾斜。触角第三节有感觉圈 10~15 个排列成一行，第五、六节各有一个。翅的支脉分三叉。第一腹节有一横排零星狭小横斑，第二节背中具窄横带。腹部墨绿色，背面有黑色斑块，其他与无翅胎生蚜相似。无翅胎生雌蚜体长 1.8~2.6 毫米，宽 1.1 毫米，头、胸部黑色。体色多变化，有黄绿、深绿、淡红或橘红色；体表有粗糙粒状结构和深绿色斑块。腹管长呈圆筒状，先端有黑圈。尾片锥形，短而突出，略为灰白色。

卵　长椭圆形，两端盾圆，长 0.8~1 毫米，宽 0.3~0.5 毫米，上有白色附着丝 1 根。初产时绿色，渐变为墨绿色，后为黑绿色。

若蚜　近似无翅胎生雌蚜；有翅若蚜胸部发达，具翅芽。

【生活史与习性】

桃蚜每年发生 15~18 代，以卵越冬，有转移寄主习性。越冬寄主多为枣、桃、杏、李等果树；夏寄主为茄科及十字花科等作物。早春 4 月越冬卵孵化为干母，大多集中在苞叶、花芽处取食。在越冬寄主上繁殖 2~3 代后，于 5 月上旬产生有翅蚜，飞到枣等夏寄主上孤雌胎生繁殖。平均 9~10 天繁殖 1 代，在温度较高的 6~8 月份，每 7~9 天繁殖 1 代，9~10 月份温度下降后约 15 天繁殖 1 代。9 月下旬至 10 月上旬又产生有翅胎生雌蚜迁回越冬寄主上产生有性蚜。10 月下旬枣树落叶时，雌雄蚜交配后，雌蚜将卵产于枣、桃、杏、李树的芽腋、小枝杈、树皮裂缝处，卵散产，一般每处 1~2 粒，卵被附着丝固定越冬。

【预防控制措施】

1. 人工防控

秋末及时清洁田园，拔除田间、地埂上的杂草，减少蚜虫部分越冬场所。此外枝条上越冬卵多时，应及时剪除烧毁。

2. 生物防控

我国利用瓢虫、草青蛉等控制蚜虫已收到良好效果。在枣园中恒定保持瓢虫与蚜虫1：200 左右的比例便可不用药，利用瓢虫控制蚜虫。

3. 药剂防控

（1）于蚜虫发生初期和枣采收后，用25%唑蚜威乳油1500～2000 倍液，或50%敌敌畏乳油2000 倍液，或20%氰戊菊酯乳油3000～3500 倍液，或1.8%阿维菌素乳油2000～3000 倍液，或1.45%捕快（阿维 . 吡）可湿性粉剂 800～1000 倍液，或20%丁硫百克威乳油1000～1500 倍液均匀喷雾。

（2）枣树萌芽期或果实采收后，用50%丙溴磷乳油或50%辛硫磷乳油与柴油分别按1：50、1：100倍液，在树干30～50 厘米处涂一条3～5 厘米宽的药环，治蚜效果较好。

斑衣蜡蝉

Lycorma delicatula（White）

斑衣蜡蝉俗称樗鸡、春姑娘、花姑娘，属于同翅目，蜡蝉科。

【分布与危害】

斑衣蜡蝉分布于甘肃、陕西、山西、四川、江苏、浙江、河南、北京、河北、山东、广东、台湾等省（市）。危害枣、酸枣、花椒、香椿、臭椿、刺槐、楸、榆、青桐、枫、栎、合欢、杨、杏、李、桃、海棠、苹果等果树、林木。成虫、若虫刺吸寄主植物汁液，致使叶片萎缩、枝条畸形，并分泌露状排泄物，招致霉菌发生，使树皮易破裂，从而造成病菌的侵入，导致枣树枯死。

【形态特征】彩版40 图590～595

成虫 体长14～22 毫米，翅展40～52 毫米。头部小，淡褐色，复眼黑色；触角生在复眼下方，红色，歪锥状；口器长过后足基部。前翅革质，长卵形，基半部淡褐色，上布黑斑10～20 个，端半部黑色，脉纹白色，后翅膜质，扇形，基部鲜红色，有黑斑6～8 个，端部黑色，在红色与黑色区域间有白色横带，脉纹黑色。浙江的蜡蝉有变异，前胸与前翅带有绿色，后翅之横带为绿色。

卵 长圆形，褐色，长约3 毫米，宽约1.5 毫米，高约1.5 毫米，背面两侧有凹入线，中部成纵脊起；脊起的前半部有长卵形的孔盖，脊起前端为扁状突出；卵的前面平截或微凹，后面纯圆形，腹面平坦。

若虫 若虫5 龄。1 龄若虫初孵时白色，后转灰色，最后成黑色，体背有白色蜡粉组成的斑点，头顶有脊起3 条，中间一条较浅，触角黑色，梗节具鼓状感觉器2 个，足黑色，前足腿节端部有3 个白点，中足、后足仅1 个白点，胫节的背缘各有3 个白点。2 龄若虫体长7 毫米，宽3.5 毫米，触角梗节的鼓状感觉器为两层，共10 个，体形似1 龄若虫。3 龄若虫体长10 毫米，宽4.5 毫米，体形似2 龄若虫，白色斑点显著，头部长于2 龄若虫，触角梗节有鼓状感觉器10 余个。4 龄若虫体长13 毫米，宽6 毫米，体背淡红色，头部、触角两侧及复眼基部黑色，触角梗节着生鼓状感觉器约 60 个，翅芽明显，足黑色，布有白色斑点。

【生活史与习性】

斑衣蜡蝉在西北地区的甘肃每年发生 2 代，以卵越冬。第二年 5 月中旬若虫陆续孵化，开始危害，7 月中上旬成虫羽化，8 月中旬交配产卵。10 月下旬因气温低，迟羽化的成虫来不及产卵，即僵死在寄主主干上。成虫危害长达五个多月，卵产于树下的向阳面，或大枝的下方。卵常产在一起呈块状，卵块表面覆一层由白转灰，最后成土黄色的粉状疏松蜡质（见彩图 593），卵排列整齐，每块一般约 5~6 行，每行 10~30 粒，乃至百余粒不等。初孵若虫在嫩叶上取食，成虫、若虫均有群集性，常数十头至数百头栖息于树干或枝叶上。遇惊扰，虫迅速向一侧移动，并跳跃以借助飞翔。取食时，口器插入植物组织内颇深，树汁常由伤口流出。斑衣蜡蝉的排泄物易诱发煤污病，削弱树势。斑衣蜡蝉的发生与气候的关系密切，秋季多雨，影响产卵量和孵化率；低温、寒流早临时，成虫寿命大大缩短，来不及产卵就死亡，反之，则猖獗，易酿成灾。斑衣蜡蝉天敌种类较多，如舞毒蛾卵平腹小蜂和若虫寄生蜂——螯蜂等，对斑衣蜡蝉抑制作用较大。

【预防控制措施】

1. 人工防控　8 月中下旬组织人力用木棍挤压卵块灭卵，或人工剪除卵块，集中一起烧毁或深埋。

2. 防控　若虫孵化期间，选用 50% 敌敌畏乳油、40% 乐果乳油、40% 水胺硫磷乳油、50% 马拉松乳油，或 50% 杀螟硫磷乳油 1000~1500 倍液喷雾，防虫效果都很好。此外，还可参考八点广翅蜡蝉的药剂防控措施。

3. 生物防控　结合剪除卵块，保护利用天敌，尽量减少使用化学农药。

八点广翅蜡蝉

Ricania speculum（Walker）

八点广翅蜡蝉又名八点蜡蝉、八点光蝉、橘八点光蝉，俗称黑羽衣、白雄鸡等，属于同翅目，广翅蜡蝉科。

【分布与危害】

该虫分布于甘肃、陕西、河南、江苏、浙江、安徽、广东、福建、四川、湖南、湖北等省。寄主植物广泛，除危害枣、酸枣、花椒、柑橘、茶外，还危害桃、李、板栗以及杨、柳、刺槐等果树、林木。以若虫、成虫多在嫩枝、嫩叶上刺吸汁液。同时将卵产于当年生枝条内，嫩枝被害后叶片枯黄，新芽停止生长，严重者产卵部位以上枝条枯死，削弱树势。其排泄物又能引起煤污病，影响树木的光合作用。

【形态特征】 彩版 40　图 596~598

成虫　暗褐色，体长约 7 毫米，翅展 16~18 毫米。前翅褐色至烟褐色，左右各有大小不等的透明斑 4 个，共 8 个，八点蜡蝉由此得名，翅面上密布白色蜡粉。后翅黑褐色，半透明，基部色略深，脉色深，中室端部有一小透明斑。腹部褐色。足除腿节为暗褐色外，其余为黄褐色。

卵　长椭圆形，长 1.2 毫米，初为乳白色，后变为淡黄色。

若虫　近菱形，体长 5~6 毫米，乳白色，腹末有蜡丝 3 束，散开时似孔雀开屏。

【生活史与习性】

该虫每年发生 1 代，以卵在枝梢内越冬。第二年 5 月中旬至 6 月上中旬孵化为若虫，7 月中旬至 8 月中旬变为成虫。成虫善跳，飞翔力强且迅速，一般白天活动危害，并交配产卵。雌雄交配产卵，始期为 7 月下旬，8 月中旬为盛期，卵期最长达 30~40 天。卵产在当年生的嫩梢上，产卵时先用产卵器刺伤皮层，凿成多数刻痕，产卵其中，产卵痕一般为 7~30 毫米，每处产卵 5~22 粒成块，产卵孔排成一列，孔外被棉絮状白色蜡线，每头雌虫可产卵 120~150 粒。若虫 5 龄，约 40~50 天。有群集性，常数头在一起排列于枝上，爬行迅速，善于跳跃。成虫寿命 28~30 天，至秋末陆续死亡。

【预防控制措施】

1. 人工防控　冬、春结合修剪，把产卵枝剪去，集中烧毁，减少虫源。此法既彻底又经济。

2. 药剂防控　于 5 月中下旬，在若虫孵化盛期，用 50%敌敌畏乳油 1500 倍液，或 40%乐果乳油 1000 倍液，或 40%丙溴磷乳油 1000~1500 倍液，或 10%大吡功可湿性粉剂 2500~3000 倍液，或 20%丁硫克百威乳油 1000~1500 倍液，或 10%吡虫啉可湿性粉剂 3000 倍液，或 35%克蛾宝（辛.齐）乳油 2000~3000 倍液，或 1.45%捕快（阿维.吡）可湿性粉剂 800~1000 倍液均匀喷雾。

枣广翅蜡蝉

Ricania shantungensis Chou et Lu.

枣广翅蜡蝉又名山东广翅蜡蝉，属于同翅目，广翅蜡蝉科。

【分布与危害】

该虫分布于河南、山东等省枣产区。除危害枣外，还危害柿、石榴及山楂等果树，以成虫、若虫刺吸枣枝条、叶片的汁液，并产卵于当年生枝条内，致产卵部以上枝条枯死。

【形态特征】 彩版 40~41　图 599~602

成虫　体长约 8 毫米，翅展 28~30 毫米，雄虫比雌虫小，淡褐色略显紫红，被覆稀薄淡紫红色蜡粉。前翅宽大，翅脉明显，底色暗褐色至黑褐色，被覆稀薄淡紫红色蜡粉；有的杂有白色蜡粉而呈暗灰褐色，前缘外 1/3 处有一个纵向狭长半透明斑，翅后半部有 2 条横向白色细线。后翅淡黑褐色，半透明，前缘基部略呈黄褐色，后缘色淡。

卵　长椭圆形，大小为 1.3~0.5 毫米，卵初产时乳白色，后变为淡黄色。

若虫　体长 6.5~7 毫米，宽 4~4.5 毫米，体近卵圆形，近似成虫；初龄若虫体被白色蜡粉，腹末有 4 束白色蜡丝呈扇状，尾端多向上前方弯而蜡丝覆于体背。

【生活史与习性】

该虫每年发生 1 代，以卵在枝梢内越冬。第二年 5 月越冬卵孵化为若虫，若虫孵化后即刺吸枝、叶危害，危害至 7 月底至 8 月中旬羽化为成虫。成虫于 9 月下旬至 10 月中下旬交尾、产卵，雌虫将卵产于枝条内越冬。

成虫和若虫活泼善跳，触之即跳。若虫有一定群集性，常群集一起取食危害。成虫白天活动，飞行迅速，善于在嫩枝、幼芽、叶片上刺吸汁液危害。雌虫产卵时，常选择直径 4~5 毫米的光滑部位，产卵于木质部内，外覆白色蜡丝状分泌物，每头雌虫可产卵 1500 粒左右，并在多个枝条上产卵，产卵部位以上枝条干枯死亡。

【预防控制措施】

参见八点广翅蜡蝉防控措施。

白带尖胸沫蝉

Aphrophora intermedia Uhler

白带尖胸沫蝉又名尖胸沫蝉，属于同翅目，沫蝉科。

【分布与危害】

该虫分布于陕西、四川、重庆、云南、湖北、湖南、江西、浙江、福建及黑龙江等省、市。除危害枣外，还危害苹果、梨、桃、樱桃、葡萄及桑、杨、柞树等果树、林木。以成虫和若虫在嫩梢基部刺吸汁液，使嫩梢生长不良。雌成虫产卵于枝条嫩梢内，常造成枝梢枯萎。

【形态特征】 彩版 41　图 603~606

成虫　体长 11~12 毫米，灰褐色至褐色。喙长，端节黑色，伸达足基节。颜面较宽，有明显的中脊，横沟暗褐色；冠短阔，有明显中脊。复眼长卵形，单眼红色。前胸背板长、宽略相等，有中脊；前缘尖出，后缘弧形凹入。小盾片与前胸背板同色，顶端尖。前翅褐色，基部 1/3 处有明显的白色斜带，白带两侧黑褐色，端部 1/3 处灰白色。后翅灰褐色，透明。足黄褐色，腿节有褐色纵条纹，前、中足胫节有褐色斑，爪黑色。

卵　披针形，淡黄色。

若虫　黄白色，后足胫节外侧有 2 个棘状突起，由腹部排出的大量泡沫掩盖虫体。

【生活史与习性】

该虫每年发生 1 代，以卵在枝条内越冬。第二年 4 月下旬至 5 月间越冬卵孵化，5 月中下旬为孵化盛期。若虫孵化后同腹部排出大量泡沫掩盖虫体，并在泡沫内刺吸嫩枝汁液。若虫于 6 月间蜕皮 4 次，羽化为成虫。成虫羽化后吸食嫩梢基部汁液，补充营养。7~8 月雌、雄成虫交配后，雌成虫将卵产在枝条新梢内越冬。

【预防控制措施】

1. 人工防控　在枣树生长季节，随时剪除有泡沫的虫枝、卵枝，集中一起烧毁或深埋，减少虫源。

2. 农业防控　结合修剪，剔除过密枝条，使树体通风透光，不利于尖胸沫蝉繁衍生息。

3. 药剂防控　若虫低龄期，喷洒 10%多来宝悬浮剂 1000 倍液，或 10%吡虫啉可湿性粉剂 1000~1500 倍液，或 10%扑虱灵可湿性粉剂 1000~1500 倍液，或 2.5%三氟氯氰菊酯乳油 2000~2500 倍液。

黑圆角蝉

Gargara genistae（Fabr.）

黑圆角蝉又名黑角蝉、圆角蝉、桑梢角蝉、桑角蝉等，属于同翅目，角蝉科。

【分布与危害】

该虫分布于西北、中原各省、自治区。寄主除枣、酸枣外，还有柑橘、山楂、柿、桑、枸杞等果树、林木。以成、若虫刺吸枝叶的汁液，严重时致使树势衰弱，继而死亡。

【形态特征】 彩版 41　图 607~608

成虫　雌虫体长 4.6~4.8 毫米，翅展 10 毫米左右，红褐色，雄虫比雌虫略小，黑色。头黑色，下倾，头顶及额和唇在同一平面上偏向腹面，头胸部密布刻点和黄细毛。触角刚毛状，复眼红褐色，单眼一对，淡黄色，位于复眼之间。前胸背板前部两侧肩角呈角状突起，后方呈屋脊状向后延伸至前翅中部接近臀角处，前胸背板中脊前端不明显，在前翅斜面至末端均明显。小盾片两侧基部白色。前翅为复翅，浅黄褐色，基部色暗，顶角圆形。后翅透明，灰白色。足基节、腿节的基部黑色，其余黄褐色，跗节 3 节。

卵　长圆形，长 1.3 毫米，乳白色至黄色。

若虫　体长 3.8~4.7 毫米，与成虫略相似；共 5 龄，1 龄淡黄褐色，2~5 龄淡绿色至深绿色。

【生活史与习性】

该虫在陕西和河南每年发生 1~2 代，以卵在寄主枝梢内或根部土壤中越冬。来年 5 月卵孵化，若虫刺吸寄主芽、叶片和嫩梢的汁液，若虫行动比较迟缓。6 月中旬第 1 代成虫羽化，8 月中旬第 2 代成虫始发。成虫白天活动，能飞善跳。9 月间成虫交配后将卵产于枝梢顶部下端或寄主根部土壤内越冬。

【预防控制措施】

参见大青叶蝉防控措施。此外，若虫期喷药防治比较适宜，可用 50% 敌敌畏乳油 1000~1500 倍液，或 90% 晶体敌百虫 800~1000 倍液，或 4.5% 高效氯氰菊酯乳油 2500 倍液均匀喷雾，都有良好的防治效果。

柿血斑叶蝉

Erythroneura arachis（Matsumura）

柿血斑叶蝉又称柿斑叶蝉、柿小叶蝉、柿血斑小叶蝉、枣叶蝉，属于同翅目，叶蝉科。

【分布与危害】

该虫分布于我国南北各省、自治区。除危害枣、柿以外，还危害桃、李、葡萄、桑等果树、经济林木。以成虫、若虫刺吸汁液，破坏叶绿素的形成，被害叶片呈褪绿斑点，严重时斑点密集成片，受害严重的能造成叶片早期脱落，削弱树势，影响产量。

【形态特征】 彩版 41　图 609~610

成虫　体长约 3 毫米，浅黄白色。头部向前成钝圆形突出，有淡黄绿色纵条斑两个，复眼淡褐色。前胸背板前缘有两个浅橘黄色斑，后缘有同色横纹，横纹两端及中央向前突出，使前胸背板中央出现一浅色"山"字形斑纹。小盾片三角形，基部有橘黄色"V"字形斑。前翅黄白色，基部、中部、端部各具橘红色不规则斜斑纹一条，翅面散生许多红褐色小点。

卵　长形略弯，白色。

若虫　体长 2.2~2.4 毫米，与成虫相似，体略扁平，黄色，体毛白色。前翅芽浅黄色。初孵若虫淡黄白色，复眼红褐色。

【生活史与习性】

该虫每年发生 3 代，以卵在当年生枝条皮层内越冬。第二年 4 月中下旬开始孵化为若虫，5月上中旬达孵化盛期，5月中下旬开始羽化。第二代若虫6月开始孵化，7月上旬开始羽化，9月中旬出现第三代成虫，秋后产卵于枝条皮层内越冬。

成虫和若虫喜欢在叶背栖息，常群集在叶脉两侧刺吸寄主汁液，性活泼，能横行，成虫遇惊扰很快飞离，非越冬卵尚有产在叶背主脉内，均单粒散产，产卵孔外附有白色绒毛。

【预防控制措施】

1. 人工防控　在成虫期于晴天中午或黄昏，用木棒敲打或摇动树枝，将蘸有粘水或稀胶的纱布网，在树杈处来回网扑，能扑杀大量成虫。

2. 药剂防控　抓住枣树落花后若虫期和成虫产卵前期喷药，结合防治其他害虫，可喷洒20%异丙威（叶蝉散）乳油800~1000倍液，或25%叶飞散乳油600~800倍液，或40%乐果乳油1000倍液，或50%敌敌乳油1000~1500倍液，或20%戊菊酯乳油2500~3000倍液，均有良好的防效。

4. 生物防控　柿血斑叶蝉的天敌有黑缘红瓢虫的幼虫、草青蛉的幼虫和食蚜盲蝽的成、若虫，应注意保护利用。

桑斑叶蝉

Erythroneura mori（Matsumnra）

桑斑叶蝉又名桑叶蝉，属于同翅目，叶蝉科。

【分布与危害】

该虫分布于甘肃（陇东）、陕西、河北、河南、山西、山东、安徽、江苏、浙江、四川等省。除危害枣、酸枣、桑树外，还危害桃、李、梅以及柿、葡萄、柑橘等果树。以成、若虫刺吸寄主叶片汁液，叶片被害后失去绿色，变黄。

【形态特征】彩版41　图611

成虫　体长2.7~2.9毫米，体淡黄色，体背各部散生红色斑纹。头冠向前成钝角突出，在中域有2条红色纵向斑纹，此纹于前端汇合。复眼淡褐色，其上有大小不等的淡白色斑块。在前胸背板中域有2条向外弯曲的红色丛条，自前缘向后终止于近后缘处，呈括弧状或倒"U"字形。小盾板端部红色，在二基侧角区的内缘各有一个红色半环。前翅淡黄色，半透明，散生红色斑纹，大小可分为三行（排列如图所示），但斑纹数及大小变化很大，常减少，甚至全部消失；在各斑纹中，以前缘区的色泽较浓，翅端部的加深成红褐色。后翅透明微带黄色。

【生活史与习性】

该虫每年发生4代，以成虫蛰伏于落叶、枯草、树皮缝隙越冬。翌年越冬代成虫于5月下旬出蛰活动，并交配、产卵。雌虫产卵于寄主叶脉内，卵散产，卵期约2周孵化为若虫。7月上旬第一代成虫羽化，以后第二代、第三代、第四代成虫分别于8月上旬、9月上旬、10月上旬出现。成、若虫喜欢在寄主叶背栖息取食。幼龄若虫不甚活跃，至老熟时及成虫期行动快捷。此虫在春季发生量少，经夏季繁殖增多，至秋季危害严重。寄主叶片被害后失绿变黄，严重时干枯脱落，削弱树势。

【预防控制措施】

1. 人工防控　成虫越冬后至春季出蛰前，清扫落叶和铲除杂草，集中烧毁，可减少越冬虫源。

2. 药剂防控 各代若虫孵化盛期，用20%叶蝉散乳油800倍液，或25%速灭威可湿性粉剂600~800倍液，或2.5%三氟氯氰菊酯乳油2500倍液，或10%吡虫啉可湿性粉剂1500倍液均匀喷雾，采收前10天停止用药。

小绿叶蝉

Empoasca flovescens（Fabricius）

小绿叶蝉又名桃小叶蝉、桃小绿叶蝉、桃小浮尘子等，属于同翅目，叶蝉科。

【分布与危害】

该虫分布于全国各省、自治区。除危害枣、酸枣、苹果、梨、桃、山楂、樱桃、柑橘、李、杏、梅、葡萄、枸杞外，还危害棉花、小麦、水稻、马铃薯、菜豆、甜菜及十字花科蔬菜。以成、若虫刺吸叶片汁液，被害叶片初现黄白色斑点，渐扩成片，严重时全叶苍白，早期脱落。

【形态特征】 彩版41 图612~614

成虫 体长3.5毫米左右，雄虫略小，淡绿色至绿色。头背面略短，向前突；喙微褐色，基部绿色；复眼灰褐色，无单眼；触角刚毛状，淡褐色，末端黑色。前胸背板、小盾片浅鲜绿色，有白色斑点。前翅半透明，微带黄绿色，周缘有绿色细边；翅脉细，淡绿色。后翅白色，透明，膜质。腹部背板色较腹板深，末端青绿色。各足胫节端部以下淡青绿色，爪黑褐色；后足跳跃式。

卵 长椭圆形，略弯曲，长0.6毫米，宽0.15毫米，乳白色。

若虫 体长2.5~3.5毫米，与成虫相似。无翅。前胸背板两侧有刺突。腹部各节背面中部有黑斑，黑斑中央两侧各有一黄褐色小点。各腹节两侧节间均有一个黑斑。

【生活史与习性】

该虫每年发生4~6代，以成虫在落叶、杂草或低矮绿色植物中越冬。来年春季枣树发芽后出蛰，飞到枣树上刺吸汁液，经取食后交配产卵，卵多产于新梢或叶片主脉里。卵期5~20天，孵化为若虫，若虫期10~20天羽化为成虫。非越冬成虫寿命30天左右；完成一个世代约需40~50天。由于发生期不整齐，而使世代重叠。6月虫口密度增加，8~9月最多，而且危害又重。秋后以末代成虫越冬。

成虫和若虫喜欢白天活动，在叶背刺吸汁液或栖息。成虫善跳，可借风力扩散，月平均气温15℃~25℃适于生长发育，28℃以上及连阴天气则不利生长发育而使虫口密度降低。

【预防控制措施】

1. 人工防控 成虫越冬后至春季出蛰前，清扫枣园落叶和铲除杂草，集中烧毁，可减少越冬虫源。

2. 药剂防控 各代若虫孵化盛期，用20%叶蝉散乳油800倍液，或25%速灭威可湿性粉剂600~800倍液，或2.5%三氟氯氰菊酯乳油2500倍液，或10%吡虫啉可湿性粉剂1500倍液均匀喷雾，采收前10天停止用药。

凹缘菱纹叶蝉

Hishimonus selletus (Uhler)

凹缘菱纹叶蝉又名光缘菱纹姬叶蝉、绿头菱纹叶蝉、凹缘菱纹浮尘子，属于同翅目，叶蝉科。

【分布与危害】

该虫分布于西北、华北、华东、华中、华南及台湾各省、自治区。除危害枣树、桑树外，还危害无花果、枸树、蔷薇以及大麻、大豆、绿豆、茄子、马铃薯等树木、农作物。若虫和成虫均喜食寄主嫩叶，刺吸汁液，且传播枣疯病和桑黄化型萎缩病，所以受到广泛重视。

【形态特征】 彩版 41~42 图 615~616

成虫 体长 3.7~4.2 毫米，体淡黄绿色。头部向前方突出，有黄色光泽，头顶有数对不甚明显的黄褐色小斑，中后部有一条褐色纵线，颜面无明显的斑纹或在额区有 7~8 条暗线分列两侧。复眼暗绿色，单眼黄色。前胸背板有黄绿色光泽，散生青灰色小斑点。小盾片黄色，有 2 对淡褐色斑及一中横线，又在中央有细黑色横沟。前翅灰白色，半透明，翅脉淡褐色，散布淡褐色斑点及短纹，在后缘中部具有一个大的三角形或半圆形淡褐斑，两翅合拢时呈菱纹斑，在菱纹斑中有上下排列的三个小淡色斑，斑纹周缘较浓，翅端部暗褐色，其中有 4 个灰白色小圆点。腹面黄色或淡黄绿色，腹部背面中央黑褐色。足淡黄色。

卵 弯半月形，一端稍尖，一端钝圆，长径 1.5 毫米，横径 0.6 毫米。

若虫 体长 3.9~4.3 毫米，头冠黄绿色，疏生褐色小点，具淡黄色纵线一条。复眼暗绿色，单眼黄色，颜面也有稀疏小褐色斑，胸背浓褐色，被黄点，翅芽黄褐色，伸至第二腹节，腹部淡黄色。

【生活史与习性】

该虫在南方每年发生 4 代（苏、浙、皖），北方 2~3 代，均以卵在寄主枝条上越冬。第二年 4 月下旬越冬卵孵化为若虫，第二至四代若虫孵化时间分别在 6 月中旬至 7 月上中旬、8 月中下旬和 9 月上旬至 10 月下旬，依各年气候稍有变化。第一代若虫密集在枣、桑树上，至 5 月下旬羽化为成虫，第二、三、四代成虫分别于 6 月下旬、8 月下旬、9 月下旬出现。成虫具有趋光习性。羽化几天后雌雄虫进行交配，交配后经 3~5 天产卵，越冬卵产在寄主枝条上，非越冬卵产在新梢、叶柄或叶脉上，产卵较深，一般排列成行，卵痕长椭圆形，一端稍尖。初孵若虫聚集在枝条嫩芯或叶片上刺吸汁液，二龄后分散危害，喜食嫩叶，并常栖息在枝条或芽上，拟似"腋芽"。该虫的天敌种类很多，如寄生蜂、蜘蛛类以及白僵菌等，对该虫发生有一定的抑制作用。

【预防控制措施】

1. 人工防控 冬季组织人力剪梢除卵，剪梢要求剪去长约 25%~30%，集中一起烧毁，可杀卵 50%~75%。

2. 物理防控 于成虫发生期，利用成虫的趋光习性，在枣园设置黑光灯，诱杀成虫。

3. 药剂防控 各代若虫孵化盛期，可用 20% 异丙威乳油 800~1000 倍液，或 25% 速灭威乳油 600~800 倍液，或 50% 辛硫磷乳油 1000~1500 倍液，或 90% 晶体敌百虫 1000~1500

倍液，或 10%吡虫啉乳油 1500 倍液，或 2.5%杀灭菊酯乳油 2500~3000 倍液喷雾。

4. 生物防控　该虫的天敌种类很多，应注意保护利用，如天敌数量大时，可少喷药或不喷药，以保护天敌。有条件的地区应饲养或培养天敌，如寄生蜂、白僵菌等，并及时释放天敌，以控制叶蝉的发生。

拟菱纹叶蝉

Hishimonoides sellatifrons Ishihara

拟菱纹叶蝉又名菱纹姬叶蝉、红头菱纹叶蝉、拟菱纹浮尘子，属于同翅目，叶蝉科。

【分布与危害】

该虫在河北、河南、山东、湖北、安徽、江苏、浙江、广东、台湾等省都有分布。主要危害枣、酸枣和桑树，以成虫刺吸寄主叶片汁液，也是枣疯病、桑黄化型萎缩病及桑萎缩病的传毒昆虫。

【形态特征】彩版 42　图 617~618

成虫　体长 4.4~4.8 毫米，体形、体色等特征似凹菱纹叶蝉。唯本种头冠淡黄色，在其前缘有一对暗褐色斑纹，中域具有甚宽而不规则形的淡黄褐色略带橙色的横带；面部淡黄褐色，散布有黄褐色网状纹。前胸背板色晦暗，具短小曲折的淡黄色斑纹。小盾片淡黄色，中线两侧各有一块淡黄褐色斑，端区有一条烟褐色横纹。前翅灰白色至青白色，半透明，散生短纹，在后缘中部具有一个大的三角形褐色斑，两翅合拢时呈菱形斑，在斑内有"品"字状排列的三个小淡色斑，翅尖端也是暗褐色。腹部背面黑褐色，腹面淡黄色，具不规则淡褐色网状纹。

【生活史与习性】

该虫每年发生 4 代，以卵越冬。在江浙一带各代成虫发生期分别为：5 月中下旬，7 月上下旬，8 月上下旬，9 月中旬至 10 月中下旬。各代卵期 12~16 天，若虫期 20~38 天，成虫寿命 22~48 天。成虫羽化后数天开始交配，3~5 天后产卵，产卵期甚长，陆续产出。卵散产于寄主枝条中上部的木栓化的栓皮下，外表留下月牙形卵痕。一头雌虫一生可产卵 50~60 粒。若虫孵化后聚集于枝梢嫩叶上刺吸汁液，二龄后分散危害，较大若虫和成虫可在偏老的叶片上取食危害，常栖息于枝条和芽上。成虫有趋光习性，此虫全年生活于枣、桑树上，以第一代虫口密度最大，危害也最重。

【预防控制措施】

参见凹缘菱纹叶蝉防控措施。

橙带拟菱纹叶蝉

Hishimonus aurifacialis Kuoh

橙带拟菱纹叶蝉又名橙带拟菱纹姬叶蝉、橙带拟菱纹浮尘子，属于同翅目，叶蝉科。

【分布与危害】

该虫在河北、山西、河南、山东等省都有分布。寄主仅枣和酸枣，以成虫和若虫刺吸寄主嫩芽、叶片汁液，危害情况同拟菱纹叶蝉。

【形态特征】彩版 42　图 619

成虫　雄虫体长 3~3.5 毫米，雌虫体长 3.5~3.9 毫米。头部淡黄褐色，有光泽，头冠前缘与后缘各有一白线，前缘冠缝两侧有一对褐色小点，复眼褐色。前胸背色较深，散生黄褐色小点，淡黄褐色。前翅青白色，半透明，翅脉黄褐色，翅脉间有很多短小褐色纹。在后缘中部有一个大的三角形黄褐斑，两翅合拢时中央形成菱形黄褐色斑纹，在斑纹中间有一个呈"众"字形排列的青白色斑纹。翅端暗褐色。

卵　长 1.31 毫米，宽 0.43 毫米，长椭圆形，略弯曲，一端略尖。初产时乳白色，后变为黄色。

若虫　初孵若虫体长 0.81~0.92 毫米，5 龄若虫 3 毫米左右，体形与成虫相似。

【生活史与习性】

该虫每年发生 3 代，以卵在刚木栓化的枣枝表皮下越冬。第二年 4 月下旬越冬卵开始孵化，若虫期约 1 个月，5 月下旬出现第一代成虫，7 月上旬出现第二代成虫，9 月出现第三代成虫。成虫交配后，寻找枣枝适宜部位产卵越冬。生活习性与拟菱纹叶蝉相似。

【预防控制措施】

参见凹缘菱纹叶蝉防控措施。

白粉虱

Trialeurodes vaporariorum（Westwood）

白粉虱又名菜刺粉虱、温室白粉虱，俗称小白蛾、白飞虱，属于同翅目，粉虱科。

【分布与危害】

该虫几乎遍布全国各地，西北地区发生普遍，危害严重。寄主有枣、柑橘、苹果、梨、桃等多种经济林木、各种蔬菜及花卉等 200 多种植物。以若虫和成虫吸食植物汁液，被害叶片褪绿、变黄、萎蔫，甚至全株死亡。同时它分泌大量蜜露，污染叶片和果实，常引起煤污病发生，使其果实品质变劣，失去商品价值。

【形态特征】彩版 42　图 621~623

成虫　体长 1~1.5 毫米，雄虫略小，淡黄色。翅面上覆盖白色蜡粉，停息时双翅在体背合成屋脊状似蛾子，故俗称小白蛾。翅端半圆状，遮住整个腹部，翅脉简单，沿翅外缘有 1 排小颗粒。足基节膨大粗壮，跗节 1 节，端部有 2 爪。

卵　侧面观长椭圆形，长约 0.2 毫米，卵有柄，柄长 0.12 毫米。

若虫　扁平、椭圆形，淡黄色。1 龄体长 0.26 毫米，2 龄体长 0.38 毫米，3 龄体长 0.51 毫米。足和触角退化。

蛹　又称伪蛹，体长约 0.75 毫米，椭圆形，初期扁平，逐渐加厚呈蛋糕状，体背有蜡丝，长短不一，体侧有刺。

【生活史与习性】

该虫在我国南方和北方温室每年发生 10 余代，在北方以各虫态在温室内越冬，并不断危害。成虫羽化后 2~3 天，即交配、产卵，平均每头雌虫产卵 140 余粒，也可孤雌生殖，后代为雄虫。成虫有趋黄性，也有趋嫩性，随植株生长追逐顶部嫩叶危害、产卵，因此白粉虱在植株自上而下的分布依次为：新产的绿卵、变黑的卵、初龄若虫、老龄若虫、伪蛹、新羽化的成虫。卵以卵柄插入叶片气孔内，不易脱落。若虫孵化后 2~3 天可在叶背作短距离游走，当口器从气孔插入叶组织后，开始营固着生活。繁殖适宜温度为18℃～21℃，在此温度范围内，大约一个月完成1代。白粉虱由春季到秋季持续发展，以秋季繁殖数量最大，危害最重。白粉虱天敌种类很多，如丽蚜小蜂等。

【预防控制措施】

1. 物理防控　白粉虱对黄色有趋性，可设置黄板诱杀成虫。其方法是：利用旧纤维板或硬纸板，裁成1×0.2米的长条，用油漆涂成橙黄色，再涂一层粘油（可用10号机油加少许黄油调匀），每公顷设600～750块，置于枣树行间。当粉虱粘满板面后，可及时重新涂油。

2. 生物防控　注意保护天敌，并利用天敌，如繁殖丽蚜小蜂，定期释放防治白粉虱。

3. 药剂防控　白粉虱发生初期，用10%捕虱灵乳油1000倍液，或10%蚜虱净可湿性粉剂2500倍液，或2.5%三氟氯氰菊酯乳油3000倍液，或20%甲氰菊酯乳油2500倍液，或4.5%高效氯氰菊酯乳油2500～3000倍液，或2.5%联苯菊酯乳油3000倍液，或20%虱蚧宁乳油1000～1500倍液，或70%吡虫啉水分散粒剂8000～10000倍液均匀喷雾，间隔7～8天喷一次，连喷3～4次，对成虫、若虫、伪蛹防效较好。

沙枣木虱

Trioza magnisetosa Log.

沙枣木虱又名沙枣个木虱，俗称瞎碰，属于同翅目，个木虱科。

【分布与危害】

该虫分布于甘肃、宁夏、陕西、内蒙古和新疆等省、自治区。除危害枣、酸枣及沙枣外，还危害沙果、苹果、李及杨、柳等果树、林木。以成虫和若虫刺吸寄主叶片汁液，严重时引起嫩梢叶片卷曲干枯。

【形态特征】 彩版42　图624～625

成虫　体长2.2～3.5毫米，翅展7.3～8.9毫米，雄虫略小。刚羽化的成虫为草绿色，后变为黄绿色或麻褐色。头浅黄色，触角丝状，末端两节黑色，端部有2根黑色剑状刚毛。胸部隆起，前后缘黑色，中间有黄纵带两条，中胸有4条黄色纵带。翅两对，半透明。腹部背面各节有褐色纵纹，腹面黄白色。雌虫腹末急剧收缩，雄虫腹末数节膨大，并弯曲朝向背面。

卵　纺锤形，无色，透明，长约0.3毫米，先端稍尖，基部有一根短的附属丝，基部较圆，表面光滑。

若虫　体椭圆形，扁平。老熟幼虫体长2.0～3.4毫米，灰绿色，复眼红色。体及翅芽上密被刚毛。

【生活史与习性】

该虫每年发生1代，以成虫在树枝卷叶内、老树皮下、落叶、杂草丛中越冬。第二年3月下旬越冬成虫开始出蛰活动，并进行交配，4月上旬开始产卵，4月中下旬达盛期，5月上旬出现若虫，5月中下旬为盛期。若虫期35～50天。成虫于6月中旬羽化，6月底7月初达盛期，10月底成虫陆续越冬。

成虫于5月以后，寄主大量发叶时，将卵产于叶片上，每头雌虫可产卵300多粒。卵期长短与温度成正相关。初孵若虫群集于嫩梢叶背取食，致使叶片畸形逐渐向背面卷曲，呈长筒形；若虫能分泌白色蜡质物于卷叶内，隐蔽生活，以后若虫还可迁至其他枝叶上危害。老熟若虫由卷叶内迁至叶背及枝条上取食一段时间后，即羽化为成虫。初羽化的成虫不能飞翔，只能跳跃。成虫有随风迁移和向密林处迁移聚集的习性，秋季早、晚温度低时，成虫有聚集在一起或钻入草丛中；温度较高时，成虫分散活动。木虱天敌种类较多，如蜘蛛、草蛉、二星瓢虫等，对木虱发生危害有一定抑制作用。

【预防控制措施】

1. 人工防控

（1）秋末冬初清扫园内枯枝、落叶，并铲除杂草，集中一起烧毁，以减少越冬虫源。

（2）结合枣树修剪，适当间伐过密枝条，使枣林内通风透光，可减少木虱的发生。

2. 药剂防控

（1）5月中下旬若虫盛发期，用40%乐果乳油1000倍液，或50%敌敌畏乳油1500倍液，或20%氰戊菊酯乳油3000倍液喷雾。

（2）成虫发生期，用40%乐果乳油800倍液，或50%敌敌畏乳油1000倍液，或20%氰戊菊酯乳油2500倍液喷雾。

（3）在若虫发生期，还可进行飞机超低容量喷药防控，用哒嗪硫磷乳油与柴油按1∶1比例稀释，每666.7平方米用150~200毫升，防治若虫效果很好。

3. 生物防控

沙枣木虱天敌种类很多，可以保护利用。在天敌数量多时，尽量少喷农药或不喷药。

枣龟蜡蚧

Ceroplastes japonicus Green

枣龟蜡蚧又名日本龟蜡蚧、日本蜡蚧、枣蜡蚧，属于同翅目，蜡蚧科。

【分布与危害】

该虫分布于北京、天津、河北、河南、山西、山东、江苏、福建、浙江、江西、湖北、湖南、广东、广西、云南、贵州、重庆、四川等省、自治区。主要危害枣、酸枣、板栗、梨、桃、苹果、杏、李、山楂、柑橘、芒果、无花果等果树，也危害桑、茶等经济林木。该虫以成虫、若虫用刺吸式口器危害果树叶片和枝条，若虫在叶片上沿叶脉排列成条状，刺吸汁液，并大量分泌排泄物，使叶片和枝条引起煤污病的发生，影响光合作用，严重时被害枝条衰弱死亡，也可造成幼果脱落而减产。

【形态特征】 彩版42 图626~630

成虫 雌成虫椭圆形，体长4~5毫米，紫红色，背面隆起似半球形，形似龟甲，后体背有较厚的白色蜡壳，边缘蜡质厚且弯曲。触角丝状，5~7节，刺吸式口器。头、胸、腹不明显。腹末节有产卵孔和排泄孔。雄虫体长1~1.4毫米，翅展约2毫米，体淡紫红色。眼黑色，触角丝状。翅一对，白色透明，有2条翅脉。足细小。

卵 椭圆形，长0.2~0.3毫米，初产时橘黄色，后变为紫红色。

若虫 初孵若虫体长0.4毫米，椭圆形，扁平，淡红褐色或紫褐色。眼深红色，触角丝状。腹末有一对长毛。足发达，灰白色，当虫体固定一天后开始分泌蜡丝，7~10天形成蜡壳。后期蜡壳加厚，雌雄分化，雌虫呈龟甲状，而雄虫蜡壳长椭圆形，周缘生出 12~15 个排列整齐的蜡角似星芒状，头端的一个较大，后端的一个较小。

蛹 雄裸蛹，纺锤形，长 1 毫米，棕褐色或紫褐色，性刺笔尖状。

【生活史与习性】

该虫每年发生 1 代，以受精雌成虫在 1~2 年生枝条上越冬。第二年春季寄主发芽时越冬雌成虫开始活动危害，4 月份虫体迅速膨大，6 月份成熟后产卵于腹下，每头雌虫产卵 1000 余粒，多达 3000 多粒。卵期 10~25 天。6~7 月若虫孵化，7 月中旬为盛期，初孵若虫爬到嫩枝、叶柄、叶面上固着取食。8 月间雌雄分化，雌虫由叶片向枝上转移，9 月份大部分转回枝条。8 月中旬至 9 月为雄虫化蛹期。蛹期 8~20 天。9 月份渐次羽化为成虫，寿命 1~5 天，交配后即死亡。雌虫继续活动危害直至越冬。

该虫发生危害与气候条件有密切关系卵孵化期气温正常，湿度较大，初孵幼虫成活率高，当年危害就重，反之则轻。冬季雨夹雪天气，枝条上先受雨浸湿后又降温下雪，枝条上结冰时龟蜡蚧死亡率高，来年危害就轻，反之则重。此外，龟蜡蚧天敌种类很多，有长盾金小蜂、姬小蜂、跳小蜂、黑缘瓢虫、草青蛉等，对日本龟蜡蚧有一定的抑制作用。

【预防控制措施】

1. 加强植物检疫

在调运枣树苗木和接穗时，必须做好苗木、接穗、砧木的检疫、消毒工作，防止该虫扩大传播。

2. 人工防控

（1）剪除有虫枝条和人工刮刷虫枝，集中一起烧毁，消灭越冬虫体。

（2）冬季枝条结冰时，或冬季喷水于枝条上使之结冰，然后敲打枝条震落冰甲和虫体，杀死越冬虫体。

3. 药剂防控

（1）秋末冬初枣树落叶后或早春发芽前，喷布 10% 柴油乳剂，或松脂合剂 10~15 倍液，如混用化学农药效果更好。

（2）初孵若虫始盛期进行药剂防治，可用 40% 杀扑杀乳油 1000 倍液，或 10% 吡虫啉可湿性粉剂 1500 倍液，或 25% 蚧死净乳油 1000 倍液，或 20% 甲氰菊酯乳油 2500~3000 倍液，间隔 10~15 天喷一次，连续防治 2~3 次。

4. 生物防控

该蚧天敌种类很多，已如上述，这些天敌在自然界中常对该蚧壳虫有较好的控制作用。往往若蚧盛孵期也正是天敌羽化寄生和捕食的高峰，因此应注意观察，当寄生率高时，要考虑改换施药方式，如注射或根部埋药等方法，可避免伤害天敌。

枣大球蜡蚧

Eulecanium gigantea（Shinji）

枣大球蜡蚧又称瘤坚大球蚧、枣大球蚧、梨大球蚧等，属于同翅目，蜡蚧科。

【分布与危害】

该虫国内分布于甘肃、宁夏、陕西、山西、河南、河北、山东、安徽、江苏等省、自治区；国外分布于日本、朝鲜等国家。它除危害枣、酸枣、柿、核桃、苹果、梨、桃、杏等果树外，也危害花椒、槐、刺槐、杨、榆、刺玫等林木。以若虫和雌成虫刺吸寄主植物汁液，轻者影响发芽抽梢，削弱树势，严重者造成枝干枯死。

【形态特征】 彩版 43　图 631～633

成虫　雌虫半球形，状似钢盔，长 9.85～18.8 毫米，宽 8.52～18 毫米，高 14 毫米。喙 1 节，位于触角间。触角 7 节，第三节长，第四节细。成熟后体背红褐色，有整齐的灰褐色或灰黑色斑纹，1 条中纵带，2 条缘带为锯齿状，带间有 8 个斑点成列状分布。缘刺锥形。体背有小刺、盘状孔、小瓶腺和毛绒状蜡被，体毛仅分布在腹面。腹面亚缘带排列为大瓶腺，多格腺分布于腹面中央。肛板两块，呈正方形，后角有长短刚毛各 2 根，肛管短，肛环前后缺，环上有内外列孔及环毛 8 根。尾列浅，仅为体长的 1/6。足 3 对，小而分节明显，胫跗关节无，跗、爪冠毛细而尖。当雌体受精产卵后，体呈半球形或近球形，硬化后变为黑褐色，花纹及绒毛状蜡被等全消失，仅留个别凹点。雄成虫体长 2.1～2.5 毫米，翅展 5.01 毫米，橙黄褐色，前翅白色透明而发达，后翅特化为一平衡棒。交尾器针状而较长。触角、足发达。

卵　长椭圆形，长 0.33～0.5 毫米，初为浅黄色至浅粉红色，孵化前紫红色，附有白色蜡粉。

若虫　扁长椭圆形，长 0.5～0.6 毫米，宽 0.25～0.3 毫米，眼黑色，触角 6 节细长，上生刚毛 6 根，第 2、3、5 节各 1 根，端节 3 根。足发达。

雄蛹　长椭圆形，长 2.25 毫米，宽 0.95～1 毫米，淡青黄色。

茧　白色，绵状。

【生活史与习性】

该虫在西北每年发生 1 代，以 2 龄若虫在枝干上越冬。翌年春季树液流动后，越冬若虫开始活动，多转移到枝条上固定危害。若虫期平均 322 天，4 月中旬至 5 月下旬为雄虫化蛹期，雄蛹期 14 天左右。成虫于 4 月下旬开始羽化，成虫羽化后即求偶交配，5 月间雌成虫产卵于母壳下，每头雌成虫可产卵 1100～4200 粒，多达 20000 粒。卵期平均 25 天。5 月中下旬卵开始孵化，6 月为若虫孵化盛期，初孵若虫很活泼，在枝叶上爬行约一天，即分散转移到叶、果上固着危害。秋末若虫又陆续由叶、果上转回枝条上固着越冬。天敌有寄生蜂、二星小瓢虫和北京举肢蛾等，对该虫的发生有一定的抑制作用。

【预防控制措施】

参考枣龟蜡蚧防控措施。

皱大球蚧

Eulecanium kuwanai Kanda

皱大球蚧又名皱大球坚蚧、皱球蚧、桑名球坚蚧、桃球蜡蚧、槐花球蚧，属于同翅目，蜡蚧科。

【分布与危害】

该虫分布于甘肃、宁夏、陕西、新疆、山西、山东、河北、河南、天津等省、市、自治区。除危害枣、酸枣、沙枣外，还危害苹果、杏、梨、桃及槐、杨、柳、榆、柽柳等果树、林木。以雌成虫和若虫刺吸寄主枝条和叶片汁液，常造成寄主细枝枯死，削弱树势，影响树木茁壮生长。

【形态特征】 彩版 43 图 634

成虫 雌成虫半球形或馒头形，体长 4~6.7 毫米，宽 3~6.0 毫米，高约 3~5.5 毫米。初成熟虫体黄色或黄白色，体缘黑色，整齐，两侧黄斑中有不规则形、大小不等的黑色斑点 5~6 个。产卵后死体硬化，暗黄色或光亮褐色，高度皱缩，甚至尾列二叶外翻；触角 7 节，体背缘硬化而有不明显网纹及粗短顶尖缘刺一裂；气门洼和气门刺均不明显，气门刺与体缘很难区分；肛门小，合成正方形，后缘长刚毛成一列 6 根，后角毛两根；大杯状腺在腹面亚缘成宽带，多格腺分布于腹面中部，五格腺少，紧靠气门路。雄虫体长约 1.7 毫米，翅展约 3.5 毫米，体紫红色。触角丝状，10 节。前翅一对，半透明，有一距翅基约 1/8 处分叉翅脉；后翅膜质，长片状。腹末交尾器针状，其两侧各有长约 2 毫米的白色蜡毛一根。

卵 卵圆形，长约 0.38 毫米，宽约 0.2 毫米，初产时淡红粉色，渐变为黄褐色。

若虫 初孵化时长椭圆形，长约 0.5 毫米，体淡黄褐色。背中线有一块淡棕色条斑，腹末有白色蜡毛 2 根。1 龄末期体被白色薄蜡壳。老熟若虫灰褐色，背部龟裂状。

蛹 雄蛹长椭圆形，长约 1.7 毫米，宽约 0.73 毫米，棕褐色，体被卵圆形半透明蜡壳。

【生活史与习性】

该虫在甘肃、宁夏、内蒙古及山东等地每年发生 1 代，均以 2 龄若虫在枝干上越冬。兰州第二年 3 月越冬若虫开始活动，多转移到 2~3 年生枝条上危害，尤以 2 年生枝条最多。4 月中下旬雄成虫开始羽化，发生期至 5 月上旬，雌虫期为 4 月中旬或下旬初至 5 月中旬。4 月下旬雌成虫开始产卵，5 月中下旬孵化为若虫。若虫孵化期各地有所不同，银川为 6 月上中旬，包头为 6 月下旬。初孵化若虫喜欢集中固定在叶背面主脉两侧母壳附近危害，体表分泌蜡质，发育非常缓慢，9 月开始蜕皮进入 2 龄，10 月中下旬寄主落叶前，逐渐转移到枝条上越冬。

雄成虫多在 14~17 时羽化，羽化后，即觅寻雌成虫交尾、产卵，每头雌成虫可产卵 2000~8000 粒。雌成虫未经交配，所产极少数卵不能孵化。转移越冬后的若虫，只能危害幼嫩枝条。雌雄虫的羽化、产卵量、卵的发育速度、若虫转移越冬与温、湿度和光照有密切关系。经研究观察，在光照差或低温高湿时雄虫都不羽化，当光照较好，高温低湿与羽化数量成正相关；在一定的温湿条件下，产卵量与气温成正相关；卵的发育速度随温度降低，湿度的增高而减缓；在光照好、若虫转移越冬量随温度升高，湿度降低而增加。

该虫的天敌种类较多，主要有球蚧蓝绿跳小蜂、球蚧跳小蜂、刷盾跳小蜂、金小蜂、黑缘红瓢虫、北京举肢蛾等，对该虫的发生有一定的抑制作用。

【预防控制措施】

参照枣龟蜡蚧防控措施。

角蜡蚧

Ceroplastes ceriferus Anderson

角蜡蚧又名枣角蜡蚧、柿角蜡蚧，属于同翅目，蜡蚧科。

【分布与危害】

该虫分布于全国各省、自治区。除危害枣、酸枣外，还危害柿、柑橘、梨、石榴、枇杷及茶、冬青、月季、蔷薇、桂花、白玉兰等果树、经济林木与花卉。以成、若虫在寄主叶片、嫩枝、果实表面刺吸汁液危害，影响生长，削弱树势，而且易引起煤污病发生。

【形态特征】 彩版43　图635~636

成虫　雌虫体长6~8毫米，红褐色，体多呈宽椭圆形。触角6节，其中第三节最长。胸部气门较发达，开口多呈喇叭形。气门腺路特别宽，气门刺短圆锥形，粗壮，集聚成群。体背、腹面还有多孔腺、盘状腺。缘毛短而少，仅尾叶端上的缘毛长。雌虫蜡壳灰白色，略带粉红色，长7~9毫米，中央有一个角状突起，周围有8个小角状突起，有时角突消失。雄虫体长约1毫米，红褐色，有一对半透明的翅。

卵　椭圆形，初为肉红色，后变为红褐色。

若虫　初孵若虫长椭圆形，长约0.3毫米，红褐色。幼龄雌、雄若虫蜡壳均呈星芒状，2龄雌若虫蜡壳中央有角状突起，3龄雌若虫角状突起向前倾，边缘蜡突增大。老龄若虫蜡壳长椭圆形，前端有蜡突，侧边每边有4块，后端两块，背面一块略弯向前呈圆锥形。雄虫蜡壳仍呈星芒状。

【生活史与习性】

该虫每年发生1代，以受精雌成虫在枝干和叶片上越冬。因地区温差不同，越冬雌成虫产卵日期有差别，产卵期长达1个多月，因虫体发育有所差异，发生期也不一致。一般第二年4月下旬雌虫在蜡壳内开始产卵，5月中旬若虫开始孵化爬出，6月份为若虫孵化盛期，正是防治时期。6~8月为若虫、雌成虫危害期。一般雄虫多分布在叶片主脉两侧，雌虫多在枝干上危害，下部枝叶比上部枝叶发生危害严重。8月下旬至9月雄成虫羽化，与雌成虫交尾后死亡。雌成虫受精后继续危害，11月寻找适宜场所越冬。

【预防控制措施】

参照枣龟蜡蚧防控措施。

褐软蜡蚧

Coccus hesperidum Linnaeus

褐软蜡蚧又称褐软蚧、广食褐软蚧、软蚧等，属于同翅目，蜡蚧科。

【分布与危害】

该虫分布于甘肃、宁夏、青海、陕西、辽宁、河北、山东、河南、四川、云南以及华中、华南、华东各地枣产区。除危害枣、酸枣外，还危害苹果、桃、杏、李、柑橘、香蕉、茶、枸杞以及月季、桂花等49科170余种植物。以雌成虫和若虫群集枝条和叶片上刺吸汁液，由于它的危害，使枣树发芽迟，老叶枯黄，提前脱落，以致不能开花、结果。

【形态特征】 彩版43　图637

成虫　雌成虫体长2~4毫米，扁平或背面稍隆起，卵形或长卵形，前端较狭，后端稍膨大，有时虫体左右不对称。体背颜色变化较大，通常有淡黄褐色、绿色或黄绿色、棕色不等，体背有2条褐色网状横带，常有不规则格状图案。触角7节，第四节和第七节较长。足细弱。体缘毛尖锐或顶部有齿状分裂，体背刺较小，数量多。雄成虫有翅一对。

卵　长椭圆形或腰鼓形，初产时乳白色，后变为淡黄色。

若虫　体椭圆形，扁平，黄绿色至红褐色，长约 1 毫米，背面有纵脊纹，至成虫期脊纹不明显或不完整。体缘有短毛，尾部一对很长。

【生活史与习性】

该虫每年发生 3~5 代，以雌成虫和若虫在寄主上越冬。次年春季出来活动，并交配产卵，每头雌成虫可产卵 70~1000 粒不等。在高温高湿条件下，卵数小时即可孵化。世代重叠。每年以 5 月、7 月、9~10 月危害严重。初发生期下部茎叶最多，逐步向上迁移，故常不易引人注意，一旦上部叶片有虫时，其下部叶早已密集一层褐软蚧。天敌有黑色软蚧蚜小蜂、蜡蚧斑翅小蜂、赖食软蚧蚜小蜂、软绵蚧扁角跳小蜂、双斑点唇瓢虫等 7 种之多，对褐软蜡蚧有一定的抑制作用。

【预防控制措施】

1. 加强植物检疫　在调运或栽植枣树苗木时，要加强检疫，发现虫情，及时处理，严防传播。

2. 人工防控　若虫和成虫发生期，虫量少时用竹片刮除虫体；发生量大时可剪除枝条、叶片，集中深埋或烧毁。

3. 药剂防控　若虫发生期，喷洒 70% 吡虫啉水分散粒剂 6000 倍液，或 20% 氰戊菊酯乳油 2000~2500 倍液，或 25% 粉蚧灵乳油 1500 倍液，间隔 10~15 天喷 1 次，连喷 2~3 次。

4. 生物防控　由于褐软蜡蚧体背蜡质较薄，故易被多种寄生蜂寄生，或瓢虫蚕食，应多发挥天敌的自然控制作用。可加强虫情调查，发生不严重时尽量不打药，以保护天敌。

糖槭蚧

Parthenolecanium corni Bouche

糖槭蚧又名糖槭盔蚧、扁平球坚蚧、水木坚蚧、东方盔蚧、水木胎球蚧，属于同翅目，蜡蚧科。

【分布与危害】

糖槭蚧分布于长江以北的华东、华北及西北等各省、自治区。寄主范围广，有木本、草本植物 100 多种。以若虫刺吸枣、酸枣嫩枝、幼干及叶片的养分，造成枝枯、叶黄，叶片早期脱落，影响树木的正常生长。危害过程中还排出油状蜜露，污染枝叶和果实，又易引起煤污病发生。

【形态特征】彩版 43　图 638~639

蚧壳　雌蚧壳背面龟甲状，光亮，顶部棱状隆起，有许多不规则的凹沟。雄蚧壳紫灰色或灰白色，长 1.8~2.5 毫米，宽 1~1.5 毫米。

成虫　雄虫体长 1.2~1.5 毫米，翅展 3~3.5 毫米，红棕色，后翅退化，足发达，腹部末端交尾器两侧各有一根白色蜡丝。雌虫体长 4~6.5 毫米，宽 3~5.5 毫米，短椭圆形，黄褐色或棕红色；腹面较平，触角、足、口器等均退化。

卵　长椭圆形，位于雌虫身体的下面，长 0.2~0.25 毫米，宽 0.1~0.5 毫米，卵初产时白色，卵孵化时棕红色。

若虫　初孵若虫活泼，有触角和足；当在枝条上固定取食后产生蚧壳，此后触角和足逐渐消失，新蚧壳形成初期有 5~8 根细微的蜡丝。

【生活史与习性】

该虫由于分布地区不同，每年可发生 1~3 代，西北地区约发生 1 代，在多数地区弧雌生殖，以 2~3 龄若虫固着于枝干上越冬。翌年枣树萌芽时越冬若虫开始刺吸危害，5 月上旬逐渐发育为成虫，并进行产卵，平均每头雌虫可产卵 1260 粒。5 月中下旬新一代若虫陆续孵化，并活动危害。若虫喜阴怕光，3 龄以后永久性固定于枝干上吸食汁液。雄虫不多见，但雄若虫在 4 月下旬化蛹，5 月上中旬羽化为成虫。新一代雌成虫可在 7 月中旬产卵，卵孵化为若虫，固着枝干危害一段时间后，若虫达 2~3 龄时，即于 9 月下旬进入越冬。

【预防控制措施】

1. 人工防控　冬春季用钢丝刷、刮刀，刷掉或刮去枝干上的蚧壳虫，集中烧毁或深埋，消灭 2 龄或 3 龄越冬若虫。

2. 农业防控　加强枣树管理，合理施肥、灌水，促进树体健壮生长发育，增强抵抗能力。

3. 药剂防控　枣树发芽时，越冬若虫开始危害，或 5 月中下旬新一代若虫孵化盛期，用 97%机油乳剂 120~180 倍液，或 50%杀螟硫乳油 600~800 倍液，或 40%乐果乳油 800 倍液，或 2.5%溴氰菊酯乳油 1000~2000 倍液喷雾，均可杀死初孵若虫。

朝鲜球坚蚧

Didemococcus koreanus Borchs

朝鲜球坚蚧又名朝鲜球坚蜡蚧、杏球坚蚧、桃球坚蚧，属于同翅目，蜡蚧科。

【分布与危害】

该虫分布于我国北方枣产区。除危害枣、酸枣外，还危害苹果、桃、杏、梨、李、葡萄等果树，以雌成虫和若虫刺吸枣树枝条汁液，严重者枝条布满蚧壳，致使枝条干枯。

【形态特征】 彩版 43　图 640~642

成虫　雌蚧壳半球形，棕褐色或黑色，有光泽；球壳长 2~3 毫米，宽 2.5~3 毫米，球壳向前或两侧突出如肩，后部垂直。雌虫体略小，触角 6 节，第三节最长；体背毛粗，成前后两群，体缘有长粗不同的细刺，肛门环发达，肛门板 3 节，爪冠毛细而长。雄虫蚧壳长扁圆形，蚧壳背面为白色，隐约可见分节，两侧有两条纵斑纹。蚧壳末端为钳状，钳形背上方有黑褐色斑点一个，前端也有 2 个黑褐色小斑点。雄虫体长 1.5 毫米，翅展约 2.5 毫米。头、胸赤褐色。翅仅有一对，翅透明，有翅脉一条，分为 2 叉。

卵　椭圆形，长约 0.3 毫米，初产时黄色，孵化时变为红褐色或淡粉红色，卵散产雌虫体下。

若虫　初孵化为红褐色或淡粉色，背面中央有一条褐色纵线，腹末节生 2 条白色长刚毛。

【生活史与习性】

该虫每年发生 1 代，以 2 龄若虫在枣树枝条上越冬。第二年 3 月下旬至 4 月上旬越冬若虫开始发育生长，蜕第二次皮后，于 4 月中下旬雌蚧壳虫体膨大如球，并分泌大量蜜露，同时雄蛹开始羽化为成虫。雌雄交配后，于 5 月上中旬雌虫开始产卵，卵于 6 月上旬孵化，6 月中下旬为孵化盛期，若虫大量从母体爬出扩散，不久在枝叶等处定居取食。秋季 9~10 月以 2 龄若虫在枝条上开始越冬。该虫主要在枣、杏、桃等果树一年生或多年生枝干缝隙等处固定取食，也有少数个体爬到叶片和果实上危害。

【预防控制措施】

参照枣龟蜡蚧防控措施。

梨圆盾蚧

Diaspidiotus perniciosus（Comstock）

梨圆盾蚧又名梨圆蚧、梨枝圆盾蚧、梨笠圆盾蚧等，属于同翅目，盾蚧科。

【分布与危害】

该虫分布于全国各地枣产区，国外分布于日本、朝鲜、俄罗斯等国家。除危害枣、酸枣外，还危害柑橘、柠檬、苹果、梨、沙果、山楂、桃、杏、李、梅、核桃、柿、栗、樱桃、花椒等多种树木。以若虫和雌成虫刺吸枝干、叶片、果实的汁液，轻者削弱树势，严重者造成树木枯死。

【形态特征】彩版 43 图 643~645

成虫 雌虫蚧壳扁圆锥形，直径约 1.7 毫米，灰白色或灰褐色，具同心轮纹，中心鼓起似中央有尖的扁圆锥体，壳顶黄白色。虫体近扁圆形，橙黄色，长 1.0~1.5 毫米，刺吸口器似丝状，位于腹面中央。足、眼退化。雄虫蚧壳长椭圆形，长约 1.2 毫米，常有 3 条轮纹，壳点扁向一端。虫体长 0.6 毫米，有一膜质翅，翅展约 1.2 毫米，橙黄色，头略淡，眼暗紫色，触角念珠状，10 节，交配器剑状。

若虫 初孵若虫体长约 0.2 毫米，椭圆形，淡黄色；2 龄若虫触角、足、眼都消失，体形似雌成虫。

【生活史与习性】

该虫在南方每年发生 4~5 代，北方 2~3 代，在西北（兰州、陇南）1~2 代，以若虫和受精雌成虫在枝干上越冬。翌年枣树萌芽时继续危害，5 月上中旬发育为成虫。雄虫羽化后寻找雌虫交配，6 月上旬雌成虫开始产仔，繁殖方式为卵胎生，一头雌成虫约产 60~70 个小若虫，产仔期较长。第二代若虫 7~8 月发生。初龄若虫很活泼，在枝条、茎干、叶片、果实上爬行，选择适宜场所，固定下来，将口器插入寄主组织内吸收养料，分泌蜡质，形成蚧壳。梨圆盾蚧的传播靠接穗、苗木和果实携带到远方。梨圆盾蚧的天敌种类很多，有红点唇瓢虫、肾斑唇瓢虫和寄生蜂等 10 多种。

【预防控制措施】

预防控制梨圆盾蚧应抓住休眠期和春季防治，才能生效。

1. 加强植物检疫

在没有发生此虫的地方，严格实行苗木、接穗等检查，防止该虫随接穗、苗木到处传播蔓延。

2. 人工防控

（1）剪虫枝 刚发生梨园盾蚧的枣园，多集中在少数枝条上，可将虫枝剪除，集中烧毁。

（2）刮树皮 梨园盾蚧发生严重的枣园，结合防治其他害虫和叶螨，刮除老树皮，集中烧毁或深埋。

3. 药剂防控

（1）早春枣树萌动期喷药防控　可用波美 5 度石硫合剂，或 5% 机油乳剂 1000 倍液喷雾，防治越冬若虫和雌成虫。

（2）生长季节若虫发生期防控　可喷洒 50% 敌敌畏乳油 1000 倍液，或波美 0.3 度石硫合剂，或 45% 晶体石硫合剂 150~200 倍液，或 2.5% 溴氰菊酯乳油 2000~2500 倍液，或 20% 氰戊菊酯乳油 2000~2500 倍液，或 4.5% 高效氯氰菊酯乳油 2500~3000 倍液，或 2.5% 高效氟氯氰菊酯乳油 2500~3000 倍液，均有良好的防治效果。

（3）药剂灌根或涂干　每株枣树用 50% 氟乙酰胺可湿性粉剂 1.5~2 克加水 300~400 毫升，涂干或灌根，防效可达 90% 以上，具体方法是：

①灌根　在枣树根茎部挖坑，深度以挖到见侧根为宜，将配好的药液灌入坑内复土即可。

②环状涂干　在枣树基部上方 80 厘米左右处，刮两道前后错开 2~5 厘米的环（幼树环宽 5~10 厘米，大树环宽 10~20 厘米），将配好的药液涂在环上。刮环时不能刮的太深，以免影响愈合。

4. 生物防控

该虫的天敌种类很多，应注意保护和利用。天敌数量大时，可不喷药，以保护天敌；有条件的可以饲养和释放天敌。

常春藤圆盾蚧

Aspidiotus nerii Bouche

常春藤圆盾蚧又名枣圆盾蚧、圆盾蚧，属于同翅目，盾蚧科。

【分布与危害】

该虫分布于西北、华北、东北、华东、华中及西南各省、市、自治区。除危害枣、酸枣、常春藤外，还危害柑橘、柿、芒果、无花果及栎、丁香、月季、仙客来、石竹、玉兰等果树、林木及花卉。以雌成虫和若虫刺吸寄主叶片汁液，被害叶片失绿、早落或枝梢枯萎，严重时整株死亡。

【形态特征】彩版 44　图 646~647

成虫　雌虫蚧壳圆形，灰白色、淡灰色或土黄色，长约 2 毫米，扁平或稍微隆起，很薄。壳点 2 个，黄色或淡黄褐色，位于中央或近中央，覆有白色分泌物，腹壳极弱，白色。雌虫体卵圆形，体长约 0.7 毫米，苍黄色或硫黄色，全体扁平，前端圆，后端尖，臀叶 3 对，中叶每侧有一凹缺，基部有向内延伸的三角骨片，第二和第三叶与中叶同形，但渐小，有时很短，第三叶较发达。中叶间、中叶与第二叶间各有臀节 2 个，端部齿出，第二叶和第三叶间臀栉 3 个，第三叶外臀栉 6~7 个，这些臀栉内缘平直，外缘有极深齿刻。背腺多，短粗，分散在第二至七腹节亚缘区；臀板背倒烧瓶状，花斑发达；围阴线 4 群。雄虫蚧壳卵形，长约 1.4 毫米，壳点 1 个，位于中央或近中央。色泽、质地同雌蚧壳。

卵　浅黄色。

若虫　初龄若虫卵圆形，扁平，淡黄色。触角 5 节，基节粗短，末节最长。具横环纹，顶端有 2 根长毛。2 龄若虫以后雌雄体分化,雌若虫与雌成虫相似,雄若虫逐渐变长,眼点明显。

【生活史与习性】

该虫在北方每年发生 2~3 代,南方 3~4 代,以受精雌成虫在小枝上越冬。第二年春季越冬雌成虫出蛰活动产卵,每头雌成虫可产卵 150~200 粒。5 月中下旬开始孵化为若虫,6 月上旬为第一代若虫孵化盛期,7 月下旬为第二代若虫孵化盛期,9 月中旬为第三代若虫孵化盛期。世代重叠现象明显。11 月受精雌成虫陆续越冬。

一般以雌成虫和若虫在叶部和枝条上刺吸汁液危害,以叶片受害较重。由于该虫个体小,不易引起人们重视,往往造成严重损失。

【预防控制措施】

参照梨圆盾蚧防控措施。

枣粆片盾蚧

Parlagena buxi (Takahashi)

枣粆片盾蚧又名枣粆盾蚧、黄杨粆片盾蚧,属于同翅目,盾蚧科。

【分布与危害】

该虫分布于西北、华北、华东、华中、华南及西南等省、自治区。主要危害枣、酸枣、黄杨,也危害榆、卫矛、瓜子金和绿篱等植物。以雌成虫和若虫在枝干及叶片上刺吸汁液,严重时削弱树势。

【形态特征】 彩版 44 图 648

成虫 雌成虫蚧壳卵形,长约 1 毫米,灰白色或白色,后端呈锥状突出;壳点 2 个,黑色,第二壳点椭圆形,占蚧壳主要部分,扁平,位于前端,第一壳点近圆形,位于前端边缘,不及第二壳点的一半。虫体卵圆形,长约 0.7 毫米,灰白色或淡紫色;臀叶 4 对,中叶短宽,端尖,内侧有一凹缺,外侧两凹缺,第二至四叶渐次变小,各叶外侧均有 2~3 凹缺,内侧一凹缺;背腺较粗,腺口横向,在臀板上杂乱分布,每侧约 25 个;板缘腺粗短,11 个,肛门位于臀板中央,无围阴腺。雄成虫蚧壳长形,长约 0.6 毫米,灰白色,壳点 1 个,位于前端,近圆形,黑色。

若虫 卵圆形,灰白色。

【生活史与习性】

该虫在西北和华北地区每年发生 3 代,南方 4~5 代,以雌成虫在小枝缝隙处越冬。在北方翌年 5 月上旬至 6 月中旬若虫孵化,5 月下旬至 7 月上旬羽化为成虫,营两性和孤雌卵生,每头雌成虫产卵数 10 粒。此后于 7 月中下旬和 8 月下旬至 10 月上旬分别为第二代、第三代初孵若虫期,世代重叠。以若虫和雌成虫在新梢基部或枣吊基部,及叶片上刺吸汁液危害,严重时常使新梢干枯,叶片枯黄脱落。

【预防控制措施】

参照梨圆盾蚧防控措施。

黑片盾蚧

Parlatoria ziziphi（Lucas）

黑片盾蚧又名黑点蚧、黑点盾蚧、黑星蚧，属于同翅目，盾蚧科。

【分布与危害】

该虫分布于西南、华南、华东、华中各省、自治区及北方温室。主要危害枣、酸枣、柑橘、苹果、柠檬、枇杷，也危害茶、椰子、冬青及变叶木、月桂、建兰、代代花、蓖麻等多种植物。以雌成虫和若虫在枝干、叶片及果实上刺吸汁液，危害严重者叶片干枯卷缩，削弱树势，甚至枯死。

【形态特征】 彩版44 图649

成虫 雌蚧壳长椭圆形，长 1.6~1.8 毫米，宽 0.5~0.7 毫米，深黑色，蚧壳背面有 2 条纵脊，后缘附有灰白色薄蜡片，壳点椭圆形，漆黑色，位于介壳的前端。雌成虫椭圆形，淡紫红色，前胸两侧有耳状突起，是此种蚧壳虫的重要特征。臀板椭圆形，臀叶 4 对，第一、二、三对臀叶长形，大小相仿，两侧有凹刻，第四对不明显，圆锥形。背腺少，仅限于臀板的亚缘区，围阴腺 4 群。雄蚧壳小而狭长，长约 1 毫米，宽约 0.5 毫米，灰白色，壳点椭圆形，漆黑色，位于介壳前端。雄成虫淡紫红色，前翅发达，半透明，有翅脉 2 条，交尾器针状。

若虫 初孵若虫近圆形，灰色，腹末有尾毛一对，固定寄主后分泌白色绵状蜡质，体色变深，二龄雌若虫椭圆形，体色更深；壳白色；2 龄雄若虫长椭圆形，壳灰白色。

蛹 头、胸部淡红色，眼黑色，腹部淡紫红色。

【生活史与习性】

该虫在浙江每年发生 3 代，重庆 4 代，分别以雌成虫和卵越冬。第二年 4~5 月第一代若虫陆续孵化，第二代若虫 7 月盛发，第三代若虫 10~11 月发生。卵的孵化和幼蚧生活与气候条件有密切关系，卵在 10℃ 以下便可孵化，但初孵幼蚧多不能生存。初孵幼蚧生活的适宜温度为 15℃ 左右，第二龄若虫生活的适宜温度为 20℃ 左右，低于此温度若虫则死亡。黑片盾蚧雌虫蜕皮 2 次，若虫两龄，第二次蜕皮变为成虫。雄成虫两龄，再蜕皮经前蛹及蛹期，然后羽化为成虫。雌成虫寿命很长，不断产卵，陆续孵化，并能孤雌生殖，世代重叠，虫态零乱。每头雌虫平均产卵 50 余粒。4 月下旬若虫转移到当年春梢上危害，5 月下旬蔓延到幼果上危害，7 月下旬转到当年夏梢上危害，8 月上旬在叶片和果实上危害。该虫借风力和苗木传播，但大风雨又能冲掉幼蚧。凡生长衰弱郁闭的枣园，均有利于黑片盾蚧的滋生。天敌有黄圆蚧小蜂（*Aspidiotiphagus citrinus* Grawford）、中国小蜂（*Casca chinensis* Howara）、（*Aphytis proclia* Wlk.）、红点唇瓢虫（*Chilocorus kuwanae* silvestri）和寡节瓢虫（*Telsimia* sp），对该虫的发生有一定的抑制作用。

【预防控制措施】

参照梨圆盾蚧防控措施。

矢尖蚧

Unaspis yanonensis（Kuwana）

矢尖蚧又名矢尖盾蚧、矢尖蚧壳虫、箭头蚧等，属于同翅目，盾蚧科。

【分布与危害】

该虫分布于甘肃（东部）、陕西、河北、河南、山西、山东、湖南、湖北、广东、广西、四川、云南、安徽、江苏、福建、浙江等省、自治区。除危害枣、酸枣、柑橘外，还危害橙、柚、金橘、柠檬、番石榴及茶、山茶、白蜡、连翘、吴茱萸等果树、经济林木及药材。以若虫和雌成虫在枝干、叶片及果实上刺吸汁液，受害轻的叶片被害处呈现淡黄斑，受害重时叶片扭曲变形，甚至枝叶枯死。

【形态特征】 彩版44　图650~651

成虫　雌虫蚧壳长形，稍弯曲，上端尖，下端宽，长约3.5毫米，前窄后宽，末端稍窄形似箭头，蚧壳褐色或紫褐色，中央有一条纵脊，前端有两个黄褐色小壳点。雌成虫体橙红色，长形，头顶较平钝，胸部长，腹部短，前胸、中胸及后胸均有横沟分开，体背面，特别是头胸部背面高度硬化。在腹部边缘有许多臀棘。缘腺6对或7对，背腺数目多，分布杂乱。臀板末端较圆。雄蚧壳长形，白色，较小。雄虫体橙红色，复眼黑色，翅无色，足和尾部淡黄色。

卵　椭圆形，橙黄色。

若虫　初孵若虫扁平，椭圆形，橙黄色。复眼紫黑色，触角浅棕色。腹末有尾毛一对。足3对，淡黄色。

【生活史与习性】

该虫每年发生2~4代，以雌成虫和2龄若虫越冬。第二年4~5月日平均温度达19℃以上时，越冬雌成虫开始产卵孵化为若虫，第一代发生整齐，以后各代重叠发生，10月下旬温度达17℃以下时雌蚧便停止产卵。在重庆三代区，各代1龄若虫分别盛发于5月上旬、7月中旬和9月下旬。当年12月至翌年4月中旬1龄若虫基本绝迹。第一代1龄期20天，2龄期15天。雌虫多分散取食，雄虫多数群集在母体附近取食危害。温度湿润和荫蔽均有利于该虫发生，高温干旱不利于若虫生存。大树受害重，幼树受害轻。

【预防控制措施】

1. 人工防控　冬、春季结合枣树整形修剪，剪除有虫枝，干枯枝及荫蔽枝，集中一起烧毁，一来减少虫源，二来改善通风透光条件，不利于害虫发生。

2. 药剂防控　在越冬代若虫发生初期，用25%噻嗪酮乳油1500~2000倍液，或40%毒死蜱乳油1000~1500倍液，或25%喹硫磷乳油1000~1500倍液，间隔10~15天喷1次，连喷2~3次。

3. 生物防控　矢尖蚧的天敌种类很多，有日本方头甲、红点唇瓢虫、矢尖蚧蚜小蜂、花角蚜小蜂和红霉菌等，在矢尖蚧第二、三代发生量较多时保护利用天敌，有很好的控制效果。在喷药防治时不要喷有机磷和菊酯类农药，以避免杀伤天敌。

柳蛎盾蚧

Lepidosaphes salicina Borchsenius

柳蛎盾蚧又名柳牡蛎蚧，属于同翅目，盾蚧科。

【分布与危害】

该虫分布于西北、华北、东北各省、自治区。除危害枣、酸枣、杨、柳外，还危害核桃、茶、丁香、白蜡、卫矛、桦、椴、榆等多种果树、林木。以若虫和雌成虫刺吸枝干汁液，可引起枝干畸形、枯萎、连年受害后可死亡。

【形态特征】彩版44 图652~655

成虫 雌蚧壳前端尖，向后渐宽，直立或稍弯曲，长3.2~4.3毫米，栗褐色，边缘灰白色，外被薄层灰色蜡粉，背面隆起，表面有纵向轮纹，壳点2个。雌成虫黄白色，呈纺锤形，体长约1.6厘米，宽0.72~0.78厘米，第一及第四至六腹节亚缘有背侧疤，有时第二至三节上也有；前气门有12~17个盘状脉，后气门无；臀前腹节略向两侧突。背腺管细，多数，沿节间缝排成亚缘列及亚中列，第六节每侧有25~26个排成窄的纵带，第七节有8~22个。围阴腺5群。雄蚧壳的形状、色泽和质地均与雌蚧壳相同，仅体形较小，壳点1个。雄成虫黄白色，比雌成虫略小，长形，长约1毫米。头小，眼黑色，触角10节，念珠状。中胸黄褐色，盾片五角形。翅一对，透明。

卵 椭圆形，长0.25毫米，黄白色。

若虫 1龄若虫体椭圆形，扁平，淡黄色。触角6节，末节细长，有环纹，生有长毛。腹末有一对细长尾毛。2龄若虫体纺锤形。

蛹 雄蛹黄白色，长约1毫米，口器消失，具成虫器官的雏形。

【生活史与习性】

该虫每年发生1代，以卵在雌虫蚧壳内越冬。第二年5月中旬越冬卵开始孵化，6月初为孵化盛期，孵化比较整齐。初孵若虫爬出蚧壳，沿树干、枝条向上部爬行，寻找适宜位置固定危害，并分泌白色蜡丝将虫覆盖。6月中旬进入2龄，出现性分化。若虫期35天左右。7月上旬若虫蜕皮变为雌成虫。2龄雄若虫蜕皮变为预蛹、蛹，然后羽化为雄成虫。雌、雄成虫交尾后，雌成虫于8月初开始产卵，雌成虫产卵后即死去。卵期从越冬到来年孵化长达290~300天。该虫的危害，树体上部重于下部，枝条重于主干，阴面重于阳面。在卵的孵化、若虫出现的盛期，若遇大风或雨水冲刷，虫口密度显著降低。天敌种类很多，主要有桑盾蚧黄金蚜小蜂、方斑瓢虫、蒙古光瓢虫等，对该虫的发生有　定的抑制作用。

【预防控制措施】

参照梨圆盾蚧防控措施。

枣黑星蚧

Parlatorepsis chinensis (Marlatt)

枣黑星蚧又名中国黑星蚧、山楂黑星蚧，属于同翅目，盾蚧科。

【分布与危害】

该虫分布于全国各省、自治区。除危害枣、酸枣外，也危害苹果、海棠、山楂、木瓜等果树。以若虫、雌成虫固着在寄主枝条和粗枝皮层处刺吸汁液，发生量大危害严重时，可使树势衰弱，甚至使枝干枯死，而又常引起煤污病的发生。

【形态特征】彩版 44　图 656

雌成虫　蚧壳近圆形，灰白色；2 龄蚧壳灰绿色，壳点在头端突出。雌虫体扁椭圆形，长 0.7~0.8 毫米，宽 0.5~0.6 毫米，淡紫红色，臀板稍硬化，眼点发达，前气门腺 1~2 个，腺瘤分布在体腹面亚缘区，阴门在臀板区中央，阴门围阴腺 4 群，每群约 5~8 个，臀叶 2 对，中叶很发达，外缘斜面细齿状，基部不融合，第二叶狭小。第七、八腹节上缘腺管口硬化环突呈槌状。

【生活史与习性】

该虫每年发生 2 代，以 2 龄若虫在寄主枝干、枝条危害处越冬。第二年越冬代若虫继续发育，5 月中旬出现成虫，雌、雄虫交配，卵生。6 月上旬左右卵孵化为第一代若虫，6 月下旬至 7 月上旬第一代成虫羽化，7 月上、中旬第二代若虫孵化后，寻找寄主枝条嫩皮固定取食危害，9 月中下旬开始蜕皮变为 2 龄若虫，11 月上中旬陆续进入越冬状态。

【预防控制措施】

1. 人工防控　结合整形修剪，剪除虫体密集、被害严重的枝条，集中一起烧毁。

2. 生态防控　在虫体发生严重的枝干、枝条上喷施高酯膜乳剂，形成隔膜，使蚧壳虫窒息死亡。

3. 药剂防控　于第一、二代若虫孵化期，分别喷布 10%高效氯氰菊酯乳油 2000 倍液，或 40%毒死蜱乳油 1000~1500 倍液。

4. 生物防控　注意利用和保护红点唇瓢虫等天敌，瓢虫数量大时应少喷或不喷化学农药，以免伤害天敌。有条件的可饲养、释放天敌。

草履硕蚧

Drosicha corpulenta Kuwaha

草履硕蚧又名草履蚧、草鞋蚧壳虫、柿草履蚧等，属于同翅目，硕蚧科。

【分布与危害】

该虫分布于全国各省、自治区，国外分布于朝鲜、韩国、日本、俄罗斯等国家。危害枣、酸枣、花椒、柑橘、荔枝、核桃、柿、山楂、梨、苹果、桃、栗、无花果等果树。以若虫和雌成虫刺吸嫩枝、幼芽、枝干和根部汁液，影响枣树生长，使产量降低，品质变劣，严重者致使树木死亡。

【形态特征】彩版 44　图 657~659

成虫　雌成虫体长约 10 毫米，扁平，椭圆形，似鞋底状，灰白色，无翅，被白色蜡质分泌物和许多微毛。触角黑色，被细毛，丝状，9 节。胸足 3 对，黑色被细毛。雄成虫体长约 5 毫米，翅展约 10 毫米，黑色，触角鞭状，10 节，黑色，各节生细长毛。前翅一对，淡黑色，其上有 2 条白色绒状条纹，后翅特化为平衡棒。足黑色，被有细毛。

卵　椭圆形，长 1.1 毫米左右，淡黄褐色，光滑，产于卵囊内。卵囊长椭圆形，白色绵状，每囊有卵数十粒至百余粒。

若虫　体形与雌成虫相似，色深体小。

蛹　雄虫具有，蛹褐色，圆筒形，长 5.5 毫米左右，翅　对，长达第二腹节。

【生活史与习性】

该虫每年发生 1 代，以卵和若虫在树干周围土缝内、石头下或 10~12 厘米土层中越冬。卵于开春后孵化，若虫暂居卵囊内，寄主开始萌动发芽时出土上树。若虫先集中于根部和地下茎群集吸食汁液，后陆续上树，多在嫩枝、幼芽上危害，稍大喜欢在较粗枝条阴面群集危害。雄若虫蜕皮 2 次后老熟，于土缝和树皮缝等隐蔽处，分泌棉絮状蜡质茧化蛹，蛹期 10 天左右。雌若虫蜕皮 3 次，羽化为成虫。5~6 月为羽化期，雌雄虫交配后，雄虫死亡，雌虫继续危害，到 6 月中下旬陆续下树入土分泌卵囊，产卵于卵囊内，以卵越夏、越冬。草履硕蚧的天敌有暗红瓢虫、红环瓢虫等，对控制草履硕蚧的发生有一定作用。

【预防控制措施】

1. 人工防控

（1）雌成虫下树产卵时，在树干基部挖坑，内放杂草等诱集产卵，然后集中烧毁或深埋。

（2）阻止初龄若虫上树，可采用树干涂胶或废机油，先将树干老翘皮刮除 10 厘米宽绕茎干一周，再往上涂胶或废机油，间隔 10~15 天涂 1 次，连续涂 2~3 次，并及时清除环内的若虫。

2. 药剂防控

在草履硕蚧若虫发生期，应用药剂及时防控，可参见梨圆盾蚧药剂防控措施。

3. 生物防控

注意保护自然天敌，并利用暗红瓢虫、红环瓢虫等天敌，捕食草履硕蚧若虫。

康氏粉蚧

Pseudococcus comstocki（Kuwana）

康氏粉蚧又称枣粉蚧、梨粉蚧、桑粉蚧、李粉蚧、花卉粉蚧等。属于同翅目，粉蚧科。

【分布与危害】

康氏粉蚧分布于全国各省、自治区，西北地区发生普遍，危害严重。该虫除危害枣、酸枣外，还危害柑橘、梨、苹果、桃、李、花椒、山楂、葡萄、杏、核桃、石榴、栗、茶以及瓜类、花卉等。以若虫和雌成虫刺吸寄主幼芽、叶、果实、枝干及根部汁液，嫩枝及根受害后常常肿胀且易纵裂而枯死。幼果受害后多呈畸形果。其排泄的蜜露常引起煤污病的发生，影响光合作用，致使产量降低，品质变劣。

【形态特征】 彩版 44　图 660

成虫　雌虫椭圆形，长 5 毫米，宽约 3 毫米，淡粉红色，密被较厚的白色蜡粉，体周缘具 17 对白色蜡刺，前端蜡刺较短，向后渐长，最末一对最长，约为体长的 2/3。触角丝状，7~8 节，末节最长。眼半球形。足细长。雄虫体长 1.1 毫米，翅展 2 毫米左右，紫褐色，触角和胸背中央色淡。前翅透明，发达，后翅退化为平衡棒。尾毛长。

卵　椭圆形，长 0.3~0.4 毫米，浅橙黄色，被白色蜡粉。

若虫　雄虫 2 龄，雌虫 3 龄。1 龄若虫椭圆形，长 0.5 毫米，淡黄色，体侧布满刺毛。2 龄若虫体长 1 毫米，被白色蜡粉，体缘出现蜡刺。3 龄若虫体长 1.7 毫米，与雌成虫相似。

蛹　仅有雄蛹，体长1.2毫米，淡紫色。

茧　长椭圆形，长2~2.5毫米，白色棉絮状。

【生活史与习性】

康氏粉蚧每年发生3代，以卵在枣树皮缝隙及树干基部附近土石缝处越冬，少数以若虫和受精雌成虫越冬。第二年寄主萌动发芽时若虫和雌虫开始活动，卵也孵化为若虫分散危害。5月中下旬为第一代若虫盛发期，雌若虫期35~50天，雄若虫期25~40天。6月上旬至7月上旬陆续羽化为成虫，成虫羽化不久即进行交配，雌成虫交配后再经短时间取食，寻找适宜场所分泌卵囊产卵于囊内。6月下旬至7月下旬第2代若虫孵化，成虫于8月上旬至9月上旬羽化，并交配产卵。第一、二代雌成虫每头可产卵200~450粒，8月中旬第三代若虫开始孵化，9月下旬羽化为成虫，交配产卵，每头雌虫可产卵70~150粒，卵多产于树体翘皮缝隙中越冬。早期产的卵可以孵化，以若虫越冬，羽化迟的雌成虫交配后，不再产卵即越冬。

【预防控制措施】

1. 冬春季枣树休眠期，结合预防控制其他病虫害，刮除树体老翘皮，并用硬刷子刷除缝隙深处越冬卵和越冬若虫，集中烧毁或深埋。冬春季药剂防控应在刮除老翘皮之后进行。

2. 其他防控措施，参考梨圆盾蚧防控措施。

橘棘粉蚧

Pseudococcus citriculus Green

橘棘粉蚧又名橘小粉蚧、橘棘粉蚧壳虫、橘棘粉壳虫，属于同翅目，粉蚧科。

【分布与危害】

该虫分布于陕西、山西、辽宁、河北、湖北、湖南、江西、江苏、浙江、福建、台湾、广东、广西、云南、四川、重庆等省、市、自治区。寄主有柑橘、柠檬、枣、酸枣、苹果、梨、栗、无花果、柿、石榴、葡萄、桃、杏、梅、樱桃以及茶、桑等果树、林木。成虫、若虫群集叶片下面的中脉两侧以及叶柄与枝的交接处吸食汁液危害。

【形态特征】 彩版45　图661~662

成虫　雌成虫体长约2毫米，卵形，淡红色或黄褐色。触角8节，其中第二、三节和端节较长。体背部隆起，白色蜡粉厚密，各节上较少，故节数仍隐约可辨。体背面的体毛较长且粗，而腹面的毛较纤细。体缘具针状蜡质附属物17~19对，腹末后一对特长。足细长。雄成虫体长约1毫米，酱紫色。有翅一对，翅脉两根。腹部末节两侧各有白色蜡质长刺一根。

卵　淡黄色，长径0.37毫米，短径为0.2毫米。产于虫体下蜡质棉絮状卵囊内，卵囊前端细后端宽，并向一方弯曲，内有卵120~890粒不等。

若虫　初产时体扁平、椭圆形，淡黄色。触角和足发达。二、三龄若虫与雌成虫相似，但体较小，蜡粉薄而少。

【生活史与习性】

该虫每年发生4~5代，在浙江以卵越冬，在湖南以雌成虫和少量若虫越冬。据观察研究，霜降后平均温度低至15.5℃时，该虫即失去活动能力。越冬若虫于4月出蛰活动，并羽化为成虫。雌成虫产卵前形成卵囊产卵其中。4月下旬至5月上中旬为产卵盛期，5月上中旬为若虫孵化盛期。初孵化若虫，颇为活跃，四处爬行，但不久即行静止。第一代若虫大多聚集于叶柄、果梗基部或小梗的剪断处、地下部的根及枝干裂伤处内部，第二、三代若虫，则侵入果柄部。雄若虫于蜕第二次皮之前，先造成蜡茧，然后蜕皮化蛹。本种介壳虫的天敌有两种，即凹尾小黑瓢虫（*Telsimis emarginata* Chou）和小黄瓢虫（*Scymnus* sp.），均以幼虫在粉壳虫群内，捕食若虫和卵。此外，蚜狮（*Chrysopa* sp.）也捕食粉壳虫的若虫，对本种介壳虫的发生有一定的抑制作用。

【预防控制措施】

参见康氏粉蚧防控措施。

堆蜡粉蚧

Nipaecoccus vastator（Moskell）

堆蜡粉蚧又名堆蜡绵粉蚧、橘鳞粉蚧，属于同翅目，粉蚧科。

【分布与危害】

该虫分布于四川、重庆、贵州、云南、广西、广东、江西、湖南、湖北、浙江、福建和台湾等省、市、自治区。寄主有枣、酸枣、柑橘、龙眼、菠萝蜜以及榕树、茶、桑、番茄、草棉等果树、林木和农作物。该虫吸食新梢和幼果汁液，使新梢叶片变为畸形，在幼果上常群集在果蒂部位吸食，使受害幼果果皮呈块状突起，常引起落果，造成产量降低和品质变坏。

【形态特征】 彩版45　图663~664

成虫　雌成虫体长3~4毫米，椭圆形，紫黑色，触角草黄色，7节。体表被有较厚的带灰白色的蜡粉。每体节背面有蜡粉块4块排成明显的4行，此为该虫的重要特征。虫体边缘有粗短蜡丝，其末端一对较长且向后略尖削。卵囊的蜡质绵状物，常为白色而略带淡黄色。

若虫　其体色与康氏粉蚧成虫相似。

【生活史与习性】

该虫在广东每年发生5~6代，世代重叠。以雌成虫和若虫越冬。第二年2月初越冬成虫和若虫开始出蛰活动取食。3月下旬出现第一代卵囊。若虫孵化后即可危害幼果，吸食汁液使果梗附近凸起，引起落果。5月上旬出现第二代卵囊，若虫孵出后主要在果柄及附近果实上吸食，使幼果畸形。后期也有一部分叶脉处形成卵囊。5月下旬孵出的若虫主要在果柄及果梗附近果实和夏梢上取食。第三、四、五代的卵分别于5月初、8月下旬和9月下旬孵化为若虫，第六代若虫于11月群集在秋梢上取食。12月雌成虫和若虫陆续越冬。

【预防控制措施】

参见康氏粉蚧防控措施。

枣粉蚧

Pseudococcus sp.

枣粉蚧又名长尾粉蚧，属于同翅目，粉蚧科。

【分布与危害】

该虫分布于甘肃（兰州）、河北、河南、山东、江西、广东等省枣产区。主要危害枣，也危害酸枣。以成虫和若虫刺吸枣树叶片和枝条汁液，使叶片发黄，枣果萎蔫，树势衰弱。

【形态特征】彩版 45　图 665~666

成虫　雌虫体长约 3 毫米，扁椭圆形，背部隆起，密被白色蜡粉，体缘有针状蜡质物，尾部有 2 根特长的蜡质尾毛。雄虫全体暗黄色，前翅乳白色，半透明，后翅退化为平衡棒。尾部有 4 根蜡质毛，其中较长的两根的长度与体长大约相等。

卵　长 0.37 毫米，椭圆形。卵囊棉絮状，蜡质，每个卵囊内有百余粒卵。

若虫　体扁，椭圆形，眼黑褐色，足发达。

【生活史与习性】

该虫在北方每年发生 3 代，以若虫在枝干皮缝内越冬。来年 4 月越冬若虫出蛰活动，5 月上旬开始产卵。卵期 10 天左右。第一、二、三代若虫发生的盛期分别为 6 月上旬、7 月中旬和 9 月中旬。第一、二代若虫繁殖量最大，危害也最重。第一代雌成虫可产卵 90~230 粒。8 月下旬若虫下树活动，10 月上中旬若虫开始越冬。

【预防控制措施】

参见康氏粉蚧防控措施。

茶翅蝽

Halyomorpha picus（Stal）

茶翅蝽又名臭木蝽象，俗称臭大姐，属于半翅目，蝽科。

【分布与危害】

茶翅蝽国内分布于全国各省、自治区；国外分布于日本、越南、缅甸、印度、斯里兰卡、印尼和新西兰。它除危害枣、酸枣外，还危害苹果、梨、桃、杏、李、葡萄、栗、核桃等多种果树、林木。以成虫、若虫吸食寄主的芽、叶、枝、花和果实汁液。幼果受害后变畸形，常脱落；枝、叶严重受害后变黄枯萎，树势削弱，甚至干枯。

【形态特征】彩版 45　图 667~670

成虫　体长 15 毫米左右，宽 6.5~9 毫米，体扁平，略成椭圆形，茶褐色。触角黑褐色，第四节两端和第五节基部为黄白色。前胸背板两侧有翅突，近前缘处横列 4 个黄色小点，小盾片前缘有 5 个横列淡黄色小斑点。背面自头至鞘翅密布黑色小刻点，翅烟褐色，基部淡黑褐色，端部脉色较深。侧接缘黄白相间。腹面淡黄白色。

卵　短圆筒形，长约 1 毫米，初为灰白色，渐为黑褐色，常 20~30 粒并排成卵块。

若虫　与成虫相似，无翅。前胸背板两侧有刺突。腹部各节背面中部有黑斑，黑斑中央两侧各有 1 个黄褐色小点。各腹节两侧节间均有 1 个黑斑。

【生活史与习性】

该虫每年发生 1 代，以成虫在房檐、墙缝、门窗空隙及树洞、草堆等处越冬。翌年 4 月底至 5 月上旬陆续出蛰活动，飞到果树、林木上危害，并且雌、雄虫进行交配。6 月份产卵，卵产于寄主叶背，卵期 4~10 天。若虫于 7 月上旬开始出现，8 月中旬为新一代成虫出现盛期。成虫在中午气温较高、阳光充足时出来活动、飞翔、交尾，清晨和夜间多静伏。9 月下旬成虫陆续越冬。

【预防控制措施】

1. 人工防控

利用成虫在草堆、树洞、房檐等处越冬的习性，组织人力捕捉成虫，及时烧毁或深埋。

2. 药剂防控

（1）成虫春季出蛰时和 7 月上旬若虫出现期，及时喷洒 40%乐果乳油 1000 倍液，或 50%敌敌畏乳油 1000~1500 倍液，或 50%马拉硫磷乳油 1000~1500 倍液，或 50%杀螟硫磷乳油 1000~1500 倍液，或 20%氰戊菊酯乳油 3000 倍液，或 4.5%高效氯氰菊酯乳油 2500~3000 倍液，或 2.5%高效氟氯氰菊酯乳油 3000 倍液，或 10%吡虫啉可湿性粉剂 2500~3000 倍液。

（2）在越冬成虫较多的空房间，也可用敌敌畏熏杀。

麻皮蝽

Erthesina fullo（Thunberg）

麻皮蝽又名黄斑蝽、黄霜蝽，属于半翅目，蝽科。

【分布与危害】

麻皮蝽分布于全国各省、自治区；国外分布于斯里兰卡、印度、印尼、马来西亚、缅甸和日本。该虫除危害枣、酸枣外，还危害苹果、梨、桃、杏、李、葡萄、樱桃、柑橘、石榴等多种果树。以成虫、若虫刺吸寄主芽、枝、花和果实，果实受害呈畸形，叶、枝被害严重时植株干枯死亡。

【形态特征】彩版 45　图 671~675

成虫　体长 18~24 毫米，宽 8~11 毫米，体扁平，灰褐色。背面棕黑色，布满黑色刻点和不规则黑斑。头部较茶翅蝽狭长，侧片与中片等长，有一条黄白色线从中片顶端向后延伸至小盾片基部。触角细长，黑色，仅第五节基部淡黄色。前胸背板和小盾板均为黑色，布有粗点刻和许多散生的黄白色小斑点。腹部背面深黑色，侧接缘黑白相间。

卵　圆筒状，横径约 1.8 毫米，淡黄白色。

若虫　初孵若虫胸、腹部有许多红、黄、黑相间的横纹。二龄若虫体灰黑色，腹部中部背面有 6 个红黄色斑点。

【生活史与习性】

该虫每年发生 1 代，以成虫在屋檐下及隐蔽的缝隙内越冬。甘肃在第二年 4 月底前后，越冬成虫出蛰活动。卵产在寄主叶背上，卵块常 10 余粒排列成行。8 月份新　代成虫出现。其他生活习性与茶翅蝽大致相同。

【预防控制措施】

参见茶翅蝽防控措施。

长绿蝽

Brachynema germarii Kolenati

长绿蝽又名绿蝽、绿蝽象等，属于半翅目，蝽科。

【分布与危害】

长绿蝽分布于宁夏、甘肃、青海、新疆等省、自治区。危害枣、酸枣、苹果、梨、枸杞、野生枸杞以及油菜、白菜、萝卜、马铃薯等多种作物，危害状同茶翅蝽。

【形态特征】彩版 46 图 676~677

成虫 体长 11~13 毫米，宽 5~6 毫米，较狭长，全体绿色。从头部起通过胸部及前翅两侧作淡黄色边缘。触角及复眼黑色，单眼红色。前翅膜质部淡色或稍褐色。小盾片绿色，尖端淡黄色。足绿色，唯转节及腿节基部均略带黄色，爪褐色。

卵 杯形，长 1.2 毫米，宽 0.8 毫米，初产时黄白色，后稍变为黄色。

若虫 椭圆形，体长 9~13 毫米，绿色，触角端部黑色。头、胸部及翅芽两侧黄色。

【生活史与习性】

长绿蝽每年发生 1 代，以成虫在草丛、土缝及林木茂密处越冬。次年春季 4~5 月出蛰活动，6 月交配、产卵，卵多产在叶片上，也可产于嫩茎及果实上，卵成块状，每块有卵数十粒至百余粒。卵期 7 天左右，若虫孵化后先群集于卵块附近危害，2 龄后逐渐散开，约 30 天后羽化为成虫，10 月份陆续越冬。成虫具有趋光和趋绿习性。

【预防控制措施】

1. 人工防控

（1）结合冬季清园，认真铲除枣园内杂草和清扫枯枝、落叶，集中一起烧毁，消灭越冬成虫。

（2）摘除卵块和群集若虫，集中烧毁或深埋。

2. 药剂防控

参见茶翅蝽防控措施。

紫翅果蝽

Carpocoris purpureipennis （De Geer）

紫翅果蝽又名紫蝽、异色蝽象，属于半翅目，蝽科。

【分布与危害】

该虫分布于宁夏、甘肃、青海、陕西、山西、吉林、黑龙江等省、自治区。除危害枣、沙枣、苹果、梨、枸杞、白刺外，还危害马铃薯、胡萝卜、萝卜、甘草、小麦等。以成虫和若虫刺吸叶片、花器、果实汁液，影响枣树生长发育，危害严重时能使结果率降低。

【形态特征】彩版 46 图 678~679

成虫 宽椭圆形，体长 12~13 毫米，宽 7.5~8 毫米，黄褐色至紫褐色。头部侧缘及基部黑色；触角黑色。前胸背板前半部有 4 条黑色宽纵带，侧角端处黑色。小盾片末端色淡。前翅膜片淡烟褐色，基内角有大黑斑，外缘端处有一个黑斑。腹部侧接缘黑、黄相间，体腹面及足黑色。

【生活史与习性】

该虫每年发生 1~2 代，以成虫在枯枝、落叶、枯草丛中及石块、土缝处越冬。越冬成虫于 3 月底开始出蛰活动，4 月中下旬开始交配、产卵，5 月初卵开始孵化为若虫，1~2 龄若虫群集危害，2 龄以后分散危害。6 月初成虫出现，6 月中旬至 8 月为成虫发生危害盛期。若虫、成虫均在叶片、花器及果实上刺吸汁液。

【预防控制措施】

参见茶翅蝽防控措施。

东亚果蝽

Corpocoris seidenstiickeri Tamanini

东亚果蝽又名亚洲果蝽，属于半翅目，蝽科。

【分布与危害】

该虫分布于甘肃（酒泉、武威、庆阳、平凉）、陕西、山西、山东、河北、北京、内蒙古、辽宁、吉林等省、市、自治区以及日本、朝鲜、俄罗斯、叙利亚、伊朗和中亚、欧洲、北非有关国家。除危害枣、酸枣外，还危害梨、小麦、玉米、苜蓿和油菜等多种果树、农作物。以成虫、若虫刺吸寄主叶片和果实汁液，危害状同紫翅果蝽。

【形态特征】 彩版 46　图 680

成虫　体长 12.5~13 毫米，宽 7~7.5 毫米，体宽椭圆形，体色及花斑与紫翅果蝽极相似。小盾片基半部常有一条不甚明显横凹。翅革片及前胸背板基半部常呈紫红色。

【生活史与习性】

该虫生活史和习性与紫翅果蝽相似。

【预防控制措施】

参见茶翅蝽防控措施。

辉　蝽

Carbula obtusangula Reuter

辉蝽又名褐蝽，俗称臭蝽、臭虫，属于半翅目，蝽科。

【公布与危害】

该虫分布于甘肃（兰州、陇南、庆阳）、青海、陕西、河南、河北、山东、山西、湖南、湖北、安徽、江苏、福建、江西、浙江、广东、广西、四川、重庆、贵州、云南等省、市、自治区。除危害枣、酸枣外，还危害花椒、胡枝子、大豆、水稻等。以成、若虫刺吸嫩叶、花器汁液，常造成嫩叶枯萎，花器凋谢。

【形态特征】 彩版 46　图 681

成虫　体长 8~9 毫米，宽 5~6 毫米，体近圆形，黄褐色至紫褐色，稍带紫铜光泽，密布黑色刻点。头和前胸背板前部向下倾斜，头长方形，侧页稍长于中页。触角黄色，第四、五节端半部黑色。喙棕黄色，末节黑色。前胸背板前缘内凹，前角前伸，直抵复眼；前侧缘内凹，其前半段黄白色，中线色淡；前缘区、前侧缘区黑色，侧角较圆，末端向外平伸。小盾片末端钝圆，基缘有 3 个横列的小白点。前翅革质部基侧缘黄白色。腹部侧接缘黑色，各节外缘有星月形白边，靠近节缝处各有一个黄白色小点。腹下黄褐色，侧区有黑色刻点组成的纵带，近端部两个体节上各有 10 个黑斑。足黄色，腿、胫节具黑点。

卵　桶形，直径 0.8 毫米左右，高约 1 毫米，密布细颗粒，假卵盖周缘有白色小齿状精乳突，中部具深色宽环带。

若虫　共 5 龄期，1 龄若虫体长 1.1~1.5 毫米，宽 0.8~1 毫米，头、触角、胸部和足黄黑色，复眼棕红色，其余各部为枯黄色。腹背部中央具 8 个黑斑，腹部侧缘有黑斑，腹部腹面中央有一排黑斑。5 龄若虫体长 5~6 毫米，宽 4~4.2 毫米，黄白色至黄褐色，密布黑色粗刻点，复眼棕红色，头侧叶略长于中叶，头基部靠近复眼处有一纵行凹陷光滑的长形印纹，其内侧黑色，外侧黄白色。触角淡黄色至黄褐色，第一至四节黑色。胸背中线明显。小盾片两侧靠近基角处各有 2 个光滑的灰白色印纹，基角处有 3 个不甚明显的黄褐色小点鼎立。翅芽伸达第三腹节。腹背两侧各有一纵行白斑。足白色至黄白色。

【生活史与习性】

该虫在江西每年发生 2 代，在甘肃陇东年发生 1~2 代，以成虫越冬，在贵州贵阳以 4 龄若虫越冬。在甘肃第二年 4 月下旬至 5 月上旬开始活动取食，第一、二代成虫产卵期分别在 5 月中旬至 6 月下旬和 8 月中旬至 8 月下旬，9 月中下旬开始陆续越冬。在江西丰新第二年 4 月中下旬开始活动取食，第一至二代成虫产卵期分别为 5 月上旬至 6 月中旬及 7 月下旬至 8 月中旬，10 月下旬成虫陆续越冬。

【预防控制措施】

1. 人工防控　清除树冠周围枯枝、落叶和杂草，可集中一起烧毁。

2. 药剂防控　于成、若虫发生期，喷洒 50% 敌敌畏乳油 1000 倍液，或 40% 乙酰甲胺磷乳油 1000 倍液，或 20% 戊菊酯乳油 2000~2500 倍液，或 2.5% 功夫乳油 2500~3000 倍液。

碧　蝽

Palomena amplificata Motschulsky

碧蝽又名小黄蝽、黄绿蝽、浓绿蝽，属于半翅目，蝽科。

【分布与危害】

该虫分布于甘肃（庆阳、平凉、天水、陇南）、陕西、四川、重庆、江西、浙江等省、市以及朝鲜、日本等国家。除危害枣、酸枣外，还危害臭椿、山毛榉及大豆、绿豆、豇豆、水稻、小麦、玉米等林木、农作物。以成虫和若虫在叶片、嫩茎和幼果上刺吸汁液，被害处呈小白点，严重时叶片干枯，果实畸形，失去商品价值。

【形态特征】 彩版 46　图 682~683

成虫　体长 9.5~11 毫米，宽 5~6 毫米，体长椭圆形，淡黄绿色。头近三角形，中叶与侧叶等长，雌虫头边缘色深，有时带紫红色，雄虫较淡；触角第一、二节黄红色，其余各节紫红色。前胸背板两侧角间有一条两端较细、中间较宽的横带，此带雌虫紫红色，雄虫淡黄白色；其后方色深，前侧缘雌虫具深黄至紫红色狭边，雄虫则为淡黄白色。小盾片三角形，长至腹部中部。翅稍长于腹末，前翅革质部外缘有黄色或略带紫红色的狭边，内角处有一个小黑点，膜质部无色透明。腹部腹面基处有一根前伸与喙相接的腹刺。腹下气门黑色。前足胫节中部内侧有一小刺。

【生活史与习性】

该虫在江西每年发生 2~3 代，以成虫在寄主附近枯枝落叶下及枯草丛中越冬。第二年 3 月下旬越冬成虫开始出蛰活动，4 月下旬至 6 月中旬经过交配的雌成虫开始产卵，雌虫将卵产于叶背，多呈块状，每块 32~43 粒，双行纵列。5 月下旬至 6 月中旬成虫相继死亡。第一代若虫于 5 月上旬至 6 月下旬孵化，6 月中旬至 7 月下旬老熟若虫羽化为成虫，7 月初至 8

月上旬新一代成虫产卵。第二代若虫于 7 月上旬末至 8 月中旬孵出，7 月底至 9 月中旬第二代成虫羽化，8 月中旬初至 9 月上旬交配产卵，少数迟羽化的即以此代越冬。第三代若虫于 8 月中旬末至 9 月中旬孵化，9 月下旬至 11 月中旬羽化，11 月上旬起陆续越冬。

【预防控制措施】

参见茶翅蝽防控措施。

花壮异蝽

Urochela luteovaria Distant

花壮异蝽又名梨蝽、梨蝽象，俗称臭板虫、臭包虫、臭虫母子等，属于半翅目，异蝽科。

【分布与危害】

花壮异蝽国内分布于甘肃、陕西、宁夏、青海、四川、广西、云南、江西、安徽、湖北、山西、山东、河南、河北、天津、北京及东北各省、自治区；国外分布于朝鲜、日本等国家。主要危害枣、酸枣、苹果、梨、桃、李、沙果、樱桃、花椒等植物。以成虫和若虫刺吸芽、叶、枝条、花和果实汁液，被害果凹凸不平呈畸形，被害处果肉变褐木栓化。被害叶片和枝条干枯，树势衰弱，以致枯死。花壮异蝽危害严重时，还可引起煤污病的大发生。

【形态特征】 彩版 46　图 684~688

成虫　体扁平呈长椭圆形，长 11~13.5 毫米，宽 4.8~5.5 毫米。体背黑褐色，腹面土黄色或橘黄色。触角褐色，第四节、第五节基部黄色或赭色，端半部黑色。前胸背板前缘有"八"字形黑纹，腹部两侧黑、黄斑相对应。与花壮异蝽相似而同期发生的种类还有短壮异蝽（*U. falloui* Reuter），虽外形很相似，但也有差别，现列表 1 以资区别。

表 1　短壮异蝽与花壮异蝽成虫区别表

虫名／部位	短 壮 异 蝽	花 状 异 蝽
体 形 大 小	略小，体长 10~11.8 毫米，宽 4~4.8 毫米。	略大，体长 11~13.5 毫米，宽 4.8~5.5 毫米。
体　　　色	变化较大，体背底色在扩大镜下观察为赭褐色，或黄褐色略带赭色，密布棕黑色和黑色刻点，腹面多少带红色。	体背底色比前者略深，密布黑色刻点，腹面土黄色或橘黄色。
触角 4、5 节基部颜色	黄白色。	黄色或赭色。
前、后胸侧板及前足基节基部刻点	前胸侧板前、后缘，有时后胸侧板后缘均具棕黑色刻点。足基节基部有黑色刻点。	仅前胸侧板后缘，或少数后胸侧板后缘有稀疏黑色刻点。前足基节基部多数不具黑色刻点，少数具黑色刻点。
雌虫前翅膜片	显著短于腹部末端。	达于或稍超过腹部末端。
雄虫生殖节侧面观	下叶细长，明显长于上叶。基末端体叉浅，向后直伸。	下叶较短，略长于上叶，末端分叉深，向上弯曲。

卵　淡黄稍带绿色，椭圆形，长约 0.8 毫米，每 20~30 粒混于白色透明的糊状物中。

若虫　似成虫，无翅，腹部背面有几个黑斑，并散生许多小黑点。

【生活史与习性】

此虫每年发生1代,以二龄若虫在树干、侧枝伤口处、树皮缝隙、翘皮内越冬。第二年4月枣树发芽时,若虫开始出蛰并分散到树枝上危害。6月上旬成虫羽化,7月中旬大部分出现。若虫和成虫在高温下有群集性,夏季午间多集中在树干阴面或枝杈、叶背等处静止不动,这种情况在炎热的"伏天"更为显著,傍晚时再分散到树上危害。成虫寿命长达4~5个月,羽化后经长期取食,于8~9月交配产卵,卵成堆产于粗树皮裂缝中、树枝分叉处,少数产在叶背面。卵期约10天左右,9月上旬开始孵化,孵出的若虫蜕皮一次后,在粗皮裂缝中越冬。

该虫是一种具有刺吸式口器的害虫,成虫和若虫皆吸食枝干汁液,同时也危害叶片和果实。叶被害后叶柄变黑,生长不良;果实被害后,被害部表面软化,果肉松散变为褐色;枝条被害后全枝变黑,表皮下出现一点一点的深褐色斑块,被害枝逐渐抽干而枯死。

【预防控制措施】

1. 人工防控

(1)防治越冬若虫和卵,可在冬、春季刮树皮,将刮下来的树皮集中一起烧掉,以杀死越冬若虫。

(2)当夏季成、若虫群集树干阴面时,用火烧2~3次,或用开水浇烫,都能收到杀虫效果。

(3)8~9月当成虫产卵时,用麻袋或杂草捆于树干上,以诱集成虫产卵,隔日换一次,将解下之物烧掉或把卵块压碎。

2. 药剂防控

(1)春季于4月下旬前后喷洒50%辛硫磷乳油和80%敌敌畏乳油1000倍混合液,消灭出蛰若虫。

(2)夏季成、若虫发生严重时,利用中午成、若虫集中到树干阴面的习性,对准成、若虫集中部位,喷布40%乐果乳油1000~1200倍液,或40%水胺硫磷乳油1000倍液,或20%氰戊菊酯乳油3000倍液,或4.5%高效氯氰菊酯乳油2500倍液,防治成虫效果很好。

梨花网蝽

Stephanotis nashi Esaki et Takeya

梨花网蝽又名梨网蝽、梨冠网蝽、梨军配虫,俗称花编虫、小臭大姐,属于半翅目,网蝽科。

【分布与危害】

该虫分布全国各省、市、自治区。主要危害枣、酸枣、苹果、梨,还危害沙果、海棠、花红、桃、杏、李、樱桃等果树。以成、若虫刺吸叶片汁液,叶片受害后变为苍白色,严重时引起叶片脱落。

【形态特征】 彩版46 图689~690

成虫 体长3.5~4.5毫米,黑褐色。腹部及前翅上呈网纹状,前翅合叠起来其翅上黑斑构成"×"状。虫体胸部腹面黑褐色,有白粉,腹部呈金黄色,其上具有黑色斑纹。足为黄褐色。

卵　椭圆形，长径 0.6 毫米，向一端弯曲。

若虫　体长 1.9 毫米，刚蜕皮若虫白色，后渐变为暗褐色。大体与成虫相似，有短的翅芽，腹部两侧有数个刺状突起。

【生活史与习性】

该虫每年发生 3~4 代，以成虫在落叶、枝干翘皮、裂缝及土块缝隙中越冬。第二年 4~5 月越冬成虫出蛰活动，多集聚在叶片背面取食与产卵，一般雌虫将卵产于叶背组织里，并分泌一种黄褐色的黏液和粪便等物盖于其上。幼虫孵化后，也集中在叶片背面吸吮危害，受害叶片表现苍白色，由于虫体分泌的黏液和粪便，使叶背呈黄褐色锈状斑，随之引起叶片早期脱落。一般在 5 月中旬以后发生，不整齐，各虫态同时出现。10 月中下旬以成虫越冬。

【预防控制措施】

1. 人工防控　晚秋至早春清洁枣园，彻底清扫落叶、杂草，集中烧毁，消灭越冬成虫。

2. 药剂防控　5 月上中旬，成虫危害期与若虫发生期，喷布 40% 乐果乳油 1000~1500 倍液，或 40% 甲基辛硫磷乳油 800~1000 倍液，或 20% 氰戊菊酯乳油 2500 倍液，对杀成虫与若虫效果都比较好。

牧草盲蝽

Lygus. pratensis（Linnaeus）

牧草盲蝽又名草盲蝽，属于半翅目，盲蝽科。

【分布与危害】

该虫分布于西北、华北、东北各省、自治区，其他各地区也有分布，但较少。除危害枣、酸枣外，还危害苹果、梨、桃、杏、沙枣、杨、榆、麦子、玉米、豆类、苜蓿、棉花、麻类、蔬菜等果树、林木和农作物。以成虫和若虫刺吸幼叶、嫩芽及叶片汁液，幼嫩组织被害后，初现黑褐色小点，后变黄枯萎，展叶后出现穿孔、破裂或皱缩变黄。

【形态特征】 彩版 47　图 691~692

成虫　体长 5.8~7.3 毫米，宽 3.2 毫米，体长卵圆形，春夏青绿色，秋冬棕褐色。头部略呈三角形，头顶后缘隆起；复眼黑色突出；触角 4 节，丝状；喙 4 节。前胸背板前缘有横沟划出明显的"领片"，后缘有 2 条黑横纹，背面中前部有黑色纵纹 2~4 条。小盾片三角形，基部中央有 2 条黑色并列纵纹。前翅膜片透明，脉纹在基部形成 2 翅室。足有 3 个跗节，爪 2 个，后足跗节第二节较第一节长。

卵　长卵形，长 1.5 毫米，浅黄绿色，卵盖四周无附属物。

若虫　与成虫相似，黄绿色，翅芽伸达第四腹节，前胸背板中部两侧和小盾片中部两侧各有一个黑色圆点，腹部背面第三腹节后缘圆形黑色臭腺开口，构成体背 5 个黑色圆点。

【生活史与习性】

该虫在北方每年发生 3~4 代，以成虫在杂草、枯枝落叶、石块底下越冬。来年春季寄主发芽后出蛰活动，喜欢在嫩叶、嫩茎、花蕾上整刺吸汁液，取食一段时间后开始交配、产卵，卵多产于嫩茎、叶柄、叶脉或芽内，卵经 10 天左右孵化为若虫。若虫共 5 龄，经 30 多天羽化为成虫。成虫和若虫喜欢白天活动，早晨和晚上取食盛，活动迅速，善于隐蔽。发生期不整齐，6 月间常迁入棉田，秋季又迁回枣树等木本植物上或秋菜上危害。天敌有卵寄生蜂、扑食性蜘蛛、花蝽和姬猎蝽等，对牧草盲蝽的发生有一定抑制作用。

【预防控制措施】

秋末冬初清扫枣园内的落叶枯枝，并铲除杂草，集中烧毁，可消灭部分越冬成虫。其他参见绿盲蝽防控措施。

绿盲蝽

Lygus lucorum Meyer-Dur

绿盲蝽又称绿草盲蝽、棉盲蝽、小绿盲蝽，俗称小臭虫、天狗蝇等，属于半翅目，盲蝽科。

【分布与危害】

绿盲蝽分布于全国各省、自治区。该虫除危害枣、酸枣外，还危害柑橘、苹果、桃、梨、葡萄、石榴等多种果树以及棉花、苜蓿、豆类、白菜、萝卜、马铃薯等农作物。以成虫、若虫刺吸叶片、嫩芽、嫩茎、花器和果实汁液，使幼嫩组织受害后初现黑褐色小点，后变黄枯萎，展叶后出现穿孔、破裂或变黄皱缩。

【形态特征】彩版 47　图 693~694

成虫　体长 5 毫米，宽 2.2 毫米，绿色，密生短毛。头部三角形，黄绿色，复眼黑色突出，无单眼，触角 4 节，丝状，第一节黄绿色，第四节黑褐色。前胸背板前缘宽，深绿色，布满许多小黑点。小盾片三角形，微突，黄绿色，中央有一条浅纵纹。前翅膜片半透明，暗灰色，其余绿色。足黄绿色，后足腿节末端有褐色环斑，雌虫后足腿节较雄虫短，不超过腹部末端，跗节 3 节，末端黑色。

卵　长口袋形，长 1 毫米，黄绿色，卵盖奶黄色，中央凹陷，两端突起。

若虫　共 5 龄，与成虫相似，初孵化时绿色，2 龄黄绿色，3 龄时全体鲜绿色，密被黑细毛。5 龄时出现翅芽，触角淡黄色，向端部色渐深，复眼桃红色；足端黑褐色。

【生活史与习性】

绿盲蝽在北方每年发生 3~5 代，江西 6~7 代，世代重叠，以卵在树皮、断枝内和苜蓿、蓖麻茬、茎秆内以及土内越冬。第二年春季 3~4 月份卵开始孵化，第一、二代若虫、成虫多在枣树、苜蓿、紫云英、枸杞等植物上活动。成虫寿命较长，产卵期 30~40 天，发生期不整齐。成虫飞翔力强，喜食花蜜。成虫羽化后 6~7 天开始交配产卵，非越冬代卵多散产在嫩叶、叶柄、叶脉等组织内，外露黄色卵盖。卵期 6~7 天，孵化为若虫。6 月中旬迁入蔬菜田、棉田，7 月达高峰期。8 月下旬逐渐迁入枣树上。枣树以春秋两季受害严重。天敌有草蛉、寄生蜂等，对绿盲蝽有一定抑制作用。

【预防控制措施】

1. 人工防控

冬春季组织人力刮除枣树粗翘皮，清理树上断枝和苜蓿、蓖麻茬及茎秆，集中烧毁；秋末冬初深耕土壤，可消灭部分越冬卵。

2. 药剂防控

（1）4 月间绿盲蝽在苜蓿田发生初期，可应用 50%敌敌畏乳油 1500 倍液，或 50%辛硫磷乳油 1000 倍液，或 20%甲氰菊酯乳油 2000~2500 倍液，或 2.5%溴氰菊酯乳油 2000~

2500 倍液，或 2.5% 三氟氯氰菊酯乳油 2000~2500 倍液均匀喷雾。

（2） 5~6 月和 8~9 月绿盲蝽在枣树上发生危害期，应及时喷洒上述药剂进行防控。

3. 生物防控

注意保护利用草蛉、寄生蜂以及扑食螨，进行生物防治。

三点盲蝽

Adelphocoris fosciaticollis Reuter

三点盲蝽又名三点苜蓿盲蝽、花须蝽、盲蝽等，属于半翅目，盲蝽科。

【分布与危害】

该虫分布于甘肃、宁夏、陕西、青海、新疆、四川、河南、山东、江苏以及华北、东北各省、自治区。除危害枣、酸枣外，还危害各种果树、苜蓿、棉花、豆类、油菜、蔬菜及多种杂草等。以成虫和若虫危害嫩叶、嫩茎和花蕾，刺吸其汁液，使叶片发黄或枯死，花蕾受害时影响枣树产量。

【形态特征】 彩版 47　图 695~696

成虫　体长约 7 毫米，宽 2.5~2.8 毫米，黄褐色。头顶黄褐色，中叶黑褐色。触角 4 节，红褐色，细长，无单眼。前胸背板后缘有一条黑色横带，缘有 2 个黑斑。前翅分革区、楔区、爪区、膜区四部分，膜区脉纹围成 2 个翅室。小盾片两基角、爪片、革片端半部及顶角和楔片的内基角及顶角黄褐色，因而衬出小盾片和 2 个楔片呈 3 个显著的黄色三角形大斑，故名"三点盲蝽"。足细长，股节有黑褐色斑点，胫节端部黑褐色，有黑刺，跗节褐色。

卵　淡黄色，长约 1.2 毫米，卵盖上有许多杆形丝状体，中央有 2 块小突起。

若虫　5 龄，体黄绿色，密被黑色细毛；翅芽末端黑色，达腹部第 4 节；触角暗红色与白色相间。

【生活史与习性】

该虫在西北地区每年发生 2~3 代，中原地区 3 代，以卵在茎皮组织、疤痕处和苜蓿茎内越冬。第二年 4 月下旬至 5 月初越冬卵开始孵化为若虫，多靠飞力传播他处，然后寻找枣树及其他开花植物危害。第一代成虫 5 月下旬羽化，6 月上旬为盛期；第二代成虫 7 月上旬羽化；第三代成虫于 8 月中旬以后陆续羽化，并交配产卵越冬。雌虫多在夜间产卵，卵单产，有时密集，成虫产卵期长，故有世代重叠现象。卵多产在叶柄、叶脉及嫩果枝上，第一代每头雌虫平均产卵 60.5 粒，第二代平均 25.4 粒，第三代平均 23 粒。它的适宜发育温度为 20℃~35℃，取适温度为 25℃，相对湿度 60% 以上。成虫喜欢在上午 10 时至下午 4 时前活动，气温低时常潜伏不动。扑食性天敌有拟猎蝽、草蛉、蜘蛛等；卵寄生天敌有缨翅小蜂、盲蝽黑卵蜂、柄缨小蜂等。

【预防控制措施】

参见绿盲蝽防控措施。

枣跳盲蝽

（学名　未详）

枣跳盲蝽又名跳盲蝽，属于半翅目，盲蝽科。

【分布与危害】

该虫分布于甘肃（陇南、天水、庆阳）、陕西、河北、河南、山西、山东等省，除危害枣、酸枣外，还危害其他果树、林木及农作物。以成虫、若虫刺吸寄主叶片和幼果汁液。叶片被害后，形成褪绿斑点；幼果被害后，果实表面产生许多斑点，伤痕累累，常使幼果萎缩、脱落。

【形态特征】 彩版47　图697~700

成虫　体长3~5毫米，宽1.5~2.5毫米，体黄绿色、绿色或灰绿色。头部三角形，眼黑色突出，无单眼，喙4节，触角4节，丝状细长。前胸背板褐色，上有三个深色斑，排成三角形。小盾片平，三角形，褐色，具深色斑。前翅具楔片，膜片半透明，有由脉纹围成的封闭翅室。足细长，跗节3节。

卵　香蕉形，长0.7~1毫米，淡黄色至黄绿色。

若虫　5龄，体黄绿色，与成虫相似，4~5龄时出现翅芽。

【生活史与习性】

该虫每年发生数代，世代重叠，以卵在寄生组织里越冬。第二年5月中旬越冬卵陆续孵化为若虫，先危害蔬菜、杂草，若虫期10天左右，于5月下旬至6月上旬羽化为成虫，转入枣树上危害，并交配产卵，雌成虫将卵产于叶片上，卵多斜向产在叶脉两侧，部分外露。卵期7~9天。卵孵化为若虫，6月下旬出现新一代成虫。成虫羽化后危害枣叶和幼果，并继续繁殖后代，每代历期约25~30天。该虫活泼、善跳，喜欢在荫蔽湿度较大的枣林间吸食枣叶、幼果汁液危害，叶片被害后，形成褪绿小白点，严重时叶片焦枯；果实被害后，初期受害果面产生水渍状隆起小斑点，以后斑点表面开裂呈淡褐色溃疡状。受害早的幼果易萎缩、脱落，受害晚的果实虽不脱落，表面有许多坑洼，伤痕累累，无法食用，失去商品价值。

【预防控制措施】

参见绿盲蝽防控措施。

烟蓟马

Thtips tobaci Linderman

烟蓟马又名葱蓟马、棉蓟马、瓜蓟马等，属于缨翅目，蓟马科。

【分布与危害】

该虫分布于甘肃、宁夏、陕西、新疆、内蒙古以及东北、华东、华中、西南各省、自治区。寄主除枣外，还危害烟草、茄子、麦类、水稻、瓜类、葱蒜类、棉花及枸杞、苹果、柑橘等作物和果树。以成虫、若虫锉吸式口器刺吸叶片、生长点及花的汁液，叶片受害形成灰色斑点或下陷小斑，致使叶片变形，造成组织失水，生理代谢失调。

【形态特征】 彩版47　图701~702

成虫　体长 1~1.3 毫米，体淡棕色，细长而扁平。复眼突出，红色，触角 7 节，灰棕色至黄棕色。雌虫前翅狭长，透明，淡黄色，翅脉退化；前翅前脉基鬃 7~8 根，端鬃 4~6 根，后脉鬃 15~16 根。雄虫无翅。

卵　侧面观为肾脏形，乳白色，长 0.3 毫米。

若虫　体形略似成虫，淡黄色或灰色，无翅。4 龄若虫有明显翅芽，不活动，称为伪蛹。

【生活史与习性】

烟蓟马发生代数因地区而不同，西北和东北每年发生 3~4 代，黄淮地区 6~8 代，长江以南一般 10 代，以成虫和若虫潜伏土缝、土块、枯枝落叶下边及未收获的葱、蒜叶鞘内越冬，或以蛹在土内越冬。春季枣树发芽后，成虫出蛰上树活动。成虫多在枣树上部嫩叶背面取食，并交配、产卵；若虫多在叶脉两侧取食，造成银灰色斑纹。成虫性活泼，能飞善跳，借风力作远距离迁飞；但怕光，白天在叶背及叶脉间活动取食，对白色、蓝色有强烈的趋性。不耐高温，较耐低温，在气温 23℃~25℃，相对湿度 44%~70% 条件下，有利于该虫发生；在久雨或暴雨或相对湿度 70% 以上时，对其不利。因而在干旱地区，或干旱年份，烟蓟马大量繁殖，形成灾害。

【预防控制措施】

1. 人工防控

秋末冬初枣树落叶后，组织人力清扫枣园内枯枝、落叶，集中一起烧毁，消灭越冬成虫。

2. 物理防控

田间覆盖银灰色地膜，对蓟马、蚜虫均有忌避作用。此外，用蓝色粘虫带悬挂于枣树间，具有预测蓟马的作用，又能大量诱捕，减少成虫数量。

3. 药剂防控

于烟蓟马发生初期，应用 40% 乐果乳油 1000~1500 倍液，或 10% 吡虫啉可湿性粉剂 1500 倍液，或 50% 辛硫磷乳油 1500 倍液，或 20% 丁硫百克威乳油 800~1000 倍液均匀喷雾，间隔 7 天左右喷 1 次，连续防控 3~4 次。

4. 生物防控

保护原有天敌，如小花蝽、中华微刺盲蝽等，并引进外来天敌，辅之以选用少量必需的杀虫剂，给天敌生存空间，抑制或减少烟蓟马的虫口密度。

第四节　枝干害虫

危害枣树枝干的害虫主要有 26 种。大青叶蝉、蚱蝉、蛴螬除成虫和若虫刺吸叶片、嫩叶汁液危害外，就是雌成虫产卵于枝干造成的危害。雌成虫产卵时用产卵管将枝条表面划一月牙形伤口或爪状卵窝，将卵成块产于其中，待卵孵化后，枣树表皮翘裂失水，枝条易抽干，影响生长发育。金缘吉丁虫、六星吉丁虫以幼虫集中在皮下危害形成层，造成长形弯弯曲曲的隧道；红缘亚天牛、薄翅锯天牛、粒肩天牛、柳干木蠹蛾、咖啡豹蠹蛾等均以幼虫蛀食嫩梢、枝干或主干基部，先蛀入皮层，再钻入木质部，形成不规则隧道。由于这些害虫的危害，使枣树生长不良，削弱了树势，严重时造成枝条或整株枯死。黑翅土白蚁以工蚁啃食树皮，也能从伤口处钻入木质部危害，成年树被害生长不良，幼树被害常枯死。

大青叶蝉

Cicadella viridis（Linnaeus）

大青叶蝉又称大绿浮尘子、青叶跳蝉，属于同翅目，叶蝉科。

【分布与危害】

大青叶蝉国内分布于甘肃、陕西、宁夏等全国大部分地区。国外分布于俄罗斯、日本、朝鲜、印度、加拿大及欧洲各国家。危害枣树、花椒、杨、柳、国槐、臭椿、桧柏、沙枣、桃、苹果、梨等林木和果树，还危害豆类、蔬菜和农作物等160多种植物，是一种食性很杂的害虫。成虫、若虫刺吸汁液，被害处叶片褪绿、畸形、卷缩，甚至全叶枯死。成虫产卵于树皮内，待卵孵化后，表皮翘裂失水，枝条易抽干，影响枣树生长。

【形态特征】 彩版47~48　图703~708

成虫　体长7.2~10.1毫米，头橙黄色，两颊微青，左右各有一小黑斑，背面有一对多边形的星状黑斑位于两眼间。复眼三角形，绿色。前胸背板淡黄绿色，后半部深青绿色。小盾片淡黄绿色，中间有一不伸达边缘的横刻痕。前翅绿色微带青蓝色光泽，前缘淡白色，端部透明，翅脉青黄色，具有狭窄的淡黑色边缘。后翅烟黑色，半透明。腹部背面蓝黑色，两侧及腹面为橙黄色。

卵　长卵圆形，长约1.6~2毫米，宽约0.4~0.5毫米，黄白色，表面光滑，一端趋细，中间稍弯曲。

若虫　共5龄。1龄若虫体长1.4~1.8毫米；2龄若虫体长2.2毫米左右；1、2龄若虫体灰白色，略带黄绿色；3龄若虫体长3~3.6毫米，体色较深，头大腹小，胸、腹部背面有4条暗褐色条纹；4龄若虫体长4毫米左右，黄绿色，翅芽发达，前翅翅芽已超过其基部，腹末有生殖节片；5龄若虫体长6.8~7.2毫米，前翅翅芽几乎与后翅翅芽相等，长度超过第二腹节。各龄若虫足跗节均为两节。

【生活史与习性】

我国北方每年发生3代，以卵在寄主表皮下越冬。第二年在枣树萌芽时卵孵化，若虫迁到附近杂草和蔬菜上危害，第一代大致在6月，第二代为7~9月，主要危害玉米、高粱、谷子、小麦及杂草，第三代为10月前后，危害晚秋作物，10月中下旬，飞回枣树等林木上产卵越冬。

成虫遇惊即横行或逃避，飞翔力较弱，中午以后活动频繁，成虫具有趋光性。雌成虫产卵前，常迁到农作物和杂草等矮小植物上危害。产卵时，雌成虫寻觅枣树、花椒、林木、果树等高大植物作为寄主。产卵时用产卵管将枝条表皮划一月牙形伤口，将卵产于其中，每处产卵7~8粒。受害严重时，被害枝条逐渐干枯，冬季易遭受冻害，是西北枣树幼树抽条的主要原因之一。

【预防控制措施】

1. 人工防控

（1）枝干涂白　10月上中旬成虫产卵前，给幼树枝干涂刷白涂剂，阻止成虫产卵。

（2）木棍压卵　在越冬量较大的枣树园，用木棍挤压月牙形卵痕，消灭越冬卵。

2. 农业防控　新建枣园不要间作蔬菜、高粱等作物，避免枣树受害。

3. 物理防控　由于成虫具有趋光性，于成虫发生期，在枣园内设置黑光灯诱集成虫，次日早晨集中处理，杀死成虫。

4. 药剂防控　枣树上大青叶蝉发生量大时，用40%乐果乳油800~1000倍液，或50%敌敌畏乳油1500倍，或50%辛硫磷乳油1000倍液，或2.5%氰菊酯乳油3000~4000倍液，或10%吡虫啉可湿性粉剂2500倍液，或1.45%阿维·吡可湿性粉剂800~1000倍液，或20%丁硫百克威乳油1000~1500倍液均匀喷雾。

大白叶蝉

Tettigoniella spectra（Distant）

大白叶蝉又名白叶蝉、枣白叶跳蝉、大白浮尘子，属于同翅目，叶蝉科。

【分布与危害】

该虫分布于甘肃（宁县、文县）、陕西、四川、重庆、广西、广东、湖南、江西、福建、台湾等省、市、自治区以及日本、印度、斯里兰卡、印度尼西亚、澳大利亚、南非等国家。寄主除枣、酸枣外，还有桑、竹以及水稻、小麦、玉米、甘蔗等林木、农作物。以成虫、若虫刺吸寄主叶片汁液，同时成虫多产卵于枝条上造成危害，危害状同大青叶蝉。

【形态特征】彩版48　图709

成虫　体长7~10毫米，全体淡黄白色，微被白粉。复眼黑褐色，单眼棕红色，在单眼周围环绕黑色圈，于头冠中域单眼间近后缘处有一块大型菱形黑斑。头冠前缘有3个较小的黑点，1个在中央，另2个分别于两侧的额缝内侧缘，此外在头冠的前部两侧区，各有一组淡褐色横曲纹。前胸背板有一条淡褐色中纵线，在前部两侧区各有2、3条明晰不一的淡褐色横纹。前翅和后翅均为白色，微被白粉，翅脉淡褐色。腹部背面中央有深浅不一的褐色纵带。足黄白色，跗节多少深暗色。

【生活史与习性】

该虫生活史不详。在长江以北，雌虫将卵多产于枣树枝条皮下组织内；在长江以南，雌虫多产卵于硬骨草茎内，产卵处有明显的卵痕，卵的端部稍外露。卵块产，排列整齐，每块有卵约6~12粒。卵期约10~15天。若虫孵化后常栖息叶片或幼嫩枝条上危害，成、若虫均善跳，有趋光习性。

【预防控制措施】

参见大青叶蝉防控措施。

蚱蝉

Cryptotympana atrata Fabricius

蚱蝉又名黑蝉、黑蚱蝉，俗称知了、黑老哇哇，属于同翅目，蝉科。

【分布与危害】

我国华南、西南、华东、西北及华北大部分省、自治区都有分布。除危害枣、酸枣、柑橘、苹果、梨、桃、葡萄、杏、李、荔枝外，还危害刺槐、桑、花椒、杨树等树木。雌虫在

202

枣树嫩梢产卵，引起枯梢，严重时新梢受害率高达 50% 以上。

【形态特征】 彩版 48　图 710~714

成虫　体长 40~48 毫米，翅展 125 毫米左右，体黑色，有光泽。头部有黄褐色斑纹，复眼大而突出，淡黄色。中胸背板有 2 个淡赤褐色的锥形斑。前、后翅有反光，翅透明，翅基黑色，翅脉淡黄褐色及暗黑色。雄虫腹部有 2 个瓣状鸣器。雌虫腹部无鸣器，产卵器显著。

卵　长椭圆形，长 2.5 毫米，宽 0.5 毫米，腹面稍弯曲。头部比尾部尖瘦，乳白色，有光泽，后变为淡黄色。

若虫　末龄若虫长约 35~40 毫米，黄褐色，无鸣器。

【生活史与习性】

该虫须经过 12~13 年完成 1 代。以若虫在土壤里或以卵在枝条内越冬。每年平均气温达到 22℃ 以上，雨后的傍晚老龄若虫从土壤里爬出地面，顺树干向上爬行，当晚蜕皮，成虫羽化后静止 2~3 小时，即爬行或飞翔。若虫与成虫均有趋光性，成虫寿命 60~70 天。雄虫在树上鸣声很大，声调为单调的"知了，知了"噪音。雌虫于 7~8 月产卵，选择直径 4~5 毫米嫩梢产卵，产卵器插入枝条组织中，造成爪状"卵窝"，然后产卵于木质部内。每一卵窝有卵 6~8 粒，卵窝多直线排列，少数螺旋状排列，一个枝条可产卵 100 余粒。每头雌虫一生可产卵 500~600 粒。卵期 10 个月。第二年 6 月若虫孵化后，即落到地面，钻入土中，吸食根部汁液。秋后转入深土层中越冬。春暖转至耕作层危害。经在土内生活 12~13 年，老熟若虫爬到树干或枝条上，夜间蜕皮羽化为成虫。

【预防控制措施】

1. 人工防控

（1）结合冬春季修剪，彻底剪除产卵枯梢，集中烧毁，消灭虫卵。

（2）老熟若虫出土羽化期，捕捉出土若虫和刚羽化的成虫，或用虫胶粘、马鬃活结套等方法扑杀成虫。

（3）树盘覆盖麦草、麦糠，可减轻危害。

2. 物理防控　利用成虫的趋光习性，在成、若虫发生期，夜间点火诱集若虫或成虫，进行捕杀。

3. 药剂防控　在树干基部附近地面，可试用辛硫磷粉粒剂，或辛硫磷乳乳油进行土壤处理，毒杀越冬若虫。

蛁蟟

Oncotympana maculicollis (Motschulsky)

蛁蟟俗称鸣鸣蝉、知了、秋凉等，属于同翅目，蝉科。

【分布与危害】

该虫分布全国各省、自治区。除危害枣、酸枣外，还危害花椒、柑橘、山楂、桃、李、梨、苹果、沙果等果树。其危害性同蚱蝉。

【形态特征】 彩版 48　图 715~716

成虫　体长 33~38 毫米，翅展 110~120 毫米，体粗壮，暗绿色，有黑斑纹，局部有白蜡粉。复眼大，暗绿色，单眼3个，红色，排列于头顶呈三角形。喙长超过后足基节，端部达第一腹节。前胸背板近梯形，后侧角扩张成叶状，宽于头部和中胸基部，背板上有5个长形瘤状隆起，横行排列。中胸背板前半部中央，有一"W"形纹。翅透明，翅脉黄褐色，前翅横脉上有暗褐色斑点。

卵 梭形，长1.8~1.9毫米，宽0.35毫米，上端尖，下端较钝。初产时乳白色，后变为淡黄色。

若虫 体长30~35毫米，黄褐色。额膨大，触角和喙发达，前胸背板和中胸背板均较大，翅芽伸达第三腹节。

【生活史与习性】

蚱蝉约数年发生1代，以若虫在土内或以卵在枝条内越冬。第二年若虫老熟后出土爬到树上蜕皮羽化，成虫7~8月大量出现，成虫白天活动，雄成虫善于鸣叫，以引诱雌成虫前来交配。雌虫产卵于当年生枝条中下部木质部内，每头雌虫可产卵400~500粒。越冬卵第二年5~6月间孵化为若虫，若虫落地入土，在根部危害，秋后转入深土层内越冬。

【预防控制措施】

参见蚱蝉防控措施。

蟪 蛄

Platypleura kaempferi Fabricius

蟪蛄又名斑蝉、斑翅蝉、褐斑蝉等，属于同翅目，蝉科。

【分布与危害】

该虫分布全国各地。危害枣、酸枣、苹果、柑橘、核桃、山楂、桃、柿、梨、花椒等。以成虫刺吸枝条汁液，产卵于一年生枝梢木质部内，致使产卵部位以上枝梢枯死；若虫在土中生活，刺吸根部汁液，削弱树势。

【形态特征】 彩版48 图717~718

成虫 体长20~25毫米，翅展65~75毫米。头部和前胸、中胸背板暗绿色，有黑色斑纹。复眼大，褐色；3个单眼红色，呈三角形排列在头顶；触角刚毛状。前胸比头部宽，近前缘两侧突出。前翅具深浅不一的黑褐色云状斑纹，翅脉透明，暗褐色；后翅黄褐色。腹部黑色，每节后缘暗绿色或暗褐色，腹部腹面和足褐色。

卵 梭形，长1.5毫米，乳白色，后渐变为淡黄色。

若虫 体长18~22毫米，黄褐色；翅芽、腹背微绿色。

【生活史与习性】

蟪蛄约数年发生1代，以若虫在土中越冬。翌年若虫老熟后爬出地面，在树干或杂草茎上脱皮羽化为成虫。成虫于6~7月出现，白天活动，雄成虫可发出"徐…徐…"鸣声，以引诱雌成虫前来交配。雌成虫多在7~8月产卵，卵产于当年生枝条内，每孔产卵数粒，产卵孔纵向排列且不规则，每枝可着卵100余粒。卵一般当年孵化，若虫落地入土，刺吸根部汁液，秋后转入深土层中越冬。

【预防控制措施】

参见蚱蝉防控措施。

金缘吉丁虫

Lampra limbata Gebler

金缘吉丁虫又名梨吉丁虫、缘翅金边吉丁虫、翡翠吉丁虫、金缘金蛀甲，属于鞘翅目，吉丁虫科。

【分布与危害】

该虫在我国主要分布于长江流域、黄河故道及甘肃、陕西、河北、山西及宁夏等省、自治区。主要危害枣、酸枣、梨、苹果、沙果、桃、杏、山楂、樱桃等果树。以幼虫在树皮下危害形成层，造成长形弯曲蛀道，削弱树势，严重者常使树体枯死。

【形态特征】　彩版 48~49　图 719~721

成虫　体长 10~19 毫米，宽 5~7 毫米，翠绿色，有金属光泽。触角锯齿状，11 节，黑色，复眼黑色，胸部背面有 5 条蓝黑色条纹，鞘翅上具有蓝黑色纵斑纹 14 条，鞘翅外缘及前缘具有一条宽大的紫红色光亮条带，腹面绿色具红铜反光。

卵　长约 2 毫米，宽约 1 毫米，初产黄白色。

幼虫　长约 30 毫米，乳白色或黄白色，具标准吉丁虫体形，口器黑色，足退化，前胸极度扁平，近扁方形，背板中央有"八"字形凹纹，腹板中央有"1"形凹纹，中、后胸逐渐变细，第一腹节特别细小，腹面两侧各形成一个半圆形凸起，第二至九胸节的粗细略同，各节的亚背部位都有一个"八"字形凹陷；臀节较小，三角锥形。

蛹　体长 17~18 毫米，宽 8 毫米，体黄白色，复眼黑色。羽化前变蓝黑色，形状和缩起足的成虫相同。

【生活史与习性】

金缘吉丁虫在兰州地区两年发生 1 代，以幼虫在树皮层下越冬。第二年 2 月初至 3 月底开始活动蛀食树干，3 月底至 4 月初开始化蛹，蛹期约一个月。5 月初成虫开始羽化，成虫羽化后，将树干咬一个扁圆形的羽化孔，从孔中爬出，在树干阳面处停留片刻，即飞翔取食，成虫具假死习性，寿命较长，约一个月，白天极为活泼，喜爱在树干向阳处晒阳取暖、交配、产卵等活动，以炎热天气最盛。此虫对产卵场所的选择性极强，专门将卵产在树干、主枝有伤口和裂缝处活组织边缘。特别是树体上机械伤口多和因移栽、蚧的危害、腐烂病危害、过涝等原因而引起的树势衰弱的枣、梨、桃、杏树上最易招致其产卵。每头雌虫可产卵20~40 粒，常 7~10 粒排集在一起，以 3~5 粒为最多，也有多达 20 粒的。5 月中下旬为产卵盛期，6 月初为孵化盛期，幼虫常常群体发生，生长期都集中在皮下危害形成层，造成长形、弯弯曲曲的扁平蛀道。蛀道的边缘很整齐，蛀道内充满着坚硬的很细而黏结在一起的咖啡色粪屑。老熟幼虫蛀入木质部深层做蛹室化蛹。

【预防控制措施】

1. 人工防控

（1）加强果园管理，增强树势，及时处理虫伤、机械等伤口，防止招至成虫产卵。

（2）成虫羽化前砍伐受害死树、死枝，集中一起烧毁，以减少虫源。

（3）成虫盛发期，利用成虫的假死习性震摇树干，使成虫落地，然后收集一起深埋，消灭成虫。

2. 药剂防控

（1）幼树及大侧枝上发生时，被害处凹陷、变色，易发现，可用 50%敌敌畏乳油 20 倍液涂抹被害部。

（2）利用成虫产卵前补充营养的习性，在羽化后产卵前，喷 1 次 40%乐果乳油 800~1000 倍液，隔 10~15 天再喷 1~2 次，消灭成虫。

3. 生物防控

注意保护天敌，使其充分发挥作用，尤其是啄木鸟和寄生蜂。

六星吉丁虫

Chrysobothris succedana Saunders

六星吉丁虫又名六星金蛀甲，属于鞘翅目，吉丁虫科。

【分布与危害】

该虫分布于甘肃、宁夏、西藏、辽宁、河北、山东、江苏等省、自治区。主要危害枣、酸枣、板栗、核桃、苹果、梨、桃、杏、樱桃以及杨、柳、栾等果树、林木。以成虫食害叶片，吃成缺刻或孔洞；以幼虫钻入皮层与木质部之间蛀食，形成不规则的隧道，发生严重时，常造成寄主干枯死亡。

【形态特征】彩版 49　图 722~725

成虫　体长 11.5 毫米左右，长圆形，前钝后尖，深紫铜色，密布小刻点，颜面红铜色，中央上方一横线，其下方凹陷。头顶及颜面密布细黄毛，复眼肾形，触角铜绿色，柄节长略扁，梗节小球形。小盾片三角形，翠绿色。鞘翅紫铜色，基部及中后方各有 3 个金黄色下陷的圆斑，故称"六星吉丁虫"，外缘后方有不规则的小锯齿，翅面密布点刻，有 4 条纵脊。腹面翠绿色，雄虫腹末深凹。足铜色，均有光泽。

卵　乳白色，椭圆形。

幼虫　体长 34~36 毫米，乳白色，头部褐色，常缩入前胸。前胸发达，略呈圆形，背面有密布褐色微粒圆形斑，正中有一倒"V"字形纹，中后胸窄而短，其余体节更窄，每节有横沟一条。

蛹　体长 13 毫米左右，初化蛹时乳白色，后变为紫灰色。

【生活史与习性】

该虫在西北每年发生 1 代，以幼虫在树干被害处越冬。第二年 4 月开始活动，在形成层附近取食，形成不规则虫道，虫道内充满虫粪和木屑。老熟幼虫 5 月上旬化蛹，5 月下旬羽化为成虫，成虫咬破树皮成圆孔而钻出。成虫期较长，可延续到 8 月。成虫取食嫩叶、嫩枝皮层补充营养后，交配产卵，雌成虫产卵于树皮缝隙内，每头雌虫可产卵 20~50 粒，经 15天左右孵化为幼虫，初孵幼虫蛀入树皮危害，幼虫老熟后在树干被害处越冬。天敌有寄生蛹体的跳小蜂和寄生蜂等，对六星吉丁虫有一定的抑制作用。

【预防控制措施】

参见金缘吉丁虫防控措施。

皱小蠹

Scolytus rugulosus Ratzeburg

皱小蠹又名皱小蠹甲、皱纹棘胫小蠹、皱纹黑小蠹、苹小蠹、杏小蠹等，属于鞘翅目，小蠹科。

【分布与危害】

该虫分布于甘肃（兰州）、新疆等到省、自治区。主要危害枣、酸枣、梨、杏、沙果、扁桃、苹果、樱桃、梅和榆、沙枣等果树、林木。以成、幼虫在枝干皮层蛀食，削弱树势，引起枣树枯死。

【形态特征】 彩版 49 图 726~727

成虫 体长 2.3~2.8 毫米。头部黑色，前胸背板前部赤褐色，刻点深大稠密，没有绒毛。鞘翅长约为前胸背板长的 1.5 倍，刻点圆大，整齐稠密，沟间部中的刚毛列，自翅基直达翅端。

卵 长圆形，长 0.3~0.6 毫米。初产时乳白色，透明，近孵化时乳黄色。

幼虫 初孵幼虫体长 0.35~0.5 毫米，乳白色。头黄褐色，取食后腹部背面呈淡棕色。老熟幼虫体长 3~4 毫米，前胸部特别肥大，腹部具皱褶。

蛹 体长 2~3 毫米，初化蛹时乳白色，复眼鲜红色。以后由头部至腹部依次变为黑色。腹背生有两排纵向刺状突起。

【生活史与习性】

该虫每年发生 2 代，以幼虫在被害枝干皮层隧道内越冬。第二年春季 3 月中旬继续在虫道内危害，4 月初开始化蛹。蛹期 5~9 天。4 月下旬成虫开始羽化，5 月中旬达盛期。当年第一代卵盛期为 5 月中旬，卵期 5~7 天。5 月下旬为幼虫危害盛期，幼虫期 44~57 天。7 月中旬为化蛹盛期，蛹期 4~16 天。7 月下旬为成虫羽化盛期。第二代卵盛期为 7 月底至 8 月初，幼虫发生盛期为 8 月中旬，此代幼虫危害至 10~11 月，则陆续在隧道内越冬。

成虫产卵时，选择衰弱树，皮层含水量为 38%~44%。成虫寿命为 5~34 天。每头雌虫产卵 8~44 粒，平均约 25 粒。成虫在枝干皮层蛀成单母坑，长 3.5~22.5 毫米，沿坑两侧蛀产卵穴，每穴产卵 1 粒。幼虫孵化后背着母坑道向外蛀食，子坑道长 10~36 毫米。皱小蠹的天敌，在幼虫期有四斑金小蜂（*Cheiropachus quatrum*）寄生，对皱小蠹的发生有一定的控制作用。

【预防控制措施】

1. 人工防控

（1）在成虫发生期，于田间放置枣树枝条，诱集成虫，然后烧毁消灭成虫。

（2）及时清理剪除衰弱有虫枝，集中一起烧毁，消灭成虫和幼虫。

2. 农业防控

加强田间管理，增施肥料，天旱及时灌水，雨季下雨后及时排水，并合理修剪，及时中耕除草，以增强树势，提高抗虫能力。

3. 药剂防控

在 3~4 月份，用煤油与 50%辛硫磷乳油按 10∶1 配成药液，涂抹受害枝干。

果树小蠹

Scolytus japonicus Chapuis

果树小蠹又名梨小蠹、苹果小蠹、杏小蠹、枣小蠹等，属于鞘翅目，小蠹科。

【分布与危害】

该虫分布于四川、陕西、河北、内蒙古、辽宁、吉林等省、自治区。主要危害枣、苹果、梨、桃、杏、樱桃及榆叶梅等，以成虫和幼虫侵入树干危害，多侵入新折木，有时也寄生健康树。致使树体形成纵向坑道，严重时阻碍水分、养料输送，造成树体枯死。

【形态特征】 彩版 49　图 728~730

成虫　体长 2~2.5 毫米。雌、雄额面相同，均微突起。前胸背板长、宽相等，背板表面刻点深而大，在前缘和两侧常连成点串。鞘翅沟中和沟间刻点大小相等，但沟间的刻点较稀疏；前部刻点较后部深大，刚毛着生于后部，腹部末节近尾部的刻点雄虫较雌虫略粗稠，但区别并不显著。雄虫外生殖器阳茎中部封闭且粗大，后端开口对体腹面、呈锥状。旋丝和旋丝小棒相连；腹针有 2 侧突。

【生活史与习性】

该虫每年发生 1 代，以幼虫越冬。第二年 4 月中旬至 5 月中旬越冬幼虫陆续化蛹，5 月下旬至 6 月下旬羽化为成虫，成虫羽化后多侵入新折木，有时也寄生于健康树。成虫自树皮裂隙间侵入，母坑道纵向，弓曲长 1~3 厘米；子坑道开始集聚于母坑道的弓面，然后呈放射状散开，长达 10 多厘米。

【预防控制措施】

参见皱小蠹防控措施。

芳香木蠹蛾东方亚种

Cossus cossus orientalis Gaede

芳香木蠹蛾东方亚种又名蒙古木蠹蛾、柳木蠹蛾，属于鳞翅目，木蠹蛾科。

【分布与危害】

芳香木蠹蛾分布于西北、内蒙古、华北、东北等地区。寄主除枣、酸枣、苹果、梨外，还危害榆、槐、花椒等。幼虫先蛀入根茎部的皮层，稍大即钻入木质部取食，形成不规则的虫道，引起树势衰弱，枝干枯死，严重者整株死亡。

【形态特征】 彩版 49　图 731~732

成虫　体长 30~40 毫米，翅展 70~85 毫米，体灰褐色，雌虫比雄虫大。头部及颈板黄褐色。触角栉齿状，雌蛾栉齿发达。体躯及翅面的鳞毛密而厚。翅灰褐色，有许多短横纹，翅端有两条接近平行的长横纹。后翅暗灰色，横纹明显。雌虫腹部末端较尖，头的前方淡黄色；雄虫腹部末端钝圆，头的前方颜色略暗。中足胫节有一对距，后足两对距。

卵　椭圆形，高 1.1~1.3 毫米，宽 0.7~0.8 毫米。初产近白色，孵化前灰褐色，表面布满黑色纵隆脊，脊间具横行刻纹。

幼虫　小幼虫粉红色，体长 3~4 毫米，大龄幼虫体长 56~80 毫米。头紫黑色，有细纹。前胸有一大型"凸"字状黑斑，其他体节有排列整齐的小瘤。背面深紫红色，有亮光，腹面黄色或淡红色，侧面色淡。

蛹　体长 30~45 毫米，黑褐色，腹部最后两节背面有一列刺，其余各节有两列刺。

茧　茧内包蛹，茧土黄褐色，长 50~70 毫米。

【生活史与习性】

该虫两年至三年发生 1 代，以幼虫在树干蛀道内越冬。翌年 9 月到 10 月上旬幼虫离开树干入土，做一土褐色扁圆形的茧在其中越冬。第三年 5 月上下旬化蛹，5 月下旬到 6 月下旬羽化，高峰期在 6 月上中旬。成虫多在白天羽化出土，出土后伏于枝干上的隐蔽处。有趋光性，傍晚出来活动，并交配、产卵。雌虫将卵产于干径在 4 厘米以上的植株根际的皮缝中、凹陷处或机械损伤处的边缘，卵多成块，每块卵 10 粒、20 粒不等，每头雌成虫可产卵 170~860 粒。初孵幼虫常成群从产卵部位蛀入皮层，或从原来的蛀入孔侵入，使蛀孔处的皮层成斑块状腐烂。次年春季钻蛀木质部，形成不规则的虫道，并由透气孔向外排出大量褐色潮湿木屑状虫粪，并散发出一种特有的芳香气味，故"芳香木蠹蛾"由此得名。由于一次蛀入根茎处的虫数多，当老龄幼虫入土越冬时，立木已衰弱，第三年枯死。一般弧立木、大龄树、衰弱树往往被害严重。

【预防控制措施】

1. 人工防控

（1）伐去被害严重的濒死木，及时处理后，加强管护，促使根部萌芽更新。减少机械损伤，促进树体健康生长，增强抗性，减少幼虫入侵途径。

（2）冬初与初春各中耕一次，刨松树冠下部土壤，特别是根茎处的土壤，消灭入土越冬幼虫。

（3）树干基部涂白涂剂，阻止成虫产卵。

2. 药剂防控

（1）5~10 月幼虫蛀食期，用 80% 敌敌畏乳油 25~50 倍液，或 40% 乐果乳油 25~50 倍液，用注射针注入孔内，然后用湿泥堵孔，毒杀幼虫。

（2）于 6 月中旬至 7 月下旬，成虫产卵期间，用 50% 辛硫磷乳油 400~500 倍液，或 40% 乐果乳油 500 倍液，或 80% 敌敌畏乳油 600 倍液，或 2.5% 溴氰菊酯乳油 1000 倍液，或 4.5% 高效氯氰菊酯乳油 1500 倍液，或 2.5% 高效氟氯氰菊酯乳油 1000~1500 倍液，喷射树干，间隔 10 天左右喷 1 次，连喷 2~3 次，可杀死初孵幼虫。

柳干木蠹蛾

Holcocerus vicarius Walker

柳干木蠹蛾又名栎乌蠹蛾、栎蠹蛾、枣木蠹蛾、东方蠹蛾等，属于鳞翅目，木蠹蛾科。

【分布与危害】

该虫分布于华北、华中及华东等有关省、自治区。除危害枣、酸枣外，也危害苹果、梨、板栗以及栎、青冈、白蜡、黄杨等多种果树、林木。幼虫从枣树根际处蛀入皮层后先群集在皮层下取食，后钻入木质部形成不规则的密集隧道，削弱树势，严重时造成树木死亡。

【形态特征】 彩版 49　图 733~734

成虫　体长 24~33 毫米，翅展 45~65 毫米，头小，灰白色，触角丝状，胸背中央一纵向排列的 5 个小黑点。前翅灰白色，翅上布满椭圆形黑色斑点 10 个，后翅上的黑斑稍小，腹部黑色。

卵 椭圆形，长 1 毫米，宽 0.6 毫米，淡黄色。

幼虫 老熟后长 50~60 毫米，头部黑褐色，前胸硬皮板黄褐色，胴部淡黄色，各节有小黑点数个，上有一根短毛。

蛹 长椭圆形，淡褐色，长 22~28 毫米，稍向腹面弯曲，尾节下方有小突起。

【生活史与习性】

该虫两年发生 1 代，以幼虫在被害枣树干隧道内越冬。翌年春季气候转暖，寄主萌芽后继续在隧道内活动危害，秋季落叶后以高龄和老熟幼虫在树干蛀道内休眠越冬。老熟幼虫第三年 5 月在虫道内做蛹室化蛹，6~7 月羽化。多数成虫白天上午从蛹室中羽化出来后，隐伏不动，夜间活动，并交配产卵，卵成块产于根基处的皮缝或机械性损伤的伤口边缘。卵期 10 余天，幼虫孵出后侵入树皮下，再蛀入木质部，或直达髓心，形成圆形虫道，直径约 10 毫米。幼虫通过通气孔向外推出木屑状虫粪，并于 10 月中旬以后在虫道内用木丝做茧越冬。一般树龄大、长势弱的枣树被害严重。

【预防控制措施】

参见芳香木蠹蛾东方亚种防控措施。

咖啡豹蠹蛾

Zeuzera coffeae Nietner

咖啡豹蠹蛾又名豹蠹蛾、豹纹木蠹蛾、咖啡木蠹蛾、咖啡黑点蠹蛾，属于鳞翅目，木蠹蛾科。

【分布与危害】

该虫分布全国各省、自治区。主要危害枣、酸枣、核桃、苹果、柑橘、枇杷、荔枝、咖啡、龙眼、桃、梨、山楂、柿、花椒等多种果树、林木。以幼虫蛀食嫩梢、枝干，间隔一定距离向外咬一个排粪孔，多沿髓部向上蛀食，造成树梢枯萎，枝条断折，对产量影响很大。

【形态特征】 彩版 49~50 图 735~738

成虫 体长 11~26 毫米，翅展 30~45 毫米，体灰白色，雄虫较小。触角丝状，雄虫触角基部羽状，端部黑色，覆盖白鳞。胸部背面有 6 个蓝黑色斑。前后翅翅脉间密布蓝黑色短斜斑纹，后翅翅脉间斑纹较淡，翅脉先端各有一个黑斑。雌虫后翅中部有较大蓝黑色斑一个。腹背各节有横列蓝黑色纵纹 3 条，两侧各有一个黑斑，腹面有 3 个黑斑。

卵 椭圆形，长 1 毫米，米黄色至灰褐色，呈块状。

幼虫 体长 20~35 毫米，红褐色，头黄褐色至淡赤褐色，前胸背板黑色，近后缘中央有 4 行向后呈梳状的小齿突，臀板黑褐色，腹足趾钩双序环。

蛹 长 20~38 毫米，褐色，有光泽，尾端有刺 6 对。

【生活史与习性】

该虫在我国南方每年发生 2 代，北方每年发生 1 代，以老熟幼虫在被害枝条中越冬。翌年老熟幼虫向外蛀一不开口的羽化孔，然后在隧道中作蛹室准备化蛹。在北方越冬幼虫一般于 4~5 月化蛹，蛹期平均 30 天，5 月中旬至 6 月中旬羽化为成虫，羽化时头胸部伸出羽化孔羽化，蛹壳残留在孔口处。成虫寿命 40 天左右。

成虫昼伏夜出，有趋光性，成虫羽化后不久便交配、产卵，雌成虫将卵成块状产于树皮缝隙处和孔洞中，每头雌虫产卵 250~1100 粒，卵期 17 天。初孵化幼虫群集卵块上取食卵壳，2~3 天后爬行到枝干上方吐丝下垂，随风扩散。幼虫从枝梢上方芽腋处蛀入，其上方枯萎，经 5~7 天后又转移危害较粗枝条，蛀入时先在皮下环蛀一周，然后在木质部内向上或向下蛀食。在蛀食过程中，每隔一段距离咬一个排粪孔，一头幼虫危害新梢 2~3 个，受害梢枯死后，幼虫多在受害枝隧道中部越冬。

【预防控制措施】

1. 人工防控 刺杀幼虫，用细铁丝从蛀孔或排粪孔插入向上反复穿刺，可将幼虫刺死。此外，在枣树生长期和冬季发现枯梢，及时剪除，集中烧毁，消灭幼虫。

2. 物理防控 利用成虫的趋光习性，在枣园设置黑光灯，于傍晚开灯诱杀成虫。

3. 药剂防控 于 6 月份成虫盛发期，幼虫孵化前后，喷洒 50%敌敌畏乳油 1500 倍液，或 40%乐果乳油 1000 倍液，或 2.5%氯氰菊酯乳油 3000 倍液，或 2.5%联苯菊酯乳油 2500 倍液，或 4.5%高效氯氰菊酯乳油 2500 倍液，毒杀初孵幼虫。

六星黑点豹蠹蛾

Zeuzera leconotum Butler

六星黑点豹蠹蛾又名六星木蠹蛾、榆木蠹蛾、黑波木蠹蛾、沙棘木蠹蛾，属于鳞翅目，木蠹蛾科。

【分布与危害】

该虫分布于河北、河南、山东、湖北、湖南、云南、江西、江苏、上海、浙江、福建等省、市。除危害枣、酸枣外，还危害苹果、梨、梅、石榴、桃、樱桃和杨、柳、榆、茶、泡桐、槐、樟以及月季、白兰花、玉兰等果树、林木、花卉。以幼虫危害枣树枝干，危害严重者导致枝干枯死。

【形态特征】 彩版 50 图 739~740

成虫 体长 20~36 毫米，翅展 43~62 毫米，雄虫体略小，体灰白色。复眼黑色，雌虫触角丝状，雄虫基半部羽毛状，端半部丝状。胸部背板上有蓝黑色斑 6 个，排成两行，故称"六星黑点豹蠹蛾"。前翅有许多蓝黑色斑点，后翅除外缘有蓝黑色斑外，其他部位斑点较少，色较浅。

卵 椭圆形，长约 1.2 毫米，宽约 0.7 毫米，初产时淡黄色，后变为橘红色。

幼虫 初孵化时黑褐色，后变为紫红色；老熟幼虫体长 27~45 毫米，每节有黑色毛瘤，其上有毛 1~2 根，前胸背板有一个黑亮的大斑，后半部密布小刻点，腹末尾板也常有一块黑亮大斑。

蛹 体长 18~36 毫米。长圆筒形，黄褐色，头部顶端有一个大齿突，每腹节有横向排列的 2 列齿突。

【生活史与习性】

该虫每年发生 1 代，以老熟幼虫在被害枝干内越冬。第二年 3 月越冬幼虫继续取食，4 月上旬开始化蛹，4 月中旬开始羽化为成虫，羽化时常将蛹壳半截留在羽化孔中。成虫羽化后当天晚上即可交尾、产卵，雌虫常把卵产于树缝内及枝权处，每头雌虫平均产卵约400粒。5月幼虫开始孵化，初孵幼虫在韧皮部与木质部间蛀食，后深入木质部危害，蛀道较长，有多个排粪孔。

【预防控制措施】

参见咖啡豹蠹蛾防控措施。

灰暗斑螟

Euzophera batangensis Caradja

灰暗斑螟又名巴塘暗斑螟、灰斑螟、甲口虫等，属于鳞翅目，螟蛾科。

【分布与危害】

该虫分布于河北、福建等省。危害枣、酸枣、梨、杜梨、苹果、杏及杨、柳、榆、刺槐、香椿等果树、林木，以枣树受害最重。以幼虫危害枣树等甲口和其他伤口，轻者造成甲口愈合不良，树势减弱，产量降低；重者甲口不能完全愈合或断离，导致枣树死亡。

【形态特征】彩版 50　图 741~744

成虫　体长 6~8 毫米，翅展 13~17.5 毫米，全体灰色至黑灰色。触角丝状，复眼暗灰色，胸背暗灰色。前翅暗灰色至黑灰色，有 2 条镶有黑灰色宽边的白色波状横线。

卵　椭圆形，长 0.5~0.55 毫米，宽 0.35~0.4 毫米，初产时乳白色，后变为暗灰色，近孵化时变为暗红色至黑红色，表面有蜂窝状网纹。

幼虫　初孵幼虫头浅褐色，体乳白色。老熟幼虫体长 10~16 毫米，灰褐色，体略扁；头褐色，前胸背板黑褐色，臀板暗褐色。足 5 对。

蛹　体长 5.5~8.6 毫米，初为淡黄色，后为褐色，羽化前为黑色。

【生活史与习性】

该虫在河北每年发生 4~5 代，以第四代幼虫和第五代幼虫在被害处越冬。第二年 3 月下旬越冬幼虫开始出蛰活动，4 月初开始化蛹，4 月底开始羽化为成虫，第一代卵和幼虫于 5 月上旬出现，第一、二代幼虫危害甲口最重，第四代部分老熟幼虫不化蛹，于 9 月下旬以后结茧越冬，第五代幼虫于 11 月上旬陆续结茧越冬。

成虫昼夜都可羽化，成虫具微弱趋光习性，夜间交尾、产卵，卵散产于甲口或其他伤口附近粗皮裂缝中。卵多在夜间孵化，幼虫孵化后即分散取食。幼虫食量较小，不转株危害，有互相残食现象。老熟幼虫在危害部附近隐蔽干燥处结白茧化蛹。该虫天敌种类较多，如三斑花蟹蛛、褐蚂蚁、枣螟绒茧蜂、点缘跳小蜂、啄木鸟等，对皮暗斑螟的发生有一定抑制作用。

【预防控制措施】

1. 人工防控　在越冬成虫羽化前，组织人力刮除被害甲口老皮，连同虫粪集中一起深埋或烧毁，消灭越冬虫源。

2. 药剂防控

（1）结合人工刮除甲口老皮，对甲口和主杆喷洒 50% 敌敌畏乳油 800 倍液，消灭残余越冬虫源。

（2）新开甲后 3 天内，开始涂抹 40% 乐果乳油 50 倍液，间隔 7~10 天涂抹 1 次，连续涂抹 2~3 次，直至甲口愈合并老化，以防止幼虫蛀食危害。

家茸天牛

Trichoferus campestris（Faldermann）

家茸天牛又称茸天牛、褐茸天牛，俗称褐天牛、钻木虫等，属于鞘翅目，天牛科。

【分布与危害】

家茸天牛在国内分布于西北、华北、东北及四川等各省、自治区；国外分布于朝鲜、日本、蒙古和俄罗斯等国家。该虫除危害枣、酸枣外，还危害苹果、梨、花椒、刺槐、杨、柳、榆、椿、云彬等果树和林木。以幼虫钻蛀衰弱木、枯立木、伐倒木、伐木桩及木材、房屋椽檩等。

【形态特征】 彩版 50 图 745~746

成虫 体长 14~20 毫米，宽 3~6 毫米，褐色至棕褐色，密被褐色绒毛。头较短，有粗刻点，雄虫额中间有一条细纵沟。触角长达鞘翅端部，雌虫触角稍短于雄虫，第三节与柄节约等长。前胸背板宽稍大于长，两侧缘弧形，粗刻点间生小刻点。小盾片半圆形，被淡黄色绒毛。鞘翅两侧几乎平行。雄虫腹部末端较短阔，端缘较平直。后足第一跗节较长，与第二、三节长度之和约相等。

卵 长椭圆形，一端较钝，另一端略尖，灰黄色。

幼虫 体长 20 毫米，黄白色，头部黑褐色，前胸背板近前缘有一黄褐色横带。

【生活史与习性】

家茸天牛每年发生 1 代，以幼虫在被害枝干内越冬。第二年春天活动危害，在树皮下的木质部蛀食形成一扁而宽的隧道，蛀屑排于孔外。幼虫老熟后在隧道内化蛹，5 月下旬至 7 月成虫陆续羽化。成虫有趋光性。雌雄成虫交配后，雌虫将卵产于树皮裂缝内或椽材皮缝内，卵散产。卵期 10 天左右。幼虫孵化后即在木质部和韧皮部之间蛀食危害，11 月份幼虫开始陆续越冬。

【预防控制措施】

1. 人工防控

（1）开春后清理采伐后的断枝梢，并结合整形修剪，剪除枯死枝，集中烧毁，消灭越冬幼虫。

（2）加强枣园管理，及时清除伐倒木和枯朽的衰老树木，减少该虫扩散危害。

2. 药剂防控

（1）成虫羽化盛期，应用 50% 敌敌畏乳油 1000~1500 倍液，或 40% 乐果乳油 1000 倍液，或 3% 噻虫啉微胶囊悬浮剂 1500 倍液，或 20% 溴氰菊酯乳油 2500 倍液均匀喷雾。

（2）房屋椽檩发现幼虫危害时，用 50% 敌敌畏乳油 1 份加煤油 5 份混匀后喷雾，然后紧闭门窗，予以熏杀。

红缘亚天牛

Asias halodendri（Pallas）

红缘亚天牛又称红缘天牛、红条天牛，属于鞘翅目，天牛科。

【分布与危害】

红缘亚天牛分布于甘肃、宁夏、内蒙古、陕西、山西、河北、山东、辽宁、黑龙江、江苏、浙江、江西等省、自治区。国外分布于朝鲜、蒙古、俄罗斯（西伯利亚）。该虫除危害枣、酸枣外，还危害苹果、梨、山楂、枸杞及葡萄等果树。以幼虫钻蛀食害枝干皮层及木质部，主要危害直径 1~3 厘米的枝条，外表看不出被害处，也没有排粪孔。由于此虫危害往往削弱树势，导致树木生长不良，严重者致使枝干干枯死亡。

【形态特征】 彩版 50　图 747~748

成虫　体长 11~19.5 毫米，宽 3.5~6 毫米，黑色狭长，被细长白毛。头短，刻点密而粗糙，被浓密深色毛。触角细长，丝状，11 节且超过体长。前胸宽略大于长，侧刺突短而钝。小盾片成等边三角形。鞘翅狭长而扁，两侧缘平行，末端钝圆，翅面被黑色短毛，两鞘翅基部各有一朱红色椭圆形斑，外缘有一条朱红色窄条纹，常在肩部与基部椭圆形斑相连，红斑上具灰白色长毛。足细长。

卵　椭圆形，长 2~3 毫米，乳白色。

幼虫　体长 22 毫米左右，乳白色，头小，大部缩在前胸内，外露部分褐色至黑褐色。前胸背板前方骨化部分深褐色，上有"十"字形淡黄带，后方非骨化部分呈"山"字形。胴部 13 节。

蛹　长 15~20 毫米，初为乳白色，后变为黄褐色，羽化前为黑褐色。

【生活史与习性】

红缘亚天牛每年发生 1 代，以幼虫在枣树枝条被害隧道端部越冬。第二年春季枣树萌芽后幼虫开始活动危害，4 月上旬至 5 月上旬化蛹，5 月上旬至 6 月上旬羽化为成虫。成虫白天活动，取食花器等补充营养，并交配、产卵，雌虫将卵散产于 3 厘米以下的枝条缝隙内。幼虫孵化后先蛀入皮下，在韧皮部与木质部之间危害，以后逐渐蛀入木质部，多在髓内危害，严重者常残留树皮，把木质部蛀食一空。幼虫危害到秋末冬初陆续越冬。

【预防控制措施】

1. 人工防控

（1）结合枣树修剪，剪除有虫枝，集中在一起烧毁，消灭枝条内幼虫。

（2）成虫发生期，组织人力及时捕捉成虫，集中深埋或用火烧死，把成虫消灭在产卵之前。

（3）刺杀木质部内幼虫，找到新鲜排粪孔，用细铁丝插入，向下刺到隧道端，反复刺几次，可把幼虫刺死。

（4）成虫产卵盛期，用刀挖卵和幼虫，并及时杀死。

2. 药剂防控

（1）喷雾法　成虫发生期，结合防治其他害虫，喷洒残效期长的触杀剂，如用 26% 毒杀威乳油 600 倍液，喷射树干而且要均匀周到，可以毒杀成虫。

（2）涂抹法　可用 50% 杀螟硫磷乳油 10~20 倍液，或 50% 敌敌畏乳油油 30~40 倍液，涂抹产卵刻槽，毒杀初孵幼虫效果很好。

（3）注干法　蛀入木质部内的幼虫，可从新鲜排粪孔，或用直径 4~5 毫米的钢钉在距地面 50~80 厘米处斜向 45 度打孔，孔深 3~4 厘米，然后用兽用注射器，注入 50% 辛硫磷乳油 10~20 倍液，或 50% 敌敌畏乳油 30~40 倍液 10 毫升，然后用湿泥封孔，杀虫效果很好，还可兼治其他蛀干害虫和蚧壳虫、蚜虫等。

薄翅锯天牛

Megopis sinica（White）

薄翅锯天牛又名薄翅天牛、中华薄翅天牛、大棕天牛，属于鞘翅目，天牛科。

【分布与危害】

该虫分布于全国各省、自治区，以北方分布最为普遍，危害严重。主要危害枣、酸枣、花椒、山楂、柿、栗、核桃及苹果等果树。以幼虫蛀食枝干皮层和木质部，隧道走向不规律，内部充满虫粪和木屑，致使树势衰弱，严重者植株枯死。

【形态特征】 彩版 50　图 749

成虫　体长 30~55 毫米，全体茶褐色。头密布小颗粒点和灰黄色细短毛，后头较长，触角 11 节，丝状，基部 5 节粗糙，下有刺粒。前胸背板前缘较窄，略呈梯形，密布刻点、颗粒和灰黄色短毛，后胸腹板被密毛。鞘翅扁平，基部宽于前胸，向后渐窄，鞘翅上各有 3 条纵隆线，外侧一条不太明显。雌虫腹末常伸出很长的产卵管。

卵　长椭圆形，乳白色，长约 4 毫米。

幼虫　体长 70 毫米左右，体粗壮，乳白色至淡黄色。头黄褐色，大部缩入前胸内，上颚与口器周围黑色。胴部 13 节，有 3 对极小的胸足。

蛹　体长 35~55 毫米，初为乳白色，后渐变为黄褐色。

【生活史与习性】

该虫二至三年发生 1 代，以幼虫在隧道内越冬。枣树萌芽时开始危害，6~8 月间成虫出现。成虫喜欢在衰弱、枯老树上产卵，卵多产于树皮外伤和被病虫侵害的地方，也有在枯朽的枝干上产卵者，卵均散产于缝隙里。幼虫孵化后蛀入皮层，斜向蛀入木质部后，再向上或向下蛀食，隧道较宽而且不规则，充满粪便和木屑。落叶时，幼虫休眠越冬。一般幼虫老熟时，多蛀到接近树皮处，蛀食成椭圆形蛹室，在其中化蛹。羽化后的成虫向外咬一圆孔，从孔内爬出。

【预防控制措施】

1. 农业防控　加强抚育管理，合理施肥，及时灌水，适时修剪、除草，以增强树势，同时注意减少树体伤口，避免成虫产卵。

2. 人工防控

（1）结合修剪及时剪掉衰弱、枯死枝条，集中烧毁，并注意伤口涂药保护，以利伤口尽快愈合。

（2）成虫产卵盛期以后，要精心刮粗翘皮，集中烧毁，可消灭部分卵和初孵幼虫。

桃红颈天牛

Aromia bungii（Faldermann）

桃红颈天牛又名桃天牛，俗称红脖子天牛，属于鞘翅目，天牛科。

【分布与危害】

桃红颈天牛国内分布于甘肃、宁夏、陕西以及东北、华北、华南各省、自治区；国外分布于俄罗斯、朝鲜。除危害枣、酸枣外，也危害柑橘、桃、李、杏、梨、樱桃、苹果和核桃、花椒等。以幼虫蛀食危害枣树木质部，形成弯曲不规则隧道，致使树势衰弱，枝叶枯黄，甚至造成枣树枯死。

【形态特征】 彩版 50~51　图 750~753

成虫　体长 28~37 毫米，体黑色发亮，雌虫比雄虫大。头黑色，两眼间有深凹。触角蓝黑色，基部两侧各有一叶状突起。前胸背面棕红色，有光泽，前、后缘黑色并收缩下陷密布横皱；背面有 4 个瘤突，侧刺突尖而明显。雄虫前胸腹面布满点刻，触角长于体长；雌虫前胸腹面多横皱，触角与体长相等。小盾片黑色，略向下凹，表面光滑。鞘翅基部宽于前胸，后端窄，两条纵纹不明显。

卵　长圆形，长 3~4 毫米，乳白色。

幼虫　体长 40~50 毫米，乳白色，老熟时略带黄色。体两侧密生黄棕色细毛。前胸背板前缘中间有一棕褐色长方形斑。胸足 3 对，不发达。

蛹　体长 35 毫米左右，初为乳白色，后为黄褐色。前胸两侧各有一个刺状突起。

【生活史与习性】

桃红颈天牛二至三年发生 1 代，以幼虫在初害枝干隧道内越冬。第二年 4~6 月幼虫老熟后，在隧道内化蛹。成虫于 6~8 月间出现，陇南地区出现较早。成虫羽化后在树干隧道中滞留 3~5 天后，从羽化孔爬出活动，中午到下午 3 时左右成虫活动最盛。雌成虫遇惊扰即飞逃，雄成虫多逃避或自树上坠落。成虫羽化后 2~3 天后交尾产卵，卵产于树干和主干的树皮缝隙中，一般在近地面 35 厘米以内树干基部产卵最多，成虫产卵后不久即死去。卵期 7~8 天，初孵幼虫向下蛀食危害，稍大后就在危害树皮中越冬。翌年春天幼虫继续蛀食深入到木质部表层，形成中部凹陷的椭圆形隧道，随后虫体增大，向木质部深处蛀食，并在此蛀道中休眠越冬。第三年春季继续危害，直到 4~6 月间幼虫老熟后，用分泌物黏结木屑在隧道内化蛹。幼虫期约 2 年。幼虫自上向下串食，韧皮部隧道呈弯曲不规则状。蛀孔外和树干周围地面上，经常堆积有粪屑。

【预防控制措施】

1. 人工防控

（1）在成虫发生期间，组织人力于午间捕杀成虫；并在此期间经常检查枝干，发现虫粪时即将皮下小幼虫挖出杀死。

（2）在成虫发生前，于主干和主枝上涂抹白涂剂（生石灰 10 份、硫磺粉 1 份、水 40份），防止成虫产卵。

2. 药剂防控

（1）在秋后幼虫孵化期，用 50% 敌敌畏乳油 800 倍液，喷射树干和主枝，防治幼虫。

（2）用棉花蘸 50% 敌敌畏乳油 100 倍液，或磷化铝片剂，或二硫化碳塞入虫孔，孔口用泥堵塞，熏杀幼虫。

帽斑天牛

Purpuricenus petasifer Fairmaire

帽斑天牛又名帽斑紫天牛、黑红天牛、花天牛等，属于鞘翅目，天牛科。

【分布与危害】

该虫分布于甘肃、陕西、宁夏、山西等省、自治区。主要危害枣、酸枣及花椒、山楂、苹果等经济林木。以成虫咬食芽、叶；幼虫蛀食枝干皮层、木质部，削弱树势，严重者造成枣树枯死。

【形态特征】 彩版 51　图 754

成虫　体长 16~20 毫米，宽 5~7 毫米，黑色，背部密布粗糙刻点，腹面疏被灰白色绒毛。头短、密布粗糙刻点，触角丝状，11 节。前胸短宽，被灰白色细长竖毛，侧刺突生于两侧中部。前胸背板红色，有黑斑 5 个，前面两个，后面 3 个。前胸腹板前部有红色横带。小盾片锐三角形，密被黑绒毛。鞘翅红色，扁长，上面有黑斑两对，前一对近圆形，后一对大型中缝处连接呈毡帽形，故"帽斑天牛"由此而得名。鞘翅两侧缘平行，后端圆形，黑斑上密布黑绒毛。

【生活史与习性】

该虫每年发生 1 代，以幼虫在被害寄主隧道内越冬。第二年 3~4 月幼虫开始活动危害，5 月间化蛹，6 月间陆续羽化为成虫。成虫昼伏夜出，并于 6 月下旬至 8 月间交配产卵，完成交配、产卵后死亡。7 月中下旬新一代幼虫出现，并蛀入树干内危害，幼虫蛀食一阶段后，于秋末陆续越冬。

【预防控制措施】

参见红缘亚天牛防控措施。

圆斑紫天牛

Purpuyicens sideriger Fairmaire

圆斑紫天牛又称圆斑天牛，属于鞘翅目，天牛科。

【分布与危害】

该虫分布于甘肃、陕西、河北、河南、辽宁、吉林、江苏、浙江、江西、福建、湖北、湖南、四川等省、自治区。国外分布于朝鲜。寄主有枣、酸枣、柑橘、苹果、山楂、花椒等果树。危害情况同帽斑天牛。

【形态特征】 彩版 51　图 755

成虫　体长 16~21 毫米，宽 5.5~8 毫米，较扁；头较短，黑色，密布粗刻点；额短阔，中央有一条短细沟，额前有一条横凹；雄虫触角较长，约为体长的一倍半，雌虫较短，接近翅末；前胸背板红色，宽大于长，上有 5 个黑色圆斑，前面 2 个，后面 3 个，分别排成两横行，且密布粗深刻点，刻点之间形成网状皱纹，5 个黑斑处略隆起。鞘翅红色，有两对黑色斑纹，前面一对较小，略呈圆形，位于鞘翅基部，后面一对在中缝区连接呈大型圆斑，圆斑上密被黑绒毛，故有"圆斑天牛"之称。体腹面黑色，被稀疏灰白色细长毛。足黑色。

该虫与帽斑天牛（*P. petasir*）外形很接近，其区别是：本种鞘翅后面一对斑纹在中缝区连接呈大型黑色圆斑，前胸背板不是十分明显具长毛，仅后端中部有少许淡黄细长毛。

【生活史与习性】

该虫每年发生 1 代，以幼虫在寄主蛀道内越冬。第二年 4 月气候转暖幼虫开始活动，继续在蛀道内危害，5 月份幼虫老熟陆续化蛹，6~7 月羽化为成虫，成虫白天潜伏，夜间出来活动，并于 7~8 月中旬交配产卵，雌虫常把卵产在枝干上。卵期 15 天左右。7 月下旬至 8 月下旬新一代幼虫出现，幼虫孵化后蛀入皮层危害，幼虫稍大即钻入木质部取食，到 10 月下旬幼虫在隧道内开始陆续越冬。

【预防控制措施】

参见红缘亚天牛和家茸天牛防控措施。

竹红天牛

Purpuricenus temminckii Guerin-Meneville

竹红天牛又名竹紫天牛、枣红天牛，属于鞘翅目，天牛科。

【分布与危害】

该虫分布于甘肃（陇南）、陕西、四川、河南、河北、黑龙江、辽宁、吉林、天津、江苏、浙江、福建、台湾等省、市、自治区。主要危害枣、酸枣和竹类。以幼虫钻蛀枝干危害，纵横蛀成孔道，致使树势衰弱，甚至整树枯死。

【形态特征】 彩版 51 图 756

成虫 体长 11.5~18 毫米，宽 4~6.5 毫米，体扁，略呈长方形，黑色。头短，额宽短，唇基黄褐色。触角基瘤钝突，柄节端部膨大，短于第三节，与第四节约等长。前胸背板朱红色，有黑斑 5 个，前方 2 个大而圆，近后缘的 3 个小；前胸背板宽大于长，中后部有一个圆形隆突。鞘翅朱红色，稍浅，后方稍带橙黄色；鞘翅两侧缘平行，端缘圆形；翅面密布刻点。足较长，后足第一跗节短于第二、三节之和。

【生活史与习性】

该虫每年发生 1 代，少数两年发生 1 代，以成虫在蛀道内越冬，也有少数以幼虫越冬。第二年 4 月中旬越冬成虫出蛰活动，并交配产卵，卵多散产于树皮，5 月上中旬孵化为幼虫，初孵幼虫咬一个小圆孔，蛀入树皮内蛀食危害，后纵横蛀成孔道。8 月幼虫陆续老熟化蛹，9 月羽化为成虫。成虫飞翔力不强，阳光充足、温度较高、湿度小的果园危害较严重。

【预防控制措施】

参见星天牛防控措施。

云斑天牛

Batocera horsfieldi（Hope）

云斑天牛又名多斑白条天牛、核桃天牛，俗称铁炮虫、大头牛、钻木虫等，属于鞘翅目，天牛科。

【分布与危害】

该虫分布于甘肃（兰州、甘南、陇南）、陕西、宁夏、四川、云南、贵州、河北、河南、山东、山西、吉林、辽宁、安徽、浙江、湖南、福建、广东、广西及台湾等省、自治区。除危害苹果、梨、枣、酸枣、核桃、板栗、银杏等果树外，也危害杨、柳、榆、桑、栎、泡桐等林木。主要以幼虫蛀入枝干内危害，被害处皮层稍裂开，从虫孔排出大量粪屑。受害主枝常干枯，有的受害主干常被大风吹而折断死亡。

【形态特征】 彩版 51 图 757~762

成虫 体长 57~97 毫米，宽 17~22 毫米，黑褐色或赤褐色，密布灰青色或黄色绒毛。前胸背板中央有肾状白色毛斑一对，横列；小盾片舌状，覆盖白色绒毛。鞘翅基部 1/4 处密布黑色颗粒，翅面上具不规则白色云状毛斑，略呈 2、3 纵行。体腹面两侧从复眼后到腹末有白色纵带一条。

卵 长 7~9 毫米，长椭圆形，略弯曲，白色至土褐色。

幼虫 体长 74~100 毫米，稍扁，乳白色至黄白色。头稍扁平，深褐色，长方形，1/2 缩入前胸，外露部分近黑色。前胸背板近方形，橙黄色，背板两侧白色，上有橙黄色半月形斑一个。后胸和 1~7 腹节背、腹面具步泡突。

蛹 长 40~90 毫米，初为乳白色，后变为黄褐色。

【生活史与习性】

该虫发生世代数，因地而异，越冬虫态也有不同。一般二至三年发生 1 代，以成虫或幼虫在树干蛀道内越冬。第二年越冬成虫于 5~6 月间咬羽化孔钻出，经 10 多天取食，开始交尾、产卵；而越冬幼虫 4 月下旬开始活动，5 月上中旬幼虫化蛹，5 月下旬至 6 月上旬羽化为成虫，6 月下旬为产卵盛期。雌成虫将卵多产于树干或斜枝下面，尤以地面 2 米内的枝干有卵最多。产卵时先在枝干上咬一个椭圆形蚕豆粒大小的产卵槽，产卵 1 粒，然后把刻槽四周的树皮咬成细木屑堵住产卵口。成虫寿命约一个月。每头雌成虫可产卵 20~40 粒。卵期 10~15 天。6 月中旬为幼虫孵化盛期，初孵幼虫把皮层蛀成三角形蛀道，木屑和粪便从蛀孔排出，致使树皮外胀纵裂，这是识别云斑天牛幼虫危害的重要特征。以后幼虫蛀入木质部，钻蛀方向不定，在粗大枝干里多斜向上方蛀食，在细枝内则横向蛀至髓部再向下蛀食，间隔一定距离向外蛀一通气排粪孔，咬下的木屑和排出的粪便先置于体后，积累到一定数量便排出孔外。深秋季节蛀一休眠室休眠越冬，来年 4 月继续活动，8~9 月老熟幼虫在肾状蛹室里化蛹。蛹期 20~30 天。成虫羽化后在蛹室内越冬，第二年 5~6 月出洞。三年 1 代者，第四年 5~6 月成虫才出洞。

【预防控制措施】

1. 人工防控

（1）利用成虫的假死习性，白天经常检查，发现有小嫩枝被咬破且呈新鲜状时，在附近敲击枝干，成虫假死落地即可捕杀。

（2）成虫产卵后，经常检查，发现有产卵破口刻槽，用锤敲击，可消灭虫卵和初孵幼虫。

（3）当幼虫蛀入树干后，可以虫粪为标志，用细铁丝尖端弯成的小钩，从虫孔插入，钩杀幼虫。

2. 物理防控

利用成虫的趋光习性，在枣园设置黑光灯诱杀成虫。或用普通灯光引诱成虫到树下进行捕杀。

3. 药剂防控

（1）冬季或成虫产卵以前，用石灰 5 千克、硫磺 0.5 千克，食盐 0.25 千克，水 20 升充分搅拌均匀后，涂刷树干基部，以防成虫产卵，也可杀死幼虫。

（2）发现虫孔后，可先清除粪便，然后用甲萘威与等量黄土混合成的泥堵洞，或用棉球蘸80%敌敌畏乳油5~10倍液塞入虫孔内，并用稀泥封孔，杀虫效果很好。

星天牛

Anoplophora chinensis（Forster）

星天牛又名柑橘星天牛、银星天牛、橘根天牛、白星天牛，俗称水牛、老牛、铁炮虫、老母虫等，属于鞘翅目，天牛科。

【分布与危害】

星天牛在国内分布于吉林、辽宁、甘肃、陕西、四川、云南、广东以及东部沿海各省和台湾。寄主除枣、核桃、柑橘、花椒外，还有杨、柳、榆、刺槐等多种林木。以幼虫蛀食大龄树的主干或老龄树的主干及主枝，严重损坏了韧皮部和木质部，阻碍水分、养分的输送，引起枣树枯萎或死亡。

【形态特征】 彩版51 图763~765

成虫 体长27~30毫米，宽8~13毫米，雄虫较小。体黑色，有光泽，头部和身体腹面有银灰色和部分蓝灰色细毛。触角便鞭状，黑色，雌虫触角比身体长出1~2节，雄虫长出4~5节。第三节至十一节基部有淡蓝色的毛环。前胸背板有明显的中瘤，两侧有尖锐粗大的刺突。鞘翅基部有黑色小颗粒，大小不等且较密集，每个鞘翅有15~20个大小不等的白色毛斑，排列状况大致横为5排，第一排和第二排各4块，第三排5块，第四、五排各2~3块。肩基部也有斑点，黑底白斑，星罗棋布20余块，故名为"星天牛"。

卵 长椭圆形，长5~6毫米，宽2.2~2.4毫米，初产下时乳白色，以后渐变为浅黄白色，孵化前为黄褐色。

幼虫 大龄幼虫体长38~60毫米，乳白色或淡黄色，头部褐色，长方形，前胸略扁，背板骨化区呈"凸"字形，该凸字纹上方有两个褐色飞鸟形斑纹。

蛹 体长30~38毫米，初化蛹时淡黄色，羽化前各部分逐渐变为黄褐色或黑褐色。

【生活史与习性】

星天牛在我国北方每二至三年发生1代，以幼虫在被害树干的木质部虫道内越冬。第二年4月上旬越冬幼虫开始活动，危害至9月下旬二次以幼虫越冬，第三年4月下旬开始在皮层下咬筑蛹室，5月上旬进入化蛹阶段，6月中下旬为成虫羽化出洞高峰期。成虫羽化后先在蛹室内停留数天，而后咬孔钻出。成虫白天活动，一次可飞20~50米，早晚不活动，白天活动以高温时最活跃，触动时有假死坠落习性。成虫出洞后啃食幼嫩枝梢的嫩皮和幼叶、嫩芽。成虫交尾后约10~15天产卵，7月上中旬为产卵盛期，卵多产于干径6~15厘米根茎向上10厘米以内的主干基部，或主枝基部。产卵前雌虫先在树皮上咬深约2毫米、长8毫米的"T"字形或"人"字形的刻槽，然后将卵产在刻槽一边的皮缝中，每处1粒，每头雌虫约产卵40~60粒，最多可达71粒。卵期10~15天。7月中下旬孵化后，幼虫先在木质部和韧皮部之间取食危害，形成不规则的扁平虫道，然后深入木质部2~3厘米再向上钻蛀危害，并由通气孔排出木丝状的虫粪，越冬前常转头向下，到蛀入孔后另避新虫道，并向下部钻蛀，虫道内充满虫粪。幼虫11月份开始陆续越冬。

【预防控制措施】

1. 人工防控

（1）捕杀成虫　于6月中下旬在枣园内捕捉成虫，集中一起烧死或深埋。

（2）阻止成虫产卵　用生石灰水（1∶4）绕树干基部涂刷0.5米高的石灰带，可阻止成虫产卵。

（3）钩砸幼虫或卵　发现成虫产卵刻槽后，可用小铁锤击打，砸死卵和幼虫；也可用铁丝插入蛀孔或从排粪孔钩出幼虫，集中烧毁或砸死。

2. 药剂防控

（1）涂药杀卵　用50%敌敌畏乳油50倍液，涂抹在有黄色泡沫状流胶的刻槽处，可杀死卵。

（2）毒杀幼虫　用棉花蘸50%敌敌畏乳油50倍液，塞入幼虫蛀道内，并用泥封口，毒杀幼虫；或用6~8厘米长的麦秆蘸5%甲萘威粉剂，塞入排粪孔，再封严孔口，毒杀大龄幼虫。

粒肩天牛

Apriona germari（Hope）

粒肩天牛又名桑天牛、桑干黑天牛，属于鞘翅目，天牛科。

【分布与危害】

该虫分布于甘肃、陕西、四川、河北、河南、山东、辽宁、吉林、黑龙江、江苏、福建、江西、浙江、台湾、广东、广西等省、自治区。除危害枣树、桑树外，还危害苹果、梨、核桃、海棠、山楂、李、樱桃、沙果、柑橘、无花果、枇杷等果树。以成虫食害嫩枝皮和叶片；幼虫于枝干的皮下和木质部内蛀食，隔一定距离向外蛀一个通气孔，排出大量粪屑，削弱树势，严重者整树干枯死亡。

【形态特征】彩版52　图766~767

成虫　体长26~51毫米，宽8~16毫米，黑褐色至黑色，被青棕色或棕黄色绒毛。触角丝状，11节，第一、二节黑色，其余各节端半部黑褐色，基半部灰白色。前胸背板前后横沟间有不规则的横皱或横脊，侧刺突粗壮。鞘翅基部密布黑色光亮的颗粒状突起，约占全翅的1/4~1/3，翅端内外角均呈刺状突出。

卵　椭圆形，长6~7毫米，稍扁而弯，初产时乳白色，后变为淡褐色。

幼虫　体长60~80毫米，圆筒形，乳白色。头黄褐色，大部缩入前胸内，胴部13节，第一节较大略呈方形，背板上密生黄褐色刚毛，后半部密生赤褐色颗粒状小点，并有小字形凹纹；第三至十节背、腹面有扁圆形步泡突，其上密生赤褐色颗粒。

蛹　体长30~50毫米，纺锤形，初淡黄色，后变为黄褐色，翅芽达第三腹节，尾端轮生刚毛。

【生活史与习性】

该虫在北方二至三年发生1代，南方每年发生1代，均以幼虫在枝干内越冬。第二年寄主萌动后越冬幼虫开始危害，北方幼虫经过两个或三个冬天，于6~7月间老熟幼虫在隧道内两端填塞木屑作蛹室化蛹。蛹期15~25天。成虫羽化后在蛹室内停留5~7天后，咬羽化孔钻出，7~8月为成虫发生期。成虫晚间活动取食，并进行交配，以早晚较盛，约经过10~15天开始产卵，2~4年生枝条上产卵较多，雌虫产卵前多选择直径10~15毫米的枝条于中部或基部，先将皮咬成"U"形伤口，然后将卵产于伤口内，每处1粒，偶有4~5粒的，每头雌虫可产卵100~150粒，产卵约40多天。卵期10~15天。幼虫孵化后钻入韧皮部与木质部之间向枝条上方蛀食约1厘米，然后蛀入木质部内向外蛀一个排粪孔，随虫体增长而排粪孔距离加大，小幼虫粪便红褐色，细绳状，老幼虫的粪便为锯屑状。

【预防控制措施】

1. 人工防控

(1) 结合冬春季枣树修剪，剪除有虫枝条，集中一起烧毁，消灭越冬幼虫。

(2) 成虫发生期，及时扑杀成虫，消灭在产卵之前。同时在成虫产卵盛期以后，可根据成虫"U"形产卵刻槽挖卵和初孵幼虫，集中一起深埋。

(3) 刺杀木质部内幼虫，寻找到新鲜排粪孔，用细铁丝插入孔内，向下刺到隧道端部，上、下反复刺几次，可刺杀幼虫。

(4) 枣园内及其附近不要种植桑树，以减少虫源。

2. 药剂防控

(1) 成虫发生期，结合防治其他害虫，用残效长的杀虫剂喷洒枝干，消灭成虫。

(2) 幼虫孵化期，用50%敌敌畏乳油20倍液，或50%辛硫磷乳油15倍液，涂抹产卵刻槽，毒杀幼虫。

(3) 蛀入木质部的幼虫，可从新鲜排粪孔注入药剂，如用50%敌敌畏乳油或50%辛硫磷乳油10~20倍液，每孔最多注入10毫升药液，然后用湿泥封洞。

(4) 试用长效内吸注干剂，可用YBZ-Ⅱ型树干注射机钻孔，注入长效内吸注干剂。也可用直径4~5毫米钢钉，在距地面50~80厘米处斜向45度打孔，孔深3~4厘米，然后用兽用注射器注入注干剂，树干直径每厘米注入药液0.5毫米，树干直径10厘米以上的树，应通过试验加大药量。此法不但对防治天牛有效，还可兼治其他主干害虫和蚧壳虫。

刺角天牛

Trirachys orientlis Hope.

刺角天牛又称角刺天牛，属于鞘翅目，天牛科。

【分布与危害】

该虫分布于甘肃（甘南）、陕西、山西、山东、河北、河南、北京、天津、辽宁、黑龙江、安徽、江苏、上海、浙江、福建、台湾、湖北、湖南、江西、广东、海南、四川、重庆、贵州、云南等省、市、自治区。除危害枣、酸枣外，还危害梨、银杏、柑橘和合欢、栎、泡桐、榆、椿、槐、杨、柳等果树、林木。以幼虫在寄主的主干树皮下取食木质部和形成层，致主干皮层开裂，严重时树皮脱落，在木质部内形成弯曲不规则虫道，并从虫道内排出黄褐色的木屑样虫粪，往往造成寄主枝枯，甚至整株死亡。

【形态特征】 彩版52 图768~769

成虫 体长35~50毫米，宽9~11毫米，体灰黑色。头顶中部两侧具纵沟，后部有粗细刻点。触角灰黑色，雌虫超过体长，雄虫为体长的2倍；雄虫触角3~7节，雌虫3~10节，有明显的内端角刺，后者6~10节还有明显的外端角刺；柄节呈筒状，具环形波状脊。前胸有较短的侧刺突，背板粗皱，中央偏后有一小块近三角形的平板，上覆棕黄色绒毛，有平行的波状脊。鞘翅略高低不平，末端平切，具内外角端刺，布有呈丝光的棕黄色及银灰色绒毛。腹部光亮被稀疏绒毛，臀板一般露出鞘翅之外。

卵　长圆形，长约 3.4 毫米，宽约 1.5 毫米。

幼虫　老熟幼虫体长 43~55 毫米，淡黄色至黄色。头褐色，缩入前胸内。前胸背板近长方形，前方有 2 个"凹"字形褐色斑，被中缝分开；背板、腹板上均生有褐色毛，两侧各有一个近似三角形的褐色斑纹。腹部步泡突极明显。

蛹　体长 40~51 毫米，乳黄色。雄虫触角卷曲呈发长状，腹部背面第一至七节生有小刺，形成 7 条带。

【生活史与习性】

该虫在华北地区两年发生 1 代，少数三年 1 代，以幼虫在蛀道内，或以成虫在蛹室内越冬，完成 1 代需跨越 3~4 个年头。5~7 月可见幼虫。8 月上旬至 10 月底羽化的成虫留在蛹室内越冬。第二年 5 月中旬至 6 月底成虫于傍晚从羽化孔爬出活动，取食树木嫩皮或叶片补充营养。成虫飞翔力不强，猛击树干可跌落地面，少数飞走；白天潜伏于旧羽化孔、树皮裂缝等处隐蔽，傍晚出来交尾、产卵和取食，雌雄虫可多次交尾、多次产卵。雌成虫喜欢将卵产于衰弱的树干皱皮裂缝处、羽化孔内、树干伤口和旧排粪孔里，卵散产，无覆盖物。雌虫产卵期 8~25 天，每头雌虫可产卵 42~250 粒。成虫寿命 270 天。卵期 7~9 天。幼虫孵化后蛀入韧皮部和木质部之间取食，进而蛀入树干中心，开凿排粪孔，排出黏成条的粪便，悬吊在排粪虫孔。幼虫期 13~25 个月。老熟幼虫在蛀道内筑长椭圆形蛹室，在其中化蛹。蛹期 21~29 天。成虫出孔时间和数量与 5 月份的气温和降雨密切相关，当 5 月中旬平均气温达 18℃ 以上时，成虫开始出孔，随气温升高，出孔数量逐渐增多；此时降雨早而且雨量又大，成虫出孔就早，数量也多。

【预防控制措施】

同粒肩天牛防控措施。

黑翅土白蚁

Odontotermes tormosanus（Shiraki）

黑翅土白蚁又称土白蚁，属于等翅目，白蚁科。

【分布与危害】

该虫分布于黄河以南及西南各省、自治区。除危害枣树、酸枣外，还危害苹果、柿、核桃、板栗、柑橘、龙眼、荔枝以及杨、樟、栎、柏、松、油茶、茶等果树、林木。白蚁是一种土栖害虫，它筑巢于根茎下土内，以工蚁取食枣树的根茎皮层木质部，引起根系干枯和腐烂，并在树干上修筑泥被，啃食树皮，也能从伤口侵入木质部危害。苗木被害后常枯死，成年树被害后生长不良，树势衰弱。此外，还能严重危害水库堤坝，对堤坝带来隐患。

【形态特征】彩版 52　图 770~774

有翅繁殖蚁　体长 12~18 毫米，全身密被细毛。头背面黑褐色，触角 19 节，胸背黑褐色，前胸背板中央有一个淡色"十"字形纹。翅暗褐色，半透明。腹部背面黑褐色，腹面棕黄色。足淡黄色。

卵　椭圆形，乳白色，长 0.6 毫米。

兵蚁　体长 5~6 毫米，头卵形，暗黄色，毛稀疏，上颚镰刀形，左右各有一齿。胸、腹部淡黄色至灰白色，有较密集的毛。

工蚁　体长 5~6 毫米，头近圆形，黄色，胸腹部灰白色。

蚁后　无翅，头、胸部棕褐色，腹部膨大，淡黄色。

【生活史与习性】

该蚁多在地下筑巢，冬季在主巢内越冬。第二年 3 月份有翅成虫开始于巢内羽化，4~6 月间在靠近蚁巢附近的地面出现。羽化孔呈圆锥状，数量很多，可达 100 个以上。羽化孔成群分布，有一定规律，每巢有一群或数群，在堤坝上可根据羽化孔分布图样探测主巢位置，在羽化孔下边有成层排列的侯飞室，侯飞室与主巢间的距离一般为 3~8 米，个别可达 10 米以上。在气温达 20℃ 以上，相对湿度 90% 以上的闷热天气或大雨之后，有翅繁殖蚁有趋光习性，在傍晚 7 时后分飞，飞出后短期群飞天空，落地后蜕翅，雌雄配对钻入地下建立新巢，成为新蚁巢的蚁皇和蚁后。新建主巢在地下 60~90 厘米深处，三个月后出现菌圃，随后渐渐扩大巢群。在 6~8 月连降暴雨后，地面上会长出鸡枞菌，可作为确定蚁巢的标志。蚁巢由大到小，结构由简单到复杂，一个大巢群内有工蚁、兵蚁、幼蚁，达 200 多万头以上。兵蚁保卫蚁巢，工蚁担负采食、筑巢和抚育幼蚁等工作。工蚁在树上取食时，做泥线或泥被，可达数米，形成泥套，这是白蚁危害的重要特征。危害树木时，一般先取食树干表皮和木栓层，后期深入木质部危害。5~6 月是工蚁危害的盛期，7~8 月则在早晚和雨后活动，9 月又形成危害高峰。蚁皇和蚁后则匿居巢内，从不外出，担负繁殖后代的任务。

【预防控制措施】

1. 人工防控

（1）新建枣园，在植坑穴放入适量石灰、草木灰或火烧土，可减少白蚁危害。

（2）清理枣园内杂草、朽木和树根；集中一起烧毁，减少白蚁食料。

2. 物理防控

在有翅白蚁发生期，利用有翅白蚁的趋光习性，在枣园内设置黑光灯，诱杀白蚁。

3. 药剂防控

（1）在树干四周开沟，用 50% 辛硫磷乳油 800~1000 倍液，或 10% 氯氰菊酯乳油 2000~2500 倍液，或 20% 氰戊菊酯乳油 2500~3000 倍液，浇灌，然后覆土，防治效果很好。

（2）发现白蚁蚁巢，用辛硫磷乳油 150~200 倍液，或 80% 敌敌畏乳油 200~250 倍液，每巢灌 20 升药液。

（3）利用白蚁互相舐吮以及工蚁喂饲蚁王、蚁后的习性，找到白蚁蚁路，揭开一个洞，用砷剂灭蚁粉或亚砷酸 8.5 份、水杨酸 1 份、红铁氧 0.5 份，混配成药粉，喷在白蚁身上或土坑中的诱饵上，让其食后互相舐食或喂饲蚁王、蚁后，致使整群白蚁死亡。

第五节　地下（根部）害虫

枣树苗木的根部极易遭受地下害虫的危害，危害枣树的地下害虫有 16 种。以东方蝼蛄、华北蝼蛄、小地老虎、黄地老虎、细胸金针虫以及华北大黑鳃金龟、黑绒鳃金龟等害虫分布广，危害重。这些地下害虫，除金龟子成虫出土后危害枣树叶片、嫩梢外，其幼虫（蛴螬）

和地老虎幼虫以及蝼蛄成、若虫潜入土内，专门取食苗木根部皮层及小根，或将幼苗咬断拉入洞内取食，危害严重时，造成幼苗成片枯死。

东方蝼蛄

Gryllotalpa orientalis Burmeister

东方蝼蛄又称南方蝼蛄，曾误称非洲蝼蛄（G. afsricana），俗称小蝼蛄、拉拉蛄、地狗子等，属于直翅目，蝼蛄科。

【分布与危害】

该虫属世界性害虫，在国内分布于全国各省、自治区，以西北、东北、华东、华南发生较为严重。枣树和苹果、梨、桃、葡萄、核桃、栗等果树与多种农作物均受其害，是苗期主要地下害虫。成虫和若虫均咬食幼苗的根部和嫩茎，在表土层串成纵横交错的隧道，常使苗根与土壤分离，影响幼苗生长，并导致死亡。

【形态特征】 彩版 52　图 775~776

成虫　体长 30~35 毫米，体呈梭形，灰褐色或茶褐色，密生细毛。口器向前，头顶有触角一对。前胸背板卵圆形，特别发达，宽 6~8 毫米，坚硬光滑，中央有一个明显的暗红色长心脏形凹陷斑。有短翅两对，前翅在背面平叠，覆盖腹部一半；后翅纵卷成筒状，突出于腹末之后。有足 3 对，前足特别发达并带锯齿，适于掘土；后足胫节内缘有棘刺 3~4 根。腹部黄褐色，腹末有一对尾须。

卵　椭圆形，长 2.2 毫米，宽 1.5 毫米左右。初产时乳白色，渐变为黄褐色，近孵化时呈暗紫色。

若虫　有 8~9 个龄期。初孵若虫乳白色，体长 4 毫米左右，蜕皮后淡黄褐色，复眼淡红色，头、胸及足为暗褐色至深褐色，腹部淡黄色。3 龄后体色和成虫相似。老熟若虫体长 27 毫米左右，黄褐色。

【生活史与习性】

东方蝼蛄在西北地区两年左右发生 1 代（长江以南一年 1 代），以成、若虫在不冻土层中越冬，越冬深度可达 1~1.6 米，一洞一头，头向下。第二年 4 月间开始活动，尤以幼苗发芽生长期受害最烈。该虫的活动在洞顶壅起一堆虚土或较短的虚土隧道。这是最初到地面活动的主要识别特征，也是春季挖洞灭虫的有利时机。成熟成虫于 6 月间交配产卵。雌虫卵产于 20~30 厘米的表土层土室内，每室 30~50 粒。每头雌虫可产卵 33~250 粒，卵期 15~20 多天即孵化。初孵若虫有群集性，长大后分散活动。此虫喜栖息于低洼潮湿、杂草和腐殖质多的沙壤土内生活，尤其嗜好栖息于新鲜马粪中。成虫昼伏夜出，趋光性较强，一般阴天的白天，或灌水、下雨后活动最盛。10 月中下旬随气温下降，逐渐停止活动，陆续潜入土内越冬。

【预防控制措施】

1. 物理防控

（1）物理器械诱杀　利用蝼蛄的趋光习性，于成虫发生期，用黑光灯，或 GWD-2 型高压电网诱杀成虫。

（2）新鲜马粪诱杀　蝼蛄喜欢栖息于新鲜马粪中，利用此习性，在地里挖 0.33 米的土坑，放进新鲜马粪，适量浇水浸润，表面覆草，每天清晨捕杀坑内成虫和若虫。

2. 药剂防控

（1）土壤处理 苗圃播种前或苗木移栽前，每公顷喷洒 5% 甲萘威粉剂 30~50 千克，耙入表土层。或每公顷用 5% 辛硫磷颗粒剂 18~20 千克，拌砂子 20 千克，于苗木移栽时，撒入穴内。

（2）毒饵诱杀 蝼蛄发生期，用 90% 晶体敌百虫 1 千克，先用少量热水化开，再加水 10 升，拌麦麸或谷糠或秕谷等饵料 100 千克，拌后以饵料手捏能成团，指间渗出水即可施用。为了加强诱杀效果，可将饵料先炒香，加少许清油制成饵料，傍晚使用。

3. 生物防控

注意保护食虫鸟类，并利用食虫鸟类捕食东方蝼蛄。

华北蝼蛄

Gryllotalpa unispina Saussure

华北蝼蛄又称单刺蝼蛄，俗称大蝼蛄、地拉蛄、地狗子、拉拉蛄、地蝼蝼、土狗子等，属于直翅目，蝼蛄科。

【分布与危害】

华北蝼蛄在国内主要分布于江苏、山东、山西、河南、河北、陕西、内蒙古、辽宁、吉林等省区，甘肃、宁夏等地分布普遍。危害寄主和危害情况同东方蝼蛄。

【形态特征】彩版 52 图 777~778

成虫 体长 36~55 毫米，前胸背板心形，宽 7~11 毫米。体形比东方蝼蛄粗大，黄褐色。前翅平叠后翅之上，不超过腹部的 1/3。后翅卷成筒状。前足特别发达，并带锯齿适于掘土。后足胫节外侧有棘刺一个或消失。

卵 椭圆形，长 1.7 毫米左右，宽约 1.2 毫米，初产时乳白色，后变为黄褐色，近孵化时呈暗灰色。

若虫 初孵若虫乳白色，蜕皮后为淡黄褐色，5 龄后为黄褐色。初龄若虫体长约 3.8 毫米，末龄若虫体长 38 毫米左右。

【生活史与习性】

华北蝼蛄三年发生 1 代，以成虫和若虫在不冻土层中越冬，越冬深度 1~1.6 米，一洞一头，头向下。第二年 3 月底前后，土壤解冻后开始上升活动危害。喜栖息在温暖湿润、腐殖质丰富的盐碱地、沙壤土或壤土内。活动在土壤表层深约 10 厘米的虚土隧道内，是春季挖洞灭虫的识别标志。雌雄成虫 6~7 月交配，雌虫将卵产在 10~15 厘米深的表土卵室内，卵室椭圆形，每室有卵 50~85 粒。每头雌虫每年产卵 3~6 次，平均产卵 298 粒，多达 690 粒。卵期 20~25 天。成虫具趋光性，飞翔力差。初孵若虫怕光、怕风、怕水，有群集性，后分散活动危害。若虫共 6 龄。其活动规律与东方蝼蛄相似。

【预防控制措施】

参照东方蝼蛄防控措施。

小地老虎

Agrotis ypsilon Rottemberg

小地老虎俗称地蚕、黑土蚕、黑蛆、切根虫、抹脖子蛆等，属于鳞翅目，夜蛾科。

【分布与危害】

小地老虎国内分布很广，遍及全国各省、自治区。国外分布于亚、非、欧、美各国。幼虫危害枣树和多种果树、林木、农作物幼苗，从根际处咬断，拖入土穴中取食危害；有时还咬断嫩茎和幼芽，造成苗圃缺苗，损失较大。

【形态特征】 彩版 52~53　图 779~781

成虫　体长 16~23 毫米，翅展 42~54 毫米，灰褐色或黑褐色。头顶有黑斑，颈板基部及中部各有一条黑横线；触角雌蛾丝状，雄蛾双栉状，分枝渐短仅达触角之半，端半部为丝状。前翅棕褐色，前缘外横线至中横线（有时直达内横线）呈黑褐色，肾形斑，环形斑及棒形斑位于其中，各环以黑边。在肾形斑外边有一个明显的尖端向外的楔形黑斑。在亚缘线上则有两个尖端向里的较小而明显的楔形黑斑。后翅浅灰白色，翅脉及边缘黑褐色。腹部背面灰色。

卵　扁圆形，直径约 0.5 毫米，表面布有纵横的隆起线纹，顶端有突出的尖咀。初为乳白色，后变成黄色，孵化前灰黑色。

幼虫　体长 37~50 毫米，暗褐色。头部具有不规则的褐色网纹，脱裂线呈倒 "V" 字形。体表粗糙，密布大小不均匀的微微隆起之颗粒。臀部黄褐色，其上具有两条明显的深褐色纵带。腹节背面 2 对毛片，后一对明显大于前一对。胸足与腹足黄褐色。

蛹　体长 18~24 毫米，赤褐色，具光泽。第一至四腹节无明显横沟，第四腹节背侧面有点刻，第五至七腹节背面的刻点明显地比侧面的大。腹部末端臀棘短，有一对短刺。

【生活史与习性】

小地老虎在西北地区每年发生 2~3 代，一般以第一代幼虫造成严重危害。小地老虎在西北地区不能越冬，虫源多从华南、江南及西南等地先后迁飞而来。越冬代成虫在 3 月中下旬发生，盛期为 4 月上中旬。发蛾期长达 80 天以上，第一代成虫高峰期为 6 月下旬，第二代成虫为 8 月中旬。10 月中旬越冬代成虫外迁越冬。成虫白天潜伏在枯叶、杂草及土隙等处隐蔽，黄昏后开始飞翔、觅食、交尾、产卵等活动。成虫多在低矮叶密的杂草上以及枯枝和土隙下产卵。卵散产，靠近土面的灰条叶片上产卵最多。每头雌虫产卵 800~1000 粒。初孵幼虫啃食寄主叶肉；3 龄后白天潜伏，晚上出土取食；4 龄后进入危害盛期。老熟幼虫钻入土层 3~5 厘米处化蛹，蛹期 15~27 天。微风有利于成虫活动，大风则停止活动。成虫有很强的趋光性和趋化性，尤其对酸、甜、酒味等有强烈的趋性，通常利用小地老虎的这一习性，进行诱杀和预测预报。

【预防控制措施】

1. 人工防控

（1）清除成虫产卵与幼龄幼虫为食的杂草，消灭虫卵，并防止幼虫转移到枣树幼苗上危害。

（2）人工捕杀幼虫，特别是新危害咬断的幼苗根部，扒开土，即可寻找到幼虫，收集起来集中处死。

（3）在田间堆放杂草诱集幼虫，人工捕杀，或拌药毒杀。

2. 物理防控

根据小地老虎具有强烈的趋化性和趋光性，可用糖醋液、黑光灯诱杀，效果很好。

3. 药剂防控

小地老虎 1~3 龄幼虫抗药性较差，且暴露在寄主或地面上，是化学防治的有利时机。可用以下方法：

（1）用 90%晶体敌百虫 800~1000 倍液，或 50%辛硫磷乳油 800~1000 倍液，或 20%氰戊菊酯乳油 2000~2500 倍液，或 2.5%溴氰菊酯乳油 2500 倍液，或 4.5%高效氯氰菊酯乳油 2500~3000 倍液喷雾。

（2）土壤处理，参见细胸金针虫土壤处理方法。

（3）毒饵诱杀，参见东方蝼蛄毒饵诱杀方法。

（4）在小地老虎危害严重地区，每公顷用 5%辛硫磷颗粒剂 30~38 千克，加适量细土，撒施于幼苗四周土面上，当小地老虎幼虫晚上出来危害时，接触药剂而死亡。

黄地老虎

Agrotis segetum Schiffmuller

黄地老虎俗称土蚕、地蚕、截虫、切根虫，属于鳞翅目，夜蛾科。

【分布与危害】

黄地老虎分布于甘肃、陕西、宁夏、青海、新疆以及西南、东北、华北、中南等有关省、自治区。国外分布于朝鲜、日本、印度及欧洲、非洲、北美洲。该虫食性杂，除危害枣、酸枣外，还危害各种农作物和果树、林木幼苗。在甘肃、宁夏和内蒙古西部地区常造成严重危害。

【形态特征】彩版 53　图 782~783

成虫　体黄褐色或灰褐色，体长 14~19 毫米，翅展 31~43 毫米。触角雌蛾丝状，雄蛾双栉齿状，分枝长向端部渐短，约达触角 2/3 处，端部 1/3 处为丝状。前翅黄褐色，全部散布小黑点，各横线为双条曲线，但多不明显。肾形斑、环形斑及棒形斑都很明显，各具黑褐色边而中央充以暗褐色。后翅白色，前缘略带黄褐色。

卵　扁圆形，长 0.46 毫米，初产时乳白色，后显淡红色斑纹。

幼虫　体长 35~45 毫米，宽 5~6 毫米，黄色。头部脱裂线不呈倒"V"字形，无额沟。体表多皱纹，颗粒不明显。臀板上有两块黄褐色斑。腹节背面有两对毛片，后对略大于前对。

蛹　体长 14~19 毫米。第一至四腹节横沟不明显，第四腹节仅背面有少量刻点，第五至七腹节背面与侧面的刻点大小相同；气门下边也有一列刻点。

【生活史与习性】

黄地老虎发生世代随气候而不同，在我国南北各地略有差异。在西北地区每年发生 2~3 代，以蛹和老熟幼虫在 10 厘米深的土壤中越冬。常与小地老虎混合发生，生活习性大致相似，幼虫危害较小地老虎迟 30 天左右，发生数量也比小地老虎少。

【预防控制措施】

参见小地老虎防控措施。

细胞金针虫

Agriotes subvittatus Motschulsky

细胞金针虫又名细胸锥尾叩甲、细胸叩头甲、细胸叩头虫，俗称土蚰蜒、钢丝虫、节节虫等，属于鞘翅目，叩头甲科。

【分布与危害】

该虫分布于全国各省、自治区，西北发生普遍，危害严重。主要危害枣树和其他多种果树以及蔬菜、麦类、玉米等作物。以幼虫在土内咬食幼苗的地下部分，造成幼苗枯死。

【形态特征】彩版53 图784～786

成虫 体长8～9毫米，宽2.5毫米，暗褐色，体细长、密被褐色短毛，有光泽。头、胸部黑褐色，触角红褐色，第二节球形。前胸背板略呈圆形，长大于宽，后缘角伸向后方。鞘翅长约为头胸部的两倍，鞘翅上有9条纵列刻点。足赤褐色。

卵 圆形，长0.5～1毫米，乳白色。

幼虫 老熟幼虫体长23毫米，宽1.3毫米，体细长，圆筒形，淡黄褐色，有光泽。尾节圆锥形，上有两个褐色圆斑和四条纵纹。

蛹 体长8～9毫米，黄色。

【生活史与习性】

此虫在西北地区多为两年发生1代，有世代多态现象，有的一年或两年至三年完成1代。以成虫和幼虫在土内20～40厘米深处越冬。越冬成虫3月中下旬出土，4月中下旬盛发，5月上中旬为雌雄虫交配、产卵盛期，卵期26～32天。越冬幼虫3月上旬上升至土表活动，4～5月是其危害盛期。6月中下旬至9月，老熟幼虫陆续化蛹、羽化。新羽化成虫不出土，在土内潜伏越冬。成虫白天潜伏土缝、土块或寄主根茎残茬中，黄昏开始活动，一般午夜前交配，午夜后取食。成虫具有假死习性，有很强的叩头反跳能力。趋光性较弱。成虫对新萎蔫的杂草有很强的趋性，喜好潜伏其中，遇晴热干燥天气表现尤甚。雌虫多将卵散产于1～3厘米表土层中，每头雌虫产卵量平均90粒左右。幼虫喜钻入幼苗的茎基地下部分，常将虫体大部或全部钻入其中取食，大多一茎一虫，较粗大的幼茎可有幼虫3～5头。被害幼苗常常凋枯死亡。该虫适应较低的土温，在表土10厘米土温为17～22℃时，活动危害最烈。喜潮湿的土壤环境，当土壤含水量达15～20%时，对其活动危害最有利。因此，沿河、沿水沟低洼易涝的枣树苗圃往往虫量多，发生重。黏性较重的土壤发生量较大。未开垦的荒地，由于杂草多，食料丰富，繁殖数量大，所以初开荒地和靠近荒地的苗圃危害特别严重。

【预防控制措施】

1. 农业防控

细胸金针虫蛹和初孵幼虫一般处在土壤表层，对不良环境抵抗力较弱，进行深翻可收到良好的防控效果。翻耕曝晒使土壤干燥，可使金针虫死亡，而在西北干旱地区应考虑曝晒保墒的影响。此外，加强田间管理，使幼苗生长健壮，均能减轻金针虫危害。

2. 人工防控

根据金针虫的潜伏习性，于成虫发生期，在枣园将新拔下的杂草堆成直径 0.5 米，高 10 厘米的小堆，每亩堆 5~10 堆，每天早晨捕捉草堆中的成虫，将其杀死。

3. 药剂防控

（1）在金针虫危害严重地区，于育苗前或苗木栽植前，每公顷用 3%氯唑磷颗粒剂 30~90 千克，或 5%辛硫磷颗粒剂 22.5~30 千克，拌细土 450 千克，均匀撒施在栽植沟或定植穴内，浅覆土后再定植。

（2）幼苗受害严重时，可用 40%辛硫磷乳油 1500 倍液，或 40%甲基辛硫磷乳油 1200~1500 倍液灌根，灌药前先扒开幼苗周围的土，然后灌药，待药液渗入后再覆土。

沟金针虫

Pleonomus canaliculatus （Faldermann）

沟金针虫又名沟线角叩甲、沟叩头甲、沟叩头虫，幼虫俗称黄蚰蜒、芨芨虫、钢丝虫，属于鞘翅目，叩头甲科。

【分布与危害】

该虫分布全国各省、自治区，西北地区发生普遍。主要危害枣、酸枣、苹果、梨、桃、葡萄等果树和多种林木与蔬菜、粮食作物幼苗。以幼虫蛀食刚萌发的幼芽、幼苗根部，致使枣树幼苗枯萎死亡。

【形态特征】 彩版 53 图 787~788

成虫 雌虫体长 14~17 毫米，宽 4~5 毫米，体形扁平。触角锯齿状，11 节，约为前胸的两倍。前胸背板半球形，隆起正中部有较小的纵沟。足茶褐色。雄虫体长 14~18 毫米，宽约 3.5 毫米，体形细长。触角丝状，12 节，约为前胸的五倍，可达前翅末端。体浓栗色，密生黄色细毛。

卵 近椭圆形，乳白色，长 0.7 毫米，宽约 0.6 毫米。

幼虫 老熟幼虫体长 20~30 毫米，最宽处 4 毫米，体黄色，体节宽大于长。从头部到第 9 腹节渐宽，胸背到第 10 节背面正中有一条细纵沟。尾节深褐色，末端有两分叉，内侧各有一小锯齿。

蛹 身体细长，纺锤形，雄者长 15~19 毫米，宽约 3.5 毫米；雌者长 16~22 毫米，宽 4.5 毫米。初化蛹时淡褐色，后变为黄褐色。

【生活史与习性】

该虫两年至三年发生 1 代，以幼虫或成虫在土中越冬。越冬成虫或幼虫翌年春天气温转暖后上升活动，幼虫和成虫分别于土温 4℃~8℃、9℃~10℃时开始活动。以幼虫越冬年份，3 月中下旬幼虫上升到土表开始取食，4 月中旬进入危害盛期。以成虫越冬年份，3 月下旬至 4 月上旬，成虫大量出土活动，4 月中下旬产卵，6 月上旬田间大量出现幼虫，并取食危害。9~11 月上旬，当年低龄幼虫和以上世代高龄幼虫共同取食，形成第二个危害高峰。10 月下旬气温下降，陆续钻入深土层越冬。次年春季，温度回升，幼虫经越冬后，上升取食较激烈，危害比秋季重。

老熟幼虫在秋季 8~9 月间在土中 15~20 厘米深处做土室化蛹。此时如降雨多，土壤湿度大，对化蛹和羽化非常有利。成虫羽化后，当年蛰伏土中越冬，翌春出土活动，白天潜伏杂草或土块下，夜出交尾产卵，卵多产于 3~5 厘米土中，卵一般散产，每头雌虫产卵 200 粒左右，卵期 30 天。雌成虫行动迟缓，不能飞翔，无趋光性；雄成虫飞翔力较强，夜晚多停留在杂草上，有假死习性。新开垦苗圃和靠近河边、沟塘、荒地的苗圃，往往受害严重。

【预防控制措施】

参见细胸金针虫的防控措施。

网目拟地甲

Opatrum subaratum Faldermamn

网目拟地甲又称沙潜、网目沙潜、沙土甲，幼虫形态近似金针虫，故又称拟步行虫或伪步行虫；俗称土牛子，幼虫为蛴螬，属于鞘翅目，拟步行虫科。

【分布与危害】

该虫分布于西北、华北、东北和华东部分省、自治区。除危害枣、酸枣、苹果、梨、李、杏、樱桃、柑橘、枸杞、茄子、番茄外，还危害葫芦科、十字花科蔬菜，也危害豆类、甜菜、亚麻以及小麦等禾本科作物。成虫、幼虫均在幼苗期危害，成虫危害地上部幼芽和嫩叶；幼虫危害幼苗根部，常造成苗木枯死。

【形态特征】 彩版 53　图 789~791

成虫　体长 8~10 毫米，椭圆形，黑褐色。复眼黑色，触角 11 节，棍棒状，1~3 节较长。前胸背板发达，密生细沙状刻点。鞘翅近长方形，灰褐色，有 7 条隆起的纵线，每条纵线两侧有 5~8 个瘤突，呈网络状。成虫常在地面爬行，背面覆有泥土，故呈土灰色。

卵　椭圆形，长 1~1.5 毫米，乳白色。

幼虫　体长 15~18 毫米，深灰黄色，背面深灰褐色。腹部背板末端前部稍隆起，形成一横沟，沟前有一对褐色钩形纹。末端中央有乳头状隆起的褐色部分，边缘共有刚毛 12 根，中央 4 根，两侧各排列 4 根。胸足 3 对，第一对发达。

蛹　体长 6.8~8.7 毫米，黄褐色，腹末有 2 根刺状尾角。

【生活史与习性】

在西北地区一年发生 1 代，以成虫在 6~7 厘米深处土中或枯草、落叶中越冬。在兰州 3 月上旬成虫出蛰活动，危害较重。4 月上旬开始交配产卵，产卵盛期为 4 月下旬至 5 月上旬，卵多产于杂草根际表土层内。幼虫 4 月下旬出现，在表土层取食幼苗嫩根、嫩茎，5 月是危害盛期，6~7 月间幼虫在土内 9~15 厘米深处化蛹，蛹期 10 天左右。6 月末 7 月初为羽化盛期，羽化后的成虫在杂草或蔬菜根部越夏。9 月又出来活动危害，10 月份开始越冬。成虫不飞翔，只能在地面爬行，有假死习性。性喜干燥，耐高温，多在旱地发生。成虫寿命很长，能存活 2~3 年之久。

【预防控制措施】

参见细胸金针虫防控措施。

华北大黑鳃金龟

Holotrichia oblita (Faldermann)

华北大黑鳃金龟又叫华北大黑金龟子、华北齿爪鳃金龟、朝鲜黑金龟，幼虫俗称蛴螬，属于鞘翅目，鳃角金龟科。

【分布与危害】

全国各省、自治区均有分布。甘肃、青海、宁夏地处黄土高原西部，气候较干旱，适于华北大黑鳃金龟的发生。幼虫食性很杂，除危害枣、酸枣外，还危害各种林木、果树及农作物。以幼虫咬食幼苗、根和幼茎，常造成苗木枯死。

【形态特征】 彩版 53　图 792~793

成虫　长椭圆形，体长 16~21 毫米，宽 8~11 毫米，黑色或黑褐色，有光泽。前胸背板两侧边缘弧状向外扩张，每个鞘翅上有 3~4 条纵向隆起的脊纹。侧面观，腹部最端部的背板后缘较直，与下缘构成的角度为直角形，腹板生有黄色长毛。雄虫腹部倒数第二节中央有一个三角形的凹陷，雌虫则有一枣红色的菱形脊。前足胫节外侧有三齿，内侧有一距，后足胫节有两端距，每个足上的两个爪均分裂成叉状（或爪上有齿）。

幼虫　体长 35~45 毫米，头宽 4.9~5.3 毫米，头部前顶刚毛每侧 3 根，成一纵列。肛腹片毛群后方有一接近"T"形的肛孔。

蛹　体长 21~23 毫米，宽 11~12 毫米，化蛹初期为白色，两天后变为黄色，7 天后再变为黄褐色或红褐色。

【生活史与习性】

华北大黑鳃金龟两年发生 1 代，以幼虫和成虫在土壤内越冬。越冬成虫于翌年 4 月中旬开始出土活动，5 月上中旬和 7 月上中旬为高峰期，一直延续到 9 月上旬。成虫 5~8 月产卵，6 月下旬至 7 月中旬为孵化盛期，8 月以后幼虫进入 2 龄，10 月上旬幼虫开始向土壤深处迁移，在 55~145 厘米的深土层中越冬。越冬幼虫翌年 4 月下旬上升到浅土层中危害，取食植物的根部，6 月中旬开始在土内做土室化蛹，7 月下旬有部分成虫羽化，9 月下旬至 10 月上旬为羽化末期。羽化的成虫当年不出土，一直在土室内潜伏越冬，直到第二年才开始出蛰活动。

成虫昼伏夜出，晚上 8~9 时为活动高峰期，10 时以后活动性降低，后半夜陆续入土潜伏。成虫食量大，可取食多种植物的叶子和嫩梢。成虫有趋光性。雌雄成虫交尾后 4~5 天，雌虫将卵产于 5~12 厘米土中，一头雌虫平均产卵 67.7 粒，多达 188 粒。卵期 10~15 天，初孵的小幼虫先取食土壤中的腐殖质，以后开始取食苗木的根系，并沿苗木的行列取食行进，对苗木的危害最大。一般靠近非耕地、背风向阳及岗坡地的土壤中，该虫的发生量较大，危害严重。

【预防控制措施】

地下害虫种类较多，其防治措施基本相似，可相互借鉴。

1. 人工防控

利用成虫的群集和假死习性，于成虫盛发期进行人工捕捉，消灭成虫。

2. 农业防控

枣树在育苗、移栽前必需精细整地，除随时捡拾挖出的幼虫和成虫外，应注意清理杂草及枯枝落叶，创造出不利于成虫和幼虫生栖的土壤环境。育苗及栽植后应及时剔除苗圃地及苗木周围的杂草，以减少食物来源。特别是在新垦荒地上育苗及栽植的小苗木，除深翻改土，加强肥、水管理外，应随时注意防虫。

3. 物理防控

在成虫发生高峰期，利用成虫的趋光习性，在枣园设置黑光灯，诱杀成虫。

4. 药剂防控

华北大黑鳃金龟发生严重地区，可采用药剂土壤处理，幼苗生长或移栽后发现蛴螬危害可以灌根，成虫发生高峰期喷药毒杀。

（1）当每平方米有一头以上的幼虫或成虫时，育苗前应用药剂进行土壤处理。每公顷用 5%辛硫磷颗粒剂 40 千克撒施，或 5%甲萘威粉剂 7.5~15 千克，或 10%辛拌磷粉粒剂 30 千克，对细土 300~375 千克均匀撒施地面，然后浅耕，耙耱。

（2）幼苗生长期，或移栽后如发现蛴螬危害，可用 50%辛硫磷乳油兑水 1000 倍液，灌注根部，或用削尖的木棒插入土内后向洞中灌药，灌药后即用土填实。

（3）成虫发生高峰期，在温暖无风的下午，每公顷撒施 50%敌敌畏乳油 1000~1500 倍液，或 4.5%高效氯氰菊酯乳油 2000~2500 倍液，或 2.5%高效氟氯氰菊酯得乳油 2000 倍液，或 20%氰戊菊酯 2000~2500 倍液，防治成虫均有良好效果。

黑绒鳃金龟

Serica orientalis Motschulsky

黑绒鳃金龟又叫黑绒绢金龟、天鹅绒金龟子、东方金龟子，幼虫俗称蛴螬，属于鞘翅目，鳃金龟科。

【分布与危害】

黑绒鳃金龟分布于甘肃、宁夏、陕西、青海、黑龙江、吉林、辽宁、内蒙古、河北、山西、北京、山东、河南、江苏、浙江、江西、台湾等省、市、自治区。国外分布于蒙古、朝鲜、日本、俄罗斯。危害枣、苹果、杏、枸杞、花椒、杨、柳、榆、刺槐等 143 种果树、林木、农作物。幼虫啃食苗根，造成缺苗；成虫危害嫩芽和叶片，影响树木生长。

【形态特征】彩版 53　图 794~795

成虫　体小，卵圆形，体长 7~8 毫米，宽 4.5~5 毫米，全体黑色，密生黑褐色天鹅绒状细毛，有丝绒光泽。触角 9 节，鳃叶部 3 节，基部膨大，有 3~5 根刚毛。前胸背板横宽，中段外扩，侧缘列生褐色刺毛，前角圆钝，后角近于直角。小盾片三角形，顶端钝。鞘翅上有 10~11 列不规则刻点。臀板三角形，中间高，顶端变钝，中央具脊线。前足胫节外侧有刺 2 个，大爪具爪齿。

卵　乳白色，初产时卵宽为 1~1.4 毫米，吸水后膨胀到 1.4~1.8 毫米。

幼虫　体呈乳白色，老熟后白色发亮，头梨状，黄褐色，在头部每侧触角基部上方，有一个由色斑构成的单眼，全身被黄色刚毛。肛口呈"A"形，四周密布刚毛，肛门腹片、刚毛区刺毛列成弧形弯曲，中央断迭。胸足 3 对。

蛹　裸蛹，长约 8~9 毫米，宽 3.5~4 毫米，黄褐色，头部黑褐色。

【生活史与习性】

黑绒鳃金龟每年发生 1 代，以成虫在土内越冬。西北地区 4 月上旬开始出蛰活动，4 月下旬至 6 月下旬为成虫活动期，4 月下旬至 5 月中旬为活动盛期。成虫出土后，先在杂草、作物上取食，待枣树发芽后，就大量转移到枣树危害。一般成虫有雨后集中出土的习性，白天潜伏植物根部、草丛或土中，日落前后成虫从土内爬出来，飞到枣树上危害嫩叶、嫩芽，晚上 9~10 时又下树钻到土内躲藏起来。成虫有假死习性，趋光性弱。5 月上旬开始交尾，中下旬为盛期，5 月下旬至 6 月下旬为产卵期，成虫多在荒草地、枣园间作物及绿肥地里产卵，卵散产在 10~20 厘米深土中。卵期约 15~38 天。6 月上旬末出现幼虫，6 月中下旬为盛期。幼虫期 5 天左右。幼虫共 3 龄。老熟幼虫潜入 20~30 厘米土层中作土室化蛹，8 月下旬至 10 上旬为化蛹期。9 月中旬成虫开始羽化后，在土室内陆续越冬。

【预防控制措施】

参见华北大黑鳃金龟防控措施。

小云斑鳃金龟

Polyphylla gracilicornis Blanchard

小云斑鳃金龟又叫小云斑金龟子、褐须金龟子，幼虫俗称蛴螬，属于鞘翅目，鳃金龟科。

【分布与危害】

小云斑鳃金龟分布于甘肃、宁夏、陕西、青海、内蒙古、四川、西藏等省、自治区。危害枣、酸枣、枸杞、花椒、杨、榆、松、栎等果树、林木和多种农作物。以幼虫危害幼苗根部；成虫食性杂，咬食叶片，是枣树苗圃主要害虫。

【形态特征】 彩版 54　图 796~797

成虫　长椭圆形，背隆起，体长 25~30 毫米，宽 14 毫米，茶褐色或赤褐色。头小，暗褐色，表面有大刻点和皱纹，并密生淡褐色毛。唇基外缘向上翻起，前缘中央向内微凹陷，表面密生白色刺毛。触角 10 节，雄虫鳃叶大，7 节，雌虫鳃叶小，6 节。复眼大，球形，茶黑色。前胸背板黑色，横宽大于纵宽，前缘中央向外张出，表面有浅而密不规则刻点和黄白色细毛。小盾片三角形，前缘凹陷，黑色，两侧密生短白毛。鞘翅褐色，密布不规则的白色或黄白色鳞状毛，呈云斑状，外缘有毛列，靠近内缘线纵向隆起，上面有 3 条不明显的纵向隆起线，并密布刻点。胸、腹板密生长黄毛，腹部则生淡褐色细毛。雄虫臀节背板有稀疏、较短的灰褐色毛。足褐色，腿节被有褐色细毛，雄虫前足胫节外侧有一齿突；雌虫前足胫节外缘具三齿突，末端均有两个大而明显的距，内侧有细毛。

卵　椭圆形，乳白色，长约 3.6 毫米，宽约 2.3 毫米。

幼虫　体长 47~57 毫米，头宽 8 毫米左右。臀节腹面后部腹毛区的钩状毛列，每列常由 10~11 根短锥状刺毛组成，多数两列刺毛平行，也有前后两端 2 根刺毛（一侧或两侧）明显靠近的，刺毛列排列整齐。

蛹　体长约 32 毫米，宽约 17 毫米，初孵乳白色，继而橙黄色，后变成黄褐色。触角雄虫粗大，雌虫细小。翅芽明显，腹部 9 节。臀节有一对突出尾角。雄蛹腹面具一瘤状突起。

【生活史与习性】

小云斑鳃金龟在甘肃四年发生 1 代，世代重叠，在同一年内可见到各种虫态和各龄幼虫。以幼虫越冬，第二年 4 月中旬开始活动，5~9 月为主要危害期。9 月下旬幼虫向土层深处迁移，10 月上旬起进入越冬状态。幼虫在土内垂直迁移与土温有关，一般土温（距地表 10 厘米土层的温度）高于 8℃~9℃时，幼虫上升危害，反之则下降、越冬。老熟幼虫通常于 5 月下旬开始作土室化蛹，蛹期约 35 天。土室位于 8～15 厘米土壤深处。成虫羽化后，破土室而出，白天潜伏土内，晚上 9 时左右开始飞翔活动，寻找配偶，雄虫作声似天牛，引诱雌虫交配，大约 12 时渐渐停止活动。雌虫行动迟钝，不善于飞翔；雄虫行动活跃，善于飞翔，有强烈的趋光性。交尾后 4～5 天雌虫即可产卵。卵散产，每个小穴中产卵 1 粒，卵产于土内 10～12 厘米，每头雌虫一生产卵 12～18 粒。卵期约 15～26 天，由卵内孵化出幼虫。幼虫经 3 个龄期，长达 3～4 年才化蛹。初孵幼虫吃食腐殖质及杂草须根，长大后吃食树根，对幼苗危害最重，常造成树苗枯死。

【预防控制措施】

1. 人工防控

（1）每年春季和秋季，翻地时，跟在犁后捡拾幼虫；枣树根部受蛴螬危害时，应细心挖掘并捡拾杀死，树势可恢复。

（2）猪粪、马粪要注意腐熟后再施，可减少金龟子虫源。

2. 药剂防控

（1）土壤处理　每公顷用 5% 辛硫磷颗粒剂 40 千克，拌细土 375 千克，在犁地前均匀撒在地面，然后及时翻入土中，或每公顷用 50% 辛硫磷乳油 7.5 升，加水 375 升，在秋翻前均匀喷洒地表，然后及时翻入土中，防效也很好。

（2）撒毒沙　在幼虫危害期间，结合灌水，每公顷用 50% 辛硫磷乳油 6 升对少量水稀释后，与 450 千克细沙拌匀，堆闷 6 小时，于灌水前均匀撒在地里，以毒沙消灭幼虫。

（3）诱杀成虫　用 45% 晶体敌百虫混入适量酸菜场，涂在杨树枝条上，扎成束，分散插在地里诱杀成虫，效果很好。

3. 物理防控

在有条件的地区，可利用成虫的趋光习性，在枣园设置黑光灯，诱杀成虫。

黑皱鳃金龟

Trematadestenebrioides（Pallas）

黑皱鳃金龟又名黑皱金龟、无翅黑金龟，幼虫俗称蛴螬，属于鞘翅目，鳃金龟科。

【分布与危害】

该虫分布于甘肃（兰州、白银 、定西、天水、平凉、庆阳）、宁夏、陕西、山西、山东、河南、河北、内蒙古等省、自治区。除危害枣、酸枣外，还危害多种果树、林木，以及小麦、玉米、高粱、谷子、马铃薯、大豆、棉、麻等农作物。以成虫取食枣树幼苗、幼树嫩叶，食叶成缺刻；幼虫取食地下部幼嫩根系，致使幼苗枯死，常造成苗圃缺苗。

【形态特征】 彩版 54　图 798～799

成虫　体长约 16 毫米，宽 9 毫米，体椭圆形，黑色，略有光泽，与爬皱鳃金龟十分相似。头顶中央的横凹线向后弯作半圆形，触角 10 节，唇较长，略似梯形，额唇基缝明显后弯；下颚须末节基部十分扩大。前胸背板侧缘后段多少明显内弯，后侧角向下侧延展成直角形或接近直角形。小盾片短小。鞘翅密布较大刻点，在鞘翅上形成凹凸不平的皱状面，几乎看不到刻点。后翅退化，仅有短小残留。

卵　初为淡青色，后变为乳白色，椭圆形，卵壳不光滑。

幼虫　头橙黄色，白色，弯曲。

蛹　初为黄白色，后变为橙黄色。

【生活史与习性】

该虫两年发生1代，以成虫在土内越冬。第二年4月越冬成虫开始出蛰活动，5~6月间交配产卵。每头雌虫可产卵20~40粒，散产于15厘米深处的卵室内，卵期7~14天，幼虫孵化后在土内活动危害。成虫食性很杂，凡早春萌生的树苗、作物及杂草的嫩芽、幼叶多为其取食对象。成虫后翅退化，不能飞翔，只能白天爬行活动，有假死习性，傍晚找背风的洞穴或草丛藏身过夜。初龄幼虫以寄主须根和腐殖质为食，2~3龄幼虫食量大增，危害幼苗根部，使幼苗枯死，常造成缺苗。该虫为常见种，发生量大，危害严重，往往造成局部地区严重危害。

【预防控制措施】

参见华北大黑鳃金龟防控措施。

四纹丽金龟

Popillia quadriguttata（Fabricius）

四纹丽金龟又称中华弧丽金龟、四斑弧丽金龟、四斑丽金龟，幼虫俗称蛴螬，属于鞘翅目，丽金龟科。

【分布与危害】

四纹丽金龟分布于甘肃、陕西、青海、宁夏、内蒙古、山西、河南、河北、山东、辽宁、吉林和黑龙江等省、自治区；国外分布于日本、北美洲。危害枣、酸枣、苹果、梨、核桃、花椒、榆、杨、紫穗槐、山荆子、柳、臭椿等果树、林木。以幼虫危害枣树幼苗地下部分，常造成幼苗枯死；以成虫咬食叶肉，被害叶呈不规则的网纹状，早期干枯，严重影响果树生长发育。

【形态特征】 彩版54　图800~801

成虫　体中小型，长9.1~11.4毫米，宽5.6~6.1毫米。头、前胸背板、小盾片、胸、腹部腹面以及三对足的基、转、股、胫节均为青铜色或紫铜色，有强烈的闪光。唇基梯形，表面多皱褶，前方明显收狭，边缘微卷起。触角9节，鳃叶状，黑褐色。前胸背板大而圆拱，上面分布有刻点，小盾片呈正三角形。鞘翅大部分赤褐色或黄褐色，背面光滑，前翅扁平，第一至四列刻点近乎平行，鞘翅外缘、后缘有铜绿色或紫铜色带。腹部一至五节的腹板两侧各有白色细密毛斑一个，臀板有一对白色鳞斑。

卵　椭圆形，长0.95毫米，宽0.86毫米，初产乳白色，后期黄白色。

幼虫　体长12~18毫米，在肛背有稍微凹陷的圆形骨化环，肛腹面后部覆毛区刺毛列呈"八"字形岔开，每列各有5~8根，多数由6~7根锥状刺所组成。肛门孔呈横列式。

蛹　黄褐色，体长12.6毫米，宽6.2毫米。

【生活史与习性】

四纹丽金龟每年发生1代，以3龄幼虫在土内越冬。翌年3月中下旬越冬幼虫开始上升活动，以植物微细根系和腐殖质为营养，随着春季下种或扦插育苗，取食危害幼嫩根芽，6月上中旬幼虫老熟，在土层中作椭圆形土室化蛹。化蛹始期在6月中旬，盛期在6月下旬至

7月上旬，蛹期24天左右，羽化的成虫发生历期约30天。雌虫寿命比雄虫长，有假死习性，成虫羽化后在土中匿居2~3日后，白天出土取食、交尾，晚上潜回土内。初期分散活动，盛发期群集取食，在气温较高无风晴天，上午10时至下午2时为活动盛期。成虫盛发期也就是猖獗危害期，取食只危害植株中、上部叶子，而且只食叶肉不食叶脉，造成网状。一般在刮风、阴天或雨天很少出土活动，雌成虫可进行多次交尾，交尾后经10天左右产卵，卵散产，一般产卵30粒左右，卵期平均15天。初孵幼虫以植物微细根系和腐殖质为食料。幼虫在土壤中垂直分布主要受地温的影响。11月下旬降到土层65~80厘米左右处越冬。

四纹丽金龟的天敌有食虫虻、寄生蜂、线虫、黄蚂蚁及白僵菌、绿僵菌和乳状芽孢杆菌等，对该虫的发生有一定控制作用。

【预防控制措施】

1. 人工防控

在成虫盛发期的早晨或晚上，利用其假死习性，组织人力摇动枝干震落成虫，集中烧死或深埋。

2. 药剂防控

（1）毒杀成虫　成虫盛发期，可喷洒50%辛硫磷乳油1000倍液，或50%敌敌畏乳油1500倍液，或40%乐果乳油1000倍液，或4.5%高效氯氰菊酯乳油2000~2500倍液。

（2）毒杀幼虫　每公顷用5%辛硫磷颗粒剂40千克，或10%辛拌磷粉粒剂30千克，对细土350千克拌匀配成毒土撒施土壤处理，毒杀幼虫效果较好。

3. 生物、性诱防控

（1）性诱杀　成虫盛发期，利用雌成虫放出的性激素引诱雄成虫。一般收集雌成虫，放入盆内、笼内，引诱雄成虫，以捕杀或喷药消灭雄虫。

（2）保护利用天敌　四纹丽金龟天敌种类很多，应重视保护和利用。

铜绿丽金龟

Anomala corpulenta Motschulsky

铜绿丽金龟又称铜绿异丽金龟、铜绿金龟子，幼虫俗称蛴螬，属于鞘翅目，丽金龟科。

【分布与危害】

铜绿丽金龟分布几乎遍及全国各省、自治区。该虫除危害枣树外，也危害多数林木、果树及农作物。成虫食量大，食性杂，大发生年份枣树苗木叶片全被吃光；幼虫食害枣树幼苗根和幼嫩茎，常致使幼苗死亡。

【形态特征】 彩版54　图802~803

成虫　长椭圆形，体长18~21毫米，宽8~11毫米。头、前胸背板为红铜绿色，小盾片和鞘翅铜绿色，有光泽，前胸背板两侧的边缘、鞘翅的边缘、胸部和腹部的腹面、3对足的基部均为黄褐色，而足的端部为棕褐色。前胸背板前面的边缘较直，两前角前伸。鞘翅上有3条纵向隆起的脊纹，肩部突起。雄虫腹部末端背板中央有一个三角形黑绿色斑。前足和中足的爪分裂成叉状，后足的爪不分叉。

卵　长椭圆形或近球状，白色，长为1.94~2.34毫米，宽1.40~2.10毫米。

幼虫　体长30~33毫米，头部前顶刚毛各6~8根。臀部腹毛区具长尖毛列，纵向平行，后端少许岔开，两列刺毛大部交叉相遇，每列 11~20 根，刺毛列的前端未超过腹毛区的前部边缘。

蛹 体长 22~25 毫米，宽 11 毫米，淡黄色，体微弯曲，头部、复眼等体色在羽化为成虫时均变深。

【生活史与习性】

铜绿丽金龟每年发生 1 代，以老龄幼虫在土壤深处越冬。翌年春季随土壤温度的回升逐渐向上层土壤中转移，并取食危害，5 月份开始化蛹，蛹期 7~10 天。成虫于 5 月下旬至 6 月上旬开始羽化出土活动，6 月中下旬和 7 月上旬是多数成虫羽化出土活动的季节，8 月下旬成虫终止活动，9 月绝迹。雌成虫于羽化高峰期开始产卵，产卵后 10 天即死亡，平均每头雌虫约产卵 50~65 粒，卵期 7~10 天。7 月中旬新一代幼虫出现。该世代的幼虫取食幼苗，危害至 9 月份后，于 10 月上旬开始向下层土壤内活动，准备越冬。

在正常情况下，若 5~6 月份降雨充沛，成虫的羽化高峰期则提前。羽化后的成虫昼伏夜出，白天藏于草丛、杂物的下面或疏松的土内，黄昏时开始飞翔，以闷热无雨的夜晚最常见，在多雨季节，白天也取食危害。成虫有假死习性和强烈的趋光习性，常从较远处慕光飞集一处。成虫喜食叶片，严重时将叶片吃光，仅剩叶脉，故为农林之大害虫。

【预防控制措施】

参见四纹丽金龟的防控措施。

黄褐丽金龟

Anomala exoleta Faldermann

黄褐丽金龟又叫黄褐异丽金龟、黄褐金龟子，属于鞘翅目，丽金龟科。

【分布与危】

该虫分布于甘肃、陕西、内蒙古、宁夏、北京、山东、河南及东北、华北、华东各省、市、自治区。除危害枣、酸枣外，也危害枸杞、杨、榆、柳、苹果、梨、杏等果树、林木及农作物。以幼虫危害幼苗根部，造成枣苗生长不良，严重时可致幼苗死亡；成虫危害叶片，咬食成缺刻或孔洞。

【形态特征】彩版 54 图804~806

成虫 卵圆形，体长 13~18 毫米，宽 7~8 毫米，黄褐色，有金黄色或绿色光泽，体背颜色深于腹面，头和前胸深于鞘翅。头部褐色，头顶密布细刻点。触角 9 节，黄褐色，端部 3 节片状部比较长，雄虫触角鳃叶部大而长，雌虫细而短。前胸背板前缘比较平直，侧缘弧形，中央稍隆起，后缘中央突出，密布细刻点，两侧有稀疏绒毛，后缘中央生有向后的金黄色毛。小盾片舌形，前缘凹入，密生刻点。鞘翅在 2/3 处最宽，肩角明显，有不太明显的 3 条隆起线，密生刻点。胸、腹部腹面生有稀疏长毛，下面各有褐色尖刺 2 个。足黄褐色，前足胫节外侧中部有 2 齿，中侧中部有短距，后胫节发达，外侧中部有刺毛丛，端部生有一对端距和数个小刺。

幼虫 体长 25~35 毫米。肛腹片后部覆毛区中央有二纵刺列，由 11~17 根短锥刺组成，后段向后呈"八"字叉开，两侧有钩状刺。

【生活史与习性】

黄褐丽金龟每年发生 1 代，以幼虫在土中越冬。第二年 4~5 月幼虫活动危害最盛。5 月下旬至 6 月初幼虫老熟后，在土中作土室化蛹。6~7 月成虫羽化，7 月中下旬为成虫盛发期。成虫出土后食害寄主植物叶片，多在黄昏活动取食，趋光性强，成虫寿命 50 余天。成虫出土后不久交尾产卵，卵多产在深 10 厘米左右土中。卵期约为 10 天。7 月起新一代幼虫出现，危害土内幼苗根部，危害一段时间以后越冬。

【预防控制措施】

参见四纹丽金龟防控措施。

斑喙丽金龟

Adoretus tenuiwaculatus Watcrhouse

斑喙丽金龟又称茶色金龟，属于鞘翅目，丽金龟科。

【分布与危害】

该虫分布于我国东部各省、市、自治区。除危害枣、酸枣外，还危害板栗、核桃、苹果、葡萄、梨、柿、杏、樱桃及榆、油桐、枫杨等果树、林木，也危害玉米、菜豆、丝瓜、芝麻、棉花、黄麻等农作物。该虫以成虫啃食叶片成缺刻或孔洞，危害严重时可将叶片吃光，削弱树势；以幼虫危害寄主地下根部组织。

【形态特征】 彩版 54　图 807~808

成虫　体长约 12 毫米，宽 4.5~6 毫米，体中形扁小，长椭圆形，淡黄褐色至棕褐色，全体密被乳白色至黄褐色披针形鳞片。头大、复眼大，唇基半圆形，前缘上卷，上唇下方中部向下延长似喙；触角 10 节，棒状部 3 节组成，雄长，雌短；小盾片三角形。鞘翅有白斑成行，端凸及侧下有鳞片组成的一大一小灰褐色毛丛。腹面栗褐色，有黄白色鳞毛；臀板短阔三角形。前足胫节外缘具 3 齿，后足胫节外具齿突一个。

卵　椭圆形，长 1.7~1.9 毫米，乳白色。

【生活史与习性】

该虫在我国每年发生 1 代，南方 2 代，均以幼虫越冬。第二年春季 1 代区 5 月中旬越冬幼虫化蛹，6 月初成虫大量出现，直到秋季均可危害。2 代区 4 月中旬至 6 月上旬化蛹，5 月上旬开始羽化，5 月下旬至 7 月中旬为盛期，7 月下旬为末期。第一代成虫 8 月上旬出现，8 月上旬至 9 月上旬为盛期，9 月下旬为末期。成虫白天潜伏不动，夜晚出来活动取食，并交配、产卵。产卵延续时间短则 10 余天，多达 40 天，平均 21 天。卵产于土中，每头雌虫可产卵 10~52 粒。幼虫孵化后危害枣树等寄主根系，10 月间陆续越冬。

【预防控制措施】

参见四纹丽金龟防控措施。

茸喙丽金龟

Adoretus puberulus Motsch

茸喙丽金龟又称黑眼金龟子，属于鞘翅目，丽金龟科。

【分布与危害】

该虫分布全国各省、自治区，西北发生普遍。除危害枣、酸枣、苹果外，还危害梨、桃、山楂、花椒和玉米、豆类等果树、农作物。以成虫食害叶片呈缺刻或孔洞，幼虫危害寄主地下根部组织，造成幼苗枯死。

【形态特征】 彩版 54　图 809~810

成虫　长椭圆形，稍扁平，后部略阔，体长 10~13.5 毫米，宽 5~6.3 毫米，体背深褐色，腹部棕褐色，略有光泽，全体密被黄白色针状毛和刻点。头大，头面微隆拱，唇基前缘上卷褶明显，上唇下方中部向下延伸似喙，故该虫由此得名；复眼大，黑色有光泽；触角 10 节，鳃叶状，棒状体较长，3 节组成，雄虫触角较发达，其长度大于前 6 节之和。前胸背板短阔，周缘边框完整。小盾片近正三角形，顶端圆，边缘光滑无毛。鞘翅上肩凸较小，4 条纵肋不太明显，但肩凸外边的一条稍明显。

卵　长圆形，长 2 毫米，宽 1.5 毫米，初产时乳白色，近孵化时灰白色。

幼虫　初孵幼虫体长 3~4 毫米，黄白色；头及前胸背板黄褐色。老熟幼虫体长 20~25 毫米，灰褐色；头、前胸背板及胸足均为黄褐色。

蛹　体长 11~15 毫米，宽 5.5~6 毫米，略弯向腹面。初为白色，以后渐变为黄白色至黄褐色。

【生活史与习性】

该虫每年发生 1 代，以幼虫在深土层内越冬。第二年春季幼虫上升到浅土层活动，老熟幼虫 5 月中旬开始化蛹。蛹期 13~15 天。6 月上旬成虫出现，6 月中下旬至 7 月上旬为盛发期。成虫白天潜伏土中，夜晚出土活动，20~22 时最活跃，绕树飞行或在叶背取食，23 时有的潜入土中或隐蔽在落叶下，到次晨 5 时全部入土。成虫有假死习性和趋光性，但震落后很快飞走。成虫寿命 25~30 天。成虫一般羽化出土取食一段时间后开始交配、产卵，卵散产于土中，6 月下旬至 7 月中旬进入产卵盛期。卵期 15 天左右。6 月底孵化，7 月中下旬达孵化盛期，幼虫孵化后在土内危害寄主地下根部组织，直到 10~11 月陆续钻入深土层越冬。

【预防控制措施】

1. 用成虫发酵液抠避成虫　将茸喙丽金龟子成虫浸入水中，经日晒发酵腐烂后，把发酵液装在罐头瓶内挂到树枝上，或把发酵的澄清液喷洒在树上，对成虫有抠避作用，适于房前屋后及零星栽植的枣树应用。

2. 其他防控措施　参见四纹丽金龟。

第六节　仓储害虫（害螨）

枣果收获后晒干称干枣。干枣入仓后，便遭受多种仓储害虫、害螨的危害。主要仓储害虫、害螨达 29 种。印度谷螟、米缟螟、红斑皮蠹、谷蠹、大谷盗等害虫，均以幼虫蛀食干枣、常形成孔洞，甚至食空，前几种害虫常有吐丝结网习性，把干枣连缀成团，藏于其中危害，并排出异味粪便。裸蛛甲、日本蛛甲、药材甲、赤拟谷盗等害虫，均以成虫和幼虫蛀食干枣及其碎屑，常将干枣蛀空，并分泌特殊气味，影响干枣质量。腐嗜酪螨以成螨、若螨食害干枣，并排泄出大量水分，引起干枣发霉变质，同时又能直接危害人体健康或传播疾病。

印度谷螟

Pcodiainterpunctella（Hubner）

印度谷螟又称印度谷斑螟、印度粉螟、印度谷蛾、印度粉蛾，俗称枣蚀心虫、封顶虫，属于鳞翅目，螟蛾科。

【分布与危害】

印度谷螟分布于世界各地，我国枣产区普遍发生，危害严重。该虫除危害干枣、枸杞子、葡萄干、无花果干、李子干、香蕉干、桃干、栗子、杏干、核桃仁、花生仁外，还危害小麦、玉米、大米、高粱以及豆类、干蔬菜、鲜枣、沙枣和其他干果以及食用菌等。以幼虫吐丝结网，把被害物连缀成团，藏于其中危害，排出异味粪便，污染食物，大发生时往往连成一片白色薄膜，遮盖整个包装物，使食品失去食用价值。

【形态特征】 彩版 55　图 811~814

成虫　体长 7~9 毫米，翅展 14~17 毫米，体密被灰褐色至赤褐色鳞片。两只复眼间有一个向前突出的鳞片锥体。下唇须向前突出。前翅狭长呈三角形，基部 2/5 淡黄白色，外侧红褐色，中部暗褐色。在红褐色区域内有 3 条铅灰色金属光泽条纹，第二条纹在第一、三条纹中间从后缘向前分成两支，两支区域呈倒三角形，在此区域内有红褐色圆点。后翅三角形，淡暗褐色，有闪光，翅脉和翅端色深。

卵　椭圆形，黄白色，长 0.4 毫米左右，一端具乳头状突起，卵面有细刻纹。

幼虫　老熟幼虫体长 10~13 毫米，头黄褐色至红褐色，胴部乳白色至灰白色，有的稍带粉红色或淡绿色。

蛹　体长 6~7 毫米，宽 1.5~2 毫米，细长，赤褐色，喙不伸达第四腹节后缘，后足露出，触角端内弯，腹端有 8 对钩刺。

【生活史与习性】

印度谷螟在我国南方每年发生 4~6 代，在西北每年发生 3~4 代，以老熟幼虫在室内阴暗缝隙处越冬。次年春季化蛹，成虫羽化后，白天不动，傍晚即交配、产卵，卵多产于干枣堆表面及干枣包装袋口部等处，卵散产或集结成 10~13 粒的块。每头雌虫产卵 40~275 粒，最多 350 粒。卵期约 10 天左右。幼虫孵化后蛀入干枣内食害果肉。幼虫喜欢吐丝缀粒，结成丝网。幼虫期约 20~30 天，部分滞育幼虫可存活 2 年。幼虫老熟后爬到被害处表面或墙缝隙处结薄茧化蛹。蛹期 15~30 天，一般从 5 月至 9 月成虫不断出现，世代重叠，连续发生，危害甚烈。成虫寿命为 10~28 天。完成一个世代平均 45~60 天。

【预防控制措施】

1. 人工防控

干枣贮藏前，仓房要安装纱门、纱窗，然后放进干枣，以防成虫飞进产卵；发现幼虫危害干枣，应及时清除虫巢，减少虫源。

2. 物理防控

（1）干枣在贮藏前应充分曝晒，或采用 0℃ 以下的冷冻处理。装箱、装袋要保持干燥和室内通风凉爽。如果发现果实中已有幼虫危害，应进行 70℃ 高温处理，幼虫杀死后，再封闭保存。

（2）用钴co60-r射线处理，烘干枣果，可消灭害虫，又食用安全，保质贮存。其处理方法是：先将枣果密封包装好，然后用co60-r射线进行辐射处理。杀死害虫的照射剂量：成虫为19.2万拉德，幼虫为28.8万拉德，虫卵为7.68万拉德。此法无毒、无害，不影响枣果品质，保持干枣三年不发生虫害。

3. 药剂熏蒸防控

（1）应用56%磷化铝片剂，或56%磷化铝粉熏蒸，熏蒸时一般要求在10℃以上进行，片剂每立方米6~9克，粉剂每立方米4~6克，熏蒸时间不少于5天。一般闭熏4天防虫效果达95%以上。一般使用片剂熏蒸比用粉剂方便，用麻袋、塑料编织袋或箱子装干枣时，可用卫生纸裹好一片磷化铝，放在麻袋口或箱口内，然后封好袋口或箱口，干枣上的虫、卵就会被熏死。然后将已分解完的磷化铝纸包取出烧毁。

（2）也可用98%氯化苦原液，或溴甲烷进行熏蒸，一般用于大型库房的熏蒸，但必须注意安全。具体应用方法，可参考有关农药书上的介绍。

紫斑谷螟

Pyralis sarinalis Linnaeus

紫斑谷螟又名粉斑螟、大斑粉螟、粉缟螟、谷粉大螟蛾、果子缟螟蛾等，属于鳞翅目，螟蛾科。

【分布与危害】

该虫分布于甘肃、宁夏、陕西、内蒙古、河北、山东、江苏、浙江、台湾、湖南、广东、广西、四川等省、自治区。危害对象及危害状同印度谷螟。

【形态特征】 彩版55 图815

成虫 翅展17~25毫米，雄虫略小。头、胸深褐色。前翅近基部和外缘紫黑色，各有一条白色波状横纹，内横线及外横线赤褐色至黑褐色，2条横线之间黄褐色。后翅淡褐色，有2条白色横线。腹部第一、二节紫黑色，其余各节茶褐色。

【生活史与习性】

该虫每年发生1~2代，以幼虫在仓库各种缝隙做薄茧越冬。第二年春季化蛹，成虫6~10月间相继出现，成虫羽化后不久交配、产卵，卵产于干枣、枸杞子、粮食或仓库木板、房柱及包装物品缝隙处，卵一般散产，每头雌成虫可产卵40~50粒，多达500余粒。幼虫喜高温高湿，有群居性。幼虫取食干枣、粮食等贮存物时，一般吐丝缀籽粒做巢，潜伏其中危害。幼虫老熟出巢，爬至梁柱、墙壁、包装物、地板等缝隙处做茧越冬。

【预防控制措施】

参见印度谷螟防控措施。

一点缀螟

Paralipsa gularis (Zeller)

一点缀螟又名缀螟、灰缀螟，属于鳞翅目，螟蛾科。

【分布与危害】

该虫分布于甘肃（庆阳）、四川、重庆、云南、河北、河南、江苏、江西、浙江、福建等省、市以及朝鲜、日本、印度、英国、美国等国家。寄主有干枣、葡萄干、枸杞子、小麦、大米、大豆以及面粉、米粉、荞麦粉等。以幼虫蛀食危害，危害状同印度谷螟。

【形态特征】 彩版 55　图 816~817

成虫　翅展 24~29 毫米。头部褐色，前额及触角基部鳞片扁平，触角淡褐色。雄虫下唇须细小向上翘起。前翅青灰色，内横线与外横线之间有黄褐色分枝呈叉状斑纹，斑纹末端有两个黑色小圆点，叉状纹下方鳞片红色。后翅淡灰褐色，无斑纹。前后翅缘毛灰褐色，但后翅缘毛较浅。雌虫下唇须粗大向下弯曲。前翅狭长，内横线与外横线均为赤褐色；前翅中央有一个浓黑色扁圆形斑纹，后翅灰褐色，无斑纹，缘毛灰褐色。腹部暗褐色。

【生活史与习性】

该虫每年发生 1 代，少数发生 2 代，以幼虫越冬。第二年 4 月上旬至 5 月中旬越冬幼虫化蛹，越冬代成虫于 4 月下旬至 6 月下旬羽化，新一代成虫于 7 月下旬至 9 月上旬发生。成虫交配后，雌虫将卵产于谷粒、干果上，幼虫孵化后直接蛀食危害，并吐丝将谷粒、干果缀合一起，幼虫老熟后，爬到墙壁裂缝处或屋顶结茧化蛹。

【预防控制措施】

参见印度谷螟防控措施。

米缟螟

Aglossa dimidiate Haworth

米缟螟又名米黑虫、米斑螟、米缟螟蛾、糠虫、茶斑螟、黑裸虫等，属于鳞翅目，螟蛾科。

【分布与危害】

该虫分布于宁夏、甘肃、青海、四川、新疆、陕西、广西、台湾及长江中下游各省、自治区；国外分布于朝鲜、日本、印度、缅甸。除危害干枣、枸杞子外，还危害玉米、大米、小麦、黄豆、辣椒、茶叶及棉花纤维、植物标本等。以幼虫吐丝缀合籽粒和粪粒，在内生活取食，使食品丧失食用价值。

【形态特征】 彩版 55　图 818~819

成虫　体长 10~14 毫米，翅展 23~34 毫米，体黄褐色或灰黄带紫色，雄虫略小。头顶有一小丛灰黄色细毛；下唇须长，向上伸出；复眼黑色。前翅黄褐色布满黑色鳞片，构成 4 条波状灰色及紫黑色横阔带，前缘有一排紫黑色及黄褐色斑纹，外缘有 7 个紫黑色锯齿状小斑点，缘毛长，紫褐色。后翅淡黄褐色，靠近前缘色较深，有一条黄白色波纹横贯其中。雌虫腹末有圆孔，产卵管伸出孔外；雄虫腹末为裂孔。

卵　乳白色，圆球形，稍长，卵壳表多皱纹，黄色。

幼虫　体长 23 毫米，头赤色，前胸背板赤褐色，胴部黑褐色或稍淡，背面有 2 行黑点。

蛹　长 10 毫米，棕褐色，腹部带黑色有光泽，节间色较淡，末端有紫棕色尾钩毛一丛，共 8 根。

【生活史与习性】

米缟螟每年发生 1~2 代，以幼虫越冬。第二年春季化蛹，夏间羽化为成虫。成虫白天不活动，静止在仓库阴暗处，晚间出来活动，并交配、产卵。每头雌虫可产卵 500 粒，卵分散产于枣、枸杞子表面，卵孵化后的幼虫吐丝缀合籽粒碎屑和粪便，做成坚韧管状巢，幼虫躲藏其中取食。9 月间化蛹，羽化出第一代成虫，晚孵化的幼虫则以老熟幼虫在仓库墙壁、木柱、天花板缝隙处做茧越冬。

【预防控制措施】

1. 人工防控　采用细筛筛出幼虫集中一起杀死；也可在强太阳光下曝晒干枣等方法处理。

2. 药剂防控　用溴甲烷、二氯乙烯熏蒸，具体方法参见印度谷螟防控措施。

粉斑螟

Cadra（*Ephestia*）*Cautella*（Walker）

粉斑螟又名干果斑螟、葡萄干蛾、无花果蛾、杏仁蛾等，属于鳞翅目，螟蛾科。

【分布与危害】

该虫分布于甘肃、宁夏、陕西、四川、云南、湖北、江西、广东、台湾等省、自治区。食性很杂，除危害干枣、枸杞子、生地、枣仁外，也危害葡萄干、无花果干、杏干、杏仁、核桃仁、花生仁、香蕉干、桃干、沙枣、椰枣、蜜饯、果脯、昆虫标本及麦类、玉米、高粱、大豆、芝麻、大米、面粉等。幼虫取食前先吐丝缀合枣、枸杞子，再蛀食穿成隧道，排出大量粪便污染干枣，失去食用价值。

【形态特征】 彩版 55　图 820

成虫　翅展 14~18 毫米，雄虫略小。头、胸灰黑色，腹部灰白色。前翅灰黑色，翅基部有不明显的白色横带，中室端有 2 个黑色小点，外横线灰白色而弯曲。后翅灰白色。雄性外生殖器抱器背中部伸出一个指状突起。

【生活史与习性】

该虫每年发生世代随温度而不同，在 20℃条件下 60 天完成 1 代，25℃条件下只需 40 余天发生 1 代，世代重叠，连续发生。成虫产卵于干枣等食物表面及包装物品缝隙中间，孵化出的幼虫立即钻进干枣或粮食堆危害。取食前先吐丝缀合干枣，再蛀食穿成隧道或食空。如食物缺乏，幼虫也会互相残杀。幼虫老熟后吐丝织成椭圆形茧，在茧内化蛹。成虫羽化后白天不活动，晚间出来活动交配产卵，幼虫孵化后，继续危害。最后以末代老熟幼虫越冬。

【预防控制措施】

参见印度谷螟防控措施。

地中海斑螟

Anagastria kuhniella（Zeller）

地中海斑螟又名地中海粉螟、粉螟，属于鳞翅目，螟蛾科。

【分布与危害】

该虫分布于甘肃（平凉、庆阳）、四川、重庆、贵州、广西、江西、江苏等省、市、自治区以及世界各地。寄主有干枣、葡萄干等干果、核果，以及小麦、玉米、高粱、荞麦、油菜籽、棉籽、谷类、豆类等。以幼虫吐丝缀合取食干果、谷物、种子和加工食品，并排泄粪便，污染干果、谷物，不能食用，危害严重。

【形态特征】彩版 55 图 821

成虫 翅展 24~26 毫米，体细长，暗灰色。前翅灰色，略有黑色斑点，内横线灰白色，稍倾斜，为不规则的锯齿形，外横线浅灰色，不甚明显，有黑色内缘，中室内有明显的斑点，第二中脉及第三中脉略分离。沿翅缘有一排黑点。后翅白色，半透明，翅脉及端部淡棕褐色。

【生活史与习性】

该虫每年发生 2~4 代，在温湿度适宜时可发生 5~6 代，以幼虫越冬。第二年 3~4 月越冬幼虫化蛹，不久羽化为成虫。在仓库、面粉厂、食品加工厂发生普遍。成虫白天不活动，静伏在天花板、墙壁上，头略向上抬，尾部翘起。黄昏时成虫飞翔活动，并交尾、产卵。幼虫孵化后取食干果、面粉，并将食品吐丝缀合，排泄粪便，污染干果、食品，危害严重。

【预防控制措施】

参见印度谷螟防控措施。

四点谷蛾

Tinea tugurialis Meyrick

四点谷蛾又名灰谷蛾、紫灰谷蛾，属于鳞翅目，谷蛾科。

【分布与危害】

该虫分布于全国各省、市、自治区以及世界各地，甘肃平凉、庆阳、天水、陇南发生普遍。除危害干枣、杏仁等干果外，还危害花生、稻、麦、谷、玉米等粮食成品及其加工品等。以幼虫蛀食危害，危害状同印度谷螟。

【形态特征】彩版 55 图 822~823

成虫 体长（至翅端）5~6 毫米，翅展约 13 毫米，体紫灰色。头顶端着生黄色、灰褐色和黑色弯形毛丛，有规律的弯向各个方向；唇须略向上曲；触角丝状，黑褐色；复眼黑色。胸部背面紫黑色。前翅狭长，灰黄底色上分布着不规则紫黑色斑纹，翅基部深色，翅面有不甚清晰的斑纹 4 个，翅端及外缘着生灰褐色长缘毛。后翅灰黄色，狭长而端尖，缘毛很长。腹部灰黄色。前足和中足的胫节外面及跗节有黑色斑纹，后足黄褐色。

卵 扁椭圆形，长 0.3 毫米，黄白色。

幼虫 体近黄白色，头部赤褐色，前盾板黄褐色，从背部透过体壁，隐约可见灰色背线及内脏，体壁各毛疣近黑色，背面及体侧有白色长毛。

蛹 黄褐色，翅芽与触角等长，达腹部第七节。腹部第四节至第九节背面近前缘有一横列细齿，腹末有一对深色刺突。

茧 丝织松软，外面粘缀虫粪及被害物碎屑。

【生活史与习性】

该虫每年发生 2 代，以幼虫在室内阴暗处的墙壁缝隙、板缝、箱柜等处结茧越冬。第二年 6 月和 8 月至 9 月上旬出现两次成虫。成虫飞翔、爬行极为活泼，喜欢在潮湿阴暗处活动。幼虫以丝粘缀粪便及杂物形成条条虫道，潜伏其中。屋内死角、菜板下、箱橱下等处常见到丝网状的杂物。常和米黑虫混生在一起。该虫还可在田间活动，成虫产卵于禾谷类作物穗上而又转入仓库。

【预防控制措施】

参见印度谷螟防控措施。

烟草粉斑螟

Ephestia elutella (Hubner)

烟草粉斑螟又名烟草粉螟、烟草螟，属于鳞翅目，螟蛾科。

【分布与危害】

该虫分布于甘肃（张掖）、四川、重庆、云南、贵州、广东、广西、湖南、湖北、江西、江苏、浙江、河南等省、市、自治区。国外分布于印度、斯里兰卡、印度尼西亚、澳大利亚、俄罗斯、德国、法国、意大利、加拿大、美国、巴西、巴拿马、南非等国家。主要危害干果、粮食种子、烤烟以及花生、糖果、可可、干菜、烟叶等，以幼虫蛀食干果、粮粒等，危害时先吐丝缀合，再蛀食危害，危害状同印度谷螟。

【形态特征】彩版55 图824~825

成虫 体长5~7毫米，翅展13~18毫米。前翅深棕褐色或黑褐色、浅灰色，沿翅内缘色较深，有棕褐色花纹，横线不甚明显，内横线模糊、倾斜，边缘有深色窄线，亚缘线弯曲，两侧有不明显深色线，外缘有明显的黑色斑点。后翅烟白色，银灰色至灰褐色，半透明。

幼虫 体长10~15毫米，头部赤褐色，前胸盾片、臀板及毛片黑褐色，腹部淡黄色或黄色，背面桃红色。

【生活史与习性】

该虫每年发生2~3代，以老熟幼虫在墙缝、干果、粮粒内、包装物等处越冬。第二年4月幼虫出蛰继续危害，并陆续化蛹。5月上旬和8月间出现成虫，成虫白天潜伏不活动，黄昏以后飞翔活动，并交配、产卵。雌成虫一般产卵于干果、烤烟皱褶、粮粒裂缝及包装物上，卵散产或数粒产在一起，每头雌虫平均产卵48~112粒。幼虫孵化后即危害烟叶、干果、粮粒，幼虫蛀食粮粒、干果时，先吐丝缀合，然后在其中危害。幼虫喜食嫩烟叶，潮湿烤烟受害尤甚，被蛀食后霉烂变质。幼虫随干果、粮粒及其加工品传播。

【预防控制措施】

参见印度谷螟防控措施。

玉米象

Sitophilus zeamais Motschulsky

玉米象又名四纹谷象、玉米象甲，俗称米牛、铁嘴，属于鞘翅目，象虫科。

【分布与危害】

该虫分布于全国各省、市、自治区和世界各国。除危害枣等干果外，还危害玉米、小麦、高粱、豆类、荞麦等禾谷类作物种子。以成虫啃食干枣、谷粒，幼虫蛀食干枣、谷粒，严重时将干枣、谷粒蛀空，无法食用，失去商品价值。

【形态特征】彩版56 图826~827

成虫 体长3~4.2毫米，宽1~1.7毫米，雄虫略小，体筒形，红褐色或黑褐色，有强

246

烈光泽。头部额区向前延长成喙，雄虫喙较短，雌虫喙较细长。触角膝状 8 节，第三节比第四节长，末端节膨大。前胸背板前狭后宽，有圆形刻点，沿中线刻点数多于 20 个。鞘翅长形，后缘细而尖圆，两鞘翅约有 13 条纵刻点行。基部、端部各有一个橙黄色或黑褐色椭圆形斑纹；后翅膜质、透明、发达。雄虫外生殖器阳具细长略扁，背面中央有一条纵脊，两侧有两条纵沟，阳沟基片长三角形；雌虫外生殖器的"Y"形骨片两臂较狭长，略向内弯。足 3 对，前足粗大，后、中足次之。

卵 长椭圆形，长 0.65 毫米，宽 0.28 毫米，乳白色。

幼虫 体长 4.5~6 毫米，肥胖，乳白色。头黄色，脊背隆起，柔软多皱纹，腹面较平。

蛹 椭圆形，体长 3.5~4 毫米。

【生活史与习性】

在我国北方每年发生 1~2 代（甘肃陇东 1 代），中原地区 3~4 代，华南 6~7 代，主要以成虫潜伏在仓库内阴暗潮湿的砖、石缝隙中越冬，也可在仓库外松土、树皮、田埂边越冬。第二年 5 月中下旬越冬成虫开始出蛰活动，在仓内的越冬成虫就继续交配、产卵繁殖，仓外越冬成虫一部分迁入仓内，另一部分迁入大田，在田间繁殖危害。雌成虫产卵时，用口吻啮食干枣或禾谷类种子，形成卵窝，将卵产于其中，后分泌黏液封口。卵期 6~16 天。6 月中下旬至 7 月上中旬幼虫孵化，蛀入干枣或谷粒内，幼虫期约 30 天，7 月中下旬化蛹，蛹期 7~16 天，8 月上旬羽化为成虫。成虫于 10 月上旬气温低于 15℃，即开始寻找适宜场所越冬。

成虫有假死习性，稍有触动即翻身装死，片刻恢复活动。成虫喜阴暗，趋温、趋湿、怕光。成虫产卵力较强，在温度 25℃、相对湿度 70%情况下，每头雌虫每天产卵 2.25 粒，一生可产卵约 500 粒。繁殖力较大，在气温 26.6℃、相对湿度 60%~70%的情况下，雄虫 5 头，雌虫 20 头，平均产生后代 87.5 头。发育速度也较快，在温度 25℃、相对湿度 70%的情况下，从卵到成虫，雌虫需要 42 天，雄虫需要 41.2 天。该虫耐饥力和耐寒力都很强，在温度 5℃时，经过 100 天才开始死亡。从上述情况看出，玉米象生活力很强，因而分布广、危害重。

【预防控制措施】

1. 人工防控

（1）清洁仓库，堵塞各种缝隙，改善贮藏条件，减轻玉米象的危害。

（2）在干枣、粮堆表面覆盖一层 6~10 厘米厚的草木灰，并用塑料薄膜或牛皮纸隔离。如果玉米象已发生，要先把表层干枣取出去虫，使其与无虫干枣分开，防止向深层扩展。必要时在干枣入库前暴晒，也可达到防虫效果。

2. 药剂防控

每 40 千克用粮虫净 4~5 克熏蒸，防虫效果很好。此外，还可每立方米用磷化铝 3 克，熏蒸空仓。如果是实仓，每立方米用磷化铝 10 克，密闭熏蒸 4 天，防效可达 90%以上。

米 象

Sitophilus oryzae（Linnaeus）

米象又名米象甲、米象虫，属于鞘翅目，象虫科。

【分布与危害】

该虫分布于全世界，我国主要分布于南方各省、自治区。除危害干枣等各种干果外，也危害玉米、小麦、稻米、高粱等谷物。危害特点同玉米象。

【形态特征】 彩版 56 图 828

成虫 体长 2.36~2.85 毫米，宽 0.9~1.5 毫米，雄虫略小，卵圆形，红褐色至沥青色，背部无光泽或略有光泽。头部刻点较明显，额前端扁平。喙基端较粗，触角着生于 1/3~1/4 处，顶端圆形。前胸长、宽约相等，基部宽，向前缩窄，背面密布圆形刻点。小盾片心形，有宽纵沟。鞘翅肩部明显，两侧平行，行纹略宽于行间，行纹刻点上有一根直立鳞片，每鞘翅基部和翅坡各有一个黄褐色至红褐色椭圆形斑。该虫与玉米象很相似，不同的是米象前胸和鞘翅的宽度较小，体形较瘦；前胸沿中线的刻点数目少于 20 个；雄虫阳茎背面无沟，雌虫"Y"形骨片的两臂端部钝圆。

卵 长椭圆形，长约 0.63~0.7 毫米，宽 0.28~0.29 毫米，乳白色，半透明。

幼虫 头壳短卵形，头顶区较宽；内隆脊直，两端等粗，近乎线状；唇基侧突较小，前端稍尖，口上片侧隆线长，几乎伸达额区 3、5 刚毛间，上唇基近基部至近端处骨化程度深，呈折扇形，上唇杆棍棒状，中叶突出不明显。

【生活史与习性】

每年发生代数因地而异。贵州每年发生 4~5 代，第一代与第四代历时 42~52 天，第二代与第三代历时 8~40 天。成虫于 4 月中下旬开始交配、产卵，在适宜条件下，雌虫一生可产卵 576 粒。幼虫孵化后在寄主内蛀食危害，经历 4 龄。在温度 25℃、相对湿度 70% 条件下，卵期 4~6.5 天，幼虫期 18.4~22 天，预蛹期 3 天，蛹期 8.3~14 天，完成一个发育周期需要 34~40 天。另据报道，在相对湿度 70% 的条件下，完成一个发育周期，在 18℃ 下需要 96 天，在 21℃ 下需 43 天，在 30℃ 下仅需 26 天。成虫寿命约 7~8 个月，最多可达两年。米象发育的温度范围为 17℃~34℃，最适温度为 26℃~31℃，发育湿度范围为相对湿度 45%~100%，以 70% 最适宜。

【预防控制措施】

参见玉米象防控措施。

谷 象

Sitophilus granarius (Linnaeus)

谷象又名谷象甲、谷象虫，属于鞘翅目，象虫科。

【分布与危害】

该虫分布于甘肃、新疆、四川、重庆等省、市、自治区。国外分布于印度、美国、澳大利亚及欧亚大部分国家。以成、幼虫危害干枣等各种干果、薯干、油料及各种禾谷种子，此虫能蛀食完整干枣和粮粒，危害性同玉米象。

【形态特征】 彩版 56 图 829

成虫 体长 2.8~3.6 毫米，有时长达 5 毫米，宽 1~1.3 毫米，体椭圆形，栗褐色或黑褐色。头部刻点小而稀，额有小窝；喙细长，略弯，长为前胸的 2/3，圆筒形，基部较宽，密布刻点列，中间有隆脊。触角位于喙基部。前胸刻点大而稀，顶区刻点长椭圆形，前缘有刻点带。鞘翅暗褐色，被覆卧鳞片；鞘翅行纹深，宽窄略相等；行间 1、3、5 宽于行纹，2、4、6 窄于行纹；行间有一行刻点，刻点稀少而细长，其余行间无刻点。后翅退化，不能飞，腹部刻点大而密，臀板密布刻点。

幼虫 其外形与玉米象幼虫相似，不同的是，上颚尖端短而钝，无明显端齿；第一至四腹节背面被横皱，明显分为三部分；腹部各节下后侧片中叶有刚毛一根。

【生活史与习性】

该虫每年发生代数因地而异。在加拿大和俄罗斯北部每年发生 1 代，在南部年发生 2~3 代，在美国北部地区年发生 4 代，在印度及某些热带国家多达 7~8 代，主要以成虫在仓库内潮湿阴暗处越冬，也可转移到仓库附近的瓦片、砖块下、草堆、垃圾堆、杂草根际处或树皮下越冬。第二年春天，当气温回升至 11℃~12℃ 时，越冬成虫开始出蛰取食危害，12.5℃ 时少数成虫开始交配，交配结束后雌虫钻入寄主堆内产卵。产卵时雌虫用喙先在干枣、谷粒表面咬孔做卵窝，然后吊头产卵于其中，并用黏液封口。每头雌虫可产卵 100~400 粒，平均 150 粒。幼虫在干枣、粮粒内发育，共 4 龄。在 25℃ 及相对湿度 70% 条件下，卵期 4.5~5 天，幼虫期 22~24.5 天，蛹期 8~16 天。成虫羽化后在干枣、粮粒内停留数日才爬出来活动。当温度下降至 15℃ 以下时停止发育和繁殖，发育最适温度为 26℃~30℃，最适相对湿度为 70%~80%。在适宜条件下，完成一个发育周期需要 28~43 天。

【预防控制措施】

参见玉米象防控措施。

咖啡豆象

Araecerus fasciculatus（Degeer）

咖啡豆象又名短喙豆象、短吻豆象、可可长角象虫，属于鞘翅目，长角象虫科。

【分布与危害】

该虫分布于世界各地，国内分布于甘肃、青海、陕西、内蒙古、辽宁、河北、河南、湖北、湖南、安徽、山东、江苏、浙江、江西、福建、广东、广西、四川、重庆、贵州、云南等省、市、自治区。在仓库内外都可危害，在仓内危害干枣等干果、咖啡豆、薯干、玉米及中药材等；也可在田间危害咖啡、可可及肉豆蔻等。

【形态特征】彩版 56 图 830

成虫 体长 2.5~4.5 毫米，卵圆形，背部隆起，暗褐色或灰黑色。触角红褐色，11 节，向后伸至前胸基部，第三至八节细长，末端 3 节膨大呈片状，黑色，排列松散。鞘翅行间交替嵌着特征性的褐色及黄色方形毛斑；鞘翅不完全遮盖腹末，腹末露出部分呈三角形。

幼虫 体长 4.5~6 毫米，弯弓式，乳白色，具皱纹，背、腹面被有白色短毛。头部大，淡黄褐色，近于圆形。内上唇有短而粗的刚毛，内上唇中央有 4 根短的粗刚毛，且彼此相距较远，似位于一个方形的角上。胸足退化，仅留痕迹。

【生活史与习性】

该虫发生代数因地区而异。在温度 27℃、相对湿度 60% 的条件下，完成 1 代需要 57 天，若相对湿度高到 100%，则完成 1 代为 9 天。雌虫羽化后 6 天性成熟，雄虫羽化后 3 天性成熟，成虫羽化后 6 天开始进行交配。成虫交配后，雌虫产卵于干枣等干果、谷粒上。先凿一个孔，然后产卵 1 粒于其中。每头雌虫可产卵 130~140 粒。在温度 27℃及相对湿度 50%~60%条件下，卵期 5~8 天，即可孵化为幼虫，幼虫孵化后即在干枣、谷粒内蛀食危害。幼虫蜕皮 3 次，即 4 个龄期。该虫发育的最低温度为 22℃，最适发育温度为 28℃~32℃，在相对湿度 50%~100%范围内，咖啡豆象均可发育，以相对湿度 80%最适宜。

【预防控制措施】

参见玉米象防控措施。

裸蛛甲

Gibbium psylloides Czempinski

裸蛛甲又名蛛甲、瓜子虫，属于鞘翅目，蛛甲科。

【分布与危害】

该虫分布于宁夏、甘肃、四川、湖北、湖南、广西等省、自治区。国外分布于日本、北美洲及世界各地。除危害干枣、枸杞子外，还危害各种贮藏种子、大米、面粉、麦麸、面包、腐烂动植物及羊毛织物等。幼虫取食干枣时常以分泌物连缀碎屑。

【形态特征】 彩版 56　图 831~832

成虫　体长 1.7~3.2 毫米，宽 1.2~2.2 毫米，体非常隆起向端部扩大，宽卵形似蜘蛛或西瓜子形，暗赤褐色或棕红色，有光泽。头部额背中央有一深纵沟，眼小，近圆形，触角 11 节，丝状。前胸背板光滑，有少数刻点，雄虫后胸腹板中部有一个浅圆形刻点，点上有一束黄褐色毛刷，雌虫无。小盾片不露在外面。鞘翅高隆但后面又下降，翅面光滑，缝合线不分开；无后翅，不能飞。鞘翅从侧面延伸包围腹板，腹部被黄褐色毛。足细长，被黄色毛。

幼虫　体长 3.8 毫米，弯曲，乳白色，头部淡黄色。

【生活史与习性】

该虫发生世代不祥。以成虫或幼虫在干枣或粮食碎渣、包装物的缝隙中越冬。第二年春季越冬成虫出蛰活动，越冬幼虫化蛹并羽化为成虫，成虫行动迟缓，有假死习性。成虫交配后产卵，每头雌虫可产卵数 10 粒，多至 500 余粒。幼虫孵化后，取食时常以分泌物连缀碎屑和粪粒，幼虫老熟后作茧化蛹。此虫对环境的适应性很强，一般多发生于仓库内，也发生于居室、旅店、贮藏室、磨坊、公厕等处。

【预防控制措施】

1. 人工防控

（1）枣果收获后必须充分曝晒，干后入库，采取趁热入仓密闭贮藏的方法防控；如在仓内繁殖一代，也可用移顶的方法处理。

（2）在严冬零下 15℃以下，将干枣露天摊开，连续冷冻 3 天以上，可将裸蛛甲全部冻死，且兼治其他害虫。

3. 药剂防控

用氯化苦、二氯乙烯、磷化铝等药剂熏杀。具体方法参考印度谷螟防控措施。

日本蛛甲

Ptinus japonicus Reitter

日本蛛甲又称蛛甲、四斑蛛甲、白斑蛛甲、标本虫等，属于鞘翅目，蛛甲科。

【分布与危害】

日本蛛甲分布于全国各省、自治区，西北地区发生普遍。此虫除危害干枣外，还危害白芷、贝母、大黄、升麻、陈皮、小茴香、红花、地龙、麝香、枸杞等10多种中草药，也危害大米、小麦、玉米等贮藏粮食。

【形态特征】 彩版56 图833~837

成虫 体长3~5毫米，赤褐色。触角丝状，11节。前胸背板小，密被褐色毛，背面有一对显著隆起的黄褐色毛垫。鞘翅近基部各有一白色毛斑。足细长，腿节末端膨大。

幼虫 体长5.5毫米左右，乳白色，蛴螬形，体多皱纹，密被黄褐色毛。头部有一个"八"字形褐色斑纹，腹面具一深色"V"字形肛前骨片。

【生活史与习性】

该虫每年发生1~2代，完成1代约需100天，以幼虫结薄茧混在碎屑或黏附干枣及包装物缝隙中越冬。第二年春季幼虫开始活动危害，并陆续化蛹。成虫羽化后喜夜间活动，有假死习性，比较耐低温，在-5℃时也能活动。成虫交配后，雌虫将卵产在干枣皱窝内或碎屑上，一般多散产。幼虫孵化后蛀食干枣或食害碎屑，影响干果质量。

【预防控制措施】

参见裸蛛甲防控措施。

烟草甲

Lasioderma serricorne (Fabricius)

烟草甲又称枣甲虫、枣窃蠹，属于鞘翅目，窃蠹科。

【分布与危害】

该虫分布于西北、东北、华北、华东、华南、西南等大部分省、自治区。除危害干枣、枸杞子、烟草外，还危害禾谷类、豆类、粮食及其制品和茶叶、香米、标本、皮衣、书籍等。危害状同药材甲。

【形态特征】 彩版56 图838

成虫 体长2.5~3毫米，椭圆形，褐色或赤褐色，有光泽，全身密生黄褐色细毛。头隐于前胸下；口器无上唇，上颚外露；触角11节，锯齿状。鞘翅上小刻点不明显，侧缘覆盖腹部两侧，末端圆。足较短。

幼虫 体长约4毫米，浅黄色，圆筒形，体弯曲呈"C"字形。头部黄褐色，两侧各有一深褐色斑块。胴部多皱纹，全身密生淡色细长绒毛。

【生活史与习性】

该虫在北方每年发生2~3代，南方4~8代，世代重叠，以不同龄期的幼虫越冬。成虫善飞翔，具假死性，喜阴暗，白天和光线强烈时潜伏阴暗处，夜间和阴雨天活动频繁，并交配、产卵，雌虫将卵产于干枣皱褶处或仓库缝隙处，每头雌虫一生可产卵50~100粒。卵期

6~25 天，夏季约 7 天，即可孵化为幼虫。初孵幼虫具负趋光性，喜黑暗。

【预防控制措施】

1. 物理防控

（1）在冬季或早春低温晴天，打开仓库门窗，利用低温杀虫，有一定效果。

（2）利用黑光灯或日本产"新摄力可"性信息素诱捕器，诱捕成虫。

2. 药剂防控　采用熏蒸杀虫，方法是：密封仓库，温度在 20℃ 以上，每立方米用磷化铝 6 克熏蒸 5 天，或在温度 10℃ 以上，用溴甲烷 20~30 克，熏蒸 48 小时，熏蒸后及时打开门窗通风通气。

药材甲

Stegobium paniceum （Linnaeus）

药材甲又名药材谷盗、饼干蛛甲，俗称小甲虫、黄甲虫等，属于鞘翅目，窃蠹科。

【分布与危害】

该虫分布于全国各省、自治区。除危害干枣、枸杞子外，还危害天麻、防风、党参、甘草、槐角、元胡、甘遂、菊花、板蓝根等多种中药材。成虫常将干枣蛀成孔穴；幼虫能在碎屑和粉状物中结成小团危害，使食品失去食用价值。

【形态特征】彩版 56　图 839

成虫　体长为 2~3 毫米，长椭圆形，黄褐色至栗色，密被灰黄色细毛。头隐于前胸下面，触角鳃叶状，前胸背板近三角形，隆起似帽状。鞘翅上有明显的纵行刻点。

幼虫　体长约 4 毫米，淡黄白色，蛴螬形。全体被有稀而短的白色细毛，腹部背面有排列整齐的小短刺。前胸无硬皮板。

【生活史与习性】

该虫每年发生 2~4 代，以幼虫越冬。第二年早春 3 月越冬幼虫开始化蛹，4 月份羽化为成虫。成虫善飞，喜黑暗，有假死习性，常将干枣钻成孔洞。成虫交配后，雌虫将卵产于干枣皱褶部位或碎屑中。幼虫蛀入干枣内部食害和在碎屑粉末中结成小团危害。在其他药材秆内蛀食，形成很深的孔道，并在其中化蛹。

【预防控制措施】

参见烟草甲防控措施。

谷斑皮蠹

Trogoderma granarium Everts

谷斑皮蠹又名谷皮蠹、斑皮蠹，属于鞘翅目，皮蠹科。

【分布与危害】

该虫原产于印度、斯里兰卡、马来西亚一带，随寄主食物、包装材料与运输工具的调运而传播，现已分布于世界大多数国家。除危害干枣、枸杞、葡萄干、坚果、花生仁外，也危害小麦、大麦、玉米、稻谷及大米、面粉、通心粉、皮毛、纺织品、纸张、木板等。以幼虫危害。

【形态特征】彩版 56　图 840

成虫　体长 1.8~3 毫米，宽 1~1.7 毫米，雄虫略小，体椭圆形，两侧近于平直，体壁发光，淡红褐色，有时深褐色或黑色。雄虫触角棒 5 节，末节圆锥形，长略等于 9、10 节之和，端部尖或钝；雌虫触角棒 4 节，有时 3 节，末节圆锥形，长略大于宽，端部钝圆。前胸背板基部中间和两侧有不甚明显的黄色或白色毛斑。鞘翅略宽于前胸，有模糊的红褐色花斑，花斑由基部的环状带、近中部的亚中带和端部的亚端带组成。这些带被有倒伏白毛，其余部分被覆倒伏的褐色或黑色毛。

幼虫　体长约 5.3 毫米，宽 1.5 毫米，体背乳白色至红褐色。触角 3 节，第一、二节长约相等，第一节上刚毛着生于周围，外侧 1/4 无；末龄幼虫触角第二节背面一般有刚毛 1 根。体有粗芒刚毛，芒刚毛和背板侧部的箭刚毛。第一腹节端背片最前端的芒刚毛不超过前脊沟，第八腹节背板无前脊沟，腹部尾端密生褐色长毛。谷斑皮蠹与黑斑皮蠹（T. glabrum）近似，但后者成虫触角棒 5~7 节，雄虫触角窝后缘隆线几乎无任何部分消失；幼虫体灰色，第八腹节背板有前脊沟。这些特征可有别于谷斑皮蠹。

【生活史与习性】

该虫每年发生数代，以幼虫在寄主内或物品间隙内潜伏越冬。成虫于第二年春季羽化，羽化后 7~10 天开始产卵，卵散产或成块产于物品颗粒间。卵期 7~15 天。幼虫各龄期 10~14 天。最低发育温度 10℃，发育最适温度 30℃~36℃。成虫很少飞翔，繁殖力强，并能耐饥，对环境也有很强的适应性。幼虫耐热和耐低温能力强，在温度 51℃，相对湿度 75% 时，经 136 分钟死亡 95%；在-10℃时 1~4 龄幼虫经 25 小时死亡 50%。凡连续 4 个月以上平均温度高于 20℃，相对湿度低于 50% 的地区对其生存有利；在有 1~2 月平均气温高于 27℃，平均湿度小于 75% 的地区会造成危害。幼虫食物缺乏或温度等环境不适宜时，则可进入滞育，滞育期达 13 个月。各虫态主要随寄主及包装材料的运输而传播，生活极为隐蔽。

【预防控制措施】

1. 植检防控　加强检疫检查，以控制传播。

2. 药剂防控

（1）注意检查运输工具、麻袋、纸箱等包装物品的缝隙和夹层以及曾堆放感染谷斑皮蠹的物品货栈，仓库、木质结构缝隙、甚至有缝隙的石灰墙浮层内，一经发现采用溴甲烷或熏灭净（硫酰氟）熏蒸灭虫，用药量比常规熏蒸贮食害虫大，熏蒸密闭时间也要适当延长。

（2）仓储干枣、花生仁及粮食，可用磷化铝熏蒸防控。

红斑皮蠹

Trogoderme variabile Ballion

红斑皮蠹又称花斑皮蠹、花皮蠹、小花蠹等，属于鞘翅目，皮蠹科。

【分布与危害】

该虫分布于全国各省、自治区，宁夏、甘肃等地发生普遍。该虫除危害干枣、枸杞子外，还危害莲子、桑葚、柏子仁、杏仁、玉果、蒲黄、生地、蜣螂、冬虫夏草、鹿角、桑螵蛸、地龙等中药材。以幼虫危害干枣以及喜食富含油质的中药材，危害严重不能食用和药用。

【形态特征】 彩版 57　图 841~842

成虫　体长 3.4~4 毫米，宽 1.5~2 毫米，椭圆形，赤褐色至黑褐色，密被褐色细毛。头小，密布黑色刻点，头顶有单眼一个。触角 11 节，赤褐色，棍棒状。前胸背板黑色，密被黄毛。鞘翅基部有红褐色环状或半月形花斑，中部及端部有同种颜色的波状带纹，斑纹上生有白色细毛。足赤褐色。

卵　长圆形，半透明，表面粗糙。

幼虫　体长 6~7 毫米，纺锤形，腹面近平坦，背部隆起，头黄褐色，口器黑色。每体节前半部黑褐色，后半部黄褐色，节间黄白色。尾端生 20 余根长毛。

蛹　体长 3 毫米，淡褐色，密被细毛，藏于幼虫最后一次蜕皮内。

【生活史与习性】

该虫每年发生 1~2 代，以幼虫群集在干枣或碎屑和各种缝隙中越冬。第二年春暖幼虫化蛹，5~6 月出现成虫。成虫交配后产卵，雌虫常将卵产于碎屑中。幼虫孵化后常群集危害，喜食干枣和富含油脂的药材。幼虫有假死习性，喜黑暗潮湿，抗寒、耐饥力极强。

【预防控制措施】

参见谷斑皮蠹防控措施。

谷　蠹

Rhizopertha dominica（Fabricius）

谷蠹又称谷长蠹，属于鞘翅目，长蠹科。

【分布与危害】

该虫分布于全国大部分省、自治区。除危害干枣、枸杞、花生仁外，还危害小麦、玉米、高粱、稻谷、面粉、大米和纺织品、皮毛、竹木器材等。危害状同花斑皮蠹。

【形态特征】 彩版 57　图 843（左）

成虫　细长筒形，体长 2.2~3 毫米，暗红褐色至黑褐色。头倍于前胸背板下，触角 10 节，鳃叶状，端部 3 节扁平膨大。前胸背板近圆形，前端略小，中央隆起，其上着生许多小颗粒状突起，呈同心圆排列。小盾片正方形。鞘翅盖着腹末。前足跗节 5 节，第一节很小。

幼虫　体长 2.5~3 毫米，呈弓形。头小，半缩在前胸内，触角 3 节，胸部较腹部粗大。胸足短小，腹节腹面、胸足及尾部均着生短毛。

【生活史与习性】

该虫在我国北方每年发生 1~2 代，华中 2~3 代，华南 3~5 代，以成虫在干枣、中药材、粮食堆中或木板、竹器、树皮缝隙内越冬。在 28℃，相对湿度 70% 以下，完成 1 代需要 20 天。成虫交配后，将卵产于干枣、枸杞子、粮粒蛀孔、缝隙、粉屑中，每头雌成虫可产卵 200~500 粒。刚孵化幼虫钻入干枣、枸杞子、粮粒内蛀食生长，直至成虫羽化后外出，或终生在粉屑中侵食化蛹。成虫飞翔力强，常钻入干枣、枸杞子、粮食堆中温度最高部位或聚集在距干枣、枸杞子、粮面 90~100 厘米深度危害。幼虫和成虫均能将干枣、枸杞子、粮食蛀成空壳，还能蛀食仓库木板及运输工具。大量发生时常引起干枣、枸杞子、粮堆发热温度达 40℃ 以上。

【预防控制措施】

参见谷斑皮蠹防控措施。

大谷盗

Tenebroides mauritanicus（Linnaeus）

大谷盗又名谷盗，属于鞘翅目，大盗科。

【分布与危害】

该虫分布于全国各地，也广布于世界各国。除危害干枣、枸杞子外，还危害贮粮、干果等，破坏仓库内木结构、麻袋等包装物。

【形态特征】 彩版 57　图 843（右）

成虫　体长 6~9 毫米，椭圆形，略扁平，黑褐色或红褐色，有光泽。头部略为三角形，触角 11 节，棒状。前胸背板宽，前角突出，前缘呈凹形，表面有细刻点。鞘翅两侧平行，末端圆，基部与前胸背板显然分开，鞘翅上有纵刻线各 7 条。

卵　乳白色，长椭圆形。

幼虫　体长 20 毫米，宽 3.5 毫米，长而扁平，灰白色。胴部 12 节，3~7 节肥大，两侧生有长毛，第二至三节背面左右各有一个黑斑。胸足 3 对。

蛹　体长 8 毫米，淡黄色，头、胸交界处凹入。

【生活史与习性】

该虫每年发生 1~2 代，以成虫和幼虫在木板、木器内越冬。越冬成虫于第二年春季出蛰活动，并交配、产卵；越冬幼虫则于春季化蛹，初夏羽化为成虫。雌成虫产卵期长，可达 1 年，卵分散或集中产于干枣、枸杞子、米粒间，每头雌虫可产卵百粒至千余粒。幼虫孵化后，常吐丝缀结干枣、枸杞子、米粒藏身其中蛀食；幼虫喜欢在木质物内钻孔化蛹。成虫或幼虫性凶猛，常自相残杀，亦捕杀其他仓库害虫，成虫有较强的耐饥性。

【预防控制措施】

1. 人工防控　可采用过筛、日晒、冷冻等方法处理，控制该虫危害。

2. 药剂防控　可采用溴甲烷、氯化苦等药剂熏杀。参见印度谷螟防控措施。

锯谷盗

Oryzaephilus surinamensis（Linnaeus）

锯谷盗俗称锯谷虫、锯果虫等，属于鞘翅目，锯谷盗科。

【分布与危害】

该虫分布于世界各地，在我国发生也很普遍。主要危害干枣、枸杞子、人参、天麻、桃仁、核桃仁、玉米和食用菌等。成虫和幼虫都喜食干枣、枸杞干果、玉米碎粒和食用菌子实体干品。

【形态特征】 彩版 57　图 844（左）

成虫　体长 2~2.5 毫米，扁长椭圆形，深褐色，无光泽，密被黄褐色细毛。头三角形，触角棍棒形状，11 节，复眼黑色，突出。前胸背板纵长方形，两侧各有锯齿状突起 6 个，中间有明显的纵隆脊 3 条，两侧的两条呈弧形。鞘翅长，被有金黄色细毛，各有纵刻点约 10 条和 4 条纵细脊纹。雄虫后足腿节下侧有一个尖齿。

幼虫　体长 3~4 毫米，长扁形，灰白色。头淡褐色，胸背各节两侧各有一个近长方形暗褐色至黑褐色斑，腹部各节背面中央横切列一半圆形至椭圆形黄褐色斑。

【生活史与习性】

该虫每年发生 2~5 代，以成虫在仓库内外缝隙、砖块、杂物下以及干枣、枸杞等碎屑中越冬。第二年春暖时在仓库内活动危害。成虫活泼，爬行迅速，能飞，但不常飞行，喜欢群集，抗寒性强，成虫寿命达 3 年以上。成虫交配后，雌虫喜欢将卵产于碎屑或缝隙处，每头雌虫一生可产卵 35~100 粒，多达 300 粒。发育适温 30℃~35℃。当仓库内相对湿度 90% 左右、温度在 25℃时完成 1 代需要 30 天，30℃时需要 21 天，35℃时则需 18 天。成虫、幼虫食性杂，喜在碎粒、粉屑或其他仓虫危害后的干枣、中药材、玉米粒中危害。幼虫行动活泼，有假死习性，幼虫老熟后即在碎屑中化蛹。

【预防控制措施】

1. 仓储干枣要纯净干燥，颗粒完整；控制成品含水量在 12%~13%，贮藏中发现成品含水量超过上限时，要及时晾晒，或置入 55℃~60℃烘干机内烘干。

2. 干枣应贮存在 3℃~5℃条件下，最好在冷库内。同时成品包装要密封在不透气的容器内或塑料袋内。

土耳其扁谷盗

Cryptolestes turcicus（Grouville）

土耳其扁谷盗又名土耳其谷盗、扁甲虫，属于鞘翅目，扁谷盗科（扁甲科）。

【分布与危害】

该虫分布遍及全国各省、自治区，西北、东北地区普遍发生。除危害干枣、枸杞外，还危害稻谷、小麦、高粱、豆类、烟草、面粉、大米及昆虫标本等。

【形态特征】 彩版 57 图 844（右）

成虫 体长 2 毫米左右，扁平，赤褐色，布有小刻点，被较稀的绒毛。头部唇基前端略圆，眼突出。雄虫触角长，雌虫短，末端 3 节较长。前胸背板后角尖，刻点稍大。鞘翅 1~3 刻点行的行间有刻点 3 行。雄虫跗节前足 5 节，中足 5 节，后足 4 节；雌虫跗节前、中、后均为 5 节。

幼虫 体长 3.5~4.5 毫米，

【生活史与习性】

该虫每年发生 2~4 代，以成虫在干枣、枸杞子、粉屑或仓库缝隙处越冬。成虫喜飞翔，在野外树皮下较多发现。成虫交配后，雌虫将卵产于干枣、碎枸杞子、碎粮及仓库缝隙处，每头雌虫可产卵百余粒，多达 200 粒。幼虫在食物缺乏时，有相互残杀的现象。幼虫老熟后吐丝作茧化蛹。

【预防控制措施】

参见大谷盗、锯谷盗防控措施。

大眼锯谷盗

Oryzaephilus mercator（Fauville）

大眼锯谷盗又名锯谷盗、属于鞘翅目，锯谷盗科。

【分布与危害】

该虫分布于甘肃、陕西、江南、山东、湖北、安徽、贵州、广西、广东、湖南、浙江、福建等省、市、自治区以及世界温带地区。寄主有干枣、杏仁、核桃、葡萄干及花生、大豆、棉籽、芝麻等干果、作物种子。危害性况同锯谷盗。

【形态特征】 彩版 57 图 845（左）

成虫 体长 3 毫米左右，体扁平，深褐色，着生黄褐色绒毛，布小刻点。头前部窄长，后端宽于前端。复眼大，其后方突出，突出部分较小。触角 11 节，棒状。前胸背板长大于宽，两侧圆，每侧有 6 个锯齿状突起，端部与末端的较小而尖；背面中部与两侧具 3 条纵脊，表面密生刻点和绒毛。鞘翅长，两侧近平行，后端圆，鞘翅各有 4 条纵脊，刻点行间具有粒状刻点和绒毛。雄虫后足腿节下方有一个尖齿。该虫与锯谷盗的区别是：本种复眼大，向后几乎伸达头部后缘；前胸背板上的侧纵脊较直。

幼虫 体长约 2 毫米，乳白色，触角 3 节。

【生活史与习性】

该虫生活史和习性与锯谷盗相似。但与锯谷盗相比，该种的抗寒力较差，卵期在 35℃或稍高的温度下最短，低于 20℃或高于 37.5℃时卵的死亡率明显增加，最适宜温度为 30℃~32.5℃。幼虫蜕皮 3 次，少数个体蜕皮 2 次或 4 次。雌成虫在 30℃~33℃温度下产卵期为 3~8 天，一般为 5 天，7 天后达产卵高峰。每头雌成虫可产卵 150~200 粒，卵的孵化率达 95%以上。

【预防控制措施】

参见锯谷盗防控措施。

长角扁谷盗

Cryptolestes pusillus（Schonherr）

长角扁谷盗又名长角谷盗、角胸谷盗、长角谷甲，属于鞘翅目，扁谷盗科。

【分布与危害】

该虫广泛分布于全国各地以及世界温带和热带地区。主要危害干枣、葡萄干、枸杞子等干果以及稻谷、大米、麦类、豆类及加工品。以成虫和幼虫危害受损伤和破碎的干果、粮粒，危害状同大谷盗。

【形态特征】 彩版 57 图 845（右）

成虫 体长 1.35~2.0 毫米，淡红褐色至淡黄褐色。雌虫触角等于或略长于体长之半，雄虫触角稍长于体长之半，触角第五至十一节比雌虫的长。前胸背板横宽于长，雄虫宽为长的 1.22~1.34 倍，雌虫宽为长的 1.17~1.25 倍；前胸前角不突出，后角钝，两侧向基部方向略收狭。鞘翅短，其长最多为两翅合宽的 1.75 倍；第一、二行行间各有 4 纵列刚毛。

【生活史与习性】

该虫每年发生 3~6 代，随气候由北向南逐渐递增，均以成虫在较干燥的碎干果、碎粮、底粮或仓库缝隙中越冬。第二年气候转暖成虫陆续出蛰活动继续危害，并交配、产卵。卵散产，雌虫将卵产于疏松的干果、谷物缝隙内，卵上黏附着食物颗粒。每头雌虫可产卵 20~334 粒，17℃时每天平均产卵 0.5 粒，30℃每天平均产卵 4 粒。在相对湿度 50%~90%的范围内产卵量随湿度的增加而递增。在温度32℃及湿度90%的条件下，卵期3.5天，幼虫4个龄的龄期分别为4天、3.6天、3.3天和7天，蛹期4.4天。成虫羽化后，在茧内静止一天至数天，便开始交配、产卵。在温度17.5℃~37.5℃、相对湿度90%的条件下，温度低成虫寿命长，温度高成虫寿命短，而雄虫寿命高于雌虫。食物质量对该虫生长发育也有很大影响；在不利的营养条件下可发生同类互相残杀现象。

【预防控制措施】

参见大谷盗、锯谷盗防控措施。

杂拟谷盗

Tribolium confusum Jacqueli du Val

杂拟谷盗又名杂拟粉甲、拟谷盗，属于鞘翅目，拟步甲科。

【分布与危害】

该虫分布于全国各省、自治区及世界各国。除危害干枣、枸杞子外，还危害其他干果、小麦、大米、高粱、豆饼、昆虫标本等。主要以成虫、幼虫啃食干枣，并分泌臭液，污染干枣，影响食用价值。

【形态特征】彩版57 图846（左）

成虫 体长3.5毫米左右，长椭圆形，赤褐色，外形与赤拟谷盗相似，其区别是本种的头部两复眼相距较远，约为3个复眼宽，赤拟谷盗约相等（一个多复眼宽）。触角锤形5节。雄虫各足的腿节有较小的窝和较少的毛，雌虫则无。

卵 白色，表面光滑有黏质。

幼虫 大体与赤拟谷盗相似，其区别是：额后端宽圆近于截形，尾突较粗，末端尖；赤拟谷盗一般细长，逐渐缩成尖端。

【生活史与习性】

该虫在西北、东北每年发生3~4代，在华北、华东5~6代，多以成虫聚集仓内缝隙中越冬。第二年春季出蛰活动，并交配产卵，每个雌虫每天产卵数十粒，每年最多产卵500~1000粒，卵产于干枣粒上、面粉粒上。成虫不善于飞翔，有假死习性，能分泌臭液，故被害干枣、粮食带臭味。成虫平均寿命略长于赤拟谷盗。

【预防控制措施】

1. 人工防控 注意仓内贮品清洁，以杜绝虫源，并采用日晒、风扇、过筛等方法处理，消灭成、幼虫。

2. 药剂防控 采用氯化苦、二氯乙烯、溴甲烷、磷化铝熏蒸防控。具体方法参见印度谷螟防控措施。

赤拟谷盗

Tvibolium castaneum（Herbst）

赤拟谷盗又称赤拟粉甲、拟谷盗、拟步甲，属于鞘翅目，拟步甲科。

【分布与危害】

该虫分布于我国各省、自治区以及世界热带和较温暖地区。除危害干枣、枸杞子外，也危害其他干果、大米、小麦、玉米、面粉、米糠等。以成虫和幼虫食害干枣、枸杞子、谷粒和面粉；并分泌一种特殊气味，使其变质，影响食用。

【形态特征】彩版 57　图 846（右）

成虫　体长 3~4 毫米，长椭圆形，略扁平，赤褐色或深褐色，背面光滑，有光泽。头扁阔，触角短，11 节，棒状，末端 3 节膨大。前胸背板矩形，两侧略圆，前角钝圆。小盾片小，略呈矩形。鞘翅两侧平行，后端圆，有成行刻点，疏生细毛。雄虫前足腿节腹面有一个卵形浅窝，生有黄毛；雌虫无。

幼虫　体长 6~7 毫米，长圆筒状，米黄色，头黄褐色，触角 3 节，体背有黄毛和少数长刚毛，腹端有一对尾突。

【生活史与习性】

该虫每年发生 4~6 代，以成虫在包装麻袋及仓库内各缝隙处越冬。第二年春季成虫出蛰，群集活动，并交配、产卵，每头雌虫每天产卵数十粒，一生可产卵 500 余粒。成虫有群集性，高温环境可飞翔。卵孵化为幼虫后即危害干枣和谷粒。此虫有一种特殊气味，发生严重时可使干枣、谷粒、面粉变质，失去食用价值。

【预防控制措施】

参见杂拟谷盗防控措施。

脊胸露尾甲

Carpophilus dimidiatus（Fabricius）

脊胸露尾甲又名露尾甲，属于鞘翅目，露尾甲科。

【分布与危害】

该虫分布于甘肃（庆阳、平凉）、陕西、山西、山东、河南、河北、黑龙江、吉林、辽宁、江苏、上海、福建、广东、广西等省、市、自治区以及世界各地。除危害干枣、葡萄干、枸杞子外，还危害其他干果、麦类、油料、中药材以及食用菌等干制品。以幼虫、成虫咬食干枣等干果，可将果肉食空，内部充满绒毛状、像头发丝一样的褐色粪便，失去食用价值。

【形态特征】彩版 57　图 847~849

成虫　体长 2~3.5 毫米，体长卵圆形，淡褐色至深褐色，密被黄褐色至黑色毛，头有浅刻点，复眼大。触角短棒状，11 节。前胸背板宽，前端窄于后端。小盾片有明显的侧缘线。鞘翅短，常有一条自肩部至末端斜的黄色带，密布小刻点，两侧刻点不明显。腹部两节外露，故名露尾甲。雄虫第五腹板末端中间有一个深凹，雌虫无，雄虫第六腹板可见，雌虫看不到。

幼虫　体长 5~6 毫米，细长，白色或浅黄色，体上有网状纹与小突起，腹部末端有一对乳突状尾突。

【生活史与习性】

该虫在热带及亚热带地区，每年发生 5~6 代，由亚热带向温带、寒带每年发生代数逐渐减少，均以成虫集聚仓内隐蔽处越冬。第二年 3~4 月越冬成虫陆续出蛰继续危害，5~10 月为成虫、幼虫活动危害旺盛期。成虫交尾后，雌虫将卵产于包装物及干枣皱褶处，每头雌成虫可产卵 80~200 粒。在 25℃~28℃时，卵经 4~5 天孵化，幼虫孵化后咬食干枣外表皮，长大后蛀入干枣内部，取食果肉，蛀食一空。幼虫期 40~47 天，即可化蛹，蛹经过 6~7 天羽化为成虫。成虫寿命 160~210 天。

【预防控制措施】

1. 物理防控

（1）枣果采摘后及时烘干处理，在烘烤后期温度控制在 50℃~65℃，经过 5~7 小时，可将虫卵烤死。烘干后及时装入袋，放入无虫仓内。

（2）贮藏期发现有此虫危害，立即将干枣再次烘烤处理。或放入零下 5℃~10℃的冷库内 7~10 天，各虫态均可被冻死。

2. 药剂防控

参见印度谷螟防控措施。

酱曲露尾甲

Carpophilus hemipterus（Linnaeus）

酱曲露尾甲又名黄斑露尾甲，属于鞘翅目，露尾甲科。

【分布与危害】

该虫分布于甘肃（庆阳、平凉）、新疆、青海、陕西、内蒙古、山西、天津、河南、安徽、上海、福建、湖南、湖北、广东、广西、四川、重庆、贵州、云南等省、市、自治区以及世界各国。寄主有红枣、葡萄干、枸杞子等干果以及其他中药材、麦类、花生、大米和鲜果等。危害状同脊胸露尾甲。

【形态特征】 彩版 57　图 850~851

成虫　体长 2~4 毫米，体长卵形，隆起、深褐色。头部刻点间有稠密的划纹，触角赤黄色，球杆部褐色，第二节稍长于第三节。前胸背板宽，基部宽于端部，前角与后角略钝，近后角的表面有一个宽的凹陷，表面密布刻点，两侧的刻点较大。小盾片无或具不甚明显的边。鞘翅基部与前胸背部等宽，鞘翅端部和端部沿鞘翅缝斜向外侧各有一个黄褐斑与带状斑，表面有刻点，基部较密而深，鞘翅短，末端横截。腹部背板末端两节外露，故称"露尾甲"。臀板有刻点。雄虫第五腹板中间有一个深的凹缘，雌虫无；雄虫第六腹板可见，雌虫不见。

幼虫　体长达 8 毫米左右，体生刚毛。头部和腹部末端暗褐色，臀部末端有一对褐色夹尾突，尾突外侧基部各有一根刺状突起。

【生活史与习性】

该虫每年发生数代，多数以成虫越冬，也有少数以幼虫越冬。第二年越冬成虫出蛰后继续危害干果、粮粒，并交配、产卵。雌成虫将卵产于干果、粮粒及包装物上，每处产卵 1 粒，平均每头雌虫可产卵千余粒。幼虫孵化后取食酱类、干果，也喜食贮粮、大米、花生和腐烂的果类。幼虫老熟后常喜欢蛀入木材内或土中、干果、粮食中化蛹。

【预防控制措施】

参见脊胸露尾甲防控措施。

腐嗜酪螨

Tyrophagus putrescentiae（Schrank）

腐嗜酪螨又名长毛螨，属于真螨目，粉螨科。

【分布与危害】

该螨分布于世界各地，我国发生也很普遍。此螨食性很杂，除危害干枣、枸杞子外，还危害多种中药材以及各种食用菌和保护地瓜类、茄果类蔬菜。腐嗜酪螨蛀食干枣、枸杞子，形成污染的凹陷孔洞。洞中有很多小坑，腐嗜酪螨在坑中群集危害，严重时将干枣、枸杞子蛀空。在危害干枣、枸杞子的同时还会集积大量虫尸、粪便，并排泄大量水分，使干枣发霉变质，污染异味，不堪食用。此螨不仅危害干枣，还能直接危害人体健康或传播疾病。

【形态特征】 彩版 57 图 852

成螨 体卵圆形，白色，体长 0.51~0.7 毫米，宽 0.27~0.29 毫米，口器螯状，体表光滑。体上有很多光滑的长刚毛，背生一横沟，把身体分为前后两部分，4 对背毛不等长。足 4 对，各足跗节末端有发达的匙状爪一个。

卵 长椭圆形，乳白色，大小为 0.09~0.12 毫米。

幼螨 乳白色，体似成螨，长 0.15 毫米，有足 3 对。

若螨 有足 4 对，第一若螨长 0.22 毫米，第二若螨长 0.35 毫米。

【生活史与习性】

该螨每年发生多代，以第一若螨和第二若螨休眠或成螨越冬。气温 23℃、相对湿度 80% 时，14~21 天完成 1 代，发育低限 7℃~10℃，高限 35℃~37℃。雌雄螨一生可多次交配、产卵。15℃~17℃时，雌螨产卵期 28~30 天，每头雌螨可产卵 85~100 粒，把卵产在干枣皱褶中。产卵最适温度为 17℃~22℃，相对湿度 90%~95%，相对湿度高于 70% 时卵才孵化，耐最低相对湿度为 60%。一般 5~8 月盛发。在气温高、雨水多的条件下发生重。第一若螨和第二若螨间遇到不良环境时可形成休眠体。该螨腹面有圆形吸盘，可附着在其他昆虫或动物身上（如家鼠、麻雀等）到处传播。

【预防控制措施】

1. 植检防控

加强植物检疫，如发现干枣内有腐嗜酪螨，应立即采取有效措施，就地消灭，防止传播。

2. 人工防控

（1）仓内应做到经常打扫，清除一切杂物。旧包装如麻袋、竹篓、席包等不应放在仓内，最好经灭虫后再用。

（2）干枣存放应做到有螨无螨分开，不能混放，发现腐嗜酪螨的干枣应及时清除出库，远离库房进行处理，以免互相感染。

3. 物理防控

（1）夏季将干枣摊于水泥晒场上，在烈日下曝晒，当温度达 45℃~50℃即能杀死腐嗜酪螨。晒时应勤翻动，晒后去除螨尸及杂物，并趁热装箱，压实，密封。

（2）用棉团蘸取含 1% 红糖粥汤涂在黑色薄膜上，涂液朝下覆盖在库房各处诱集害螨，集中杀死。此法可反复使用，不仅效果好，且无污染。

4. 化学防控

定期进行库房喷药治螨，可喷洒 20% 菊·乐乳油 2000 倍液，或 73% 炔螨特乳油 6000 倍液，消灭隐藏在建筑物、器材、用具等处的害螨。

第三章 其他有害动物

第一节 害 螨

危害枣树的螨类有截形叶螨、朱砂叶螨、山楂叶螨、二斑叶螨、李始叶螨和苹果全爪螨、柑橘全爪螨、茶黄螨等8种。这几种螨类分布广，寄主多，危害重，均以成螨、幼螨、若螨群集叶背、嫩梢、幼果上刺吸汁液。叶片受害后，使叶片出现褪绿小斑点，危害严重时叶片焦枯、早期脱落，造成减产。

截形叶螨

Tetranychus truncates Ehara

截形叶螨曾误称棉叶螨、棉红蜘蛛，属于真螨目，叶螨科。

【分布与危害】

该螨分布于甘肃、陕西、山东、山西、河南、河北、北京、江苏、台湾、广东、广西等省、市、自治区。主要危害枣、酸枣，也危害玉米、棉花、豆类、瓜类、麻类以及苋菜、蓖草、水蓼、地黄等农作物和杂草。以成、若螨群集叶背刺吸汁液，致使叶面呈灰白色或枯黄色细碎小点，严重时造成叶片脱落。

【形态特征】 彩版57 图853

成螨 雌螨体长0.5毫米，体宽0.3毫米，深红色，椭圆形，体侧具黑斑，颚及足白色。雄螨体长0.35毫米，体宽0.2毫米，阳具柄部宽大，末端向背面弯曲形成一微小端锤，背缘平截状，末端1/3处具一凹陷，端锤内角钝圆，外角尖削。

【生活史与习性】

该螨每年发生10~20代，北方以雌螨在土缝中或枯枝落叶上越冬，长江以南各种螨态在树皮缝隙中或杂草上越冬，华南由于冬季气温高可继续繁殖危害。第二年早春气温高于10℃以上，越冬雌成螨开始大量繁殖，有的于4月中下旬至5月上中旬迁移到枣树上或菜园危害园内枣树、蔬菜、豆类等，先点片发生，后向四周扩散。在枣树上先危害下部叶片，后向上蔓延，大发生时，常在叶片或枝干、枝条的端部聚集成团，滚落地面被风刮走扩散蔓延。危害枣树多在6月中下旬至7月上旬。气温在29℃~31℃，相对湿度为35%~55%适宜其繁殖，一般6~8月危害严重，相对湿度高达70%以上，其繁殖则受到抑制。其天敌有腾岛螨、巨须螨等，对截形叶螨的发生有一定的抑制作用。

【预防控制措施】

1. 人工、农业防控

（1）清除枣园内杂草和根蘖，集中一起烧毁；枣树行间尽量不间作茄子、棉花、豆类、谷子、玉米等作物，以减轻枣树危害。

（2）叶螨上树前，树干上涂抹粘虫膏或凡士林、废机油等，可阻止害螨上树。

（3）在天气干旱时，要及时灌水，减少氮肥，增施磷肥，减轻危害。

2. 药剂防控

（1）6月和7月该螨上树前，对枣园内根蘖枣苗、杂草及受害的间作物，喷布75%克螨特乳油1500~2000倍液，或10%达螨灵乳油3000倍液，或21%增效氯·马乳油2500~3000倍液，或2.5%联苯菊酯乳油2500倍液，或20%甲氰菊酯乳油2000倍液。

（2）叶螨上树后，树冠上则需喷布1~2次上述药剂，以控制其危害。

朱砂叶螨

Letranychus cinnabarinus（Boisduval）

朱砂叶螨又名枣红蜘蛛、棉红蜘蛛，属于真螨目，叶螨科。

【分布与危害】

该螨分布于全国南北各省、自治区，主要危害枣、酸枣、桃、桑，也危害棉花、豆类、茄子和玉米等多种农作物。以成螨、幼螨和若螨集中在芽、叶片上刺吸汁液，初期叶片呈失绿小斑点，逐渐扩大成片，严重时成片枯黄，提早脱落。

【形态特征】 彩版57　图854~855

成螨　雌成螨卵圆形，朱红色或红色，长0.48~0.5毫米，体两侧有黑斑2对。雄成螨菱形，长约0.35毫米，红色或淡红色。

卵　圆球形，直径约0.13毫米，初产时无色透明，孵化前具微红色。

幼螨　近圆形，浅红色，稍透明，有足3对，长约0.05毫米。

若螨　前若螨、后若螨有足4对。

【生活史与习性】

该螨在北方每年发生12~15代，在南方18~20代，以雌成螨和若螨在树皮裂缝、杂草根际、土缝内和枯枝落叶内越冬。第二年5月中下旬枣树发芽时出蛰活动。除两性生殖外，还能弧雌生殖。雌成螨一生产卵50~150粒，卵散产于枣叶背面。成、若螨均在叶背刺吸汁液。6~8月是该螨发生高峰期，此时高温干旱和刮大风有利于朱砂叶螨的繁殖和传播。强降雨对该螨的繁殖有抑制作用。10月中下旬开始陆续越冬。

【预防控制措施】

参见截形叶螨的防控措施。

柑橘全爪螨

Panonychus citri（Mcgregor）

柑橘全爪螨又称柑橘红蜘蛛、瘤皮红蜘蛛，属于真螨目，叶螨科。

【分布与危害】

该螨分布于全国各地枣产区，甘肃陇南、天水和陇东发生普遍，危害严重。它除危害枣树、花椒、柑橘外，还危害苹果、沙梨、桃、扁桃、蒲桃、柿、葡萄等果树和多种林木。以成螨、若螨和幼螨刺吸叶、嫩枝、果实的汁液，以叶片为主，被害叶面出现灰白色失绿斑点，严重时全叶苍白提早脱落，削弱树势，造成减产。

【形态特征】 彩版 58 图 856~857

成螨 雌体长 0.4 毫米,椭圆形,背部隆起,深红色,背毛白色,着生在毛瘤上。雄体略小,鲜红色,后端较狭呈楔形。

卵 球形略扁,直径 0.13 毫米,红色有光泽,上有一垂直柄,柄端有 10~12 条细丝向四周散射,附着在叶上。

幼螨 体长 0.2 毫米,色淡,足 3 对。

若螨 与成螨相似,足 4 对,体较小。

【生活史与习性】

该螨在南方每年发生 15~18 代,在甘肃陇南枣树、柑橘上约发生 10 代。以卵、若螨及成螨在枝条和叶片背面越冬。早春发芽时开始活动危害,5~6 月达高峰,7~8 月高温时数量减少,9 月以后螨虫又复上升,危害严重。该螨发育和繁殖的适宜温度范围为 20℃~30℃,最适温度 25℃。在气温 25℃、相对湿度 85% 时,完成 1 代约需 16 天;在气温 30℃、相对湿度 85% 时,则需 13~14 天。一般进行两性生殖,也可孤雌生殖,每头雌螨可产卵 30~60 粒。卵主要产于叶背主脉两侧,也可产于叶面、果实与嫩枝上。天敌有捕食螨、蓟马、草蛉、蜘蛛等。

【预防控制措施】

1. 农业防控

加强枣园管理,合理施肥、灌水,增强树势健康生长;晚秋落叶后,种植覆盖植物,如藿香蓟等,改变小气候和生物组成,使其不利于害螨而有利于益螨的发生;及时清扫枯枝落叶,予以烧毁。

2. 药剂防控

(1) 冬、春季枣树发芽前,结合防治其他害虫,可喷洒波美 5 度石硫合剂,或 45% 晶体石硫合剂 50 倍液,或 97% 机油乳剂 120~140 倍液。

(2) 开花前是进行药剂防治叶螨的最佳施药时期。可选用波美 0.5 度石硫合剂,或 45% 晶体石硫合剂 150 倍液,或 40% 乐果乳油 1500 倍液,或 40% 水胺硫磷乳油 1500~2000 倍液,或 25% 尼索螨醇乳油 1500 倍液,或 15% 达螨灵乳油 2500~3000 倍液,或 4.1% 唑螨酯乳油 3000~4000 倍液,或 20% 四螨嗪悬浮剂 2500 倍液,或 1.8% 阿维菌素乳油 3000~4000 倍液,或 15% 增效阿维菌素乳油 2000 倍液均匀喷雾。注意药剂的轮换使用,可延缓叶螨产生抗药性。

(3) 提倡用机油乳剂与福美砷混用,配方为机油乳剂:福美砷:水 = 2:1:100,除能有效防治叶螨、蚜虫、蚧壳虫外,又可兼治干腐病、木腐病等。

(4) 试用长效内吸注干剂,用 YBZ-Ⅱ型树干注射机,注入长效内吸注干剂;也可用 4~5 毫米钢钉或水泥钉,距地面 50~80 厘米处斜向 45° 打孔,孔深 3~4 厘米,再用橡胶皮头滴管或兽用注射器注入注干剂。用药量先量树干胸径,然后换算或查出直径,每厘米直径注入药量 0.5 毫升。胸径 10 厘米以上的枣树,应通过试验适当加大用药量。此法可兼治多种蚧壳虫、蛀干害虫、吉丁虫等。

3. 生物防控

注意保护和利用田间天敌,并引进释放天敌,以控制叶螨的发生危害。在天敌大发生时，可以不喷药或少喷药。

苹果全爪螨

Panonychus ulmi（Koch）

苹果全爪螨又称苹果叶螨、苹果红蜘蛛，属于真螨目，叶螨科。

【分布与危害】

该螨分布于甘肃、青海、陕西、山西、山东、河南、河北、北京、内蒙古、辽宁等省、市、自治区。除危害枣、酸枣、苹果外，还危害桃、杏、李、山楂、沙果、梨、樱桃、海棠以及玫瑰、梅、榆、刺槐等果树和观赏植物。危害状同柑橘全爪螨。

【形态特征】彩版58 图858~860

成螨 雌成螨体长0.5毫米，宽约0.3毫米，体圆形，深红色，背毛白色，毛瘤黄色，北伐部略起。在背部粗大毛瘤上着生26根毛，臀毛长为骶毛长的1/2。各足的爪间突具镰刀形坚爪，腹基侧具针状毛3对。雄成螨体长约0.3毫米，体后端较尖削，形似倒梨，刚毛数及排列同雌成螨。

卵 葱头状，扁圆形，顶端中部稍隆起，生一毛似柄状。夏卵橘红色，越冬卵深红色。

若螨 有足4对，前期体色深，后期可辨雌雄，雄若螨尾端细长，雌若螨背部隆起，与成螨相似。

【生活史与习性】

在西北及北方枣产区每年发生6~9代，以卵在枣树及两年生以上枝条粗糙处越冬。第二年越冬卵在平均气温12.3℃~14.7℃开始孵化，越冬卵孵化很集中，故越冬代成螨的发生也非常整齐。第一代卵在寄主盛花期开始出现，花后一周大部分卵化，以后同一世代各虫态并存且世代重叠。7~8月危害盛期，8月下旬至9月上旬出现科卵，9月中下旬达高峰期。幼螨、若螨、雄成螨多在叶背活动取食，雌成螨多在叶片正面活动危害，无吐丝拉网习性，既可两性生殖，又能孤雌生殖，完成1代约需10~14天。每头雌成螨产卵量取决不同世代，越冬代每头雌成螨产卵67.4粒，日平均产卵4.5粒，第五代则产卵11.2粒，日平均产卵1.9粒。夏卵多产在叶背主脉附近和近叶柄处，以及叶面主脉凹陷处。天敌同柑橘全爪螨。

【预防控制措施】

参见柑橘全爪螨防控措施。

山楂叶螨

Tetranychus viennensis Zacher

山楂叶螨又名山楂红蜘蛛，属于真螨目，叶螨科。

【分布与危害】

山楂叶螨分布于全国各省、自治区，国外分布于英国、美国、德国、俄罗斯、澳大利亚、日本、朝鲜等国家。该螨除危害枣树、苹果、山楂外，还危害梨、桃、杏、核桃、花椒等多种果树、林木。以成、幼、若螨在寄主叶背和萌芽上刺吸汁液危害。芽严重被害后，萌芽生长受阻；叶片受害则呈现黄白色小斑点，继而扩大连片，以至焦黄，提早脱落，影响果实产量和质量。

【形态特征】 彩版 58　图 861~862

成螨　椭圆形，体背前端稍宽且隆起。雌螨有冬夏型之分，冬型体长 0.5~0.6 毫米，朱红色有光泽；夏型体较长，0.6~0.9 毫米，红色至深红色，背面后半部两侧各有一个黑色斑纹，有刚毛 26 根。足 4 对，黄白色，第一对足比身体短。雄螨体长 0.35~0.45 毫米，纺锤形，浅绿色至浅橙黄色，体背两侧各有一个黑绿色斑。第一对足较长，第三对足基部最宽，末端较尖。

卵　圆球形，直径 0.15 毫米，半透明，初产黄白色，近孵化时微黄色，有两个红色眼点，多悬挂于丝网上。

幼螨　初孵幼螨近圆形，淡黄白色，足 3 对，取食后体内有深绿色颗粒斑。

若螨　幼螨蜕皮后 4 对足即为若螨，体椭圆形，暗绿色，体长约 0.22 毫米。

【生活史与习性】

山楂叶螨在我国北方每年发生 5~13 代，西北大约 4~8 代，河西走廊 4~5 代，兰州 8 代，以冬型雌螨集中在枝干翘皮下，树杈夹缝等处的粗皮缝内及贴近主干基部的土缝里群集越冬。第二年于花芽开放时开始出蛰，危害幼芽，展叶后转至叶背危害。取食后 7~8 天开始产卵，第一代卵孵化期集中在落花后 7~10 天，第一代成螨发生盛期在 6 月中下旬。此后，各世代重叠发生，繁殖量大大增加，到 7 月份受害的树叶开始焦枯，8 月下旬相继落叶，9 月中旬开始产生越冬型雌成螨，10 月中旬大部分进入潜伏越冬。成、若螨喜欢在叶背群集危害，有吐丝结网习性，可借丝随风传播，并在网上产卵，多集中叶背靠近主脉两侧，每头雌螨可产卵 20~80 粒。一般夏季高温干旱繁殖快，危害重，进入雨季湿度大，加之天敌数量大，叶螨发生量显著减少，危害轻。叶螨天敌有捕食螨、食螨瓢虫等数十种，对叶螨的发生有一定抑制作用。

【预防控制措施】

1. 人工防控

枣树发芽前仔细刮粗翘皮，刮下的皮要随时集中烧毁，或深埋土中，杀死越冬雌成虫。在上年山楂叶螨发生严重的枣园，特别是幼龄枣园解冻后，在树干基部培 16.7 厘米厚细土，拍实，以埋死在土缝里越冬的山楂叶螨。5 月上旬以后，将土扒开。

2. 药剂防控

（1）枣树发芽前喷洒一次波美 3~5 度石硫合剂，或 45%晶体石硫合剂 80~100 倍液。枣树发芽后至开花前防治山楂叶螨，可喷洒波美 0.5 度石硫合剂，或 45%晶体石硫合剂 150 倍液，或 20%螨死净悬浮剂 2000 倍液，或 25%尼索螨醇乳油 1500 倍液，或 20%灭扫利乳油 2000 倍液。但必须要求枝、干及叶背都要喷到。

（2）叶螨发生代数多，繁殖力强，所以在整个生长季节里，必需随时注意螨情发展。如发现有些枣树上，特别是树的内膛和树的顶部，叶螨开始增加时，就要加以防治。可喷洒 20%螨死净悬浮剂 2000 倍液，或 15%扫螨净乳油 3000 倍液，或 34%诛螨星乳油 2500 倍液，或 25%尼索螨醇乳油 800 倍液，或 40%水胺硫磷乳油 1000 倍液，或波美 0.3~0.4 度石硫合剂，或 45%晶体石硫合剂 150 倍液，

（3）8 月底至 9 月初喷洒一次波美 0.1~0.3 度的石硫合剂，或 45%晶体石硫合剂 150 倍液（浓度大小应根据喷药时的气候条件确定，如晴朗高温天气，浓度低些，反之则高些），

对减少山楂叶螨越冬量、减轻第二年大发生效果很好。

3. 生物防控

叶螨的天敌种类很多，枣园中由于这些天敌的存在，对控制叶螨繁殖危害起到很大作用。根据一般天敌多在落花后开始活动的习性，加强叶螨的早期防治，避免杀伤大量天敌；对杀伤力强、残效期长的药剂尽量少用或不用；加强螨情调查，减少树上喷药次数等方法，保护天敌。

二斑叶螨

Tetranychus urticae Koch

二斑叶螨又名二点红叶螨、棉叶螨、棉红叶螨、荨麻叶螨，属于真螨目，叶螨科，叶螨属。

【分布与危害】

该螨分布于甘肃（酒泉、张掖、武威、白银、兰州、天水）、陕西、河南、山东、河北、北京、江苏、台湾、广东、广西等省、市、自治区。国外分布于日本、泰国、菲律宾。除危害枣、苹果、梨、桃等果树外，还危害棉花、大豆、荨麻等。以成、若、幼螨刺吸寄主叶片汁液，致使叶片变黄，严重时全株叶片呈火燎状。

【形态特征】 彩版 58　图 863~864

成螨　雌螨体长 0.45~0.51 毫米，宽 0.28~0.32 毫米，体椭圆形。越冬型雌螨橘黄色或橘红色，夏型雌螨多为黄褐色。取食期间体两侧各有一块黑褐色斑，背毛 24 根，共 6 列，背毛基本无瘤突。雄螨体长 0.26~0.4 毫米，宽 0.14~0.19 毫米，体背略呈菱形，淡黄绿色，背毛 7 列共 26 根，体末略尖而上翘。

卵　圆球形，直径 0.12~0.14 毫米。初产时浅乳白色，半透明，后变为淡黄褐色，近卵化时颜色变深。

幼螨　初孵化幼螨近球形，长 0.15~0.21 毫米，淡黄褐色，夏季淡乳黄色，足 3 对。

若螨　体椭圆形，体长 0.21~0.36 毫米，背毛同雌成螨，足 4 对。

【生活史与习性】

该螨每年发生 10~20 代不等，随气候自北向南以次递增，以受精雌成螨在土缝内、落叶上、杂草根部以及树干基部的皮缝内越冬，也有极少数越冬的雄成螨。在北方越冬雌成螨于第二年 4 月中旬开始出蛰活动。每代历期及各虫态历期在不同温度条件下有一定差异，平均气温在 10℃ 时，完成 1 代约需 20 天以上，平均气温在 30℃ 左右，完成 1 代约需 7~8 天。该螨有背光习性，多在叶背取食危害，可以吐丝结网，螨体在网下危害，并产卵于网上，每头雌螨可产卵 50~100 余粒。高温干旱年份有利于此螨发生，枣树下边种植豆类时叶螨发生严重，当豆类叶片干枯时，大批叶螨转移到枣树上很快造成严重危害。一般猖獗危害期多在 6~8 月间。10 月份受精雌成螨陆续寻找适宜场所越冬。

【预防控制措施】

1. 人工防控　秋末冬初及时清扫枣园枯枝、落叶，并铲除枣园内杂草，集中一起烧毁，消灭越冬成螨。或用铁锹深翻枣树下土壤，使越冬成螨一部分暴露地表而失水死亡，一部分翻入土壤深层滞息死亡。

2. 农业防控　枣园内禁止种植豆类、棉花等植物，防止二斑叶螨猖獗危害果树。如种植应加强树下作物和树上二斑叶螨的防治。

3. 药剂防控　当二斑叶螨大发生时，可用 50% 水胺硫磷乳油 1500 倍液，或 20% 三氯杀螨醇乳油 700~800 倍液，或 75% 克螨特乳油 2000~2500 倍液，或 2% 氟丙菊酯乳油 2000 倍液，或 2.5% 联苯菊酯乳油 2000~2500 倍液喷雾。

李始叶螨

Eotetrdnychus pruni（Qudemans）

李始叶螨又称黄叶螨、黄蜘蛛，属真螨目，叶螨科。

【分布与危害】

该螨分布于陕西、甘肃、新疆、江西等省、市、自治区。国外分布于日本、俄罗斯、英国、美国等国家。除危害枣、酸枣、沙枣、苹果、海棠、梨、酸梅、李以外，还危害杏、桃、核桃、葡萄等果树，以成、幼、若螨吮吸幼芽、嫩叶和嫩梢汁液，使花芽不能开放，嫩梢萎蔫，常在叶片的背面危害，多沿中脉两侧取食，致使叶片呈现苍黄色斑点，后渐呈棕黄色，或造成叶片卷曲干枯，早期脱落，影响光合作用和营养物质积累，对果实的产量、品质及树势影响特别大。

【形态特征】 彩版 58　图 865

成螨　雌成螨体长 0.27~0.31 毫米，体宽 0.15 毫米，椭圆形，浅黄绿色，沿体侧有细小黑斑。雄成螨体长 0.20~0.26 毫米，宽 0.13 毫米，体橘黄色。

卵　圆形，初产时白色透明，后渐变为橙黄色。

幼螨　近圆形，黄白至淡黄色。

若螨　长椭圆形，黄绿色。

【生活史与习性】

李始叶螨在甘肃张掖一年发生 9 代左右，在新疆南疆地区一般年份发生 11 代。9 月下旬以橙黄色越冬雌螨开始向主干、主侧枝、翘皮裂缝、根际等处迁移越冬。次年 3 月中旬越冬雌螨出蛰，4 月上旬在芽苞处取食活动，6 月下旬至 8 月上旬是发生、危害盛期。各代的卵期、幼、若螨期、产卵前期分别为 4.5~8.5 天、5~14 天、2~3.5 天。完成一个世代最长 30 天，最短 9.5 天。成螨随气温变化，有早春向树上爬行、秋末向树下爬行的习性。

【预防控制措施】

1. 人工防控

（1）秋季可在枣树干上绑草圈诱集李始叶螨越冬成螨越冬，早春取下草圈集中烧毁，消灭越冬螨、卵。

（2）早春枣树发芽前，结合防治其他害虫彻底刮除主干、主枝上的翘皮及粗皮，集中烧毁。

2. 药剂防控　李始叶螨的防治有三个关键时期：越冬雌成螨出蛰盛期、第一代幼螨孵化盛期（枣树落花后 7~10 天）和第二代幼螨孵化盛期（谢花后 25 天左右）。

（1）发芽前用波美 3~5 度石硫合剂，发芽后用波美 0.5 度石硫合剂，花后用波美 0.2~0.05 度石硫合剂喷雾。除对叶螨有较好的防效外，还能兼治白粉病等。

（2）用柴油乳剂（柴油和水各1升、肥皂60克制成）含油量4%的乳剂，幼螨孵化前半月喷一遍，花后喷一遍含油量0.5%~1%的乳剂，生育期喷0.5%~0.8%的乳剂都能收到良好的杀螨、杀卵效果。

（3）在幼螨孵化盛期，用40%三氯杀螨醇乳油1000~1500倍液，或20%双甲脒乳油1000倍液，还可与20%杀灭菊酯乳油2000倍液混合使用，可兼治食心虫、卷叶虫等。

（4）用40%水胺硫磷乳油1500~2000倍液，还可兼治其他害虫，但要避开花后2~4周，以免引起落果。用5%尼索朗乳剂1500倍液，也可与其他杀虫杀菌剂混用，杀卵作用好，抗雨水冲刷，对螨类有效控制期45~60天。

（5）在枣树落花后7~10天和落花后25天左右各喷一次20%甲氰菊酯乳油3000~4000倍液，或2.5%三氟氯氰菊酯乳油6000~8000倍液，或10%联苯菊酯乳油3500~6000倍液。这三种除虫菊酯都可有效地控制螨类，又能兼治食心虫和卷叶虫等。

轮换使用以上药剂喷雾，可以延缓叶螨抗药性的产生。为了保护天敌，还可改进施药方法，如树干包扎、分区轮换喷药或树体局部涂药等。

3. 生物防控

李始叶螨的天敌种类很多，如食螨瓢虫、异色瓢虫、中华草蛉、小黑花蝽、塔六点蓟马、西方盲走螨和拟长毛纯绥螨等，应注意保护利用，特别是对中华草蛉的利用。在5月上旬前后叶螨平均达5头/叶，每树可放草蛉卵1000~2000粒，若叶螨达到5~10头/叶，则需放卵2000~3000粒，可有效地控制叶螨的危害。还可在5月下旬到6月中旬根据枣树的不同树龄和叶螨的虫口基数，以1∶36~64的益害比，一株释放西方盲走螨雌成螨350~2750头，经过45~60天，李始叶螨种群会逐渐衰亡，达到完全控制。

茶黄螨

Polyphagotarsonemus latus（Banks）

茶黄螨又名侧多食跗线螨、茶嫩叶螨、茶半跗线螨等，属真螨目，跗线螨科。

【分布与危害】

该螨分布于全国各省、自治区，除危害枣、花椒、柑橘、茶外，还危害咖啡、葡萄及多种蔬菜。以成、幼、若螨群集叶背、嫩茎和果实上吸食汁液，枣树叶片受害后呈现黄褐色斑点，并向叶面弯曲，芽叶萎缩。

【形态特征】 彩版58　图866

成螨　雌螨椭圆形，长约0.2毫米，腹末平截，乳白色至黄绿色，半透明。体背后部中央有一乳白色纵线斑，由前向后渐宽。足较短，第四对足纤细，跗节末端具端毛及亚端毛。雄螨体长0.12~0.2毫米，近菱形或六角形，扁平，腹末圆锥形上翘，乳白色至淡黄色，半透明。第四对足胫跗节细长，爪退化成纽扣状，其上有一根与足等长的毛。

卵　椭圆形，底部扁平，无色透明，表面有6~8列整齐的乳白色突起约38个。

幼螨　近圆形或菱形，乳白色或淡绿色，身体背部有一条白色纵带。

若螨　纺锤形，淡绿色。

【生活史与习性】

该螨在热带和温室条件下，全年都可繁殖，四川每年发生25~31代，甘肃约发生20~

25 代。以雌成螨在叶片背面、芽鳞内和芽腋等处越冬。气温 28℃～30℃时 5 天左右完成 1 代，18℃～20℃时 10 天左右完成 1 代。在枣树上以 6～9 月繁殖最盛，危害严重。主要进行两性生殖，也可弧雌生殖，未受精的卵孵化率约 40%，多为雄性。雌成螨日产卵 6 粒左右，一生可产卵 30 余粒，多达 100 粒。卵散产于嫩叶背面、嫩芽和果凹等处。卵期、幼螨、若螨期各约 2～3 天。生长发育适温 25℃～30℃，相对湿度 80%～90%，成螨在 40% 以上的湿度条件下即可正常生殖。天敌有捕食螨、小花蝽、蓟马、草蛉、蜘蛛等。

【预防控制措施】

参照截形叶螨防控措施。

第二节　软体动物

危害枣树的软体动物有蜗牛、田螺和野蛞蝓等三类。条华蜗牛、左旋巴蜗牛、琥珀螺、康氏奇异螺等，春季取食幼芽和新梢，夏季啃食幼嫩皮层，甚至部分老树皮和叶片，严重时枝干表皮被食后，木质部外露而干枯。野蛞蝓成体和幼体均可咬食幼芽、嫩叶和嫩茎，受害叶片呈大小不同的孔洞和缺刻，甚至将叶片吃光，还可刮食枣果。

蜗　牛

蜗牛又称蚰蜒螺，俗称水牛，危害枣树的蜗牛主要有两种。均属腹足纲，柄眼目，蜗牛科。

【分布与危害】

左旋巴蜗牛、华条蜗牛分布于西北、华北、华东、华中及华南各省、市、自治区。主要危害枣、苹果、枸杞和花椒等经济林木。蜗牛春季上树取食幼芽和新梢，夏秋季啃食幼嫩皮层，甚至部分老树皮及叶片。枝干表皮被食后，不仅伤口难以愈合，木质部外露而干枯，而且其伤口为其他害虫及病菌提供了侵入的途径。

【形态特征】

1. 条华蜗牛（*Cathaica fasciola* Draparnaud）彩版 58　图 867～869

贝壳外形扁圆锥形，右旋，有 5～6 个螺层，贝壳高 9.5～10 毫米，宽 16 毫米。壳质稍厚而坚硬，壳面黄褐色或黄白色；体螺层周缘有一条黄褐色条带，色带终止于缝合线，缝合线深，螺旋部低矮无色带；壳口椭圆形，口缘完整锋利，稍外折，内缘有一白瓷状肋，口缘下沿平直；轴缘外折，遮盖脐孔，脐孔细小。

2. 左旋巴蜗牛（*Bradybaena fortunei* Pseiffer）彩版 58～59　图 870～871

贝壳扁圆锥形，左旋，有 5～6 个螺层，壳高 9～13.5 毫米，宽 14～20 毫米。壳质薄而硬，壳面乳白色或污白色，体螺层周缘中央偏上方有一红褐色带，色带终止于缝合线，线深而下陷；壳口椭圆形，向左下方倾斜，口缘薄而锋利，稍外折，幼螺壳口内常有一白瓷状肋；轴缘短而外折，略遮盖脐孔，孔圆形，宽而深。

3. 灰巴蜗牛（*Bradybaena ravida* Benson）彩版 59　图 872～874

贝壳右旋、大小中等，壳质稍厚，坚固，呈圆球形，壳高 19 毫米，宽 21 毫米，有 5～6

个螺层。壳面黄褐色或琥珀铎，并具有细致而稠密的生长线和螺纹。壳顶尖，缝合线深。壳口椭圆形，口缘完整，略外折，锋利，易碎。轴缘在脐孔处外折，略遮脐孔，脐孔狭小，呈缝隙状。个体大小，颜色变异较大。卵圆球形，白色。

【生活史与习性】

两种蜗牛生活史与习性相似。它们每年发生 1 代，以成体、幼体蛰伏在枣园枯枝落叶、杂草丛里，或附近作物秸秆堆下面，或松散湿润土中越冬。翌年 3~4 月出蛰活动取食，仅食草芽，4~6 月成体交配产卵，并危害枣幼芽、新梢，7~8 月如干旱高温常潜伏寄主根部或土中越夏。如降雨后湿度大，则可出来活动取食。9 月以后随气温下降，秋雨又多，蜗牛啃食枣树枝干幼嫩皮层，形成条状枯死斑，严重时啃食老树皮，木质部外露而枯死。蜗牛雌雄同体，却需两只蜗牛互相进行异体交配受精，也可同体受精繁殖。一生可产卵多次，每个成体可产卵 80~235 粒，多产于根际疏松潮湿土中、缝隙内、枯枝落叶以及石块下边。成体喜阴湿，下雨天昼夜活动取食，在干旱情况下昼伏夜出，爬行处留下分泌的黏液痕迹。在枣树栽植过密、通风不良、湿度大，或田间管理粗放、杂草丛生的枣园，均有利于蜗牛发生，且危害严重。此外，蜗牛即使缩进壳中，仍有可能被别的昆虫吃掉。

【预防控制措施】

1. 人工防控

（1）利用蜗牛喜阴暗潮湿、畏光怕热、雨后大量活动的习性，可在天晴后锄草松土，清除枣树下杂草、石块等，破坏其栖息地生态环境，可减轻蜗牛危害。

（2）在春、夏、秋三个季节中进行中耕锄草，整形修剪时，及时从树干上摘除蜗牛，从土中拣去蜗牛，并立即深埋或烧毁将其处死。

（3）药剂防控

（1）用 6% 蜗牛敌颗粒剂，或 8% 灭蜗灵颗粒剂，或 10% 多聚乙醛颗粒剂每公顷 25~30 千克，拌细砂土 100~120 千克，于晴天傍晚、雨后天晴时撒施树冠下或树干周围草丛中，蜗牛出来活动时，接触药剂触杀死亡，或食后中毒死亡。

（2）将棉籽饼粉碎后炒香，加水湿润，均匀拌入 30% 除蜗净可温性粉剂（40：1）配成毒饵，于傍晚撒施枣树冠下（勿在下雨时撒施），蜗牛食后中毒死亡。

（3）用 45% 三苯醋锡可湿性粉剂 2000 倍液，或 80% 聚乙醛可湿性粉剂 2000 倍液，或 30% 杀螨蚧可湿性粉剂 100~150 倍液，于晴天傍晚喷洒于受害枣树冠下，蜗牛接触药剂后分泌大量黏液而死亡。

田　螺

田螺俗称蚰蜒螺、水牛等。危害枣树的田螺主要有两种，均属腹足纲，柄眼目，螺科。

【分布与危害】

甘氏奇异螺分布于西北、华北、华东、华中及华南各省、自治区；瘦瓶杂斑螺分布于甘肃、陕西、四川等省；琥珀螺分布于四川、云南、甘肃（兰州）及长江流域各省。其寄主危害情况与蜗牛相同。

【形态特征】

1. 甘氏奇异螺（*Mirus cantori* phippi）彩版 59　图 875

贝壳外形呈塔状，螺旋部高，有 8~9 个螺层，壳高 18~26 毫米，宽 6~9 毫米，壳厚而坚实，长纺锤形。壳面淡褐色或栗褐色泛红，壳顶尖，缝合线深。壳口卵圆形，周缘肥大，外折，形成白瓷状，或呈污白色的边缘。轴缘遮盖脐孔，脐孔缝隙状。

2. 瘦瓶杂斑螺（*Subzebrinus macrocera* Miformis）彩版 59　图 876

贝壳外形塔状，螺旋部高，有 8~9 个螺层，壳高 15.5 毫米，宽 5.5 毫米。壳质薄，半透明、虫蛹状。壳面暗黄褐色、污白色或赭色，夹杂有淡黄褐色或棕色斑纹。壳顶钝，缝合线深。壳口椭圆形，口缘完整，薄而锋利，略外翻，脐口狭隙状。

3. 琥珀螺（*Succinea* sp.）彩版 59　图 877

贝壳呈小塔形，螺旋部短，有 3 个螺层，壳高约 11 毫米，宽 5 毫米。壳质薄，半透明，有光泽，易碎。壳面赭色或琥珀色，夹杂有斑纹。缝合线浅，偏斜。壳口大，椭圆形，壳口高大于壳口宽。口缘薄，锋利，易碎。身体短大，前触角短，后触角在基部宽大，呈圆柱状，前端膨大。卵白色，圆形。

【生活史与习性】

两种螺每年均发生 1 代，以成、幼螺蛰伏枣园枯枝落叶、杂草丛里，或附近秸秆堆下面，或松散湿润的土壤里越冬。第二年 3~4 月出蛰活动，4~6 月交配产卵，同时危害幼芽、嫩叶、新梢，7~8 月如高温干旱则潜伏越夏。9 月份随气温下降，成螺啃食嫩叶，枣树幼嫩皮层，形成条状枯斑。螺雌雄同体，异体交配受精。一生产卵多次，每个成螺产卵少则几十粒，多则几百粒。成螺喜阴湿，下雨天昼夜取食危害，干旱天气昼伏夜出，活动危害。琥珀螺除在陆地上生活外，还可在水面、水草上飘浮活动。休眠时用黏液把壳口封住。植株过密、湿度大、管理粗放、杂草丛生的枣园发生危害严重。

【预防控制措施】

参见蜗牛防控措施。

野蛞蝓

Agriolimax agrestis Linnaens

野蛞蝓俗称赤膊蚰蜒螺、无壳蚰蜒螺、鼻涕虫等，属于腹足纲，柄眼目，蛞蝓科。

【分布与危害】

野蛞蝓分布于我国各省、自治区，甘肃、宁夏、新疆等地发生普遍，危害严重。它食性杂，除危害枣、酸枣、苹果、枸杞、草莓外，还危害芹菜、白菜、油菜、菠菜及茄果类、豆类蔬菜等。成体与幼体皆能危害，可咬食幼芽、嫩叶、嫩茎；受害轻的叶片被吃成大小不同的孔洞和缺刻，重的叶片被吃光。野蛞蝓爬行以后，遗留下的白色胶质，也能造成幼苗枯萎死亡。此外，又能刮食枣果，影响商品价值。

【形态特征】彩版 59　图 878

成体　体长 20~25 毫米，爬行时体长 30~36 毫米，身体柔软无外壳。体暗灰色、灰褐色或黄白色。触角 2 对，前触角短，后触角长。眼着生于后触角顶端，黑色，口着生于头部前方，口腔内生有角质齿舌。体背前端具外套膜，为体长的 1/3，其边缘卷起，内有一退化的贝壳（称盾板），外套膜有保护外部和内脏的作用。在外套膜后方右侧有呼吸孔，以细尖

273

的带环绕。生殖孔在右触角后方。尾脊钝。腺体分泌的黏液无色。

卵　椭圆形，直径 2~2.5 毫米，白色透明可见卵核，近孵化时变为深色。

幼体　初孵幼体长 2~2.5 毫米，淡褐色。一周后体长增长 3 毫米；二月后增长 10 毫米，淡褐色，5 个月后发育为成体。

【生活史与习性】

在长江以南地区每年发生 3~6 代，在西北地区约发生 2~4 代，世代重叠，以成体、幼体在枣树根部湿土下、沟河边、草丛中及石板下冬眠。在南方 4~6 月和 9~11 月是危害高峰，也是产卵繁殖盛期。在西北露地 7~9 月危害较重，温室、大棚可周年发生危害。野蛞蝓雌雄同体，异体受精，也可同体受精繁殖。成体交配后产卵于湿度大、较隐蔽的土块缝隙中，每头成体平均产卵 400 多粒，卵粒往往黏结成堆。野蛞蝓怕光，在强烈日光下经 2~3 小时即被晒死，喜欢生活在阴暗潮湿的场所。由于它们畏光怕热，一般多在阴雨天或晚上 6 时以后活动危害，晚上 10~11 时活动最盛，危害最烈，午夜之后逐渐减少，清晨日出则陆续潜入土中或隐蔽处。野蛞蝓具有趋香、趋甜、趋腥味等习性，除危害多种植物外，还取食蚯蚓、蜗牛等动物尸体，饥饿时甚至互相残食。耐饥能力也很强，食饵缺乏时亦能不食不动。

【预防控制措施】

1. 农业防控

（1）枣树育苗时，采用地膜覆盖、破膜出苗等方法，以减少野蛞蝓危害。

（2）施用充分腐熟的有机肥，创造不适于野蛞蝓发生和生存的条件，减轻其危害。

2. 药剂防控

（1）在野蛞蝓发生危害初期，可采用蜗牛敌等药剂防治。参照蜗牛防治方法。

（2）于 4~5 月蛞蝓盛发期，喷洒碳酸氢铵或氨水 100 倍液，可起到防控野蛞蝓和促进幼苗生长的作用。

（3）在田边、地埂上撒石灰粉或草木灰，以降低湿度，造成不利于野蛞蝓的生活环境。同时选晴天每 666.7 平方米撒生石灰粉 5~7.5 千克，野蛞蝓爬行过后身体失水而死亡。

（4）野蛞蝓发生盛期，每 666.7 平方米用 2% 灭旱螺饵剂 350~500 克，引诱野蛞蝓食后中毒死亡。或 8% 灭蜗粉剂 1~1.5 千克，晴天傍晚撒施于枣树行间。

第三节　害　鼠

危害枣树的害鼠，主要有中华鼢鼠、黄鼠、沙土鼠和金花鼠、花松鼠等 6 种。中华鼢鼠终年开穴挖洞生活在土内，啃食枣树等植物的根系，使幼苗、幼树枯萎死亡。黄鼠、沙土鼠、金花鼠春季食害枣树苗圃幼苗和幼树嫩芽、嫩叶和嫩枝，使幼苗、苗木死亡；金花鼠、花松鼠夏秋季还盗食枣果，严重时吃光果实，造成减产。

中华鼢鼠

Myospalax fontanieri Milne-Edwards

中华鼢鼠又名原鼢鼠，俗称瞎老鼠、瞎老、瞎瞎、瞎狯、仔隆（藏语）等，属于啮齿目，仓鼠科，鼢鼠亚科。

【分布与危害】

该鼠分布于甘肃、青海、宁夏、新疆、陕西、内蒙古、山西、河北、四川等省、自治区。它除危害枣、苹果、枸杞、云杉、松、山杏等果树、林木外，也危害蔬菜、粮食作物和牧草。该鼠开穴挖洞，啃食根系，使幼树枯萎以至死亡，对幼树危害极大，危害死亡的幼树在 10% ~ 15%，严重者达 30% 以上。

【形态特征】彩版 59　图 879

中华鼢鼠体圆筒形，肥胖，成鼠体长 20 厘米左右，一般雄鼠大于雌鼠。体色有棕黄色、红黄色或蓝灰色。头较大，扁而宽，鼻端圆钝，光而无毛，粉红色。上颌门齿形短而强，第一臼齿较大，下颌门齿的齿根极长，其齿式为 $2\left(\frac{1,\ 0,\ 0,\ 3}{1,\ 0,\ 0,\ 3}\right) = 16$，吻上方与两眼间有一较小的淡色区，有些个体额部中央有一白色或黄白色斑纹，耳小，隐于毛下，眼睛退化，极小。四肢较短，前肢粗而有力，前足生有镰刀状的长爪，适于刨土。尾细短，长约 5 ~ 6 厘米，被有稀疏的毛。足、背及尾毛均为污白色。

【生活史与习性】

中华鼢鼠每年繁殖一胎，5 ~ 6 月产仔，每胎 2 ~ 6 只，以 3 ~ 4 只者居多。该鼠喜欢栖息于土层厚、土质松软的土内，阴坡多于阳坡。由于营巢、掘土觅食，常将泥土推出地面，堆成大小不等的小丘，直径约 50 厘米。土丘分布一般在穴的侧面，少数在洞的上方。雄鼠堆的小丘呈直线排列，雌鼠堆的小丘呈椭圆形排列，由此可辨别雌雄鼠。

鼢鼠的洞系较复杂，每个洞系占地面积约 0.06 公顷。以作用和层次分，主要有串洞、主洞、朝天洞和老窝。串洞是取食时所挖掘的洞道，距地面约 5 ~ 10 厘米，主洞比较固定，洞径较大，一般距地面约 20 厘米，是鼢鼠经常活动的通道，并与朝天洞与老窝相通；朝天洞洞口较窄，上通主洞，下接老窝；老窝分布较深，距地面约 50 ~ 180 厘米，并有巢室、仓库、便所之分，供栖息和贮藏食物等用。一般雄鼠的老窝较雌鼠老窝浅。此外，还有一些分支多而不通的废串洞。

鼢鼠终生营隐蔽生活，昼夜活动，通常在地下挖掘觅食，特别是繁殖期和越冬前贮藏食物时最活跃。有怕光、避风习性，当它发现洞道有破漏时，即迅速挖土堵塞。冬季栖息老窝中，除非取食外，基本不活动，春季地表解冻后开始活动危害。

【预防控制措施】

春秋为防治鼢鼠的适宜时期，其防治方法有以下几种：

1. 人工防控

（1）铲击法　鼢鼠怕光、怕风，且有堵洞习性，利用此种习性，先切开洞口，铲薄洞道上的表土，准备好铁锹在洞口后边守候，待鼢鼠来洞口试探堵洞时，立刻用力切下去，也可用脚猛踩洞道，切断回路，将它捕杀。

（2）灌水灭鼠　有条件的地区在灌水前切开洞口，将水引入洞内，可淹死大量的鼢鼠。

2. 物理机械防控

（1）弓箭射杀法　先将洞口切开，用小把刮出洞内虚土，把箭放在洞的顶部中心处距洞口约 7 ~ 8 厘米的位置，把弓按在箭后靠近箭，用土块把弓背固定在地面上，接着把停棒

（顶棒）立在弓背上，将停棒上的连接绳上下试拴适当后，把弓弦挂在挑尖的一端，使弓张开，再把挑尖的另一条引发绳压好，后把洞口堵严，把箭提起，使箭头插在洞口上边，箭上边的双叉插在弓弦上，鼢鼠来撞，弓箭即发，射死鼢鼠。

（2）弓形夹捕杀法　常用1号、2号鼠夹。方法是：先找到洞道，切开洞口，用小铁锹挖一略低于洞道，大小与弓形夹相似的小坑，放置弓形夹，并将夹上轻轻放些松土，将夹子用铁丝固定于洞外木桩上，最后用草皮盖严洞口。

（3）双架塌压法　用33.3厘米长的带叉树干两根，插在切开的洞道两侧作为支架，架上放一根长约60厘米的横梁，中间开一个小槽，放一杠杆，洞顶上的一端（约占杆长的1/4）用细绳打一活结套拴一块石板，重约5~6千克，石板下插箭4支，另一端拴一根66.7厘米的细麻绳，下系一小树枝，用土压在洞口，鼢鼠堆土时，把土团推开，细麻绳滑脱，石板落下就会把箭压入洞内，刺死鼢鼠。

3. 药剂防控

灭鼠药剂很多，主要有磷化锌、敌鼠钠盐、鼠甘伏、氯敌鼠钠盐、安妥、杀鼠酮等。可将上述药剂配制成毒饵，进行诱杀。现将毒饵的配制和投放方法介绍如下：

（1）毒饵配制　选用当地鼢鼠爱吃的食料，如春季用葱、韭菜、蒜苔、萝卜等；秋季用马铃薯、豆类、莜麦等切碎，加入5%磷化锌，或0.1%敌鼠钠盐，或0.5%鼠甘伏，或0.02%氯敌鼠钠盐，拌匀；也可用葱叶，叶筒内装入磷化锌等鼠药制成毒饵。

（2）毒饵投放方法　毒饵毒杀鼢鼠的关键是投饵方法，常用方法有以下两种：

①开洞投饵法　在鼠洞上方用铁锹开一洞口，把洞内浮土取净，用长把铁夹或勺子将毒饵投放到洞道30厘米以内深处，每处3~4块，用土块略封洞口，当鼢鼠觉察有风、光，去堵洞时，将毒饵拖进洞内食后中毒死亡。

②插洞投饵法　用长80厘米、粗3厘米的木棒，将一端削成圆锥形，在洞道上方插一洞口，插时用力不宜过猛，当插到洞道时轻轻转动木棒，将插口周围的土挤紧，取出木棒后随即投放毒饵，并封闭洞口。无轮采用那种投饵方法，一般一个洞系只投放一处。在危害严重时，往往土丘成群，无法分清洞系，可每隔10~15米投放一处。

4. 生物防控

（1）在春初或秋末，每公顷使用依萨琴柯氏菌或达尼契氏菌等颗粒菌剂1000~3000克，放入洞道内，使鼢鼠感病死亡。此法鼠类不会产生抗性，或拒食现象，且对人、畜安全，也不污染环境。

（2）于春初或秋末，应用100万毒价/毫升C型肉毒素水剂配成毒饵诱杀，毒饵的配制与使用可参见作者的《花椒病虫害及其防治》一书杀鼠剂C型肉毒素。

黄　鼠

Citellas dauricus Brandt

黄鼠又名达乌尔黄鼠、蒙古黄鼠、草原黄鼠，俗称大眼贼、豆鼠子、禾鼠等，属于啮齿目，松鼠科。

【分布与危害】

黄鼠分布于西北、华北、东北等各省、自治区，甘肃发生普遍。除危害枣、酸枣外，还危害各种林木、果树以及蔬菜、粮食作物等。喜食植物多汁幼嫩部分，苗圃幼苗常遭其害，使幼苗大量枯死。

【形态特征】彩版 59　图 880

黄鼠体长 20~25 厘米，体重约 200~450 克。头大，眼大而圆，故有"大眼贼"之称，眼眶四周具白圈，眶上嵴基部的前端有缺口，无人字嵴。颅骨椭圆形，吻端略尖，门齿狭扁，后无切迹，牙端整齐。其齿式为 $2(\frac{1, 0, 2, 3}{1, 0, 2, 3}) = 16$，耳壳退化，短小，黄色，颈、四肢较短。爪黑色，强壮。雌体具乳头 5 对。背毛深黄色，杂有黑褐色毛，腹部、体侧及前外侧为沙黄色。尾较短，尾长为体长的 1/5，尾末端间有黑白色环。

【生活史与习性】

黄鼠每年繁殖 1 胎，出蛰后雌鼠于 5 月中旬进入妊娠期，孕期 28 天，每胎产仔 6~7 只，多达 11 只。仔鼠一般 20 天左右睁眼，35 天左右自行打洞分居，独立生活，寿命 2~3 年，一般不超过 5 年。该鼠喜散居，较喜湿，一般多在植被覆盖率 25% 左右、株高 15~20 厘米处活动。它除繁殖季节外，多单洞独居，洞穴多在地头、荒地、路旁及多年生草丛等处。居住巢穴分临时洞和常住洞，临时洞无窝巢，且多达几个至十几个。常住洞通常只有一个洞口，洞口光滑完整，直径 7~8 厘米，洞口前有土丘和足迹，洞道长 2.9~4.3 米，洞深 1 米以上，无仓库，不贮粮。雄巢球形，雌巢盆形。一年当中，半年活动，半年休眠（冬眠）。10 月初入蛰，第二年春季当气温回升至 2℃ 以上时开始出蛰，通常为 3 月中下旬至 4 月上旬。活动范围在 300~500 米。黄鼠挖掘力强，视觉、嗅觉、听觉灵敏，记忆力强，警惕性高，遇到敌害或人类打扰时，能迅速逃避。

【预防控制措施】

1. 农林防控

（1）加强田间管理　精耕细作，平整土地，轮作倒茬，机耕深翻地，并经常铲除地头、路边等处杂草。

（2）灌水灭鼠　有条件的可结合灌水，淹死黄鼠；对于沙土中的黄鼠洞，在水中掺些黏土灌，效果更好。

2. 物理机械防控

有条件的地区，可采用 LB 型灭鼠管灭鼠，效果比较好。

3. 药剂防控

（1）毒饵诱杀法　4 月份黄鼠已全部出蛰，并进入繁殖期，且此时食料缺乏，采用毒饵诱杀效果最好。具体方法可参见中华鼢鼠防治方法。

（2）熏蒸法　4~7 月植物生长茂盛季节，黄鼠食物充足，此时最好用熏蒸法熏杀黄鼠。具体方法是：在有效鼠洞内，投放注有 3~5 毫升氯化苦的棉团或草团；也可用磷化铝，每洞投入 2~3 片，投药后洞口用土封闭。

沙土鼠

Meriones unguiculatus Milne-Edwads

沙土鼠又名长爪沙土鼠、长沙土鼠，俗称黄老鼠、黄耗子、白条鼠、沙老鼠等，属于啮齿目，仓鼠科。

【分布与危害】

沙土鼠分布于西北、华北、东北等省、自治区。该鼠危害枣树、花椒、松、柏等林木，也危害粮食作物、蔬菜和杂草。主要危害播入土内的种子和幼苗，危害严重时毁坏整个苗圃幼苗，延误农时，冬季危害秋贮粮。

【形态特征】 彩版 59　图 881

沙土鼠体形中等，长约 12 厘米。颅骨前窄后宽，鼻骨狭长，耳小而圆，听泡发达。门齿孔后端几乎达到臼齿列前缘，成体上下颊齿具齿根，咀嚼面因磨损而形成一列三角形，其齿式为 $2\left(\frac{1,\ 0,\ 0,\ 3}{1,\ 0,\ 0,\ 3}\right)=16$，头和背部毛为沙灰色，毛基部为灰黑色，毛的尖端间或杂以黑色。喉部毛根也为灰白色，腹部及胸部毛为乳白色，毛基灰色，毛尖浅橘黄色。尾较长，长 6.6~8 厘米，尾毛黄色，末端有一束毛，黑褐色。爪强大，暗灰色，善于挖洞。

【生活史与习性】

该鼠繁殖能力强，只要条件适宜，全年都可繁殖。一般每年约繁殖 3 胎，每胎产仔 5~8 只，4 月和 7~8 月是繁殖高峰期，以秋季数量最多。此鼠主要栖息于荒漠草原和农区，特别喜欢栖息于沙质撂荒、农田、路边、地埂等植被稀少、植株低矮处。沙土鼠喜群栖，以家族为单位生活在一起，因此洞系也比较复杂，可分为越冬洞、夏季洞和临时洞。越冬洞洞口多达 10 个以上，一般 4~5 个，洞口大部分朝向东南，洞道倾斜呈 45° 以下的角度，洞较长，可达 10 米，距地面 1 米左右，洞道曲折，有 2~6 个贮粮窝，多个居住窝和几个排便处所。夏季洞仅有窝巢，位于地下 50 厘米处。临时洞简单，仅有 2~3 个洞口，洞道短而直，无粮库和窝巢，是临时藏身之地。该鼠多在白天活动，夜间很少活动，也不冬眠。有迁移习性，夏季栖息在平地，秋季迁至背风向阳处。

【预防控制措施】

1. 农业防控　沙土鼠多集中荒地、农田、路边、地埂等处，因此实行精耕细作，减少夹荒地，合理调整林木布局，破坏沙土鼠栖息地。秋收的果实、种子，要尽快妥善贮藏，断绝该鼠食物来源。

2. 人工防控　秋季挖掘鼠洞，捕杀沙土鼠，并掘开鼠仓，夺回被盗种子，果实。

3. 其他防控措施　参见黄鼠、中华鼢鼠防控措施。

金花鼠

Eutamias sibiricus (Laxmann)

金花鼠又称花鼠，俗称巨狸猫、五道眉、花黎棒、猫老鼠、花犸狑等，属于啮齿目，松鼠科。

【分布与危害】

金花鼠分布于我国北方各省、自治区，西北地区发生普遍，危害严重。危害枣、核桃、杏、桃、枸杞、花椒、杨、榆、松等果树、林木以及多种蔬菜、粮食作物。春季常食害苗木的嫩芽、嫩枝；夏、秋季盗食果实。

【形态特征】 彩版 59　图 882

金花鼠体形较小，长 14 厘米左右，体棕灰黄色，后半身较前半身黄，背毛浅黄色或橘红色，有 5 条黑褐色纵纹，故称"五道眉"。头颅狭长，脑颅不突出，上颌骨的颧突横平。白齿的咀嚼面近乎圆形，上下门齿前表面有不明显的细纵脊。具颊囊，耳壳明显，耳端无纵毛。腹毛污白色，毛基灰色。有乳头 4 对。尾长近于体长，尾毛略蓬松，端毛长，毛基褐色，中间黑色，毛尖白色，尾四周具白色毛边。

【生活史与习性】

金花鼠每年繁殖 1~2 胎，每胎产仔 4~6 只，孕期、哺乳期各一个月。一般生活在平原、丘陵、阔叶林、针叶林及山区农田等地。常在树根基部、石缝、悬崖上栖息。洞穴简单，深约 1 米以上，鼠巢呈球形或碗状，仓库和窝巢合二为一，上部用毛草作巢，下部贮藏食物。金花鼠白天活动，尤以早晨和下午活动最盛。一般先爬到树上、树桩上等高处观察动静，如无敌害，然后活动危害。金花鼠善于爬树，行动敏捷好奇，听觉灵敏，稍有惊动，立即逃跑。还能从一棵树上跳到另一棵树上。此外，也有冬眠习性。

此外，还有一种花松鼠（*Tamiops swinhoei* Milne-Fawards），外形同金花鼠，但背部深花纹只有 3 条，故称三道眉，毛色和体形更加美丽。此鼠也多居住在森林树枝和树洞里。除危害水果、干果外，还传播疫病，影响人身健康。

【预防控制措施】

1. 人工防控　利用鼠夹、捕鼠笼和鸟枪射击等方式捕杀，适于苗圃及小块林地的防控。

2. 生物防控　金花鼠的天敌有猫头鹰、蛇、猫、黄鼠狼等，应注意保护；并利用这些天敌捕食金花鼠。

3. 药剂防控　主要采取毒饵诱杀，方法如下：

（1）毒饵的配制　取带壳花生果，先取出花生仁，在仁上挖孔并注入少许磷化锌，然后将花生仁放入壳内，或将油炸茧蛹内放入磷化锌制成毒饵。也可利用金花鼠喜食葵花籽、玉米等粮、油种子，拌入灭鼠药剂，制成毒饵。用葵花籽作毒饵时，先加熟清油拌匀，然后按种子重量加入 5%磷化锌，或 0.1%敌鼠钠盐，或 0.5%鼠甘伏等拌匀即成；用玉米做毒饵时，最好先将玉米胚芽戳一小孔，放入上述药剂搅拌，使药剂渗入孔内，然后加入适量熟清油拌匀即成。

（2）毒饵放置法　一般在金花鼠缺少食物季节和贮备食物的时期放置毒饵。毒饵应堆放在瓦片和石片上，每堆放 2~16 粒，选择金花鼠活动频繁而人、畜不常去的背风避雨处放置毒饵。

岩松鼠

Sciurotamias davidinus Milne-Edwards

岩松鼠俗称扫毛子，属于啮齿目，松鼠科。

【公布与危害】

该鼠分布于西北、华北、东北及华东各省、市、自治区的山区。是北方地区比较常见的一种。除危害农作物外，在果园地区，盗食枣、核桃、栗、柿等果实，危害严重，果农恨之入骨。据早年在山西中条山区发现，岩松鼠的一个仓库中贮存 20 多个核桃和其他谷类、豆类作物种子。

【形态特征】

成鼠 体长约 200 毫米,外形和一般松鼠无多大区别,背毛灰黑色,东北的岩松鼠毛色较浅。由于背毛黑色尖端下面的一段黄褐色,故背毛在外观上灰黑色中带有黄褐的颜色。腹部的毛为浅灰黄色。尾长比体长稍短。尾毛蓬松,有少数尾毛尖端呈白色。

【生活史与习性】

该鼠每年繁殖 1~2 胎,有时 3 胎,每胎产仔 2~5 只,孕期、哺乳期各一个月。主要生活在地上,多在岩石缝中做窝,故名岩松鼠。活动大都在白天,行动敏捷,奔跳迅速。由于体色与岩石相似,因此很难被人发现。它居住在丘陵地带,在产果区,对枣、核桃、栗、柿等果实危害严重。对梯田农作物危害性也很大,春天吃青苗,秋天庄稼成熟后,将整棵咬断,拖入岩洞。有贮粮习性,盗窃很多作物种子。

【预防控制措施】

参见金花鼠防控措施。此外,还可用石板压杀,即用 33.3 平方厘米的石板一块,绳子一条、木棍一根。把绳子的一端拴在树干上,另一端拴在木棍上,用绳子拉起石板,再用一根细绳子拴在木棍上,用绳子拉起石板,再用一根细麻绳拴在石板中间,把小木棍的另一头卡在细麻绳内。然后把食物吊起,系在细麻绳上,离地面高约 100~133 毫米,当岩松鼠来偷食物时,一拉动食物,棍头即滑脱,石板向下坠落,把岩松鼠压死。

红腹松鼠

Callosciurus erythraeus Pallas

红腹松鼠又名赤腹松鼠,俗称飞鼠、镖鼠,属于啮齿目,松鼠科。

【分布与危害】

该松鼠分布于浙江、福建、台湾、广东、广西、贵州、云南、重庆、四川等省、市、自治区。食性很杂,盗食枣、栗、榛、龙眼、葡萄及桃、李、山梨、荔枝、枇杷等果实;靠近果园、森林的农田花生、甘薯、豆类也常被盗食,危害严重时,造成减产。

【形态特征】 彩版 59 图 883

成体 体长 200~225 毫米,耳长 20~22 毫米。体背及四肢的毛灰黑色和黄色相混杂,但毛的基部多半为暗灰色,尖端一半以上的毛为黄黑相间。腹部毛呈棕黄色或赭石色。尾长150~170 毫米,尾毛比体毛长,尾的末端毛呈淡棕色或灰黑色,尾毛蓬松丛生,受惊时,尾毛竖起似毛刷。

【生活史与习性】

此松鼠每年春季和秋季繁殖 2 胎,每次胎生 2~4 只。多栖居在树上,借树枝的交叉处,利用小树枝上下搭架,围以树叶及细茅草等物,从外表看形似鸟巢;也有利用树干腐洞和啄木鸟之类的洞穴改建为鼠窝的;在山崖石缝和山区农村屋檐下也有窝巢。该松鼠性懦怯,易于训熟、玩耍;活动敏捷,善于高攀,在峭壁悬崖上都能穿行。善跳跃,寻食时常从一树跳往另一树,远达 5~6 米,故有"飞鼠""镖鼠"之称。喜欢群集,活动多在白天,雌雄伴行,白天又以早晨及下午活动较多。活动时有一定路线,农民常利用这一特点进行捕杀。

【预防控制措施】

1. 人工防控

（1）利用该松鼠早上及下午活动的习性，用猎枪射杀。

（2）在春季和秋季该松鼠繁殖期，捕杀树枝上、树洞内和房檐下窝巢内的幼鼠。

（3）该鼠活动有一定路线，如在那里发现过，隔一定时间仍会去那里，可利用这一习性，安装鼠笼，放些它喜吃的食物进行诱捕。

2. 药剂防控　参见金花鼠防控措施。

3. 生物防控　参见金花鼠防控措施。

第四节　害　鸟

危害枣树的鸟类主要是麻雀，麻雀也有好几种，主要有普通麻雀、山麻雀、黑胸麻雀、家麻雀等，由于它们的大小、体色近似，故通称麻雀。麻雀分布广，危害重。麻雀在夏秋季枣果成熟期啄食果实，危害严重时，常造成减产。

麻　雀

Posser montanus saturatus Steineger

麻雀又名家雀、树麻雀，俗称"老家贼"，属于雀形目，文鸟科，麻雀属，普通亚种。

【分布与危害】

麻雀分布于全国各省、市、自治区。麻雀除危害枣、酸枣外，还危害苹果、梨、桃、李、柿、葡萄等果树和多种粮油作物。它主要啄食果实、枣果害后破烂不堪，易招致霉菌污染，引起腐烂，更不能食用。它还吃多种粮油作物种子。

【形态特征】 彩版 59　图 884~885

成鸟　体形似弓，体长 140~150 毫米，体重 20~30 克，体毛灰褐色、沙棕褐色或褐色。嘴短粗而强壮，呈圆锥形，嘴峰稍曲，适于啄食浆果、粮食种子。两翅短小，初级飞羽 9 板，外侧飞羽的淡色羽缘（第一板除外）在羽基和近端处，形稍扩大，互相骈缀，略成两道横斑状，飞翔时尤为明显。由于翅短小，不能远飞；足轻捷，适于步行，而善跳。除普通麻雀外，还有黑顶麻雀、山麻雀、黑胸麻雀、家麻雀等，它们的大小、体色相近似，一般体上呈棕、黑色的斑杂状，故通称麻雀。

雏鸟　羽毛较成鸟苍淡，头顶中部沙褐色，两侧和颈部褐色较深，背部黑纹较成鸟少，翅上斑纹不显，耳尖、颏和喉暗灰色或暗黑色，颊、喉侧均白色，耳羽后部的黑斑比成鸟浅淡，腹部污白色。

【生活史与习性】

麻雀每年可繁殖多代，繁殖力很强，在北方从 4 月至 8 月都可繁殖，每窝产卵 4~6 个，多到 8 个。所产之卵从产出经孵化、育雏一直到雏鸟起飞，需经 35 天左右。一对麻雀每年至少产卵 2~3 窝。在南方，因气候温暖，食物丰富，一年中几乎每月都可见到麻雀产卵、繁殖，而主要繁殖期在春天到秋初。据估算，每对麻雀一年之中可产仔 10~20 只，多至 30 只左右。

麻雀除啄食枣果、苹果、梨、桃等果实外，还啄食谷子、糜子、水稻、油菜等粮油作物种子。据解剖检查，麻雀一年中的食物，粮食作物种子约占 50% 以上，其余是果树果实、杂草种子和昆虫。据调查一只麻雀每天至少吃 10~15 克糜、谷种子，一年要吃掉 2~3 千克粮食。农民常说"麻雀上万，一起一落上石"，可见麻雀虽小，但数量大，每年偷吃果实、粮食种子，损失巨大。

【预防控制措施】

1. 人工防控

（1）麻雀两翅短小，不能高飞，可用弹弓射杀；在房檐下掏雀卵（蛋）、雏鸟，集中深埋或摔破卵、杀死雏鸟。

（2）在冬季，尤其是雪天，食物缺乏时，用竹筛捕杀。方法是：用木棒系绳子，将竹筛掌起、半张开，竹筛内撒上糜、谷种子，人拿绳子躲藏在隐蔽处，当麻雀进入竹筛内取食时，拉动绳子，将麻雀罩住，然后捕杀。

（3）草人驱赶

2. 药剂防控

在麻雀常去吃食的地方，如草堆、房顶、碾子周围、仓库前后，施放毒米，引诱麻雀啄食，将其毒死。

第四章　枣园杂草

危害枣树的双子叶杂草种类很多，据调查多达 160 种，主要杂草有 60 种。在这些杂草中，以苣荬菜、刺儿菜、田旋花等多年生杂草为主，既可种子繁殖，又可根茎繁殖，发生数量大，危害重，难以根除。危害枣树的单子叶杂草有 30 多种，主要杂草有 19 种。其中冰草、赖草、白茅等多年生深根性杂草，发生普遍，危害严重。由于以上杂草根茎粗壮，横走地下，吸收水分、养料的竞争能力极强，影响枣树幼苗生长和成树结果，造成减产。

第一节　双子叶杂草

藜

Chenopodium album Linnaeus

藜又称白藜、灰条、灰菜、灰苋、大叶灰菜、落藜等，属于藜科，藜属。

【形态特征】彩版 60　图 886~887

幼苗　子叶一对，长条形，肉质，具短柄。上、下胚轴发达，紫红色。初生叶一对，叶片长卵形，前端钝圆，基部阔，背面紫红色，有白粉。后生叶互生，卵形，全缘或有钝齿。

成株　高达 1 米以上，茎粗壮，基部木质化，茎分枝很高，有棱角和绿色条纹，通常带紫色。下部叶呈三角形、菱形，先端圆形，叶多数 3 裂，也有不规则浅裂，叶柄较长；上部叶片线状披针形，全缘或有浅齿。花被 5 片，卵形，绿色，花小，直径约达 1 毫米。雄蕊 5 个与花被对生，花药黄色，柱头 2 枚，在花被内。

子实　胞果生于花被内，果皮薄，上有小泡状突起，后期小泡脱落变成皱纹，和种子紧贴。每果有种子 1 粒，种子扁球形，横生，黑色，有光泽，直径 1.5 毫米左右，厚约 0.75 毫米。

【生物学特性】

藜为一年生草本，种子繁殖，从早春到晚秋随时发芽出苗。发芽温度为 10℃~40℃，以 20℃~30℃为最宜，土层内发芽深度为 0~4 厘米。土壤深层的种子可保持数年的发芽力。在西北地区 3 月中旬开始出苗，4~5 为出苗盛期，5 月中旬至 6 月上旬分枝，6 月中旬至 9 月开花、结果，7 月中旬种子渐次成熟。在 2000 米以上高寒地区，4 月中旬出苗，6~7 月开花，7~8 月结果，8 月中旬种子渐次成熟。一株高大的藜可产生数千或数万粒种子。种子落粒性较差，种子随收获作物夹在麦捆中，经打碾随麦种传播；部分脱落种子由于种子细小，可随风、雨水和灌溉水及混入收获物中进行传播。被牲畜吞食后的种子经消化道排出体外仍有萌发能力。藜发芽出苗不整齐。一年能完成两个生活周期，是农田难以根除的恶性杂草，该草适应性强，抗寒、耐旱、耐瘠薄又耐盐碱，喜湿润环境。多生于农田、菜地、果园、苗圃地以及地埂、路旁、沟渠边、村宅附近及荒地。

【分布与危害】

该草分布于我国各省区及世界各地。主要危害北方小麦、大麦、青稞、玉米、大豆、亚麻、马铃薯、油菜、蔬菜、果树、苗圃树苗等。据作者 2014 年 7 月在兰州郊区调查，枣园、苗圃、农田发生量极大，危害极其严重。由于该草种子数量大，出苗不整齐，常形成单一群落进行危害，与枣树苗木、农作物争水、争肥，影响其生长，发生严重时也影响成株产量。同时又是地老虎、棉铃虫的寄主，造成间接危害。

尖头叶藜

Chenopodium acuminatum Willd

尖头叶藜又称绿珠藜，属于藜科，藜属。

【形态特征】 彩版 60　图 888

幼苗　子叶 2 片，长圆状椭圆形，有长柄。上、下胚轴均比较发达。初生叶 2 片，近圆形，后生叶长圆卵形，先端钝。

成株　高 20~80 厘米，茎直立，多分枝。叶互生，叶片宽卵形或三角形，长 2~6 厘米，先端钝或急尖，具短尖头，全缘，叶面淡绿色，叶缘有白边，叶背有粉粒，灰白色。花序穗状或圆锥状，花两性，花被片 5 片，果期背面增厚呈五星状。

子实　胞果圆形，顶部压扁。种子横生，扁圆形，黑色或黑褐色，有光泽。

【生物学特性】

尖头叶藜为一年生草本。种子繁殖。早春 3~4 月发芽出苗，4~6 月分枝营养生长，6~7 月开花，8~9 月结果，9 月种子陆续成熟，种子边成熟、边脱落。每株结种子数量也相当大，其传播途径同藜、灰绿藜。多生于沙地农田，地埂、路旁、河滩及荒地。

【分布与危害】

该草分布于我国西北、华北、东北及浙江等地以及日本、朝鲜、蒙古、俄罗斯等国。主要危害玉米、糜谷、豆类、薯类、蔬菜、果树等作物。部分枣园、苗圃、秋作物田、菜地发生数量多，危害较重。

杂配藜

Chenopodium hybridum L.

杂配藜又称大叶藜、血见愁，属于藜科，藜属。

【形态特征】 彩版 60　图 889~890

成株　高 40~100 厘米，茎直立而粗壮，无毛，有黄色或紫色条纹。叶互生，叶片宽卵形或卵状三角形，先端渐尖或急尖，基部略呈心形、截形或近圆形，边缘有不整齐的裂片。圆锥花序顶生或腋生，花两性兼有雌性，花被片 5 片，背部有纵隆脊。

子实　胞果双凸镜形，果皮膜质，与种子贴生。种子横生，表面有明显的圆形深洼或凸凹不平，黑褐色，无光泽。

【生物学特征】

杂配藜为一年生草本。种子繁殖。在西北地区于 4~5 月发芽出苗，5~6 月营养生长，6~8 月开花、结果，8 月下旬种子陆续成熟，种子边成熟、边落粒。每株产生的种子数量也很大，其传播途径与灰绿藜相同。多生于农田、路旁、沟渠边、林缘、荒地。

【分布与危害】

杂配藜分布于西北、华北、东北及西南各省区。主要危害小麦、豆类、马铃薯、蔬菜和果树、幼林等作物。部分枣园、苗圃发生量较大，受害较重，影响生长。

刺　藜

Chenopodium aristatum L.

刺藜又名刺穗藜、红扫藜、针尖藜，属于藜科，藜属。

【形态特征】 彩版60　图891

幼苗　子叶2片，长椭圆形，先端急尖或钝圆，基部楔形，叶背常带紫红色，具柄。上、下胚轴均发达，下胚轴被短毛。初生叶一片，狭披针形，主脉明显，叶面疏生短毛，具短柄。后期全株呈紫红色。

成株　茎直立，高15~40厘米，多分枝，有条纹。叶披针形或条形，长2~5厘米，宽4~10毫米，基部狭窄而为不明显的叶柄，全缘，有时带淡红色。花序生于枝端和叶腋，为复二歧聚伞花序，有刺芒；花小，花被片绿色，结果时开展。

子实　胞果圆形，顶基稍压扁，果皮膜质，与种子贴生。种子横生，圆形，边缘有棱，黑褐色，有光泽。

【生物学特性】

该草为一年生草本。种子繁殖。西北地区5月上旬出苗，6~7月营养生长，7~9月开花、结果，8月下旬种子陆续成熟。一年完成一个生长周期。在肥沃湿润的开阔地上能长成多枝的球状株丛。晚期出苗的植株低矮、细弱、分枝少，但仍能开花结果。种子边成熟、边脱落。每株可结种子数千粒至近万粒，种子可随风、雨水和灌溉水及农家肥传播。多生于耕地、田边、路边、沟边等。该草抗旱、耐湿，各类土壤都能生长。

【分布与危害】

该草分布于西北、华北、东北及四川、河南、山东等地以及日本、朝鲜、蒙古、俄罗斯、西伯利亚和中亚、欧洲一些国家。主要危害小麦、玉米、亚麻、马铃薯、蔬菜、果树等作物。据在兰州郊区调查，枣园、苗圃、农田发生量较大，危害较重。

猪毛菜

Salsola collina Pall

猪毛菜又名沙蓬、札蓬棵、山叉明科，属于藜科，猪毛菜属。

【形态特征】 彩版60　图892~893

幼苗　暗绿色，子叶线状圆柱形，暗绿色，长2.5~3厘米，肉质，先端渐尖，基部抱茎，无柄。下胚轴细长，较发达，淡红色，无光泽，上胚轴极短。初生叶2片，条形，肉质，无明显叶脉，先端具小刺尖，叶上有小硬毛。后生叶互生，与成株相似。

成株　株高30~100厘米，茎近直立，通常由基部分枝，有条纹，光滑无毛。叶条状圆柱形，肉质，先端具硬针刺。花两性，花序穗状，细长，生于枝条上部；苞片先端具硬针刺；花被片5片，膜质，具横生翅。

子实　胞果倒卵形，果皮膜质。种子横生或斜生，扁圆形，直径约 1.5 毫米，胚螺旋状。

【生物学特性】

该草为一年生草本。种子繁殖。种子发芽最适温度为 10℃~20℃，出土深度为 3 厘米以内，土壤深层未萌发的种子经一年之后失去发芽能力。西北地区在春麦田 4 月初出苗，4 月中下旬出苗高峰，5 月中旬开花、结果，6 月中下旬成熟。荒地、闲地晚苗，6 月下旬到 7 月上旬成熟。秋田 5 月初到 5 月中下旬发生，7~8 月开花、结果。一株猪毛菜可结种子数千粒至数万粒。通常种子成熟后，整个植株于根茎处断裂，植株被风吹而在地面滚动，从而散布种子；此外种子还可随雨水、灌溉水进行传播。适生性强，不同土壤都能生长。生于果园、农田、地埂、路边、荒地及含盐碱的沙质土壤上。

【分布与危害】

该草分布于甘肃、陕西、青海、宁夏、四川、云南、西藏、江苏、河南和华北、东北各省、区以及朝鲜、蒙古、俄罗斯等国。除危害枣等果树外，还危害小麦、玉米、糜子、棉花、豆类等作物。常成片生长，田间呈不均匀状分布，在湿润肥沃的果园、农田中可长成高大株丛，发生严重时造成苗圃、作物田毁种。

地　肤

Kochia scoparia（L.）Schrad

地肤又称扫帚菜、铁扫帚、独扫帚、落帚、玉帚、千条子、蒿蒿头等，属于藜科，地肤属。

【形态特征】 彩版 60　图 894~895

幼苗　灰绿色，除子叶外全被长绒毛。子叶一对，条状，长 6~8 毫米，宽约 1.5~2 毫米，半肉质，无毛，无叶柄；子叶基部对生联合，叶背部略带紫色。上胚轴较发达，被毛，下胚轴光滑无毛，带紫色。初生叶一片，椭圆形，全缘，长约 4~5 毫米，宽约 2 毫米，两头尖，被毛。

成株　茎直立，高 1~2 米，分枝极多，椭圆形，灰绿色，茎基部木质化。叶互生，针状，长 2~3 厘米，宽约 6~8 毫米，全缘，无柄。花单生，无苞片，花被 5 裂，裂片向内弯曲；雄蕊 5 枚，生于子房的下面，雌蕊 1 枚，柱头 2 个，丝状。

子实　胞果全部包于花被中，胚珠横生。种子扁形，直径约 2 毫米，厚约 1 毫米，深褐色。

【生物学特征】

地肤为一年生草本。种子繁殖。西北地区于 3 月下旬开始出苗，4~5 月达出苗高峰，5~7 月营养生长，7~9 月开花、结果，8 月种子渐次成熟，种子边成熟边脱落。一年只能完成一个生长周期。地肤繁殖能力极强，每株可产生种子几万粒至几十万粒。种子小而轻，多随风、雨水、灌溉水进行传播，也可随未经腐熟的牲畜粪肥、农家肥传播。该杂草喜生于旱地和轻微盐碱地。农田、地埂、村边、宅旁、路旁、荒地及菜地、果园极常见。

【分布与危害】

该草分布几乎遍及全国各地，以西部地区更普遍，危害也重。国外分布于日本、蒙古、俄罗斯及欧洲、北非一些国家。主要危害小麦、玉米、豆类、棉花、蔬菜及果树、苗圃苗木等作物。据作者 2014 年 7 月在兰州郊区调查，枣园、苗圃、农田发生量极大，危害极其严重。该草根系发达，植株高大，与苗圃枣苗、农作物争肥、争水能力强，发生严重时枣苗、农作物生长不良，也易致使成株减产。

萹蓄
polygonum aviculare L.

萹蓄又称乌蓼、地蓼、扁竹、竹鞭菜、竹节草、踏不死、猪牙菜等，属于蓼科、蓼属。

【形态特征】彩版 60 图 896~897

幼苗 子叶一对，条形，基部联合，长约 1.2 厘米，宽约 1 毫米。下胚轴较发达，玫瑰红色。初生叶一片，阔披针形，先端尖，基部楔形，全缘，无托叶鞘。后生叶与初生叶相似，但有透明膜质的托叶鞘。

成株 茎倾斜或略直立，高约 40 厘米，基部多分枝。叶互生，近于无柄，叶片小，长椭圆形或倒卵形，先端钝，基部渐狭，全缘或略带波状，长约 0.5~3 厘米，宽约 1.5~6 毫米，灰绿色，托叶鞘膜质先端多裂。花被 5 片，长卵形，长约 3.5 毫米，宽 1.5 毫米，顶端尖，中间绿色，两边淡红色，结果后变成深红色，宿存。雄蕊 1 枚，柱头 3 裂。

子实 瘦果长卵状三棱形，长 2~3 毫米，宽 2 毫米，暗褐色或黑色，表面具细小斑点，微具光泽。

另有一种腋花蓼（*P. plebium* R. B r.）和萹蓄相似。其区别在于茎伏地，叶小，雌蕊 5 枚。

【生物学特性】

萹蓄为一年生草本。种子繁殖。西北地区出苗较迟，但比较集中。一般 3 月下旬至 4 月上旬开始出苗，4 月中旬至 5 月初为出苗高峰，5 月中旬以后很少出苗。适宜发芽温度为 10℃~20℃，在土层中出苗深度为 1~4 厘米。5~9 月开花、结果，种子成熟后，落于土中，造成本田重新感染；部分种子随农家肥到处传播。植株于 10 月下旬陆续死亡。萹蓄受生态条件影响，其形态变化较大，一般在没有覆盖环境条件下，植株为匍匐茎状，可把地面全覆盖，分枝多结籽数量大；在苗圃枣苗和大田作物密度大时，植株直立生长，分枝少，结籽量也少。对土壤要求不严，耐瘠薄，耐践踏。果园、旱作物地及荒地、路旁均常见。

【分布与危害】

该草分布于全国各地以及亚洲、欧洲和美洲各地。危害果树、林木、麦类、玉米、豆类、油菜、亚麻、棉花、蔬菜等。该草在田间呈聚集型分布，常成片生长形成优势种群或单一群落进行危害，与苗圃枣苗、农作物争肥、争水，使其生长不良，也影响成株产量。

卷茎蓼
Polygonum convolvulus L.

卷茎蓼又称荞麦蔓，属于蓼科，蓼属。

【形态特征】彩版 60 图 898

幼苗 子叶 1 对，椭圆形，长 15~20 毫米，宽 3~5 毫米，顶端钝，基部渐狭，叶柄短。

下胚轴不发达，淡红色。初生叶 1 片，卵形，基部心形，顶端尖，表面粗糙，叶柄长 10~15 毫米。

成株　茎缠绕，具纵棱，棱上有极小构刺，托叶斜鞘状，膜质，叶片长卵形，先端渐尖，基部心脏形，长 1.5~6 厘米，宽 1~5 厘米，叶柄、叶脉、叶缘皆具小刺。穗状花序簇生于叶腋或短枝，花被绿色，5 裂。

子实　果实灰绿色；小坚果黑色，卵圆形，先端渐尖，基部楔形，两头尖中间宽，三棱状，长 3 毫米左右，宽约 2 毫米。

【生物学特性】

卷茎蓼为一年生草本。种子繁殖。种子适宜发芽温度为 15℃~20℃，在甘肃、青海、黑龙江等省 4 月下旬至 5 月初开始出苗，5 月中旬进入出苗高峰期，6 月下旬结束，但在干旱年份，出苗期可持续到 7 月中旬，一般 6~7 月分枝，并缠绕作物营养生长，7 月下旬至 9 月开花、结果。晚出苗的卷茎蓼植株不繁茂，但即使 7 月初出苗的植株，20 天后也能完成生活周期，结出有生命的种子。它有无限开花的习性，在同一植株上陆续开花，种子陆续成熟。早期出苗的植株，每株可结种子 2~3 万粒，晚出苗的植株只能结出种子几十粒或十几粒。成熟后不易脱落。成熟后的种子具有两个月以上的休眠期，落入地内的种子大约有 10% 当年发芽，种子经越冬后出苗率显著提高，在土壤内能存活 5~6 年。

【分布与危害】

该草分布于西北、华北、东北各省区以及日本、朝鲜、俄罗斯和欧洲、北美洲。主要危害小麦、大麦、青稞、玉米、大豆、油菜、棉花、马铃薯、果树等作物。卷茎蓼与枣树、农作物争水、争肥，使苗圃枣苗和农作物生长缓慢，植株低矮。

反枝苋

Amaranthus retroflexus L.

反枝苋又称西风谷、野米苋、野苋菜、千穗谷、人苋菜、红枝苋等，属于苋科，苋属。

【形态特征】 彩版 60　图 899

幼苗　子叶 1 对，梭形，长 5~7 毫米，宽 2~3 毫米，淡绿色。下胚轴发达，紫红色。初生叶 1 片，卵形，全缘，叶长约 6 毫米，宽约 5 毫米，叶顶微凹，羽状脉明显。后生叶形状同初生叶，但叶片有毛。

成株　直根发达，略肥大。茎直立，略有肉质，株高达 25~100 厘米。叶互生，长卵形，长 2~6 厘米，宽 1~4 厘米。穗状花序，腋生或顶生；花小，绿色，花被 3 片，苞片细小，均比果实短；雄蕊 3 枚。

子实　胞果不开裂，扁卵形，包于宿存的花被内，成熟时环状横裂。种子深褐色，扁圆形，直径 0.7~1.0 毫米，厚 0.6 毫米。

【生物学特性】

反枝苋为一年生草本。种子繁殖。种子经越冬休眠后萌发，适宜发芽温度为 15℃~30℃，发芽深度多在 2 厘米以内，埋在土壤深层的种子经数年后仍有发芽能力。反枝苋出苗不整齐。西北地区 5~9 月均有出苗，6 月上旬为出苗高峰。6~7 月营养生长，7 月中旬至 9 月开花结籽，8 月上旬渐次成熟。华北地区早春萌发，4 月出苗，4 月中旬至 5 月上旬为盛期，花期 7~8 月，果期 8~9 月。种子成熟时苞片仍绿，边成熟边脱粒。反枝苋结籽量大，一株可产生上千万粒种子。种子随风、雨水或灌溉水进行传播。带有种子的植株被牲畜食用后经消化道排出体外的种子仍可萌发。喜湿润环境，也耐干旱。多生于农田、果园、菜地、路边、沟渠及荒地上。

【分布与危害】

该草分布于西北、华北、东北、华东等各省、自治区以及世界各地。主要危害玉米、高粱、糜子、亚麻、苜蓿、棉花、豆类、薯类、蔬菜、果树、茶树。发生密度大时，每平方米可达数千株。该草植株高大，消耗地力强，阻碍田间通风透光，强烈抑制苗圃枣苗和农作物生长，也影响成树结果。

葎　草

Humulus scandens（Lour.）Merr.

葎草又称掌叶葎草、金葎，俗称拉拉秧、葛麻藤、拉拉藤、勒草等，属于大麻科，葎草属。

【形态特征】 彩版 60　图 900

幼苗　子叶 2 片，长条形，长约 2~3 厘米，叶面有短毛，无柄。下胚轴发达，微带红色。初生叶 2 片，长卵形，3 裂，边缘具钝齿，有叶柄。

成株　茎缠绕，茎和叶柄密生倒刺。叶片掌状深裂，裂片 5~7 片，边缘有粗锯齿，两面有硬毛；叶对生，有长柄。花单性，雌雄异株；雄花序圆锥形，花被片和雄蕊各 5 枚；雌花排列成近圆形的穗状花序，每两朵花外有一卵形的苞片，花被退化为一全缘的膜质片。

子实　瘦果扁圆形，两面呈凸镜状，灰褐色或黄褐色，表面被黑色条纹或黑点。

【生物学特性】

葎草为一年生缠绕性草本。种子繁殖。种子经越冬休眠后萌发出苗。种子适宜发芽温度为 7℃~20℃，最适温度为 15℃，超过 30℃时不发芽，种子萌发出土深度为 2~4 厘米，土壤中未萌发的种子经过一年之后丧失发芽力。杂草出苗比较整齐，在西北、华北地区 3~4 月为出苗期，月平均温度大于 20℃进入休眠期，要到来年春季再发芽。4~6 月为营养生长期，从出苗到攀缘作物之前生长缓慢，出苗后 20~30 天开始长出攀缘丝缠绕作物，攀缘作物后随气温升高，其生长速度加快，最大生长量占全年生长量的 40%，其高度由 65 厘米增长至 167 厘米。6 月下旬进入生殖期，雄株 6 月底现蕾，7 月下旬为始花期，雌株 7 月中下旬现蕾，8 月上旬开花，并陆续结果，直到 9 月中旬种子开始成熟，并陆续落粒掉入土表。种子借风力、雨水、灌溉水进行传播。该草适生性强，不同土质都可生长，肥水条件适宜时，可形成多分枝的大株丛。适生于果园、旱作物田、地埂、沟渠及荒地、林缘。

【分布与危害】

葎草几乎分布于全国各省区以及日本、朝鲜和俄罗斯等国家。主要危害玉米、苜蓿、蔬菜、果树、苗木等。常成片生长，形成优势种群，争夺土壤养分和水分。枣树、农作物受害时常被葎草攀缘覆盖，成片发生时不易清除，同时葎草茎蔓缠绕在枣树、农作物上，影响其生长，致使枣树、农作物减产，品质变劣。

黄花铁线莲

Clematis intricata Bunge

黄花铁线莲又称透骨草，属于毛茛科，铁线莲属。

【形态特征】 彩版 61　图 901

成株　茎半木质，纤细，近无毛。叶灰绿色，为 2 回羽状复叶，长达 15 厘米；羽片通常 2 对，具细长柄，小叶披针形或狭卵形，长 1~2.5 厘米，宽 0.5~1.5 厘米，不分裂或下部具 1~2 小裂片，边缘疏生牙齿或全缘。聚伞花序腋生，通常具 3 花；花萼钟形，淡黄色，萼片 4 片，狭卵形，长 1.2~1.6 厘米，宽约 6 毫米，只有边缘有短柔毛；雄蕊多数，花丝狭长形，有短柔毛。

子实　瘦果卵形，扁平，长约 2.5 毫米，花柱羽状，长达 5 厘米。

【生物学特性】

黄花铁线莲为多年生半木质藤本。地下茎与种子繁殖。在西北地区于 4~5 月出苗，5~6 月抽蔓、分枝，攀缘农作物、林、果幼树生长，7~8 月开花、结果，果实边成熟边脱落。果实因有羽状花柱，被长柔毛，可随风传播。临冬地上部枯死。多生于果园、林缘、地埂、路旁和山坡灌丛中。

【分布与危害】

该草分布于甘肃、青海、宁夏等地，为我国西北地区果园、农田杂草特有种。主要危害小麦、青稞、油菜、果树、林木等作物。部分枣园、苗圃、农田发生量较多，危害较重。该草根茎发达，蔓茎细长，与农作物、枣树、林木争肥、争水和争光能力强；加之茎蔓攀缘缠绕农作物、枣树上，影响光合作用，使其生长不良而减产。

秃疮花

Dicranostiama leptopodum（Maxim.）Fedde

秃疮花又称秃子花、勒马回等，属于罂粟科，秃疮花属。

【形态特征】 彩版 61　图 902~903

幼苗　子叶 2 片，长卵形。上、下胚轴均不发达。初生叶 1 片，宽卵形，先端 3 裂。后生叶 3~5 齿裂至羽状浅裂。

成株　株高 20~30 厘米，茎 2~3 条，生于叶丛中，疏生长柔毛。基生叶多数，有柄，羽状全裂或深裂，叶面生粉粒，叶背疏生长柔毛；茎生叶小而无柄。花 1~3 朵生于茎顶或分枝上部，排列成聚伞花序；萼片 2 片，早落；花瓣 4 片，鲜黄色；雄蕊多数。

子实　蒴果细筒形，长 4~7.5 厘米，直径 4~6 毫米。种子卵形至肾形，黑褐色，有粗网纹。

【生物学特性】

秃疮花为越年生或多年生草本。种子繁殖。在西北地区于秋季 9~10 月发芽出苗，以幼苗越冬，来年 3 月复苏恢复生长，3~4 月营养生长，4~6 月开花、结果，6 月种子渐次成熟，种子边成熟边脱落。生于路旁、丘陵草坡及果园、农田中。

【分布与危害】

该草分布于甘肃、宁夏、青海、陕西、四川、云南、西藏及河南、山西等省、自治区。主要危害小麦、大麦、青稞及果树、苗圃树苗等作物，部分麦田、枣园、苗圃发生量多，危害较重。

牛繁缕

Malachium aquaticum（L.）Fries

牛繁缕又名河豚头、鹅肠菜、鹅儿肠、麦蜘蛛，属于石竹科，牛繁缕属。

【形态特征】彩版 61　图 904

幼苗　子叶 1 对，梭形或菱形，长约 5~6 毫米，宽 2~3 毫米。上下胚轴均发达，常带紫色。初生叶卵状心脏形，长 1~5.5 厘米，宽 1.2~3 厘米。

成株　高 40~60 厘米，茎自基部二叉状分枝，先端渐向上下部伏地生根。叶对生，茎下部叶有柄，柄长 1~2 厘米，上部叶无柄，叶片卵形或长圆状卵形，全缘。聚伞花序，花白色，直径约 1 厘米，花瓣多数 5 片，2 裂达基部；萼片 6 枚宿存，花萼比花瓣略长或相等，花柱 5 枚，雄蕊 10~12 枚，花药淡红色，花柄长 2~15 毫米，花后下垂。

子实　蒴果卵圆形，5 齿裂，每瓣顶端再二齿裂。种子肾形或近圆形，直径约 1 毫米，厚 0.6 毫米；种皮上密生刺状突起，种脐处下凹，新鲜种子棕色，落土后黑色。

【生物学特性】

牛繁缕为一年生或越年生草本。种子和匍匐枝繁殖。西北地区 9 月下旬至 10 月上旬开始出苗，20 天左右达高峰。第二年 3 月复苏生长，早春还有少数出苗，4~6 月开花、结果，6 月陆续成熟。部分发生 2 代。该草种子成熟后落地，休眠 2~3 个月，至 9 月已能萌发。该草发生与环境条件有密切关系，发芽温度为 12℃~25℃，以 15℃~25℃为最好。种子在含水量 10%~50% 的土壤中发芽，以含水量 20%~30% 的土壤为最好；在浸水情况下也能发芽、生长。种子能在 0~3 厘米土层内出苗，以 0~1 厘米为最好。喜生于土壤肥沃潮湿的黏质土壤上。

【分布与危害】

该草分布于西北、西南、华北、华东、华南等各省、自治区以及北半球各国和非洲北部。主要危害小麦、油菜、蔬菜、棉花、果树等。牛繁缕幼小时匍匐生长，随着苗圃枣苗和农作物的长高而向上爬起，与枣树、农作物争肥、争水、争光，使枣苗和农作物生长不良，也影响成株产量和质量。

角茴香

Hypecoum erectum L.

角茴香又称黄花角茴香，属于罂粟科，角茴香属。

【形态特征】彩版 61　图 905

幼苗　子叶 2 片，条形，基部扩大抱茎。初生叶 2 片，先端 3 裂，裂片纤细。

成株　株高 10~30 厘米，茎 1~10 条，生于叶丛中，全体无毛，有白粉。基生叶多数，2~3 回羽状全裂，小裂片纤细，条形；茎生叶细小或无。聚伞花序有少数或多数分枝；萼片 2 片，早落；花瓣 4 片，黄色，外面两瓣较大，扇状倒卵形，里面两瓣较小，楔形，3 裂近中部；雄蕊 4 枚。

子实　蒴果条形。种子深褐色至黑色，有棱状突起。

【生物学特性】

角茴香为越年生或一年生草本。种子繁殖。在西北地区秋季或早春种子发芽出苗，4~5 月营养生长，5~7 月开花、结果，6~7 月种子成熟、脱落。生于干燥山坡、草地、沙荒地及果园、农田中。

【分布与危害】

该草分布于甘肃、青海、新疆、陕西及华北各省、自治区。主要危害小麦、青稞、豆类、蔬菜、草坪、果树、苗圃树苗等作物，部分农田、枣园、苗圃发生量较多，受害较重。

荠 菜

Capsella burssa-pastoris（L.）Medicus

荠菜又称荠、野荠菜、野菜、菱角菜、地米菜、护生菜、鸡翼菜、吉吉菜等，属于十字花科，荠菜属。

【形态特征】 彩版 61　图 906~907

幼苗　子叶 1 对，椭圆形，对生，长约 1.5 毫米，宽 1 毫米，叶柄长约 1.5 毫米。上、下胚轴均不发达。初生叶 2 片，长约 6 毫米，卵形，先端钝圆，基部宽楔形，叶片与叶柄均被星状毛。幼苗期叶基生，呈丛生状，铺展于地面，羽状深裂，顶端的裂片三角形，两侧裂片较长，裂片上还有细缺刻。

成株　抽苔后，高 15~40 厘米。叶互生，叶片矩圆形或披针形，全缘或有缺刻，基部耳形或抱茎。总状花序顶生，花小而有柄，萼片 4 片，长椭圆形，花瓣 4 片，白色，倒卵形呈十字排列，雄蕊 6 枚，雌蕊 1 枚。

子实　果实为倒心脏形或倒三角形的扁平短角果，含多数种子。种子长圆形，长约 1 毫米，宽约 0.5 毫米，金黄色或淡褐色。

【生物学特性】

荠菜为一年生或越年生草本。种子繁殖。以种子或幼苗越冬。在西北地区 10 月中旬出苗，10 月底达到出苗高峰，12 月初进入越冬期。受冬季寒流等影响，荠菜在越冬过程中常有部分死亡，其死亡数量与叶龄、土壤湿度、密度有关。据调查，苗龄越小死亡率越高，相反死亡率越低，一般 8 叶者很少死亡；灌足封冻水的果园、麦田，荠菜越冬死亡率低，旱田死亡率高。越过冬的荠菜第二年 3 月上旬恢复生长，3 月中旬至 4 月卜旬抽苔、开花、结果。春季还有部分种子出苗，4 月下旬开花，5 月上旬成熟落粒。兰州枣园、菜田一年可发生两代，第一代 4 月上旬出苗，5 月中旬开花、结果，6 月上中旬果实成熟。第二代 8 月上旬出苗，9 月中旬开花、结果，10 月上旬果实成熟。此外，9~10 月仍有部分种子出苗进入越冬，第二年 3 月上中旬返青。

荠菜繁殖能力很强，据测定荠菜主枝平均结角果 34 个，每个角果平均结籽 16 粒，一次分枝结角果 20 个，每个角果平均结籽 3.4 粒，二次分枝结角果 3、4 个，每个角果平均结籽 1.1 粒。果枝不同部位结籽量一般是下部多于中部，中部多于上部，以主枝为例，下部结籽 225 粒，中部结籽 192 粒，上部结籽 116 粒。种子成熟由下向上依次成熟。一株荠菜可产生数千粒种子。种子细小，边成熟边脱粒，可随风、雨水或灌溉水进行传播。种子成熟后经越夏休眠，在秋季萌发出苗。它适生性强，既耐寒又耐旱。喜光性强，微酸性或碱性土壤都可以生长。多生于果园、农田、地埂、路旁、沟渠边及荒地上。

【分布与危害】

荠菜分布在我国南北各省、自治区以及全世界温带地区。主要危害小麦、蔬菜、油菜、苜蓿、棉花、花椒、果树等。据作者2014年5月在兰州郊区调查，麦田、菜地、枣园、苗圃发生量极大，危害严重。此外，该草还是蚜虫、盲蝽象及病毒病的寄主，又是小地老虎的传播媒介，给枣树、农作物造成间接危害。

独行菜

Lepidium apetalum Milld

独行菜又称腺茎独行菜、腺独行菜、胡椒草、鸡积菜，俗称辣辣菜、辣辣根、甜葶苈子、辣麻麻，属于十字花科，独行菜属。

【形态特征】彩版61 图908~909

幼苗 子叶2片，长椭圆形，长5毫米，宽2毫米，先端钝尖，叶基楔形。下胚轴较发达，上胚轴不发达。初生叶2片，对生，卵圆形，先端3浅裂。后生叶羽状分裂。根有辣味，故俗称辣辣根。

成株 主根白色。株高5~30厘米，茎直立，上部多分枝。基生叶狭匙形，羽状浅裂或深裂，长3~5厘米，宽1~1.5厘米，叶柄长1~2厘米；上部叶条形，有疏齿或全缘。总状花序顶生，结果时伸长，排列疏松；花极小，花瓣退化为丝状。

子实 短角果近圆形或椭圆形，扁平，长约3毫米，先端微缺，上部有极窄翅。种子椭圆形，长约1毫米，平滑，棕红色。

【生物学特性】

独行菜为一年生或越年生草本。种子繁殖。冬生型于9~10月出苗，11月进入越冬，第二年3月下旬复苏生长，5~6月开花、结果，6月种子渐次成熟。春生型于4月上中旬出苗，4月下旬至5月营养生长，5~7月开花、结果，7月种子渐次成熟，边成熟边脱粒。每株独行菜可产生数千粒至上万粒种子。种子小而轻，可随风、雨水或灌溉水传播，也可随农家肥传播。该草耐瘠薄，耐践踏。多见于果园、农田、地埂、路旁、沟渠边及荒地。

【分布与危害】

该草分布于我国西北、西南、华北、东北各省、自治区以及朝鲜、蒙古、俄罗斯等国家。主要危害小麦、蔬菜、果树等。据2014年7月在兰州郊区调查，部分枣园、麦田、菜地发生数量极大，受害极其严重。

遏蓝菜

Thaspi arvense L.

遏蓝菜又称遏莱菜、菥菜、菥蓂、犁头菜等，属于十字花科，遏蓝菜属。

【形态特征】彩版61 图910

幼苗 子叶1对，卵圆形，对生，长约3~5毫米，有长柄。下胚轴发达，上胚轴不发育。初生叶2片,对生,近圆形,先端微凹,基部宽楔形,全缘,有长柄。

成株 茎直立,高30~80厘米,全体无毛,分枝少,茎具棱。基生叶倒卵形,有叶柄,茎生叶披针形,先端钝圆,基部抱茎成箭形,叶缘波状或小锯齿。总状花序顶生,白色小花,直径约2毫米,雄蕊6枚,4长2短。

子实 短角果倒卵形或近圆形,长13~16毫米,宽9~13毫米,扁平,先端下凹,边缘有2~3毫米宽翅,内含种子5~10个。种子长圆形,深褐色,表皮有明显皱纹,长约2~2.5毫米,宽约1~1.2毫米,厚约1毫米。

【生物学特性】

遏蓝菜为一年生或越年生草本。种子繁殖。冬麦区于10~11月出苗,来年早春3~4月也有少数出苗,5~6月开花、结果。春麦区4月底至5月上旬出苗,6~7月营养生长,8~9月开花、结果。种子成熟后陆续从果实中散落于土壤,也随收获物传播。生于农田中,地埂、路边也有。

【分布与危害】

该草分布于西北、华北、东北、华东、西南等地,以西部地区发生普遍,危害严重。国外主要分布于亚洲、欧洲和北美洲一些国家。主要危害小麦、青稞、油菜、豆类、马铃薯和果树、苗圃树苗等作物。部分枣园、苗圃、农田发生量大,危害重。

蛇 莓

Duchesnea indica (Andr.) Focke

蛇莓又称龙吐珠、三爪龙,属于蔷薇科,蛇莓属。

【形态特征】彩版61 图911

幼苗 子叶阔卵形,长4毫米,宽3.5毫米,先端微凹,叶基圆形,边缘生睫毛,有长柄。上胚轴不发育,下胚轴较发达。初生叶为掌状单叶,叶缘粗牙齿状,有斑点,具长柄。第一后生叶与初生叶相似,第二后生叶为三出复叶,叶形与初生叶相似。

成株 高3~4.5厘米,匍匐茎细长,铺地生长,有柔毛。三出复叶,小叶柄极短,菱状卵形或倒卵形,边缘有钝锯齿,两面散生柔毛或正面近无毛;叶柄长1~5厘米;托叶卵状披针形,有时3裂,有柔毛。花单生于叶腋,花梗长3~6厘米,有柔毛,花托扁平。副萼片5片,先端3裂,稀全缘或5裂;花萼裂片卵状披针形,小于副萼片,均有柔毛;花瓣5片,黄色,雄蕊多数,比花瓣短。

子实 瘦果长圆状卵形,暗红色,瘦果多数着生在半圆形花托上,成熟时红色。

【生物学特性】

蛇莓为多年生匍匐性草本。以匍匐茎和种子繁殖。在西北地区春季由匍匐茎和种子萌发出苗,实生苗出土较迟,4~6月分枝铺地营养生长,5~8月开花,6~10月结果,边开花、边结果、边成熟。多生于较湿润的农田、果园、苗圃、地埂、路旁、山沟、水边或荒地草丛中。

【分布与危害】

蛇莓分布于甘肃、陕西、山西、河北、辽宁及其以南的广大地区。国外分布于欧洲、中美洲、南美洲以及亚洲的其他国家。主要危害小麦、青稞、豆类、油菜、蔬菜、果树、苗圃幼苗。部分农田、枣园、苗圃发生量大，不易拔除，危害较重。

委陵菜

Potentilla chinensis Scr.

委陵菜又名中国委陵菜、天青地白、虎爪菜、龙芽菜、翻白菜等，属于蔷薇科，委陵菜属。

【形态特征】 彩版 61　图 912

幼苗　子叶近圆形，长、宽各 2.5 毫米，先端微凹，叶缘有乳头状腺毛，叶基圆形，有短柄。下胚轴明显红色，具短毛，上胚轴不发育。初生叶阔卵形，先端 3~5 浅裂，叶缘有长睫毛，叶基圆形，具长柄。后生叶掌状 5 浅裂，背面密被绒毛，其他与初生叶相似。

成株　根肥大，木质化。株高 30~60 厘米，茎丛生，直立或斜上，有白色柔毛。叶为羽状复叶，基生叶有小叶 15~31 片，小叶矩圆状倒卵形或矩圆形，长 3~5 厘米，宽约 1.5 厘米，羽状深裂，裂片三角状披针形，下面密生白色绵毛；叶柄长约 1.5 厘米；托叶和叶柄基部合生；叶轴有长柔毛；茎生叶和基生叶相似。聚伞花序顶生，总花梗和花梗有白色绒毛或柔毛；花黄色，直径约 1 厘米。

子实　瘦果卵形，深褐色，有皱纹，多数聚生于有绵毛的花托上。

【生物学特性】

委陵菜为多年生草本。种子和地下茎芽繁殖。秋季或春季萌发出苗，6~9 月开花，7~10 月结果，8 月种子渐次成熟。生于果园、耕地、山坡、路旁、沟边。

【分布与危害】

该草分布于甘肃、宁夏、青海、陕西、河南、山东、江苏、湖北、福建、广西和华北、东北各省、自治区以及日本、朝鲜、俄罗斯远东地区。主要危害山地旱作物、果树、茶树、苗圃等。为一般性杂草，但有时部分农田、枣园发生量大，危害较重。

匍枝委陵菜

Potentilla flagellaris Willd.

匍枝委陵菜又名蔓生委陵菜、鸡儿头苗，属于蔷薇科，委陵菜属。

【形态特征】 彩版 61　图 913

成株　茎匍匐，幼株有长毛，后渐脱落。基生叶为掌状复叶，小叶 5 片，长圆状披针形，边缘有不整齐的浅裂，叶背沿叶脉伏生疏柔毛；叶柄长 4~7 厘米，微生柔毛；茎生叶较小。花单生于叶腋，花梗细长，有柔毛；花瓣 5 片，黄色；副萼片椭圆形，先端渐尖。

子实　瘦果长圆状卵形，微皱，疏生柔毛。

【生物学特性】

匍枝委陵菜为多年生草本。种子和匍匐茎繁殖。在西北地区春季出苗，5~6 月分枝铺地营养生长，6~8 月开花，7~9 月结果，8 月种子渐次成熟。冬季地上部枯萎死亡。生于路旁、地埂、草甸、河岸、渠旁等处；也常生长在麦田、茶园和果园等处。

【分布与危害】

该草分布于甘肃、陕西、山西、山东、河北和东北各省区以及朝鲜、蒙古、俄罗斯西伯利亚地区。主要危害小麦、果树、幼林等。部分麦田、枣园、苗圃发生数量较多，不易清除，与农作物、果、茶争水、肥，影响苗圃枣苗和小麦的生长，对成株产量也有一定影响。

草木樨

Melilotus suaveolens Ledeb.

草木樨又称黄花草木樨、马苜蓿，属于豆科，草木樨属。

【形态特征】 彩版 61 图 914

幼苗 子叶出土，子叶 2 片，长圆形，长 6.5 毫米，宽 3.5 毫米，先端钝圆，有短柄。下胚轴极发达。上胚轴很短。初生叶 1 片，单叶三角状圆形，先端微凹，中央有一小突尖，具长柄。后生叶为三出复叶，小叶倒阔卵形，其他特征与初生叶相似。

成株 高 60~90 厘米，茎直立，多分枝，无毛。叶为三出羽状复叶，小叶长椭圆形至倒披针形，长 1~3 厘米，宽 5~12 毫米，先端截形，有短尖头，边缘有疏齿；托叶条形，全缘。总状花序腋生；花萼钟状，萼齿 5 个；花冠黄色，旗瓣长于翼瓣。

子实 荚果卵圆形，表面网纹明显，无毛，含种子 1 粒。种子肾形，黄绿色或深褐色。

【生物学特性】

草木樨为越年生或一年生草本。种子繁殖。在西北地区于秋季或春季发芽出苗，4~6 月分枝营养生长，6~8 月开花，8~10 月结果，9 月种子渐次成熟。喜生于潮湿地，也能耐旱、耐盐碱、抗寒。多生于较湿润的果园、农田、地埂、路旁、沟渠边及荒地上。为麦田、果园、苗圃常见杂草。

【分布与危害】

草木樨分布于西北、华北、东北、西南和华东各省、自治区以及日本、蒙古、俄罗斯远东地区。主要危害麦类、果树等作物。部分麦田、枣园、苗圃发生量较多，危害较重。

苦马豆

Sphaerophysa salsula (Pall.) DC.

苦马豆又称红花苦豆子、羊尿泡，属于豆科，苦马豆属。

【形态特征】 彩版 61 图 915

幼苗 子叶椭圆形，长 6~7 毫米，有短柄。上、下胚轴发达，上胚轴密生白柔毛。初生叶和第二、三片后生叶为单叶，卵圆形，第四片后生叶为三出复叶，以后生出的叶为羽状复叶。

成株 高 20~60 厘米，茎直立或倾斜，有疏生倒伏毛。叶互生，羽状复叶，小叶倒卵状椭圆形，先端微凹或圆形，基部近圆形或宽楔形，叶面无毛，叶背有白色伏毛，托叶披针形，也有白色伏毛。总状花序腋生，有花 4~9 朵；花萼杯状，萼片 5 片，有毛，花冠红色，旗瓣圆形，边缘向后卷曲，龙骨瓣比翼瓣长。

子实 荚果长圆形，膜质，膨胀成膀胱状，有长柄。种子肾状圆形，棕褐色。

【生物学特性】

苦马豆为多年生矮小灌木。根芽和种子繁殖。根芽早春 4 月萌发出苗，实生苗出土略晚，一般 4~5 月出苗，5~6 月营养生长，6~8 月开花，7~9 月结果，8 月种子渐次成熟。

该草喜湿润、亦耐干旱，多生于河沟两岸、河床、渠埂、低湿沙地、路旁、生荒地、果园、苗圃及农田中。是放牧场有毒杂草。

【分布与危害】

该草分布于甘肃、陕西、宁夏、新疆、河南及华北各省、自治区。主要危害小麦、豆类、果树、幼林和牧草等，部分麦田、枣园、牧场发生量大，受害较重。

骆驼蓬

Peganum harmala L.

骆驼蓬俗称臭草、臭蓬，属于蒺藜科，骆驼蓬属。

【形态特征】 彩版62　图916~917

成株　株高20~70厘米，茎自基部分枝，枝铺地散生，光滑无毛。单叶互生，肉质，3~5全裂，裂片条状披针形，长达3厘米，托叶条形。花单生，与叶对生；萼片5片，披针形，先端不分裂，长达2厘米；花瓣5片，白色，倒卵状矩圆形，长2厘米；雄蕊15枚；子房3室，花柱3枚。

子实　蒴果近球形，褐色，3瓣裂开。种子3棱形，黑褐色，表面有小瘤状突起。

【生物学特性】

骆驼蓬为多年生草本。种子繁殖。在甘肃河西地区4~5月出苗，5~6月分枝，枝散生铺地营养生长，6~8月开花，7~9月结果，8月种子陆续成熟。多生于干旱草地、盐渍化荒地及沙漠中。农田、果园、地边、路旁常见。

【分布与危害】

该草分布于我国西北、华北、东北各省、自治区以及蒙古、俄罗斯等国。主要危害小麦、玉米、亚麻、豆类、果树等。局部地区枣园、苗圃、农田发生量较大，危害较重。

泽　漆

Euphorbia helioscopia L.

泽漆又名五朵云、五凤草、乳腺草、猫眼草，属于大戟科，大戟属。

【形态特征】 彩版62　图918

幼苗　子叶椭圆形，先端钝圆，叶基近圆形，全缘，有短柄。下胚轴发达，上胚轴明显，绿色。初生叶2对，对生，倒卵形，先端钝，有小突尖，具中脉一条，有长柄。后生叶与初生叶相似，但互生，叶先端微凹。幼苗全株光滑无毛，体内含白色乳汁，有毒。

成株　株高20~45厘米，茎无毛或仅分枝略具疏毛，基部紫红色，上部淡绿色，分枝多而斜升。叶互生，倒卵形，长1~3厘米，宽0.5~1.8厘米，先端钝圆或微凹缺，基部宽楔形，无柄或由于突然狭窄而成短柄，边缘在中部以上有细锯齿；茎顶端具5片轮生叶状苞，与下部叶相似，但较大。多歧聚伞花序顶生，有5伞梗，每伞梗又生出3小伞梗，每小伞梗又第三回分为两叉；杯状花序钟形，总苞顶端4浅裂，裂间腺体4个，肾形，子房3室；花柱3枚。

子实　果为蒴果，无毛。种子倒卵形，长约2毫米，暗褐色，无光泽，表面有突起的网纹，种阜大而显著，肾形，黄褐色。

【生物学特性】

泽漆为越年生或一年生草本。种子繁殖。在西北地区冬生型于9月下旬开始出苗，10月为出苗盛期，出苗期可维持40天左右，11月下旬进入越冬。来年3月中下旬复苏生长，4月分枝营养生长，4~6月开花，5~7月结果，6月种子渐次成熟。生育期240天左右。春生型于4月出苗，5~6月营养生长，6~7月开花、结果，8~9月种子成熟，生育期160天左右。单株可结种子60~90粒，多达415粒，种子边成熟边脱粒。成熟的种子休眠期较长，一般休眠86~100天。泽漆的发生与环境条件有关，种子在土内浅，土壤湿润，温度高，发芽出苗快又多，反之既慢又少；泽漆种子浸水70天左右，发芽率极低，水田埋深10厘米以上的种子，发芽率仅为3%~4%，15厘米深的种子全不发芽。此外，泽漆不耐盐碱，在含盐量低于0.11%的农田，泽漆发生量多，在含盐量0.2%以上的农田，泽漆很少发生。在春生型发生区以1800米以上高寒区发生较多。适生于果园、农田、地埂、路旁及荒地上。

【分布与危害】

该草除西藏、新疆外，分布几乎遍及全国各省、自治区以及亚洲、欧洲、非洲、北美洲和大洋洲各国。主要危害麦类、亚麻、马铃薯、油菜、豆类、果树等作物，部分农田、枣园、苗圃发生数量较大，危害较严重。

飞扬草

Euphorbia hirta L.

飞扬草又名大飞扬草，属于大戟科，大戟属。

【形态特征】彩版62　图919

幼苗　子叶长圆形，先端圆或微凹，基部楔形，有短柄。上胚轴与下胚轴均不发达。初生叶2片，与子叶交互对生，倒卵形，先端钝圆，基部楔形，全缘，叶片和叶柄有毛，叶背微带红色。幼苗平卧，茎淡红色，折断有白色乳汁。

成株　茎匍匐或扩展，体被长毛，基部分枝，枝呈红色或淡紫色。叶对生，叶片卵形或卵状披针形，叶缘有细齿，先端尖锐，基部圆而偏斜，中央常有紫色斑。杯状花序多数密集成头状花序，腋生；总苞宽钟形，顶端4裂，外密被短柔毛。

子实　蒴果卵状三棱形，被伏短柔毛。种子卵状4棱形，每面有明显的横沟。

【生物学特性】

飞扬草为一年生草本。以种子繁殖。春季4~5月出苗，6~7月营养生长，7~9月开花，8~10月结果，9月种子渐次成熟，种子边成熟边脱落。适生于向阳坡地或排水良好的平坦地，为果园、茶园、橡胶园、旱作物地、荒地、路旁常见杂草。

【分布与危害】

该草分布于四川、云南、贵州、广西、广东、江西、福建、台湾等省、自治区；全世界热带地区均有分布。主要危害果树、茶树、旱作物，为一般性旱地杂草，局部地区枣园、茶园、农田发生量较大，危害较重。

乌蔹莓

Cayratia japonica（Thunb.）Gagnep.

乌蔹莓又名五爪龙、粟苔，属于葡萄科，乌蔹莓属。

【形态特征】 彩版 62 图 920~921

幼苗 子叶阔卵形，先端钝尖，叶基圆形，有 5 条主脉，有柄。下胚轴极发达，上胚轴不发达。初生叶为掌状复叶，小叶 3 片，叶片卵形，先端渐尖，叶缘有疏齿，具长柄。第一后生叶与初生叶相似，第二后生叶开始为鸟足状掌状复叶，小叶 5 片。

成株 为草质藤本，茎有卷须，幼枝有柔毛。叶为掌状复叶，叶柄长 3~5 厘米，小叶通常 5 片，椭圆形至狭卵形，长 2.5~7 厘米，顶部急尖或短渐尖，边缘具疏齿，两面中脉有毛，中间小叶渐大，侧生小叶较小，均有小叶柄。伞房状聚伞花序，腋生，有长花序柄；花小，黄绿色，有短柄；萼浅杯状；花瓣 4 片，雄蕊 4 枚，雄蕊 4 枚与花瓣对生；花盘橘红色，4 裂。

子实 浆果倒卵形，约长 7 毫米，成熟时为黑色。

【生物学特性】

乌蔹莓为多年生藤本。根芽和种子繁殖。秋季或来年早春由根芽萌发出苗，实生苗较少见，4~6 月分枝，并长出卷须攀缘作物、林果幼树营养生长，6~8 月开花，8~10 月结果，9 月果实渐次成熟。鸟类、动物等食过果实后，由粪便将种子传播远方。该草多生于农田、果园、苗圃、路旁、山坡及荒地。

【分布与危害】

该草分布于甘肃、陕西及华中、华东、中南各省、自治区。主要危害棉花、豆类、薯类、果树、茶树、桑树、苗木等，部分枣园、苗圃及农田发生数量较多，危害较重。

苘 麻

Abutilon theophrasti Medicus

苘麻又称青麻、野苘麻、白麻、葵子草、野棉花、叶生毛、苘麻子，属于锦葵科，苘麻属。

【形态特征】 彩版 62 图 922

幼苗 子叶 1 对，心形至方圆形，长宽相似，约 1~1.1 厘米，叶基部微凹，心形，叶顶端平或略尖，叶柄长约 1 厘米。下胚轴发达，长达 2~3 厘米，略带紫绿色。初生叶 1 片，卵圆形，直径 7~18 厘米，具网状叶脉，先端长尖，基部心形，边缘具钝齿。

成株 茎直立，高 30~130 厘米，有柔毛。叶互生，有 2 长柄，叶片圆心形，先端尖，基部心形，边缘有粗细不等的锯齿，两面都有毛。花单生于叶腋，花柄长 0.8~2.5 厘米；花萼绿色，裂片圆卵形，先端尖锐；花冠黄色，比花萼长，花瓣上具有明显脉纹；雄蕊筒状甚短；心皮 13~20 片，椭圆形，顶端平截，轮状排列，密被软毛。

子实 蒴果半球形，分果片 5~20 枚，有粗毛，先端有 2 长芒。种子三角形、肾状形或元宝形，不规则，长约 3~3.5 毫米，宽约 2.5~3 毫米，种脐下凹，种皮黑色，有小黑刺毛。

【生物学特性】

苘麻为一年生草本。种子繁殖。种子出苗最大深度为6厘米，深十层未萌发种子可保持数年不丧失发芽能力。在兰州地区4~5月出苗，5~6月营养生长，6~8月开花，8~9月结果，9月上旬开始陆续成熟，边成熟边落粒。一株苘麻可结种子数百粒或数千粒。种子无休眠期，种子成熟落地后，当条件适宜时即可萌发出苗。秋季出苗的植株大多数于冬前不能开花、结果便死亡，少数出苗早的可以开花结果。种子借风力、雨水、灌溉水进行传播。苘麻适生性强，抗寒、耐旱，在酸性或碱性土壤中均能生长。多生于农田、菜田、果园、地埂、沟渠、路旁及荒地。

【分布与危害】

该草分布于全国各省、自治区以及世界各国，我国西部地区发生普遍。主要危害小麦、玉米、豆类、薯类、棉花、瓜类、蔬菜、果树、苗圃等作物。苘麻植株高大，与苗圃枣苗和农作物争夺肥、水和光照能力强，常成片生长形成优势种群进行危害，发生严重时影响枣苗及农作物生长，也影响成株产量和品质。

圆叶锦葵

Malva rotundifloia L.

圆叶锦葵又称野锦葵、灰葵、托盘果，属于锦葵科，锦葵属。

【形态特征】 彩版62 图923

幼苗 子叶2片，三角状心形，有长柄。初生叶1片，肾状圆形，叶缘有细齿。

成株 茎自基部分枝，平卧或先端向上，有星状柔毛，茎长20~60厘米。叶片互生，有长柄，叶圆肾形或近圆形，有5~7波状浅裂，边缘有细锯齿。花单生或数朵簇生于叶腋，花梗细长；小苞片3片，披针形，萼片5片，卵形；花瓣5片，淡蓝紫色，有深红色脉纹，先端有缺刻。

子实 果实扁球形，直径约6毫米，灰褐色，果片背面有网纹，网纹显著突起成脊状。种子近圆形，直径1.5~2毫米，种脐黑色，位于腹面凹口内。

【生物学特性】

圆叶锦葵为多年生草本。种子繁殖。在西北地区于4~5月发芽出苗，5~6月营养生长，6~7月开花，7~9月结果，9~10月种子陆续成熟。10月底至11月冬季来临，地上部枯死，以根越冬。第二年4月从根部发芽出苗，5~6月营养生长，6~8月开花、结果，7月种子开始成熟。多生于果园、农田、路旁、山坡、村边。

【分布与危害】

该草分布于甘肃、宁夏、陕西、四川、云南、河南、河北、山西、山东、江苏、安徽等省、自治区以及俄罗斯、澳大利亚和北美一些国家。主要危害小麦、青稞、蔬菜、果树、苗圃等作物。部分枣园、农田发生量多，危害严重。

野西瓜苗

Hibiscus trionum L.

野西瓜苗又名香玲草，属于锦葵科，木槿属。

【形态特征】 彩版62 图924

幼苗　子叶2片，一片为卵圆形，一片为近圆形，叶柄长，有毛。下胚轴发达，被短毛。初生叶1片，近方形，叶柄长，有毛。后生叶椭圆形，3裂，中间裂片较大。

成株　高30~60厘米，茎柔软平卧或斜升，具白色星状粗毛。下部叶圆形，不分裂，上部叶掌状3~5全裂，直径3~6厘米，裂片倒卵形，通常羽状分裂，两面有星状粗刺毛；叶柄长2~4厘米。花单生于叶腋；花梗果时延长达4厘米；小苞片12片，条形，长8毫米；萼钟形，淡绿色，长1.5~2厘米，裂片5片，膜质，三角形，有紫色条纹；花冠黄色，内面基部紫色。

子实　蒴果矩圆状球形，直径约1厘米，有粗毛，果瓣5个。种子肾形，长约2毫米，宽约0.7毫米，灰褐色。

【生物学特性】

野西瓜苗为一年生草本。种子繁殖。在西北地区4月中下旬出苗，5月达高峰，6~7月开花，7~8月结果，8~9月成熟。是农田常见杂草。多生于耕地、地埂、路旁、沟边、荒地等处。

【分布与危害】

该草广泛分布于全国各地以及日本、朝鲜、蒙古、俄罗斯和欧洲、非洲、北美洲各国。主要危害小麦、玉米、马铃薯、蔬菜及果树等作物，部分农田、枣园、苗圃发生数量较多，危害较重。

紫花地丁

Viola philippica Cav.

紫花地丁又称紫花堇菜、光瓣堇菜、辽堇菜、野堇菜等，属于堇菜科，堇菜属。

【形态特征】彩版62　图925

幼苗　子叶2片，卵圆形，长约0.5厘米，有柄。下胚轴不发达。初生叶1片，卵圆形，先端稍钝，叶缘有钝齿。后生叶与初生叶近似。

成株　高6~8厘米，地下茎短，无匍匐枝。叶基生，矩圆状披针形或卵状披针形，基部近截形或浅心形而稍下延于叶柄上部，顶端钝，长3~5厘米，或下部叶三角状卵形，基部浅心形；托叶草质，离生部分全缘。花两侧对称，具长梗；萼片5片，卵状披针形，基部附器短，矩形；花瓣5片，淡紫色，矩管状，常向顶部渐细，长约4~5毫米，直或稍下弯。

子实　蒴果椭圆形，长约1.5毫米，无毛。种子卵球形，长1.8毫米，淡黄色。

【生物学特性】

紫花地丁为多年生无茎草本。种子与根状茎繁殖。西北地区秋季发芽出苗，以幼苗越冬，来年3月中旬至4月上旬返青，同时还有部分种子和根状茎萌发出苗，5~9月开花、结果，边开花、边结果、边成熟、边脱落。始花期通常较早开堇菜稍迟。果实成熟后裂成三瓣，种子被自动弹出，造成本田感染；还可随风、雨水或灌溉水传播。喜生于农田、地埂、果园、苗圃和菜田。

【分布与危害】

该草分布于甘肃、宁夏、陕西和西南、华北、华东、中南、东北各省区以及日本、朝鲜和俄罗斯远东地区。主要危害小麦、油菜、马铃薯、当归、果树、蔬菜等，为果园、苗圃、夏秋作物田和菜园一般性杂草，危害较轻，但有时部分枣园、苗圃、农田和菜地发生量较大，危害较重。

鹅绒藤

Cynanchum chinense R. Br.

鹅绒藤又称白前，属于萝摩科，鹅绒藤属。

【形态特征】彩版62　图926~927

幼苗　子叶长圆形，有短柄。上、下胚轴均发达，紫红色。初生叶三角状卵形，先端尖锐，基部圆形或近截形。

成株　茎缠绕，全体被短柔毛，有白色乳汁。叶对生，有长柄；叶片宽三角状心形，叶面深绿色，叶背苍白色。伞形聚伞花序腋生，两歧，有花20朵左右；花冠白色，裂片5片，长圆状披针形，副花冠两型，杯状，先端裂成10个丝状体，分为两轮，外轮与花冠裂片等长，内轮稍短；花粉块每室1个，下垂；柱头稍为突起，先端2裂。

子实　蓇葖果双生或仅有1个发育，细圆柱形。种子卵状长圆形，扁平，先端有白色绢质细长种毛。

【生物学特性】

鹅绒藤为多年生缠绕性草本。根芽和种子繁殖。据在兰州地区观察，根芽于4~5月萌发出苗，实生苗出土略迟；5~6月抽蔓、分枝，并缠绕作物、林、果幼树营养生长，7~10月开花、结果，9月上旬果实渐次成熟，并裂开种皮散出种子，种子借冠毛随风传播。多生于果园、农田、路旁和灌木丛中。在兰州地区果园、菜田、苗圃、地埂、路旁极常见。

【分布与危害】

该草分布于甘肃、宁夏、陕西、青海东部、山西、山东、河南、河北、辽宁、江苏、浙江等省、自治区。主要危害果树、幼林，也危害玉米、高粱、小麦、豆类和薯类等作物。据2014年7月在兰州郊区调查，部分枣园、苗圃、农田发生数量多、危害重。它根茎发达，不但与枣树、农作物争水、争肥，而且茎蔓缠绕枣树、农作物，茎叶覆盖遮阳，影响光合作用，使其生长不良，造成减产、品质变劣。

地梢瓜

Gynanchum thesioides（Freyn）K. Schum.

地梢瓜又名地梢花、女青，俗称羊布奶，属于萝摩科，鹅绒藤属。

【形态特征】彩版62　图928~929

幼苗　子叶2片，对生，叶片条形。下胚轴发达，上胚轴较发达。初生叶长条形，对生，中脉明显，全缘，顶端渐尖，基部楔形，无柄。后生叶同初生叶。

成株　地下茎单轴横生。株高25~30厘米，茎直立或斜生，基部多分枝，枝细弱。叶对生或近对生，有短柄，叶片条形，全缘，叶面中脉凹陷，背面凸起。伞形聚伞花序腋生，有花3~8朵，花萼5深裂，外面生柔毛；花冠绿白色，辐状，裂片5片，副花冠杯状，裂片三角状披针形；花粉块长圆形，下垂。

子实　蓇葖果纺锤形，中部膨大。种子倒卵形，扁平，红褐色，先端有白色绢质细长种毛。

【生物学特性】

地梢瓜为多年生直立或半直立草本。根状茎和种子繁殖。在西北地区根状茎于春季萌发出苗，实生苗出土较迟，4~5月分枝、营养生长，6~8月开花，7~10月结果，8月果实渐次成熟，并裂开果皮散出种子，带毛的种子随风传播。多生于果园、农田、山坡、沙丘、路旁等处。部分农田、果园、苗圃极常见。

【分布与危害】

该草分布于新疆、甘肃、陕西、河南、山东、江苏及华北、华东各省、自治区以及朝鲜、蒙古和俄罗斯远东地区。主要危害旱地作物、果树、幼林等。部分农田、枣园、苗圃发生量较多，危害较重。

萝 藦

Metaplexis japonica（Thunb.）Makino

萝藦又称天将壳、飞来鹤，赖瓜瓢，属于萝藦科，萝藦属。

【形态特征】彩版62 图930

幼苗 子叶长椭圆形，长1.5厘米，宽0.7厘米，先端钝圆，叶基圆形，全缘，有叶柄。上、下胚轴均发达，绿色。初生叶2片，对生，卵形，先端急尖，叶基钝圆，具长柄。后生叶与初生叶相似。

成株 茎圆柱形，有条纹，有白色乳汁。叶对生，叶片卵状心形，两面无毛或幼时被柔毛。总状式聚伞花序腋生；花蕾圆柱形，先端尖；花萼5深裂，外面生柔毛；花冠白色，有淡红紫色斑纹，裂片5片，先端反折，基部向左覆盖，内面生柔毛；副花冠杯状，5短裂，生于合蕊管上；花粉块每室1个，下垂，花柱延伸成长喙，柱头先端2裂。

子实 蓇葖果角状或长圆形，叉生，表面有瘤状突起，无毛。种子倒卵状长圆形，扁平，先端有白色长种毛。

【生物学特性】

萝藦为多年生草质藤本。种子和根芽繁殖。在西北地区春、夏季出苗，一般3月下旬出苗直到5月。从出苗到攀缘作物之前生长缓慢，4月下旬长出攀缘丝攀缘作物，随温度升高，生长速度加快，由高度220厘米增至434厘米，占全年生长量的33%。6月下旬始花期，7月上旬盛花期，9月上旬末花期，8~9月结果，9月下旬果实渐次成熟。果实成熟后果皮裂开，散出有白色冠毛的种子，随风到处传播。11月冬季来临地上部逐渐枯死。生长期200天左右。萝藦的生长发育与温度有关，当温度在20℃以下，或28℃以上时生长缓慢，平均气温在25℃最适宜萝藦生长。多生于较湿润的农田、荒地、河岸两边或灌木丛中。部分旱作物田、果园、苗圃常见。

【分布与危害】

萝藦分布于西北、华北、东北、西南和东南各省、自治区以及日本、朝鲜、俄罗斯远东地区。主要危害旱作物、果树、茶树、桑树、幼林。部分枣园、苗圃和旱作物田发生数量较多，危害较重。危害情况同鹅绒藤。

田旋花

Convolvulus arvensis L.

田旋花又名中国旋花、箭叶旋花，属于旋花科，旋花属。

【形态特征】 彩版 63　图 931~932

幼苗　子叶近方形，先端微凹，茎部截形，有柄。下胚轴发达。初生叶 1 片，近矩圆形，先端圆，基部两侧向外突出成距。后生叶戟形，有三裂片。

成株　地下部根状茎横走。地上部茎蔓生或缠绕，具棱角或条纹，上部有疏柔毛。叶互生，戟形，长 2.5~5 厘米，宽 1~3.5 厘米，全缘或三裂，侧裂片展开，微尖，中裂片卵状椭圆形，狭三角形或披针状长椭圆形，微尖或近圆；叶柄长 1~2 厘米。花序腋生，有 1~3 花，花梗细弱，长 3~8 厘米；苞片 2 片，线形，与萼远离；萼片 5 枚，光滑或被疏毛，卵圆形，边缘膜质；花冠漏斗状，长约 2 厘米，粉红色，顶端 5 浅裂，雄蕊 5 枚，基部具鳞毛；子房 2 室，柱头 2 裂。

子实　蒴果球形或圆锥形。种子 4 个，三棱状卵球形，无毛，黑褐色。

【生物学特性】

田旋花为多年生蔓性草本。根茎和种子繁殖。该草有横生的地下根状茎，长达 30~100 厘米，秋季近地面处的根茎产生越冬芽，第二年长出新植株，萌生苗与实生苗相似，但比实生苗萌发早；残段也能再生新株。西北地区 3 月下旬开始从地下根茎茎芽萌发出苗，出苗期可持续 90 天，高峰期在 6 月，占整个萌发期的 65%。最适萌发深度 7.5 厘米，最适萌发长度为 15 厘米。4 月中下旬出现分枝，分枝约 8 个，5 月中旬至 8 月开花，6~9 月结果。平均单株结果量 40 个，果实一般不易脱落，实生种子具有休眠习性，一般 15~30 天。10 月下旬冬季来临，地上部分枯死，生育期达 150 天左右。田旋花再生能力强，地下根茎被切断后，每段都可产生新植株。夏季和秋季地下根茎可产生新的越冬芽，第二年春季由根茎越冬芽再萌发出苗生长。在良好的环境条件下，枝叶繁茂，相互缠绕，或攀缘苗圃枣苗、农作物生长，造成危害。它适应性很强，既耐瘠薄、耐湿，又耐旱。常生于果园、农田、地埂、路旁、沟边等处。

【分布与危害】

该草分布于西北、华北、东北、西南各省区以及蒙古、俄罗斯等国。主要危害小麦、大麦、青稞、玉米、豆类、亚麻、棉花、蔬菜、果树、花椒等。据在兰州郊区调查，部分枣园、苗圃、农田发生量大，危害重，常成片生长形成优势种群进行危害。该草地下茎粗壮，与苗圃枣苗、农作物争水、争肥能力强，加之茎蔓缠绕在枣苗、农作物之上，影响光合作用，使其生长不良。

打碗花

Calystegia hederacea Wall.

打碗花又称小旋花、兔耳草、喇叭花，属于旋花科，打碗花属。

【形态特征】 彩版 63　图 933~934

幼苗　实生苗粗壮，光滑无毛。子叶近方形，长约 1 厘米，先端微凹，基部近截形，有长柄。下胚轴发达，上胚轴不发达。初生叶1片，宽卵形。后生叶变化较大，多为心脏形，并有3~7个裂片。

成株 茎蔓生，缠绕或匍匐分枝。叶互生，具长柄，基部的叶全缘，近椭圆形，长1.5~4.5厘米，宽0.3厘米，基部心形；茎上部的叶三角状戟形，侧裂片开展，通常2裂，中裂片披针形或卵状三角形，基部心形。花单生叶腋，花梗具棱角，长2.5~5.5厘米，苞片2片，佝偻状，卵圆形，长0.8~1厘米，包住花萼，宿存；萼片5片，矩圆形，稍短于苞片，具小尖凸；花冠漏斗状，粉红色，长2~2.5厘米，雄蕊5枚，基部膨大，有细鳞毛；子房2室，柱头2裂。

子实 蒴果卵圆形，光滑，与宿存萼片近等长。种子卵圆形，长约4毫米，黑褐色。

【生物学特性】

打碗花为多年生蔓性草本。根茎和种子繁殖。以地下根茎和种子越冬。根茎可伸展到50厘米深的土层中，绝大多数集中在30厘米以内的耕作层中。在西北地区田间以无性繁殖为主，地下茎质脆易折，每个带节的断体都能长出新株。4~6月出苗，7~10月开花、结果，9月开始陆续成熟。长江流域3~4月出苗，5~7月开花、结果。打碗花单株可结数百粒或数千粒种子，种子成熟后脱落土中。夏季和秋季地下根茎可产生新的越冬芽，地上部枯死。该草再生能力强，耕地时切断的根茎可以生成新的植株。多生于果园、耕地、路旁、沟边及杂草丛中。

【分布与危害】

该草分布于全国各地以及非洲、亚洲其他地区，我国西北地区发生普遍，危害严重。主要危害小麦、大麦、青稞、玉米、糜谷、亚麻、油菜、豆类、苜蓿、蔬菜、果树、林木等。据2014年7月在兰州郊区调查，部分枣园、苗圃、农田发生量多，危害严重。常成片生长形成优势种群进行危害。该草根、茎粗壮，茎蔓又长，争夺水、肥能力强；同时茎蔓缠绕在枣苗、农作物上，影响光合作用，常造成生长不良。

中国菟丝子

Cnscuta chinensis Lam

中国菟丝子又称大豆菟丝子、金丝藤、豆寄生、无根草、龙丝子、菟儿丝等，属于菟丝子科，菟丝子属。

菟丝子和其他农田杂草不同，它与寄主接触后产生吸器（寄生根），侵入寄主体内吸收养料和水分，使寄主生长不良，直接造成减产；其他杂草则吸收土内养分和水分，并与寄主争光、争空间，使寄主生长不良，造成间接危害。故常将菟丝子归入植物病害。其形态特征、生物学特性及分布与危害，参见枣树菟丝子害。

日本菟丝子

Cuscuta japonica Choisy

日本菟丝子又名大菟丝子、金灯笼、无娘藤，俗称黄缠、缠丝子、黄藤等，属于菟丝子科，菟丝子属。是一种全寄生性种子植物。

日本菟丝子寄生危害情况同中国菟丝子。其形态特征，生物学特性及其分布危害，参见枣树病害——枣树菟丝子害。

圆叶牵牛

Phorbitis Purpurea（L.）Voigt

圆叶牵牛又称紫牵牛、毛牵牛、黑丑、黑牵牛等，属于旋花科，牵牛属。

【形态特征】彩版 63　图 935

幼苗　子叶 2 片，子叶近方形，先端深凹，缺刻约达子叶长的 1/3。下胚轴发达，上胚轴不发达。初生叶 1 片，卵圆状心形。

成株　茎缠绕，多分枝，全体被粗硬毛。叶片心形，有长柄，互生，叶全缘，先端尖或钝，基部心形。花序有花 1~5 朵，总花梗与叶柄近等长；萼片 5 片，卵状披针形，先端钝尖，基部有粗硬毛；花冠喇叭状，蓝紫色、红色、近白色，先端 5 浅裂，雄蕊 5 枚，柱头头状。

子实　蒴果球形。种子倒卵形，黑色或暗褐色，表面粗糙。

【生物学特性】

圆叶牵牛为一年生缠绕草本。种子繁殖。在兰州地区 4~5 月发芽出苗，6~7 月抽蔓、分枝，并攀缘缠绕作物、幼树营养生长，7~9 月开花，8~10 月结果，9 月种子渐次成熟。生长、开花、结果习性同牵牛。栽培或野生于农田、荒地中。为秋田、果园、苗圃地常见杂草。

【分布与危害】

该草分布于全国各省、自治区以及美洲各地。西北地区发生普遍。主要危害秋作物、蔬菜、果树、苗圃幼苗。部分秋田、菜地、枣园、苗圃发生量较大，危害较重。

野胡萝卜

Daucus carota L.

野胡萝卜又称红胡萝卜、白胡萝卜、野良人参，属于伞形科，胡萝卜属。

【形态特征】彩版 63　图 936

幼苗　子叶 2 片，近条形，长 7~9 毫米，宽 1 毫米。下胚轴发达，淡紫红色。初生叶 1 片，3 深裂，末回裂片线形。后生叶 2 回羽状全裂。

成株　根粗壮，白色或淡红色，肉质，有胡萝卜气味。株高 30~100 厘米，茎直立，有分枝，具条棱。叶片 2~3 回羽状全裂，最终裂片条形到披针形；叶互生，有长柄，基部扩展为鞘状。复伞形花序顶生，总苞片叶状，羽状分裂，裂片条形；伞幅多数，小苞形同总苞，但较小，花白色或淡红色。

子实　双悬果长圆形，灰黄色至黄色，4 次棱有翅，翅上有短刺。

【生物学特征】

野胡萝卜为一年生或越年生杂草。种子繁殖。秋季出苗，以幼苗越冬，翌年 3~4 月复苏生长，此外，3~4 月还有部分种子发芽出苗，但出苗稍迟。4~6 月营养生长，6~9 月开花、结果，开花结实规律与串珠藁本相似。种子边成熟边脱落。落地种子随风、雨水、灌溉水及收获物进行传播，也可随人、畜携带传播。多生于荒地、沟边、路旁及农田中。

【分布与危害】

该草分布于新疆、甘肃、宁夏、陕西、青海、四川、云南、湖北、江西、浙江、江苏、安徽等省区。主要危害小麦、玉米、蔬菜、果树、苗木等。野胡萝卜常成片生长，形成优势种群和单一群落危害。该草根茎粗壮，与枣树、作物争肥、争水能力强，发生严重时使枣树幼苗、农作物生长不良。

刺芫荽

Eryngium foetidum L.

刺芫荽又名刺芹、洋芫荽、香信、假芫茜，属于伞形科，刺芹属。

【形态特征】 彩版63　图937

成株　株高10~60厘米，全体无毛，有特殊香气。基生叶革质，披针形或倒披针形，长4~20厘米，宽1~3厘米，边缘有硬骨质和刺状齿，基部渐狭，无叶柄。花葶直立，粗壮，二歧分枝，疏生尖齿的基生叶。聚伞花序有3~4回二歧分枝，由多数头状花序组成；总苞片5~6片，叶状，边缘具1~2对疏生尖刺；小苞片长2~3毫米；花极小，白色或淡绿色。

子实　双悬果卵形或球形，长约1毫米，具球形茶色小凸瘤。

【生物学特性】

刺芫荽为多年生草本。种子繁殖。冬末春初陆续发芽出苗，4~12月开花、结果，结果后不久即渐次成熟，种子边成熟边脱落。生于农田、路旁、林缘等处，为果园和农田中常见杂草。

【分布与危害】

该草分布于云南、广西及广东等地，也广布于世界热带地区。危害各种旱作物和果树，部分枣园、苗圃、农田发生数量较大，危害较重。

附地菜

Trigonotis peduncnlaris (Trev.) Benth.

附地菜又名地胡椒、鸡肠草、地铺圪草，属于紫草科，附地菜属。

【形态特征】 彩版63　图938~939

幼苗　子叶近圆形，全缘，叶柄短。上、下胚轴均不发达。初生叶1片，近圆形，主脉微凹，柄长。后生叶匙形、椭圆形或披针形。幼苗全被糙伏毛。

成株　株高5~30厘米，茎自基部分枝，纤细，直立或斜升，具短糙伏毛。叶互生，匙形、椭圆形或椭圆状卵形，长1~2厘米，宽5~15毫米，先端圆钝或尖锐，基部窄狭，下部叶具短柄，上部叶无柄，两面均具短糙伏毛。总状花序生于枝端、细长，长达20厘米，只有基部有2~3个苞片，有短糙伏毛；花通常生于花序的一侧，有细梗；花萼长1~1.5毫米，5深裂，裂片矩圆形或披针形，顶端尖锐；花冠直径1.5~2毫米，淡蓝色，喉部黄色，5裂，裂片卵圆形，顶端圆钝；喉部附属物5个；雄蕊5枚，内藏；子房4裂。

子实　小坚果4个，三角状锥形，棱尖锐，长约1毫米，黑色，疏生短毛或无毛，有短柄，向一侧弯曲。

【生物学特性】

附地菜为越年生或一年生草本。种子繁殖。西北地区冬生型10月上中旬出苗，11月底进入越冬。第二年春季4月初部分种子出苗，越冬苗恢复生长。5月中下旬开花、结果，6月上中旬种子渐次成熟。兰州春型生4~6月出苗，5~7月营养生长，7~9月开花、结果，8月种子渐次成熟，种子边成熟边落粒。种子小而轻可随风、灌溉水传播。多生于麦田、菜地、果园及地埂、路旁、沟渠边等处。

【分布与危害】

该草分布于全国各地，西部地区发生普遍。主要危害麦类、玉米、蔬菜、果树等作物，部分枣园、苗圃、农田发生量大，危害较重。

紫筒草

Stenosolenium saxatile（Pall.）Turcz.

紫筒草又称紫草，属于紫草科，紫筒草属。

【形态特征】彩版63　图940

成株　主根细长，紫红色或淡紫红色。株高10~30厘米，茎自基部分枝，枝近直立或斜升，密被展开的硬毛。叶互生，叶片倒卵状披针形或披针状条形，全缘，两面密生粗糙毛；无叶柄。花序顶生，密生粗毛，苞片叶状，长于花；花生于苞腋；花萼5裂至近基部，裂片条形，宿存；花冠淡紫色或近白色，有深色斑，花冠筒细，5裂，雄蕊5枚，在花冠筒中部下方呈螺旋状着生；子房4裂。

子实　小坚果4个，卵形，长约2毫米，有疣状突起，腹面基部具短柄。

【生物学特性】

紫筒草为多年生草本。种子或根芽繁殖。在西北地区于晚秋或春季萌发出苗，4~5月分枝、营养生长，5~7月开花、结果，6月种子陆续成熟。生于果园、农田、地埂、路旁、丘陵、河滩及低山草地中。多见于沙质地，极耐旱。农田以近地边处居多。

【分布与危害】

该草分布于甘肃、陕西、山东、辽宁及华北各省区以及蒙古、俄罗斯西伯利亚。主要危害小麦、大麦、油菜、果树、幼林等作物。为一般性杂草，危害不重，但有时部分农田、枣园及苗圃发生量大，危害较重。

马鞭草

Verbena officinalis L.

马鞭草又称铁马鞭、疟马鞭、马板草，属于马鞭草科，马鞭草属。

【形态特征】彩版63　图941

幼苗　子叶长卵圆形，有柄，无毛。下胚轴发达，上胚轴不明显。初生叶2片，卵形，叶片前端有疏齿。后生叶对生，卵形，有毛。

成株　茎直立或斜升，方形，株高30~80厘米，圆锥状分枝，被疏柔毛或微柔毛。叶对生，长2~8厘米，有长柄，柄上有狭翅；叶片掌状3深裂，稀5裂或不裂，裂片披针形，边缘有齿，两面无毛。小聚伞花序排列成疏松的圆锥花序，呈马鞭状，长达25厘米，故称

"马鞭草"；花萼钟状，裂齿 5 个，近等长；花冠淡蓝色或淡紫蓝色，二唇裂，下唇中裂片最大。

子实 蒴果长约 2 毫米，成熟后裂为 4 个小坚果。小坚果倒卵形，有网状皱纹。

【生物学特性】

马鞭草为多年生草本。种子繁殖。在西北地区秋季或来年春季发芽出苗，4~6 月分枝、营养生长，6~8 月开花，7~9 月结果，8 月种子渐次成熟。喜生于荒地、路旁、溪边、河边、草地、农田、田边及村前屋后阴湿处。为农田、果园、茶园、路边常见杂草。

【分布与危害】

该草分布几乎遍及全国各地及亚洲西部和南部、欧洲和热带美洲。主要危害旱地作物和果树、茶树、苗圃幼苗等。为一般性杂草，发生量较少，但有时部分农田、枣园、苗圃发生量较多，危害较重。

柳穿鱼

Linaria Vulgaris Nill

柳穿鱼又名黄花柳穿鱼、柳穿鱼草、金鱼草，属于玄参科，柳穿鱼属。

【形态特征】 彩版 63 图 942

成株 茎直立，高 20~30 厘米，常分枝，无毛。叶互生，叶片条形至条状披针形，长 2~7 厘米，宽 2.5~5 毫米，具一脉偶尔有 3 脉，全缘，无毛。总状花序顶生，花多数，花梗长约 3 毫米，各部被腺毛，苞片披针形，长约 5 毫米，花萼 5 深裂，裂片披针形，内面被腺毛；花冠黄色，距稍弯曲，上唇直立，二裂，下唇在喉部向上隆起，喉部密生毛；雄蕊 4 枚，两面靠近。

子实 蒴果卵球形，直径约 5 毫米，顶部 6 瓣裂。种子圆盘状，黑色，有膜质翅，中央有瘤状凸起。

【生物学特性】

柳穿鱼为多年生草本。以种子繁殖。春季发芽出苗，4~6 月分枝、营养生长，6~8 月开花，7~9 月结果，8 月种子渐次成熟，种子随成熟随脱落。适生于沙质土地，常见于果园、耕地、田边、路旁及山坡草地。

【分布与危害】

该草分布于甘肃东部、陕西、山西、山东和华北、东北各省、自治区。黄土高原极常见。危害旱秋作物及果树等，为一般性杂草，危害不重，但有时局部地区枣园、农作物发生量较多，危害严重。

地 黄

Rehmannia glutinosa（Gaert.）Libosch. ex Fisch. et Mey.

地黄又称野生地、怀地黄，俗称酒壶花、生地、熟地等，属于玄参科，地黄属。

【形态特征】 彩版 63 图 943

幼苗 子叶三角状卵形，先端微钝，长 0.4 厘米。上、下胚轴均不发达。初生叶 1 片，卵形，有柄。后生叶的叶面有皱纹，边缘有不整齐钝齿。幼苗全体密被腺毛。

成株　根肉质肥厚，淡黄色。株高10~30厘米，茎直立，全体被白色长柔毛。基生叶多数丛生，有长柄，叶片倒卵状披针形至长椭圆形，边缘有不整齐的钝锯齿或尖齿，叶面皱缩不平；茎生叶较小或缺。总状花序顶生，密被腺毛，有时自茎部生花；花萼筒部坛状，萼齿5个，反折；花冠筒状，有毛，5浅裂，略成二唇形，淡紫红色或黄白色，间有紫纹；雄蕊4枚。

子实　蒴果卵形，长、宽约1厘米，先端尖，上有宿存花柱，外包宿萼，仅顶部裸露。种子近卵形，细小，直径1毫米，有网纹，灰黑色或棕色，千粒重0.19克。

【生物学特性】

地黄为多年生草本。根芽和种子繁殖。地黄根茎萌蘖力较强，芽眼多，易发芽生根。种子无休眠期，正常发芽率仅50%左右，出苗适宜温度为18℃~25℃，土温低出苗慢。一般根芽春、夏季萌发出苗，出苗后先长叶，后发根，实生苗较少见，4~6月开花，5~7月结果，6月种子渐次成熟。地黄喜温和阳光充足的环境，整年生长期都需要充沛的阳光，光照不足，叶片薄而发黄。喜干燥，忌积水，能耐寒，要求深厚、疏松、排水良好的沙质壤土，土壤以微碱性为好，但不宜在盐碱性大、土质过黏以及低洼之处生长。多生于果园、农田、地埂、路旁、山坡及荒地。

【分布与危害】

该草分布于甘肃、陕西、山西、河南、河北、山东、辽宁、湖北、江苏、安徽等省区。主要危害小麦、玉米、油菜、豆类、果树及幼林等作物。部分农田及枣园、苗圃中常见，有时数量较多，危害较重。

阿拉伯婆婆纳

Veronica persica Poir.

阿拉伯婆婆纳又称波斯婆婆纳、大婆婆纳，属于玄参科，婆婆纳属。

【形态特征】彩版63　图944

幼苗　子叶三角状卵形，长0.4厘米，先端圆，基部平截，有柄。上、下胚轴均发达，密被斜垂弯毛。初生叶2片，阔卵形，边缘有稀齿。幼苗茎带暗紫色，除子叶外，全体被长粗毛。

成株　株高15~46厘米，茎自基部分枝成丛，下部伏地斜上，全株有柔毛。茎基部叶对生，有柄或近于无柄，叶片卵圆形至卵状长圆形，边缘有粗钝锯齿。花序顶生，苞叶与茎叶同形，互生；单生于苞腋，花梗长于苞叶；花萼4裂，裂片卵状披针形，花冠淡蓝色，有深色脉纹，筒部极短，裂片4片，宽卵形。

子实　蒴果倒扁心形，宽超过长，有网纹，顶2深裂。种子椭圆形，黄色，腹面凹陷，表面有颗粒状突起。

【生物学特性】

阿拉伯婆婆纳为越年生或一年生草本。种子繁殖。以幼苗和种子越冬。在西北地区种子于秋季多数出苗或来年早春少数萌发出苗，4~5月分枝、营养生长，5~6月开花、结果，6~7月种子成熟，种子边成熟边脱落。种子夏季休眠2~3个月，至9月已能萌发。多生于较湿润农田、路旁、河岸、沟渠边及荒地草丛中。

【分布与危害】

该草分布于甘肃、新疆、陕西、云南、贵州、西藏及华中、华东各省、自治区以及日本和波斯湾地区。主要危害小麦、大麦、青稞、棉花、蔬菜、果树及幼林等作物。部分枣园、农田发生数量较多，有时形成优势种群，危害较重。

茜　草

Rubia cordifolia L.

茜草又称拉拉秧、牛蔓、红茜、破血草、小血藤、四轮藤、风车草，属于茜草科，茜草属。

【形态特征】彩版 63~64　图 945~946

幼苗　子叶包于种皮内，在土壤表面直接长出茎。子叶 4 片轮生，叶卵状披针形，先端锐尖，叶缘有睫毛，具短柄。上、下胚轴都很发达。初生叶与后生叶相似，均为 4 片轮生，叶片三角状卵形，先端锐尖基部近圆形，叶面有短毛，具长柄。

成株　根多数，簇生，橙红色或淡黄色。株高 20~60 厘米，茎四棱形，细长，多分枝，棱上有倒生小刺，可攀缘他物上升。叶常 4 片轮生，有长柄，叶片长卵形或卵状披针形，全缘，基部心形或圆形，有 5 条弧形叶脉。聚伞花序圆锥状，顶生或腋生；花小，黄白色，有短梗；花冠 5 深裂，辐射状。

子实　浆果近球形，成熟时黄色。种子球形，黑色。

【生物学特性】

茜草为多年生攀缘性草本。种子或根茎繁殖。在西北地区于 4~5 月由种子和根芽萌发出苗，实生苗出土较晚，5~6 月分枝，并攀缘作物、树苗营养生长，6~9 月开花、结果，7 月果实渐次成熟。高寒地区出苗较迟，多在 5~6 月出苗，成熟也较晚，一般 8 月成熟。适应性较强，在旱作地及果园常见，荒坡草地、灌木丛中、村边、路旁都能生长。

【分布与危害】

茜草分布于黄河流域及长江流域一带，西部发生普遍；国外分布于澳大利亚和亚洲北部。主要危害小麦、亚麻、油菜、豆类、果树及蔬菜。部分枣园、农田发生量大，受害较重。尤其缠绕在农作物、幼树上，可使其生长不良，也易造成成株减产。

粗叶耳草

Hedyotis hispida Retz

粗叶耳草又名耳草、粗毛耳草，属于茜草科，耳草属。

【形态特征】彩版 64　图 947

幼苗　子叶 2 片，披针形。上胚轴 4 棱形，棱上有毛。初生叶 2 片，长圆状披针形。

成株　茎直立或斜升，株高 20~30 厘米，自茎基本分枝，枝上部 4 棱形，下部圆柱状，有短粗毛。叶对生，近无柄。叶片椭圆状披针形，全缘，上面有角质短毛，侧脉不明显；托叶呈鞘状，顶部分裂成数条刺毛。团伞花序腋生，密集成头状。总苞片披针形，花萼 4 枚，无花梗。萼筒倒圆锥形，长 1 毫米，被粗毛，裂片披针形；花冠白色，漏斗状，裂片披针形；雄蕊着生于花冠筒喉部。

子实 蒴果卵形，长 1.5~2.5 毫米，被粗毛，成熟时仅顶部开裂，宿存萼裂片长 1.5~2.5 毫米。

【生物学特性】

粗叶耳草为一年生草本。种子繁殖。春季发芽，夏秋季开花、结果。多生于草丛、林缘下、路旁地埂及果园、农田中。

【分布与危害】

该草分布于贵州、云南、广西及广东等地，国外分布于马来西亚、印度尼西亚等国。主要危害旱地作物、果树、橡胶树，为旱作物田、枣园及橡胶园常见杂草，发生量较多，有一定程度的危害。

黄花蒿

Arlemisia annua L.

黄花蒿又称臭蒿、黄蒿、草蒿、黄香蒿，属于菊科，蒿属。

【形态特征】彩版 64 图 948~949

幼苗 浅绿色。子叶近圆形，长 0.3 厘米，先端钝圆，无柄。下胚轴发达，紫红色，上胚轴不发达。初生叶 2 片，卵圆形，先端有小凸尖，基部楔形。后生叶互生，3~5 深裂，每裂片又有浅裂。叶片揉后有臭味，故又名臭蒿。

成株 茎直立，高 50~150 厘米，多分枝，直径达 6 毫米，无毛。基部及下部叶在花期枯萎，中部叶卵形，三回羽状深裂，长 4~7 厘米，宽 1.5~3 厘米，裂片及小裂片矩圆形或倒卵形，开展，顶端尖，茎部叶片常抱茎，下面色较浅，两面被短微毛；上部叶小，无柄，常为羽状细裂。头状花序多数，球形，长及宽约 1.5 毫米，有短梗，排列成复总状或总状，常有条形苞叶；总苞无毛；苞片 2~3 层，外层狭矩圆形，绿色，内层椭圆形，除中脉外边缘宽膜质；花托长圆形；花筒状，长不超过 1 毫米，外层雌性，内层两性。

子实 瘦果矩圆形，黄色，具银白色闪光，长 0.7 毫米，表面细颗粒状，具 10 余条纵棱，无毛。

【生物学特性】

黄花蒿为一年生或越年生草本。种子繁殖。在甘肃 4 月中下旬出苗，5~6 月分枝、营养生长，7~9 月开花，8~10 月结果，9 月种子渐次成熟，10 月地上部逐渐枯死。生于果园、耕地、田边和荒地等处。

【分布与危害】

该草分布于全国各省、自治区，西部发生普遍，危害较重。国外分布于日本、朝鲜、蒙古、俄罗斯、印度、中亚、欧洲和北非洲。主要危害玉米、大豆、薯类、蔬菜、果树、桑树、茶树、幼林等作物。部分枣、桑、茶园和农田发生数量较多，危害较重。危害情况同艾蒿。

三叶鬼针草

Bidens pilosa L.

三叶鬼针草又称三叶婆婆针，金盏银盘、一包针，属于菊科，鬼针草属。

312

【形态特征】彩版 64 图 950~951

幼苗 子叶线状披针形，长约 1.5 厘米，宽 0.2 厘米。上胚轴发达，被短毛，下胚轴较发达，微带紫红色。初生叶 2 片，3 深裂或羽状深裂，叶缘有短睫毛，具叶柄。

成株 茎直立，有分枝，株高 30~90 厘米。中部叶对生，2~3 回羽状全裂，裂片卵形或卵状椭圆形，叶缘有齿；上部叶对生或互生，3 裂或不裂。头状花序生顶端，直径约 8 毫米，总苞基部被柔毛，外层总苞 7~8 片。舌状花白色或黄色，筒状花黄色，5 裂。

子实 瘦果长条形，有 4 棱，先端有 3~4 条芒状冠毛。

【生物学特性】

三叶鬼针草为一年生草本。种子繁殖。春、夏季种子发芽出苗，5~6 月分枝、营养生长，7~9 月开花，8~10 月结果，9 月种子陆续成熟。由于瘦果具有芒刺，可由人、畜和其他动物携带到远处传播。多生于较湿润的农田、路旁、沟渠、河岸或荒地草丛中。

【分布与危害】

该草分布于甘肃东部、陕西南部和西南、华南、华中、华东各省区以及热带、亚热带一些国家。主要危害豆类、棉花、蔬菜、果树、幼林等，部分枣园、苗圃、秋作物田、该发生数量较多，危害较重。该草植株高大，根系发达，与苗圃幼苗、农作物争夺水分、养分，光照能力强，影响苗圃幼苗、农作物生长，造成减产。

刺儿菜

Cephalanoplos segtum（Bge.）Kitam

刺儿菜又称小蓟、刺蓟、田蓟、小刺儿菜，俗称小恶鸡婆、刺狗牙、野红花、青青菜等，属于菊科，刺儿菜属。

【形态特征】彩版 64 图 952（左）~953

幼苗 子叶出土，叶片阔椭圆形，长约 6 毫米，宽 5 毫米，稍歪斜，基部楔形，全缘。下胚轴发达。初生叶 1 片，椭圆形，叶缘有齿状刺毛。

成株 根状茎白色，长达 10~30 厘米，粗 3~4 毫米，根茎上可产生不定根、不定芽。茎直立，高 30~40 厘米，顶部分枝。叶互生，无柄，长椭圆形，长约 10 厘米，宽约 2 厘米，叶缘有齿裂，有硬刺，叶背有白色蛛丝状毛。茎顶着生紫红色花序，长约 4 厘米，直径约 2 厘米，总苞钟状，有多层复瓦状紧密排列的苞片，苞片椭圆状披针形，先端具刺，全部为筒状花；雌花长约 2.2~2.3 毫米，雄花长约 1.6~1.7 毫米，花瓣 5 裂，约 3 毫米，雌蕊 1 枚，柱头 5~6 毫米；聚药雄蕊。

子实 瘦果长椭圆形，长约 2~2.5 毫米，宽约 1 毫米，有 6 条明显的纵棱，浅褐色，上长有银白色冠毛，长约 2~3 毫米。

【生物学特性】

刺儿菜为多年生宿根草本。根茎和种子繁殖。早春出苗夏日死亡。西北地区 3 月下旬开始从地下根茎发芽出苗，4~5 月分枝、营养生长，6~7 月开花、结果，地上部分死亡。8~10 月又可从地下茎萌芽，形成新株，10 月下旬地上部陆续枯死，以根茎在土内越冬。当年落地的种子 7~8 月萌发出苗，只进行营养生长，不开花、结果。种子有冠毛，可随风到处传播。地下根茎被切断后，每段均能生成新植株。多生于农田、果园、路旁、地埂、沟渠边及荒地。

【分布与危害】

该草分布于我国西北、东北、华东各省、自治区。国外分布于日本、朝鲜、蒙古、俄罗斯和北美洲一些国家。主要危害小麦、玉米、棉花、大豆、苜蓿、花椒、果、茶、桑等。据2014年7月在兰州郊区调查，部分枣园、苗圃、农田发生量大，危害严重。刺儿菜根茎发达，与苗圃枣苗、农作物争肥、争水能力强，发生严重时使其生育不良，也常致使成株减产；此草还是棉蚜、地老虎、向日葵菌核病的中间寄主，造成间接危害。

大刺儿菜

Cirsium setosum（Willd）Bieb

大刺儿菜又称大蓟、刺蓟、马刺蓟、老虎脷，属于菊科，刺儿菜属。

【形态特征】 彩版64 图952（右）~953

成株 茎直立，高50~100厘米，被丝状毛，上部分枝。叶矩圆形，长5~12厘米，宽2~6厘米，顶端钝，具刺尖，基部渐狭，边缘有缺刻状齿或羽状浅裂，具细刺，上面绿色，无毛或有稀疏蛛丝状毛，下面毛较密，有短柄或无柄。头状花序小，多集生于枝端，单性，雄花序较小，总苞长约1.3厘米，雌花序总苞长16~20毫米；外层总苞片短，披针形，顶端尖锐，内层总苞片条状披针形，顶端略扩大；花冠紫红色。

子实 瘦果倒卵形，无毛；冠毛白色或基部褐色，长7~9毫米。

【生物学特性】

大刺儿菜为多年生草本。根芽和种子繁殖。西北地区4月中下旬出苗，5月至6月上旬分枝、营养生长，6月中下旬开始开花，花果期6~9月，边开花边结果。同时又可从水平生长的根上不断产生不定芽，形成新株。9月种子渐次成熟。其他生物学特性与刺儿菜相似。冬前地上部逐渐枯死，常见于农田、地埂、路旁及荒地。

【分布与危害】

该草分布于甘肃、宁夏、陕西、青海、新疆和华北、东北各省区以及朝鲜、蒙古、俄罗斯和欧洲、北非洲一些国家。主要危害小麦、玉米、大豆、油菜、甜菜、马铃薯、蔬菜、果树等。部分枣树苗圃、枣园、农田发生量较多，危害较重；危害情况同刺儿菜。

小白酒草

Conyza canadensis（L.）Cromq.

小白酒草又称加拿大飞蓬、小飞蓬、小蓬草，属于菊科，白酒草属。

【形态特征】 彩版64 图954

幼苗 主根发达。子叶对生，阔椭圆形或卵圆形，基部渐狭成叶柄。下胚轴不发达。初生叶1片，椭圆形，先端有小尖头，二面疏生伏毛，边缘有纤毛，基部有细柄。后生叶与初生叶相似，但毛更密，边缘有小刺。

成株 高40~100厘米，茎直立，有细条纹和粗糙毛，有分枝。叶互生，叶柄不明显，叶片条状披针形或长圆状条形，长3~8厘米，宽2~8毫米，全缘或有微锯齿，有长睫毛。头状花序密集成圆锥状或伞房状，顶生，有短柄。总苞半球形，2~3层，条状披针形，边缘膜质，几无毛。舌状花小而直立，白色或白紫色，线形或线状披针形；筒状花3齿裂，较舌状花略短。

子实　瘦果长圆形，扁而有毛，冠毛污白色，刚毛状。

【生物学特性】

小白酒草为越年生或一年生草本。种子繁殖。在西北地区于秋季或来年春季发芽出苗，4~6月分枝、营养生长，7~10月开花、结果，果实于花后不久即成熟、脱落而飞散。多生于荒地、路旁、沟渠及农田中。

【分布与危害】

该草分布于全国各地以及北美洲和欧洲各国，我国西部地区发生普遍。主要危害小麦、棉花、大豆、甘薯、蔬菜、茶树、果树、苗圃树苗等作物。部分枣园、苗圃、农田发生数量较多，危害较重。它又是棉铃虫、棉蟓象的中间寄主，往往造成间接危害。

野塘蒿

Conyza bonariensis (L.) Cronq

野塘蒿又名香丝草、扭叶香丝草，属于菊科，白酒草属。

【形态特征】彩版64　图955~956

幼苗　子叶出土。子叶卵形，先端钝圆，全缘；基部宽楔形，有柄，无毛。下胚轴不发达，上胚轴不发育。初生叶1片，卵圆形，先端急尖，有睫毛，基部圆形，腹面密布短柔毛，有柄。第一片后生叶呈卵形，第二片后生叶为宽椭圆形，边缘均有疏微波和尖齿。

成株　高30~75厘米，茎直立，基部有分枝，全体被白色柔毛，灰绿色。基生叶有柄，披针形，边缘有不规则的齿裂或羽裂；茎生叶无柄，条形，全缘，常扭曲。头状花序多数，排列成圆锥状；总苞半球形，总苞片2~3层，狭条形，舌状花多数，舌片极短，不明显开展，先端齿裂，白色；筒状花短于或与舌状花近等长，花筒较其稍粗。

子实　瘦果长圆形，稍扁，略有毛；冠毛刚毛状，白色或污白色。

【生物学特性】

野塘蒿为一年生或越年生草本。种子繁殖。在甘肃种子于秋末冬初发芽出苗，以幼苗越冬，第二年春季返青；同时还有部分种子发芽出苗，4~5月营养生长，6~9月开花，7~10月结果，8月果实渐次成熟，且边成熟边脱落，借冠毛随风传播。多生于河床、荒地、路旁、地埂及农田、果园中。

【分布与危害】

该草分布于甘肃、陕西、长江流域及其以南地区；原产南美洲，现已广布于热带及亚热带地区。危害果树、桑树、茶树和旱地作物，部分枣园、农田发生量大，危害严重，是区域性的恶性杂草。

阿尔泰狗娃花

Heteropappus allaicus (Millb) Novopokr

阿尔泰狗娃花又称阿尔泰紫苑，属于菊科，狗娃花属。

【形态特征】彩版64　图957~958

幼苗 子叶椭圆形，长 0.5 厘米，基部稍狭，光滑无毛，无柄。下胚轴不很发达，上胚轴不发达。初生叶 1 片，近披针形，先端锐尖，基部渐狭至叶柄，密被绒毛。

成株 株高 20~60 厘米，有毛，茎多由基部分枝，斜生或近直立。叶互生，条形、矩圆状披针形或倒披针形，长 2.5~6 厘米，宽 0.7~1.5 厘米，无柄。头状花序单生于小枝的顶端，总苞片 2~3 层；花浅蓝紫色。

子实 瘦果扁，倒卵状矩圆形，被绢毛；冠毛污白色或红褐色。

【生物学特性】

阿尔泰狗娃花为多年生草本。种子或根茎繁殖。在西北地区 4 月下旬至 5 月上旬从越冬根部萌芽出苗，实生苗出土略迟，5 月中旬至 6 月中旬分枝、营养生长，6~10 月开花、结果，结果后十余天种子即成熟。11 月地上部逐渐干枯，以根部越冬。该草耐干旱，多生于旱作物地边、渠旁及路旁。

【分布与危害】

该草分布于甘肃、宁夏、陕西、新疆、青海、四川、河南、湖北和东北、华北各省、自治区以及蒙古、俄罗斯和中亚各国。主要危害小麦、玉米、豆类、棉花、马铃薯、果树等作物。据在兰州郊区调查，部分枣园、苗圃、农田发生量大，危害较重。

腺梗豨莶

Siegesbecria pubescens Makino

腺梗豨莶又称毛豨莶、柔毛豨莶、绿莶草、粘苍子、粘糊菜，属于菊科，豨莶属。

【形态特征】彩版 64 图 959

幼苗 子叶近圆形，全缘，具短柄。初生叶 2 片，对生，呈三角形，先端尖锐，基部楔形，叶缘呈浅波状。上、下胚轴均发达。后生叶卵状三角形，边缘有疏浅锯齿。除子叶外，全株被褐色毛。

成株 茎直立，株高 40~110 厘米，茎粗壮，具纵沟棱，被白色长柔毛，上部枝被腺毛。叶对生，基部叶卵状披针形，花期枯萎；中部叶宽卵形、卵形或菱状卵形，长 3~10 厘米，宽 3.5~8 厘米，先端渐尖，基部阔楔形，边缘有不规则粗锯齿，表面深绿色，被细硬毛，背面淡绿色，密被短柔毛，沿脉有长柔毛，基脉三出，叶柄具窄翅；上部叶渐小，披针形或卵状披针形。头状花序直径 15~18 毫米，花序梗长 3~5 毫米，密被紫褐色具柄头状腺毛和长柔毛；总苞宽钟形，总苞片密被头状具柄腺毛，外层条状匙形，长 7~12 毫米，内层卵状矩圆形，长约 3.5 毫米；舌状花花冠长 3.5 毫米，先端 3 齿裂，管状花长 2~2.5 毫米，先端 5 齿裂。

子实 瘦果倒卵形，长 2.5~3.5 毫米。

【生物学特性】

腺梗豨莶为一年生草本。种子繁殖。西北地区 4~5 月出苗，5~6 月分枝、营养生长，6~8 月开花，7~10 月结果，9 月种子陆续成熟。由于舌状花形成的瘦果常包于浅束状内层的总苞片内，在瘦果成熟后，如人、畜或其他动物接触背部密生腺毛的内层苞片时，总苞片于基部离层处脱落，常由腺毛产生的黏液附着于人类的衣服或动物皮毛而借以传播。10 月下旬植株逐渐枯萎死亡。多生于耕地、地埂、渠边及荒地等处。

【分布与危害】

该草分布于西北、西南、华南、华北、东北各省、自治区以及日本、朝鲜、蒙古、俄罗斯远东地区。常危害大豆、棉花、绿豆、小豆、玉米、高粱、果树、幼林。部分农田、菜田和枣园、苗圃发生量大，危害较重。

苣荬菜

Sonchus brachyotus DC.

苣荬菜又称曲荬菜、匍茎苦菜、野莴苣、甜苣菜等，属于菊科，苦苣菜属。

【形态特征】彩版 64　图 960

幼苗　子叶阔卵形，先端微凹，基部圆形，全缘，具短柄。下胚轴很发达，上胚轴较发达，带紫红色。初生 1 片，阔卵形，边缘有细疏齿，具长柄。第一后生叶与初生叶相似，第二、三后生叶为倒卵形，边缘有刺状齿，两面密生串珠毛。

成株　地下根茎，长达 20~30 厘米，直径粗 0.3~0.7 厘米，外表皮黄褐色，可分泌白色乳汁。地上茎直立绿色，粗壮，中稍空，表面有纵棱，被腺毛，高 40~80 厘米，茎粗达 1~1.2 厘米，茎内也含有白色乳汁。叶互生，圆状披针形，长达 10~20 厘米，宽约 3~4 厘米，蓝绿色，叶缘浅裂，裂片三角形，裂片顶上有齿，顶端近圆钝，叶基部渐狭，无叶柄，略呈耳状抱茎。茎顶聚伞状分枝，头状花序，直茎约 1.5~3 毫米，全部为舌状花，黄色，聚药雄蕊 5 个，雌蕊柱头 2 深裂，总苞及花梗有白色绵毛，总苞钟状，苞片数层，外房椭圆形，较短。

子实　瘦果长椭圆形，一头渐尖狭长，一头宽，长约 2~2.5 毫米，宽约 1 毫米，横切面四棱形，具 4 条明显突起纵棱，此外每个面有 2 条纵棱，表面粗糙，无光泽，棕黄色，柱头周围明显隆起，上面密生白色冠毛。

【生物学特性】

该草为多年生草本。根茎和种子繁殖。以根茎和种子越冬，在直根上产生横走根，根分布在 20~30 厘米土层中，根上能生不定芽。西北地区 4~5 月出苗，种子发芽出苗较晚，5~6 月营养生长，并进行无性繁殖，7~10 月开花、结果，8 月种子陆续成熟，边成熟边脱落。由于种子有冠毛，可以随风进行传播。种子须经越冬休眠才能发芽，种子发生的实生苗当年只进行营养生长，第二、第三年才能抽苔、开花。苣荬菜再生能力强，根茎被切断后，每段可长出新植株；割除地上部分后，仍可发芽出苗。常生于农田中和路边、地埂、沟渠及荒地上。

【分布与危】

该草分布于西北、华北、东北各省、自治区以及日本、朝鲜、俄罗斯等国。主要危害小麦、玉米、油菜、豆类、蔬菜、果树、茶树、林木等。该草在田间呈聚集型分布，常成片生长，形成优势种群或单一群落进行危害，与苗圃枣苗、农作物竞争水、肥能力强，发生严重时，使其生长不良，也影响成株产量和品质。

苦苣菜

Sonchus oleraceus L.

苦苣菜又称滇苦菜、苦荬菜、拒马菜、苦苦菜、野芥子，属于菊科，苦苣菜属。

【形态特征】彩版65　图961

幼苗　子叶近圆形，长约0.5厘米，有短柄，叶背微带红色。下胚轴发达，上胚轴不发育。初生叶1片，卵形，全缘，光滑无毛，有长柄。后生叶形状变化大，叶缘有稀疏的锯齿，叶柄上有不等的小裂片。

成株　茎直立，株高30~100厘米，不分枝或上部分枝。叶柔软无毛，长10~20厘米，羽状深裂、大头羽状全裂或羽状半裂，边缘有刺状尖齿，下部的叶柄有翅，基部扩大抱茎；中上部的叶无柄、基部宽大成戟耳形。头状花序数个，在茎的顶端排列成伞房状；总苞暗绿色，长约1厘米；舌状花黄色，两性、结实。

子实　瘦果长椭圆状倒卵形，扁平，两面各有3条高起的纵肋，肋间有细皱纹；冠毛毛状，白色。

【生物学特性】

苦苣菜为一年生或越年生草本。种子繁殖。在西北地区于秋季出苗，以幼苗越冬，或来年4月出苗，5~6月营养生长，6~9月开花、结果，7~8月早开花的种子陆续成熟。由于种子有冠毛可随风飘移传播。10月地上部逐渐枯死。生于农田中、路旁、山坡及荒地等处。

【分布与危害】

该草广布全国各地，西部发生普遍。各种果树、农作物均受其害，部分枣树苗、旱作物受害严重。该草植株根系发达，与枣树苗、作物争水、争肥能力强，影响枣树、作物生长。

马兰

Kalimeris indica (L.) Sch. -Bip.

马兰又名鸡儿肠、山莴苣、马兰头、田边菊、路边菊、鱼鳅串、蓑衣莲等，属于菊科，马兰属。

【形态特征】彩版65　图962

幼苗　子叶卵圆形，长3~4毫米。下胚轴发达、上胚轴不发育。初生叶长椭圆形或倒卵状长圆形，边缘有疏齿，顶端纯圆，基部楔形，延伸至柄。

成株　具根茎。地上茎直立，株高30~70厘米，有分枝。叶互生，无柄；叶片倒披针形或倒卵状圆形，先端钝或尖，基部渐狭。边缘有疏粗齿或羽状浅裂；上部叶渐小，全缘。头状花序单生于枝顶，排列成疏伞房状；总苞状2~3层，倒披针形或倒披针状长圆形，边缘膜质，有睫毛；边花1层，舌状，淡蓝紫色，心花筒状，黄色。

子实　瘦果楔状长圆形，极扁；冠毛短，不等长，易脱落。

【生物学特性】

马兰为多年生草本。根茎和种子繁殖。在兰州地区于4~5月出苗，实生苗出土略晚，6~8月分枝、营养生长，7~9月开花，8~10月结果，9月种子渐次成熟。冬季来临地上部枯死。多生于农田、田埂、路边、渠边等湿润处。为耕地、地边常见杂草。

【分布与危害】

该草分布于全国各省区以及日本、朝鲜、蒙古、俄罗斯等国，我国西部地区发生普遍。主要危害秋作物、果树、苗圃幼苗，部分枣园、苗圃、新开垦秋收作物田发生数量较大，危害较重。

蒙山莴苣

Lactuca tatarica（L.）C. A. Mey

蒙山莴苣又称蒙古山莴苣、鞑靼黄瓜菜、紫花山莴苣、苦苣，属于菊科，莴苣属。

【形态特征】 彩版 65　图 963~964

成株　株高 30~100 厘米，茎直立，有分枝。基生叶簇生，具柄，茎生叶互生，无柄；叶矩圆形，灰绿色，质厚，稍肉质，下部叶基部半抱茎，羽状或倒向羽状深裂；中部叶与下部叶同形，但不分裂，全缘，披针形或狭披针形；上部叶全缘，抱茎，有时全部叶全缘而不分裂。头状花序多数，有 20 个小花，在茎枝顶端排成开展圆锥状花序；舌状花紫色或淡紫色。

子实　瘦果矩圆状条形，稍压扁或不扁，灰色至黑色，有 5~7 纵肋，沿全部果面排列；果颈渐窄，较长，灰白色；冠毛白色。

【生物学特性】

蒙山莴苣为多年生草本。地下根芽和种子繁殖。以根茎和种子越冬。在直根上产生横走根，根上产生不定芽，横走根分布在 30 厘米的土层中。根茎于 3 月下旬至 4 月中旬发芽出苗，实生苗出土略晚，4~5 月分枝、营养生长，6~7 月开花，7~9 月结果，8 月种子陆续成熟。10 月间地上部分逐渐枯死。种子有冠毛可随风进行传播。根茎再生能力强，根茎被切断数段后，每段仍可长出新植株。割除地上部后，仍能迅速发芽继续生长。适生于稍盐碱化的沙质农田、田埂、河滩、沟渠、湖边及荒地。

【分布与危害】

该草分布于我国西北、华北、东北各地以及朝鲜、蒙古、伊朗、印度、俄罗斯等国家。主要危害小麦、玉米、谷子、大豆、莜麦、马铃薯、油菜、甜菜、蔬菜、苜蓿、果树等作物。为盐碱地和沙质地枣园、农田常见杂草。该草多成片生长形成优势种群进行危害，是区域性恶性杂草，发生严重时，影响枣苗、农作物生长。

蒲公英

Taraxacum mongolicum Haud–Mazz

蒲公英又称黄花地丁、婆婆丁、婆补丁、黄花苗、黄黄苗、黄花草，属于菊科，蒲公英属。

【形态特征】 彩版 65　图 965~966

幼苗　子叶对生，倒卵形，叶柄短。下胚轴不发达，上胚轴不发育。初生叶 1 片，宽椭圆形，顶端钝圆，基部阔楔形，边缘有微细齿。

成株　根肥厚，圆锥形。叶莲座状开展，矩圆状倒披针形或倒披针形，长 5~15 厘米，宽 1~5.5 厘米，常成逆向羽状分裂，边缘有齿，侧裂片 4~5 对，顶裂片较大，基部渐狭成短叶柄，正面深绿色，有稀软毛，背面淡绿色，中脉明显。全体有乳汁。花葶 2~3 个，直立，中空，上端有毛；头状花序生于花葶顶端；总苞淡绿色，苞片两层；舌状花黄色。

子实　瘦果褐色，长 4 毫米，上半部有尖小瘤，喙长 6~8 毫米，冠毛白色。

【生物学特性】

蒲公英为多年生草本。根茎芽和种子繁殖。兰州地区于秋季萌芽出苗，以幼苗越冬。第二年 3 月下旬至 4 月上旬返青，同时还有部分种子和根茎萌芽出苗，4~8 月开花，花后不久即结实，10 天左右成熟。成熟的种子因有冠毛，借风飘移传播。花葶陆续发生，直至晚秋尚见有花。蒲公英的根再生能力极强，切成片段，还可发芽。它耐寒、耐旱，多生于耕地、地埂、沟沿、路边和宅旁。

【分布与危害】

该草分布于全国各省、自治区，西部地区发生极普遍。国外分布于朝鲜、蒙古、俄罗斯等国家。主要危害蔬菜、果树，也危害其他旱地作物。部分菜田、果园发生量较多，危害较严重。该草根茎发达，与作物争夺土壤营养能力强，影响枣树苗木、农作物生长。同时它又是蚜虫、叶螨、棉铃虫和线虫的中间寄主，可造成间接危害。

第二节　单子叶杂草

马　唐

Digitaria sanguinalis（*L.*）*Scop*

马唐又称抓地草、须草、万根草、鸡爪草、女日芝，属于禾本科，马唐属。

【形态特征】彩版 65　图 967~968

幼苗　深绿色，密生柔毛。胚芽膜质，半透明。第一片真叶条形，长 7~10 毫米，宽 3 毫米左右，主脉不明显；叶舌环状，顶端有齿裂，叶缘有长睫毛。第 2 片真叶长 1~1.2 厘米，宽 0.5 厘米左右，主脉明显，叶缘和茎部有长毛。

成株　高 40~100 厘米，茎倾斜匍匐生长，节上生不定根和芽，常长出新枝。叶互生，叶片线状披针形，长 3~17 厘米，宽 3~10 毫米，两面疏生软毛或无毛；叶舌膜质，黄棕色，先端钝圆。总状花序，3~9 个呈指状排列，或下部的近于轮生；小穗 1 对，对生，披针形，有一短柄。

子实　颖果椭圆形，透明。种子长椭圆形，长 2~3 毫米左右，宽 0.7~0.8 毫米，种皮光滑，淡黄色或灰白色，半透明。

【生物学特性】

马唐为一年生草本。以种子繁殖。种子发芽温度为 14℃~40℃，以 25℃~35℃最好；能在 10%~30% 的土壤湿度中出苗，以 20% 左右较适宜，可在 0~6 厘米土层内出苗，以 1~3 厘米土层内出苗最多。在西北地区 5 月中旬出苗，5 月下旬至 6 月上旬为出苗盛期；6 月初晚苗出土，6 月中下旬为出苗盛期。早苗 6 月中下旬抽穗，6 月底至 7 月中旬开花、结果，7 月下旬至 8 月上旬成熟；晚苗 7 月上中旬抽穗，7 月下旬至 8 月中旬开花、结果，8 月下旬至 9 月下旬成熟，种子边成熟边落粒。种子主要靠风力、雨水、灌溉水进行传播；牲畜取食带有马唐种子的草，经消化道排出粪便中的杂草种子仍然具有生命力，因此农肥也是传播途径之一。该草多生于果园、秋田、路边、地埂、荒地，在土壤湿润的环境条件下生长最快。

【分布与危害】

该草分布于全国各省区以及世界各国，我国西部地区发生很普遍。主要危害果树、玉米、大豆、糜谷、蔬菜等作物。常形成优势种群进行危害，与苗圃枣苗、农作物争肥，争水，影响其生长，对成株产量和品质也有一定影响。

大画眉草

Eragrostis cilianensis（All.）Link. ex Vignlolo-lutati

大画眉草又称西连画眉草，俗称绣花草、腥草、臭草，属于禾本科，画眉草属。

【形态特征】 彩版 65　图 969

幼苗　子叶留土。第一片真叶线形，长 1 厘米，先端钝尖，叶缘有细齿，直出平行脉 5 条，无叶舌和叶耳。第二片真叶线状披针形，直出平行脉 7 条，叶舌和叶耳均呈毛状。

成株　茎秆丛生，直立或自基部外张而上升，株高 20~90 厘米，节下有一圈腺体。叶舌为一圈纤毛，叶片条形，宽 3~6 毫米，边缘常有腺体。圆锥花序长 7~20 厘米，分枝粗、单生；小枝及小穗柄也都有腺体；小穗铅绿、淡绿以至乳白色，宽 2~3 毫米，含 5 朵至多数小花；颖近于相等，具 1 脉或第 2 颖具 3 脉，脊上具腺体；外稃具 3 脉，长约 2~2.2 毫米；脊上具腺体；内稃宿存。由于植株各部都有疣状腺体，尤其新鲜时具奇臭。

子实　颖果近球形，红褐色，直径 0.4~0.5 毫米，表面具皱褶状网纹。

【生物学特性】

大画眉草为一年生草本。种子繁殖。在西北地区 5 月中下旬开始出苗，6 月中旬为盛期，8 月以后不再出苗，6 月下旬至 7 月上旬分蘖、拔节营养生长，7 月中旬至 9 月上旬抽穗、开花、结果，8 月下旬种子成熟，成熟种子易落粒，一边成熟一边自下而上脱落。8 月份产生的成熟种子到 9~10 月可以萌发出苗，10 月以后产生的种子进入休眠。生于农田、路边或撂荒地，以沙质地最多。

【分布与危害】

该草分布几乎遍及全国各地以及世界温带、热带地区。我国西部地区发生普遍。主要危害玉米、豆类、薯类、棉花、蔬菜和果树等，部分枣园、玉米、蔬菜田发生量大，危害严重。

虎尾草

Chloris virgata Swartz

虎尾草又名有芒虎尾草，俗称棒槌草、棒棒草，属于禾本科，虎尾草属。

【形态特征】 彩版 65　图 970

幼苗　第一叶长 6~8 毫米，叶背多毛，叶鞘边缘膜质，有毛，叶舌极短。植株幼小时铺散成盘状。

成株　根须状。茎秆丛生，直立、斜升或基部膝曲，光滑无毛，高 20~60 厘米。叶片长条形，长 5~25 厘米，宽 3~6 毫米，叶鞘光滑，背部具脊；叶舌长 1 毫米，具小纤毛。穗状花序长 3~5 厘米，4~10 多枚簇生于茎顶，呈指状排列；小穗含一枚成熟花，长 3~4 毫米（除芒外），无柄，覆瓦状 2 列着生于穗轴的一侧，成熟后带紫色；颖膜质，具一脉，有 0.5~1.5 毫米之短芒；外稃两侧压扁，第一外稃具 3 脉，有脊，其两边脉有长柔毛，芒自近顶端以下伸出，长 5~15 毫米；内稃脊上具微纤毛；不孕外稃先端截平，长约 2 毫米，具长 4~8 毫米的芒。

子实　颖果狭椭圆形，长约 1 毫米，淡棕色，透明。

【生物学特性】

虎尾草为一年生草本。种子繁殖。在兰州地区 4 月出苗，5~6 月分蘖、拔节营养生长，6 月下旬至 7 月中旬抽穗，7 月下旬至 8 月开花、结果，8~9 月种子成熟，边成熟边落粒。10 月植株逐渐枯死。常生于农田、路边、荒地、果园、苗圃中。以沙质地最多。它适应性较强，既耐旱、又耐湿，还耐瘠薄。

【分布与危害】

该草分布我国各省、自治区以及世界温带、热带地区。我国西部地区发生普遍。主要危害小麦、蔬菜、果树、苗圃幼苗等。局部枣园、农田发生量较大，危害较重。

无芒稗

Echinochloa crusgalli（L.）Beauv. var. mitis（pursh）peterm

无芒稗又称落地稗，属于禾本科，稗属。

【形态特征】彩版 65　图 971

幼苗　基部扁平，叶鞘半抱茎，紫红色，基部有极稀的长毛。与稗草的主要区别是，该草第一片真叶有 21 条直出平行脉，其中 3 条粗，18 条较细，真叶竖直生长。

成株　高 70~120 厘米，秆丛生，直立或倾斜。叶互生，叶片条形，长 20~30 厘米，宽 6~10 毫米，无毛，边缘粗糙；叶鞘光滑，无毛，无叶舌。圆锥花序直立，枝腋间常有细长毛；小穗卵形，长 3 毫米左右，有较多的短硬毛，脉上有硬刺疣毛，无芒或有长不到 3 毫米的芒。

子实　颖果椭圆形，长 2.5~3.5 厘米，凸面有纵脊，黄褐色。

【生物学特性】

无芒稗为一年生草本。种子繁殖。在西北地区 4~5 月由种子萌发出苗，5~6 月分蘖、拔节营养生长，7~10 月开花、结果，9 月种子渐次成熟，谷粒边成熟边脱落。无芒稗种子落地后经翻耕混入土内，多分布在 0~20 厘米土层内，以 0~10 厘米最多。无芒稗种子成熟后具有休眠习性，在水分充足的条件当年种子不萌发，一直到来年 4~5 月才萌发，一般休眠 7~8 个月。

无芒稗的发生与环境条件有密切关系，种子在土层内的深浅直接影响其发芽出苗，表土层种子出苗率最高，随土层深度增加出苗率明显降低。据试验，种子在 0~5 厘米土层内出苗率为 60% 以上，10 厘米土层出苗率仅为 25%，20 厘米基本不出苗。淹水状态对种子出苗也有影响，淹水 3~5 厘米处理 14 个月，出苗率仅为 7%，而在土壤湿润状态下出苗率达 40% 以上。多生于低湿地农田、水边湿地。

【分布与危害】

该草分布于全国各省、自治区，西部地区发生普遍。玉米、豆类、棉花、薯类、蔬菜、果树以及水稻均受其害，部分枣园、农田发生量较大，受害较重。

牛筋草

Eleusine indica（L.）Gaertn.

牛筋草又称蟋蟀草，属于禾本科，䅟属。

【形态特征】 彩版65　图972

幼苗　子叶留土内。全株扁平状，无毛。第一片真叶条状披针形，先端急尖，直出平行脉，有环状叶舌，无叶耳。第二片真叶披针形，叶舌薄膜质。

成株　株高20~75厘米，茎秆丛生，茎斜升或偃卧，有时近直立。叶互生，叶片条形，叶鞘压扁且有脊，鞘口常有柔毛；叶舌短，长约1毫米。穗状花序1~7枚，呈指状排列于茎秆顶部，有时其中1枚或2枚单生于其花序的下方；小穗无柄呈双行密集于穗轴的一侧，含3~6小花；颖和稃均无芒；第一颖短于第二颖；第一稃有3脉，具脊，脊上有狭翅，内稃短于外稃，脊上有小纤毛。

子实　囊果呈三角状卵形，果皮薄，膜质，白色，有明显的波状皱纹，内有种子1粒。种子呈三棱状卵形或近椭圆形，长1~1.5毫米，宽0.5毫米，黑褐色，表面具隆起的波状皱纹，纹间有细而密的横纹，背面显著隆起成脊，腹面具浅横沟。

【生物学特性】

牛筋草为一年生草本。以种子繁殖。种子发芽适宜温度为20℃~30℃，出土适宜深度为1厘米以内，超过3厘米则不萌发。在西北地区4~6月由种子萌发出苗，5~7月分蘖、拔节抽茎营养生长，7~10月抽穗、开花、结果，9月颖果渐次成熟，边成熟边脱落。种子靠风力、雨水、灌溉水传播。适生性强，喜湿润，耐干旱，肥水条件好可长成较高大的株丛。多生于较湿润的农田、路边、沟渠及荒地上；菜地、棉田及秋作物田常见。

【分布与危害】

该草分布于全国各省、自治区以及世界温带、热带地区，我国西部地区发生普遍。主要危害豆类、苜蓿、棉花、蔬菜、果树、林木。据在兰州郊区调查，部分枣园、苗圃、农田发生量较大，危害重。

蜡烛草

Phleum paniculatum Huds.

蜡烛草又称鬼蜡烛、假看麦娘，属于禾本科，梯牧草属。

【形态特征】 彩版65　图973

幼苗　子叶留土。第一片真叶线形，有3条脉；叶舌呈细齿裂，无叶耳；叶鞘长8毫米，无毛，也有3条脉。第二片真叶与前者相似。

成株　株高15~50厘米，茎秆丛生，直立或斜升，有3~5节。叶互生，叶片扁平，多斜向上升；叶鞘短于节间；叶舌膜质，长2~4毫米。圆锥花序紧密呈圆柱状，长2~10厘米，幼时绿色，成熟时变黄；小穗倒三角形，含一小花；二颖等大，有3脉，脉间具深沟，脊上有硬纤毛或无毛；先端有长约0.5毫米的尖头；外稃卵形，长1.3~2毫米，贴生短毛；

内稃与外稃近等长。

子实　颖果瘦小，长圆形，黄褐色。

【生物学特性】

蜡烛草为越年生或一年生草本。种子繁殖。在西北地区于秋季出苗，以幼苗越冬，来年2月下旬至3月复苏生长，春季出苗较少，4~5月分蘖、拔节营养生长，5~6月开花、结果，6月上旬种子渐次成熟，生于较湿润的农田、果园、地埂、路旁及沟渠边。

【分布与危害】

该草分布于甘肃东南部、陕西及长江流域各省区。主要危害小麦、大麦、豆类、油菜、果树、幼林等作物。部分枣园、苗圃、农田发生量较多，受害较重。

狗尾草

Setaria viridis（*L.*）*Beauv.* Panicum viride L.

狗尾草又称绿狗尾草、谷莠子、莠、狗尾巴草，属于禾本科，狗尾草属。

【形态特征】 彩版65　图974~975

幼苗　胚芽鞘阔披针形，常呈紫红色。第一片真叶短，较宽，倒披针状椭圆形，先端尖锐，无毛。第二片真叶较长，狭倒披针形，叶舌退化为一圈短纤毛，叶鞘裹茎松弛，边缘有长柔毛。

成株　茎秆疏丛生，直立或基部膝曲上升，有分枝，株高20~100厘米。叶互生，叶片条状披针形，长5~20厘米，宽2~15毫米；叶鞘光滑，鞘口有柔毛；叶舌具长1~2毫米的纤毛。圆锥花序紧密呈圆柱形，长2~15厘米，宽6~10毫米（芒除外），通常微弯垂，刚毛长4~12毫米，粗糙，绿色或变紫色；小穗椭圆形，顶端钝，长2~2.5毫米，3~6个簇生；第一颖阔卵形，约为小穗的2/3，第二颖椭圆形，与小穗等长，具5脉；内稃狭窄。

子实　颖果矩圆形，顶端钝，有细点状皱纹；脐圆形，乳白带灰色。

【生物学特性】

狗尾草为一年生草本。以种子繁殖。种子在平均气温10℃时，即有个别发芽出土，15℃~30℃出苗最多，温度超过37℃时则出苗很少；干旱不利于出苗，过于潮湿也不利于出苗，土壤含水量为16%~19%时有利于出苗。种子发芽出土适宜深度为2~5厘米，土壤深层未萌发的种子可存活10年以上。在西北、华北地区于5月上中旬出苗，5月下旬至6月上旬为出苗盛期，6月下旬为出苗末期，6月上旬至6月下旬分蘖、拔节，7~9月抽穗、开花、结籽，8月中下旬颖果逐渐成熟，边成熟边落粒。黑龙江出苗稍迟，而成熟略早；上海4月开始出苗，5月下旬达第一发生高峰，9月尚有一小高峰。该草所结种子量大，种子小而轻，可随风、雨水、灌溉水传播。适生性强，耐瘠薄，酸性或碱性土壤均可生长。生于果园、农田、苗圃及沟渠、路边和荒地。

【分布与危害】

该草分布于全国各省区以及世界各地，我国西部地区发生普遍。主要危害玉米、高粱、糜谷、豆类、棉花、马铃薯、果树、苗圃树苗等作物。据2014年7月在兰州郊区调查，部分枣园、苗圃、农田发生量极大，危害严重。发生严重时可形成优势种群密生田间，与枣树、农作物争夺营养和水分，影响枣苗、农作物生长，也影响成株产量。同时狗尾草又是粘虫、地老虎的寄主，造成间接危害。

臭　草

Melica scabrosa Trin.

臭草又称枪草、粗糙米茅、肥马草，属于禾本科，臭草属。

【形态特征】彩版66　图976~977

幼苗　子叶留土。胚芽鞘紧包，通常紫色。第一片真叶线状披针形，先端渐尖，中脉明显，叶舌膜质。第二、三片真叶披针形，长15~25毫米，无毛。

成株　茎秆丛生，直立或基部曲膝，株高30~70厘米。叶片条形，互生，叶鞘合闭，光滑或微粗糙；叶舌膜质，先端撕裂，而两侧下延；叶片干时常卷折，无毛或叶面疏生柔毛。圆锥花序窄狭，分枝直立或斜生，小穗柄短，弯曲而具关节，上部有微毛；小穗含2~4朵孕性小花，顶端有几朵不孕花，外稃集成小球形，二颖近等长，膜质，有3~5脉，背部中脉有微纤毛；外稃具7条隆起的脉，内稃短于外稃，或在花中部者等于外稃，脊具微纤毛。

子实　颖果纺锤形，长1.5毫米，宽0.6毫米，棕褐色，有光泽，先端钝。

【生物学特性】

臭草为多年生草本。种子繁殖。在兰州于3月下旬至4月出苗，4~5月分蘖、拔节营养生长，5月下旬至8月抽穗、开花、结果，7~9月种子陆续成熟。农田、地埂、路旁、山坡林缘、荒地、苗圃、庭院、黄河河堤上常见。

【分布与危害】

该草分布于西北、华北、东北和四川、江苏、山东等省区以及朝鲜、蒙古等国家。主要危害麦类、果树、花卉。部分农田、果园、庭院发生量较大，危害较重。

狼尾草

Pennisetum alopecuroides（L.）spreng.

狼尾草又名狼尾巴草、芮草、老鼠狼，属于禾本科，狼尾草属。

【形态特征】彩版66　图978

幼苗　子叶留土。第一片真叶线状椭圆形，有11条直出平行脉；叶舌呈毛状，无叶耳，但两侧有两根长毛。第二片真叶线状披针形，鞘口两侧有3~4根长毛。

成株　须根较粗壮。株高30~120厘米，茎秆丛生，直立。叶互生，叶片条状，长10~80毫米，宽3~8毫米，先端长渐尖，基部生疣毛；叶舌短小，具长约2.5毫米的纤毛；叶鞘光滑，两侧压扁，基部彼此跨生。圆锥花序直立，长5~25厘米，宽1.5~3.5毫米；主轴密生柔毛；小穗簇生，总梗长2~3（~5）毫米，刚毛粗糙，淡绿色或紫色；小穗通常单生，线状披针形；第一颖微小或缺，膜质，脉不明显或具一脉；第二颖卵状披针形，具3~5脉；第一小花中性，第一外稃与小穗等长，具7~11脉；第二外稃具5~7脉，边缘包着同质的内稃；鳞被2片，楔形；雄蕊3枚；花柱基部联合。

子实　颖果灰褐色至近棕色，长圆形，长3.5毫米，顶端具易折断的残存花柱；胚大而显著，约为颖果全长的1/2~3/5。

【生物学特性】

狼尾草为多年生草本。以种子和地下芽繁殖。春季发芽出苗，实生苗略迟，4~6月分蘖、拔节营养生长，7~9月开花，8~10月结果，9月种子渐次成熟，边成熟边落粒。多生于田埂、荒地、路旁及小山坡上，为果、桑、茶园和路旁、河岸边常见杂草。

【分布与危害】

该草分布于西北、西南、华北、华东及中南各省、自治区；日本、朝鲜、印度、缅甸、越南、巴基斯坦、菲律宾、马来西亚及大洋洲、非洲均有分布。主要危害麦类、棉花、果树、茶树、桑树，部分枣园、茶园、农田发生数量较大，危害较重。

鹅观草

Roegneria kamoji Ohwi

鹅观草又称弯穗鹅观草、长芒鹅观草、垂穗鹅观草、莓串草等，属于禾本科，鹅观草属。

【形态特征】 彩版 66 图 979

成株 株高 30~100 厘米，茎秆丛生，直立或基部倾斜，在开阔地上多呈披散状。叶互生，叶片条形；叶舌平截，长约 0.5 毫米；叶鞘光滑，外侧边缘常有纤毛。穗状花序弯垂，小穗绿色或带紫色，含 3~10 小花；颖卵状披针形，先端渐尖至有长 2~7 毫米的短芒，边缘膜质，无毛，有 3~5 脉；第一颖短于第二颖；外稃披针形，边缘宽，膜质，有 5 脉，第一外稃先端延伸成芒，芒直立或上部略弯曲，长 2~4 厘米；内稃稍长或略短于外稃，脊有翼，翼缘具细小纤毛。

子实 颖果长 5~6 毫米，棕色或棕褐色，顶端有绒毛。

【生物学特性】

鹅观草为多年生草本。种子繁殖。种子萌发的适宜温度为 10℃~15℃，萌发的土层深度为 1~3 厘米，超过 8 厘米则不能萌发出苗。据在兰州观察，春季发芽出苗，4~5月分蘖、拔节营养生长，6~9月抽穗、开花、结果，8月种子渐次成熟，种子边成熟边脱落。生于湿润农田、地埂、路旁、渠边及湿草地。耐旱、耐寒性较差。为田边、果园常见杂草。

【分布与危害】

该草分布于甘肃、宁夏、陕西和华北、东北、华东、华南、西南各省、自治区以及日本、朝鲜等国。主要危害夏秋作物、蔬菜、果树、苗圃树苗等，为一般性杂草，有部分枣园、苗圃、农田发生量较多，危害较严重。

荻

Miscanthus sacchariflorus (Maxim.) Benth et Hook. f.

荻又称荻草、红刚芦、红柴，属于禾本科，芒属。

【形态特征】 彩版 66 图 980

成株 具根状茎。株高 50~150 厘米，茎直立，多节。叶互生，叶片条形，长 10~60 厘米，除叶面基部密生柔毛外，其余均无毛；叶鞘长于节，无毛或有毛；叶舌有小纤毛。圆锥花序，长 20~30 厘米，小穗成对着生于各节，一柄长，一柄短，均结实且同形，含两小花，仅第二小花结实；第一颖背部有长约为小穗两倍以上的长柔毛，外稃无芒和第二外稃有极短的芒，但不露出小穗之外；雌蕊3枚，柱头从小穗两侧伸出。

子实　颖果。

【生物学特性】

荻为多年生草本。根状茎和种子繁殖，以根茎繁殖为主。在西北地区4~6月发芽出苗，实生苗出土较迟，6~7月分蘖、拔节营养生长，7~9月抽穗、开花，8~10月结果，9月果实陆续成熟，种子边成熟边脱落。成熟落地种子随风、雨水、灌溉水传播。该草适应性强，自干燥的山坡至湿润的滩地均可生长。生于农田、地埂、路旁、山坡草地或河岸湿地，为果园和田边常见杂草。

【分布与危害】

荻分布于西北、华北、东北、华东各省、自治区以及日本、朝鲜等国。主要危害果树、桑树、茶树、幼林。该草根状茎发达，植株高大，与枣树、茶树等争肥、争水能力强，发生严重时致使枣树、茶树生长不良，造成减产，品质变劣。

狗牙根

Cynodon dactylon (L.) Pers.

狗牙根又称绊根草、爬根草、行仪芝、铁苋草、百幕大草、圪扒草，属于禾本科，狗牙根属。

【形态特征】 彩版66　图981

幼苗　子叶出土。第一片真叶带状，先端急尖，叶缘有极细刺齿，叶片有5条直出平行脉，叶舌膜质环状，叶鞘紫红色。第二片真叶线状披针形，有9条直出平行脉。

成株　有根状茎和匍匐茎，匍匐茎长达1米以上，节上生根或分枝。叶互生，叶片长条形，长1.5~6厘米；叶鞘有脊，鞘口疏生柔毛；叶舌短，有小纤毛。穗状花序3~8枚，呈指状排列于茎的顶部；小穗成两行排列于穗轴的一侧，含一小花；两颖近等长，各有一脉；外稃与小穗等长，有3脉，脊上有毛；内稃与外稃近等长，有2脊。

子实　颖果长圆形。

【生物学特性】

狗牙根为多年生草本。以根茎、匍匐茎繁殖为主，也可种子繁殖。条件不同，繁殖方式有所侧重，高温多雨季节根茎繁殖蔓延很快，长江流域及其以南地区秋季抽穗、结实，以地下根茎、种子越冬；黄河流域以根茎和匍匐茎繁殖，结实较少。茎芽在生长季节内随时都可萌发出苗，6~10月开花、结果。适生于湿润环境，能耐干旱，生活能力很强，繁殖迅速，蔓延很快，常成片生长覆盖地面。水稻田边及旱作物地上常见；河边、草地、路旁也有生长。

【分布与危害】

该草分布于甘肃、新疆和黄河流域以南各省、自治区以及欧亚大陆热带、亚热带、暖温带地区。主要危害玉米、棉花、豆类、薯类、果树、苗木。经营粗放的枣园，危害尤为严重，即使锄草断了茎，由于其植株的根茎和匍匐茎着土，又很快生根复活，难以防除。

冰 草

Agropyron cristatum (L.) Gaertn

冰草又称扁穗冰草、滨草，野麦子，篦齿草、大麦草、山草麦，属于禾本科，冰草属。

【形态特征】彩版66 图982

幼苗 初生叶1片狭线形，宽约1毫米。第二叶至第四叶线形，长4~7厘米。

成株 须根稠密，叶具沙套。秆直立或基部膝曲，高15~75厘米。叶互生，长条形，叶片质地较硬而粗糙，边缘常内卷，宽2~5毫米；叶舌膜质，顶端截平而微有细齿。穗状花序矩圆形或两端微窄，长2~7厘米，宽7~15毫米，穗轴生短毛，节间短；小穗密集平行排列成2行，整齐呈篦齿状，通常含5~7花；颖舟形，脊上或连同背部脉间有长柔毛，第一颖长2~2毫米，第二颖长4~4.5毫米，有略短或稍长于颖体之芒；外稃亦舟形，被柔毛，边缘狭膜质，有短刺毛，内稃与外稃略等长，先端尖，2裂，脊具短小刺毛。

子实 颖果矩圆形，灰褐色，顶部密生白色绒毛。种子较小，千粒重2克左右。

【生物学特性】

冰草为多年生草本，寿命长达10年以上。根茎和种子繁殖。种子在2℃~3℃低温下就可发芽，最适温度为18℃~25℃。兰州地区根茎和种子3月下旬至4月上旬发芽出苗，实生苗出土较晚，4~5月分蘖、拔节营养生长，6~8月开花、结果；8~9月种子陆续成熟。11月中旬地上部逐渐枯黄，以根茎越冬。冰草既抗寒又耐旱。冬季在零下35℃以下均能安全越冬；在全年降水量为250~350毫米的干旱地区都能生长良好。以农田、荒地发生较多，部分农田、果园常常造成危害。

【分布与危害】

该草分布于西北、华北、东北各省、自治区以及蒙古、俄罗斯和中亚一些国家。主要危害小麦、玉米、豆类、蔬菜、果树、林木等。冰草根系发达，与作物争水、争肥、争光、争空间能力强，发生严重时，使苗圃枣苗、农作物生长不良，并影响成株产量和品质降低。

长芒草

Stipa bungeana Trin.

长芒草又称本氏羽茅、毛芒草，属于禾本科，针茅属。

【形态特征】彩版66 图983

成株 须根坚韧，外有沙套。株高20~60厘米，茎秆紧密丛生，基部曲膝，有3~5节。叶互生，叶片常纵卷成针状，长3~15厘米；叶舌膜质，披针形，叶鞘光滑或边缘有纤毛。圆锥花序为叶鞘所包，成熟后略伸出鞘外，长10~20厘米，分枝细弱，2~4枚簇生，直立或斜升，上部疏生小穗，小穗含一花，灰绿色或淡紫色，颖边缘膜质，顶端延伸成细芒，有3~5脉；外稃背部有成纵行的短毛，先端关节处生一圈短毛，其下有微刺毛，基盘密生柔毛；芒2回膝曲扭转，芒针细发状，长3~5厘米。

子实 颖果细长，圆柱形，但隐藏在小穗中者则为卵圆形，长3~3.5毫米，宽0.6毫米，淡黄色，有光泽。

【生物学特性】

长芒草为多年生草本。种子繁殖。在西北地区春季发芽出苗，5~6月分蘖、拔节营养生长，7~9月开花、结果，8月中下旬渐次成熟。生于干燥山坡、路边草地及农田中。田边、果园常见。

【分布与危害】

该草分布于西北、华北各省、自治区以及亚洲中部和北部一些国家。主要危害夏秋作物及果树，为一般性杂草，危害较轻，但有时部分农田、枣园发生量较大，危害较重。

白　茅

Imperata cylindrica (L.) Beauv var. Mojor (Nees) C. E. Hubb.

白茅又称白草、茅草、茅针、茅根、甜草、丝茅，属于禾本科，白茅属。

【形态特征】彩版66　图984

幼苗　子叶留土。第一片真叶线状披针形，边缘略粗糙，中脉显著，略带紫色。叶舌干膜质，叶鞘和叶片有不明显的交接区。

成株　有长匍匐根状茎横走地下，黄白色，节上有鳞片和不定根，有甜味。地上茎秆直立，株高25~90厘米，节上有柔毛。叶互生，叶片线形或线状披针形，主脉明显突出于背面，叶鞘无毛，或上部及边缘和鞘口有纤毛；叶舌膜质，钝头。圆锥花序短而密集，小穗成对生于各节，小穗披针形，基部生丝状长柔毛；小穗含两花，仅第二小花结实；二颖近等长，膜质，背面疏生丝状长柔毛；第一颖两侧有脊，无芒；无内稃；雄蕊两枚，花药黄色，柱头2枚，深紫色。

子实　颖果带稃，基部密生8~12毫米的白色丝状柔毛，第二颖边缘亦有纤毛，具宿存柱头2枚，黑紫色。成熟后自小穗柄上脱落。

【生物学特性】

白茅为多年生草本。根茎和种子繁殖。在西北地区3~4月由根茎和种子发芽出苗，实生苗出土较晚；4~5月分蘖、拔节营养生长，5~7月开花、结果，6~8月种子陆续成熟，随成熟随脱落。白茅每年有一部分成熟的植株在完成其生育史之后死亡，由新生植株代替，白茅生育周期差异很大，有些地区1~2年，有些地区3年以上。白茅的幼小根茎是由活的母株茎基部分蘖节或借助未发育成的根茎分叉出来的。根茎在土内的分布深度由于生长环境的不同而有差异，生长在湿润、石头地和长期不动土的环境条件下，70%~80%的根茎分布在0~25厘米深的土层中，在黏土和经常翻动过的环境条件下，根茎大部分在0~40厘米深土层内，少数达70厘米以上。白茅的地下根茎纵横交错，十分庞大，每条长15~50厘米，长达150厘米，多数能分叉生长。根茎每隔1~2厘米有一个节，每个节都有根芽，这些芽在0~15厘米的表土中都可以萌生，萌生的适宜温度为28℃~30℃，在20℃以下或40℃都不利于生长。

白茅除根茎无性繁殖外，还可利用种子进行有性繁殖。发育成熟的植株于夏、秋季开花、结实，每株平均结籽3000粒，种子顶部有白色长毛，似伞状，可随风或水流广为传播。种子落地后，经短期（7~10天）休眠，若遇水分适宜，温度在20℃以上的条件下，大部分都能发芽，长成植株；如果条件不具备，种子在土中可以存活一年以上。

白茅的适应性和生命力极强，不但在热带、亚热带生长旺盛，在西北和东北都能正常生长，在其他植物不能生长的不毛之地，也能正常生长并形成群落。对其植株进行连续多次刈割或火烧，只能破坏其茎叶，对地下根茎毫无影响，很快又生长起来，且促使其大量开花。尽管如此，白茅也有其弱点，就是怕水淹，忌翻动；此外白茅不耐荫，生长在立地蔽荫度50%以上，白茅会逐渐死亡或生长纤弱，以至不能开花、结实。白茅适生于农田、地埂、路旁、山坡草地及弃耕地上。为果园、小麦、玉米、大豆地常见杂草。

【分布与危害】

该草分布于我国南北各地以及日本、俄罗斯等国，我国西部地区发生普遍。主要危害玉米、高粱、豆类、亚麻、油菜、薯类、果树、蔬菜等作物。部分旱地夏秋作物、果园、苗圃、椒园发生量较大，危害较重。该草根茎发达，植株高大，与作物争肥、争水能力强，严重影响作物生长，造成减产。

赖草

Leymus secalinus（Georgi）Tzvel

赖草又称厚穗滨草、老披硷、宾草、厚穗碱草等，属于禾本科，赖草属。

【形态特征】彩版66　图985~986

幼苗　胚芽鞘长约12毫米，较紧密，无色或浅棕色。叶片条形，长5~8厘米，光滑或被短柔毛。

成株　具地下的根状茎。茎秆单生或成疏丛，直立，质硬，株高50~100厘米，具2~3节，花序以下密生柔毛。叶片长条形，长10~40厘米，宽3~10毫米，扁平，干后内卷；叶鞘大都光滑或在幼嫩时上部边缘具纤毛，位于基部的叶鞘残留呈纤维状；叶舌膜质，截平，长0.8~1.5毫米。穗状花序直立，长10~15厘米，灰绿色，穗轴被短毛，小穗通常2~3枚生于穗轴的每节，每个小穗含4~7朵小花；小穗轴节间长1~1.5毫米，贴生微柔毛；颖锥形，先端呈芒状，具一脉，第一颖较第二颖稍短，长8~12毫米；外稃被针形，先端渐尖或延伸成短芒，具5脉，被短柔毛，基盘具毛；内稃与外稃等长，具2脉，沿脉有毛。

子实　颖果细长呈长椭圆形，两端尖，浅棕色至褐色，顶端被黄色绒毛。

【生物学特性】

赖草为多年生草本。根茎和种子繁殖。3月下旬至4月由种子和根茎发芽出苗，实生苗出土较晚，4~6月上旬分蘖、拔节营养生长，5月中旬至7月开花，7~9月结果，8~10月种子渐次成熟。冬季来临地上部逐渐枯死。适应性极强，既耐湿又耐旱。多生于农田、田边、地埂、河滩、撂荒地、干旱黄土地和轻度盐渍化沙地。

【分布与危害】

该草分布于甘肃、青海、宁夏、陕西、新疆和内蒙古西部等地，为我国西北地区农田杂草特有种。主要危害小麦、玉米、豆类、油菜、薯类、蔬菜、果树等作物。据2014年7月在兰州郊区调查，部分枣园、苗圃、农田发生量极大，受害严重。危害情况与白茅相似。

芦苇

Phragmites communis Trin

芦苇又称苇草、芦草、芦柴、苇子、芦通根，属于禾本科，芦苇属。

【形态特征】 彩版 66　图 987~988

成株　具长而粗壮的匍匐根状茎，黄白色，须根生在根状茎的节上。茎秆高大直立，高 1~3 米，直径 2~10 毫米，节下通常有白粉。叶互生，叶片大，扁平，长条形，长 15~45 厘米，宽 1~5 厘米，叶鞘圆筒形；叶舌有毛。圆锥花序长 10~40 厘米，分枝斜上伸展，稠密，下部枝腋间具白柔毛；小穗长 12~16 毫米，有 4~7 朵花，脱节于颖之上和诸小花之间；颖具 3 脉，第一颖短小，第二颖长 6~11 毫米；第一花常为雄花；外稃窄披针形，具 3 脉，长 8~16 毫米，无毛，顶端长渐尖，基盘延长，具长 6~12 毫米的丝状柔毛；内稃长约 4 毫米，脊粗糙。

子实　颖果椭圆形，与内外稃分离。

【生物学特性】

芦苇为多年生草本。根状茎和种子繁殖，以根茎繁殖为主，繁殖力极强。在西北地区 3 月下旬至 4 月从根状茎上的芽萌发出苗，同时由种子萌发出苗，但实生苗出土较迟；5~7 月分蘖、拔节营养生长，夏季高温地上、地下生长都很快，7~10 月陆续抽穗、开花、结果，每株可产生种子数千至万余粒，冬前种子成熟，可随风飞扬传播。到了冬季来临，地上部枯萎死亡，以地下茎越冬。

芦苇的发生、生长与环境条件有密切关系，温度越高萌发越快，低于 15℃ 则不能发芽出苗；在 0~3 厘米土层内的种子发芽良好，超过 3 厘米深以上的种子则不能萌发。芦苇生长的速度和地上植株的最后高度与芽的宽度有关，芽决定了茎基部的直径。在芽的萌发高峰期激烈的竞争营养，植株的大小取决于营养的供应和水位，水位太低，株重降低，芦苇对水稻的竞争主要在水中而不是土壤。芦苇发育出的不定根位于土里者长而粗，不分枝，在水里者细而多，又分枝，长 20~30 厘米，匍匐根状茎可长达 20 米，生活 2~3 年。根茎因鱼、哺乳动物和湍流作用出土后可以飘浮传播。

芦苇地下茎有很强的抗寒力，只要被土覆盖，其地下茎都有成株力，但裸露地面，仅被雪覆盖的大部分地下茎几乎全部失活。芦苇的抗旱能力很强，即便地下茎损失 50% 以上的含水量，其萌发、成株率仍在 50% 左右，只有当含水量降低到 65% 以上时，地下茎才丧失发芽力。母体地下茎的直径直接影响着新生植株的地上部和地下部的营养生长力，母体地下茎越粗新生植株地上、地下生长力越强；在长度相等条件下，从较粗的地下茎长出的芦苇就高于从较细的地下茎上长出的植株。芦苇的再生能力也相当强，砍断地上部分之后，还会由地下茎继续萌发长出新植株。它适生于水湿环境，既耐干旱，又耐盐碱。在西北地区喜生于盐碱地和沙漠地区。为稻田、麦田常见杂草。

【分布与危害】

该草几乎遍及全国，西部发生普遍，危害严重，国外分布于全球温带地区。主要危害水稻、小麦、亚麻、油菜、瓜类、蔬菜和多种果树等。芦苇根茎发达，植株高大，与作物、枣树争肥、争水能力强，发生严重时使枣树尤其是幼苗生长不良，使作物造成减产。

香附子

Cyperus rotundus L.

香附子又称莎草、紫香附、回头青、雷公头、滨莎、香头草、砖子苗、草头香等，属于莎草科，莎草属。

【形态特征】彩版 66　图 989

幼苗　子叶留土。第一片真叶线状披针形，有 5 条明显的平行脉，叶片横剖面呈 V 字形。第三片真叶有 10 条平行脉。

成株　匍匐根状茎长，具椭圆形或纺锤形块茎，坚硬，褐色，有香味。茎秆直立，常单生，株高 15～45 厘米，有三锐棱，平滑。叶较多，基生，短于秆，叶片宽 2～5 毫米；鞘棕色，常裂成纤维状。长侧枝聚伞花序简便或复出，有 3～6 个开展的辐射枝，最长达 12 厘米；苞片 2～3 片，叶状，长于花序；小穗条形，3～10 个排成伞形花序，长 1～3 厘米，宽 1.5 毫米；小穗轴有白色透明的翅；鳞片紧密，2 列，膜质，卵形或矩圆状卵形，长约 3 毫米，顶端急尖或钝，中间绿色，两侧紫红色或红棕色；具 5～7 条脉；雄蕊 3 枚，花药暗血红色，药隔突出于花药顶端；花柱长，柱头 3 枚，伸出鳞片之外。

子实　小坚果矩圆状倒卵形，有三棱，长为鳞片的 1/3～2/5，具细点。

【生物学特性】

香附子为多年生草本。以块茎繁殖为主，也可种子繁殖。块茎在 19℃～39℃温度范围内发芽，适温 30℃～35℃，因此它不能在寒冷地区生存；土内氧气多，发芽良好，氧气不足发芽率降低，故在土内以 0～15 厘米的表土层发芽率最高。同时水分与发芽也有关，地下块茎存活的临界含水量为 11%～16%，低于此一指标，块茎很快丧失发芽力，相反把块茎浸在水中 28 天，对发芽率不但无影响，反而促进其发芽出苗，浸水 200 天也不丧失发芽力。在西北地区春夏季从块茎发芽出苗，秋季发芽较少，6～7 月营养生长，7～9 月抽穗、开花、结果，9 月种子陆续成熟。

香附子每年春天由块茎发芽长成植株，植株基部膨大成为新的基部鳞茎，从新生的基部鳞茎发生根茎，根茎生长到一定程度便停止纵向生长，在顶端后面 2～3 毫米处开始膨大成为块茎，根茎顶端成为块茎的顶芽，顶芽可出土长成植株；不出者则块茎转入休眠。新产生的块茎和已经长出植株的块茎和基部鳞茎也可发生新的根茎，从而不断产生新的块茎和植株。香附子有惊人的繁殖能力，在生长季节种植单个块茎一周左右便长出植株，约 20 天产生新的块茎，100 天内可产生 100 株以上的植株，近 150 个块茎，块茎总重量增加 250 倍。在其严重感染的地块，一个生长季节中每 666.7 平方米约产生 46.6～66.7 万棵植株，1000～3000 万个块茎和基部鳞茎，鲜重可达 5～20 吨，从而由土壤中夺取大量营养和水分，使果树、农作物严重减产。

香附子生活能力很强，由于它常通过块茎繁殖，往往繁殖快，生长蔓延迅速，其块茎又能渡过各种不良环境，如在中耕除草时将拔出的块茎扔在地埂上，暴晒一月，若遇雨水仍能生根、发芽，继续蔓延到田内。喜生于疏松性土壤，于沙土地发生较为严重。常生于水田、湿润旱地、地埂、荒地及果园、苗圃、菜地。

【分布与危害】

该草分布于西北、华北、西南、华南等各省、自治区以及世界大部分地区。主要危害水稻、玉米、棉花、花生、大豆、果树、蔬菜等作物。部分水稻、湿润旱地作物和果树受害较重。由于根茎发达，繁殖能力快，与枣树、农作物争肥、争水能力强，影响苗圃枣苗、农作物生长，也影响成株产量。

鸭跖草

Commelina communis L.

鸭跖草又称竹叶菜、耳环草、竹节草、蓝花草、碧蝉蛇、蓝眼子等，属于鸭跖草科，鸭跖草属。

【形态特征】 彩版66 图990

幼苗 子叶1片。子叶鞘与种子之间有一条白色子叶联结。第一片叶呈椭圆形，先端锐尖，有光泽。第二至四片叶为披针形，先端尖。后生叶矩圆状披针形。

成株 株高25~45厘米，茎上部直立或斜升，下部匍匐生根，茎梢肉质，有分枝。叶互生，叶片披针形或卵状披针形，长4~9厘米，基部下延成鞘，膜质，有紫红色条纹。总苞片佛焰苞状，有长柄，生于叶腋，心状卵形，长1.2~2厘米，稍弯曲，边缘有硬毛，花数朵，稍伸出苞外，花瓣3片，侧生两片较大，深蓝色，中间一片较小，色也较淡；雄蕊6枚，3枚退化，顶端成蝴蝶状。

子实 蒴果椭圆形，2室，有种子4粒。种子半脑状球形或长椭圆形，表面凹凸不平，土褐色或深褐色，直径3毫米，或长4毫米，宽3毫米，种子一侧有一圆形凹陷，中央有一突起。

【生物学特性】

鸭跖草为一年生草本。种子繁殖。种子的适宜发芽温度为15℃~20℃。在陕甘地区于4~6月出苗，6~7月营养生长，茎基部匍匐，着土后茎节易生根，匍匐蔓延迅速。7~10月开花、结果，9月种子逐渐成熟。果实成熟后自动裂开，散出种子。适生于潮湿地或林缘阴湿处及农田、果园、路旁、沟边等阴湿处，为水田、果园、苗圃、菜地及秋作物田常见杂草。

【分布与危害】

该草分布于我国南北各省、自治区以及日本、朝鲜、俄罗斯、越南和北美洲一些国家。主要危害旱作物如玉米、大豆、小麦、谷子、蔬菜及果树、苗圃果树苗等，该草适应性很强，常成单一群落，枣园、苗圃、农作物发生数量大，危害较重。

第三节 枣园杂草防控措施

枣园杂草的防控和农林病虫害防控一样，应贯彻"预防为主，综合防控"的植保方针，就是说一方面根据各地气候、地理情况和各种果树、林木及农作物栽培布局情况，掌握不同杂草的发生规律，在杂草发生危害之初或未明显造成危害之前，依据当地、当时的具体情况，因地制宜地采取有效的防控措施；另一方面要尽最大可能防止杂草的扩散蔓延。所谓综合防控，不是各种防控措施的简单凑合和排列，而是要协调各种防控措施，取长补短，相互配合，组成一个比较完整的有机结合的防控体系。本书枣园杂草的防控，分别介绍了农业、药剂、生态及生物等综合预防控制措施，应用时可按上述原则，灵活掌握。

（一）农业防控

1. 耕作枣树株行距较宽，枣园内很容易滋生杂草，稍有疏忽，极易造成草荒，可以通过耕作消灭枣园内杂草。耕作包括春耕和秋耕。集中连片的枣园可用机械或畜力全枣园深翻20厘米；小片枣园可人工用铁锨深翻。春耕翻能有效消灭越冬杂草和早春出土的杂草，同时并将上一年散落在土表的杂草种子翻埋在较深的土层中，使其当年不能发芽出土，减少危害。秋耕翻能有效消灭春、夏季出土的残草、越冬杂草和多年生杂草。秋耕应于杂草结实或种子成熟前抓紧时间进行。秋耕过晚只能消灭越年生或多年生杂草，而对已结实成熟的一年生杂草防除效果很差。

2. 施用充分腐熟的有机肥，枣园常在春、秋季施用畜类及秸秆、糠衣沤制的有机肥，这些肥料中常混入大量的杂草种子，因此，必须经过高温堆闷腐熟，使杂草种子失去发芽能力，以减少枣园杂草发生危害。

3. 间作枣园内果树株行距较大，在幼树阶段，土地空旷，可以间作一些矮秆作物，以豆科作物最好；间作可以充分利用土地，占据空地，抑制杂草发生，又可增加经济收入。

4. 覆盖除草在高温干旱地区或季节，采用农作物的秸秆覆盖土壤，可有效阻止或减缓杂草生长，又可保墒和肥料散失，防止板结，有利于枣树生长。

5. 及时中耕除草，春季杂草初发期、发生盛期，应及早进行中耕除草2~3次，以控制杂草的危害。同时铲除枣园周围地埂、路旁、渠边上的杂草，防止成熟落地的杂草种子随风或灌溉水进入枣园。

（二）化学防控

1. 北方枣园杂草化学防控

（1）土壤处理

春季杂草大量萌发出土前，每公顷用40%莠去津胶悬剂3000~7500毫升（轻沙土3000~3750毫升、中壤土4500~6000毫升、重壤土6000~7500毫升），或25%敌草隆可湿性粉剂3000~9000克，或80%伏草隆可湿性粉剂3750~6000克，或48%地乐胺乳油3000~3750毫升，或50%草乃敌可湿性粉剂3750~7500克，或70%茵达灭乳油4500~6000毫升，或50%西马津可湿性粉剂3000~9000克（轻沙土3000~3750克、中壤土4500~6000克、重壤土7500~9000克），或80%特草定可湿性粉剂1500~3000克，或50%大惠利可湿性粉剂3750~6000克，或48%氟乐灵乳油1500~3000毫升，或48%氟乐灵乳油1500毫升加40%莠去津胶悬剂3000毫升，或25%敌草隆可湿性粉剂3000克加25%除草醚可湿性粉剂4500克，对水450~600升，均匀喷雾地表，施药后浅混土3~5厘米。西马津残效期长，枣园不能间作瓜类、大豆、花生、马铃薯等敏感作物。特草定在轻沙地和有机质含量低于2%时不宜使用。以上除草剂在喷雾时，要注意不能将药液喷到树冠茎叶上，以免产生药害。

（2）茎叶处理

①当枣园杂草生长最旺盛、株高15厘米以上时，防除一年生或多年生杂草，每公顷用10%草甘膦水剂10250~18750毫升，防除深根性杂草用量为22500~30000毫升，或20%克无踪水剂2250~3000毫升，对水450~600升，均匀喷雾于杂草茎叶。对一年生或多年生单子叶、双子叶杂草都有效。

②枣园内若以禾本科杂草为主，在杂草3~5叶期，每公顷用35%稳杀得乳油750~2625毫升（防除一年生杂草用750~1125毫升，防除多年生杂草用1500~2650毫升），对水450~600升，均匀喷雾茎叶。也可用15%精稳杀得乳油对水茎叶喷雾，其用药量、使用方法同

上。

③枣园内若以双子叶杂草为主，在杂草 2～5 叶期，每公顷用 20%2 甲 4 氯水剂 3750～4500 毫升，或 70%2 甲 4 氯钠盐粉剂 1500～1880 克，对水 450～600 升，均匀喷雾茎叶。

此外，防除多年生深根禾本科杂草，在杂草生长旺盛期，每公顷用 85% 茅草枯水溶性粉剂 7500～15000 毫升，对水 450～600 升，均匀喷雾茎叶，能杀死开花前的白茅、芦苇及萌发期的狗牙根。

喷药时应注意，药液不能喷到或飘移到树冠和萌芽的枝条上，否则会产生药害。药液应当天配当天用完。喷药时要喷洒均匀，对宿根性杂草茎叶处理应达到湿润滴水的程度。在枣园应用除草剂，应先了解杂草群落，再确定选用除草剂品种，以达到安全，效果又好的目的。

2. 南方枣园杂草化学防控

（1）春草的化学防控

①土壤处理　于 3 月上旬春草萌芽出土前，每公顷用 50% 西马津可湿性粉剂 3000 克，或 40% 莠去津胶悬剂 3000 毫升，或 25% 敌草隆可湿性粉剂 7500～15000 克，或 50% 扑草净可湿性粉剂 7500～10500 克，对水 450～600 升定向喷雾。土壤墒情好，有利于药效发挥；在温湿度高以及土壤沙性重、有机质含量低的果园，使用剂量应酌减。

②茎叶处理　在杂草 10～15 厘米高时，每公顷用 10% 草甘膦水剂 15000 毫升，或 20% 克芜踪水剂 3000～4500 毫升，或 20%2 甲 4 氯水剂 3750～4500 毫升，对水 450～600 升，定向喷雾。喷药时，不能将药液喷到树干枝、叶上，以免受药害。

（2）夏草的化学防控

①一年生杂草的防控　于 6 月下旬至 7 月上旬，夏草高度不超过 15 厘米时，每公顷用 20% 敌稗乳油 15000 毫升加 25% 西维因 100 克混用，或 10% 草甘膦水剂 7500 毫升，或 20%2 甲 4 氯 3000～3750 毫升，对水 450～600 升，定向喷雾。喷药要均匀，在土壤干旱情况下加大用水量，并注意不要将药液触及枣树茎叶上。也可土壤处理，每公顷用 50% 扑草净可湿性粉剂 7500 克，或 25% 敌草隆可湿性粉剂 7500～11250 克。空心莲子草危害严重的枣园，可选用 20% 使它隆 1000 倍液喷洒，也可用草甘膦、2 甲 4 氯茎叶处理。

②多年生杂草的防控　当 4 月中下旬香附子叶片长出地面 3～4 厘米时，每公顷用 10% 草甘膦 15000～30000 毫升，喷药后应进行检查，若球茎尚未完全死亡或正在休眠的球茎，待萌芽出土后，按上述用量再喷一次，可达到根除的目的。防除白茅每公顷用 10% 草甘膦 22500 毫升加 40% 调节膦 3250 毫升，或 10% 草甘膦 30000～60000 毫升，对水 450～600 升喷雾。在天气晴朗，白茅生长旺盛期喷洒 2～3 次，可收到很好的防除效果。每公顷用 87% 茅草枯 15000 克，对水 450～600 升喷洒，也可收到很好除草效果。4 月上旬狗牙根老茎上的芽开始萌发，每公顷用 10% 草甘膦 45000 毫升，对水 450～600 升喷雾，老茎死亡率可达 70%以上。也可喷克芜踪、茅草枯防控。枣园中的田旋花、打碗花、圆叶牵牛、乌蔹莓等，于 5月份用 2 甲 4 氯、草甘膦防除。

（三）生物防控

1. 以虫除草　利用蓟跳甲（*Altica citsicola* Ohno）防除刺儿菜，利用独行菜猿叶甲（*Phaedan armoraciae* Linnaeus）防除独行菜。这两种叶甲分别专食刺儿菜、独行菜和宽叶独行菜。成虫春、夏季出土后取食幼苗，在幼苗渐少的情况下，成虫也不转移，甚至连幼苗残茬都吃光。此外，利用萹蓄齿胫叶甲（*Gastrophysa polyoni* Linne）防除萹蓄，利用蓼蓝齿胫叶甲（*Gastrophysa atrocyanea* Motschulsky），防治蓼科杂草，均有良好的控制效果。

2. 以菌除草　山东省农科院从自然罹病的大豆菟丝子上分离获得一种寄生真菌——炭疽菌，鲁保一号制剂，以每毫升含孢子 2000~3000 万个菌液，在晴天早、晚或阴雨天茎叶喷雾，可有效防除菟丝子。此外，开发利用反枝苋白锈病菌、田旋花白粉病菌等，控制苋菜、田旋花和打碗花等杂草的危害。

（四）生态防控

经试验、示范证明，枣树根茎或硬枝扦插育苗或移栽后整平地面，覆盖黑色地膜，或覆盖透明膜，全膜覆土 2~3 厘米（造成黑暗环境），整个枣树幼苗和苗木生育期免受杂草危害，同时又能增温、保墒，有利于枣树幼苗生长。

附录：枣树病虫及其他有害动物名录

在枣树（*Ziziphus jubaju* Mill）生产中普遍存在单产偏低，质量较差，出口不力的问题，主要原因是品种不优，管理粗放，尤其是病虫害发生危害较重，影响产量提不高，质量变劣。为了发展枣树生产，预防控制病虫及其他有害动物的危害，作者多年来分赴宁夏、陕西、山西、河南、河北、山东、浙江等省、自治区进行调查研究，并拍摄了大量彩色照片，同时参考有关文献编纂成此名录。对病、虫及其他有害动物，分别记述了每种病害的病原菌、害虫及其他有害动物的学名及分类地位。仅供农林植保科技工作者和农林大专院校师生参考。

Ⅰ 枣树病害

（Ⅰ）真菌病害

一、接合菌亚门 ZYGOMYCOTINA

（一）毛霉目 MUCORALES

1. 分枝根霉（枣软腐病）*Rhizopus artocarpi* Racib

二、子囊菌亚门 ASCOMYCOTINA

（二）球壳目 SPHAERIALES

2. 褐座坚壳（枣树白纹羽病）*Rosellinia necotrix*（Hart.）

（三）小煤炱目 MELIOLALES

3. 巴特勒小煤炱（枣煤污病）*Meliola butleri* Syd.

4. 小煤炱（枣煤污病）*Meliola mocropoda* Fries

三、担子菌亚门 BASIDIOMYCOTINA

（四）锈菌目 UREDINALES

5. 枣层锈菌（枣锈病）*Phakopsora zizyphi-vulgaris*（P. Henn.）Diet.

（五）非褶菌目 APNYLLOPNORALES

6. 紫软韧革菌（枣银叶病）*Chondrostereum purpureum*（Pirs. ex Fr.）Pouzar

7. 裂褶菌（枣树木腐病）*Schizophyllum commune* Fr.

8. 木蹄层孔层（枣树白色杂斑腐朽病）*Fomes fomentarium*（L. ex Fr.）

9. 硫色干酪菌（枣树干腐病）*Tyromycos sulphureus*（Bullaen et. Fr）

（六）伞菌目 AGARICALES

10. 发光小蜜环菌（枣树根朽病）*Armillariella tabescens*（Scop. et Fr.）

（七）木耳目 AURICULARIALES

11. 紫卷担菌（枣树紫羽纹病）*Helicobosidium purpureum*（Tul.）pat.

四、半知菌亚门 DEUTEROMYCOTINA

（八）黑盘孢目 MELANOCONIALES

12. 盘长孢状刺盘孢（枣炭疽病）*Colletotrichum glocosporioides*（Pens.）Sacc.

13. 刺盘孢（台湾大青枣炭疽病）*Colletotrichum* sp.

14. 盘长孢（枣焦叶病）*Gloeosporium frucrigenum* Berk

（九）球壳孢目 SPHAEROPSIDALES

15. 聚生小穴壳（枣褐斑病）*Dothiorella gregaria* Sacc.

16. 茎点霉（枣树枝枯病）*Phoma* sp.

17. 毁灭茎点霉（枣黑腐病）*Phoma destructive* Plowr

18. 壳梭孢（枣黑腐病）*Fusicoccum* sp.

19. 轮纹大茎点霉（枣轮纹病）*Macrophoma kowatsukai* Hara

20. 橄榄色盾壳霉（枣白腐病）*Coniothyrium* sp.

21. 叶点霉（枣灰斑病）*Rhyllosticta* sp.

22. 枣叶斑点盾壳孢（枣叶斑点病）*Coniothyrium suckelii* Sacc

23. 橄榄色盾壳（枣叶斑点病）*Coniothyrium aleuritis* Teng

24. 盾壳孢（台湾大枣褐斑病）*Coniothyrium* sp.

25. 壳梭孢（枣枯梢病）*Fusicoccum* sp.

26. 壳囊孢（枣树腐烂病）*Cytospora* sp.

（十）丝孢目 HYPHOMYCETALES

27. 链格孢菌（枣果黑腐病）*Alternaria alternata*

337

（Fr.）Keissl

28. 果生芽枝霉（枣疮痂病）*Cladosporium carpophilum* Thum

29. 青霉菌（枣青霉病）*Penicillium* sp.

30. 曲霉菌（枣曲霉病）*Aspergillus* sp.

31. 粉红单端孢（枣红粉病）*Trichothecium roseum*（Pers.）Liuk

32. 绿色木霉菌（枣木霉病）*Trichoderma viride* Peys. ex Fr.

33. 粉孢菌（枣白粉病）*Oidium* sp.

34. 枣假尾孢（枣黑斑病）*Pseudocercospra* sp.

（十一）无孢目 ACONOMYCETALES

35. 基腐小核菌（枣树苗木茎基腐病）*Sclerotium bataticola* Tode

36. 齐整小核菌（枣树白绢病）*Sclerotium rolffsii* Sacc.

37. 立枯丝核菌（枣树幼苗立枯病）*Phizoctonia solani* Kuhn

（十二）瘤座孢目 TUBERCULARIALES

38. 茄腐镰孢菌（枣树根腐病）*Fusarium salani*（Mart.）Sacc.

39. 尖孢镰孢菌（枣树根腐病）*Fusarium oxysporum* sahlecht.

40. 弯角镰孢菌（枣树根腐病）*Fusarium camptoceras* Wollenw et Reink

（Ⅱ）细菌病害

一、细菌薄壁菌门 GRACILICUTES

（一）真细菌目

41. 冠瘿土壤杆菌（枣树冠瘿病、枣树根癌病）*Agrobacterium tumefaciens*（Smith & Towus.）Conn.

42. 欧氏杆菌（枣缩果病）*Erwinia jujubovra* Caı. Feng et Gao

43. 黄单胞杆菌（枣溃疡病）*Xanthomonas campestris* pv. pruni（smith）Dye

（Ⅲ）植原体病害

一、无壁菌门

（一）植原体目

44. 植原体（枣疯病）Phytoplasm（旧称 MLO）

（Ⅳ）病毒病害

一、病毒目 VIRALES

（一）植物病毒亚目 Phytophagineae

45. 枣花叶病毒（枣花叶病）Jujube mosaie Virus 简称 JMV

（Ⅴ）生理病害

一、与微量元素有关的生理病

46. 枣缺镁病　缺镁引起的生理病。

47. 枣缺硼病　缺硼引起的生理病。

48. 枣黄叶病　缺铁引起的生理病。

49. 枣小叶病　缺锌引起的生理病。

二、与外界环境条件和气候有关的生理病害

50. 枣裂果病　主要是水分供应不匀，或天气干、湿度变化过大而引起的生理病。一般前期干旱，果实成熟期雨水多，湿度大，裂果病发生严重。

51. 枣果果锈病　果皮表面受外界摩擦和刺激，或低温、高湿或幼果期喷布具有药害的农药，而引起的生理病。

52. 枣日灼病　强太阳光照射，温度升高造成灼伤而引起的生理病。

53. 枣树旱害　当土壤和大气过于缺水引起的生理病。

54. 枣树风害　刮大风或大风沙（沙尘暴）引起的生理病。

55. 枣树冻害　冬、春季低温或倒春寒、霜冻引起的生理病。

三、与营养有关的生理病

56. 生理缩果病　主要是挂果过多，营养供不应求，而引起的生理病。

（Ⅵ）植物寄生线虫

一、线形动物门 NEMATODA

（一）垫刃目 TYLENCHIDA

57. 枣树根结线虫（枣树根结线虫病）*Meloidogne mali ltoh* Ohshima et lcbinohe

58. 伤残短体线虫（枣树根腐线虫病）*Pratylenchus vulnus* Allen et Jensen

（Ⅶ）寄生性植物

一、真菌与藻类共生孢子寄生植物

59. 地衣（枣树地衣病）Lichens

二、藓类孢子寄生植物

60. 大金发藓 *Pognatum* sp.

61. 珠藓 *Bartramia* sp.

三、全寄生种子植物

62. 中国菟丝子 *Cuscuta chinensis* Lam

63. 日本菟丝子 *Cuscuta Japonica* Cboisy

四、半寄生种子植物

64. 桑寄生 *Loranthus parasiticus* （L.）Merr.

65. 北桑寄生 *Loranthus tanakae* Frahch. et sav

Ⅱ 枣树害虫

（Ⅰ）节肢动物门

A. 昆虫纲 INSECTA

一、等翅目 ISOPTERA

（一）白蚁科 Termitidae

1. 黑翅土白蚁 *Odontotermes formosanus* （Shraki）

二、直翅目 ORTHOPTERA

（一）斑翅蝗科 Oedipodidae

2. 棉蝗 *Chondracris rosea rosea* （De Geer）

（二）锥头蝗科 Pyrgomorphidae

3. 短额负蝗 *Atractomorpha sinensis* Bolivar

（三）剑角蝗科 Acridadae.

4. 中华蚱蜢 *Aerida cinerea* （Westwood）

（四）螽蟖科 Tettigoniidae

5. 黄脊螽蟖 *Derecantha* sp.

（五）蝼蛄科 Gryllotalpidae

6. 东方蝼蛄 *Gryllotalpa orientalis* Burmeister

7. 华北蝼蛄 *Gryllotalpa unispina* Saussure

三、缨翅目 THYSANOPTERA

（一）蓟马科 Thripidae

8. 烟蓟马 *Thtips tabaci* Lindeman

9. 红带蓟马 *Selenothrips rubrocinctus* （Giard）

四、半翅目 HEMIPTERA

（一）蝽科 Pentatomidae

10. 茶翅蝽 *Halyomorpha picus* （Fabricius）

11. 麻皮蝽 *Erthesina fullo* （Thunberg）

12. 东亚果蝽 *Carpocoris seidenstuckeri* Tamani

13. 紫翅果蝽 *Carpocoris purpureipennis* （De. Geer）

14. 辉蝽 *Carbula obtusangula* Reutar

15. 碧蝽 *Palomena angulosa* Motschulsky

16. 蛛蝽 *Rubiconia intermedia* （Wolff）

（二）异蝽科 Urostylidae

17. 花壮异蝽 *Uroehela luteovalia* Distant

18. 短壮异蝽 *Urochela falloui* Reuter

（三）网蝽科 Tingidae

19. 梨花网蝽 *Stephanitis nashi* Esaki et Takeya

（四）盲蝽科 Miridae

20. 三点盲蝽 *Adelphocoris fasciaticollis* Reuter

21. 绿盲蝽 *Lygus lucorum* Meyer-Dur

22. 牧草盲蝽 *Lygus pratensis* Linnaeus

23. 跳盲蝽（学名待定）

五、同翅目 HOMOPTERA

（一）蜡蝉科 Fulgorldae

24. 斑衣蜡蝉 *Lycorma delicatula* （White）

（二）广翅蜡蝉科 Ricaniidae

25. 枣广翅蜡蝉 *Ricania shantungensis* Chou et Lu.

26. 八点广翅蜡蝉 *Ricania speculum* （Walker）

（三）蝉科 Cicadidae

27. 蚱蝉 *Cryptotympana atrata* （Fabricius）

28. 蟪蛄 *Oncotympana maculicollis* （Motschulsky）

29. 蟪蛄 *Platypleura kaempferi* （Fabricius）

（四）角蝉科 Membraeldae

30. 黑圆角蝉 *Gargora genistae* （Fabricius）

（五）尖胸沫蝉科 Aphrophoridae

31. 白带尖胸沫蝉 *Aphrophora intermedia* Uhler

（六）叶蝉科 Cicadellidae

32. 大青叶蝉 *Cicadella viridis* （Linnaeus）

33. 小绿叶蝉 *Empoasca flavescens* （Fabricius）

34. 柿血斑叶蝉 *Erythroneura arachis* （Matsumura）

35. 桑斑叶蝉 *Erythroneura mori* （Matsumura）

36. 印度梯顶叶蝉 *Jassus indicus* （Walker）

37. 凹缘菱纹叶蝉 *Hishimonus sellatus* （Uhler）

38. 拟菱纹叶蝉 *Hishimonus sellatifrons* Ishihara

39. 橙带拟菱纹叶蝉 *Hishimonus aurifacialis* Kuoh

40. 片角叶蝉 *Idiocerus moniliferae* osborn et Ball

339

41. 枣窗耳叶蝉 *Ledra* sp.

42. 镇原皱背叶蝉 *Rhytidodus* sp.

（七）硕蚧科 Margarodidae

43. 草履硕蚧 *Drosicha corplenta* （Kuwana）

（八）蜡蚧科 Coccidae

44. 枣龟蜡蚧 *Ceroplastes japonicus* Green

45. 角蜡蚧 *Ceroplastes ceriferus* Anderson

46. 褐软蜡蚧 *Coccus hesperidum* Linnaeus

47. 朝鲜球坚蜡蚧 *Didesmococcus koreanus* Borchse-nius

48. 枣球蜡蚧 *Eulecanium gigantean* Shinji

49. 皱大球蜡蚧 *Eulecanium kuwanai* Kanda

50. 糖槭盔蚧 *Parthenolecanium Corni* （Bouche）

51. 圆球蜡蚧 *Sphaerotecanium prunastri* （Fonsco-lombe）

（九）盾蚧科 Diaspididae

52. 常春藤圆盾蚧 *Aspidiotis nederae* （Vallot）

53. 榆蛎盾蚧 *Lepidosaphes ulmi* （Linnaeus）

54. 柳蛎片盾蚧 *Lepidosaphes salicina* Borchs.

55. 糠片盾蚧 *Parlatoria pergandii* Comstock

56. 黑片盾蚧 *Parlatoria zizyphi* （Lcas）

57. 枣黑星蚧 *Parlatoreopsis chinensis* （Marlatt）

58. 枣粗片盾蚧 *Parlagena buxi* （Takahashi）

59. 桑白盾蚧 *Pseudaulacaspis pentagon* （Targionl-Tozzectti）

60. 梨圆盾蚧 *Quadraspidiotus perniciosus* （Comstock）

61. 矢尖蚧 *Unaspis yanonensis* （Kuwana）

（十）粉蚧科 Pseudococcidae

62. 枣阳腺刺粉蚧 *Heliococcus zizyphi* Borchs

63. 堆蜡粉蚧 *Nipaecoccus vastator* （Maskell）

64. 康氏粉蚧 *Pseudococcus comstocki* Kuwana

65. 橘棘粉蚧 *Pseudococcus citiculus* Green

66. 枣粉蚧 *Pseudococcus* sp.

（十一）胶蚧科

67. 紫胶蚧 *Laccifer lacca* Kerr

（十二）个木虱科 Triozidae

68. 沙枣木虱 *Trioza magnisetosa* Log

（十三）粉虱科 Aleyrodidae

69. 白粉虱 *Trialeurodes vaporariorum* （Westwood）

（十四）蚜科 Aphldidae

70. 桃蚜 *Myzus persicae* （Sulzer）

（十五）大蚜科 Lachnidae

71. 栗大蚜 *Lachnus tropicalis* （Van de Goot）

六、鞘翅目 COLEOPTERA

（一）鳃金龟科 Melolonthidae

72. 东北大黑鳃金龟 *Holotrichia diomphalia* Botes

73. 华北大黑鳃金龟 *Holotrichia oblita* （Faldermann）

74. 暗黑鳃金龟 *Holotrichia parallela* Motschulsky

75. 阔胫赤绒金龟 *Maladera verticalis* （Fairmalre）

76. 小云斑鳃金龟 *Polyphylla gracilicornis* （Blanchard）

77. 大云斑鳃金龟 *Polyphylla laticollis* Lewis

78. 黑绒鳃金龟 *Serica orientalis* Motschulsky

79. 爬皱鳃金龟 *Trematades potanini* Semenov

80. 福婆鳃金龟 *Brahmina faldermanni* Kraatz

（二）丽金龟科 Rutelidae

81. 铜绿丽金龟 *Anomala corpuleta* Motschulsky

82. 黄褐丽金龟 *Anomala exoleta* Faldermann

83. 茸喙丽金龟 *Adoretus puberulus* Motschulsky

84. 中喙丽金龟 *Adoretus sinicus* Burmeister

85. 斑喙丽金龟 *Adoretus tenuimaculatus* Waterhouse

86. 无斑弧丽金龟 *Popillia mutans* Newmann

87. 日本弧丽金龟 *Popillia japonica* Newman

88. 琉璃弧丽金龟 *Popillia flavosellata* Fairmaire

89. 四纹丽金龟 *Popillia quadriguttata* （Fabricis）

90. 苹毛丽金龟 *Proagopertha lucidula* Faldermann

（三）花金龟科 Cetoniidae

91. 褐锈花金龟 *Anthracophora* （Poeclophilides） *rusticola* Burmeister

92. 小青花金龟 *Oxycetonia jucunda* Faldermann

93. 斑青花金龟 *Oxycetonia bealiae* Gory et percheron

94. 白星花金龟 *Protaetia* （Liocola） *brevitorsis* （Lewis）

（四）斑金龟科

95. 短毛斑金龟 *Lasiotrichius* sp.

96. 长毛斑金龟 *Lasiotrichius succinctus* （Pallas）

（五）吉丁虫科 Buprestidae

97. 六星吉丁虫 *Chrysobothris succedanea* Saunders

98. 六星铜吉丁 *Chrysobothris affinis* Fabr.

99. 金缘吉丁虫 *Lampra limbata* Gebler

（六）叩头甲科 Elateridae

100. 细胸金针虫 *Agriotes subvittatus* Motschulsky

101. 沟金针虫 *Pleonomus cunaliculatus*（Faldermann）

102. 褐纹金针虫 *Melanotus caudex* Lewis

（七）步甲科 Carabidae

103. 谷婪步甲 *Harpalus calceatus*（Dustschmid）

（八）拟步甲科 Teneberionidae

104. 网目沙潜 *Opartum subaratum* Faldermann

105. 蒙古沙潜 *Gonocephalum reticutum* Motschulsky

106. 杂拟谷盗 *Tribolium confusum* Jacqueli du vai

107. 赤拟谷盗 *T. castaneum*（Herbat）

108. 姬拟谷盗 *Palorus ratzeburgr*（Wissmann）

109. 黑菌虫 *Alphitobius diaperinus* Panzer

（九）天牛科 Cerambycidae

110. 星天牛 *Anoplophora chinensis*（Forster）

111. 粒肩天牛 *Apriona germari*（Hope）

112. 桃红颈天牛 *Aromia bungii* Faldermann

113. 红缘亚天牛 *Asias halodendri*（Pallas）

114. 橙斑白条天牛 *Batocera davidis* Deyrolle

115. 云斑天牛 *Batocera horsfieldi*（Hope）

116. 赤瘤筒天牛 *Linda nigroscutata*（Fairmaire）

117. 薄翅锯天牛 *Megopis sinica* White

118. 异斑象天牛 *Mesosa stictica* Blanchard

119. 双簇天牛 *Moechotypa diphysis* Pascoe

120. 锯天牛 *Prionus insularis* Motschulsky

121. 竹紫天牛 *Purpuricenus（sternoplistes）temminckii* Guerin-Menevile

122. 圆斑紫天牛 *Purpuricenus sideriger* Fairmaire

123. 帽斑天牛 *Purpuricenus（Sternoplistes）petasifer* Fairmaire

124. 二点紫天牛 *Purpuricenus（sternoplistes）spectabilis* Motschulsky

125. 咖啡皱胸天牛 *Plocaederus obesus* Gahan

126. 家茸天牛 *Trichoferus campestris*（Faldemann）

127. 刺角天牛 *Trirachys crientalis* Hope.

（十）肖叶甲科 Eumolpidae

128. 李叶甲 *Cleoporus variabilis*（Baly）

129. 隐头枣叶甲 *Cryptocephalus* sp.

130. 毛隐头叶甲 *Cryptocephalus pilosellus* Suffrian

131. 酸枣隐头叶甲 *Cryptocephalus japanus* Baty

132. 黑额光叶甲 *Smaragdina nigrifrons*（Hope）

133. 酸枣光叶甲 *Smaragdina mandzhura*（Jacobson）

134. 枣二点钳叶甲 *Labidostomis bipunctata*（Mannerheim）

（十一）叶甲科 Chrysomelidae

135. 黄守瓜 *Aulacophora femorolis*（Motschulsky）

136. 皱背叶甲 *Abiromor phns anceyi* Pic

137. 桑窝额莹叶甲 *Fleutiauxia aumata*（Baly）

138. 枣皮花薪甲 *Cortinicara gibbosa*（Herbst）

139. 四斑萤叶甲 *Monolepta signata* Olivier

140. 黄曲条跳甲 *Phyllotreta striolata*（Fanricius）

（十二）铁甲科 Hispidae

141. 枣掌铁甲 *Platypria melli* Uhmann

142. 枣柳扁潜甲 *Pistosia datyliferat*（Maulik）

（十三）象虫科 Curculionidae

143. 棉尖象 *Phytoscaphus gossypii* Chao

144. 大球胸象 *Piazomias validus* Motschulsky

145. 枣绿象甲 *Jujube weevil* Jiang

146. 枣飞象 *Scythropus yasumatsui* Kono et Morimoto

147. 峰喙象 *Stelorrhinoides freri* Zumpt

148. 大灰象 *Sympiezomias velatus*（Chevrolat）

149. 谷象 *Sitophilus granarics*（Linnaeus）

150. 米象 *Sitophilus oryzae*（Linnaeus）

151. 玉米象 *Sitophilus zeamais* Motschulsky

152. 蒙古灰象甲 *Xylinophorus mongolicus* Faust

（十四）长角象科 Anthribidae

153. 咖啡豆象 *Araeceru fosoiculatus* Degeer

（十五）小蠹科 Scolytidae

154. 枣核椰小蠹 *Coccotrypes dactyliperda* Fabricius

155. 皱小蠹 *Scolytus rugulosus* Ratzeburg

156. 果树小蠹 *Scolytus japonicus* Chapuis

157. 光滑材小蠹 *Xyleborus germanus* Blandford

（十六）小草甲科 Mycetophagidae

158. 波纹蕈甲 *Mycetophagus antennatus* Reitter

（十七）大草甲科 Erotylidae

159. 褐蕈甲 *Cryptophilus integer*（Heer）

（十八）蛛甲科 Ptinidae

160. 裸蛛甲 *Cibbium psyllioides* Czempinski

161. 日本蛛甲 *Ptinus japonicus* Reitter

（十九）窃蠹科 Anobiidae

162. 烟草甲 *Lasioderma serricoene*（Fabricius）

163. 药材甲 *Stegobium paniceum*（Linnaeus）

（二十）皮蠹科 Dermestidae

164. 黑皮蠹 *Attagenus piceus*（Oilvier）

165. 谷斑皮蠹 *Trogoderma granarium* Everts

166. 红斑皮蠹 *T·variabile* Ballion

（二十一）长蠹科 Bostrychidae

167. 竹蠹 *Dinoderus japonicas* Lesne

168. 谷蠹 *Rhizopertha dominica*（Fabrieius）

（二十二）谷盗科 Trogositidae

169. 大谷盗 *Tenebroides mauritanicus*（Linnaeus）

170. 杂拟谷盗 *Tribolium confusum* Jacqueiin du Val

171. 赤拟谷盗 *Tribolium castaneum*（Herbst）

（二十三）锯谷盗科 Silvanidae

172. 米扁虫 *Ahasverus advena*（Walter）

173. 锯谷盗 *Oryzaephilus surinamensis*（Linnaeus）

174. 大眼锯谷盗 *Oryzaephilus mercator*（Fauville）

（二十四）扁谷盗科 Laemophloeidae

175. 长角扁谷盗 *Cryptolestes pusillus*（Schonherr）

176. 土耳其扁谷盗 *Cryptolestes turcicus* Groucille

177. 锈赤扁谷盗 *Crytolestes ferrugineus*（Stephens）

（二十五）露尾甲科 Nitidulidae

178. 酱曲露尾甲 *Carpophilus hemipterus*（Linnaeus）

179. 脊胸露毛甲 *Carpophilus dimidatus*（Fabricius）

180. 隆胸露尾甲 *Carpophilus obsoletus* Erichson

（二十六）隐食甲科 Cryptohagidae

181. 腐隐食甲 *Cryptophagus obsoletus* Reitter

七、鳞翅目 LEPIDOPTERA

（一）麦蛾科 Gelechiidae

182. 黑星麦蛾 *Telphusa chloroderces* Meyrick

（二）蛀果蛾科 Carposinidae

183. 桃小食心虫 *Carposina niponensis* Walsingham

184. 女贞细卷蛾 *Eupoecila ambiguella* Hubner

（三）木蠹蛾科 Cossidae

185. 柳干木蠹蛾 *Holcocerus vicarius* Walker

186. 咖啡豹蠹蛾 *Zeuzera coffeae* Nietner

187. 栎干木蠹蛾 *Zeuzera leuconotum* Butler

188. 多斑木蠹蛾 *Zeuzera multistrigata* Moore

（四）刺蛾科 Limacodidae

189. 黄刺蛾 *Cnidocampa flavescens*（Walker）

190. 双齿绿刺蛾 *Latoia nilarata*（Staudinger）

191. 丽绿刺蛾 *Latoia lepida*（Cramer）

192. 白眉刺蛾 *Narosa edoensis* Kawada

193. 波眉刺蛾 *Narosa corusca* Wileman

194. 黑纹白眉刺蛾 *Narosa nigrisigna* Wileman

195. 梨刺蛾 *Narosoideus flavidorsalis* Staudinger

196. 青刺蛾 *Parasa consocia* Walker

197. 枣奕刺蛾 *Phlossa coniuneta* Walker

198. 中国绿刺蛾 *Parasa sinica* Moore

199. 显脉球须刺蛾 *S·venosa kwangtugensis* He ring

200. 油桐黑刺蛾 *Scopelodes venosa* Kwangtungensis

201. 桑褐刺蛾 *Setora postornata*（Hampson）

202. 扁刺蛾 *Thosea sinensis* Walker

（五）卷蛾科 Tortricidae

203. 苹果（棉褐带）小卷蛾 *Adokophyes orona*（Fischer von Roslerstamm）

204. 枣镰翅小卷蛾（枣粘虫）*Ancylis sativa* Liu

205. 苹果蠹蛾（苹果小卷蛾）*Laspeyresia*（*Cydia*）*pomonella* Linnaeus

206. 李小食心虫 *Grapholitha funebraua* Treisecheke

207. 梨小食心虫 *Grapholitha molesta*（Busck）

208. 褐带长卷蛾 *Homona cffearia* Meyrick

209. 茶长卷蛾 *Homona magnanima* Diakonoff

（六）螟蛾科 Pyralidae

210. 小蜡螟 *Achroia grisella* Fabricius

211. 地中海斑螟 *Anagastria ktihniella*（Zeller）

212. 灰暗斑螟 *Euzophera batangensis* Caradja

213. 米缟螟 *Aglossa dimidiate* Haworth

214. 拟米缟螟 *Pyralis lierugialis* Zeller

215. 干果粉斑螟 *Cadra cautella*（Walker）

216. 烟草粉斑螟 *Ephestia eluteiia*（Hubner）

217. 拟粉斑螟 *Ephestia figulilella* Gregson

218. 草地螟 *Loxostege sticticalia* Linnaeus

219. 印度谷螟 *Plodia interpunctella* Hubner

220. 紫斑谷螟 *Pyralis farinais* Linnaeus

221. 一点谷螟 *Paralipsa gularis*（Zeller）

222. 豹纹斑螟 *Dichocrocis punctiferalis* Guence

223. 玉米螟 *Ostrinia furnacalis*（Guenee）

224. 米蛾 *Corcyro cephalonica* Stainton

（七）谷蛾科 Tinedae

225. 四点谷蛾 *Tinea togurialis* Meyrick

（八）尺蛾科 Geometridae

226. 春尺蛾 *Apocheima cinerarius* Erschoff

227. 大造桥虫 *Ascotis selenaria* Schiffermuller et Denis

228. 海南油桐油尺蛾 *Buzura suppressaria benescripta* Prout.

229. 木橑尺蛾 *Culcula panterinaria* Bremer et Grey

230. 四星尺蛾 *Ophthalmodes irrorataria* Bremer et Grey

231. 柿星尺蛾 *Percnia giraffata* Guenee

232. 枣尺蛾 *Suera jujube* Chu

233. 枣小尺蠖（学名待定）

234. 酸枣尺蠖 *Chihuo sunzao* Yang

235. 桑褶翅尺蛾 *Zamacra excavate* Dyar

（九）大蚕蛾科 Saturniidae

236. 绿尾大蚕蛾 *Actias selene ningpoana* Felder

237. 银杏大蚕蛾 *Dictyoploca japonica* Butler

238. 樟蚕蛾 *Eriogyna pyretorum pyretorum* Westwood

239. 弧目大蚕蛾 *Neoris haraldi* Schawerda

240. 樗蚕蛾 *Samia cynthia Cynthia*（Drurvy）

（十）枯叶蛾科 Lasiocampidae

241. 黄褐天幕毛虫 *Malacosoma neustria testcea* Motschulsky

242. 油茶大毛虫 *Lebeda nobilis sinina* Lajonquiere

（十一）天蛾科 Sphingidae

243. 枣桃六点天蛾 *Marumba gaschkewitschi gaschkewitschi*（Bremer et Grey）

244. 苹六点天蛾 *Marumba gaschkewitschi carstanjeeni*（Staudinger）

245. 梨六点天蛾 *Marumba gaschkewitschi complatens* Walker

246. 椴六点天蛾 *Marumba dyras*（Walker）

247. 菩提六点天蛾 *Marumba jankowskii*（Oberthur）

248. 蓝目天蛾 *Smerithus planus planus* Walker

249. 霜天蛾 *Psilogramma menphron*（Gramer）

（十二）舟蛾科 Notodontidae

250. 苹掌舟蛾 *Phalera flavescens*（Bremer & Grey）

251. 榆掌舟蛾 *Phalera takasagoensis* Matsumura

（十三）毒蛾科 Lymantriidae

252. 肾毒蛾 *Cifuna locuples* Walker

253. 霜茸毒蛾 *Dasychira fascelina*（Linnaeus）

254. 舞毒蛾 *Lymantria dispar*（Linnaeus）

255. 古毒蛾 *Orgyia antique*（Linnaeus）

256. 盗毒蛾 *Porthesia similes*（Fueszly）

257. 金毛虫 *Porthesia similis xanthocampa* Dyar

258. 双线盗毒蛾 *Porthesia scintillans* Walker

259. 灰斑古毒蛾 *Teia*（*Orgyia*）*erieae* Germar

260. 角斑古毒蛾 *Teia*（*Orgyia*）*gonostigma*（Linnaeus）

（十四）蓑蛾科 Psychidae

261. 黑肩蓑蛾 *Acanthopsyche nigraplaga* Wileman

262. 按蓑蛾 *Acanthopsyche subferalbata* Hampsor

263. 小蓑蛾 *Clania minuscule* Butler

264. 大蓑蛾 *Clania variegate* Snellen

（十五）灯蛾科 Arctiidae

265. 红缘灯蛾 *Amsacta lactinea*（Cramer）

266. 人纹污灯蛾 *Spilarctia subcarnea*（Walker）

267. 美国白蛾 *Hyphantria cunea*（Drury）

（十六）夜蛾科 Noctuidae

268. 枯叶夜蛾 *Adris tyrannus*（Guenee）

269. 警纹地老虎 *Agrotis exclamationis* Linnaeus

270. 黄地老虎 *Agrotis segetum* Schiffermuller

271. 小地老虎 *Agrotis ypsilon* Rottemberg

272. 桥夜蛾 *Anomis mesogona*（Walker）

273. 超桥夜蛾 *Anomis fulvida* Guenee

274. 嘴壶夜蛾 *Calyptra*（*Oraesia*）*emarginata* Fabricius

275. 鸟嘴壶夜蛾 *Calyptra*（*Oraesia*）*excavate* Butler

276. 平嘴壶夜蛾 *Calyptra*（*Oraesia*）*lata*（Butler）

277. 柳裳夜蛾 *Catocala electa*（Vieweg）

278. 杨裳夜蛾 *Catocala nupta Linnaeus*

279. 棉铃虫 *Heliothis armigera* Hubner

280. 烟夜蛾 *H·assulta* Guenee

281. 落叶夜蛾 *Ophideres fullonica*（Linnaeus）

282. 枣绮夜蛾 *Porphyrinia parva*（Hubner）

283. 旋目夜蛾 *Speiredonia retorta* Linnaeus

284. 毛翅夜蛾 *Thyas*（*Dermaleipa*）*juno*（Dalman）

285. 八字地老虎 *Xestia c-nigrum*（Linnaeus）

（十七）粉蝶科 Pieridae

286. 山楂绢粉蝶 *Aporia crataegi*（Linnaeus）

287. 菜粉蝶 *Pieris rapae* Linnaeus

288. 钩粉蝶 *Gonepteryx rhamni*（Linnaeus）

289. 锐角翅粉蝶 *Gonepteryx aspasia* Menetries

八、双翅目 DIPTERA

（一）实蝇科 Trypetidae

290. 枣实蝇 *Carpomyo versuviana* Costa

九、膜翅目 HYMENOPTERA

（二）胡蜂科 Vespidae

291. 金环胡蜂 *Vespa mandarinia mandarinia* Smith

292. 常见黄胡蜂 *Vespula vulgaris*（Linnaeus）

（三）切叶蜂科 Megachilidae

293. 枣切叶蜂 *Megachile disjunctiformis* Cockell

B. 蛛形纲 ARACHNDA

一、蜱螨目 ACARINA

（一）叶螨科 Tetranychidae

294. 李始叶螨 *Eotetranychus pruni*（Oudemans）

295. 柑橘全爪螨 *Panonychus citri*（Mcgregor）

296. 苹果全爪螨 *Panonychus ulmi*（Koch）

297. 二斑叶螨 *Tetranychus urticae*（Koch）

298. 截形叶螨 *Tetranychus truncatus* Ehara

299. 山楂叶螨 *Tetranychus vinnensis* Zacher

300. 朱沙叶螨 *Tetranychus cinnabarinus* Boisdur

二、真螨目 ACARIFORMES

（一）跗线螨科 Tarsonemidae

301. 茶黄螨 *Polyphagotarsonemus latus*（Banks）

（二）瘿螨科 Eriophyidae

302. 枣瘿螨 *Epitrimerus zizyphagus* Keifer

Ⅲ. 其他有害动物

（Ⅱ）软体动物门

一、柄眼目 STYOMATOPHORA

（一）巴蜗牛科 Bradybacnidae

1. 左旋巴蜗牛 *Bradydaena fortunei*（Pseiffer）

2. 灰巴蜗牛 *Bradybaena ravida*（Benson）

3. 同型巴蜗牛 *Bradybaena simiaris*（Ferussac）

4. 彩带巴蜗牛 *Bradybaena* sp

5. 条华蜗牛 *Cathaica fasciola*（Draparnaud）

6. 折带条华蜗牛 *Cathaica* sp

7. 锯齿射带蜗牛 *Laeocathaica prionotropis*（Maell.）

（二）艾纳螺科

8. 甘氏奇异螺 *Mirus cantori*（Phippi）

9. 瘦瓶杂斑螺 *Subzabrinus maecrocera* Miformis

（三）琥珀螺科

10. 琥珀螺 *Succinea* sp.

（四）蛞蝓科 Limacidae

11. 野蛞蝓 *Agriolimax agrestis* Linnaeus

（Ⅲ）脊椎动物门

一、啮齿目 RODENTIA

（一）仓鼠科 Cricetidae

12. 中华鼢鼠 *Myospalax fontanieri* Milne-Edwards

13. 沙土鼠 *Meriones unguiculatus* Milne-Edwards

（二）松鼠科 Sciuridae

14. 金花鼠 *Eutamias sibiricus* Laxmann

15. 花松鼠 *Tamiops swinhoei* Milne-Edwards

16. 岩松鼠 *Sciurotamias davidianus* Milne-Edwa

17. 红腹松鼠 *Callosciurus erythraeus* Pallas

二、兔形目 LAGOMORPHA

（一）鼠兔科 Ochotonidae

18. 黄鼠 *Citellas dauricus* Brandt

（二）兔科

19. 野兔 *Lepus curopaeus* Pallas

三、雀形目 PASSERIFORMES

（一）文鸟科 Ploceidae

20. 麻雀 *Posser montanus saturatus* Steineger

参考文献

［1］方中达等．中国农业百科全书．植物病理学卷［M］．北京：农业出版社，1996.

［2］陆家云．植物病原真菌学［M］．北京：中国农业出版社，2001.

［3］孟有儒．甘肃省经济植物病害志［M］．兰州：甘肃科学技术出版社，1995.

［4］萧采瑜等．中国蝽类昆虫鉴定手册（第一册）［M］．北京：科学出版社，1997.

［5］张炳炎等．苏云金杆菌无鞭毛菌株7805的研究［J］．北京：中国生物防治通报，1987.3（1）：30~33.

［6］中国科学院动物研究所．中国农业昆虫（上、下册）［M］．北京：农业出版社，1987.

［7］朱弘复．蛾类图册［M］．北京：科学出版社，1980.

［8］任国兰等．枣树病虫害防治［M］．北京：金盾出版社，2004.

［9］夏树让等．枣树无公害病虫草害综防技术问答［M］．北京：中国农业出版社，2008.

［10］张炳炎等．中国苹果病虫害及其防控技术原色图谱［M］．兰州：甘肃科学技术出版社，2012.

［11］王江柱等．枣树病虫害诊断与防治［M］．北京：化学工业出版社，2013.

［12］邱强．苹果病虫实用原色图谱［M］．郑州：河南科学技术出版社，1994.

［13］冯明祥等．落叶果树害虫原色图谱［M］．北京：金盾出版社，1994.

［14］曹子刚等．核桃板栗枣病虫害看图防治［M］．北京：中国农业出版社，2000.

［15］张炳炎．甘肃农业病虫杂草及其防控技术研究与推广原色图谱［M］．兰州：甘肃文化出版社，2013.

［16］孙益知等．苹果病虫害防治［M］．西安：陕西科学技术出版社，1990.

［17］刘开启等．干果病虫害原色图谱［M］．济南：山东科学技术出版社，1995.

［18］日本长野县农政部．长野县农作物病害虫图鉴［M］．信越放送株式会社，昭和62年．

［19］徐志华．园林花卉病虫生态图鉴［M］．北京：中国林业出版社，2006.

［20］吕佩珂等．中国果树病虫害原色图谱［M］．北京：华夏出版社，1993.

［21］吴时英等．城市森林病虫害图鉴［M］．上海：上海科学技术出版社，2005.

［22］张炳炎．花椒病虫害诊断及防治原色图谱［M］．北京：金盾出版社，2006.

［23］吴福贞等．宁夏农业昆虫图志［M］．银川：宁夏人民出版社，1982

［24］蒋芝云．柿和枣病虫原色图谱［M］．杭州：浙江科学技术出版社，2006.

［25］张炳炎．核桃病虫害及其防治原色图册［M］．北京：金盾出版社，2008.

［26］张炳炎．板栗病虫害及其防治原色图册［M］．北京：金盾出版社，2008.

［27］成卓敏．新编植物医生手册［M］．北京：化学工业出版社，2008.

［28］冯玉增等．枣树病虫害诊治［M］．北京：科学技术出版社，2010.

［29］张炳炎．枸杞病虫草害及其防治原色图谱［M］．兰州：甘肃文化出版社，2003.

［30］徐公天等．园林植物病虫害防治原色图谱［M］．北京：中国农业出版社，2003.

［31］陈明等．甘肃农林经济昆虫名录［M］.北京：中国农业出版社，2007.

［32］张炳炎．农药与药械使用手册［M］．兰州：甘肃人民出版社，1975.

［33］王焕民等．新编农药手册［M］．北京：中国农业出版社，1989.